U0879860

21世纪本科院校土木建筑类创新型应用人才培养规划教材

工程力学

主　编　杨云芳　李小山
副主编　吴大志　毛金萍
　　　　吴长富　杨岳斌

北京大学出版社
PEKING UNIVERSITY PRESS

内 容 简 介

本书根据本科工程管理专业的教学改革需要而编写，在内容安排上体现了工程管理专业的常用材料、常用结构与应用性等特点。全书共分13章，适用于80学时左右的教学安排。主要内容包括静力学基础，平面汇交力系，平面力偶系，平面任意力系，材料力学的基本概念，杆件的轴向拉伸和压缩，杆件的剪切、挤压与扭转，梁的弯曲，应力状态分析与强度理论，组合变形，静定结构的内力和位移，超静定结构的内力和位移，压杆稳定。每章配有本章教学要点、本章技能要点、导入案例、本章小结、关键术语和习题，书后附有附录及部分习题参考答案。全书贯彻"淡化理论推导，结合专业实际，注重工程应用"的思路，以讲清概念、强化实用为重点，突出培养学生分析和解决问题的能力。

本书可作为普通高等学校理工科及其他本科专业的教材，也可作为相关工程技术人员的学习参考用书。

图书在版编目(CIP)数据

工程力学/杨云芳，李小山主编. —北京：北京大学出版社，2012.1
(21世纪本科院校土木建筑类创新型应用人才培养规划教材)
ISBN 978-7-301-19810-0

Ⅰ. ①工… Ⅱ. ①杨…②李… Ⅲ. ①工程力学—高等学校—教材 Ⅳ. ①TB12

中国版本图书馆CIP数据核字(2011)第244731号

书　　名： 工程力学
著作责任者： 杨云芳　李小山　主编
策 划 编 辑： 吴　迪　卢　东
责 任 编 辑： 伍大维
标 准 书 号： ISBN 978-7-301-19810-0/TU·0196
出　版　者： 北京大学出版社
地　　址： 北京市海淀区成府路205号　100871
网　　址： http://www.pup.cn　http://www.pup6.cn
电　　话： 邮购部010-62752015　发行部010-62750672　编辑部010-62750667
电 子 邮 箱： 编辑部pup6@pup.cn 总编室zpup@pup.cn
印　刷　者： 北京虎彩文化传播有限公司
发　行　者： 北京大学出版社
经　销　者： 新华书店
787毫米×1092毫米　16开本　22印张　512千字
2012年1月第1版　2024年7月第6次印刷
定　　价： 52.00元

前　言

随着我国新型工业化进程中大规模建设工作的展开和各类企业的快速发展，工程管理专业在近十年也取得了较快的发展，工程管理领域迫切需要大量既精通管理业务又具有专业素质的工程管理人才，而课堂教学是工程管理人才培养的一个非常重要的环节，这就要求对应课堂教学的教材具有更好的针对性和实效性。本书根据本科工程管理专业的教学改革需要，以工程力学教学大纲的基本要求和近年来本科院校的工程管理专业教学计划为编写依据，结合编者多年的教学实践与改革经验编写而成。

在编写思路上，本书在导入部分：知识要点做到简明扼要；引例尽量生动实际，以提高学生的学习积极性。在正文部分：案例注重典型性和工程实践性，尽量采用建筑工程中与工程力学实际相关的例子；案例的分析说明过程，尽量简化力学理论和原理来由的推导过程，着重叙述通过理论、原理解决以案例为代表的工程实际问题的方法和思路。在总结和延伸部分：每章小结做到简明扼要，重点突出；配有大量习题，习题以计算分析题为主，辅之若干思考题、填空题、判断题、单项选择题，思考题引导学生对工程力学拓展问题的思索和探究，填空题、判断题和单项选择题帮助学生拓展知识点的考查范围，计算分析题考查学生力学知识的应用。本书贯彻“淡化理论推导，结合专业实际，注重工程应用”的思路，加强教材编写的易读性和系统逻辑性，加大实际应用的习题编写量。这样使得学生在相对轻松和趣味性强的背景下学好建筑工程的力学知识，为后续专业课的学习打下坚实的理论基础。

本书参编的单位和人员有：浙江理工大学杨云芳、李小山、吴大志、毛金萍、吴长富；浙江省质量技术监督检测研究院杨岳斌。编写分工为：吴长富编写第 1～3 章；吴大志编写第 4～6 章；毛金萍编写第 7 章、第 8 章、第 10 章；李小山编写第 9 章、第 11 章、第 13 章；杨云芳编写第 12 章；杨岳斌编写第 5 章的力学性能部分、附录、相关工程案例。全书由杨云芳、李小山任主编，吴大志、毛金萍、吴长富、杨岳斌任副主编。

因时间仓促，加之编者水平有限，书中难免存在一些疏漏和欠妥之处，恳请各位同行和广大读者批评指正。

编　者

2011 年 10 月

前 言

目　录

主要符号表

A　面积
$\boldsymbol{F}$　力
$\boldsymbol{P}$　主动力，集中力
$\boldsymbol{N}$　法向约束力，轴力
$\boldsymbol{Q}$　剪切力
$\boldsymbol{g}$　重力加速度
h　高度
k　弹簧刚度系数
q　分布荷载集度
r　半径
$\boldsymbol{r}$　矢径
l　长度
W　力的功、弯曲截面系数
ρ　密度，曲率半径
T　扭矩
W_d　抗扭截面系数
I_ρ　极惯性矩
σ　正应力
τ　切应力
M　力矩、力偶矩、弯矩
I_z　截面关于 z 轴的惯性矩
I_y　截面关于 y 轴的惯性矩
ω　挠度
σ_s　屈服应力
σ_u　极限应力
α　线膨胀系数
Δ　结构位移向量
δ　虚位移、广义位移
m　外力偶
$\boldsymbol{R}_A$，$\boldsymbol{R}_B$　简支梁 A 和 B 铰处竖向支座反力
$\boldsymbol{u}$　水平位移
$\boldsymbol{v}$　竖向位移
V_ε，v_ε　应变能及应变能密度
P，Δ　广义力、广义位移
R　半径、广义反力
$\boldsymbol{X}_A$，$\boldsymbol{Y}_A$　A 处铰支座（约束）的分反力
$\boldsymbol{H}$　水平推力
μ　泊松比
ε　线应变
γ　切应变
E　弹性模量
G　切变模量

第1章 静力学基础

本章教学要点

知识模块	掌握程度	知识要点
静力学基本概念	了解	力、力的三要素、力系、力系的简化、合力、分力、平衡、刚体
静力学公理	掌握	静力学4个公理及2个推理
荷载	掌握	荷载的定义、荷载的分类、荷载的简化和计算
常见的约束和约束力	掌握	约束和约束力的定义、常见的约束类型、约束力、确定约束力的方法
物体受力分析	重点掌握	物体受力分析的步骤和方法

本章技能要点

技能要点	掌握程度	应用方向
工程结构或构件的合理抽象和简化	了解	工程结构经抽象、简化成静力学模型，然后进行力学分析和计算
力的合理抽象与简化	理解	
工程结构或构件接触或连接方式的合理抽象与简化	理解	

导入案例

桥梁支座

桥梁支座设置在桥梁的上部结构和墩台之间，其主要作用是将上部结构固定于墩台，承受作用在上部结构的各种力，并将它可靠地传递给墩台；另外，在荷载、温度、混凝土收缩和徐变作用下，支座能适应上部结构的转角和位移，使上部结构可自由变形而不产生额外的附加内力。

桥梁支座按受力特性分为固定支座和活动支座两种(详见1.4节内容)；按照所用材料的不同，常见的支座包括橡胶支座、钢支座、抗震支座等。

橡胶支座具有构造简单、加工方便、造价低、结构高度小、安装方便和使用性能良好的优点。它能适应任意方向的变形，特别适用于宽桥、曲线桥和斜桥。橡胶的弹性还能消减上下部结构所受的动力作用，这对于抗震也十分有利。在桥梁工程中使用的橡胶支座大体上可分为两类，即板式橡胶支座和盆式橡胶支座。

板式橡胶支座有矩形和圆形等形式，一般由几层橡胶和薄钢片叠合而成，如图 1.1 所示为板式橡胶支座，它的机理是利用橡胶的不均匀弹性压缩实现一定的转角，利用其剪切变形实现微量水平位移。

当竖向力较大时则使用盆式橡胶支座，如图 1.2 所示，一般由不锈钢滑板、聚四氟乙烯板、盆环、承压橡胶块、钢密封圈等组成。与板式橡胶支座相比，盆式橡胶支座具有承载能力大、水平位移量大、转动灵活等优点，因此特别适宜在大跨径桥梁上使用。

图 1.1

图 1.2

图 1.3

钢支座是靠钢部件的滚动、摇动和滑动来实现支座的位移和转动功能的。它的特点是承载能力强，能适应桥梁的位移和转动的需要。图 1.3 所示为一球形钢支座。由于球形钢支座不再使用橡胶承压，不存在橡胶变硬或老化等不良影响，因此特别适用于低温地区。

近年来，随着桥梁建设的快速发展，对支座进行了多种改进：改善材料，提高强度和抗腐蚀、抗老化性能；减少摩擦系数；简化构造；降低支座的结构高度；提高经济和使用性能；安装和更换方便；等等。

1.1 静力学基本概念

力的概念来源于生产实践。伽利略和牛顿在总结前人成果的基础上，对力作了如下定义：力是物体间相互的机械作用，这种作用使物体的机械运动状态发生变化。这里机械运动状态的改变包括物体运动快慢和运动方向的改变。

力可以发生在彼此不直接接触的物体之间，如重力场中的物体之间、磁力场中的磁体之间、电场中的带电体之间。但是力不能脱离物体而存在，即必须同时存在施力物体和受力物体。

力对物体的作用效果取决于以下3个要素：力的大小、力的方向和力的作用点。

因此，力是一个矢量。在国际单位制中，力的单位是牛顿(N)或千牛(kN)，而在建筑工程中，在描述柱或桩等结构的承载力时，常采用吨力(tf)作为力的单位，它们的换算关系是：

$$1\text{tf}=9.8\text{kN}\approx 10\text{kN}$$

工程中的物体往往同时受到多个力的作用，一般称这样的一群力为力系。按力的作用线是否在同一平面内，力系可以分为平面力系和空间力系；按力的作用线的相互关系，力系又可分为平行力系、汇交力系和任意力系。两个不同的力系，如果对同一个物体的作用效果完全一致，则称这两个力系相互等效。将一个复杂力系，用一个等效的简单力系替换，称为力系的简化。如果某力系与一个力等效，则这个力称为力系的合力，而该力系中的各力称为这一合力的分力。

静力学是研究物体在力系作用下的平衡条件的学科。所谓平衡，是指物体相对于惯性参考系保持静止或作匀速直线运动状态。所谓平衡条件，是指物体维持平衡所应满足的力学条件。满足平衡条件的力系称为平衡力系。

在静力学中研究的物体都被抽象成为刚体。所谓刚体，是指在力的作用下，内部任意两点之间的距离保持不变的物体。刚体是真实物体理想化的力学模型。

静力学的研究内容主要包括以下3部分。

1. 物体的受力分析

分析某个物体共受几个力作用，以及每个力的作用位置和方向。

2. 力系的简化

将作用在物体上的复杂力系用简单力系等效替换，从而将力系简化。

3. 平衡条件的建立

研究作用在物体上的各种力系所需满足的平衡条件。

静力学理论是后续各力学课程的重要基础，在工程设计中也有着广泛的应用。

1.2 静力学公理

所谓公理，是指人们在长期的生产生活实践中积累的经验总结，经过实践的反复检验，被确认是符合客观实际的最普遍、最一般的规律。

公理1　二力平衡条件

作用在刚体上的两个力，使刚体维持平衡的充分和必要条件是这两个力的大小相等，方向相反，且作用在同一条直线上，如图1.4所示。

上述公理表明了作用于刚体上的最简单的平衡力系。需要说明的是，这个公理不适用于变形体。例如，在图1.5中，软绳受到大小相等、方向相反的一对拉力作用，可以维持平衡；但如果把拉力变成压力，则软绳将失去平衡。由此可见，刚体的平衡条件仅是变形体平衡的必要条件，而不是充分条件。

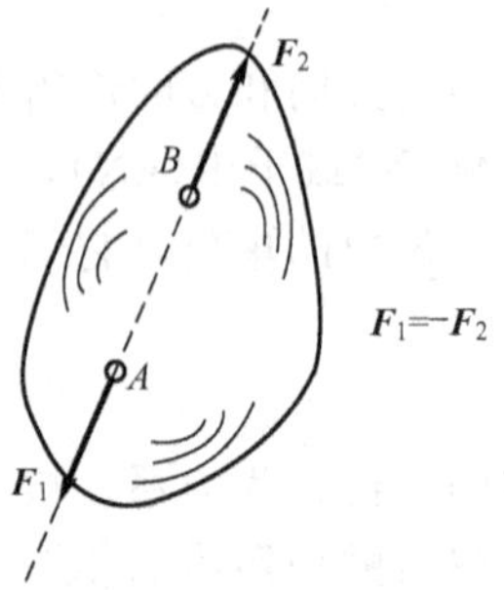

图 1.4

图 1.5

公理 2　加减平衡力系原理

从作用于刚体的已知力系中，加上或减去任意一个平衡力系，并不改变原力系对刚体的作用效果。

公理 2 为力系的简化提供了重要的依据，但它同样不适用于变形体。

根据上述公理可以导出下述推理。

推理 1　力的可传性

作用于刚体上某点的力，沿其作用线移动到刚体内任意一点，并不改变该力对刚体的作用效果。

推理 1 的证明如下。

如图 1.6(a)所示，刚体的 A 点处作用力为 $\boldsymbol{F}_1$。现在其作用线上的任意一点 B 处，添加一个平衡力系 $\boldsymbol{F}_2$ 和 $\boldsymbol{F}_3$，且使得 $\boldsymbol{F}_1=\boldsymbol{F}_2=\boldsymbol{F}_3$，如图 1.6(b)所示。由公理 2 可知，此时刚体受到的作用效果并没有发生改变。又根据公理 1，可以看出此时力 $\boldsymbol{F}_1$ 和 $\boldsymbol{F}_2$ 也组成了一个平衡力系，因此可以将它们从刚体上移去，从而只剩下力 $\boldsymbol{F}_3$，如图 1.6(c)所示。这样，力 $\boldsymbol{F}_1$ 就从 A 点沿其作用线移动到刚体内任意一点 B，而对刚体的作用效果并不发生改变。证毕。

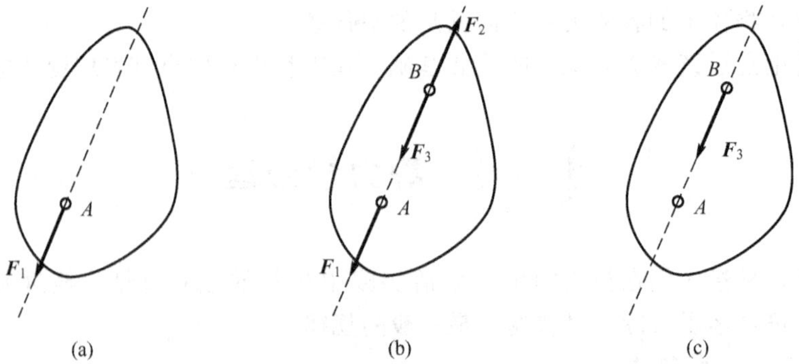

图 1.6

由推理 1 可知，力对刚体的作用效果不随力作用点位置的改变而改变。因此，对刚体来讲，力的三要素可以表示为：力的大小、方向和作用线。力的可传性对变形体不适用。

公理 3　力的平行四边形法则

作用于物体上同一点的两个力可以合成为一个合力。合力的作用点也在该点，合力的大小和方向由这两个力为邻边构成的平行四边形的对角线确定，如图 1.7 所示。

公理 3 可以用矢量运算来表示。

$$\boldsymbol{F}_R=\boldsymbol{F}_1+\boldsymbol{F}_2 \tag{1-1}$$

式中，$\boldsymbol{F}_R$ 为 $\boldsymbol{F}_1$ 和 $\boldsymbol{F}_2$ 两个力的合力，而 $\boldsymbol{F}_1$ 和 $\boldsymbol{F}_2$ 称为力 $\boldsymbol{F}_R$ 的分力。

根据公理 3，两个共点力可以合成为一个合力，且答案是确定的。但是反过来，要把一个已知力分解为两个分力，则答案是不唯一的，需要附加足够的限制条件，才能确定。

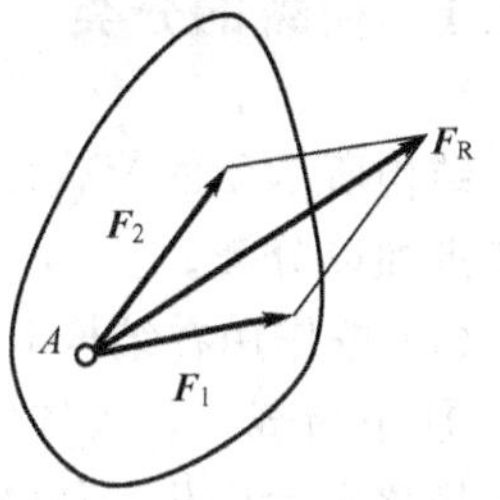

图 1.7

公理 3 是复杂力系简化的基础。

根据上述公理可以导出下述推理。

推理 2　三力平衡汇交定理

作用于刚体上 3 个相互平衡的力，若其中两个力的作用线汇交于一点，则此 3 力必在同一平面内，且第 3 个力的作用线也通过汇交点。

推理 2 的证明如下。

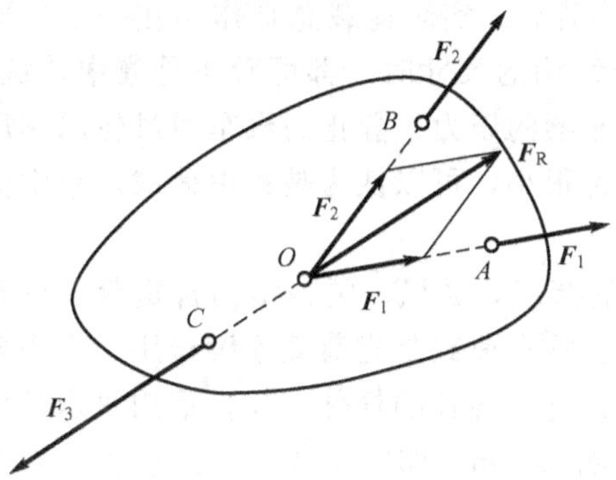

图 1.8

刚体上的 A、B、C 3 点，分别作用有力 $\boldsymbol{F}_1$、$\boldsymbol{F}_2$、$\boldsymbol{F}_3$，其中力 $\boldsymbol{F}_1$ 和 $\boldsymbol{F}_2$ 汇交与 O 点，如图 1.8 所示。根据推理 1，可以将力 $\boldsymbol{F}_1$ 和 $\boldsymbol{F}_2$ 滑移至 O 点；根据公理 3，这两个力可以合成为一个合力 $\boldsymbol{F}_R$。由于力 $\boldsymbol{F}_1$、$\boldsymbol{F}_2$、$\boldsymbol{F}_3$ 相互平衡，因此合力 $\boldsymbol{F}_R$ 应该与 $\boldsymbol{F}_3$ 平衡。再利用公理 1，可以得到力 $\boldsymbol{F}_R$ 与 $\boldsymbol{F}_3$ 共线。也即 $\boldsymbol{F}_3$ 与 $\boldsymbol{F}_1$、$\boldsymbol{F}_2$ 共面，并且通过汇交点 O。证毕。

公理 4　作用与反作用定律

作用与反作用力总是同时存在，且两个力的大小相等、方向相反、沿着同一直线，分别作用在两个相互作用的物体上。若用 $\boldsymbol{F}$ 表示作用力，$\boldsymbol{F}'$表示反作用力，则

$$\boldsymbol{F}=-\boldsymbol{F}'$$

公理 4 实际上就是牛顿第三定律，这个定律说明了物体间相互作用的关系。不管物体是否平衡，该定律均成立。由于作用力和反作用力是分别作用在两个不同物体上的，因此它们不能构成一个平衡力系。

公理 3 和公理 4 既适用于刚体，也适用于变形体。

1.3 荷　　载

工程上将作用在结构或构件上的主动力称为荷载，这种主动力能使结构或构件产生某种运动或运动趋势，如建筑结构或构件的自重、风和雪的压力、行驶在桥梁上的车辆、地震等都可称为荷载。在建筑结构设计中，首先要确定作用在结构上的荷载，然后才能进行受力分析及计算，最后确定结构或构件的材料、形状及尺寸等。因此荷载计算的准确性将直接影响受力分析的结果，是结构设计之初所要解决的重要问题。

1.3.1 荷载的分类

结构所承受的荷载往往比较复杂。为了便于计算，参照有关结构设计规范，根据不同的特点加以分类。

(1) 按作用在结构上时间的久暂，荷载可分为恒荷载和活荷载及偶然荷载。

① 恒荷载：长久作用于结构上的不变荷载，其大小、方向和作用位置都不会随着时间的推移发生变化。如结构的自重，它始终存在，是最典型的恒荷载。

② 活荷载：暂时作用在结构上的可变荷载，是指那些大小和作用点有可能发生变化的荷载，如楼面活荷载、风荷载、雪荷载、吊车荷载等。不同类型的建筑类型，活荷载的取值也不同，各种常用的活荷载，在《建筑结构荷载规范》中都有详细的规定。

③ 偶然荷载：在建筑使用过程中不一定出现，一旦出现其数值很大，持续时间短，如地震荷载。

(2) 按作用在结构上的范围，荷载可分为集中荷载和分布荷载。

① 集中荷载：是指集中作用在结构某一点上的荷载。实际荷载总是作用在一定的面积上，不会是集中在一点，但只要分布面积远小于结构的尺寸时，都可看作是集中荷载。如楼板通过梁传递给柱子的压力、吊车的轮子对吊车梁的压力、静止的汽车通过轮胎作用在路面上的压力等，接触面积相对于结构尺寸来说都很小，可以认为是集中荷载。集中荷载的单位与力的单位一致，用 N 或 kN 表示。

② 分布荷载：是指分布在一定面积或长度上的荷载，如风、雪、结构自重等。分布荷载根据分布情况又可分为均布荷载及非均布荷载。均布荷载是指荷载连续作用、大小各处相等，一般又分为均布线荷载和均布面荷载。如梁这样细长的杆件，其自重用每米长度上的重量来表示，称为均布线荷载，单位是 N/m 或 kN/m，如图 1.6 所示。楼板的自重也是均布荷载，一般用单位面积上的重量来表示，称为均布面荷载，单位是 N/m^2 或 kN/m^2，如图 1.7 所示。非均布荷载一般指三角形分布、梯形分布或一些分布毫无规律的荷载。

(3) 按作用在结构上的性质，荷载可分为静力荷载和动力荷载。

① 静力荷载：静力荷载是指荷载的大小、位置和方向不随时间变化或变化极为缓慢，不会使结构产生显著的振动，从而可忽略其惯性力影响。如结构的恒荷载都是静力荷载，如果只考虑位置改变，不考虑对结构的动力效应，一般的活荷载也属于静力荷载。

② 动力荷载：动力荷载是指荷载随时间迅速变化，使结构产生显著的振动，从而必须考虑其惯性力影响。如机械运转时产生的荷载、地震时对结构的动力作用等。

1.3.2 荷载的简化和计算

1. 等截面梁自重的计算

在工程结构计算中，通常用梁轴线表示一根梁。等截面梁的自重总是简化为沿梁轴线方向的均布线荷载 q。

一矩形截面梁如图 1.9(a)所示，其截面宽度为 b(m)，截面高度为 h(m)。设此梁的单

位体积重(重度)为 $\gamma(kN/m^3)$，则此梁的总重是

$$Q=bhl\gamma \quad (kN)$$

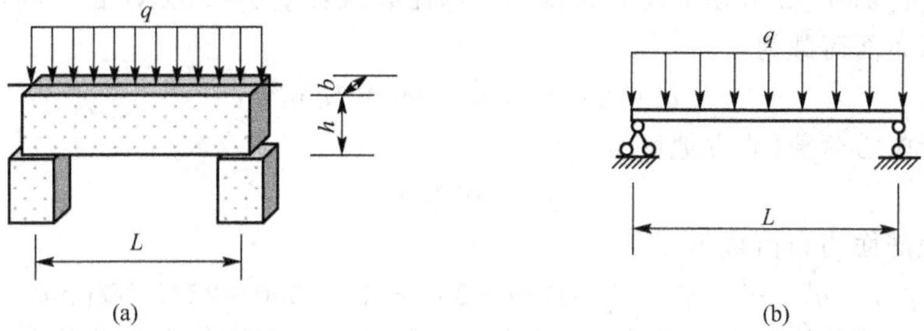

图 1.9

梁的自重沿梁跨度方向是均匀分布的，所以沿梁轴每米长的自重 q 是

$$q=Q/L \quad (kN/m)$$

将 Q 代入上式得

$$q=bh\gamma \quad (kN/m)$$

q 值就是梁自重简化为沿梁轴线方向的均布线荷载值［图 1.9(b)］，均布线荷载 q 也称线荷载集度。

2. 均布面荷载化为均布线荷载的计算

在工程计算中，在板面上受到均布面荷载 $q'(kN/m^2)$时，需要将它简化为沿跨度(轴线)方向均匀分布的线荷载来计算。

设一平板上受到均匀的面荷载 $q'(kN/m^2)$作用，板宽为 b(m)(受荷宽度)、板跨度为 L(m)，如图 1.10 所示。

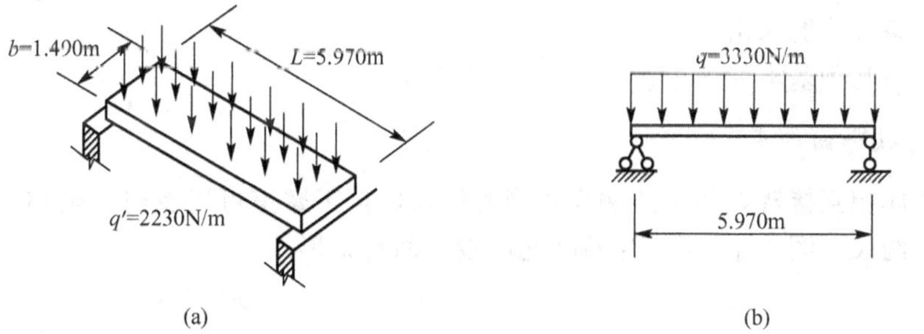

图 1.10

那么，在这块板上受到的全部荷载 Q

$$Q=q'bL(kN)$$

而荷载 Q 是沿板的跨度均匀分布的，于是，沿板跨度方向均匀分布的线荷 q 为

$$q=bq'(kN/m)$$

假设图 1.10(a)所示平板为一块预应力钢筋，混凝土屋面板，宽 $b=1.490$m，跨度(长)$L=5.970$m，自重为 11kN，简化为沿跨度方向的均布线荷载。

自重均匀分布在板的每一小块单位面积上，所以自重形成的均布面荷载为

$$q_1'=\frac{11000}{5.970\times1.49}=1237(N/m^2)$$

屋面防水层形成的均布面荷载为

$$q_2'=300\text{N/m}^2$$

防水层上再加 0.02 米厚水泥砂浆找平，水泥砂浆容重 $\gamma=20\text{kN/m}^3$，则这一部分材料自重形成的均布面荷载为

$$q_3'=20000\times0.2=400(\text{N/m}^2)$$

最后再考虑雪荷载(北方地区考虑)

$$q_4'=300\text{N/m}^2$$

总计得全部面均布荷载为

$$q'=q_1'+q_2'+q_3'+q_4'=1237+300+400+300=2237(\text{N/m}^2)$$

把全部均布荷载简化为沿板跨度方向的均布线荷载，即用均布面荷载大小乘以受荷宽度［图 1.10(b)］

$$q=bq'=1.49\times2237=3333(\text{N/m}^2)$$

1.4 约束与约束力

空间中的物体，有些可以自由运动，称为自由体，如运行中的人造卫星等。有些则不能自由运动，它们在空间某些方向上的位移受到了限制，称为非自由体，如受到墙体限制的房屋楼板等。对非自由体的某些位移起限制作用的周围物体称为约束体，简称约束，如前面提到的墙体，它是房屋楼板的一个约束。

约束对物体的作用实际上就是力的作用。约束对非自由体的力称为约束力或约束反力。由于约束力的产生是因为阻碍了物体的位移，因此约束力的方向必然与约束所阻碍的位移方向相反。应用这个原则，可以确定出约束力的方向。至于约束力的大小，需要通过力系的平衡条件才能求出。

下面列举几种基本的约束。

1. *光滑接触面约束*

两个物体相互接触，如果接触面相当光滑，以至于摩擦可以忽略，则称这样的约束为光滑接触面约束。图 1.11 所示为两种光滑接触面约束形式。

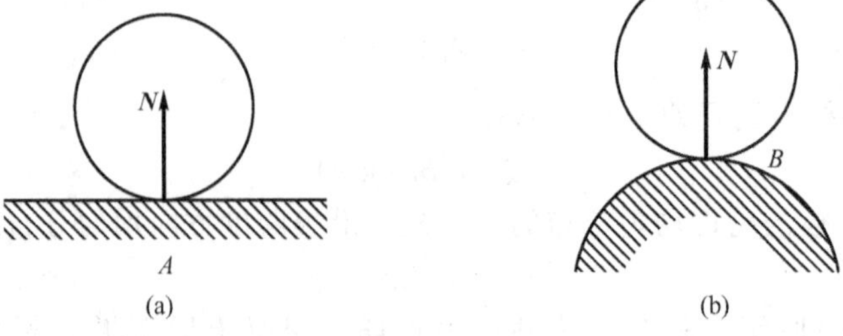

图 1.11

由于光滑接触面只能阻碍物体沿接触点的公法线方向、并向约束内部的位移，而不能阻碍其他方向的位移。因此，光滑接触面的约束力作用在接触点上，沿着接触面在该点的公法线方向，并指向被约束的物体。图 1.11 中的约束力 $\boldsymbol{N}$ 已示于图中。

2. 柔软绳索约束

这里的绳索还包括链条、传动皮带等。这些约束的特点是只能承受拉力，即只能阻碍被约束的物体沿绳索中心线离开绳索，而不能阻碍其他方向的位移。因此绳索的约束力作用在接触点，沿着绳索中心线背离物体，如图 1.12 中的力 $\boldsymbol{T}$。

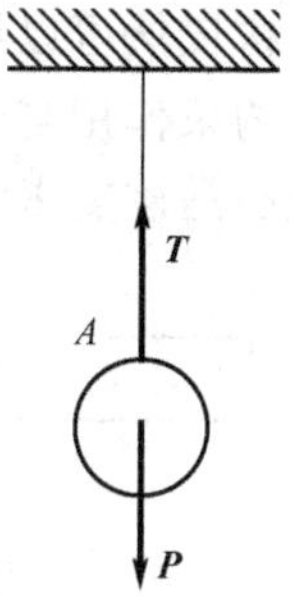

图 1.12

3. 光滑圆柱形铰链约束

如图 1.13(a)所示，用一根圆柱形销钉 C 穿过预埋在混凝土构件 A 和 B 内的圆弧形钢筋，从而把构件 A 和 B 连接在一起。如果销钉与钢筋之间的摩擦可以忽略，那么此时的联结便形成了一个光滑圆柱形铰链，或者简称为铰。图 1.13(b)是其简化表示法。

由于销钉不能阻碍连接的两个物体绕其转动，而只能阻碍它们在与销钉轴线垂直的平面内发生相互的错动。因此，光滑圆柱形铰链的约束力作用在与销钉轴线垂直的平面内，通过销钉中心，但约束力的具体方位不定。

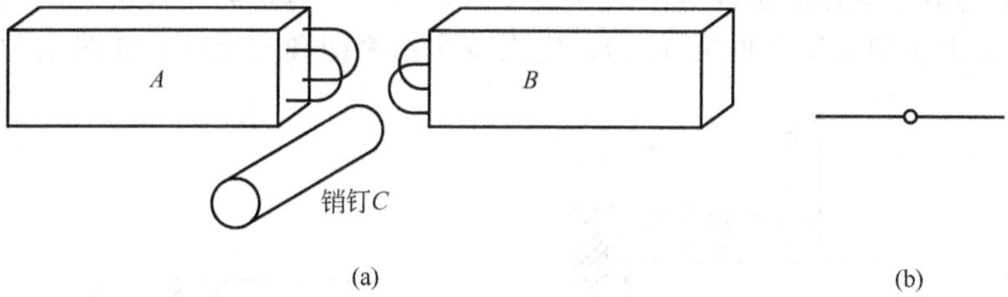

图 1.13

4. 可动铰支座

图 1.14(a)为可动铰支座的示意图。支座可以沿着支撑面滑动，而上部构件与支座通过一个铰连接，可以绕着铰转动。可见，可动铰支座既不能阻碍上部结构沿着支撑面切线方向滑动，也不能阻碍上部结构的转动，它只能阻碍上部结构沿支撑面法线方向的位移。因此可动铰支座的支座反力只有一个，即通过铰中心，沿着支撑面的法线方向。图 1.14(b)和(c)为该支座常用的简图，其支座反力也示于图中。

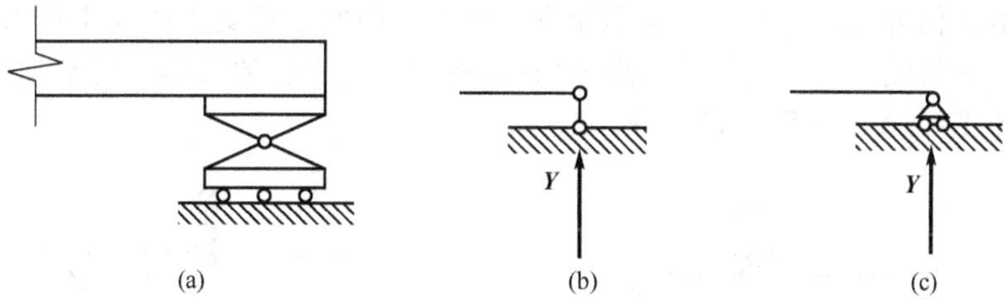

图 1.14

5. 固定铰支座

与可动铰支座不同，固定铰支座的支座被固定在支撑面上，如图 1.15(a)所示。此时上部结构依然可以绕着铰转动，但支座无法沿着支撑面发生任何方向的位移。可见固定铰支座的约束作用与光滑圆柱形铰链类似，其支座反力通过铰中心，但方向不定。图 1.15(b)和(c)是该支座常用的简图，支座反力用两个相互垂直的力表示，如图 1.15 所示。

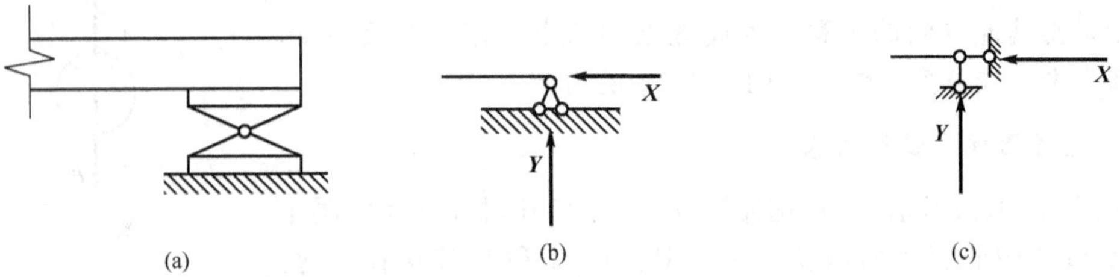

图 1.15

6. 定向支座

图 1.16(a)为定向支座的示意图。被支撑的构件嵌入于支撑体内，构件可以沿着支撑面滚动，但不能发生转动，也不能沿着支撑面法线方向运动。因此，定向支座的支座反力有两个，一个为沿着支撑面法线方向的约束反力，另一个为阻碍构件转动的力，称之为约束反力偶(有关力偶的知识参见第 3 章)。定向支座的简图和支座反力如图 1.16(b)所示。

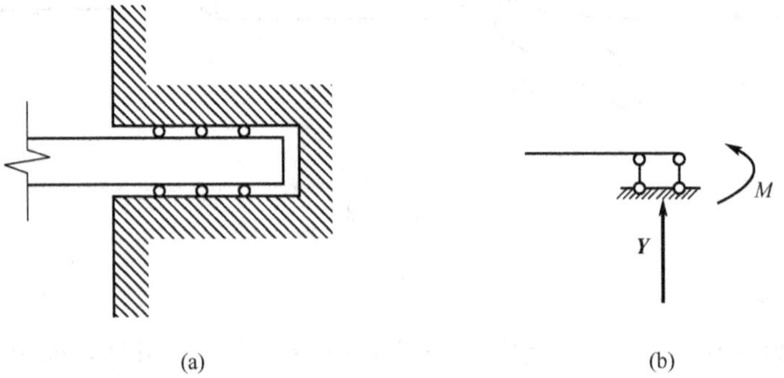

图 1.16

7. 固定支座

固定支座的示意图如图 1.17(a)所示。构件嵌入于支撑体内，并和支撑体完全固定，构件既不能沿任何方向发生位移，也不能发生转动。因此固定支座的支座反力，包括沿支撑面法线方向和切线方向的力以及约束反力偶(有关固定支座的力学分析参见第 4 章)。它们和支座的简图一起，如图 1.17(b)所示。

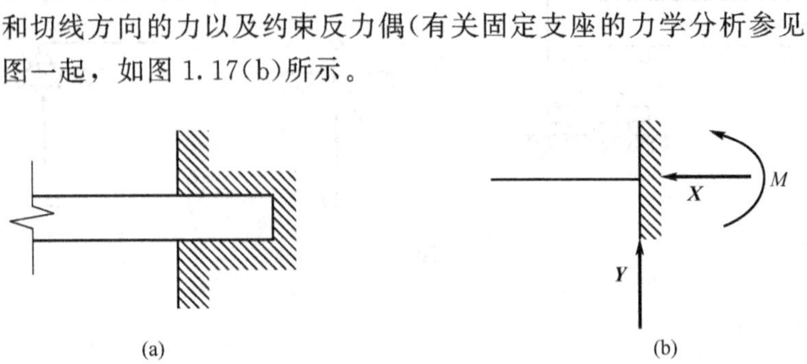

图 1.17

1.5 物体的受力分析

物体的受力分析是静力学的研究内容之一。所谓受力分析，即指确定物体的受力情况，包括物体受到哪些力，每个力的作用位置和作用方向。受力分析的目的是为了能够建立平衡条件，从而求解出未知力。

为了方便物体的受力分析，常常将所研究的物体(称为受力体)从它周围的物体(称为施力体)中脱离出来，单独画出它的简图，然后把全部施力体对它的作用根据其性质，用合适的力代替，并画于简图中。这种表示物体受力情况的简化图形称为受力图，被脱离出来的受力体称为隔离体。

作用于受力体的力一般可以分为主动力和被动力两大类，所谓主动力，是指主动施加于受力体上的力，如梁承受的重力、墙承受的风压力等，一般是已知的。而被动力是相对于主动力而言的，主要是指约束施加于受力体的约束力，一般是未知的。主动力和被动力有着本质的区别，被动力是一种约束力，它的方向由它所阻碍的受力体的位移决定，而大小需要通过平衡条件确定；而主动力的大小和方向均可以事先独立地测定，与受力体的约束无关。工程中一般将主动力称为荷载。

画物体受力图是求解静力学问题的一个重要步骤，直接关系到静力学问题求解的正确与否。下面举例说明。

例 1-1 图 1.18(a)为某对称屋架简图。其中 A 处为固定铰支座，B 处为可动铰支座。屋架 AC 边承受法向的均匀分布力，荷载集度(单位长度上的力)为 q。试作出屋架的受力图。已知屋架的自重为 $\boldsymbol{P}$。

解：(1) 根据题意，取屋架为隔离体，画出简图，如图 1.18(a)所示。

(2) 在隔离体上画出主动力，包括屋架的自重 $\boldsymbol{P}$ 和均布荷载 q。

(3) 画支座反力。A 处为固定铰支座，它的支座反力可以用通过铰中心的两个相互垂直的力 $\boldsymbol{X}_A$ 和 $\boldsymbol{Y}_A$ 表示。B 处为可动铰支座，它的支座反力 $\boldsymbol{Y}_B$ 垂直支撑面，即竖直向上。

图 1.18(b)为整个屋架的受力图。

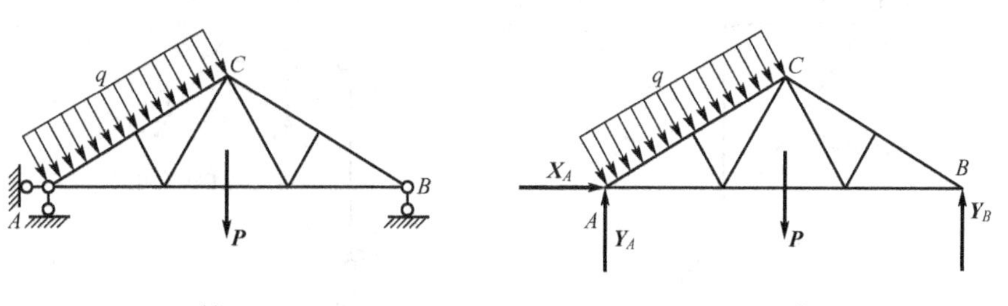

图 1.18

例 1-2 建筑工地上某简易起吊装置，由折杆 AB、BC 以及系杆 AC 组成，它们的重力忽略不计，相互之间用铰连接。杆 AB 上吊有重为 $\boldsymbol{P}$ 的重物，如图 1.19(a)所示。试分别画出三杆的受力图。

解：(1) 先分析杆 AC。A 处为固定铰支座，因此在该点 AC 杆受到的力 $\boldsymbol{F}_{AC}$ 通过 A 点，但方向待定。C 点为可动铰支座，但由于 AC 杆在此处同时还受到折杆 BC 的作用，因此在该点 AC 杆受到的力 $\boldsymbol{F}_{CA}$ 也是方向待定，通过 C 点。由于杆 AC 的重力不计，因此它只受到 $\boldsymbol{F}_{AC}$ 和 $\boldsymbol{F}_{CA}$ 这两个力的作用，保持平衡。根据公理 1，这两个力应该大小相等，方向相反，作用在同一条直线上。由此可以确定出 $\boldsymbol{F}_{AC}$ 和 $\boldsymbol{F}_{CA}$ 这两个力的方向，即沿着 A、C 两点的连线。至于这两个力的具体指向，需要根据平衡条件才能最后确定。AC 杆的受力图如图 1.19(b)所示。

(2) 再分析折杆 BC。它的约束情况与杆 AC 类似，也只在 B、C 两端受到铰的约束，因此上面的分析方法完全可以应用于此。折杆在 B、C 两点受到的力 $\boldsymbol{F}_{BC}$ 和 $\boldsymbol{F}_{CB}$ 的方向沿着 B、C 两点的连线。受力图如图 1.19(c)所示。

(3) 最后分析折杆 AB。由于自身重力不计，主动力只有重物施加的力。对重物的受力分析可知，该力的大小为 P，方向竖直向下。在铰 B 处，杆 AB 受到的约束力 $\boldsymbol{F}_{BA}$ 来自于杆 BC，因此它与力 $\boldsymbol{F}_{BC}$ 构成一对作用力与反作用力，根据公理 4，它们大小相等，方向相反，沿着同一作用线。在铰 A 处，受到固定铰 A 和杆 AC 的作用，约束力 $\boldsymbol{F}_{AB}$ 的作用线通过 A 点，但方向待定。总之，杆 AB 受到主动力 $\boldsymbol{P}$ 和约束力 $\boldsymbol{F}_{BA}$、$\boldsymbol{F}_{AB}$ 的作用，保持平衡。由于力 $\boldsymbol{P}$ 和力 $\boldsymbol{F}_{BA}$ 汇交于一点 D，根据推理 2，力 $\boldsymbol{F}_{AB}$ 的作用线也应通过 D 点，从而可以确定 $\boldsymbol{F}_{AB}$ 的方向，但它的具体指向，还需要根据平衡条件确定。杆 AB 的受力图如图 1.19(d)所示。

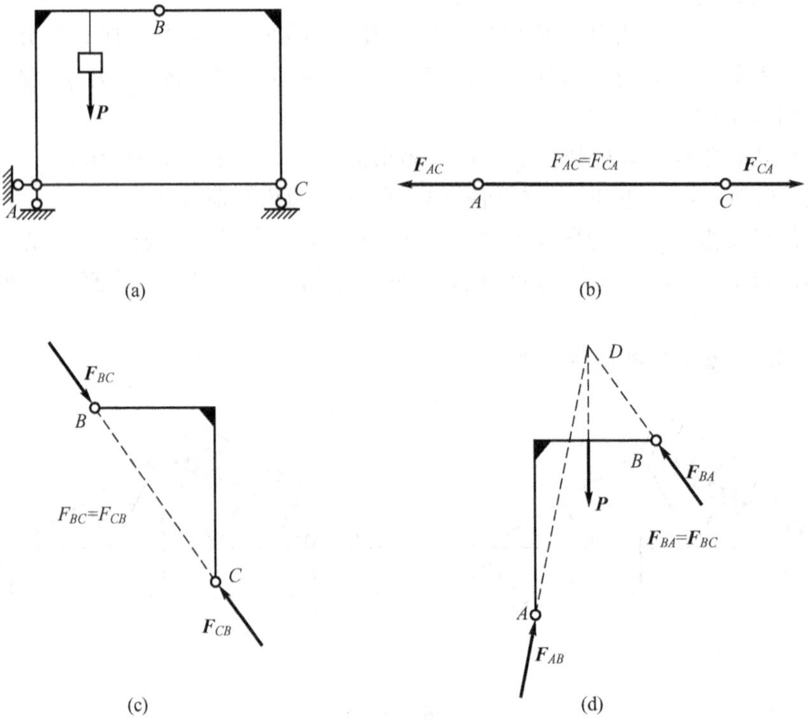

图 1.19

在上面的例题中，出现了只有两个力作用下保持平衡的构件，称为二力杆件，简称二力杆。二力杆可以是直杆，如例题中的 AC 杆；也可以是折杆，如例题中的 BC 杆，甚至是曲杆。二力杆所受的两个力必然沿着两个力作用点的连线，且大小相等，方向相反。二力杆在工程中经常出现，对解题也很有帮助。

本章小结

本章首先介绍了静力学的一些基本概念，包括力、力系、力系的简化、合力与分力、平衡、刚体等；然后介绍了静力学的4个公理及两个推论，4个公理包括二力平衡条件、加减平衡力系原理、力的平行四边形法则、作用与反作用定律，两个推论包括力的可传性、三力平衡汇交定理；在荷载这一节，介绍了荷载的定义及分类，重点介绍了荷载的简化与计算方法；在约束和约束力这一节，介绍了工程中常见的7种约束，重点介绍了如何解除约束并用约束反力替换约束；物体的受力分析是本章的重点和难点，画受力分析图的步骤如下。

(1) 确定研究对象。可以取单个物体为研究对象，也可以取由几个物体构成的整体为研究对象。将研究对象从周围物体中脱离出来，单独画出。

(2) 明确研究对象所受到力的数目。根据承受的实际荷载情况，画出所有主动力。根据研究对象与外界的接触情况，画出全部的约束力。

(3) 确定约束力的方向。首先判断约束属于哪种类型，再根据约束类型的特性，画出约束力的方向。

(4) 当分析两物体间相互的作用力时，应遵循作用、反作用关系，在一个物体上的作用力确定后，在另一个物体上的反作用力也就被确定了。

在分析过程中，必须时刻牢记力不能脱离受力物体和施力物体而存在，虽然受力图中不需要将施力物体画出，但不能凭空创造作用力。

关键术语

力(force)；力的三要素(three factors of force)；力系(system of forces)；力系的简化(reduction of force system)；合力(resultant force)；平衡(equilibrium)；刚体(rigid body)；荷载(load)；约束与约束力(constraint and constraint force)；平面简图(plane diagram)；受力分析(force analysis)

习 题

1. 思考题

(1) 怎样确定约束力的方向？将实际工程中复杂的约束抽象成简单的、便于分析计算的约束，应该遵循什么原则？

(2) 插入砖墙内的过梁，如图1.20所示。试分析墙对梁的约束情况，梁两端的支座

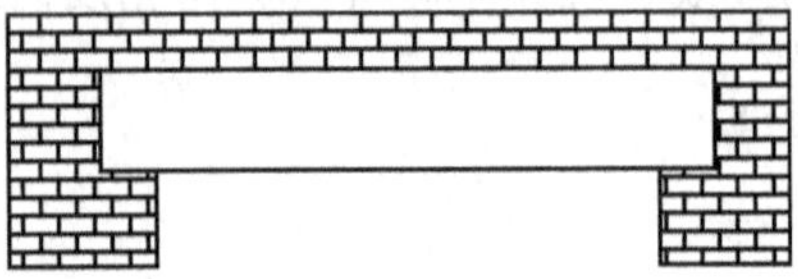

图 1.20

分别可以简化成什么支座？

(3) 固定铰支座的支座反力方向是不定的，但为什么在简图中却可以用两个相互垂直的、方向已知的力来表示？

(4) 等式 $\boldsymbol{F}_1=\boldsymbol{F}_2$、$F_1=F_2$ 各表示什么含义？等式 $\boldsymbol{F}_3=\boldsymbol{F}_1+\boldsymbol{F}_2$、$F_3=F_1+F_2$ 又分别代表什么含义？

(5) 为什么说一个合力的分力是不唯一的？

(6) 例 1-2 中的 AB 杆是否为二力杆？如果考虑杆件自重的影响，AC 杆和 BC 杆是否仍为二力杆？

(7) 如图 1.21～1.23 所示，图(a)为结构简图，图(b)为构件 AB 的受力图，试分析它们是否正确？如果错误，请改正。(构件 AB 的自重不计。)

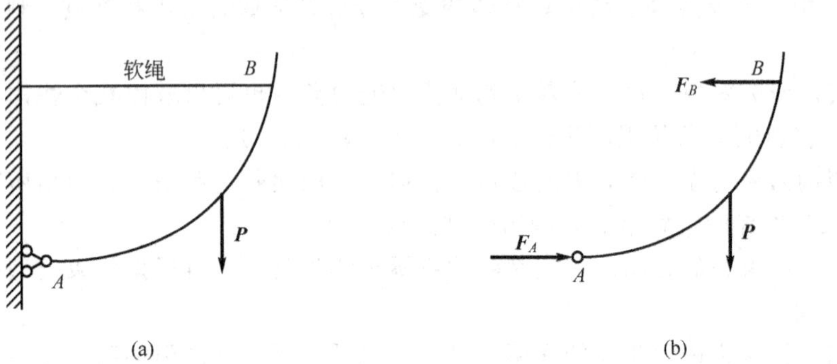

图 1.21

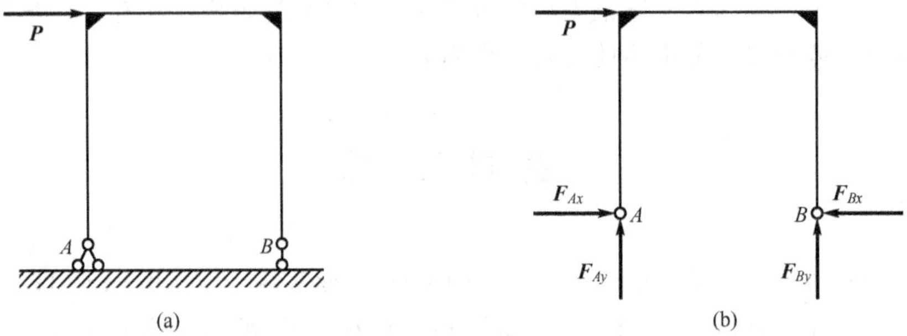

图 1.22

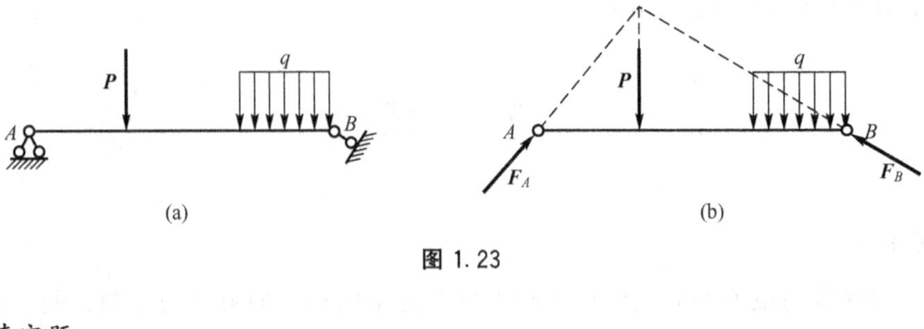

图 1.23

2. 填空题

(1) 力的三要素是________、________、________。

(2) 在力的作用下大小和形状都保持不变的物体，称为__________。

(3) 三力平衡汇交定理是这样描述的：作用于刚体上3个相互平衡的力，若其中两个力的作用线汇交于一点，则此三力必在同一平面内，且__________________________。

(4) 约束力的方向总是与约束所限制物体的运动方向____________。

(5) 在两个力作用下平衡的构件一般称为____________。

(6) 作用力与反作用力总是一对__________、__________、__________且作用在两个不同物体上的力。

3. 判断题

(1) 所谓刚体，其实是一种理想化的力学模型。(　　)

(2) 力的可传性原理只适用于刚体。(　　)

(3) 加减平衡力系原理适用于一切物体。(　　)

(4) 合力总是大于分力。(　　)

(5) 静力学公理中，作用力与反作用力公理和力的平行四边形公理适用于任何物体。(　　)

(6) 两端用光滑铰链连接的直杆是二力构件。(　　)

(7) 三力平衡定理指出：三力汇交于一点，则这3个力必然互相平衡。(　　)

4. 单项选择题

(1) 力的作用线都相互平行的平面力系称为(　　)力系。

A. 空间平行　　B. 空间一般　　C. 平面一般　　D. 平面平行

(2) 力的作用线都汇交于一点的空间力系称为(　　)力系。

A. 空间汇交　　B. 空间一般　　C. 平面汇交　　D. 平面一般

(3) 力的作用线既不汇交于一点，又不相互平行的平面力系称为(　　)力系。

A. 空间汇交　　B. 空间一般　　C. 平面汇交　　D. 平面一般

(4) 可限物体任何方向移动，不限制物体转动的支座称为(　　)支座。

A. 固定铰　　B. 可动铰　　C. 固定端　　D. 光滑面

(5) 既限制物体任何方向运动，又限制物体转动的支座称为(　　)支座。

A. 固定铰　　B. 可动铰　　C. 固定端　　D. 光滑面

(6) 有两个大小恒定的力，作用在一点上，当两力同向时，合力为A，反向时合力为B，当两力相互垂直时，其合力大小为(　　)。

A. $\sqrt{A^2+B^2}$　　B. $\sqrt{(A^2+B^2)/2}$　　C. $\sqrt{A+B}$　　D. $\sqrt{(A+B)/2}$

(7) 把一个力分解为两个力的时候，(　　)。

A. 一个分力变大时，另一个分力一定会变小

B. 两个分力不能同时变大

C. 无论如何分解，两个分力不能同时小于这个力的一半

D. 无论如何分解，两个分力不能同时大于这个力的2倍

5. 画图题

(1) 画出图1.24中的约束力方向，假定接触面均光滑。

(2) 画出图1.25中各构件的受力图。图中构件自重不计，假定所有接触均光滑。

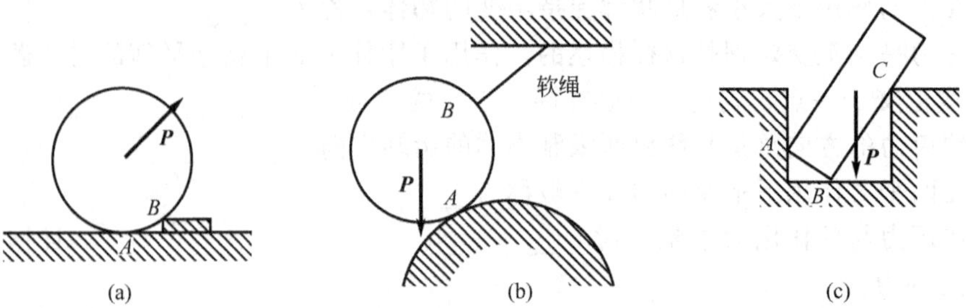
P
B
A
(a)
软绳
B
P
A
(b)
C
A
P
B
(c)

图 1.24

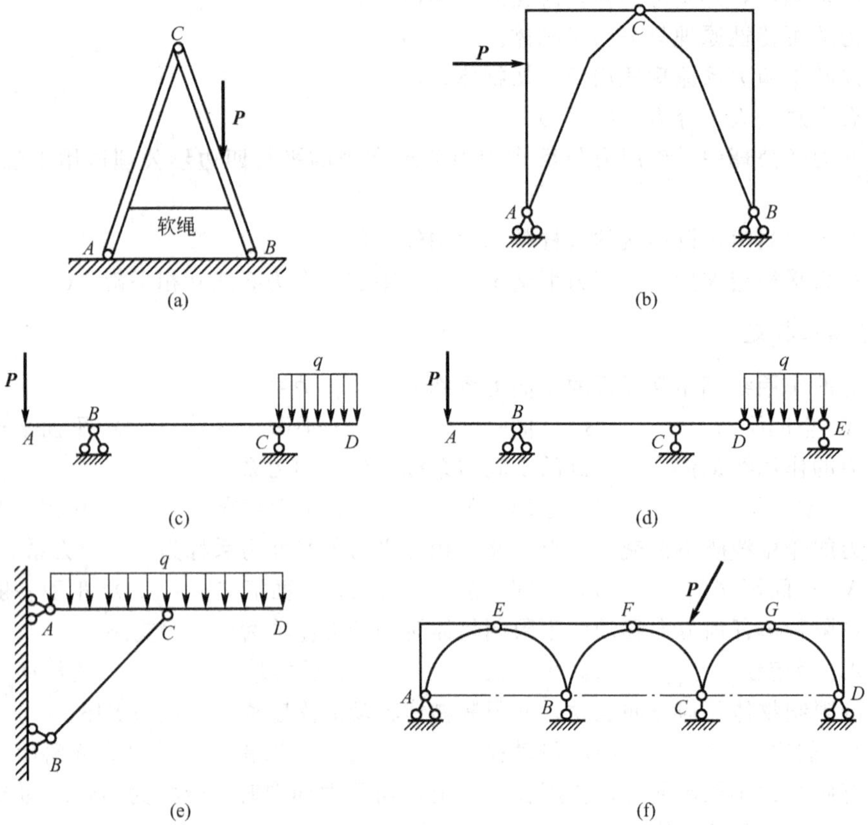
C
P
软绳
A
B
(a)
C
P
A
B
(b)
P
q
B
A
C
D
(c)
P
q
B
A
C
D
E
(d)
q
A
C
D
B
(e)
P
E
F
G
A
B
C
D
(f)

图 1.25

第2章 平面汇交力系

本章教学要点

知识模块	掌握程度	知识要点
平面汇交力系合成的几何法	了解	力的平行四边形法则、力的多边形法则
平面汇交力系合成的解析法	掌握	力在坐标轴上的投影、合力投影定理、平面汇交力系合成的解析法
平面汇交力系的平衡条件	重点掌握	平衡的几何条件、平衡的解析条件

本章技能要点

技能要点	掌握程度	应用方向
平面汇交力系的合成与平衡	掌握	工程结构受力分析及运算

导入案例

吊钩中的小学问

1981 年 11 月 11 日，某市石油加工厂装卸队工人在装卸站台吊运 4t 机床，如图 2.1 所示，当时用两条直径为 1.33cm 的钢丝绳起吊，当机床离地时两条钢丝绳吊索突然全部断开，机床掉下，机床底座和主轴摔坏，损失价值 36 万元。通过分析，事故主要原因是钢丝绳吊索选择不当，超负荷吊装，根据事后计算，吊 4t 货件，在当时的吊装角度下，应选用直径为 2cm 的钢丝绳吊索，力学分析如图 2.2 所示，作用在吊钩上的 3 个力，就是一组平面汇交力系，其具体合成及计算见本章 2.2 节。这起事故的发生说明准备工作很重要，若在工作前，有关人员经计算采取符合规定直径的钢丝绳吊索，就可以避免事故发生。

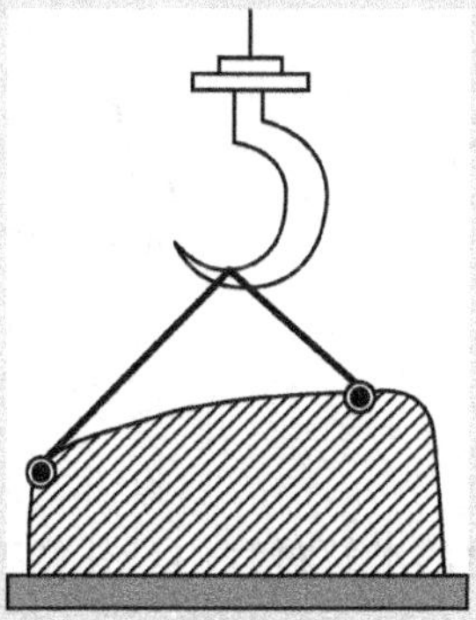

图 2.1

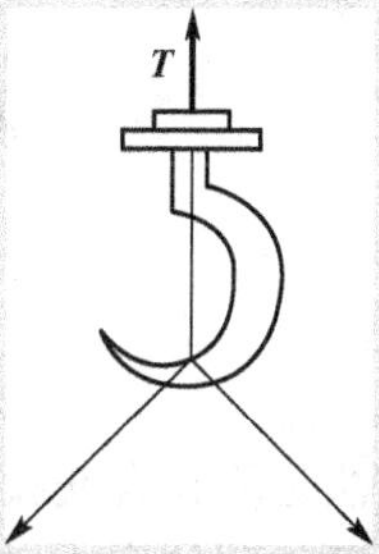

图 2.2

平面汇交力系是指各力的作用线汇交于一点的平面力系。平面汇交力系是一种简单的力系，是研究复杂力系的基础。

2.1 平面汇交力系合成的几何法

力的平行四边形法则是平面汇交力系合成的基础。为了研究问题的方便，将其表述成另外一种形式。如图 2.3(a)所示，力 $\boldsymbol{F}_1$ 和 $\boldsymbol{F}_2$ 作用于刚体上同一点 A，运用力的平行四边形法则，可以作出它们的合力 $\boldsymbol{F}_R$。合力 $\boldsymbol{F}_R$ 也可以通过如下方法作出：将力 $\boldsymbol{F}_2$ 平行移动至其起点与力 $\boldsymbol{F}_1$ 的终点重合，然后连接力 $\boldsymbol{F}_1$ 的起点与力 $\boldsymbol{F}_2$ 的终点，即得合力 $\boldsymbol{F}_R$，如图 2.3(b)所示。这种求解合力的方法称为力的三角形法则。三角形 ABC 称为力三角形。

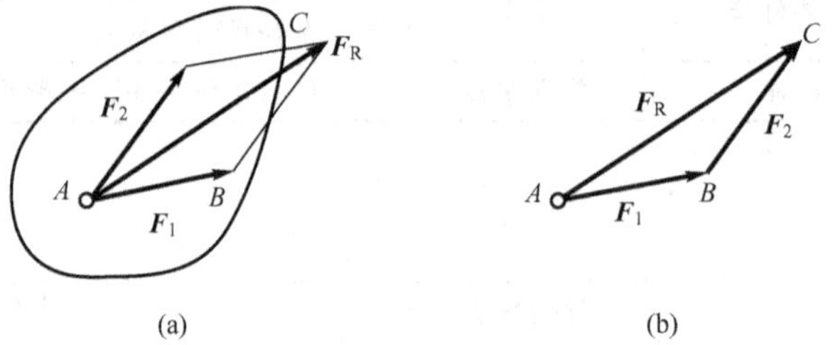

图 2.3

用几何法求解多个力组成的平面汇交力系的合力，可以通过反复运用上述力的三角形法则得到。设作用于同一刚体上的平面力系由任意多个力 $\boldsymbol{F}_1$、$\boldsymbol{F}_2$、…、$\boldsymbol{F}_n$ 组成，它们汇交于一点 A，如图 2.4(a)所示。根据力的可传性，可将这些力沿其作用线移动到 A 点。然后逐次应用力的三角形法则：先将力 $\boldsymbol{F}_1$ 和 $\boldsymbol{F}_2$ 合成为一个力 $\boldsymbol{F}_{R1}$，再将力 $\boldsymbol{F}_{R1}$ 和 $\boldsymbol{F}_3$ 合成为一个力 $\boldsymbol{F}_{R2}$。这样不断进行下去，直至力 $\boldsymbol{F}_n$，最后得到一个力 $\boldsymbol{F}_R$，如图 2.4(b)所示。这个力就是平面汇交力系的合力，它的作用线通过汇交点 A。由于力的平行四边形法则可以用矢量运算来表示，因此合力 $\boldsymbol{F}_R$ 也可以用矢量运算表示为

$$\boldsymbol{F}_R=\boldsymbol{F}_1+\boldsymbol{F}_2+\cdots+\boldsymbol{F}_n=\sum_{i=1}^{n}\boldsymbol{F}_i \tag{2-1}$$

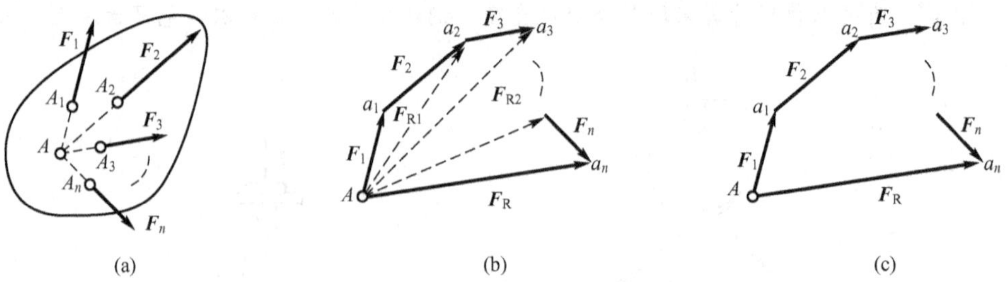

图 2.4

因为矢量的加法运算符合交换律，所以在合力的求解过程中，任意变换力三角形的作图次序，不影响最后得到的合力 $\boldsymbol{F}_R$。

上面合力 $\boldsymbol{F}_R$ 还可以用更简单的方法求得，即在作图时不必将中间合力 $\boldsymbol{F}_{R1}$、$\boldsymbol{F}_{R2}$ 等画出，而只需将各力 $\boldsymbol{F}_1$、$\boldsymbol{F}_2$、…、$\boldsymbol{F}_n$ 依次首尾相连，最后连接第一个力 $\boldsymbol{F}_1$ 的起点 A 与最后一个力 $\boldsymbol{F}_n$ 的终点 a_n，矢量 $\overrightarrow{Aa_n}$ 即为合力 $\boldsymbol{F}_R$，如图 2.4(c)所示。这样作出的多边形 $Aa_1a_2\cdots a_n$ 称为力多边形，边 Aa_n 称为封闭边。这种求解合力的几何方法称为力多边形法则。

例 2-1　压路机在路面上受到挡条的阻碍而停止运动，如图 2.5(a)所示。已知碾子的重力 $G=63\text{kN}$，受到的水平牵引力 $P=23.1\text{kN}$。挡条对轮子的作用力 $F=46.2\text{kN}$，方向偏离竖直方向 30°。试用几何法求出这 3 个力的合力 $\boldsymbol{F}_R$。

图 2.5

解：这 3 个力的作用线都通过碾子圆心 O，因此是一平面汇交力系。按比例和角度作出三力矢量 $\boldsymbol{G}$、$\boldsymbol{P}$、$\boldsymbol{F}$，如图 2.5(b)所示。将它们依次首尾相连，得到力多边形 $Oabc$，则矢量 $\overrightarrow{Oc}$ 即为合力 $\boldsymbol{F}_R$。按比例尺量得它的大小 $F_R=23\text{kN}$，方向沿着竖直线向下，它的作用线通过原力系的汇交点 O。

2.2 平面汇交力系合成的解析法

平面汇交力系合成的解析法是一种通过力学计算求得合力的方法，它以力在坐标轴上的投影为基础。

2.2.1　力在坐标轴上的投影

如图 2.6 所示，直角坐标系 Oxy 所在的平面内有一力 $\boldsymbol{F}$，作用于刚体上的 A 点。过力 $\boldsymbol{F}$ 的起点 A 和终点 B 向 x 轴作垂线，得垂足 a 和 b。线段 ab 的长度再冠以正负号，称为力 $\boldsymbol{F}$ 在 x 轴上的投影，记为 F_x。如果从 a 到 b 的指向与 x 轴的正方向一致，则 F_x 取正号，反之取负号，因此图 2.6 中的 F_x 为负。同理可定义力 $\boldsymbol{F}$ 在 y 轴上的投影 F_y，图 2.6 中的 F_y 为正。

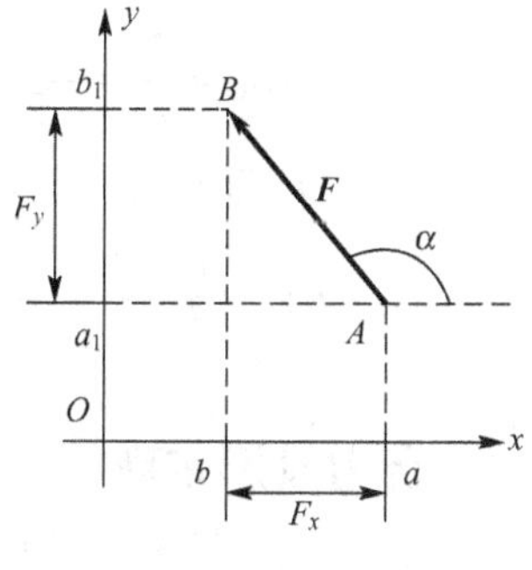

图 2.6

记 x 轴正向到力 $\boldsymbol{F}$ 的角度为 α(逆时针)，则根据图 2.6 中的几何关系，以下式子成立。

$$F_x = F\cos\alpha$$
$$F_y = F\sin\alpha \tag{2-2}$$

因此，力在坐标轴上的投影是代数量。

反之，如果已知力 **F** 在正交坐标轴上的投影 F_x 和 F_y，则根据式(2-2)可以确定出该力的大小和方向。

$$F = \sqrt{F_x^2 + F_y^2}$$
$$\cos\alpha = \frac{F_x}{F}, \quad \sin\alpha = \frac{F_y}{F} \tag{2-3}$$

式中，α 同样为 x 轴正向到力 **F** 的角度。

例 2-2 求出图 2.7(a)、(b)、(c)、(d)中各力 **F** 在 x 轴和 y 轴上的投影 F_x 和 F_y。设各力的大小均为 10kN。

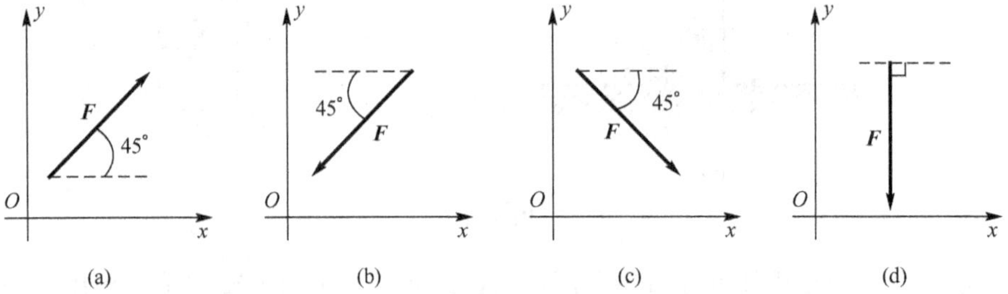

图 2.7

解：由图(a)，得：$F_x = F\cos\alpha = 10\times\cos45° = 7.07(\text{kN})$

$F_y = F\sin\alpha = 10\times\sin45° = 7.07(\text{kN})$

由图(b)，得：$F_x = F\cos\alpha = 10\times\cos225° = -7.07(\text{kN})$

$F_y = F\sin\alpha = 10\times\sin225° = -7.07(\text{kN})$

由图(c)，得：$F_x = F\cos\alpha = 10\times\cos315° = 7.07(\text{kN})$

$F_y = F\sin\alpha = 10\times\sin315° = -7.07(\text{kN})$

由图(d)，得：$F_x = F\cos\alpha = 10\times\cos270° = 0$

$F_y = F\sin\alpha = 10\times\sin270° = -10(\text{kN})$

例 2-3 已知力 **F** 在 x 轴和 y 轴上的投影 F_x 和 F_y，求力 **F**：(1) $F_x = -3\text{kN}$，$F_y = 4\text{kN}$；(2) $F_x = -3\text{kN}$，$F_y = -4\text{kN}$。

解：(1) $F = \sqrt{F_x^2 + F_y^2} = \sqrt{(-3^2) + 4^2} = 5(\text{kN})$；

$$\cos\alpha = \frac{F_x}{F} = \frac{-3}{5} = -0.6, \quad \sin\alpha = \frac{F_y}{F} = \frac{4}{5} = 0.8, \quad \alpha = 126.87°$$

(2) $F = \sqrt{F_x^2 + F_y^2} = \sqrt{(-3^2) + (-4)^2} = 5(\text{kN})$；

$$\cos\alpha = \frac{F_x}{F} = \frac{-3}{5} = -0.6, \quad \sin\alpha = \frac{F_y}{F} = \frac{-4}{5} = -0.8, \quad \alpha = 233.13°$$

2.2.2 合力投影定理

作用于刚体上同一点 A 的两个力 $\boldsymbol{F}_1$ 和 $\boldsymbol{F}_2$，如图 2.8 所示。用力的三角形法则作出它

们的合力 $\boldsymbol{F}_R$。在力的作用平面内建立直角坐标系 Oxy，分别作出力 $\boldsymbol{F}_1$、$\boldsymbol{F}_2$ 和 $\boldsymbol{F}_R$ 在 x 轴上的投影 $\boldsymbol{F}_{x1}$、$\boldsymbol{F}_{x2}$ 和 $\boldsymbol{F}_{xR}$。由图可见

$$F_{x1}=|ab|、\quad F_{x2}=-|cb|、\quad F_{xR}=|ac|$$

根据图中的几何关系，有

$$|ac|=|ab|-|cb|$$

因此

$$F_{xR}=F_{x1}+F_{x2}$$

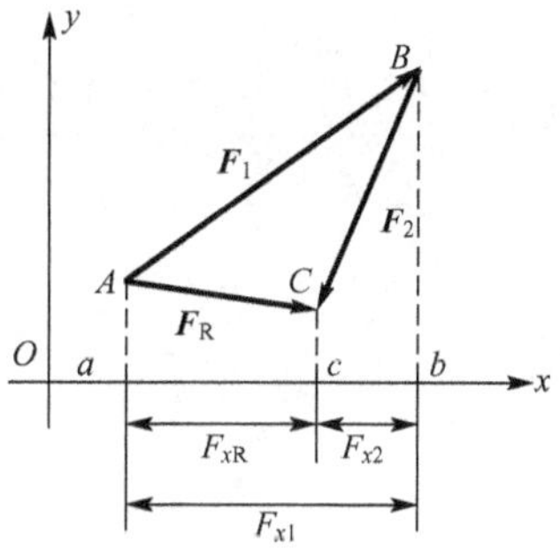

图 2.8

上式可以推广到由 n 个力组成的平面汇交力系在 x、y 轴投影的情形，即

$$\begin{aligned}F_{xR}&=F_{x1}+F_{x2}+\cdots+F_{xn}=\sum_{i=1}^{n}F_{xi}\\F_{yR}&=F_{y1}+F_{y2}+\cdots+F_{yn}=\sum_{i=1}^{n}F_{yi}\end{aligned}\qquad(2-4)$$

上式说明，合力在某一轴上的投影等于各分力在同一轴上的投影的代数和。此即合力投影定理。

2.2.3 平面汇交力系合成的解析法

利用合力投影定理，可以求得平面汇交力系的合力 $\boldsymbol{F}_R$ 在正交坐标轴上的投影 $\boldsymbol{F}_{xR}$ 和 $\boldsymbol{F}_{yR}$。再根据式(2－3)，即可确定出合力 $\boldsymbol{F}_R$ 的大小和方向。

$$\begin{aligned}&F_R=\sqrt{F_{xR}^2+F_{yR}^2}=\sqrt{\left(\sum_{i=1}^{n}F_{xi}\right)^2+\left(\sum_{i=1}^{n}F_{yi}\right)^2}\\&\cos\alpha=\frac{F_{xR}}{F_R}=\frac{\sum_{i=1}^{n}F_{xi}}{F_R},\quad \sin\alpha=\frac{F_{yR}}{F_R}=\frac{\sum_{i=1}^{n}F_{yi}}{F_R}\end{aligned}\qquad(2-5)$$

式中，α 为 x 轴正向到力 $\boldsymbol{F}$ 的角度。

例 2－4 在 Oxy 平面内有某一汇交力系，如图 2.9 所示。已知 $F_1=30\text{kN}$，$F_2=45\text{kN}$，$F_3=15\text{kN}$，$F_4=37.5\text{kN}$，各力的方向示于图中，试用解析法求该力系的合力 $\boldsymbol{F}_R$。

解：(1) 先利用合力投影定理计算 $\boldsymbol{F}_R$ 在 x、y 轴上的投影 $\boldsymbol{F}_{xR}$、$\boldsymbol{F}_{yR}$。

$$F_{xR}=\sum_{i=1}^{4}F_{xi}=F_1\cos30°+F_2\cos120°+F_3\cos225°+F_4\cos315°=19.39(\text{kN})$$

$$F_{yR}=\sum_{i=1}^{4}F_{yi}=F_1\sin30°+F_2\sin120°+F_3\sin225°+F_4\sin315°=16.85(\text{kN})$$

(2) 再利用式(2－5)求合力 $\boldsymbol{F}_R$ 的大小和方向。

$$F_R=\sqrt{F_{xR}^2+F_{yR}^2}=\sqrt{(19.39)^2+(16.85)^2}=25.69(\text{kN})$$

$$\cos\alpha=\frac{F_{xR}}{F_R}=\frac{19.39}{25.69}=0.75,\quad \sin\alpha=\frac{F_{yR}}{F_R}=\frac{16.85}{25.69}=0.66,\quad \alpha=40.99°\approx41°$$

合力 $\boldsymbol{F}_R$ 的作用线通过汇交点 O。

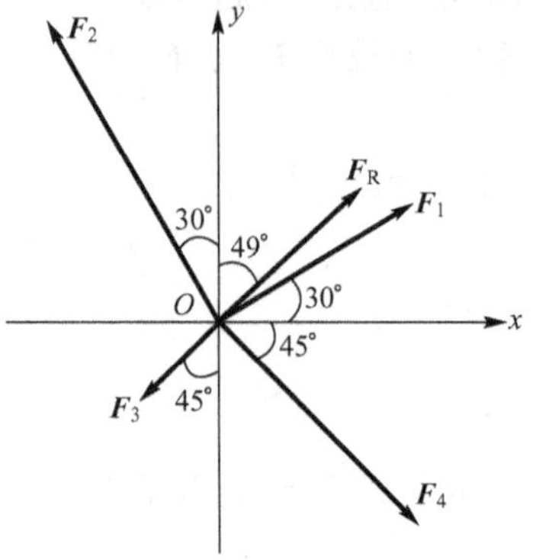

图 2.9

2.3 平面汇交力系的平衡条件

平面汇交力系与其合力等效，因此，平面汇交力系平衡的充分和必要条件是该力系的合力等于零。根据式(2-1)，亦即

$$\boldsymbol{F}_{\mathrm{R}}=\sum_{i=1}^{n}\boldsymbol{F}_i=0 \tag{2-6}$$

由于合力的求解有几何法和解析法两种，因此平面汇交力系的平衡条件也可以分为几何条件和解析条件两种。现分别介绍如下。

2.3.1 平面汇交力系平衡的几何条件

用几何法求解平面汇交力系的平衡问题时，式(2-6)的含义是力多边形中的封闭边为零，或者说，力多边形中最后一个力的终点与第一点的起点重合。此时的力多边形称为自行封闭的力多边形。因此平面汇交力系平衡的几何充分必要条件是：该力系的力多边形自行封闭或者封闭边为零。

例 2-5 压路机在路面上受到障碍而停止运动，如图 2.10(a)所示。已知碾子的重力 $G=63\text{kN}$，受到的水平牵引力 $P=19.1\text{kN}$。障碍物对碾子的作用力 $\boldsymbol{F}$ 与竖直线之间的夹角为 30°。试用几何法求出力 $\boldsymbol{F}$ 的大小，以及此时路面对碾子的支撑力 $\boldsymbol{N}$ 的大小。

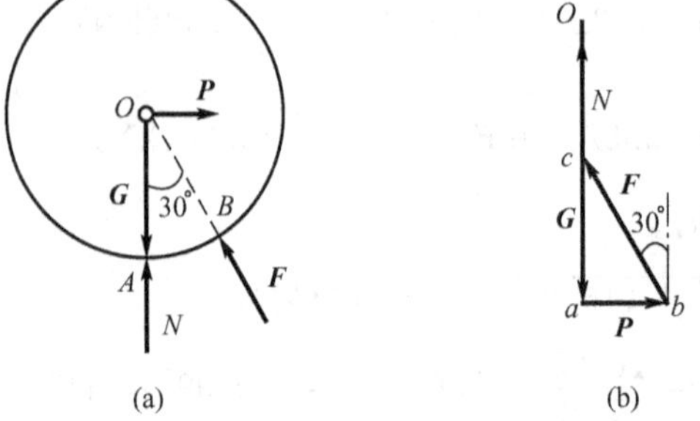

图 2.10

解：选取碾子为研究对象，它受到重力 $\boldsymbol{G}$、牵引力 $\boldsymbol{P}$、障碍物支反力 $\boldsymbol{F}$ 以及地面支撑力 $\boldsymbol{N}$ 的作用，受力图如图 2.10(a)所示，这些力汇交于碾子圆心 O，是一平面汇交力系，碾子在该力系作用下保持平衡。因为力矢量 $\boldsymbol{G}$ 和 $\boldsymbol{P}$ 的大小和方向均已知，所以先按比例作出 $\boldsymbol{G}$ 和 $\boldsymbol{P}$，并将它们首尾相连。根据平面汇交力系平衡的几何条件，力 $\boldsymbol{G}$、$\boldsymbol{P}$、$\boldsymbol{F}$ 和 $\boldsymbol{N}$ 4 个

力构成的力多边形应该自行封闭。结合力 $\boldsymbol{F}$ 和 $\boldsymbol{N}$ 的方向，最后作出力多边形，如图2.10(b)所示。

根据比例尺，可以量得

$$F=38.2\text{kN},\quad N=29.9\text{kN}$$

或者根据几何关系，利用三角公式计算得到力 $\boldsymbol{F}$ 和 $\boldsymbol{N}$ 的大小

$$F=\frac{P}{\sin30^\circ}=\frac{19.1}{\sin30^\circ}=38.2(\text{kN})$$

$$N=G-\frac{P}{\tan30^\circ}=63-\frac{19.1}{\tan30^\circ}-29.9(\text{kN})$$

例 2-6 平面刚架 $ABCD$ 如图 2.11(a)所示，在 E 点承受水平力 $\boldsymbol{P}$ 作用，大小 $P=20\text{kN}$。不计刚架自重，求 A、D 两处的支座反力 $\boldsymbol{F}_A$、$\boldsymbol{F}_D$。

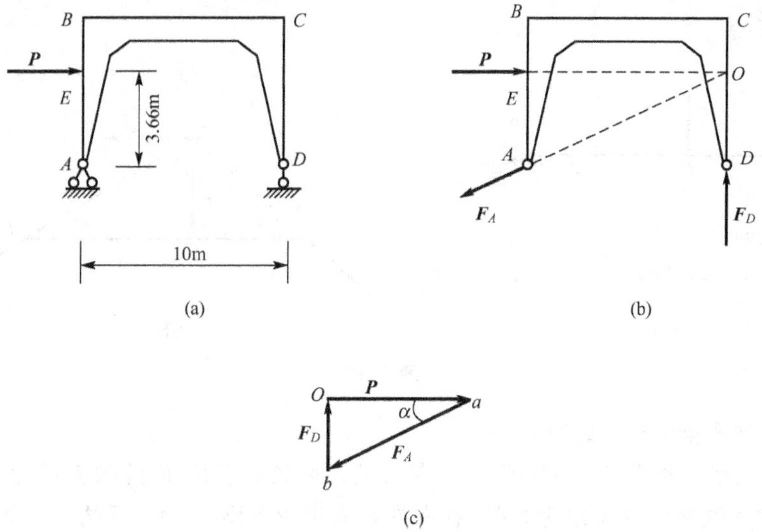

图 2.11

解：取刚架为研究对象。因为不计自重，刚架受 3 个力的作用：主动力 $\boldsymbol{P}$ 和 A、D 两处的支反力 $\boldsymbol{F}_A$、$\boldsymbol{F}_D$。根据可动铰支座的性质，$\boldsymbol{F}_D$ 的方向沿着竖直线，而固定铰支座 A 的支反力 $\boldsymbol{F}_A$ 方向待定。考虑到刚架只受 3 个力的作用而保持平衡，根据三力平衡汇交定理，这 3 个力的作用线应该汇交于一点，据此可以确定出支反力 $\boldsymbol{F}_A$ 的方向，从而画出刚架的受力图，如图 2.11(b)所示。这 3 个力组成力多边形 Oab，根据平面汇交力系平衡的几何条件，它应该是自行封闭的，如图 2.11(c)所示。利用三角公式进行计算

$$\tan\alpha=\frac{4.66}{10}=0.466,\quad \alpha=25;$$

$$F_A=\frac{P}{\cos\alpha}=\frac{20}{\cos25^\circ}=22.07(\text{kN}),\quad \text{作用线方向与水平线夹角 }25^\circ;$$

$$F_D=P\tan\alpha=20\times\tan25^\circ=9.32(\text{kN}),\quad \text{作用线沿竖直方向}$$

2.3.2 平面汇交力系平衡的解析条件

用解析法求解平面汇交力系的平衡问题时，式(2-6)的含义是合力的大小 $\boldsymbol{F}_{\text{R}}=0$。根

据式(2-5)，有

$$F_R=\sqrt{\left(\sum_{i=1}^{n}F_{xi}\right)^2+\left(\sum_{i=1}^{n}F_{yi}\right)^2}=0$$

上式等价于

$$\sum_{i=1}^{n}F_{xi}=0,\quad \sum_{i=1}^{n}F_{yi}=0 \tag{2-7}$$

因此，平面汇交力系平衡的充分和必要的解析条件是力系中各力在两个正交坐标轴上的投影之和分别等于零。式(2-7)称为平面汇交力系的平衡方程。这是两个相互独立的方程，能且只能求解两个未知量。

例 2-7 某梁结构如图 2.12(a)所示，A 为固定铰支座，B 为可动铰支座，它与水平线之间的夹角为 30°。在梁 C 处承受集中荷载 $P=10\text{kN}$。不计梁自重，求 A、B 两处的支座反力 $\boldsymbol{F}_A$、$\boldsymbol{F}_B$。

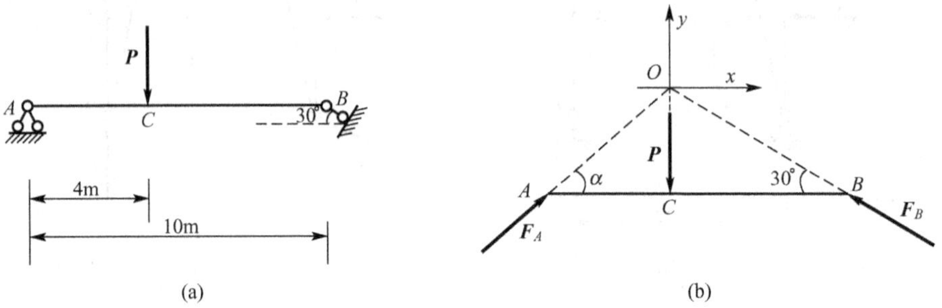

图 2.12

解：(1) 选取梁 AB 为研究对象。

(2) 画受力图，如图 2.12(b)所示。在右端，可动铰支座 B 处的支反力 $\boldsymbol{F}_B$ 与支撑面垂直，即与水平线之间的夹角为 30°。在左端，固定铰支座 A 的支反力 $\boldsymbol{F}_A$ 通过铰中心 A，但方向待定。梁 AB 在支反力 $\boldsymbol{F}_A$、$\boldsymbol{F}_B$ 以及集中荷载 $\boldsymbol{P}$ 的作用下保持平衡，根据三力平衡汇交定理，$\boldsymbol{F}_A$ 的作用线必须通过 $\boldsymbol{F}_B$ 与 $\boldsymbol{P}$ 的作用线交点 O，从而确定出 $\boldsymbol{F}_A$ 的作用线方向。梁 AB 的受力图如图 2.12(b)所示。

(3) 列平衡方程。先建立直角坐标系，选取为汇交点 O 为坐标原点，如图 2.12(b)所示。根据式(2-7)，有

$$\sum_{i=1}^{n}F_{xi}=0:\ F_A\cos\alpha-F_B\cos30^\circ=0$$

$$\sum_{i=1}^{n}F_{yi}=0:\ F_A\sin\alpha+F_B\sin30^\circ-P=0$$

(4) 方程求解。先求出角度 α。根据图 2.12(b)中的几何关系，有

$$\tan\alpha=\frac{|CO|}{|AC|}=\frac{|CB|\tan30^\circ}{|AC|}=\frac{6}{4}\cdot\tan30^\circ=0.866,\quad \alpha=40.89^\circ$$

从而可求得

$$F_A=9.17\text{kN},\quad F_B=8.00\text{kN}$$

上述结果均为正值，说明对这两个力的具体指向的假定与实际情况一致。反之，如果所得结果出现负号，则表明事先假定的力的指向与实际情况相反。

例 2-8 某支架结构如图 2.13(a)所示，A、B 为固定铰支座，斜撑 BC 与竖直线之间的夹角为 40°，与横梁 AD 通过铰 C 连接，C 点为横梁 AD 的中点。集中荷载 $P=20\text{kN}$，作用在 D 处。不计构件自重，求固定铰支座 A 的支反力 $\boldsymbol{F}_A$ 和斜撑 BC 所受的力 $\boldsymbol{N}_{BC}$。

解：(1) 确定研究对象。由于 $\boldsymbol{F}_A$ 和 $\boldsymbol{N}_{BC}$ 都与横梁 AD 有关，因此可以选择它作为研究对象。

(2) 画受力图。横梁 AD 受到斜撑 BC 的作用。由于自重不计，斜撑 BC 只在两端受力，属于二力杆件，因此力 $\boldsymbol{N}_{BC}$ 的方向沿着 BC 方向，即与竖直线之间的夹角为 40°。横梁 AD 同时又受到固定铰支座 A 的支反力 $\boldsymbol{F}_A$ 作用，方向待定。在力 $\boldsymbol{N}_{BC}$、$\boldsymbol{F}_A$ 以及集中荷载 $\boldsymbol{P}$ 的作用下，横梁 AD 保持平衡。根据三力平衡汇交定理，可以确定出支反力 $\boldsymbol{F}_A$ 的方向。最后得到横梁 AD 的受力图，如图 2.13(b)所示。

(3) 列平衡方程。先建立直角坐标系，将坐标原点建立在汇交点 E 上，如图 2.13(b)所示。根据式(2-7)列平衡方程

$$\sum_{i=1}^{n} F_{xi} = 0:\ N_{BC}\sin 40° - F_A \sin\alpha = 0$$

$$\sum_{i=1}^{n} F_{yi} = 0:\ N_{BC}\cos 40° - F_A \cos\alpha - P = 0$$

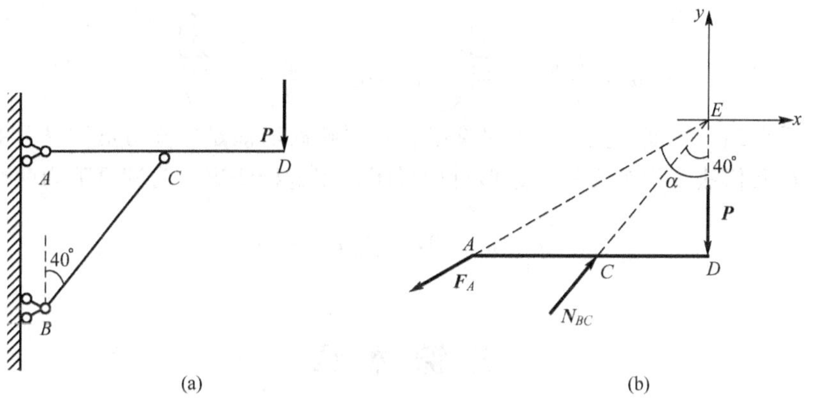

图 2.13

(4) 方程求解。先求出角度 α。因为 C 点是横梁 AD 的中点，由图 2.13(b)有

$$|DE| = \frac{|CD|}{\tan 40°} = \frac{|AD|}{\tan\alpha},\quad |AD| = 2|CD|$$

因此

$$\tan\alpha = 2\times\tan 40° = 1.678,\ \alpha = 59.21$$

从而可求得

$$F_A = 39.07\text{kN},\quad N_{BC} = 52.22\text{kN}$$

上面求出的 $\boldsymbol{N}_{BC}$ 实际上是斜撑 BC 对横梁 AD 的作用力，根据作用与反作用定律，斜撑 BC 所受的力大小也为 52.22kN。上述结果均为正值，说明对这两个力的具体指向的假定与实际情况一致。

通过前面几个例题，可以总结出求解平面汇交力系平衡问题的步骤如下。

(1) 根据题意，选择合适的平衡体作为研究对象。

（2）对研究对象进行受力分析，画出受力图。

（3）如果采用几何法求解，则作出力多边形；如果采用解析法求解，则先建立合适的直角坐标系，然后列出平衡方程。

（4）未知量求解：对于几何法，根据比例尺直接量出未知力的大小和方向，或者利用三角公式计算求解；对于解析法，通过求解平衡方程求出未知量。

本章小结

本章首先介绍了平面汇交力系合成的几何法，重点是应用力的平行四边形法则及多边形法则进行平面汇交力系的合成；在平面汇交力系合成的解析法这一节，首先介绍了力在坐标轴上的投影方法，然后介绍了合力投影定理，即合力在某一轴上的投影，等于各个分力在同一轴上投影的代数和，重点介绍了平面汇交力系合成的解析法，利用合力投影定理，可以求得合力的大小和方向，见下式。

$$F_R = \sqrt{F_{xR}^2 + F_{yR}^2} = \sqrt{\left(\sum_{i=1}^{n} F_{xi}\right)^2 + \left(\sum_{i=1}^{n} F_{yi}\right)^2}$$

$$\cos\alpha = \frac{F_{xR}}{F_R} = \frac{\sum_{i=1}^{n} F_{xi}}{F_R}, \quad \sin\alpha = \frac{F_{yR}}{F_R} = \frac{\sum_{i=1}^{n} F_{yi}}{F_R}$$

本章最后介绍了平面汇交力系的平衡条件：平衡时所满足的充分必要条件是该力系的合力为零，用几何法表示为力的多边形自行封闭，用解析法表示为满足下列两个方程。

$$\sum_{i=1}^{n} F_{xi} = 0, \quad \sum_{i=1}^{n} F_{yi} = 0$$

关键术语

平面汇交力系(system of coplanar and concurrent forces)；几何法(geometrical method)；解析法(analytical method)；合力投影定理(resultant force projection theorem)；平衡方程(equilibrium equation)

习　题

1. 思考题

（1）如图 2.14(a)、(b)中的 3 个力各满足什么关系？

（2）用几何法求平面汇交力系的合力时，任意变换各分力矢量的作图次序，所得到的力多边形是否相同？所得到的合力是否相同？

（3）力 $\boldsymbol{F}$ 在正交坐标轴上的投影与力 $\boldsymbol{F}$ 在正交坐标轴上的分力有什么关系？

图 2.14

(4) 同一个力在两相互平行的坐标轴上的投影是否相等？用解析法求解平面汇交力系的平衡问题时，直角坐标系的方向和原点选择是否任意？

2. 填空题

(1) 平面汇交力系平衡的必要和充分的几何条件是力多边形________________。

(2) 平面汇交力系合成的结果是一个__________。合力的大小和方向等于原力系中各力的________________。

(3) 力垂直于某轴，力在该轴上投影为________________。

(4) $\sum F_x=0$ 表示力系中所有的力在____________轴上的投影的____________为零。

(5) 合力投影定理，即力系的合力在____________等于力系中各分力在____________的代数和。

3. 判断题

(1) 平面汇交力系平衡的几何条件是力多边形自行封闭。(　　)

(2) 两个力在同一个轴上的投影相等，则这两个力大小一定相等。(　　)

(3) 力 $\boldsymbol{F}$ 在某一个轴上的投影等于零，则该力一定为零。(　　)

(4) 平面汇交力系求合力时，作图的力序可以不同，其合力不变。(　　)

(5) 平面汇交力系最多可以列 3 个平衡方程，求解 3 个未知量。(　　)

4. 单项选择题

(1) 一个物体上的作用力系，满足(　　)条件，就称这种力系为平面汇交力系。

A. 作用线都在同一平面内，且汇交于一点

B. 作用线都在同一平面内，但不交于一点

C. 作用线在不同一平面内，且汇交于一点

D. 作用线在不同一平面内，且不交于一点

(2) 平面汇交力系的合成结果是(　　)。

A. 零　　B. 一合力　　C. 一合力偶　　D. 不能确定

(3) 平面汇交力系平衡的必要和充分条件是各力在两个坐标轴上投影的代数和(　　)。

A. 一个大于零，一个小于零　　B. 都等于零

C. 都小于零　　D. 都大于零

(4) 平面汇交力系的平衡条件是(　　)。

A. $\sum F_x=0$　　B. $\sum F_y=0$

C. $\sum F_x=0$ 和 $\sum F_y=0$　　D. 都不正确

(5) 力沿坐标轴方向的分力是(　　)，而力在坐标轴上的投影是代数量。

A. 代数量　　B. 矢量　　C. 不确定

(6) 平面汇交力系有(　　)独立的平衡方程。

A. 一个　　B. 两个　　C. 3 个　　D. 4 个

5. 计算题

(1) 分别用几何法和解析法求图 2.15 中平面汇交力系的合力。已知 $F_1=F_2=20\text{kN}$，$F_3=30\text{kN}$，$F_4=40\text{kN}$，力 $\boldsymbol{F}_1$ 作用线水平。

(2) 平面上 4 个力的方向如图 2.16 所示。已知 $F_1=10\text{kN}$，$F_2=7.5\text{kN}$，$F_3=10\text{kN}$，$F_4=12.5\text{kN}$，求每个力在 x、y 轴上的投影。

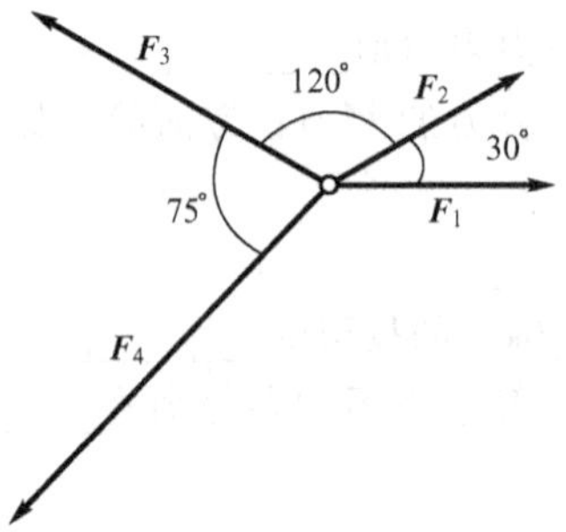

图 2.15

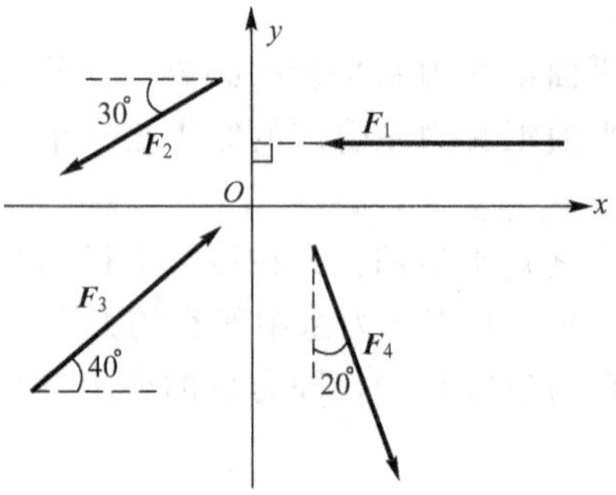

图 2.16

(3) 三角支架如图 2.17 所示，直杆 AB 和 BC 在 B 处用铰连接，与地面通过固定铰支座连接，不计杆自重，忽略所有铰的摩擦。在铰 B 处受到与支架同一平面的 3 个力 $\boldsymbol{P}_1$、$\boldsymbol{P}_2$ 和 $\boldsymbol{P}_3$ 的作用，其中 $P_1=200\text{N}$，$P_2=150\text{N}$，$P_3=350\text{N}$，方向如图 2.17 所示。求此时杆 AB 和 BC 所承受的力，并说明杆件是受压还是受拉？

(4) 如图 2.18 所示，支架由杆 AC 和 BC 构成。两杆的一端分别用固定铰支座与竖直墙连接，另外一端在 C 处用铰连接在一起，并在此处承受竖直向下的荷载 $P=1\text{kN}$。不计杆自重，忽略所有铰的摩擦，求图中(a)、(b)两种情形，杆 AC 和 BC 所受的力。

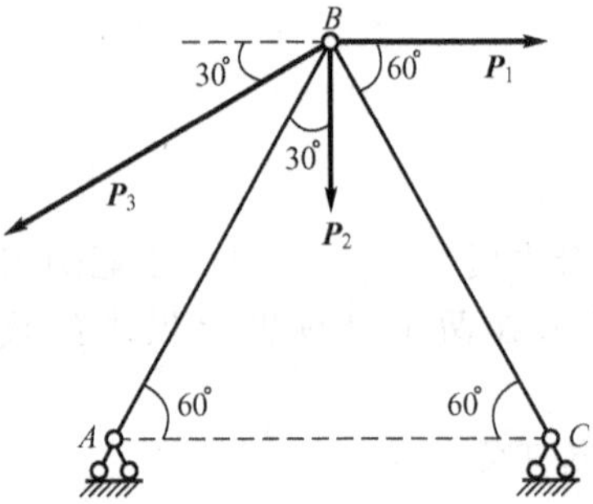

图 2.17

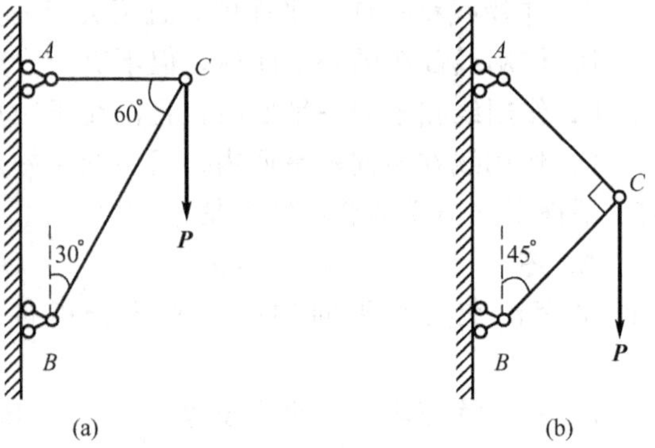

图 2.18

(5) 图 2.19 为工地上采用两点吊起吊预制梁的示意图。梁重 40t，钢绞线与水平线的夹角为 α。求梁匀速上升时，下面两种情形，钢绞线所承受的拉力：① $\alpha=30°$；② $\alpha=45°$。

(6) 某平面结构如图 2.20 所示。所有的铰均光滑，杆件自重不计。在 C 点受到力 $\boldsymbol{P}$ 的作用，方向如图所示。求此时杆 BD 所承受的力。

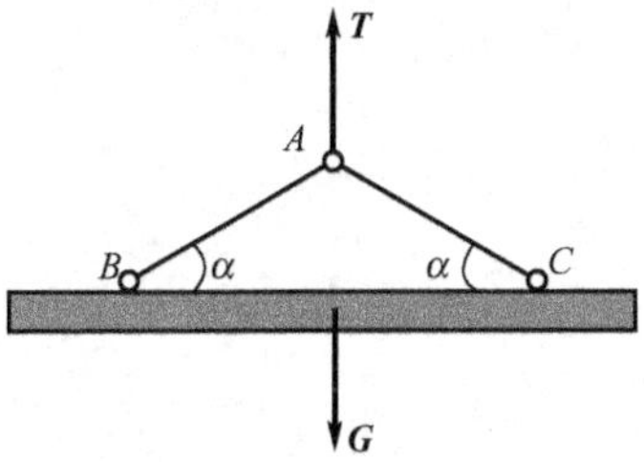

图 2.19

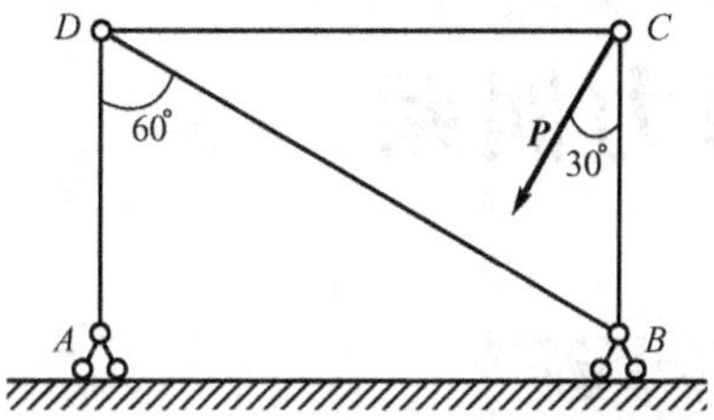

图 2.20

第3章 平面力偶系

本章教学要点

知识模块	掌握程度	知识要点
平面力对点之矩	掌握	力对点之矩的概念及性质，合力矩定理
平面力偶和力偶矩	掌握	平面力偶和力偶矩的概念及性质
平面力偶系的合成与平衡条件	重点掌握	平面力偶系的合成方法，平衡时满足的条件

本章技能要点

技能要点	掌握程度	应用方向
平面力偶系的合成与平衡	掌握	工程结构受力分析及计算

导入案例

阿基米得能撬动地球么？——浅谈力矩之美

“给我一个支点，我可以撬动地球！”

相传这是古希腊科学家阿基米得的一句名言。阿基米得享有“力学之父”的美称，他通过大量实验发现了杠杆原理，即“二重物平衡时，它们离支点的距离与重量成反比”。阿基米得对杠杆的研究不仅仅停留在理论方面，而且据此原理还进行了一系列的发明创造。据说，他曾经借助杠杆和滑轮组，使停放在沙滩上的桅船顺利下水，在保卫叙拉古城免受罗马海军袭击的战斗中，阿基米得利用杠杆原理制造了远、近距离的投石器，利用它射出各种飞弹和巨石攻击敌人，曾把罗马人阻于叙拉古城外达3年之久。

图3.1

那么阿基米得能撬动地球吗？我们知道，如果利用杠杆，理论上就能用一个很小的力，把地球撬起来，只要把这个力施加在杠杆的长臂端，而将地球放在短臂的那端。让我们设想阿基米得真的找到了一个星体作支点，再设想他也做成了一根足够长的杠杆，我们可以计算一下，把地球撬起 1cm，需要阿基米得在杠杆的长臂端移动多远的距离？

根据目前已知，地球的质量大约是 6×10^{24}kg，假设阿基米得能在长臂端施加相当于 60kg 的力，那么他要通过杠杆撬起地球，杠杆的长臂应当等于它的短臂的 1×10^{20} 倍。简单地计算一下就可以知道，把短臂的那一端撬起 1cm，就得把长臂那一端在宇宙空间里画一个大弧形，弧的长度大约是 1×10^{18}km。就是说，阿基米得如果要把地球撬起 1cm，他那扶着杠杆的手就得移动大到这样不可想象的一个距离。

虽然无法提供一个支点让阿基米得撬动地球，但这句话是有着严格的科学根据的。

3.1 平面力矩

3.1.1 力对点的矩

从长期的生产实践中，人们逐渐意识到，力对物体的作用效果可以分为两类：移动效应和转动效应。如手推门，门将绕着门轴转动，如图 3.2(a)所示，图 3.2(b)是其俯视简图。这就是力对物体的转动效应的一个例子。

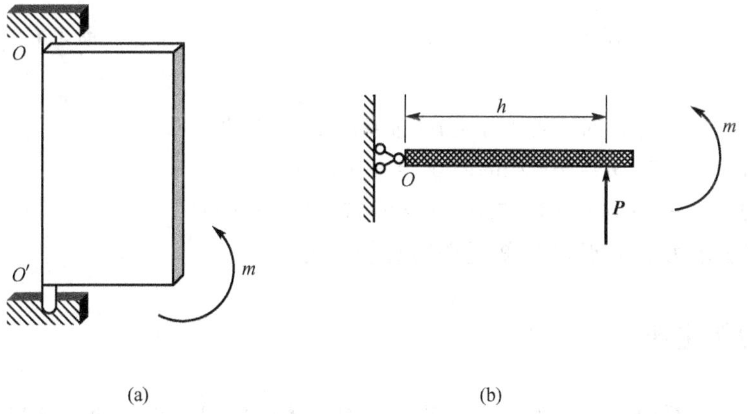

图 3.2

力对物体的转动效果与哪些因素有关呢？仍以上面门的转动问题为例。设门轴即转动中心为 O，手施加于门上的力为 $\boldsymbol{P}$，如图 3.2(b)所示。由生活经验可以知道，力作用点与门轴距离越远，越省力；力作用方向与门面越接近垂直，越省力。可见，力对门的转动效果不仅与力 $\boldsymbol{P}$ 的大小有关，而且还与转动中心 O 到力 $\boldsymbol{P}$ 作用线的垂直距离 h 有关。因此，可以用乘积 $P\cdot h$ 来衡量力 $\boldsymbol{P}$ 对门的转动效果。另外，如果改变力 $\boldsymbol{P}$ 的指向，使其朝相反的方向，则门将作反方向的转动。

上述力对物体的转动效果，可以用力对点的矩(简称为力矩)来表示，即力矩是度量力对刚体转动效应的物理量。转动中心称为力矩中心，简称为矩心。矩心到力作用线的垂直距离称为力臂。

如图 3.3 所示，力 $\boldsymbol{P}$ 与矩心 O 位于在同一平面内。力 $\boldsymbol{P}$ 对点 O 的矩记为 $M_O(\boldsymbol{P})$，根据前面的讨论，有

$$M_O(\boldsymbol{P})=\pm P\cdot h \tag{3-1}$$

因此，在平面内，力矩是一个代数量。它的绝对值等于力的大小与力臂的乘积，它的正负号按以下规定选取：力使物体绕矩心作逆时针方向转动时取正号，反之取负号。在国际单位制中，力矩的单位是 N·m。从图 3.3 可以看出，力矩的大小两倍于图中阴影三角形的面积。

由式(3-1)可知，力矩等于零的两个条件是：①力等于零；②力臂等于零，即力的作用线通过矩心。另外，如果力沿着其作用线滑动，则由于力的大小和力臂均没有发生变化，因此力矩也保持不变。

例 3-1 挖土机的机械臂受力如图 3.4 所示。土重 $P=4\text{kN}$，机械臂长 $l=5\text{m}$，机械臂与水平面之间的夹角为 α，求下列两种情形，力 $\boldsymbol{P}$ 对点 O 的矩：(1) $\alpha=60°$；(2) $\alpha=30°$。

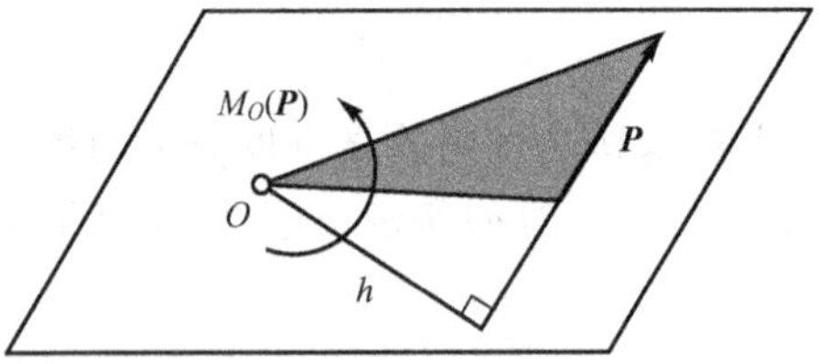

图 3.3

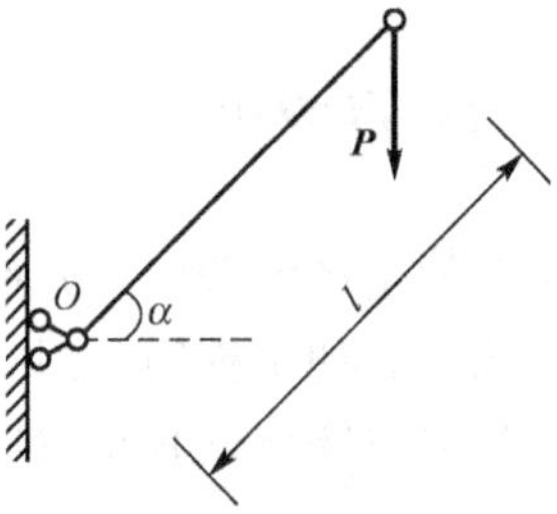

图 3.4

解：由图可知，力 $\boldsymbol{P}$ 对矩心 O 的力臂 $h=l\cos\alpha$，因此

(1) $M_O(\boldsymbol{P})=-P\cdot h=-4\times5\cos60°=-10(\text{kN}\cdot\text{m})$

(2) $M_O(\boldsymbol{P})=-P\cdot h=-4\times5\cos30°=-17.32(\text{kN}\cdot\text{m})$

其中负号表示力 $\boldsymbol{P}$ 对点 O 的矩是顺时针转动的。

3.1.2 合力矩定理

在平面汇交力系中，各分力与它们的合力对物体的作用效果等效，这里的作用效果也包括物体的转动效应。由于物体的转动效应用力矩来度量，因此，平面汇交力系的合力对于平面内任一点的矩等于所有各分力对于该点的矩的代数和，这就是合力矩定理。它可以用式子表示为

$$M_O(\boldsymbol{P}_R)=\sum_{i=1}^{n}M_O(\boldsymbol{P}_i) \tag{3-2}$$

式中，$M_O(\boldsymbol{P}_R)$和 $M_O(\boldsymbol{P}_i)$分别为合力 $\boldsymbol{P}_R$ 和分力 $\boldsymbol{P}_i$ 对同一点 O 的矩。式(3-2)的证明如下。

如图 3.5 所示，刚体上的 A 点作用力 $\boldsymbol{P}_1$ 和 $\boldsymbol{P}_2$，它们的合力为 $\boldsymbol{P}_R$。在力 $\boldsymbol{P}_1$ 和 $\boldsymbol{P}_2$ 的作用平面内任取一点 O 作为矩心。过 O 点作 OA 的垂线 Oy，作为 y 轴。力 $\boldsymbol{P}_1$、$\boldsymbol{P}_2$ 和 $\boldsymbol{P}_R$ 在

y 轴上的投影分别为 Ob_1、Oc_1 和 Od_1，则

$$M_O(\boldsymbol{P}_1)=2\times\Delta OAB \text{ 的面积}=OA\times Ob_1$$
$$M_O(\boldsymbol{P}_2)=2\times\Delta OAC \text{ 的面积}=OA\times Oc_1$$
$$M_O(\boldsymbol{P}_R)=2\times\Delta OAD \text{ 的面积}=OA\times Od_1$$

根据合力投影定理：$Od_1=Ob_1+Oc_1$，于是

$$M_O(\boldsymbol{P}_R)=M_O(\boldsymbol{P}_1)+M_O(\boldsymbol{P}_2)$$

以上证明了合力矩定理在两个分力时的情形成立。当平面汇交力系的分力多于两个时，可以不断重复运用上式，最后证得式(3-2)。

当力臂不易求出时，利用合力矩定理常可以简化力矩的计算。

例 3-2 折杆结构 ABC 如图 3.6 所示，AB 杆水平，BC 杆竖直。已知 $|AB|=4\text{m}$，$|BC|=3\text{m}$。A 点作用大小为 20kN 的力 $\boldsymbol{P}$，它与水平线的夹角为 30°，求力 $\boldsymbol{P}$ 对点 C 的矩。

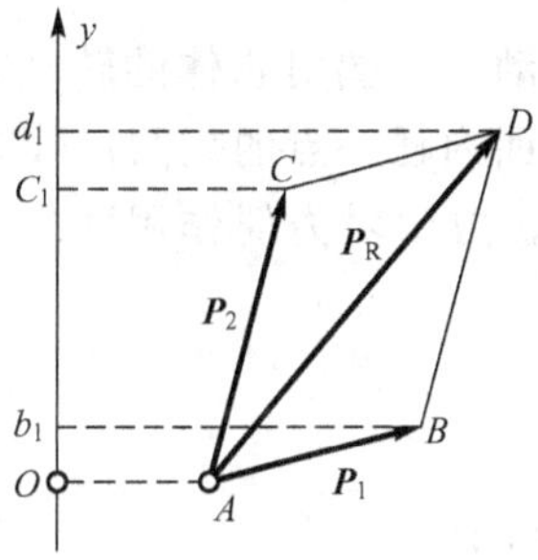

图 3.5

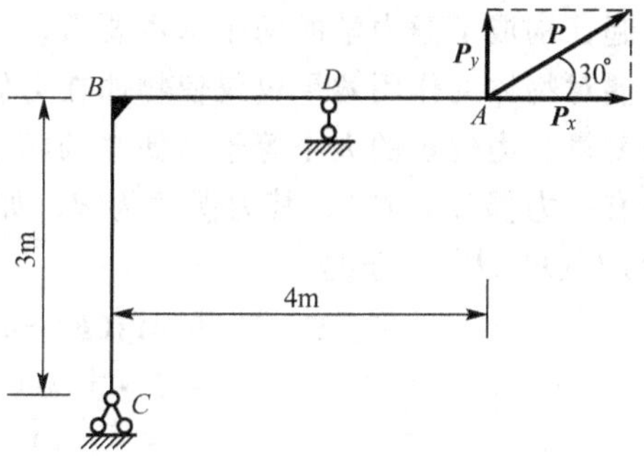

图 3.6

解： 力 $\boldsymbol{P}$ 对点 C 的力臂不易求出，因此利用合力矩定理，简化计算。为此，先将力 $\boldsymbol{P}$ 分解为 $\boldsymbol{P}_x$ 和 $\boldsymbol{P}_y$ 两个分力，如图 3.6 所示。于是

$$M_C(\boldsymbol{P}_x)=-P_x\cdot|BC|-P\cos30°\cdot|BC|=-20\times0.866\times3=-51.96(\text{kN}\cdot\text{m})$$
$$M_C(\boldsymbol{P}_y)=P_y\cdot|AB|=P\sin30°\cdot|AB|=20\times0.5\times4=40(\text{kN}\cdot\text{m})$$

根据合力矩定理

$$M_C(\boldsymbol{P})=M_C(\boldsymbol{P}_x)+M_C(\boldsymbol{P}_y)=-11.96\text{kN}\cdot\text{m}$$

3.2 平面力偶

3.2.1 力偶和力偶矩

在实践中，经常会遇到两个大小相等、方向相反且不共线的平行力作用在一个物体上的情形。如汽车司机转动方向盘时双手施加的力，如图 3.7 所示。显然，这两个力的矢量和等于零。但由于两个力不共线，不能互相平衡，它们对物体的作用效果是使物体在力作

用平面内发生纯转动。这种由两个大小相等、方向相反且不共线的平行力组成的力系，称为力偶，记作($\boldsymbol{F}$，$\boldsymbol{F}'$)，如图 3.8 所示。力偶的两个力作用线之间的距离 d 称为力偶臂，两个力所在的作用平面称为力偶作用面。

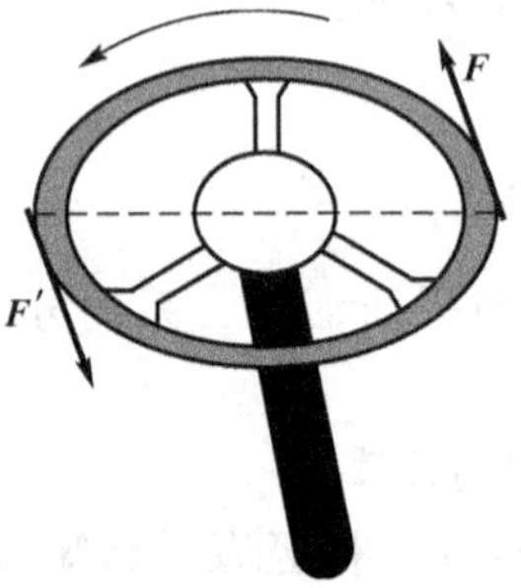

图 3.7

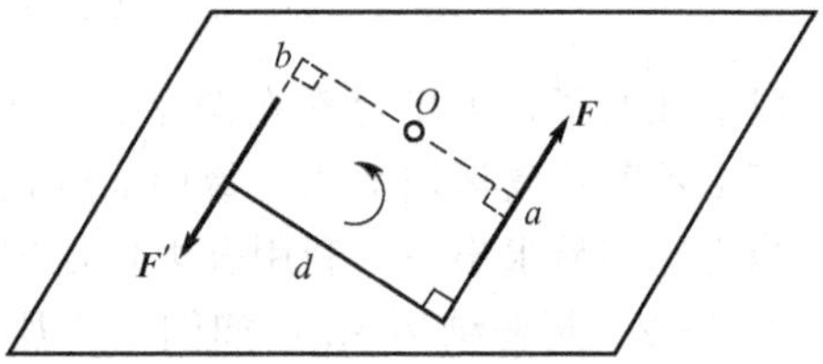

图 3.8

由于力偶的两个力平行，无法合成为一个合力，因此力偶不能用一个力来代替。力偶和力一起，构成了静力学的两个基本要素。

力偶对物体的作用效果仅仅使物体在力偶作用面内转动。力偶对物体的转动效果用力偶矩来度量。力偶矩的大小等于力偶中的两个力对其作用面内任一点的矩的代数和。

设有一力偶($\boldsymbol{F}$，$\boldsymbol{F}'$)，其力偶臂为 d，如图 3.8 所示。力偶对力偶作用面内任一点 O 的矩为 $M_O(\boldsymbol{F},\boldsymbol{F}')$，于是

$$\begin{aligned}M_O(\boldsymbol{F},\boldsymbol{F}')&=M_O(\boldsymbol{F})+M_O(\boldsymbol{F}')\\&=F\cdot|Oa|+F'\cdot|Ob|\\&=F\cdot(|Oa|+|Ob|)=F\cdot d\end{aligned}$$

可见，力偶矩的大小等于力乘以力偶臂，而与矩心位置无关，因此在表示平面力偶矩时可以不指明矩心，记作 $M(\boldsymbol{F},\boldsymbol{F}')$或 M。

力偶的转向不同，对物体产生的转动效果也不同。因此力偶的作用效果由下面两个因素决定：①力偶矩的大小；②力偶在力偶作用面内的转向。可见，平面力偶矩是一个代数量，$M=\pm F\cdot d$，当力偶使物体逆时针转动时取正号，反之取负号。力偶矩的单位与力矩的单位相同，即 N·m。

3.2.2 平面力偶的等效定理

由于力偶仅仅使物体在力偶作用面内转动，而力偶对物体的转动效果采用力偶矩来度量。因此，在同一平面的两个力偶，如果力偶矩相等，则两力偶彼此等效。这就是平面力偶的等效定理，对它的详细证明从略，读者可以参见有关书籍。

平面力偶的等效定理给出了平面力偶的等效条件。由此可以得到平面力偶的两个性质。

(1) 力偶可在力偶作用面内任意移动，而不改变它对刚体的转动效果。即力偶对刚体的转动效果与力偶在力偶作用面内的位置无关，如图 3.9 所示。

(2) 同时改变力偶中力的大小和力偶臂的长短，但保持力偶矩的大小和转向不变，则力偶对刚体的转动效果不变，如图 3.10 所示。

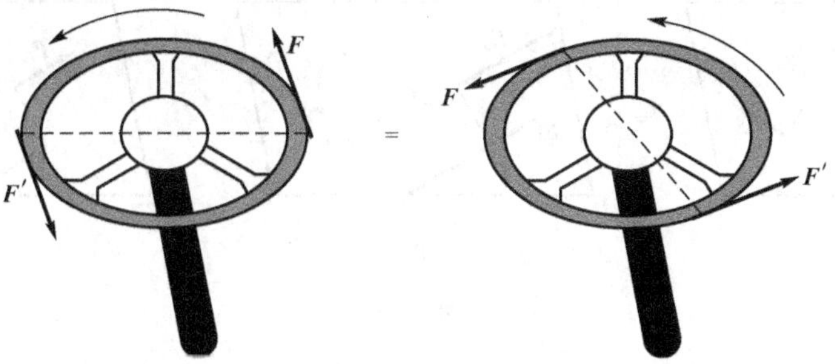

图 3.9

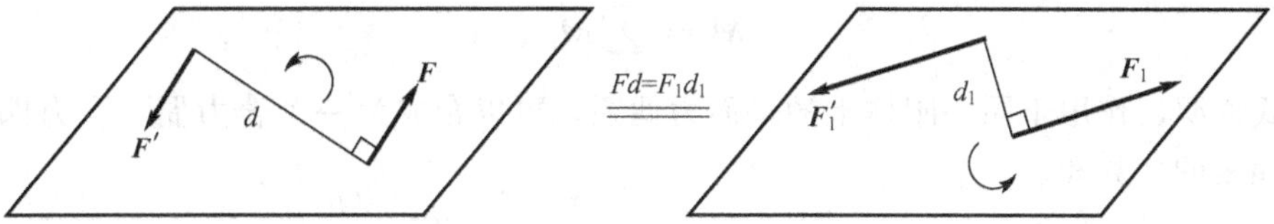

图 3.10

由此可见，力偶在力偶作用面内的位置、力偶中力的大小和力偶臂的长短，都不是力偶对刚体转动效果的最终决定因素，只有力偶矩才是力偶转动效果的唯一度量。今后将直接采用图 3.11 中的符号来表示力偶，而不指明其作用位置等因素。

图 3.11

3.3 平面力偶系的平衡

3.3.1 平面力偶系的合成

作用于同一平面内、同一刚体上的一组力偶，称为平面力偶系。平面汇交力系可以合成为一个合力，那么平面力偶系的结果又怎样呢？

如图 3.12(a)所示，在刚体的同一平面上作用有两个力偶($\boldsymbol{F}_1$，$\boldsymbol{F}_1'$)和($\boldsymbol{F}_2$，$\boldsymbol{F}_2'$)，它们的力偶臂分别为 d_1 和 d_2，力偶矩分别为 M_1 和 M_2。根据平面力偶的性质，可以将力偶($\boldsymbol{F}_2$，$\boldsymbol{F}_2'$)等效成力偶($\boldsymbol{F}_3$，$\boldsymbol{F}_3'$)，使得力偶($\boldsymbol{F}_3$，$\boldsymbol{F}_3'$) 的力偶臂 $d_3=d_1$，并且力 $\boldsymbol{F}_3$ 的方向与力 $\boldsymbol{F}_1'$的方向一致，如图 3.12(b)所示。由力偶等效的原则，此时

$$F_3=M/d_1$$

由于力 $\boldsymbol{F}_3$ 和 $\boldsymbol{F}_1$ 作用在同一点 A 处，因此可以将它们合成为一个合力 $\boldsymbol{F}$。同理，力 $\boldsymbol{F}_3'$和 $\boldsymbol{F}_1'$也可以合成为一个合力 $\boldsymbol{F}'$，如图 3.12(c)所示，其中(假设 $F_1<F_3$)

$$F=F_3-F_1, \quad F'=F_3'-F_1'$$

此时力 $\boldsymbol{F}$ 和 $\boldsymbol{F}'$大小相等、方向相反、相互平行，因此构成一个新的力偶($\boldsymbol{F}$，$\boldsymbol{F}'$)，它与原力偶系等效，称之为合力偶，记合力偶矩为 M，于是

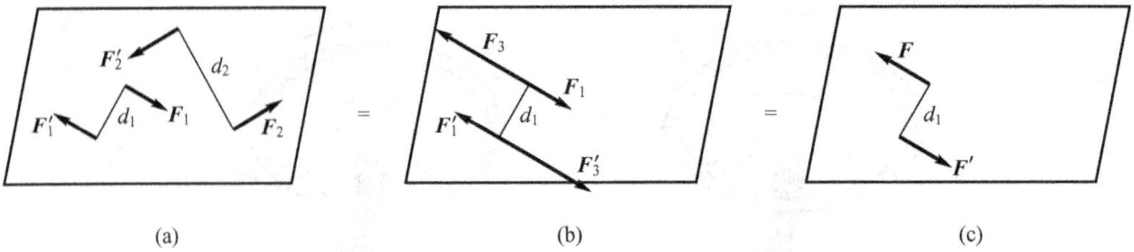

图 3.12

$$M=F\cdot d_1=(F_3-F_1)d_1=F_3d_1-F_1d_1=M_2+M_1$$

重复运用上述结果，就可以求得由 n 个力偶组成的平面力偶系的合力偶矩

$$M=\sum_{i=1}^{n}M_i \tag{3-3}$$

上式说明，作用于同一刚体上的平面力偶系，可以合成为一个合力偶，合力偶矩等于各个力偶矩的代数和。

3.3.2 平面力偶系的平衡条件

平面力偶系与它的合力偶等效，因此平面力偶系平衡的充分和必要条件是合力偶矩等于零，也即

$$\sum_{i=1}^{n}M_i=0 \tag{3-4}$$

例 3-3 如图 3.13(a)所示，简支梁 AB 承受力偶矩为 $M=10\text{kN}\cdot\text{m}$ 的力偶作用保持平衡。已知梁长 $l=5\text{m}$，忽略梁自重和所有铰的摩擦，求此时支座 A、B 的约束反力。

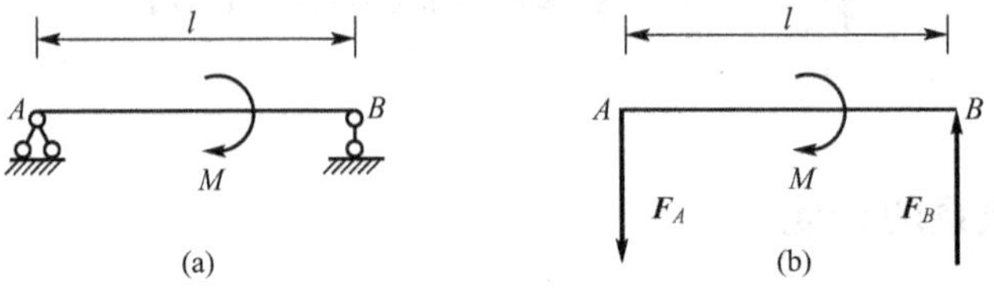

图 3.13

解： B 为可动铰支座，它的支座反力 $\boldsymbol{F}_B$ 沿着竖直方向，通过支座中心。A 为固定铰支座，它的支座反力 $\boldsymbol{F}_A$ 通过支座中心，但方向待定。梁 AB 受到力偶和支座反力 $\boldsymbol{F}_A$、$\boldsymbol{F}_B$ 的作用保持平衡。由于力偶只能通过力偶平衡，因此力 $\boldsymbol{F}_A$ 和 $\boldsymbol{F}_B$ 必须构成一对力偶。也即 $\boldsymbol{F}_A$ 也沿着竖直方向，与 $\boldsymbol{F}_B$ 方向相反，大小相等。梁的受力图如图 3.13(b)所示。

根据平面力偶系的平衡条件，列出平衡方程

$$\sum_{i=1}^{n}M_i=0:\ M-F_A\cdot l=0$$

解得

$$F_A=\frac{M}{l}=\frac{10}{5}=2(\text{kN}),\quad F_B=F_A=2\text{kN}$$

方向如图 3.13(b)所示。

例 3-4 三铰刚架由直角折杆 AB 和 BC 构成，如图 3.14(a)所示。在 AB 折杆上作用有两个力偶，力偶矩大小分别为 $M_1=-2\text{kN}\cdot\text{m}$ 和 $M_2=-4\text{kN}\cdot\text{m}$。已知刚架宽 $b=8\text{m}$，高 $h=6\text{m}$，忽略刚架自重和所有铰的摩擦，求刚架平衡时 A、C 两处的支座反力。

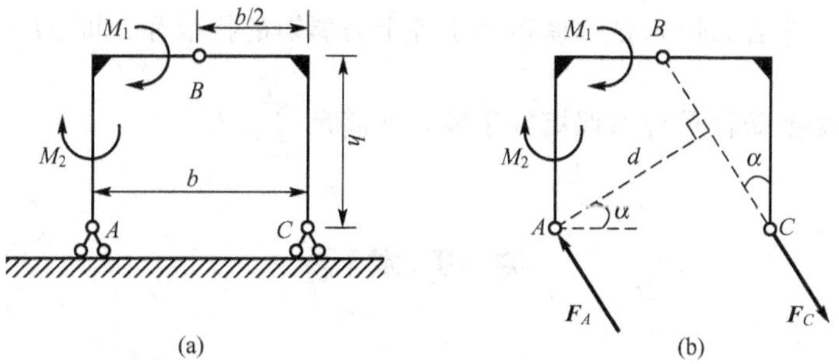

图 3.14

解：A、C 均为固定铰支座，因此它们的支座反力 $\boldsymbol{F}_A$ 和 $\boldsymbol{F}_C$ 均为通过支座中心的集中力。

先分析折杆 BC。由于忽略自重，它只在两端受集中力的作用，因此是一个二力杆。从而确定支座反力 $\boldsymbol{F}_C$ 沿着 BC 两点的连线，如图 3.14(b)所示。

然后对刚架整体分析。刚架受到的主动荷载为两个力偶，约束反力为支座反力 $\boldsymbol{F}_A$ 和 $\boldsymbol{F}_C$。由于力偶只能通过力偶平衡，因此力 $\boldsymbol{F}_A$ 和 $\boldsymbol{F}_C$ 必须构成一对力偶，刚架才能保持平衡。由此可以确定，支座反力 $\boldsymbol{F}_A$ 和 $\boldsymbol{F}_C$ 的大小相等，互相平行但方向相反。整个刚架的受力图如图 3.14(b)所示。

最后根据平面力偶系的平衡条件，列出平衡方程

$$\sum_{i=1}^{n} M_i = 0:\ M_1 + M_2 - F_A \cdot d = 0$$

根据几何关系

$$\cos\alpha=\frac{6}{\sqrt{4^2+6^2}}=0.832,\quad d=b\cos\alpha=8\times 0.832=6.65(\text{m})$$

代入上式，得

$$F_A=\frac{M_1+M_2}{d}=\frac{-2-4}{6.656}=-0.901(\text{kN})$$

而

$$F_C=F_A=-0.901\text{kN}$$

F_A 和 F_C 中的负号表示支座反力 $\boldsymbol{F}_A$ 和 $\boldsymbol{F}_C$ 的实际方向与图 3.14(b)中所示方向相反。

此题也可以通过分析折杆 AB 来取代整体分析。有兴趣的读者可以自行练习，并比较两种方法的异同。

本章小结

本章首先介绍了平面力对点之矩(力矩)的相关知识，包括力矩、矩心和力臂的概念，力矩的计算方法，并介绍了合力矩定理，即合力对任一点的矩等于所有分力对该点矩的代

数和；然后介绍了平面力偶的相关知识，包括力偶、力偶臂及力偶作用面的定义，力偶矩的计算方法及性质。

本章最后重点介绍了平面力偶系的合成与平衡：合成时，作用于同一物体上的平面力偶系可以合成为一个合力偶，合力偶矩等于各个力偶矩的代数和，即 $M = \sum_{i=1}^{n} M_i$；平面力偶系平衡的充分必要条件是合力偶矩等于零，即满足 $\sum_{i=1}^{n} M_i = 0$。

关键术语

力对点之矩(moment of force about a point)；合力矩定理(theorem of moment of resultant force)；力偶和力偶矩(couple and moment of couple)；平面力偶系(system of the couple in a plane)；合力偶(resultant couple)

习　　题

1. 思考题

(1) 比较力矩和力偶矩的异同。

(2) 如图 3.15 所示，刚体上 A、B、C、D 四点分别作用 4 个大小相等的力，它们刚好组成一个封闭的力多边形。试判断此时刚体是否平衡，并说明原因。

(3) 力和力偶无法平衡，那为什么图 3.16 中承受主动力 $\boldsymbol{P}$ 和力偶 M 作用的轮子能保持静止？

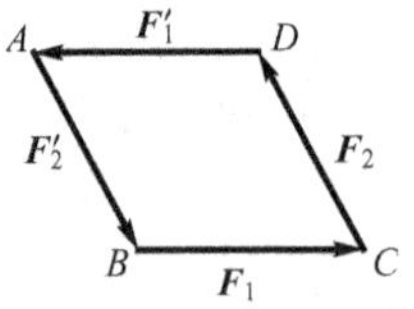

图 3.15

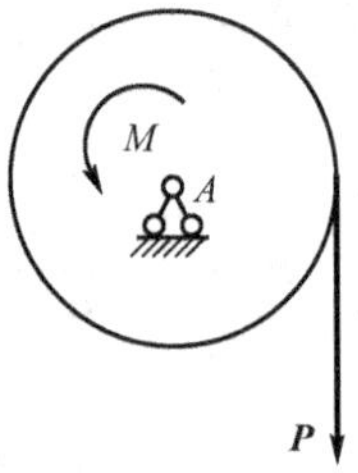

图 3.16

(4) 在例 3-4 中，如果将力偶 M_1 作用在折杆 BC 上，那么 A、C 的支座反力是否会发生改变？如果发生改变，那么是否与平面力偶的第一个性质相矛盾？

2. 填空题

(1) 平面力对点之矩是度量力使物体绕某一点产生__________效应的物理量，是一个代数量，其大小等于力的大小与__________的乘积，其正负号的规定是：力使物体绕矩心__________方向转动时力矩取正号，反之取负号。

(2) 当力的作用线通过__________时，力对点的矩为零。

(3) 由两个________、________、________的平行力组成的力系称为力偶。
(4) 力偶对作用平面内任意点之矩都等于____________。
(5) 力偶在任一坐标轴上的投影的代数和____________。
(6) 平面力偶系的合成结果是一个________，平面力偶系的平衡方程有________个。

3. 判断题

(1) 力偶只能使刚体转动，而不能使刚体移动。(　　)
(2) 力偶只能由力偶来平衡。(　　)
(3) 力偶的两力大小相等，方向相反，它们的合力为零。(　　)
(4) 平面力偶矩的大小与矩心点的位置有关。(　　)
(5) 力沿其作用线任意滑动不改变它对同一点的矩。(　　)
(6) 力偶中的两个力在其作用面内任意轴上的投影的代数和恒为零。(　　)
(7) 平面力偶系平衡的充要条件是：各力偶矩的代数和为零。(　　)

4. 单项选择题

(1) 平面力对点的矩是(　　)。
A. 代数量　　B. 滑动矢量　　C. 定位矢量　　D. 自由矢量
(2) 关于力对点之矩，(　　)说法是错误的。
A. 力对点之矩与力的大小和方向有关，而和矩心位置无关
B. 力对点之矩不会因为力矢沿其作用线移动而改变
C. 力的数值为零，或力的作用线通过矩心时，力矩均为零
D. 互相平衡的两个力，对同一点之矩的代数和等于零
(3) 水平杆可绕轴 O 转动，分别有 3 个力 $\boldsymbol{F}_1$、$\boldsymbol{F}_2$、$\boldsymbol{F}_3$ 作用于杆的另一端，大小、方向如图 3.17 所示，则 3 个力的力矩关系为(　　)。
A. $M_1<M_2<M_3$　　B. $M_2=M_3<M_1$
C. $M_1=M_2=M_3$　　D. $M_2=M_3>M_1$
(4) 如图 3.18 所示，要使圆柱体滚上台阶，则在圆柱体最高点作用的力中最省力的是(　　)。
A. $\boldsymbol{F}_1$　　B. $\boldsymbol{F}_2$　　C. $\boldsymbol{F}_3$　　D. $\boldsymbol{F}_4$

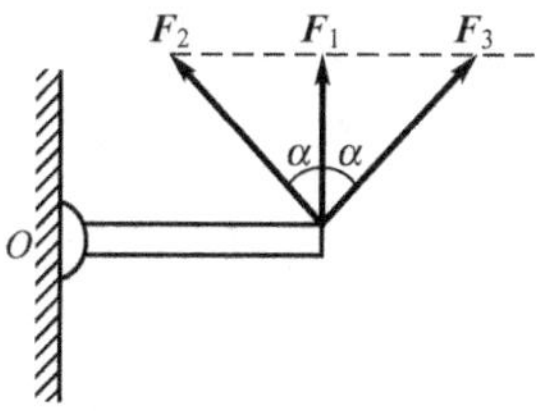

图 3.17

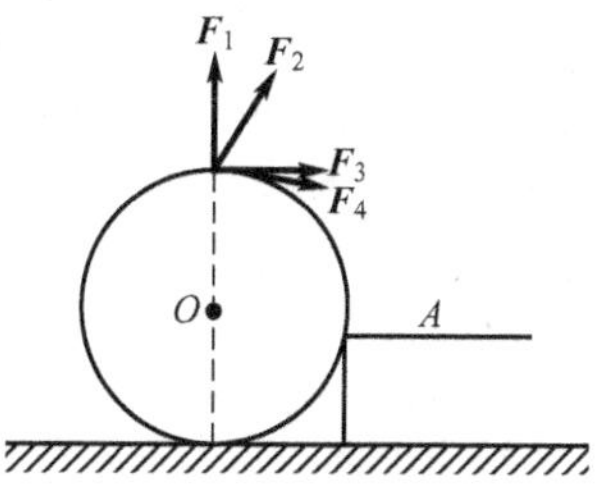

图 3.18

(5) 平面力偶系合成的结果是一个(　　)。
A. 合力　　B. 合力偶　　C. 主矩　　D. 主矢和主矩

5. 计算题

(1) 圆盘边缘上的 A 点作用一大小为 1kN 的力 $\boldsymbol{P}$，方向如图 3.19 所示。圆盘的半径

为 1m，求此力对 O、B 、C 三点的力矩。

(2) 刚架结构如图 3.20 所示，在 C 点作用力 $\boldsymbol{P}$，求它对 A、D 两点的矩。

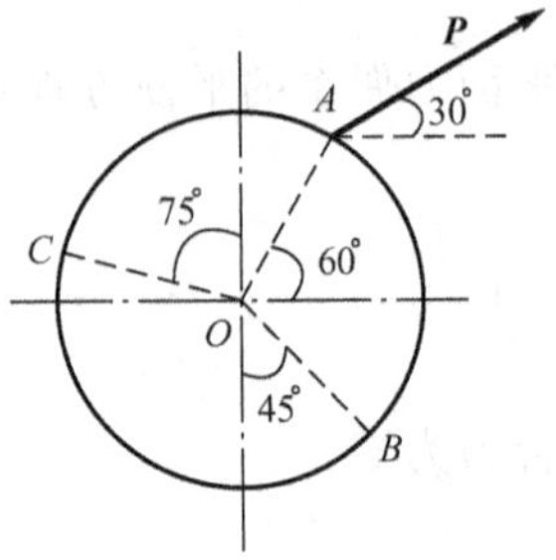

图 3.19

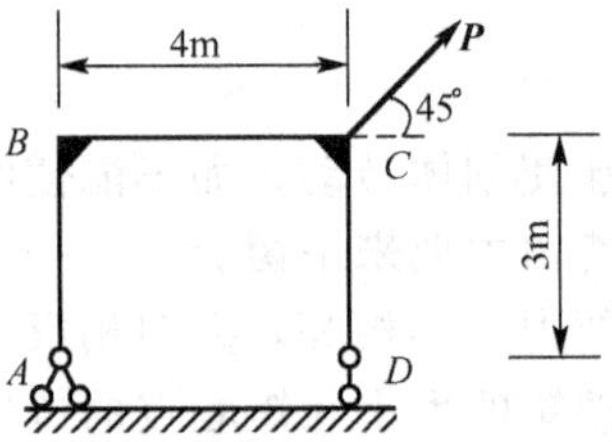

图 3.20

(3) 在图 3.21 所示结构中，梁 AB 承受一力偶矩为 M 的力偶作用，分别求下面(a)、(b)两种情形，支座 A、B 的约束反力。已知梁长为 l，自重不计，所有铰光滑。

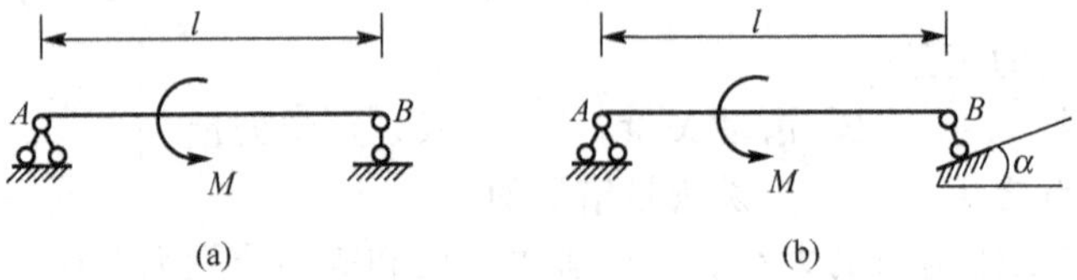

图 3.21

(4) 某结构如图 3.22 所示，AB、BC 均为直角折杆，在 AB 折杆上施加一力偶矩为 M 的力偶，求支座 A、C 的约束反力。(各构件的自重不计。)

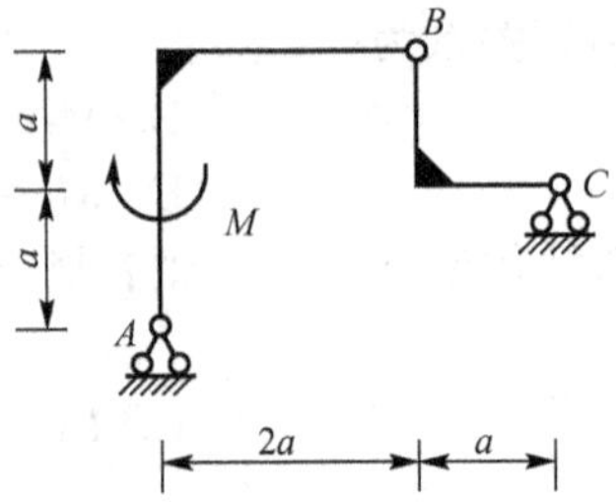

图 3.22

第4章 平面任意力系

本章教学要点

知识模块	掌握程度	知识要点
平面任意力系的简化	掌握	力的平移定理、平面任意力系向作用面内一点简化、固定支座
平面任意力系的平衡	重点掌握	平面任意力系的平衡条件、构件系的平衡

本章技能要点

技能要点	掌握程度	应用方向
固定支座	掌握	悬臂工程构件所受约束的简化
平面任意力系的平衡	重点掌握	工程构件(杆、刚架、桁架)约束反力的计算

导入案例

跷跷板的力学问题

在很多儿童游乐场中多有供幼儿玩耍的跷跷板，两个儿童分别坐在两端，手扶把柄，顺次用脚踏地跷跷板就会一上一下地运动，孩童们非常快乐。如果两个儿童的体重不同，则他们该如何坐才能保证玩跷跷板最省力?

这是一道很有趣味的力学平衡问题。试想跷跷板的两端坐的孩子体重相等，由于跷跷板的两端距离跷跷板的中间转轴的距离相等，那么，由两个孩子体重产生的对转轴的作用力矩是相等的。如果无其他外力作用，譬如他们都静静地坐在上边，不用脚踏地，跷跷板将处于静平衡状态，不会产生上下运动。

4.1 平面任意力系的简化

各力的作用线既不汇交于一点，彼此也不都互相平行的平面力系称为平面任意力系。这是一种最普遍的平面力系，在工程实践中广泛存在。例如，图 4.1 所示的刚架结构，受到水平向的分布荷载、竖直向的集中荷载以及支座的约束反力作用，这些力构成了一组平

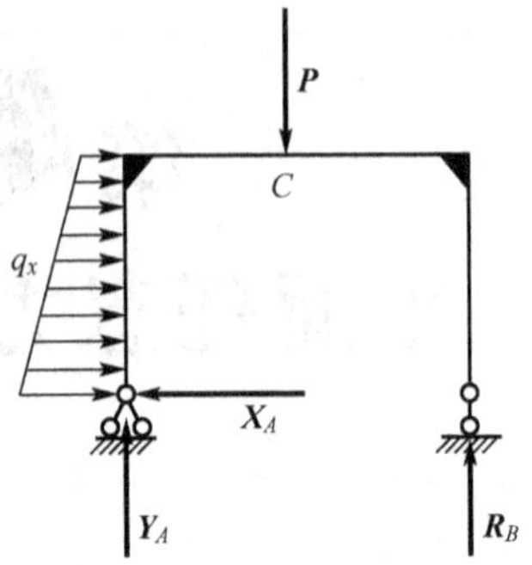

图 4.1

面任意力系。

当物体所受的力关于某一平面对称时，往往也可以简化为平面力系。例如，图 4.2(a)所示为一重力式挡土墙。相对于它的横截面尺寸，挡土墙在纵向的尺寸要大很多。当它受到的土压力沿纵向保持不变时，对挡土墙的受力分析可以采用单位长度上的一段来分析，土压力、地基反力以及自身重力关于这一段的横截面对称，这些力在这个对称面上构成了平面任意力系，如图 4.2(b)所示。

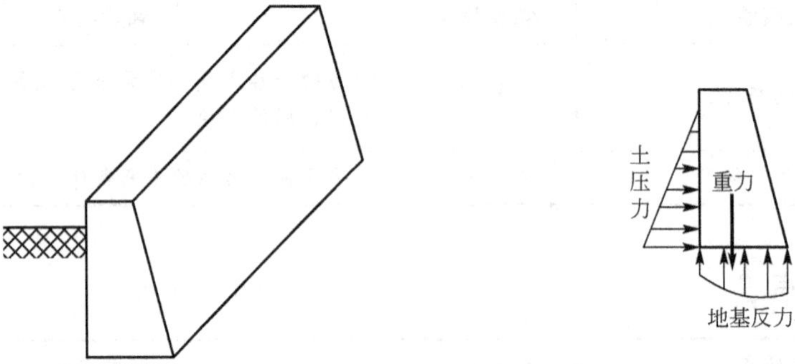

(a) (b)

图 4.2

4.1.1 力的平移定理

力的平移定理是平面任意力系向其作用面内一点简化的理论基础。这个定理指出：可以把作用于刚体上某点 A 的力 $\boldsymbol{F}$ 等效地平行移动到任意点 B，但必须同时附加一个力偶，这个力偶的矩等于原来作用于 A 的力 $\boldsymbol{F}$ 对新作用点 B 的矩。

对这个定理的证明如下。

设力 $\boldsymbol{F}$ 作用于刚体上的 A 点，如图 4.3(a)所示。在刚体上任取一点 B，并在其上添加与力 $\boldsymbol{F}$ 平行的一对平衡力 $\boldsymbol{F}_1$ 和 $\boldsymbol{F}'_1$，其中 $F_1=F'_1=F$，如图 4.3(b)所示。根据静力学的公理 2，这 3 个力 $\boldsymbol{F}$、$\boldsymbol{F}_1$ 和 $\boldsymbol{F}'_1$与力 $\boldsymbol{F}$ 等效。不难发现，此时力 $\boldsymbol{F}$ 和 $\boldsymbol{F}'_1$构成了一个力偶（$\boldsymbol{F}$，$\boldsymbol{F}'_1$），这个力偶的矩为

$$M=M_B(\boldsymbol{F})=Fd \tag{4-1}$$

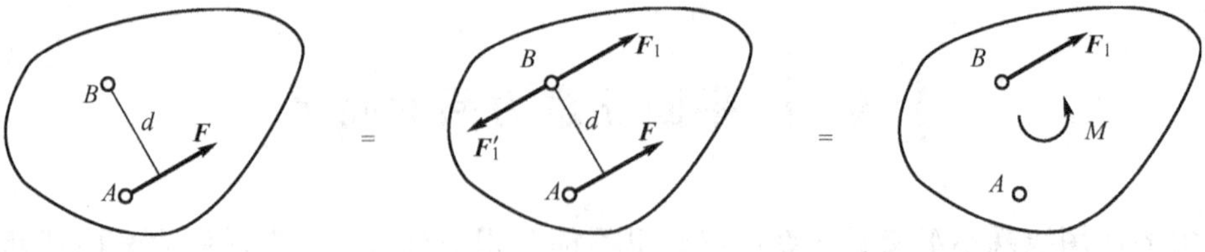

(a) (b) (c)

图 4.3

由于力 $\boldsymbol{F}_1$ 和 $\boldsymbol{F}$ 大小相等，方向一致，相互平行，因此上述过程相当于把原来作用于 A 的力 $\boldsymbol{F}$ 平行移动到了任意点 B，但同时附加了一个矩为 M 的力偶，如图 4.3(c)所示。

应用力的平移定理时，应注意力在平移过程中，大小和方向始终保持不变，但附加的力偶矩的大小和正负号随着选取点的不同而改变。

4.1.2 平面任意力系向作用面内一点简化

设平面任意力系 $\boldsymbol{F}_1$，$\boldsymbol{F}_2$，…，$\boldsymbol{F}_n$，分别作用于刚体上的点 A_1，A_2，…，A_n，如图 4.4(a)所示。在刚体上任意选取位于力系作用平面内的一点 O，称之为简化中心。利用力的平移定理，将力系中的每一个力都平行移动到简化中心。记 $\boldsymbol{F}'_i(i=1, 2, \cdots, n)$为力 $\boldsymbol{F}_i$ 平移到简化中心后的力，M_i 为力 $\boldsymbol{F}_i$ 平移后附加力偶的矩，则

$$\boldsymbol{F}'_i=\boldsymbol{F}_i,\quad M_i=M_O(\boldsymbol{F}_i)$$

于是原平面任意力系等效为一个作用在简化中心的平面汇交力系和一个附加的平面力偶系，如图 4.4(b)所示。

平面汇交力系 $\boldsymbol{F}'_1$，$\boldsymbol{F}'_2$，…，$\boldsymbol{F}'_n$可以合成为一个合力 $\boldsymbol{F}'_R$，

$$\boldsymbol{F}'_R=\sum_{i=1}^{n}\boldsymbol{F}'_i=\sum_{i=1}^{n}\boldsymbol{F}_i \tag{4-2}$$

平面力偶系也可合成为一个力偶，记这个力偶的矩为 M_O，

$$M_O=\sum_{i=1}^{n}M_i=\sum_{i=1}^{n}M_O(\boldsymbol{F}_i) \tag{4-3}$$

综上所述，一般情况下，平面任意力系向其作用面内一点简化，可以得到一个力和一个力偶，如图 4.4(c)所示。这个力 $\boldsymbol{F}'_R$称为该力系的主矢，它等于力系中所有力的矢量和，作用线通过简化中心；这个力偶的矩 M_O 称为该力系对简化中心的主矩，它等于力系中所有力对简化中心的矩的代数和。

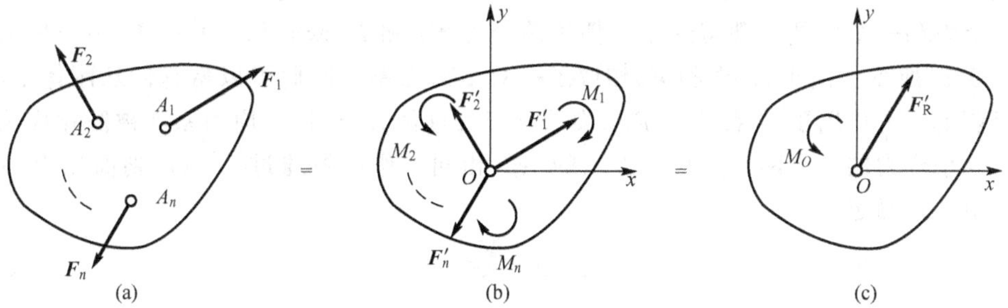

图 4.4

主矢 $\boldsymbol{F}'_R$的求解，一般采用解析法。以简化中心 O 点为原点建立直角坐标系，如图 4.4(b)所示。由于 $\boldsymbol{F}'_i=\boldsymbol{F}_i$，因此它们在同一坐标轴上的投影也相等。记力 $\boldsymbol{F}_i$ 和 $\boldsymbol{F}'_i$在 x 轴上的投影分别为 F_{xi}和 F'_{xi}，它们在 y 轴上的投影分别为 F_{yi} 和 F'_{yi}，主矢 $\boldsymbol{F}'_R$在 x 轴和 y 轴上的投影分别为 F'_{xR}和 F'_{yR}。由于 $\boldsymbol{F}'_R$是平面汇交力系 $\boldsymbol{F}'_1$，$\boldsymbol{F}'_2$，…，$\boldsymbol{F}'_n$的合力，根据合力投影定理，有

$$F'_{xR}=\sum_{i=1}^{n}F'_{xi}=\sum_{i=1}^{n}F'_{xi},\quad F'_{yR}=\sum_{i=1}^{n}F'_{yi}=\sum_{i=1}^{n}F'_{yi} \tag{4-4}$$

从而可以确定处主矢 $\boldsymbol{F}'_R$ 的大小和方向。

$$F'_R=\sqrt{(F'_{xR})^2+(F'_{yR})^2}=\sqrt{\left(\sum_{i=1}^{n}F_{xi}\right)^2+\left(\sum_{i=1}^{n}F_{yi}\right)^2}$$

$$\cos\alpha=\frac{F'_{xR}}{F'_R}=\frac{\sum_{i=1}^{n}F_{xi}}{F'_R},\quad \sin\alpha=\frac{F'_{yR}}{F'_R}=\frac{\sum_{i=1}^{n}F_{yi}}{F'_R} \tag{4-5}$$

式中，α 为 x 轴正向到主矢 $\boldsymbol{F}'_R$ 的角度。

最后需要指出的是，平面任意力系向其作用面内一点简化，所得到的主矢的大小和方向与简化中心无关，而所得到的主矩一般与简化中心的位置相关。

4.1.3 平面任意力系的简化结果讨论

平面任意力系向其作用面内一点简化，可以得到一个力和一个力偶。根据主矢和主矩是否等于零，有 4 种情形，现分别进行讨论。

1. 主矢 $\boldsymbol{F}'_R\neq0$，主矩 $M_O=0$

此时所有力的附加力偶系互相平衡，原平面任意力系与一个力等效，这个力称为平面任意力系的合力。

2. 主矢 $\boldsymbol{F}'_R=0$，主矩 $M_O\neq0$

此时原力系与一个合力偶等效，合力偶的矩等于主矩。由于力偶的矩对于作用面内任意一点都相同，因此原力系向不同的简化中心简化时，得到的合力偶均等效。也即此时力系的简化结果与简化中心的位置无关。

3. 主矢 $\boldsymbol{F}'_R\neq0$，主矩 $M_O\neq0$

此时力系还可以作进一步的简化。如图 4.5(a)所示，原力系向简化中心 O 简化的结果是一个力和一个力偶。现将这个力偶用两个力 $\boldsymbol{F}_R$ 和 $\boldsymbol{F}''_R$ 来表示，其中 $\boldsymbol{F}_R=-\boldsymbol{F}''_R=\boldsymbol{F}'_R$，如图 4.5(b)所示。由于力 $\boldsymbol{F}''_R$ 和 $\boldsymbol{F}'_R$ 构成了一对平衡力系，因此可以将它们从刚体上移去，从而只剩下一个作用于 O' 点的力 $\boldsymbol{F}_R$，如图 4.5(c)所示。这样，原力系就被简化成为它的合力，这个合力的大小和方向与原力系的主矢相同，作用线通过 O' 点，到简化中心 O 的距离可由下式确定。

$$d=\frac{M_O}{F_R} \tag{4-6}$$

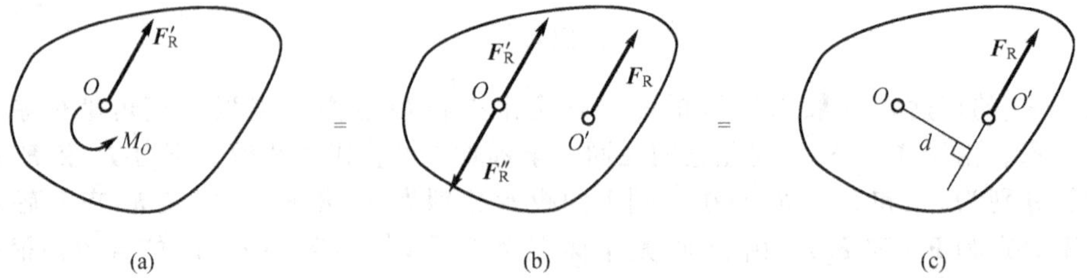

图 4.5

至于合力作用线在简化中心 O 的哪一侧，需要根据主矢的方向和主矩的正负号确定。

由式(4－6)可知，平面任意力系的合力对简化中心 O 的矩为

$$M_O(\boldsymbol{F}_R)=F_R\cdot d=M_O$$

根据式(4－3)

$$M_O=\sum_{i=1}^{n}M_O(\boldsymbol{F}_i)$$

于是

$$M_O(\boldsymbol{F}_R)=\sum_{i=1}^{n}M_O(\boldsymbol{F}_i) \tag{4-7}$$

上式说明，平面任意力系的合力对简化中心 O 的矩等于平面任意力系中每个力对 O 点的矩。考虑到简化中心可以任意选取，于是得到如下的定理：平面任意力系的合力对作用面内任一点的矩等于力系中各力对同一点的矩的代数和。这个定理称之为平面任意力系的合力矩定理。

4. 主矢 $\boldsymbol{F}'_R=0$，主矩 $M_O=0$

这时力系互相平衡。对这种情形的详细讨论参见下节。

综合以上分析结果可以看出，平面任意力系向其作用面内一点简化时，如果得到的主矢 $\boldsymbol{F}'_R=0$，则其简化结果与简化中心的位置无关。反之，如果得到的主矢 $\boldsymbol{F}'_R\neq0$，则其简化结果与简化中心的位置有关，而此时的简化结果最终可以简化为原力系的合力。需要说明的是：平面任意力系的合力作用线位置是确定的，它不会随着简化中心位置的改变而改变；而平面任意力系的主矢作用线位置是不定的，它随着简化中心位置的改变而改变。

例 4－1 图 4.6(a)为固定支座的示意图。试用平面任意力系向一点简化的原理，分析固定支座的约束反力。

解：受固定支座的约束，梁固定端既不能移动也不能转动。固定支座对梁端的约束力是作用在接触面上的一群力。在平面问题中，这群力为一平面任意力系，如图 4.6(b)所示。将这群力向作用平面内一点 A 简化，一般意义上可以得到一个力 $\boldsymbol{F}$ 和一个矩为 M 的力偶，如图 4.6(c)所示。为了分析问题的方便，通常将力 $\boldsymbol{F}$ 用两个正交的未知分力 $\boldsymbol{X}$ 和 $\boldsymbol{Y}$ 来代替。因此在平面问题中，固定支座的约束反力一般有 3 个，即两个正交力 $\boldsymbol{X}$、$\boldsymbol{Y}$ 和一个矩为 M 的力偶，如图 4.6(d)所示。

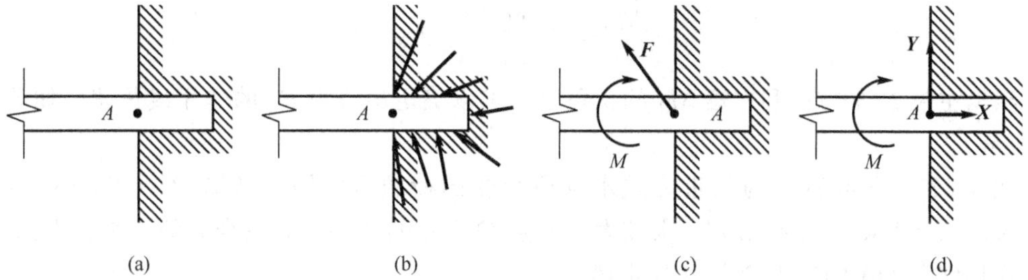

图 4.6

比较固定支座与固定铰支座可以看出，由于固定铰支座只能约束住物体的移动，而固定支座除了能约束住物体的移动外，还能约束住物体的转动。因此固定支座比固定铰支座多一个约束反力：约束力偶。

例 4-2 作用于某刚体上的平面任意力系如图 4.7(a)所示，求该力系的合力(图中网格一小格代表 1m)。

解：(1) 取点 O 为简化中心，求出力系的主矢 $\boldsymbol{F}'_R$ 和力系对 O 点的主矩 M_O。

$$F'_{xR}=\sum_{i=1}^{n}F_{xi}=0+\left(-\frac{3}{\sqrt{2}}\right)+2=-0.12(\text{kN})$$

$$F'_{yR}=\sum_{i=1}^{n}F_{yi}=-1+\frac{3}{\sqrt{2}}+0=1.121(\text{kN})$$

所以主矢 $\boldsymbol{F}'_R$ 的大小和方向为

$$F'_R=\sqrt{(F'_{xR})^2+(F'_{xR})^2}=\sqrt{(-0.121)^2+(1.121)^2}=1.128(\text{kN})$$

$$\cos\alpha=\frac{F'_{xR}}{F'_R}=\frac{-0.121}{1.128}=-0.107,\quad \sin\alpha=\frac{F'_{yR}}{F'_R}=\frac{1.121}{1.128}=0.994$$

$$\alpha=96.14$$

力系对 O 点的主矩为

$$M_O=\sum_{i=1}^{3}M_O(\boldsymbol{F}_i)=-1\times1+\frac{3}{\sqrt{2}}\times1+\frac{3}{\sqrt{2}}\times5-2\times4=3.728(\text{kN}\cdot\text{m})$$

力系向 O 点简化的结果如图 4.7(b)所示。

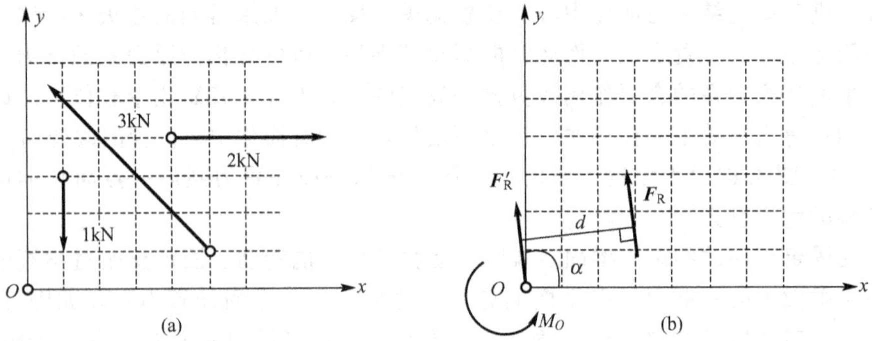

图 4.7

(2) 求解力系的合力 $\boldsymbol{F}_R$。$\boldsymbol{F}_R$ 的大小和方向与主矢 $\boldsymbol{F}'_R$ 相同，合力作用线到简化中心 O 的距离 d 为

$$d=\frac{M_O}{F_R}=\frac{3.728}{1.128}=3.305(\text{m})$$

根据主矢 $\boldsymbol{F}'_R$ 的方向和主矩 M_O 的正负号，可以确定出合力 $\boldsymbol{F}_R$ 的作用线位置，如图 4.7(b)所示。

例 4-3 图 4.8(a)为某重力式水坝所承受的荷载示意图。已知 $P_1=650\text{kN}$，$P_2=300\text{kN}$，$P_3=70\text{kN}$，$\beta=16.7°$。求该力系向点 O 简化的结果，力系合力的大小、方向以及合力作用线与 OA 的交点到点 O 的距离。

解：(1) 设力系向 O 点简化，得到一个主矢 $\boldsymbol{F}'_R$ 和力偶矩为 M_O 的主矩。将各力向坐标轴投影，根据式(4-4)，有

$$F'_{xR}=\sum_{i=1}^{3}F_{xi}=P_2-P_3\cos\beta=300-700\cos16.7°=232.95(\text{kN})$$

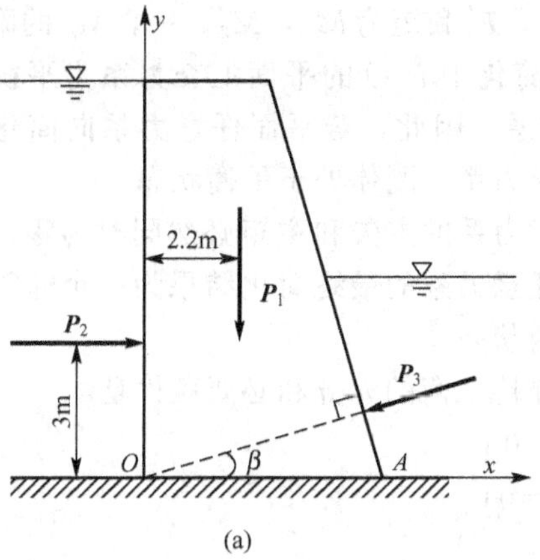

图 4.8

$$F'_{yR}=\sum_{i=1}^{3}F_{yi}=-P_1-P_3\sin\beta=-650-70\sin16.7°=-670.12(\text{kN})$$

所以主矢 $\boldsymbol{F}'_R$ 的大小和方向为

$$F'_R=\sqrt{(F'_{xR})^2+(F'_{yR})^2}=\sqrt{(232.95)^2+(-670.12)^2}=709.46(\text{kN})$$

$$\cos\alpha=\frac{F'_{xR}}{F'_R}=\frac{232.95}{709.46}=0.328,\quad \sin\alpha=\frac{F'_{yR}}{F'_R}=\frac{-670.12}{709.46}=-0.945$$

$$\alpha=289.17$$

力系对 O 点的主矩为

$$M_O=\sum_{i=1}^{n}M_O(\boldsymbol{F}_i)=-2.2\times P_1-3\times P_2=-2.2\times650-3\times300=-2330(\text{kN}\cdot\text{m})$$

力系向 O 点简化的结果如图 4.8(b)所示。

(2) 求解力系的合力 $\boldsymbol{F}_R$。$\boldsymbol{F}_R$ 的大小和方向与主矢 $\boldsymbol{F}'_R$ 相同，合力作用线到简化中心 O 的距离

$$d=\frac{M_O}{F_R}=\frac{2330}{709.46}=3.284(\text{m})$$

根据主矢和主矩，确定出合力 $\boldsymbol{F}_R$ 的作用线位置，如图 4.8(c)所示。$\boldsymbol{F}_R$ 作用线与 OA 的交点到点 O 的距离为

$$L=\frac{d}{\sin70.83°}=3.477\text{m}$$

4.2 平面任意力系的平衡

如前所述，平面任意力系是一种最广泛、最具有普遍意义的平面力系。对平面任意力系平衡的研究，既能直接指导工程实践，又为后续内容打下基础。

4.2.1 平面任意力系的平衡条件

从 4.1 节的分析中可以知道，作用于刚体上的平面任意力系 $\boldsymbol{F}_1$，$\boldsymbol{F}_2$，…，$\boldsymbol{F}_n$，与作

用于简化中心 O 的平面汇交力系 $\boldsymbol{F}'_1$，$\boldsymbol{F}'_2$，…，$\boldsymbol{F}'_n$ 和矩为 M_1，M_2，…，M_n 的附加力偶系等效。当力系的主矢 $\boldsymbol{F}'_R=0$ 时，表明作用于简化中心 O 的平面汇交力系为平衡力系；当主矩 $M_O=0$ 时，表明附加力偶系也为平衡力系。因此，若平面任意力系向简化中心简化后的主矢和主矩同时等于零，则原力系为平衡力系，刚体处于平衡状态。

反之，若刚体处于平衡状态，则平面任意力系的主矢和主矩必然同时为零。否则，如果主矢和主矩中至少有一个不为零，则平面任意力系的最终简化结果为一个非零的合力或者非零的合力偶，它们都不能使刚体维持平衡状态。

由此可见，刚体在平面任意力系作用下保持平衡的充分和必要条件是

$$\left.\begin{aligned}\boldsymbol{F}'_R=0\\ M_O=0\end{aligned}\right\} \tag{4-8}$$

根据式(4-3)和式(4-5)，上式等价于

$$\sum_{i=1}^{n}X_i=0,\quad \sum_{i=1}^{n}Y_i=0,\quad \sum_{i=1}^{n}M_O(\boldsymbol{F}_i)=0 \tag{4-9}$$

考虑到简化中心 O 可以任意选择，正交坐标系 Oxy 也可以任意建立，因此平面任意力系平衡的必要条件是：力系中所有各力在两个任选的正交坐标轴上的投影的代数和分别等于零，并且所有各力对任意一点的矩的代数和也等于零。但是，平面任意力系平衡的充分条件只需是：存在某个正交坐标系 Oxy，力系中所有各力在这两个坐标轴上的投影的代数和分别等于零，并且所有各力对坐标原点 O 的矩的代数和也等于零。

式(4-9)称为平面任意力系的平衡方程。这是 3 个独立的方程，最多只能求解 3 个未知量。实践中除了采用上述基本形式的平衡方程外，平面任意力系的平衡方程还可以采用下面两种形式(下标 i 略去)。

1. 二力矩式

$$\sum X=0,\quad \sum M_A(\boldsymbol{F})=0,\quad \sum M_B(\boldsymbol{F})=0 \tag{4-10}$$

该式要求简化中心 A 和 B 的连线不能与 x 轴垂直。

证明：(1) 充分性。采用反证法。平面任意力系向 A 点简化，将得到一个主矢和主矩。因为 $\sum M_A(\boldsymbol{F})=0$，因此该力系向 A 点简化的结果是通过 A 点的力系合力 $\boldsymbol{F}_R$。又因为，$\sum M_B(\boldsymbol{F})=0$，也即合力 $\boldsymbol{F}_R$ 对 B 点的矩为零，因此 $\boldsymbol{F}_R$ 必定通过 B 点。由此可见，$\boldsymbol{F}_R$ 的作用线沿着 A 和 B 的连线方向。考虑到 A 和 B 的连线与 x 轴不垂直，因此 $\boldsymbol{F}_R$ 在 x 轴上的投影 $F_{xR}\neq 0$，这与已知条件 $\sum X=0$ 矛盾，因为 $F_{xR}=\sum F_x$。从而充分性得证。

(2) 必要性。当刚体处于平衡状态时，式(4-8)成立。因为简化中心 O 可以任意选择，因此式(4-10)必然成立。必要性也得证。

2. 三力矩式

$$\sum M_A(\boldsymbol{F})=0,\quad \sum M_B(\boldsymbol{F})=0,\quad \sum M_C(\boldsymbol{F})=0 \tag{4-11}$$

该式要求简化中心 A、B 和 C 3 点不能共线。

证明：根据上面的分析，此时要求力系的合力同时通过不共线 A、B 和 C 3 点，而这显然是不可能的，因此充分性得证。必要性的证明完全类似，不再重复。

上面平面任意力系平衡方程的 3 种形式互相等价，根据解决问题的方便进行适当的选择。一般情况下，总是把平面任意力系的简化中心取在多个未知力的交点上，把坐标轴建在与尽可能多的未知力垂直的方向，以达到每个平衡方程中未知量尽可能少的目的。

例 4-4 悬臂梁结构如图 4.9(a)所示，梁的 A 端为固定支座，B 端自由。在梁的右半跨承受大小为 $q=5\text{kN/m}$ 的均布荷载作用，在跨中 C 处承受力偶矩为 $M=5\text{kN}\cdot\text{m}$ 的力偶作用。已知梁长 $l=5\text{m}$，自重不计。求固定端 A 处的约束反力。

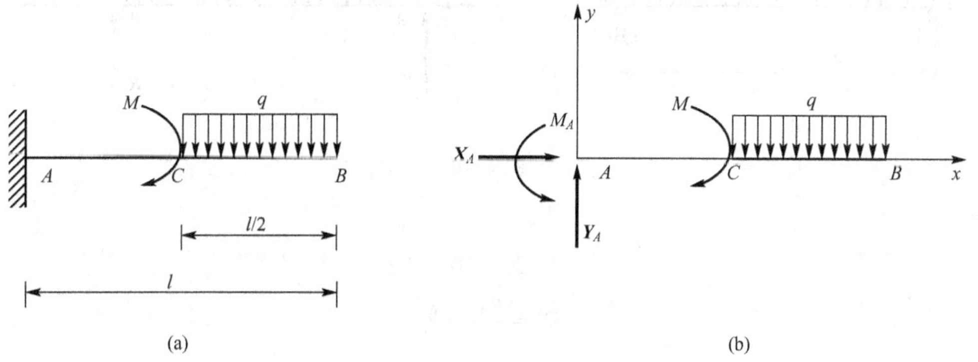

图 4.9

解：取梁 AB 为研究对象，根据固定支座的特点，画出它的受力图，如图 4.9(b)所示。单位长度上的荷载大小称为分布荷载，也称荷载集度或者线荷载。均布荷载是大小不随长度变化的分布荷载。在平衡方程中，它可以用一个集中力来代替，集中力的大小为均布荷载与它的作用长度的乘积，作用在中点，方向与均布荷载相同。

建立直角坐标系如图 4.9(b)所示，列平衡方程如下。

$$\sum X=0,\quad X_A=0$$

$$\sum Y=0,\quad Y_A-q\cdot\frac{l}{2}=0$$

$$\sum M_A(\boldsymbol{F})=0,\quad M_A-M-q\cdot\frac{l}{2}\cdot\left(\frac{l}{2}+\frac{l}{4}\right)=0$$

从中可以解得

$$X_A=0$$

$$Y_A=\frac{ql}{2}=\frac{5\times 5}{2}=12.5(\text{kN})$$

$$M_A=M+\frac{3ql^2}{8}=5+\frac{3\times 5\times 5^2}{8}=51.875(\text{kN}\cdot\text{m})$$

式中各所求值均为正值，说明图 4.9(b)中假定的方向与实际情况一致。

例 4-5 图 4.10(a)所示的梁 AB，A 端为固定铰支座，B 端为可动铰支座。梁在全跨内承受大小为 q 的均布荷载作用，在四分之一跨处承受集中力 $\boldsymbol{P}$ 作用。已知梁长为 l，自重不计。求 A 和 B 处的支座反力。

解：取梁 AB 为研究对象，根据每个支座的特点，画出它的受力图，并建立直角坐标系，如图 4.10(b)所示。列出平衡方程如下。

$$\sum X=0,\quad X_A=0$$

$$\sum Y=0,\quad Y_A+R_B-P-q\cdot l=0$$

$$\sum M_A(\boldsymbol{F})=0,\quad R_B\cdot l-P\cdot\frac{3l}{4}-q\cdot l\cdot\frac{l}{2}=0$$

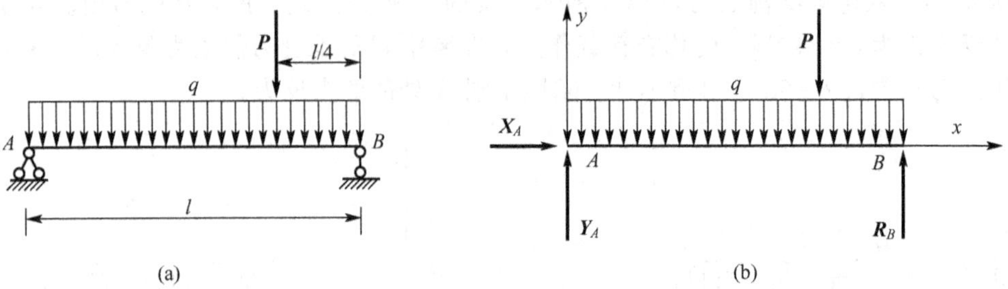

图 4.10

解得

$$X_A=0$$

$$R_B=\frac{3P}{4}+\frac{ql}{4}$$

$$Y_A=\frac{P}{4}+\frac{ql}{4}$$

也可以列出二力矩形式的平衡方程。

$$\sum X=0,\quad X_A=0$$

$$\sum M_A(\boldsymbol{F})=0,\quad R_B\cdot l-P\cdot\frac{3l}{4}-q\cdot l\cdot\frac{l}{4}=0$$

$$\sum M_B(\boldsymbol{F})=0,\quad P\cdot\frac{l}{4}+q\cdot l\cdot\frac{l}{2}-Y_A\cdot l=0$$

这里每个方程都只包含一个未知量，有利于问题的求解。根据这 3 个方程得到的结果与前面相同，不再重复。

例 4-6 图 4.11(a)所示为某外伸梁的荷载和支撑情况。已知 $P=3qa/4$，$M=qa^2$，不计梁自重不计，求 A 和 B 两处的支座反力。

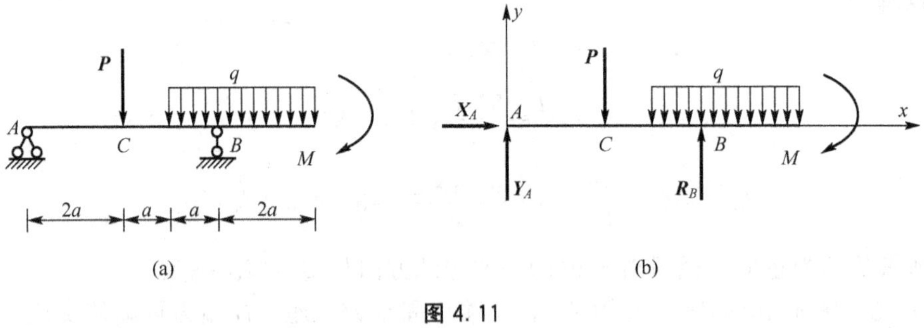

图 4.11

解：取梁 AB 为研究对象，画出它的受力图，并建立直角坐标系，如图 4.11(b)所示。列出平衡方程如下。

$$\sum X=0,\quad X_A=0$$

$$\sum Y=0,\quad Y_A+R_B-P-q\cdot 3a=0$$

$$\sum M_A(\boldsymbol{F})=0,\quad R_B\cdot 4a-P\cdot 2a-q\cdot 3a\cdot\left(3a+\frac{3a}{2}\right)-M=0$$

联立求解 3 个方程，可得

$$X_A=0$$

$$R_B=4qa$$

$$Y_A=-\frac{qa}{4}$$

求得的 Y_A 为负，说明它的实际方向与图 4.11(b)中所假定的相反。

如果采用二力矩形式的平衡方程，则

$$\sum X=0,\quad X_A=0$$

$$\sum M_A(\boldsymbol{F})=0,\quad R_B\cdot 4a-P\cdot 2a-q\cdot 3a\cdot\left(3a+\frac{3a}{2}\right)-M=0$$

$$\sum M_B(\boldsymbol{F})=0,\quad P\cdot 2a-q\cdot 3a\cdot\left(\frac{3a}{2}-a\right)-M-Y_A\cdot 4a=0$$

求解的结果与第一种方法一致。

例 4-7 刚架结构如图 4.12(a)所示，承受集中力 $\boldsymbol{P}_1$、$\boldsymbol{P}_2$ 和力偶矩为 M 的力偶作用。A 端为固定铰支座，B 端为可动铰支座。已知 $P_1=15\text{kN}\cdot\text{m}$，$P_2=30\text{kN}\cdot\text{m}$，$M=6\text{kN}\cdot\text{m}$，刚架自重不计。求 A 和 B 两处的支座反力。

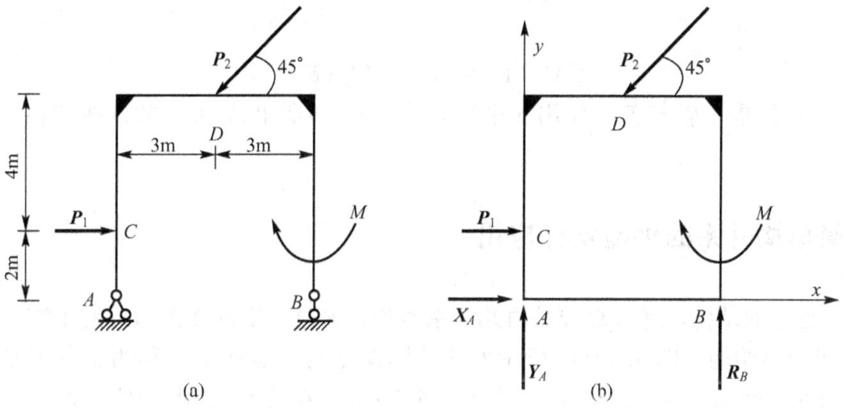

图 4.12

解：取整个刚架为研究对象，画出它的受力图，并建立直角坐标系，如图 4.12(b)所示。列出平衡方程

$$\sum X=0,\quad X_A+P_1-P_2\cos45°=0$$

$$\sum Y=0,\quad Y_A+R_B-P_2\sin45°=0$$

$$\sum M_A(\boldsymbol{F})=0,\quad P_2\cos45°\times6-P_2\sin45°\times3+R_B\times6-P_1\times2-M=0$$

从中可以解出

$$X_A=6.21\text{kN}$$

$$R_B=-4.61\text{kN}$$

$$Y_A=25.82\text{kN}$$

R_B 为负值，说明它的实际方向朝下。

如果采用二力矩形式的平衡方程，则

$$\sum X=0,\quad X_A+P_1-P_2\cos45°=0$$

$$\sum M_A(\boldsymbol{F})=0,\quad P_2\cos45°\times6-P_2\sin45°\times3+R_B\times6-P_1\times2-M=0$$

$$\sum M_B(\boldsymbol{F})=0,\quad P_2\cos45°\times6+P_2\sin45°\times3-Y_A\times6-P_1\times2-M=0$$

如果采用三力矩形式的平衡方程，则

$$\sum M_A(\boldsymbol{F})=0,\quad P_2\cos45°\times6-P_2\sin45°\times3+R_B\times6-P_1\times2-M=0$$

$$\sum M_B(\boldsymbol{F})=0,\quad P_2\cos45°\times6+P_2\sin45°\times3-Y_A\times6-P_1\times2-M=0$$

$$\sum M_C(\boldsymbol{F})=0,\quad X_A\times2+R_B\times6+P_2\cos45°\times4-P_2\sin45°\times3-M=0$$

上面 3 组方程所求得的结果均相同。

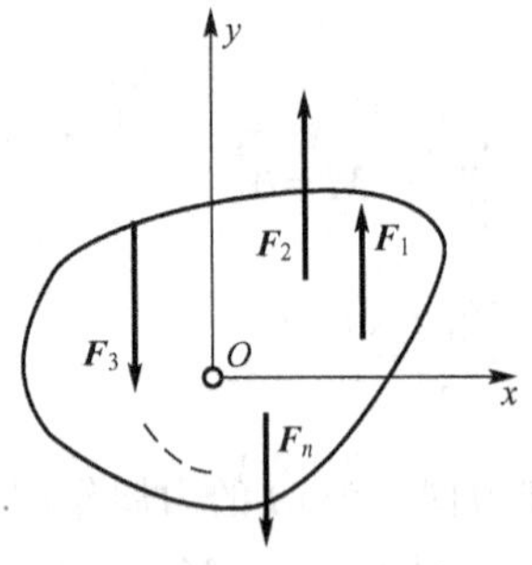

图 4.13

最后再介绍一下平面平行力系。力系中任意两个力的作用线都平行的平面力系称为平面平行力系，它可以看作是平面任意力系的特殊情形，因此它的平衡方程可以从平面任意力系的平衡方程得到。如图 4.13 所示，作用于刚体上的所有力 $\boldsymbol{F}_1$，$\boldsymbol{F}_2$，…，$\boldsymbol{F}_n$ 都相互平行，因此必然存在一个 x 轴，它与力系中各力的作用线均垂直，力系中所有力在 x 轴上的投影恒等于零。此时无论力系是否平衡，平衡方程中的 $\sum F_x=0$ 恒成立。因此平面平行力系独立的平衡方程只有两个，即

$$\sum Y=0,\quad \sum M_O(\boldsymbol{F})=0 \tag{4-12}$$

或者

$$\sum M_A(\boldsymbol{F})=0,\quad \sum M_B(\boldsymbol{F})=0 \tag{4-13}$$

其中式(4-12)要求 y 轴与各力作用线平行，式(4-13)要求 A 和 B 的连线与各力作用线不平行。

4.2.2 简单构件系的平衡条件应用

实际工程中的结构，绝大部分是由几个基本构件通过一定的连接形成的系统，如图 4.14(a)所示的组合梁结构，图 4.14(b)所示的三铰刚架结构。这些系统称为构件系统，而称系统内部各构件之间的连接为内约束，系统与外界(如基础等)的联系为外约束。

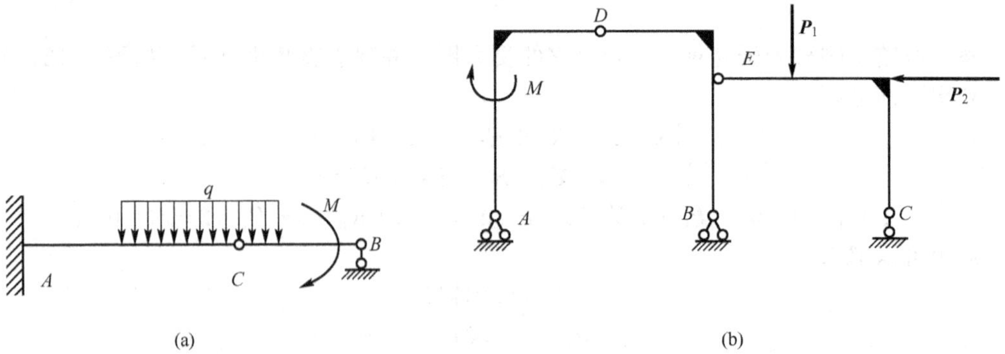

图 4.14

当系统受到主动力作用时，无论内约束还是外约束，一般都将产生约束反力。内约束反力是系统内各构件之间的相互作用力，称为系统内力，简称内力；而主动力和外约束反力则是其他物体施加于系统的力，称为系统外力，简称外力。例如，图 4.14(a)所示的组合梁结构，它由梁 AC 和 CB 通过铰 C 连接而成，再通过固定支座 A 和可动铰支座 B 支撑

在基础上。对于整个组合梁结构来说，铰 C 为内约束，在 C 处发生的梁 AC 和梁 CB 之间的相互作用力为内力；固定支座 A 和可动铰支座 B 为外约束，它们的约束反力以及主动力 q、M 为外力。需要说明的是，上述内力和外力是一个相对的概念，是相对于所研究的对象来讲的。例如在图 4.14(a)中，如果取梁 AC 或者梁 CB 为研究对象，则此时铰 C 就成为它们的外约束了。

现在来分析平面构件系统的平衡问题。在主动力和约束力的共同作用下，若系统保持平衡，则组成该系统的每根构件都处于平衡状态。为了求出全部未知力，往往需要把一些构件隔离出来单独研究。由前面的分析可以知道，对于受平面任意力系作用的刚体，可以写出 3 个独立的平衡方程。如果平面构件系统由 n 根构件组成，则对该系统来说，可以列出 $3n$ 个独立的平衡方程，因而可以求解 $3n$ 个未知量。构件系统的未知量包括约束力、未知的主动力以及未知的几何量等，如果这些未知量的数目不超过 $3n$ 个，则它们全部可以用平衡方程求出，称这样的问题为静定问题，这样的构件系统为静定结构；反之，如果未知量的数目超过 $3n$ 个，则它们不能完全由平衡方程求出，称这样的问题为超静定问题或者静不定问题，这样的构件系统为超静定结构或者静不定结构。图 4.15 所示为建筑工程中两个常见的超静定结构；如果将图 4.14 中两个结构的可动铰支座换成固定铰支座，则它们也将成为超静定结构。超静定结构的未知量需要综合考虑构件的变形，增加一定的补充方程后才能求出。在静力学中不研究超静定问题。

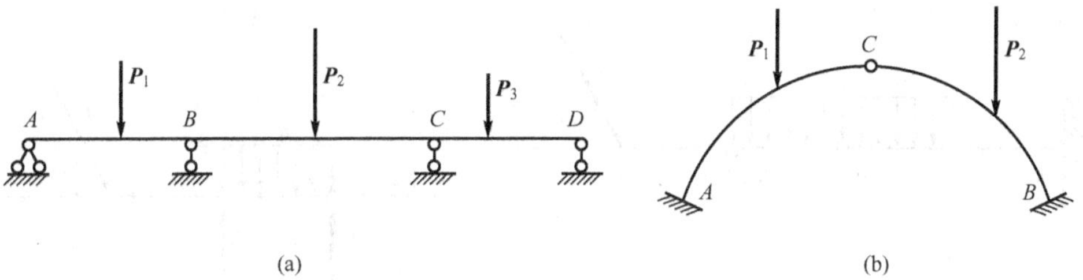

图 4.15

在求解静定平面构件系统的平衡问题时，可以依次选取单根构件为研究对象，建立整体系统的平衡方程；也可以先对整个系统列平衡方程，求出部分未知量，然后再从系统中选取某些构件作为研究对象，列出相应的平衡方程，最后求出全部未知量。选取研究对象时，以方便未知量的求解为原则，最好是一个方程只包含一个未知量，从而避免求解联立方程组。由于内力是内部构件之间的相互作用力，总是成对出现，因此在对系统进行整体分析时，内力可以不考虑，这样往往能使列出的整体平衡方程包含的未知量相对较少，有利于问题的解决。但不管怎样选取研究对象，平面构件系统能够列出的独立方程最多只有 $3n$ 个，如果系统中某些构件受平面平行力系或平面汇交力系作用，则系统平衡方程的数目还将相应减少。

例 4-8 图 4.16(a)所示的组合梁结构承受集中力和均布荷载作用。已知 $P=10\text{kN}$，$q=5\text{kN/m}$，$a=1\text{m}$，梁自重不计。求 A 和 C 两处的支座反力。

经分析可以发现：A 为固定支座，有 3 个约束反力；C 为可动铰支座，有一个约束反力，需要求解的未知量总共有 4 个。如果取组合梁整体为研究对象，则只能列出 3 个平衡方程，还需要补充一个方程才能求出全部未知量，这个方程只能通过分析单根构件得到。

在本题中，组合梁由梁 AB 和 BD 组成，因此可以通过分析梁 AB 或 BD 来建立补充的平衡方程。考虑到梁 BD 受到的未知量只有 3 个：铰 B 处的两个力和支座 C 处的一个力，因此可以直接求出可动铰支座 C 的约束反力，解题时就利用它来建立补充的平衡方程(梁 AB 的未知量有 5 个，读者可以自行分析)。

解：(1) 先取梁 BD 为研究对象，画出受力图，如图 4.16(b)所示。因为铰 B 的约束力汇交于 B 点，因此对 B 点取矩可以使它们不出现在平衡方程中，求解方便。

$$\sum M_B(\boldsymbol{F})=0,\quad R_C\cdot a-P\sin60^\circ\cdot 2a-q\cdot a\cdot \frac{a}{2}=0$$

解得

$$R_C=19.82\text{kN}$$

(2) 再取组合梁整体为研究对象，画出受力图，如图 4.16(c)所示(直角坐标系省略)。

$$\sum X=0,\quad X_A-P\cos60^\circ=0$$

$$\sum Y=0,\quad Y_A+R_C-P\sin60^\circ-q\cdot 2a=0$$

$$\sum M_A(\boldsymbol{F})=0,\quad M_A-q\cdot 2a\cdot 2a+R_C\cdot 3a-P\sin60^\circ\cdot 4a=0$$

解得

$$X_A=5\text{kN}$$

$$Y_A=-1.16\text{kN}$$

$$M_A=-4.82\text{kN}\cdot\text{m}$$

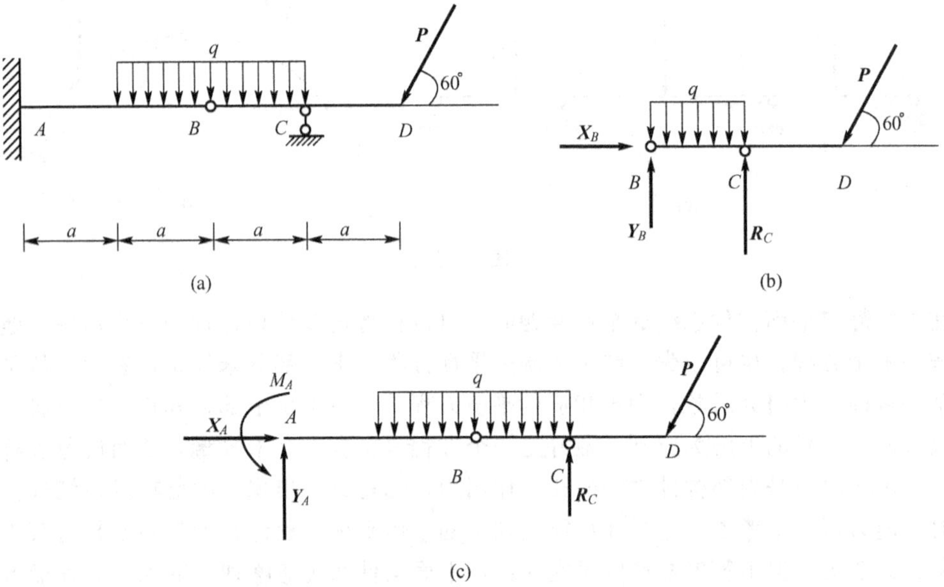

图 4.16

例 4-9 三铰刚架结构如图 4.17(a)所示。已知 $h=3l/5$，$P=5ql/8$，不计结构自重，求支座 A、支座 C 以及铰 B 的约束反力。

解：(1) 先取刚架整体为研究对象，画出受力图，如图 4.17(b)所示。

$$\sum X=0,\quad X_A+P-X_C=0$$

$$\sum M_A(\boldsymbol{F})=0,\quad Y_C\cdot l-P\cdot h-q\cdot\frac{l}{2}\cdot\frac{3l}{4}=0$$

$$\sum M_C(\boldsymbol{F})=0,\quad q\cdot\frac{l}{2}\cdot\frac{l}{4}-Y_A\cdot l-P\cdot h=0$$

解得

$$X_C=X+\frac{5ql}{8}$$

$$Y_C=\frac{3ql}{4}$$

$$Y_A=-\frac{ql}{4}$$

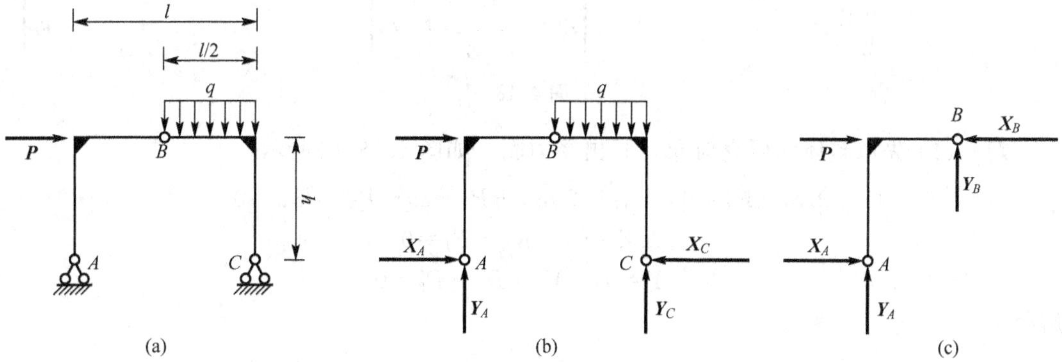

图 4.17

(2) 然后取折杆 AB 为研究对象，画出受力图，如图 4.17(c)所示。

$$\sum M_B(\boldsymbol{F})=0,\quad X_A\cdot h-Y_A\cdot\frac{l}{2}=0$$

$$\sum X=0,\quad X_A+P-X_B=0$$

$$\sum Y=0,\quad Y_A+Y_B=0$$

解得

$$X_A=-\frac{5ql}{24}$$

$$X_B=\frac{5ql}{12}$$

$$Y_B=\frac{ql}{4}$$

以及

$$X_C=\frac{5ql}{2}$$

最后，可以选取折杆 BC 为研究对象，建立平衡方程，以校核上述结果的正确性。这里从略。

例 4－10 图 4.18(a)所示为某等边三角构架示意图。水平荷载 $\boldsymbol{P}_1$ 和竖直荷载 $\boldsymbol{P}_2$ 作用在 AC 杆的 C 点。不计构架自重，求支座 A、支座 B 和铰 C 的约束反力，以及水平杆 DE 的内力。

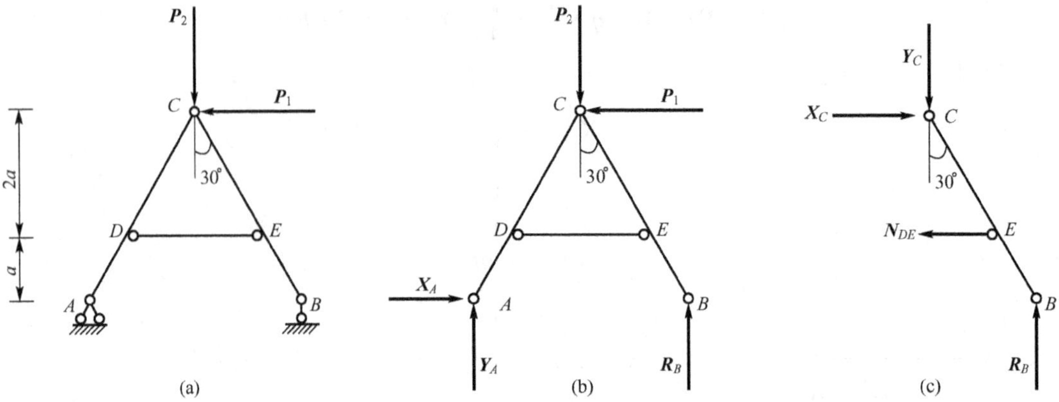

图 4.18

解：(1) 先取整体为研究对象，画出受力图，如图 4.18(b)所示。

$$\sum M_A(\boldsymbol{F})=0,\quad R_B\cdot 2\sqrt{3}a+P_1\cdot 3a-P_2\cdot\sqrt{3}a=0$$
$$\sum X=0,\quad X_A-P_1=0$$
$$\sum Y=0,\quad Y_A+R_B-P_2=0$$

解得

$$R_B=\frac{1}{2}P_2-\frac{\sqrt{3}}{2}P_1$$
$$X_A=P_1$$
$$Y_A=\frac{1}{2}P_2+\frac{\sqrt{3}}{2}P_1$$

(2) 取 BC 杆进行分析。DE 杆为二力杆，它的内力沿着 D、E 连线方向，因此受力图如图 4.18(c)所示。

$$\sum M_C(\boldsymbol{F})=0,\quad R_B\cdot\sqrt{3}a-N_{DE}\cdot 2a=0$$
$$\sum X=0,\quad X_C-N_{DE}=0$$
$$\sum Y=0,\quad R_B-Y_C=0$$

解得

$$N_{DE}=\frac{\sqrt{3}}{4}P_2-\frac{3}{4}P_1$$
$$X_C=\frac{\sqrt{3}}{4}P_2-\frac{3}{4}P_1$$
$$Y_C=\frac{1}{2}P_2-\frac{\sqrt{3}}{2}P_1$$

本章小结

本章首先介绍了力的平移定理，亦即可以把作用于刚体上某点 A 的力 $\boldsymbol{F}$ 等效地平移到任意点 B，但必须同时附加一个力偶，这个力偶的矩等于原来作用于 A 的力 $\boldsymbol{F}$ 对新作用

点 B 的矩。在此基础上，分析了平面任意力系向作用面内一点简化可以得到一个力和一个力偶，阐述了固定支座可以简化为两个相互垂直的约束反力外加一个约束力偶。最后，讨论了平面任意力系的平衡问题，阐述了平面任意力系平衡方程的3种形式，介绍了平衡条件在组合梁结构和三铰刚架结构中的应用。本章重要内容如下。

(1) 刚体在平面任意力系作用下保持平衡的充分和必要条件。

$$\left.\begin{aligned} F'_R&=0 \\ M_O&=0 \end{aligned}\right\}$$

(2) 平面任意力系平衡方程的3种形式。

① 一力矩式：$\sum X=0$，$\sum Y=0$，$\sum M_O(\boldsymbol{F})=0$。

② 二力矩式：$\sum X=0$，$\sum M_A(\boldsymbol{F})=0$，$\sum M_B(\boldsymbol{F})=0$。

③ 三力矩式：$\sum M_A(\boldsymbol{F})=0$，$\sum M_B(\boldsymbol{F})=0$，$\sum M_C(\boldsymbol{F})=0$。

关键术语

主矢(principal vector)；主矩(principal moment)；简化中心(center of reduction)；平衡方程(equilibrium equations)

习 题

1. 思考题

(1) 平面任意力系向其作用面内一点简化，得到的结果可能有哪些？

(2) 某平面任意力系向其作用面内的 A、B 两点简化，得到的主矩均为零，则该力系的最终简化结果有哪些可能？

(3) 平面任意力系对其作用面内任意一点的简化结果均相同，则该力系的最终简化结果是什么？

(4) 何谓平面任意力系的合力？它与主矢有什么异同？

(5) 平面任意力系的平衡方程有哪几种形式？应用时各有什么要求？

(6) 为了求解问题的方便，选择平面任意力系的平衡方程时应注意什么？那样做为什么能够达到方便求解的目的？

(7) 平面汇交力系和平面平行力系独立的平衡方程分别有几个？平衡方程的内容是否相同？

(8) 在对结构整体分析时，为什么系统内力可以不考虑？

2. 填空题

(1) 力的平移定理表明，若将作用在刚体某点的力平移到刚体的另一点，而不改变力的作用效果，则必需附加一个__________。

(2) 平面任意力系平衡的充分和必要条件为主矢与主矩同时为__________。

(3) 受大小相等、方向相反、共线的二力作用的刚体，必处于__________状态。

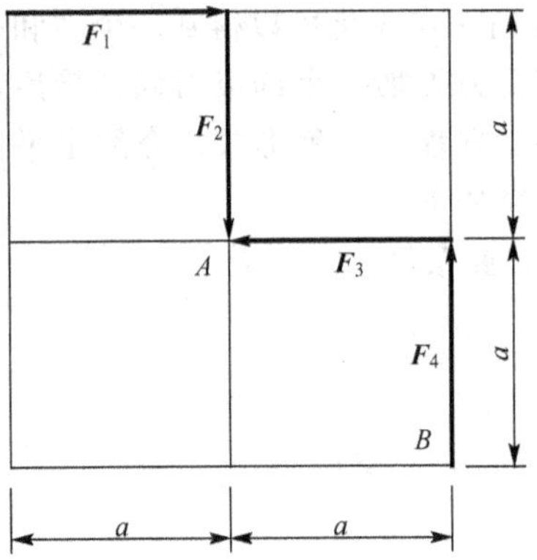

图 4.19

(4) 图 4.19 中 $F_1=F_2=F_3=F_4$，问力系向 A 点简化的结果是________，向 B 点简化的结果是________。

3. 判断题

(1) 作用在刚体上的力可以从原作用点等效地平行移动到刚体内任一指定点，但必须在该力与指定点所决定的平面内附加一个力偶。(　　)

(2) 若平面力系平衡，此力系的合力必为零。(　　)

(3) 使用二力矩式的平面任意力系方程组的条件是 A、B 两点连线不能与 x 轴平行。(　　)

(4) 若一平面力系对某点之主矩为零，主矢也为零，则该力系为一平衡力系。(　　)

(5) 在一定条件下，力偶可以用一个力来平衡。(　　)

(6) 受约束的物体一定处于平衡状态。(　　)

(7) 力系在平面内任意一坐标上投影的代数和为零，则该力系一定是平衡力系。(　　)

4. 单项选择题

(1) 图 4.20 所示为同一有重杆的 3 个平衡位置，则力 $\boldsymbol{T}_1$、$\boldsymbol{T}_2$、$\boldsymbol{T}_3$ 大小关系应该是(　　)。

A. $T_1=T_2=T_3$　　B. $T_1>T_2>T_3$　　C. $T_1<T_2<T_3$　　D. $T_1=T_3>T_2$

(2) 三个力 $\boldsymbol{F}_1$，$\boldsymbol{F}_2$，$\boldsymbol{F}_3$ 大小均不等于零，其中 $\boldsymbol{F}_1$ 和 $\boldsymbol{F}_2$ 沿同一作用线，则刚体处于(　　)。

A. 平衡状态　　B. 不平衡状态

C. 可能平衡，也可能不平衡　　D. 以上都不对

(3) 若某平面力偶系向 x、y 坐标轴的投影均为零，则受其作用的刚体(　　)。

A. 一定平衡　　B. 一定不平衡　　C. 不一定平衡　　D. 以上都不对

(4) 图 4.21 所示三铰拱架中，若将作用于构件 AC 上的力偶 M 平移至构件 BC 上，则 A、B、C 三处的约束反力(　　)。

A. 只有 C 处的不改变　　B. 都不变

C. 只有 C 处的改变　　D. 都改变

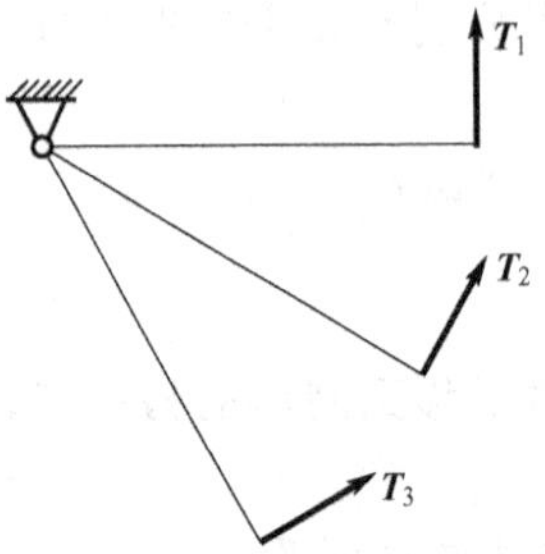

图 4.20

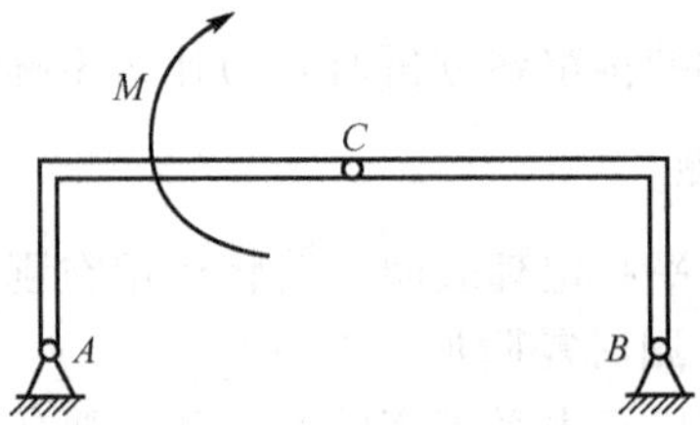

图 4.21

5. 计算题

(1) 刚体上的某平面任意力系如图 4.22 所示，求该力系的合力(图 4.22 中网格一小格代表 1m)。

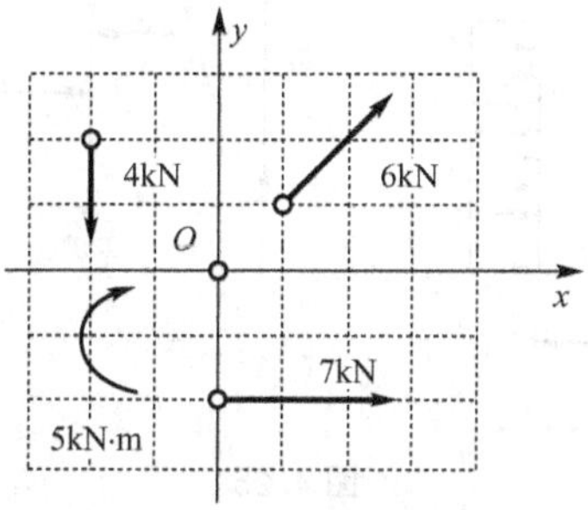

图 4.22

(2) 求图 4.23 所示各梁的支座反力，不计梁自重。

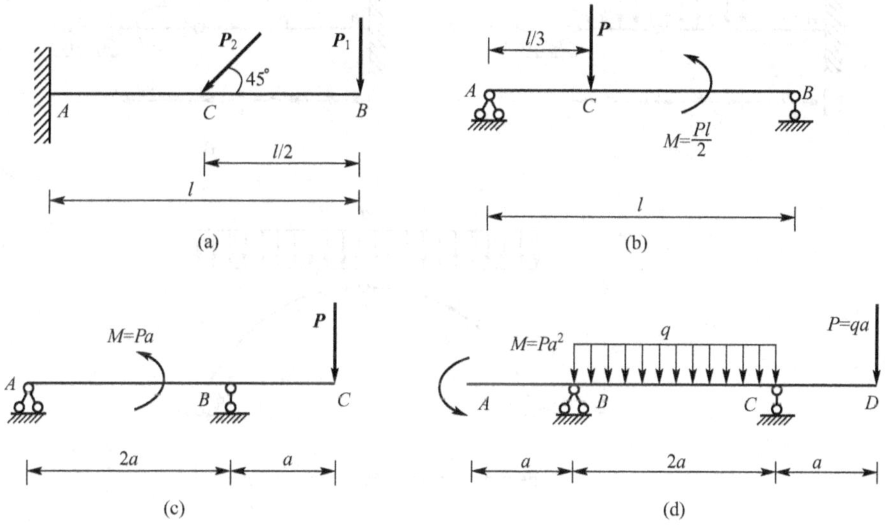

图 4.23

(3) 求图 4.24 所示梁的支座反力，不计梁自重。

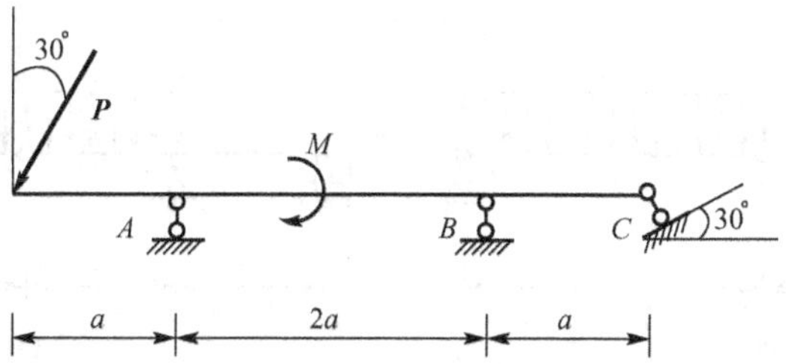

图 4.24

(4) 求图 4.25 所示刚架的支座反力，不计刚架自重。

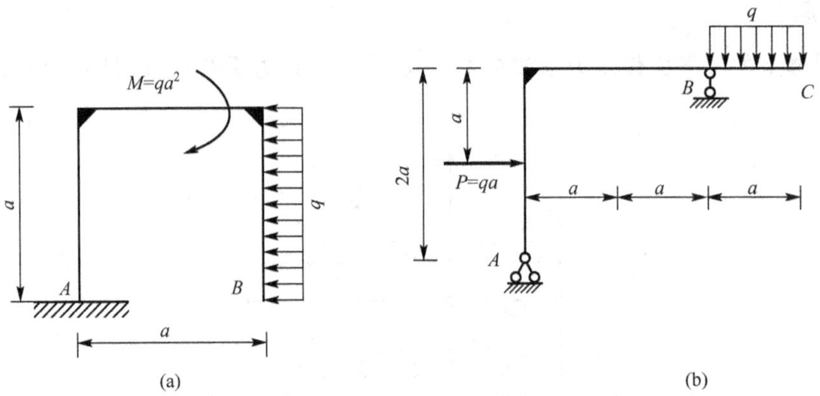

图 4.25

(5) 求图 4.26 所示梁在 A、B、C 三处的约束反力，不计梁自重。

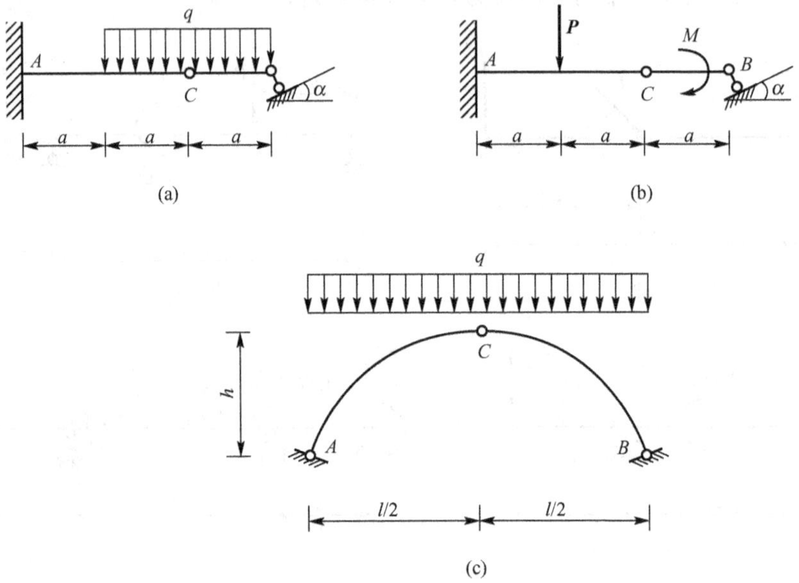

图 4.26

(6) 求图 4.27 所示组合梁 A、B、C、D 四处的约束力，梁自重不计。

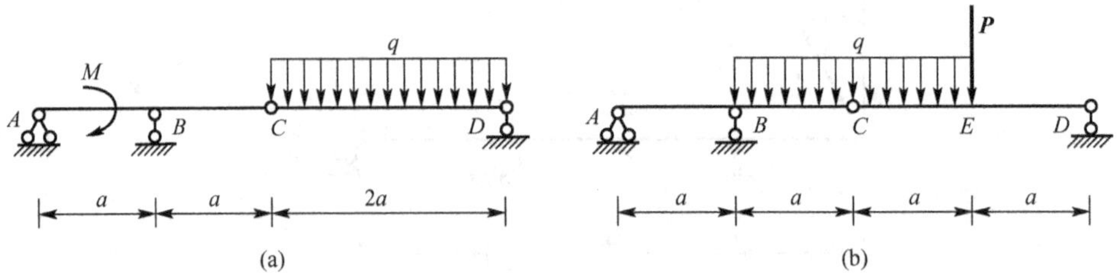

图 4.27

(7) 求图 4.28 所示刚架的支座反力，刚架自重不计。

(8) 求图 4.29 所示桁架的支座反力以及杆 AD 的内力，各杆自重不计，所有铰均光滑。

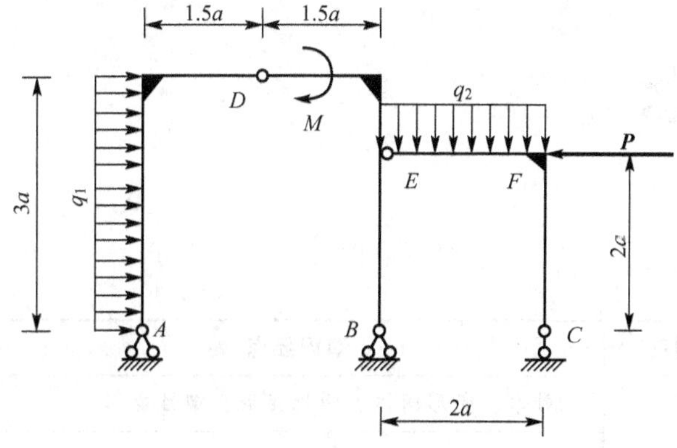

图 4.28

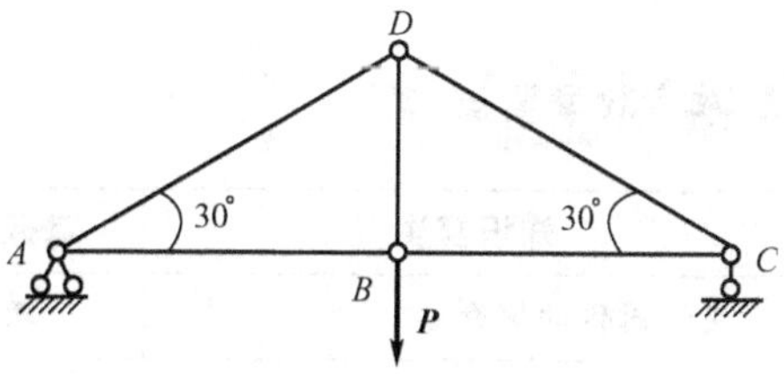

图 4.29

(9) 图 4.30 中圆盘重 $G=10\text{kN}$，直径 $D=1.2\text{m}$，施加一水平力 $\boldsymbol{F}$ 使它能越过 $h=0.2\text{m}$ 的台阶，如图 4.30 所示。试求：①水平力 $\boldsymbol{F}$ 的最小值；②如力 $\boldsymbol{F}$ 的方向可变，确定最小拉力 $\boldsymbol{F}$ 的大小与方向。

(10) 房屋阳台下的水平梁承受强度为 q(kN/m)的均布载荷。在水平梁的外端从柱上传下载荷 $\boldsymbol{P}$，柱的轴线到墙的距离为 l，如图 4.31 所示，求插入端的约束反力。

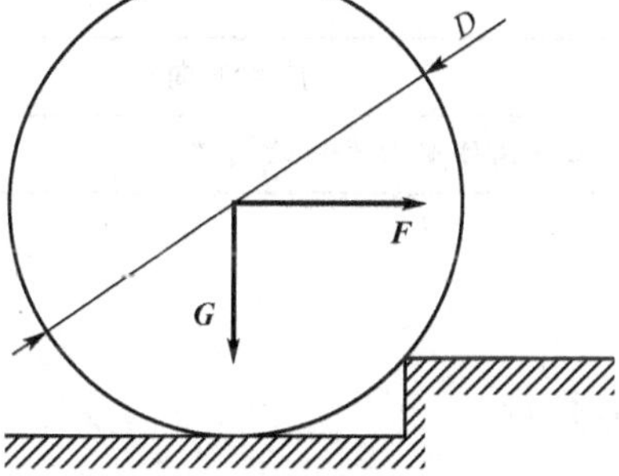

图 4.30

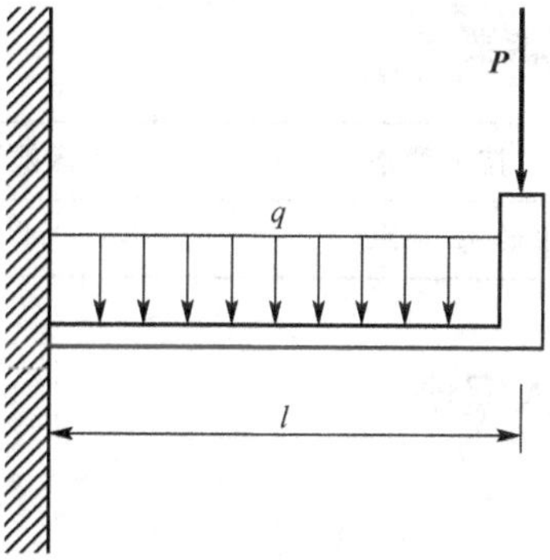

图 4.31

第5章 材料力学的基本概念

本章教学要点

知识模块	掌握程度	知识要点
变形固体的概念	理解	刚体、变形固体、弹性变形、塑性变形
材料力学的基本假设	了解	连续性假设、均匀性假设、各向同性假设、小变形假设
杆件变形的基本形式	掌握	轴向拉伸(压缩)、剪切、扭转、弯曲
工程构件静力学设计的主要内容	了解	强度问题、刚度问题、稳定性问题

本章技能要点

技能要点	掌握程度	应用方向
杆件变形的基本形式	掌握	工程构件变形类别的判定

导入案例

材料的各向异性

劈柴时，沿着纹路劈易断，而横着纹路劈不易断，这是因为木材顺纹与横纹方向的致密程度不同，也是各向异性的体现。

5.1 变形固体的概念

在现实世界中，构件的受力状况一般比较复杂，所以对它们的研究往往分两步进行：先作简化假设，再进行力学分析。在静力学中，将固体简化为刚体，即假设固体在外力作用下，其大小和形状都不发生变化。但实际上，严格的刚体在自然界中是不存在的，工程上的所有固体材料，如木材、混凝土、钢铁等，在外力作用下都会或多或少地产生变形。在外力作用下，会产生变形的固体材料称为变形固体。

由于在静力学中，研究的主要是物体在外力作用下的平衡问题，物体的微小变形对研究这种问题的影响是很小的，可以作为次要因素忽略不计，此时刚体假设是适用的。而在材料力学中，主要研究的是结构构件在外力作用下的强度、刚度和稳定性问题，此时微小的变形往往也必须予以考虑而不能忽略。因此，对于材料力学，必须将各种结构构件视为变形固体。

变形固体在受力后会产生变形：当外力不超过一定限度时，解除外力后变形可完全消失，这种变形称为弹性变形；而当外力超过一定限度时，解除外力后变形不能完全消失，其中残留的变形部分称为塑性变形。本书主要讨论材料在弹性范围内的变形及受力。

5.2 材料力学的基本假设

由不同的材料构成的变形固体的性质多种多样，而研究角度不同，得出的结果侧重点也不一样。在研究构件的强度、刚度和稳定性问题时，为了使问题得到简化，常略去一些次要的因素，而保留其主要影响因素。在材料力学中对变形固体材料作出下列假设。

1. 连续性假设

假设构成变形固体的物质毫无空隙地充满了其整个体积空间。

从物质结构上看，变形固体由很多微粒或晶体构成，由于在微粒或晶体间有空隙存在，实际上并不连续。但是由于这些空隙与构件的尺寸相比极其微小，在研究构件的受力和变形时可以忽略不计。这一假设对于建立相应的数学模型是有利的。

2. 均匀性假设

假设变形固体内各处的力学性质完全相同。

以工程上使用最多的金属为例，组成金属的各晶粒的力学性能并不完全相同，而且是无规则地排列。但由于其力学性能决定于各晶粒力学性能的统计平均值，所以可以认为各部分的力学性能是均匀的。

3. 各向同性假设

假设变形固体沿各个方向的力学性能均相同。

实际上，组成固体的各个晶体在不同方向上有着不同的性质。但由于构件所包含的晶体数量极多，且排列也完全没有规则，因而在各个方向上的力学性能就接近相同了。工程中使用的许多材料，如大多数金属材料、玻璃、混凝土等，都可以认为是各向同性的材料。而另外一些材料，由于沿其各方向具有明显不同的力学性能，称为各向异性材料，如木材、复合材料等。

根据上述假设，可以从物体中任一部分取出一个微小的单元来研究物体的性质，也可将那些大尺寸构件的试验结果应用于构件的局部微元。

4. 小变形假设

固体因外力作用而引起的变形，按不同情况可能很小也可能相当大，但材料力学所研究的问题一般只限于其变形的大小远小于构件原始尺寸的情况，即在研究构件的平衡和运动时，可按变形前的原始尺寸和形状进行计算。这样做可使计算工作大为简化，而又不影响计算结果的精度。

综上所述，在材料力学中将实际材料视为是连续、均匀、各向同性的变形固体，且限于小变形范围。

5.3 杆件变形的基本形式

实际构件有各种不同的形状，大致上可以归纳为 4 类，即板、壳、块体和杆，如图 5.1 所示。若构件在某一方向上的尺寸比其余两个方向上的尺寸小得多，为平面形状者称为板，为曲面形状者称为壳；若构件在 3 个方向上具有同一量级的尺寸，则称为块体；若构件在某一方向上的尺寸比其余两个方向上的尺寸大得多，则称为杆。

材料力学中所研究的构件主要是杆件。

(a) 板　(b) 壳　(c) 块体　(d) 杆

图 5.1

作用在杆件上的外力是多种多样的，因此杆件的变形也多种多样，但都可以归纳为 4 种基本变形之一，或者是两种以上基本变形形式的组合。

1. 轴向拉伸(或压缩)

当杆件两端承受一对大小相等、方向相反、作用线与杆轴线重合的外力时，杆件发生的主要变形是长度改变。这种变形称为轴向拉伸或轴向压缩，分别如图 5.2(a)和图 5.2(b)所示。工程上将主要承受拉伸的杆件统称为拉杆，受压杆件称为压杆或柱。

2. 剪切

在一对相距很近、大小相等、方向相反的横向外力作用下，杆件发生的主要变形是相邻横截面沿外力作用方向发生错动。这种变形形式称为剪切，如图 5.2(c)所示。

3. 扭转

在一对大小相等、方向相反、位于垂直于杆轴线的两平面内的外力偶作用下，杆的任意横截面将发生绕轴线的相对转动，而杆的轴线仍维持直线，这种变形形式称为扭转，如图 5.2(d)所示。工程上将主要承受扭转的杆件统称为轴。

4. 弯曲

当一对大小相等、方向相反的外力偶作用在杆的纵向平面内时，杆件的轴线由直线弯曲成曲线，这种变形形式称为纯弯曲，如图 5.2(e)。工程上将主要承受弯曲的杆件统称为梁。

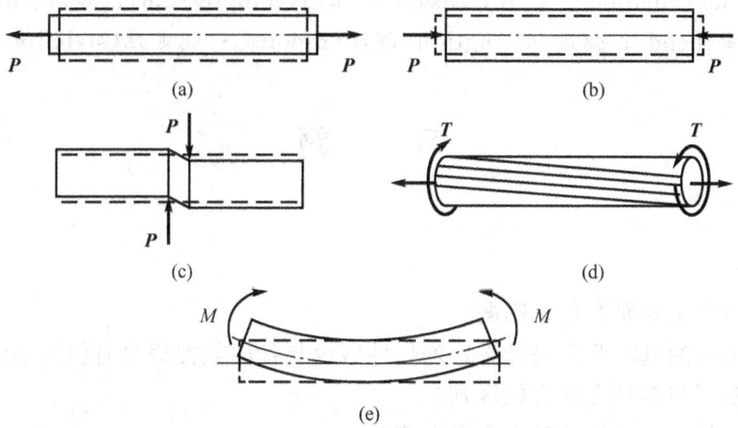

图 5.2

5. 组合变形

在工程实际中，不论杆件的受力有多复杂，其发生的变形都可看作是上述基本变形的组合。由两种或两种以上基本变形组成的复杂变形称为组合变形。本书随后几章，将先分别讨论上述各种基本变形，然后再讨论组合变形。

5.4 工程构件静力学设计的主要内容

工程设计的任务之一就是保证结构和构件具有足够的强度、刚度和稳定性。

强度是指构件在确定的外力作用下，不发生破裂或过量塑性变形的能力。刚度是指构件在确定的外力作用下，其弹性变形或位移不超过工程允许范围的能力。稳定性是指构件在某些受力形式(如轴向压力)下其平衡形式不会突然转变的能力。

本章小结

本章首先介绍了刚体和变形固体模型，阐述了求解平衡问题时，把物体视为刚体，而在研究物体在外力作用下的变形问题时把物体视为变形固体。其次介绍了材料力学的 4 个基本假设：均匀性假设、连续性假设、各向同性假设和小变形假设，材料力学的研究对象主要是杆件。最后，分析了杆件受外力作用时，发生的基本变形形式是拉伸(压缩)、剪切、扭转和弯曲，讨论了工程构件静力学设计的主要内容是强度、刚度和稳定性问题。

关键术语

刚体(rigid body)；变形固体(deformation body)；弹性变形(elastic deformation)；塑

性变形(plastic deformation);拉伸(tension);压缩(compression);剪切(shearing);扭转(torsion);弯曲(bend);强度(strength);刚度(rigidity);稳定性(stability)

习　　题

1. 思考题

(1) 材料力学主要研究什么问题?

(2) 材料力学的基本假设是什么?均匀性假设与各向同性假设有何区别?

(3) 弹性变形与塑性变形有何区别?

(4) 什么是杆件?杆件的基本变形有哪些?

2. 填空题

(1) 材料力学对变形固体的基本假设是________、________、________和________。

(2) 杆件的基本变形有________、________、________和________ 4种。

(3) 构件的承载能力主要包括________、________和________ 3个方面。

(4) 钢丝绳的变形是________;汽车行驶时,传动轴的变形是________;教室中大梁的变形是________;建筑物的立柱受________变形。

(5) 当外力与杆件的轴线重合时,杆件将会产生________变形;当外力偶作用面和轴线垂直时,杆件产生________变形;当外力偶作用面与杆的纵向平面重合时,杆件产生________变形。

3. 判断题

(1) 根据力的可传定理,作用于变形固体上的力可以沿其作用线自由移动。(　　)

(2) 材料力学中力可以从原作用点等效地平行移动到物体内任一指定点,但必须在该力与指定点所决定的平面内附加一个力偶。(　　)

(3) 塑性变形是指物体在外力作用下发生变形,但撤销外力之后不能恢复的变形。(　　)

(4) 刚度是指构件在确定的外力作用下,不发生破裂或过量塑性变形的能力。(　　)

(5) 材料破坏指的是材料断裂或发生较大的塑性变形。(　　)

(6) 物体在外力作用下所发生的变形,可能是基本变形中的一种或几种。(　　)

(7) 根据小变形假定,构件在外力作用下的变形远小于其原始尺寸。(　　)

4. 单项选择题

(1) 各向同性假设认为,材料内部各点的(　　)是相同的。

A. 力学性质　　B. 外力　　C. 变形　　D. 位移

(2) 根据小变形条件,可以认为(　　)。

A. 构件不变形

B. 构件既发生弹性变形又发生塑性变形

C. 构件仅发生弹性变形

D. 构件的变形远小于其原始尺寸

(3) 构件要能够安全正常地工作，它必须要满足(　　)。

A. 强度条件　　B. 刚度条件

C. 稳定性要求　　D. 强度条件、刚度条件和稳定性要求

(4) 下列(　　)与材料的力学性质无关。

A. 构件的强度　　B. 构件的刚度

C. 构件的稳定性　　D. 静定结构的反力

(5) 图 5.3 所示等截面直杆 AB 两端固定，C 截面处承受沿杆件轴线方向的力 $\boldsymbol{F}_p$，关于 A、B 两端约束力，下列选项中(　　)是正确的。

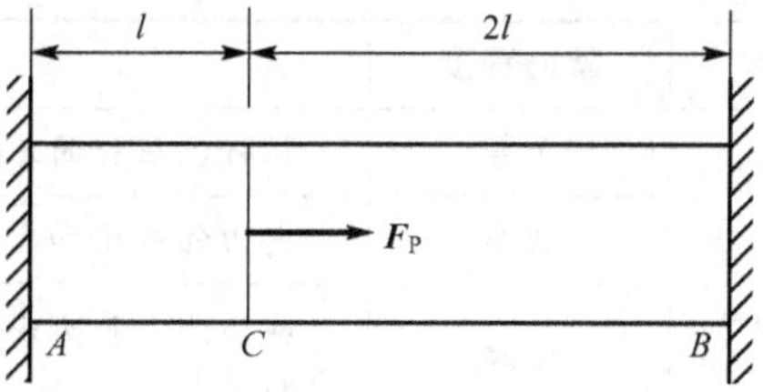

图 5.3

A.

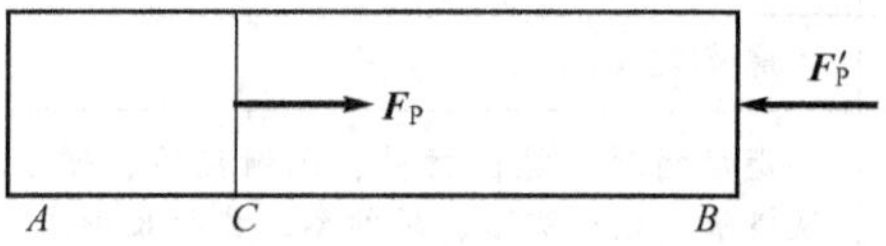

B.

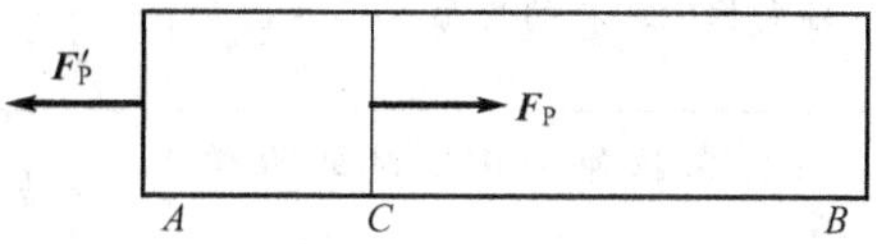

C.

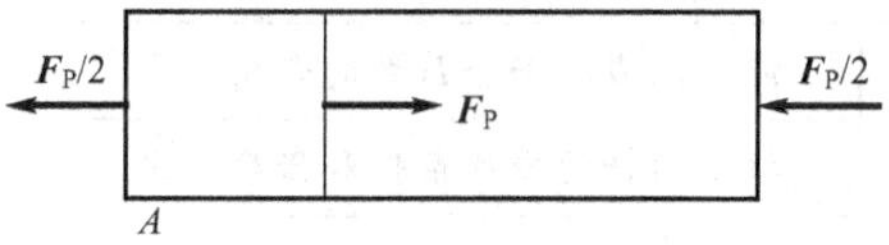

D.

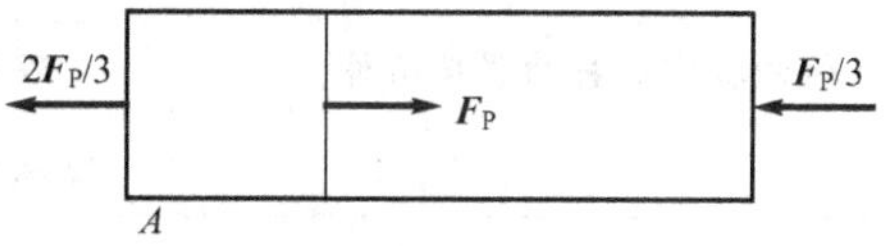

第6章
杆件的轴向拉伸和压缩

本章教学要点

知识模块	掌握程度	知识要点
轴向拉(压)杆的内力与应力	了解	拉杆、压杆的基本概念
	理解	内力的概念和含义、应力的概念和含义
	掌握	截面法、轴力和轴力图、横截面和斜截面上应力的计算
轴向拉(压)杆的变形	了解	线应变的概念和含义
	重点掌握	虎克定律
材料在拉伸和压缩时的力学性能	重点掌握	塑性材料、脆性材料、比例极限、弹性极限、屈服极限、强度极限、延伸率、截面收缩率
轴向拉(压)杆的强度条件	了解	极限应力的概念
	理解	许可应力和安全系数的含义
	重点掌握	拉(压)杆的强度条件和强度计算
应力集中现象	了解	应力集中的概念和含义、应力集中对构件强度的影响

本章技能要点

技能要点	掌握程度	应用方向
材料在拉伸(压缩)时的力学性能	掌握	测定材料的弹性模量
轴向拉(压)杆的强度条件	重点掌握	拉(压)工程构件的强度校核、荷载设计、截面设计

导入案例

同一根原木，为什么第二次钢丝绳会断裂呢?

某县交通运输管理站在木材公司仓库货场用吊车吊运原木，当吊到第15根长6.5m、大头直径为40cm、小头直径为26cm的桦木时，工人绑好钢丝绳吊索，吊车驾驶员驾驶吊车将原木从北端吊到5m左右南端的场地，为了将原木放整齐，原木落地后，驾驶员又进行第二次起吊，当吊物离地面70cm左右时，起重臂突然坠落，将起重臂下扶钢丝绳吊索的工人头部打伤，虽及时送往医院，但因抢救无效死亡。

通过调查发现，起重臂坠落是由于起重机钢丝绳断裂而造成的，是事故发生的直接原因。检查发现断裂的钢丝绳已有多处过度锈蚀、磨损，并且有多处严重断丝现象，已经达到报废的标准，在吊装过程中，因承受不住吊物重量，断裂坠落。

钢丝绳断裂就属于拉伸破坏的问题，当钢丝绳所受的拉力超过钢丝绳所能承受的最大拉力时就发生断裂，钢丝绳的不断锈蚀、磨损和断丝导致能承受的最大拉力发生变化，从而发生第一次能提起货物而第二次却断裂的现象。

6.1 轴向拉(压)杆的内力与应力

6.1.1 拉杆与压杆的概念

在土木工程中，许多情况下一些构件可以简化成为外力的合力作用线与杆轴线重合的杆件，如图6.1所示的屋盖桁架的竖杆、斜杆和上下弦杆或图6.2所示起重架的1，2杆等。由于杆件所产生的变形是纵向伸长或缩短，这类产生轴向拉伸或压缩的杆件称为拉杆或压杆。

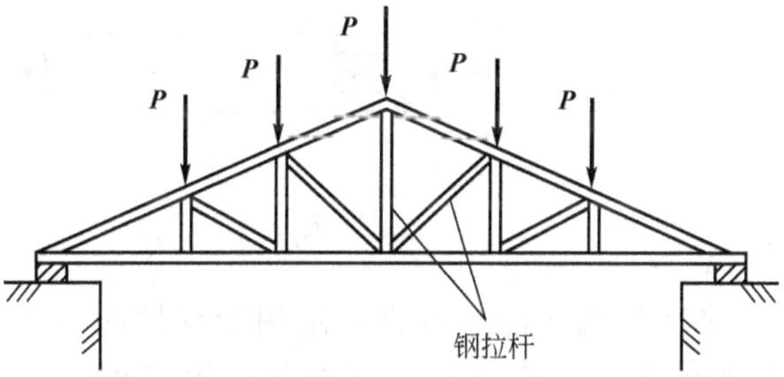

图6.1

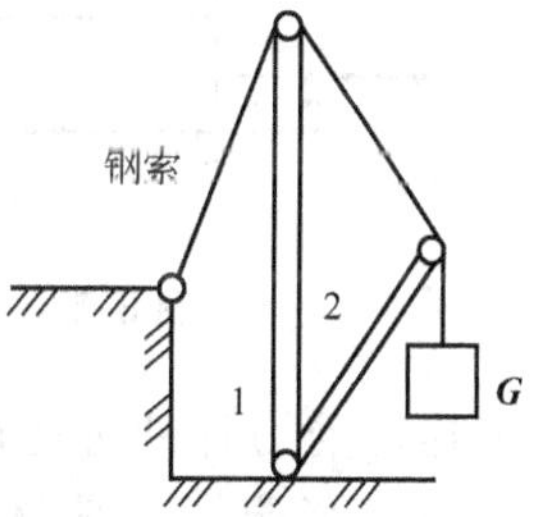

图6.2

6.1.2 内力的概念

在没有外力作用时，变形固体内部某一部分与相邻其他部分之间本来就存在着各种相互作用力。当受到外力作用而发生变形时，又会产生附加的相互作用力。这种附加的相互作用力会随外力的增加而增大，到达一定限度就会引起材料的破坏，可见，它与强度问题密切相关。在材料力学中就把这种附加的相互作用力称为内力。

材料力学中研究的是受力杆件截面上的内力。根据连续性假设可知，内力是作用于截面上的连续分布力。

6.1.3 轴力与轴力图

由于内力是物体内部相互作用的力，其大小和指向可通过将物体假想地截开后利用平衡条件确定。例如，图 6.3(a)中所示的拉杆，要确定某一截面上的合力，可以用一假想的横截面将杆沿截面 $m—m$ 截开，取左段为研究对象，如图 6.3(b)所示。由于整个杆件是处于平衡状态的，所以左段也应保持平衡，由静力平衡条件 $\sum X=0$ 可知，截面 $m—m$ 上的分布内力的合力 $\boldsymbol{N}$ 必与杆轴重合，且 $N=P$ 指向截面外法线方向。如果取右段为研究对象，如图 6.3(c)，可得出相同的结果。作用线与杆轴线相重合的内力称为轴力，用符号 $\boldsymbol{N}$ 表示。

对于压杆，也可通过上述方法求得其任一横截面 $m—m$ 上的轴力 $\boldsymbol{N}$，其指向如图 6.4 所示。为了区分拉伸和压缩，工程上对轴力 $\boldsymbol{N}$ 的正负号常作这样的规定：拉伸时的轴力值为正，方向与截面外法线方向重合，即拉力；压缩时的轴力值为负，方向与截面外法线方向相反，即压力。轴力的单位为牛顿(N)或千牛(kN)。

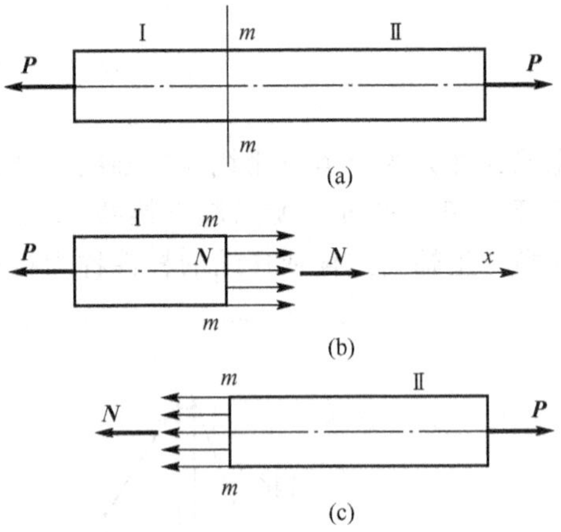

图 6.3

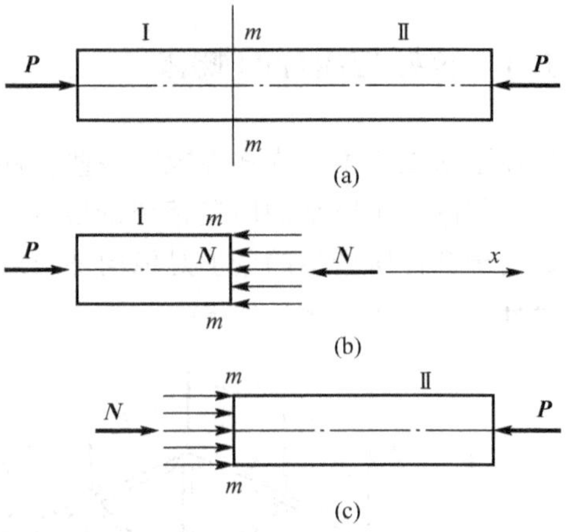

图 6.4

上述对受力杆件进行内力分析的方法称为截面法。该方法适用于杆件的各种受力情况，具有普遍性，是材料力学中的基本研究方法之一。截面法一般包括以下 3 个步骤。

(1) 用一假想截面将杆件截分为两部分，并任取其中一部分为研究对象。

(2) 在截开面上用内力代替另一部分对该部分的作用。

(3) 列出研究对象的静力平衡方程，并求解内力。

例 6-1 杆件受力图如图 6.5(a)所示，在外力 $\boldsymbol{P}_1$、$\boldsymbol{P}_2$、$\boldsymbol{P}_3$ 作用下处于平衡。已知 $P_1=5\text{kN}$，$P_2=10\text{kN}$，$P_3=15\text{kN}$，求杆件 AB 和 BC 段的轴力。

解： 杆件承受多个轴向力作用时，根据外力情况将杆分成几段，分段求出杆的内力。

(1) 求 AB 段的轴力。

在 $a—a$ 截面处将杆件截开，取左段为研究对象，如图 6.5(b)所示，截面上的轴力用 $\boldsymbol{N}_1$ 表示，并假设为压力，由平衡方程

$$\sum X=0 \Rightarrow \quad P_1-N_1=0$$

$$N_1=P_1=5\text{kN}$$

N_1 为正号，说明假设方向与实际方向相同，AB 段的轴力为压力。

(2) 求 BC 段的轴力。

用 $b—b$ 截面在 BC 段内将杆截开，取右段为研究对象，如图 6.5(c)所示，截面上的轴力用 $\boldsymbol{N}_2$ 表示，由平衡方程

$$\sum X=0 \Rightarrow \quad N_2-P_3=0$$

$$N_2=P_3=15\text{kN}$$

N_2 为正号，说明假设方向与实际方向相同，BC 杆的轴力是压力。

为验证这个结果，取左段为研究对象，如图 6.5(d)所示，并假设 $\boldsymbol{N}_2$ 为拉力，由平衡方程

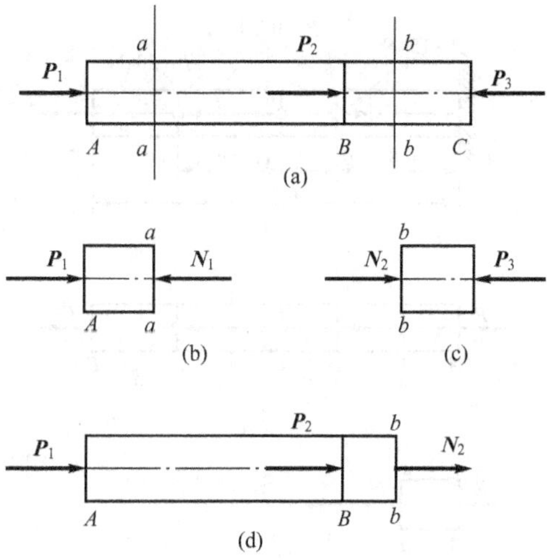

图 6.5

$$\sum X=0 \Rightarrow \quad P_1+P_2+N_2=0$$

$$N_2=-P_1-P_2=-15\text{kN}$$

N_2 为负号，说明假设方向与实际方向相反，即实际为压力，最终结果与取左段分析相一致。

必须指出：在采用截面法之前，力的可传性原理不再适用，这是因为将外力移动后就改变了杆件的变形性质，并使内力也随之改变。如果将上例中的 $\boldsymbol{P}_3$ 移动到 A 点，则 AB 段将受拉而伸长，其轴力也变为拉力。

当杆件受到多于两个的轴向外力作用时，在杆的不同截面上轴力将不相同，在这种情况下，对杆件进行强度计算时，都要以杆的最大轴力作为依据。为此就必须知道杆的各个横截面上的轴力，以确定最大轴力。为了直观地看出轴力沿横截面位置的变化情况，可按选定的比例尺，用平行于轴线的坐标表示横截面的位置，用垂直于杆轴线的坐标表示各横截面轴力的大小，绘出表示轴力与截面位置关系的图形，称为轴力图。画图时，习惯上将正值的轴力画在上侧，负值的轴力画在下侧。

例 6-2　杆件受力如图 6.6(a)所示。试求杆内的轴力并作出轴力图。

解：(1) 为了便于求解，可以先求出支座反力 $\boldsymbol{R}$，如图 6.6(b)所示，由杆的整体平衡条件

$$\sum X=0 \Rightarrow \quad -R-15+40-13+25=0$$

$$R=20\text{kN}$$

(2) 求各段杆的轴力。

求 AB 段轴力：用 $a—a$ 截面将杆件在 AB 段内截开，取左段为研究对象，如图 6.6(c)所示，以 $\boldsymbol{N}_1$ 表示截面上的轴力，并假设为拉力，由平衡方程

$$\sum X=0 \Rightarrow \quad -R+N_1=0$$

$$N_1=R=20\text{kN}$$

N_1 为正号，表示 AB 段的轴力为拉力。

求 BC 段的轴力：用 $b—b$ 截面将杆件截断，取左段为研究对象，如图 6.6(d)所示，由平衡方程

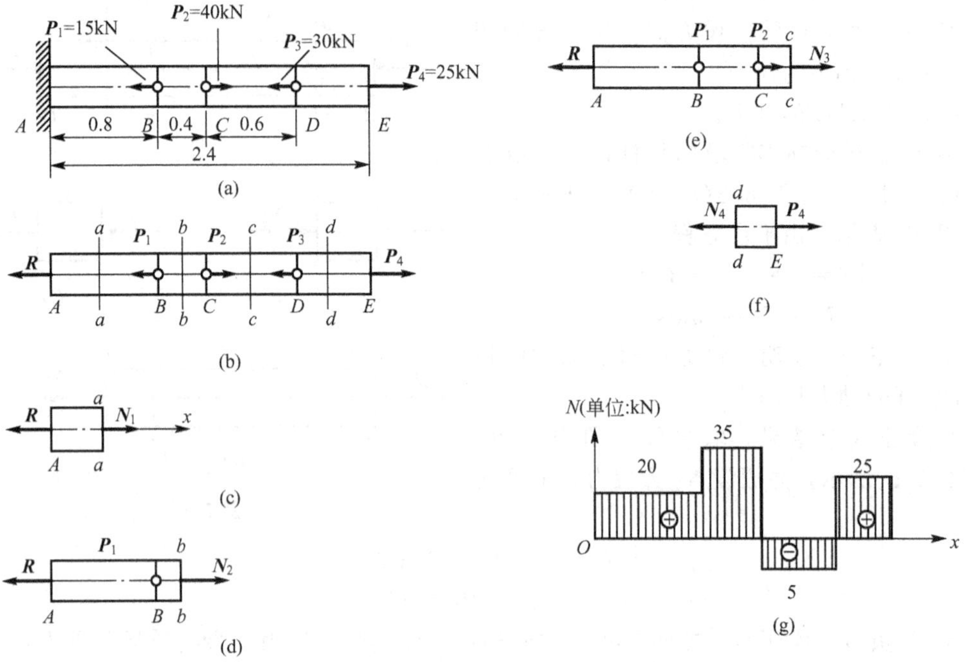

图 6.6

$$\sum X=0 \Rightarrow \quad -R+N_2-15=0$$

$$N_2=20+R=35\text{kN}$$

N_2 为正号，表示 BC 段的轴力为拉力。

求 CD 段轴力：用 c—c 截面将杆件截断，取左段为研究对象，如图 6.6(e)所示，由平衡方程

$$\sum X=0 \Rightarrow \quad -R-15+40+N_3=0$$

$$N_3=-5\text{kN}$$

N_3 为负号，表示 CD 段的轴力为压力。

求 DE 段轴力：用 d—d 截面将杆件截断，取右段为研究对象，如图 6.6(f)所示，由平衡方程

$$\sum X=0 \Rightarrow \quad 25-N_4=0$$

$$N_4=25\text{kN}$$

N_4 为正号，表示 DE 段的轴力为拉力。

(3) 画轴力图。

以平行于杆轴的 x 轴为横坐标，垂直于杆轴的坐标轴为 N 轴，按一定比例将各段轴力标在坐标轴上，可作出轴力图，如图 6.6(g)所示。

6.1.4 应力的概念

利用截面法可以求出整个截面上分布内力的合力，由于杆件材料是连续的，所以内力必然是分布在整个截面上。为研究杆件的强度，仅仅确定了截面上的内力是不够的，还必

须知道内力在截面上各点处的分布情况，即需要了解截面上各点内力的集度。

例如，两根材料相同、截面面积不同的杆，受同样大小的轴向拉力 $\boldsymbol{P}$ 作用，则两杆件横截面上的内力是相等的，但从内力在截面上分布的密集程度(简称内力集度)而言，显然杆件截面越小内力集度越大。因此随着外力的增加，截面积小的杆件必然先发生破坏。

内力在一点处的分布集度称为应力。为了说明截面上某一点 C 处的应力，可在 C 点周围取一微小面积 ΔA，作用在微面积 ΔA 上的内力合力记为 $\Delta \boldsymbol{P}$，如图 6.7(a)所示，则比值

$$\bar{\boldsymbol{p}}=\frac{\Delta \boldsymbol{P}}{\Delta A}$$

$\bar{\boldsymbol{p}}$ 称为 ΔA 上的平均应力，一般情况下截面上各点处的内力是连续分布的，但并不一定均匀，因此，平均应力 $\bar{\boldsymbol{p}}$ 的值将随 ΔA 的大小而变化。为消除 ΔA 面积大小的影响，将 ΔA 无限缩小并趋于零后，得到的平均应力 $\bar{\boldsymbol{p}}$ 的极限值即为 C 点处的内力集度，用 p 表示。

$$p=\lim_{\Delta A\to 0}\frac{\Delta P}{\Delta A}=\frac{\mathrm{d}P}{\mathrm{d}A}$$

p 又称为 C 点处的应力。一般来说应力 p 与截面既不垂直也不相切，为便于分析，通常将它分解为垂直于截面和相切于截面的两个分量，如图 6.7(b)所示，与截面垂直的应力分量称为正应力(或法向应力)，用 σ 表示；与截面相切的应力分量称为剪应力(或切向应力)，用 t 表示。

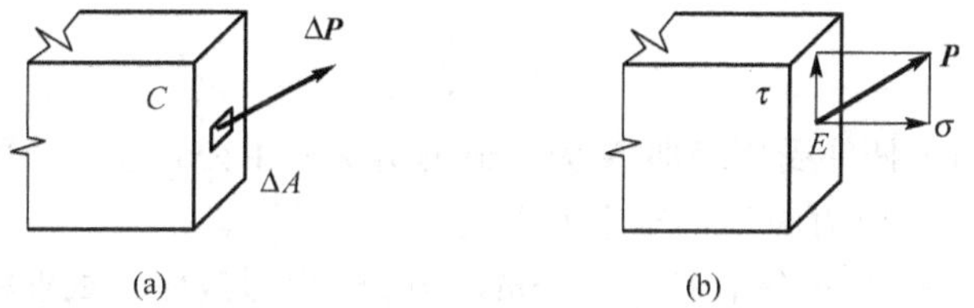

图 6.7

应力的单位是帕斯卡(Pascal)，简称为帕，符号为“Pa”。($1\mathrm{Pa}=1\mathrm{N/m^2}$)，工程中还常常使用千帕(kPa)、兆帕(MPa)及吉帕(GPa)作为单位，其中 $1\mathrm{kPa}=10^3\mathrm{Pa}$，$1\mathrm{MPa}=10^6\mathrm{Pa}$，$1\mathrm{GPa}=10^9\mathrm{Pa}$。

在工程图纸上，由于长度尺寸常以 mm 为单位，为计算方便常用到如下换算关系。

$$1\mathrm{MPa}=10^6\mathrm{N/m^2}=10^6\mathrm{N}/10^6\mathrm{mm^2}=1\mathrm{N/mm^2}$$

6.1.5 横截面和斜截面上的应力

1. 横截面上的正应力

如前所述，对于杆件的强度而言，研究其应力具有重要的意义，为求得杆件横截面上任一点的应力，首先应确定应力在截面上的分布规律。应力在截面上的分布不能直接观察到，但由于内力与变形有关，可以通过对杆件的变形进行实验研究来推测应力的分布。

取一根等直杆，如图 6.8(a)所示，为便于实验观察轴向受拉杆所发生的变形现象，在未受力前的杆件表面均匀地画上若干与杆轴线平行的纵线及与轴线垂直的横线，使杆表面

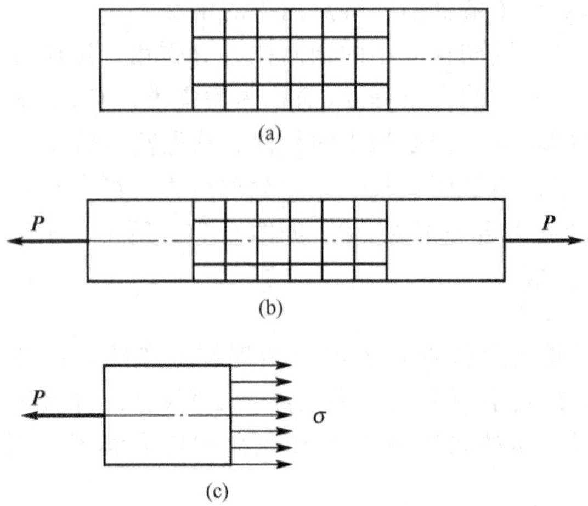

图 6.8

形成许多大小相同的方格。然后在杆的两端施加一对轴向拉力 $\boldsymbol{P}$，如图 6.8(b)所示，可以观察到：在保持互相平行的同时，所有的纵线都伸长了，而所有的横线在保持垂直于杆轴时仍为直线，只是相对距离增大了，从表面上看小方格相应地变成了长方格。

根据这一现象可以作出一个重要假设，即变形前原为平面的横截面，变形后仍保持为平面，并仍垂直于杆轴线，这个假设称为平面假设。根据这个假设可以推断，杆件在拉伸变形时，所有纵向纤维全都同样地伸长。

由于前面已假设材料是均匀连续的，而杆的分布内力集度又与杆的变形程度有关，又可以进一步推断，杆件在拉伸变形时，所有纵向纤维都只受沿轴线方向作用的、大小相同的拉力作用。由上可得结论：轴向拉伸时，杆件横截面上各点处产生正应力，且大小相等，如图 6.8(c)所示。若杆件横截面上的轴力为 $\boldsymbol{N}$，并已知该横截面的面积 A，则根据上述推断，再利用静力学平衡条件，最终可得横截面上正应力 σ 的计算公式为

$$\sigma=\frac{N}{A} \tag{6-1}$$

此公式同样适用于杆件受压缩即 $\boldsymbol{N}$ 为负值的情况。由公式(6-1)可见，正应力也随轴力 $\boldsymbol{N}$ 而有正负之分，拉应力为正，压应力为负。

例 6-3 若例 6-2 中的等直杆为 30mm×60mm 矩形截面，试求杆中各段横截面上的应力。

解：杆的横截面面积为

$$A=0.03\times0.06=0.0018(\text{m}^2)=18\times10^{-4}\text{m}^2$$

在例 6-2 中已求得 4 段中的轴力分别为 $N_1=20\text{kN}$，$N_2=35\text{kN}$，$N_3=-5\text{kN}$，$N_4=25\text{kN}$，代入正应力计算公式 $\sigma=\dfrac{N}{A}$ 可得到如下结果。

AB 段内任一横截面上的应力

$$\sigma_1=\frac{N_1}{A}=\frac{20\times10^3}{18\times10^{-4}}=11.11\times10^6(\text{Pa})=11.11\text{MPa}$$

BC 段内任一横截面上的应力

$$\sigma_2=\frac{N_2}{A}=\frac{35\times10^3}{18\times10^{-4}}=19.44\times10^6(\text{Pa})=19.44\text{MPa}$$

CD 段内任一横截面上的应力

$$\sigma_3=\frac{N_3}{A}=\frac{-5\times10^3}{18\times10^{-4}}=-2.78\times10^6(\text{Pa})=-2.78\text{MPa}$$

DE 段内任一横截面上的应力

$$\sigma_4=\frac{N_4}{A}=\frac{25\times10^3}{18\times10^{-4}}=13.89\times10^6(\text{Pa})=13.89\text{MPa}$$

2. 斜截面上的应力

前面讨论的杆件的横截面是一个方位特殊的截面，在这个截面上剪应力为0。有时工程中需要考虑更为一般的情况，即杆件在任一斜截面上的应力。仍以一根在两端分别受到一个大小相等的轴向拉力 **P** 的作用的等直杆为例，如图 6.9(a)所示，现分析任意斜截面 $a—b$ 上的应力，设截面 $a—b$ 的外法线 on 与杆件轴线 x 轴的夹角为θ，并规定θ从x 轴起算，逆时针转向为正。

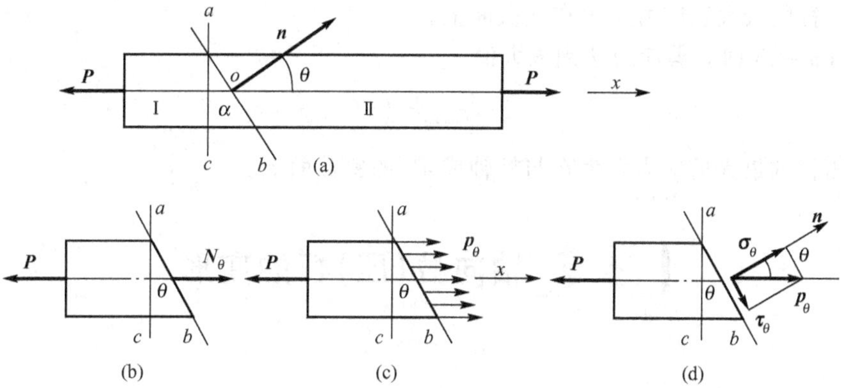

图 6.9

将杆件在 $a—b$ 截面处截开，取左半段为研究对象，如图 6.9(b)所示，由静力平衡方程$\sum X=0$，可求得 $a—b$ 截面上的内力为

$$N_\theta=P=N$$

其中 **N** 为横截面 $a—b$ 上的轴力。令 p_θ 表示 $a—b$ 截面上任一点的总应力，则根据前面对横截面上正应力变化规律的分析，同样可得到斜截面上各点处的总应力相等的结论，如图 6.9(c)所示，于是可得

$$p_\theta=\frac{N_\theta}{A_\theta}=\frac{N}{A_\theta}$$

式中，A_θ 是斜截面的面积。从几何投影关系可知，$A_\theta=\dfrac{A}{\cos\theta}$，将它代入上式得

$$p_\theta=\frac{N}{A}\cos\theta$$

式中，$\dfrac{N}{A}$为横截面上的正应力σ，故得

$$p_\theta=\sigma\cos\theta$$

为便于研究，通常将 p_θ 分解为与斜截面垂直的正应力σ_θ 和与斜截面相切的剪应力τ_θ，如图 6.9(d)所示，由投影关系得到

$$\sigma_\theta=p_\theta\cos\alpha=\sigma\cos^2\theta \qquad (6-2)$$

$$\tau_\theta=p_\theta\sin\theta=\sigma\cos\theta\sin\theta=\frac{1}{2}\sigma\sin2\theta \qquad (6-3)$$

式(6-2)、式(6-3)反映出轴向受拉杆斜截面上任一点的正应力σ_θ 和剪应力τ_θ 的数值随斜截面位置θ角而变化的规律。同样它们也适用于轴向受压杆。

σ_θ 和τ_θ 的正负号规定如下：正应力σ_θ 以拉应力为正，压应力为负；剪应力τ_θ 以它使

研究对象绕其中任意一点有顺时针转动趋势时为正，反之为负。

由式(6－2)、式(6－3)可以研究轴向拉压杆在斜截面上的正应力和剪应力随截面的方位角 θ 而变化的规律，分别对式(6－2)、式(6－3)求一阶导数，可得

$$\sigma'_\theta=-2\sigma\sin\theta \quad 和 \quad \tau'_\theta=\sigma\cos2\theta$$

令上述两个式子分别等于0，可以得到如下结论。

(1) 当 $\theta=0°$时，正应力达到最大值

$$\sigma_{max}=\sigma$$

即拉压杆的最大正应力发生在横截面上。

(2) 当 $\alpha=45°$时，剪应力达到最大值

$$\tau_{max}=\frac{\sigma}{2}$$

即拉压杆的最大剪应力发生在与杆轴成45°的斜截面上。

6.2 轴向拉(压)杆的变形

6.2.1 线应变的概念

杆在受到轴向力作用时，沿杆轴方向会产生伸长(或缩短)，称为纵向变形；同时杆的横向尺寸将减小(或增大)，在考察杆的轴向变形情况时，需要用到线应变的概念，下面来介绍一些线应变的基本知识。

设有一原长为 L 的杆，受到一对轴向拉力 $\boldsymbol{P}$ 的作用后，其长度增加为 L_1，则杆的纵向伸长量为 $\Delta L=L_1-L$，如图6.10所示。

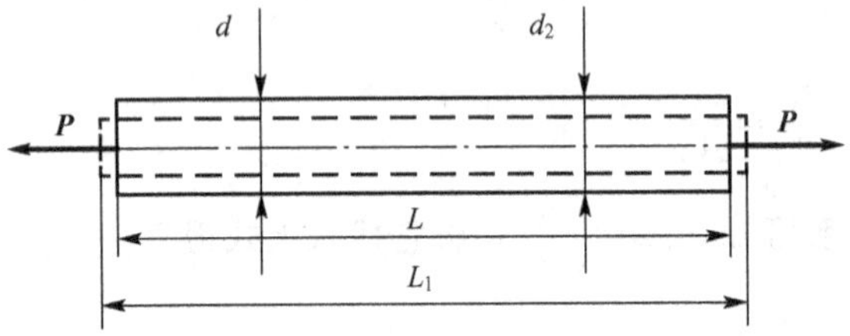

图6.10

由于杆的各段是均匀伸长的，对于不同长度的杆件来说，考虑单位长度上的变形量更有实用意义。单位长度的纵向伸长称为纵向线应变。用 ε 表示，即

$$\varepsilon=\frac{\Delta L}{L} \tag{6-4}$$

下面来考察杆件的横向变形，设拉杆原始横向尺寸为 d，受力后缩小到 d_1，则其横向尺寸的缩小量为

$$\Delta d=d_1-d$$

与之相应的应变(横向线应变)ε'为

$$\varepsilon'=\frac{\Delta d}{d} \tag{6-5}$$

拉伸时 ε 为正，ε'为负。

以上的一些概念也同样适用于压杆，但压杆的纵向线应变为负，而横向线应变为正。

6.2.2 虎克定律

实验结果表明：如果所施加的外力使杆件的变形处于弹性范围内，则杆的伸长量 ΔL 与杆所承受的轴向外力成正比，即

$$\Delta L \propto \frac{PL}{A}$$

根据实验的反映情况，可以引入一个比例常数 E，则有

$$\Delta L = \frac{PL}{EA} \tag{6-6}$$

当杆件只在两端承受轴向外力 $\boldsymbol{P}$ 作用时，可将上式改写成

$$\Delta L = \frac{NL}{EA} \tag{6-7}$$

上述比例关系称为虎克定律，于 1678 年由英国科学家虎克首先提出，式中比例常数 E 称为弹性模量。从式(6－6)可知，当其他条件相同时，材料的弹性模量 E 越大，则变形越小，它表示材料抵抗弹性变形的能力。E 的数值随材料而异，是通过试验测定的，其单位与应力单位相同。EA 称为杆件的抗拉(压)刚度，对于长度相等，且受力相同的拉杆，其抗拉(压)刚度越大，则变形就越小。

将式(6－1)及式(6－4)$\varepsilon=\frac{\Delta L}{L}$，$\sigma=\frac{N}{A}$，代入式(6－7)可得

$$\sigma = E \cdot \varepsilon \tag{6-8}$$

式(6－8)是虎克定律的另一表达形式，它表明当杆件应力不超过某一极限时，应力与应变成正比。

上述的应力极限值称为材料的比例极限，用 σ_p 表示(详见下节)。

实验结果表明，当杆件应力不超过比例极限时，横向线应变 ε' 与纵向线应变 ε 的绝对值之比为一常数，此比值称为横向变形系数或泊松比，用 μ 表示。

$$\mu = \left|\frac{\varepsilon'}{\varepsilon}\right| \tag{6-9}$$

μ 是无单位的量，其数值随材料而异，可由试验测定。

考虑到此两应变 ε' 和 ε 的正负号恒相反，故有

$$\varepsilon' = -\mu\varepsilon$$

弹性模量 E 和泊松比 μ 都是表示材料弹性性能的常数。表 6－1 中列出了几种常用材料的 E 和 μ 值。

表 6－1　几种常用材料的 E 和 μ 值

材料	E/GPa	μ
玻璃	55	0.25
混凝土	12～23	0.1～0.18
纵纹木材	9.8～12	0.5
橡胶	0.00784	0.47

（续）

材料	E/GPa	μ
低碳钢	196～216	0.25～0.33
合金钢	186～216	0.24～0.33
灰铸铁	78.4～147	0.23～0.27
铜及其合金	72.5～127	0.31～0.42

例 6-4 一方形截面的混凝土，如图 6.11(a)所示，上段柱边长为 300mm，下段柱边长为 400mm。荷载 $P=100\text{kN}$，不计自重，材料的弹性模量 $E=3\times10^4\text{MPa}$，试求柱顶位移。

解：(1) 要应用虎克定律，须先求出混凝土柱各段的内力，通过与例 6-2 相似的分析，容易得到

AB 段轴力 $N_1=-P=-100\text{kN}$；

BC 段轴力 $N_2=-3P=-300\text{kN}$。

轴力均为压力，轴力图如图 6.11(b)所示。

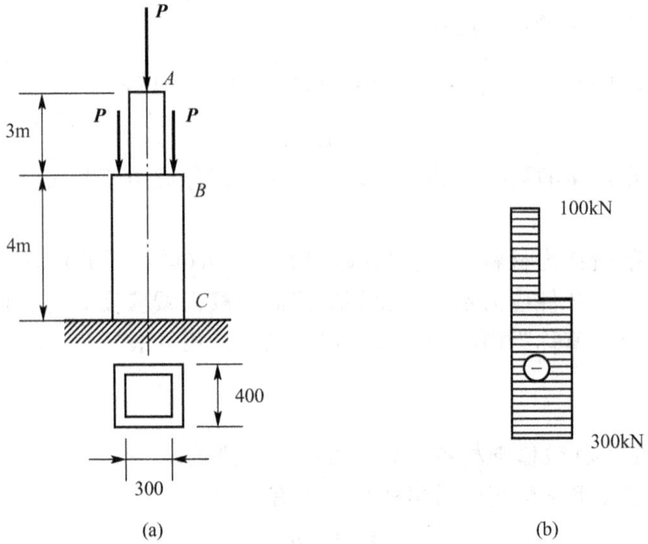

图 6.11

(2) 设混凝土柱顶面 A 下降的位置为 Δl，显然它的位移就等于全柱的总缩短。由于上、下两柱的截面积及轴力都不相等，故应分别求出两段变形，然后求其总和，由式(6-7)，得

$$\begin{aligned}\Delta l &= \Delta l_{AB}+\Delta l_{BC}\\ &=\frac{N_{AB}\cdot l_{AB}}{E\cdot A_{AB}}+\frac{N_{BC}\cdot l_{BC}}{E\cdot A_{BC}}\\ &=\frac{(-100\times10^3)\times3000}{3\times10^4\times300^2}+\frac{(-300\times10^3)\times4000}{3\times10^4\times400^2}\\ &=-0.111-0.25\\ &=-0.36(\text{mm})\end{aligned}$$

例 6－5 托架结构如图 6.12(a)所示，已知外力 $P=100kN$，求 AB 杆及 BC 杆的变形。已知 AB 杆为钢杆，$A_1=10cm^2$，$E_1=2.1\times10^5 MPa$；BC 为木杆，$A_2=400cm^2$，$E_2=1\times10^4 MPa$。

解：(1) 求各杆的轴力。取 B 节点为研究对象［图 6.12(b)］，列平衡方程得

$$\sum X=0\Rightarrow \quad -N_{AB}+N_{BC}\cos\alpha=0 \qquad (a)$$

$$\sum Y=0\Rightarrow \quad -P-N_{BC}\sin\alpha=0 \qquad (b)$$

$\because \tan\alpha=\dfrac{AC}{AB}=\dfrac{2200}{1400}=1.57$，$\therefore \alpha=57.53$，$\sin\alpha=0.843$，$\cos\alpha=0.537$，代入式(a)、(b)解得

$$N_{AB}=63.7kN \quad N_{BC}=-118.6kN$$

(2) 计算杆的变形。

$$\Delta l_{AB}=\frac{N_{AB}l_{AB}}{E_{AB}A_{AB}}=\frac{63.7\times10^3\times1400}{2.1\times10^4\times10\times10^2}$$
$$=4.247(mm)$$

$$\Delta l_{BC}=\frac{N_{BC}l_{BC}}{E_{BC}A_{BC}}=\frac{-118.6\times10^3\times\dfrac{2200}{0.843}}{1\times10^4\times400\times10^2}$$
$$=-0.774(mm)$$

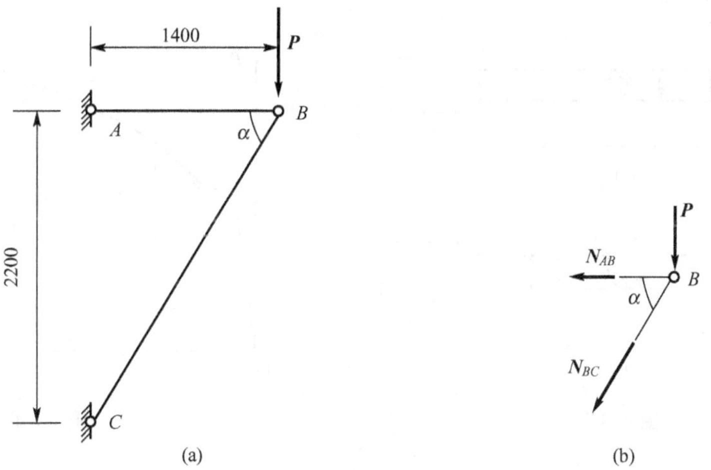

图 6.12

6.3 材料在拉伸和压缩时的力学性能

材料在拉伸和压缩时的力学性质又称机械性能，是指材料在受力过程中在强度和变形方面表现出的特性，是解决强度、刚度和稳定性问题不可缺少的依据。

材料在拉伸和压缩时的力学性质是通过试验得出的。拉伸与压缩试验通常在万能材料试验机上进行，试验的一般过程为：把由不同材料按标准制成的试件装夹到试验机上，试

验机对试件施加荷载，使试件产生变形甚至破坏。

根据试件在拉断时塑性变形的大小，可以将其区分为塑性材料和脆性材料，塑性材料在拉断时具有较大的塑性变形，如低碳钢、合金钢、铅、铝等；脆性材料在拉断时，塑性变形很小，如铸铁、砖、混凝土等。实验研究中常把工程上用途较广泛的低碳钢和铸铁作为两类材料的代表。

6.3.1　材料在拉伸时的力学性能

拉伸试验时采用标准试件，如图 6.13 所示。试件的中间部分较细，两端加粗，便于将试件安装在试验机的夹具中。在中间等直部分标出一段作为工作段，用来测量变形，其长度称为标距 l。通常规定标距 l 与其截面直径 d 的比例为 $l=10d$（长试件）和 $l=5d$（短试件）。矩形截面试件标距和截面面积 A 之间的关系规定为 $l=11.3\sqrt{A}$（长试件）和 $l=5.65\sqrt{A}$（短试件）。

1. 低碳钢的拉伸试验

1）$P-\Delta l$ 曲线和 $\sigma-\varepsilon$ 图

将低碳钢做成的标准试件装夹在万能试验机的两个夹头上，缓慢地加载，直到使试件拉断为止。在拉伸的过程中，自动绘图器将每瞬时荷载与绝对伸长量的关系绘成 P-Δl 曲线图，如图 6.14 所示。

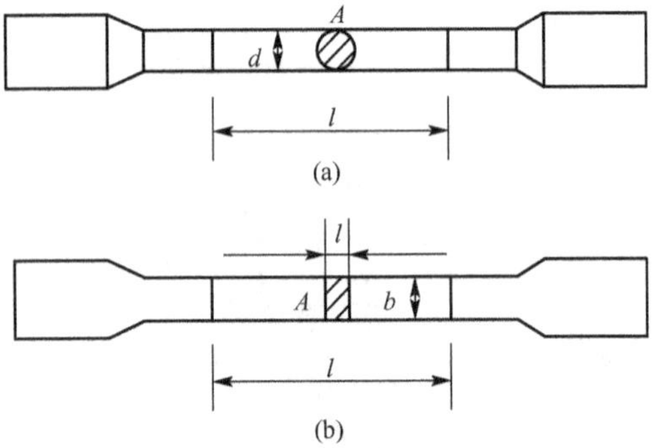

图 6.13

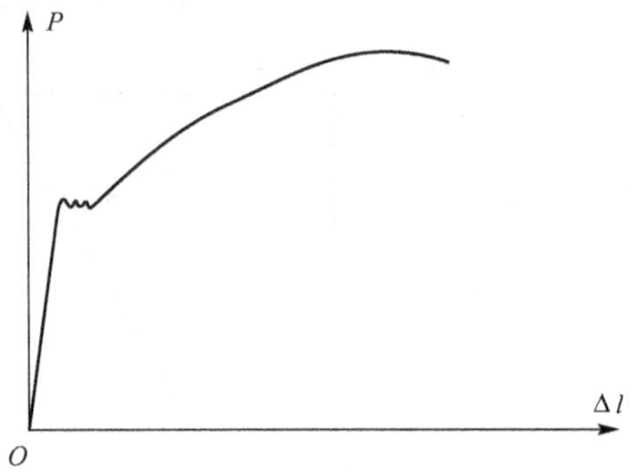

图 6.14

由于 Δl 与试件的标距 l 及横截面面积 A 有关，因此，既使是同一种材料，当试件尺寸不同时，其拉伸图也不同。为了消除试件尺寸的影响，常将拉伸图的纵坐标除以试件横截面的原面积，用应力 $\sigma=\dfrac{P}{A}$ 表示；将其横坐标 Δl 除以试件工作段的原长 l，用线应变 $\varepsilon=\dfrac{\Delta l}{l}$ 表示。这样得到的曲线即与试件的尺寸无关，可以代表材料的力学性能。此曲线称为 $\sigma-\varepsilon$ 图（应力-应变图），如图 6.15 所示。

2）拉伸过程的 4 个阶段

根据试件的 $\sigma-\varepsilon$ 曲线，低碳钢的拉伸过程可划分为 4 个阶段，下面分别对这些阶段进行讨论。

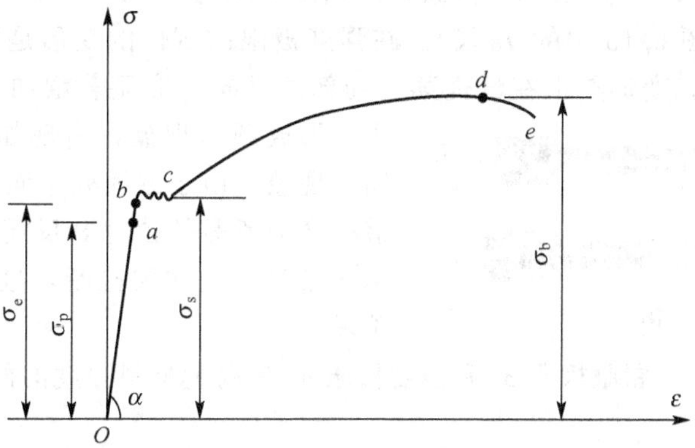

图 6.15

(1) 弹性阶段(图 6.15 中的 ob 段)。当加在试件上的应力不超过 b 点所对应的应力值时，材料的变形全部是弹性的，即卸去外力后变形全部消失。与这段图线的最高点 b 相对应的应力值称为材料的弹性极限，以 σ_e 表示。

在弹性阶段时，拉伸的初始阶段 oa 为直线，表明 σ 与 ε 成正比。a 点对应的应力称为材料的比例极限，用 σ_p 表示。低碳钢受拉时的比例极限 σ_p 约为 200MPa。直线 oa 与横坐标 ε 的夹角 α 的正切值即为材料的弹性模量 E。

$$E=\frac{\sigma}{\varepsilon}=\tan\alpha \qquad (6-10)$$

弹性极限 σ_e 与比例极限 σ_p 的意义不同，但由试验得出的数值很接近，因此，通常工程上对它们不加严格区分，常近似认为在弹性范围内材料服从虎克定律。

(2) 屈服阶段(图 6.15 中的 bc 段)。当应力超过 b 点对应的应力值后，应变增加很快，应力仅在一个微小的范围内波动，在 σ_s 图上呈现出一段接近水平的“锯齿”形线段 bc。这种应力几乎不变，应变却不断增加，从而产生显著变形的现象称为屈服现象，bc 阶段称为屈服阶段。在应力波动范围中，最高点的应力值称为上屈服极限，最低点的应力值称为下屈服极限。实验表明，很多因素对上屈服极限的数值有影响，而下屈服极限则较为稳定。因此，通常将下屈服极限称为材料的屈服极限或流动极限，以 σ_s 表示。低碳钢的屈服极限 σ_s 约为 240MPa。

当材料到达屈服阶段时，如果试件表面经过抛光，则在试件表面上可以看到许多倾斜的与试件轴线约成 45°的条纹，这种条纹称为滑移线。这是由于在 45°斜面上存在最大剪应力，造成材料内部晶格之间发生相互滑移所致。一般认为，晶体的相对滑移是产生塑性变形的根本原因。

应力达到屈服时，材料出现了显著的塑性变形，使构件不能正常工作，故在构件设计时，一般应将构件的最大工作应力限制在屈服极限 σ_s 以下，因此，屈服极限是衡量材料强度的一个重要指标。

(3) 强化阶段(图 6.15 中的 cd 段)。经过屈服阶段，$\sigma-\varepsilon$ 图中曲线又继续上升，这表明，若要试件继续变形，必须增加应力，这一阶段称为强化阶段。

在强化阶段中变形试件主要发生塑性变形，其变形量要比在弹性阶段内大得多，所以在试验中可以明显地观察到整个试件的横向尺寸在缩小。图 6.15 中曲线最高点 d 所对应的应力称为强度极限，以 σ_b 表示，低碳钢的强度极限约为 400MPa。

(4) 颈缩阶段(图 6.15 中的 de 段)。在强度极限前试件的变形是均匀的，在强度极限后，即曲线的 de 段，变形集中在试件某一局部，纵向变形显著增加，横截面面积显著减小，形成颈缩现象，出现如图 6.16 所示的“颈缩”现象。由于颈缩处截面面积迅速缩小，试件继续变形所需的拉力 $\boldsymbol{P}$ 反而下降，最后当曲线到达 e 点时，试件被拉断，这一阶段称为“颈缩”阶段。

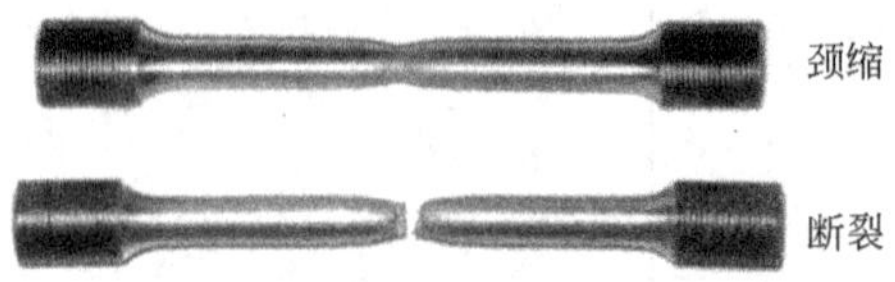

图 6.16

对于低碳钢来说，屈服极限 σ_s 和强度极限 σ_b 是衡量材料强度的两个重要指标。

3) 塑性指标

试件拉断后，弹性变形消失了，只剩下残余变形，残余变形标志着材料的塑性。常用来衡量材料的塑性性能的指标有两个。

(1) 延伸率。设试件的工作段在拉断后的长度为 l_1，原长为 l，则比值

$$\delta=\frac{l_1-l}{l}\times100\% \tag{6-11}$$

称为材料的延伸率。

(2) 截面收缩率。试件断裂处的最小横截面面积用 A_1 表示，原截面面积为 A，则比值

$$\psi=\frac{A-A_1}{A}\times100\% \tag{6-12}$$

称为截面收缩率。

延伸率和截面收缩率是衡量材料塑性的两个重要指标，一般来说，数值越大表明材料塑性越好。可按延伸率的大小将材料分为两类，$\delta\geqslant5\%$的材料作为塑性材料，$\delta<5\%$的材料作为脆性材料。低碳钢的延伸率约为 20%～30%，ψ 值约为 60%。

4) 冷作硬化

在试验过程中，如加载到强化阶段内的某点 k 时(图 6.17)，将荷载逐渐减小到零，可以看到，卸载过程中应力与应变仍保持为直线关系，且卸载直线 ko_1 与弹性阶段内的直线 oa 近乎平行。在图 6.18 所示的 $\sigma-\varepsilon$ 曲线中，k 点的横坐标可以看成是 oo_1 与 o_1g 之和，其中 oo_1 是塑性变形 ε_s，o_1g 是弹性变形 ε_e。

如果卸载后立即再加荷载，直到试件拉断，所得的加载曲线如图 6.18 中的 o_1kde，通过比较可见卸载后再加载，材料的比例极限和屈服极限都得到提高，而塑性下降。这种将材料预拉到强化阶段，然后卸载，当再加载时，比例极限和屈服极限得到提高，塑性降低的现象称为冷作硬化。在工程上常利用冷作硬化来提高钢筋和钢索等构件的屈服极限，达到节约钢材料的目的。

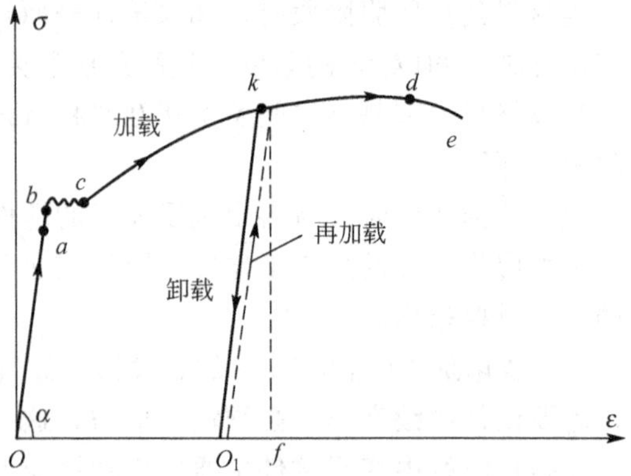

图 6.17

2. 铸铁的拉伸试验

铸铁可作为脆性材料的代表，其$\sigma-\varepsilon$曲线如图6.18所示。从铸铁的$\sigma-\varepsilon$曲线图可以看出，铸铁没有明显的直线部分，但因直到拉断时其变形非常小，因此，一般规定试件在产生0.1%的应变时，所对应的应力范围为弹性变形，并认为这个范围内服从虎克定律。工程上近似地将$\sigma-\varepsilon$曲线用一条割线来代替(如图6.18中虚线)，从而确定其弹性模量，称之为割线弹性模量。

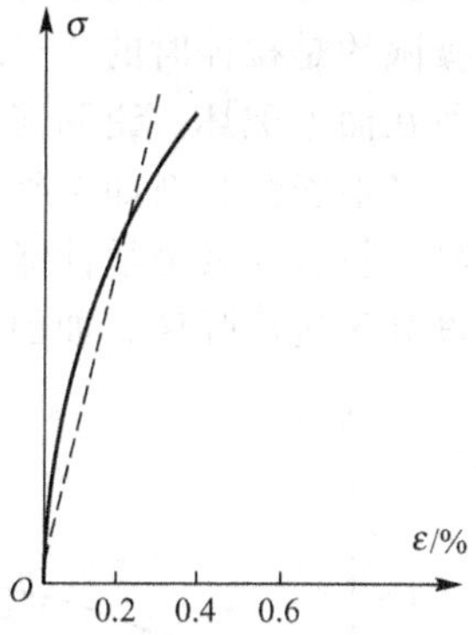

图6.18

铸铁在拉伸时无屈服现象和颈缩现象，断裂是突然出现的。断口与轴线垂直，塑性变形很小。衡量铸铁的唯一指标是强度极限σ_b。

工程上常用到的一些脆性材料，如玻璃钢、混凝土等，其拉伸试验的结果与铸铁相似。

6.3.2 材料在压缩时的力学性能

如图6.19所示，金属材料压缩试验用圆柱形试件，为了避免将试件压弯与减少试件端面的摩擦对试验结果的影响，一般取试件的高度为直径的1.5～3倍。非金属材料(如混凝土，石料等)试件为立方块。

1. 低碳钢的压缩试验

如图6.20所示，图中虚线表示拉伸时的$\sigma-\varepsilon$曲线，实线为压缩时的$\sigma-\varepsilon$曲线。试验表明：这类材料压缩时的屈服极限σ_s与拉伸时的接近，可以认为低碳钢的比例极限σ_p、弹性模量E、屈服极限σ_s都与拉伸时相同。当应力超出比例极限后，试件出现显著的塑性变形，试件明显缩短，横截面增大，随着荷载的增加，试件越压越扁，但并不破坏。因此，不能测出强度极限。

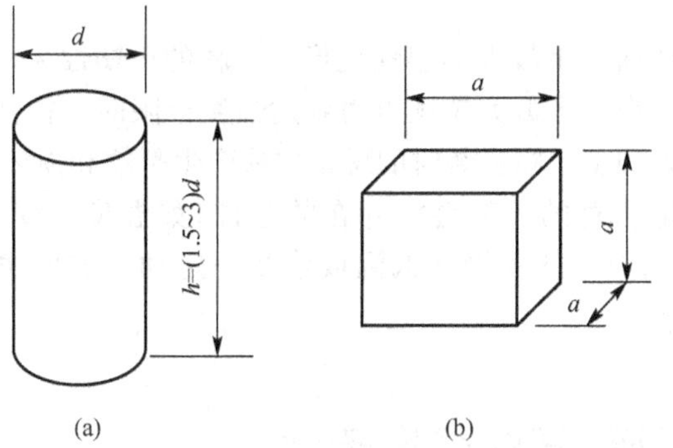

图6.19

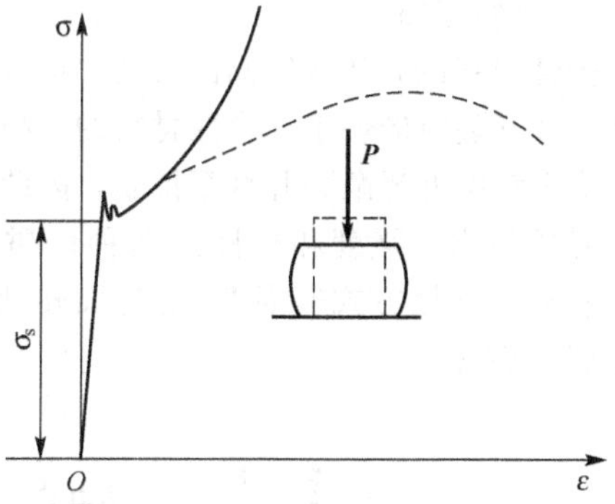

图6.20

由此可见，低碳钢的力学性能指标，通过拉伸试验都可测定，一般不须做压缩试验。类似情况在其他塑性材料中也存在。

2. 铸铁的压缩试验

铸铁受压缩时的$\sigma-\varepsilon$曲线如图6.21所示。图中虚线表示受拉时的$\sigma-\varepsilon$曲线。由图可见，整个压缩时的图形与拉伸时相似，但压缩时的延伸率 δ 要比拉伸时的大，压缩时的强度极限约是拉伸时的 3～4 倍。试件将沿与轴线成 45°的斜截面上发生破坏，即在最大剪应力所在面上破坏。说明铸铁的抗压强度低于抗拉强度。

其他脆性材料如混凝土、石料及非金属材料的抗压强度也远高于抗拉强度。木材是各向异性材料，其力学性能具有方向性，顺纹方向的强度要比横纹方向高得多，而且其抗拉强度高于抗压强度，如图 6.22 所示。

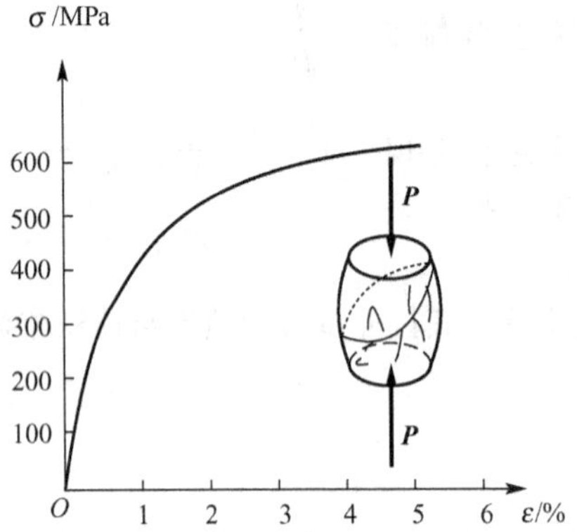

图 6.21

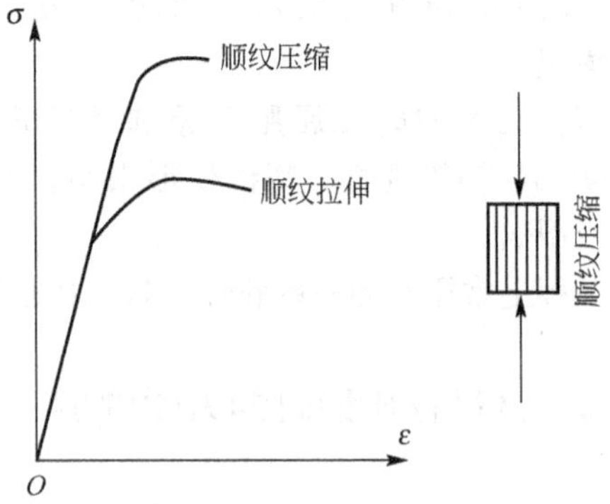

图 6.22

6.3.3 塑性和脆性材料力学性能的比较

通过上面试验分析，塑性材料和脆性材料在力学性能上的主要差别如下。

1）强度方面

塑性材料拉伸和压缩的弹性极限、屈服极限基本相同。脆性材料压缩时的强度极限远比拉伸时大，适用于作受压构件。塑性材料在应力超过弹性极限后有屈服现象，破坏时发生明显变形；而脆性材料没有屈服现象，破坏是突然的。

2）变形方面

塑性材料的 δ 和 ψ 值都比较大，构件破坏前产生较大的塑性变形，材料的可塑性大，便于加工和安装时的矫正。脆性材料的 δ 和 ψ 较小，当最大拉压应力到达强度极限时，构件就会在应力集中处逐渐裂开直至拉断，因此难以加工，在安装时的矫正中易产生裂纹和损坏。

必须指出，强度和塑性这两种性质都是相对的，都会随外在的条件(如温度、变形、速度和载荷作用方式等因素)变化而转化。例如，低碳钢在低温或承受一定动荷载时也会发生脆性破坏。

6.4 轴向拉(压)杆的强度条件

6.4.1 极限应力的概念

通过试验研究，认识了各种材料抵抗变形和破坏的能力。任何一种构件材料都存在一个能承受力的固有极限，称为极限应力，用 σ^0 表示。当杆内的工作应力到达此值时，杆件就会破坏。

对于塑性材料，当应力达到屈服极限时，将出现显著的塑性变形，会影响构件的使用。对于脆性材料，构件达到强度极限时，会引起断裂，所以一般规定如下。

$$\text{对塑性材料}\quad \sigma^0=\sigma_s$$

$$\text{对脆性材料}\quad \sigma^0=\sigma_b$$

6.4.2 许可应力和安全系数

为了保证构件能正常工作，必须使构件工作时产生的工作应力不超过材料的极限应力。在实际计算中，由于考虑到各种因素的影响，需要有一定的强度储备，即构件中的最大工作应力不超过某一限值，故对极限应力 σ^0 折减一个适当的倍数 n，作为衡量材料承载能力的依据，称为许可应力，用 $[\sigma]$ 表示，即

$$[\sigma]=\frac{\sigma^0}{n} \tag{6-13}$$

n 是一个大于 1 的系数，称为安全系数。采用安全系数的原因主要是考虑以下两个方面。

(1) 强度计算中，有些数据与实际有差异。这种差异主要是指材料组织不是理想均匀的，载荷估计不十分准确以及应力计算的近似性。

(2) 给构件留一定的强度储备。即使载荷的估计，应力的计算等方面都比较准确，在强度方面也还是要留有一定的储备。这种强度储备要考虑到构件的工作条件及构件的重要性等。如构件在腐蚀条件下工作时，或构件的破坏要引起严重的后果时，均应给予较多的强度储备。所以安全系数的选择必须考虑构件的具体工作条件。

安全系数的合理选择是一个比较复杂的问题，安全系数偏大会造成材料的浪费，偏小又可能造成破坏事故，所以安全系数的确定是关系到安全与经济的大问题。一般工程中，对安全系数的选择如下。

$$\text{脆性材料}\quad [\sigma]=\frac{\sigma_b}{n_b}$$

$$n_b=2\sim3.5$$

$$\text{塑性材料}\quad [\sigma]=\frac{\sigma_s}{n_s}\text{或}\ [\sigma]=\frac{\sigma_{0.2}}{n_s}$$

$$n_b=1.2\sim2.5$$

常用材料的许可应力见表 6-2。

表 6-2 常用材料的许可应力值(常温、静载和一般工作条件)

材料名称	牌号	许可应力/MPa	
		$[\sigma_l]$	$[\sigma_y]$
普通钢	Q215	137～152	137～152
普通碳钢	Q235	152～167	152～167
优质碳钢	45	216～238	216～238

（续）

材料名称	牌号	许可应力/MPa	
		$[\sigma_l]$	$[\sigma_y]$
低碳合金钢	16Mn	211～238	211～238
灰铸铁		28～78	118～147
铜		29～118	29～118
铝		29～78	29～78
松木(顺纹)		6.9～9.8	8.6～12
混凝土		0.098～0.69	0.98～8.8

注：1. $[\sigma_l]$ 为许可拉应力，$[\sigma_y]$ 为许可压应力。

2. 材料质量较好，尺寸较小时取上限，反之取下限。

6.4.3 轴向拉(压)杆的强度条件及其应用

在进行强度计算中，为确保轴向拉伸(压缩)杆件有足够的强度，把许可应力作为杆件实际工作应力的最高限度，即要求工作应力不超过材料的许可应力，即满足强度如下条件。

$$\sigma_{\max}=\frac{N}{A}\leqslant[\sigma] \tag{6-14}$$

式(6-14)称为拉(压)杆的强度条件。

在轴向拉(压)杆中，产生最大正应力的截面称为危险截面。对于轴向拉压的等直杆，其轴力最大的截面就是危险截面。

应用强度条件式(6-14)可以解决轴向拉(压)杆关于强度计算的3类问题。

(1) 校核强度。已知构件横截面面积 A，材料的许可应力 $[\sigma]$ 以及所受载荷 $\boldsymbol{N}$，校核式(6-14)是否满足，从而检验构件是否安全。

(2) 设计截面。已知载荷 N 及许可应力 $[\sigma]$，根据强度条件式(6-14)设计截面尺寸 A。

(3) 确定许可载荷。已知截面面积 A 和许可应力 $[\sigma]$，根据强度条件式(6-14)确定许可载荷 $\boldsymbol{N}$。

例6-6 已知Q235号的钢拉杆受轴向拉力 $P=18\text{kN}$ 作用，杆为圆截面杆，直径 $d=14\text{mm}$，许可应力 $[\sigma]=170\text{MPa}$。试校核杆的强度。

解： 杆的横截面面积

$$A=\frac{\pi}{4}d^2=\frac{1}{4}\times3.14\times16^2=153.94(\text{mm}^2)$$

杆横截面上的应力

$$\sigma=\frac{N}{A}=\frac{P}{A}=\frac{18\times10^3}{153.94}=116.93(\text{N/mm}^2)$$

$$=116.93\text{MPa}<[\sigma]=170\text{MPa}$$

所以该钢拉杆满足强度条件。

例 6－7 图 6.23 所示支架中 AB 杆为直径 $d=32\text{mm}$ 的圆截面杆，许可应力 $[\sigma]_{AB}=160\text{MPa}$，$BC$ 杆为边长 $a=10\text{cm}$ 的正方形截面杆，$[\sigma]_{BC}=30\text{MPa}$，在结点 B 处挂一重物 P，求许可荷载 $[P]$。

解：(1) 计算杆的轴力。取结点 B 为研究对象［图 6.23(b)］，列平衡方程

$$\sum X=0 \quad -N_1-N_2\cos\alpha=0$$

$$\sum Y=0 \quad -P-N_2\sin\alpha=0$$

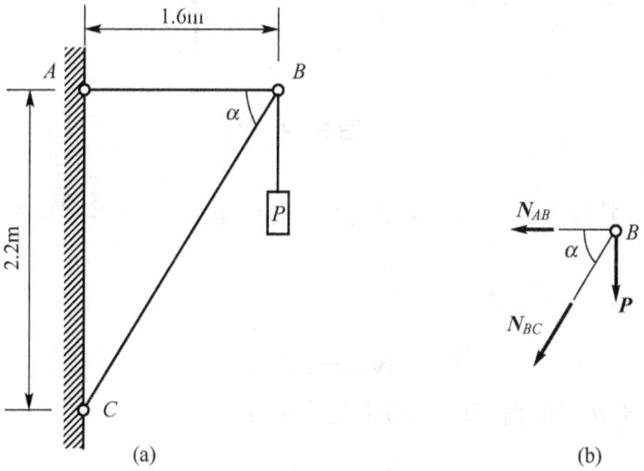

图 6.23

式中 α 由图中几何关系得：$\tan\alpha=\dfrac{2.2}{1.6}=1.375$，则 $\alpha=53.97°$。解方程得

$$N_1=0.73P(\text{拉力}) \quad N_2=-1.24P(\text{压力})$$

(2) 计算许可荷载。先根据 AB 杆的强度条件计算杆 AB 能承受的许可荷载。

$$\sigma_{AB}=\frac{N_{AB}}{A_{AB}}=\frac{0.73P}{A_{AB}}\leqslant[\sigma]_{AB}$$

所以

$$[P]\leqslant\frac{A_{AB}[\sigma]_{AB}}{0.73}=\frac{\frac{1}{4}\times3.14\times32^2\times160}{0.73}=1.76\times10^5(\text{N})=176\text{kN}$$

再根据 BC 杆的强度条件计算 BC 杆能承受的许可荷载 $[P]$

$$\sigma_{BC}=\frac{N_{BC}}{A_{BC}}=\frac{1.25P}{A_{BC}}\leqslant[\sigma]_{BC}$$

所以

$$[P]\leqslant\frac{A_{BC}[\sigma]_{BC}}{1.24}=\frac{100^2\times30}{1.24}=2.42\times10^5(\text{N})=242\text{kN}$$

比较两次所得的许可荷载，取其较小者，则整个支架的许可荷载为 $[P]\leqslant176\text{kN}$。

例 6－8 图 6.24 所示雨篷结构简图中，水平梁 AB 上受均布荷载 $q=10\text{kN/m}$ 的作用，B 端用圆钢杆 BC 拉住，钢杆的许可应力 $[\sigma]=160\text{MPa}$，试选择钢杆的直径。

解：(1) 求杆 BC 的轴力。取梁 AB 为研究对象如图 6.27(b)所示，列对 A 点的力矩平衡方程

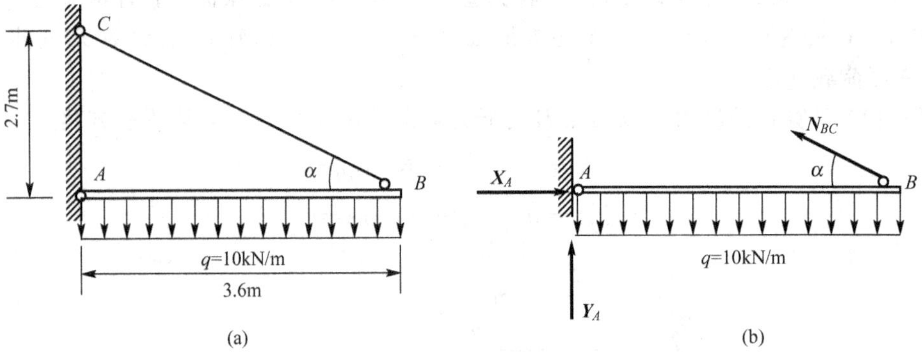

图 6.24

$$\sum M_A=0 \quad N_{BC}\cdot\sin\alpha\times3.6-10\times3.6\times\frac{3.6}{2}=0$$

式中 $\tan\alpha=\frac{2.7}{3.6}=0.75$，$\alpha=36.87$

解方程得 $N_{BC}=30\text{kN}$

(2) 计算杆的直径 d。根据 BC 杆的强度条件有

$$\sigma_{BC}=\frac{N_{BC}}{A_{BC}}=\frac{N_{BC}}{\frac{1}{4}\pi d^2}\leqslant[\sigma]$$

所以

$$d\geqslant\sqrt{\frac{N_{BC}\times4}{[\sigma]\times\pi}}=\sqrt{\frac{30\times10^3\times4}{160\times3.14}}=15.45(\text{mm})$$

取 $d=16\text{mm}$。

6.5 应力集中现象

6.5.1 应力集中的概念

等直杆轴向拉伸或压缩时，横截面上的正应力是均匀分布的。但由于工程上的实际需要，有些杆件经常有切口、切槽、油孔、螺纹、带有过渡圆角的轴肩等，导致在这些部位上截面尺寸发生突然变化。实验和理论研究表明，构件在截面突变处应力并不是均匀分布的。例如，图 6.25(a)所示开有圆孔的拉杆，当其在静荷载作用下，在圆孔附近的局部区域内，应力的数值剧烈增加，而在稍远的地方，应力迅速降低而逐渐趋于平均，如图 6.25(b)所示。又如图 6.26(a)所示具有浅槽的圆截面拉杆，在靠近槽边处应力很大，在开槽的横截面上，其应力分布如图 6.26(b)所示。这种因杆件截面形状突然变化而产生的应力局部增大现象称为应力集中。

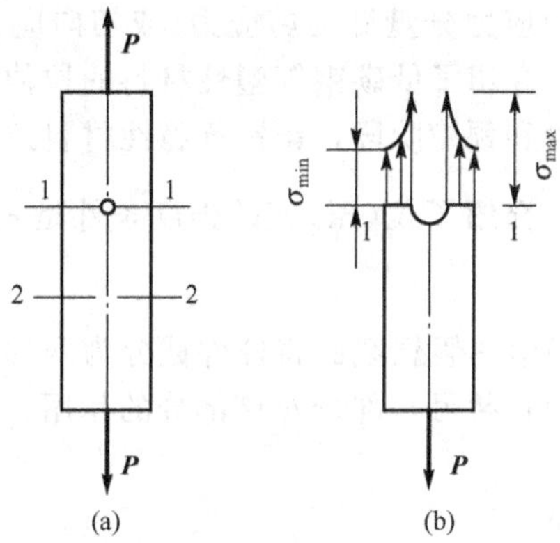

图 6.25

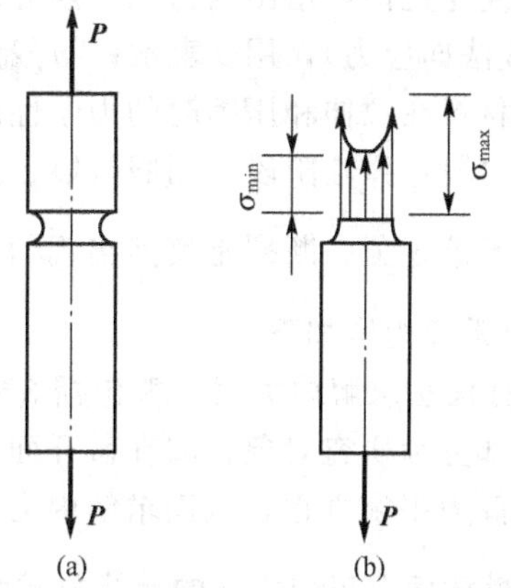

图 6.26

6.5.2 应力集中对构件强度的影响

在静荷载作用下，应力集中对于塑性材料的强度没有什么影响。这是因为当应力集中处最大应力σ_{max}到达屈服极限时，材料将发生塑性变形，应力不再增加。当外力继续增加时，处在弹性变形的其他部分的应力继续增大，直至整个截面上的应力都达到屈服极限时，杆件才达到极限状态，如图 6.27(a)～(d)所示。由于材料的塑性具有缓和应力集中的作用，应力集中对塑性材料的强度影响就很小。而对于脆性材料来说，由于没有屈服阶段，应力集中处的最大应力σ_{max}随荷载的增加而一直上升。当σ_{max}达到σ_b时，杆件就会在应力集中处产生裂纹，随后在该处裂开而破坏，由于这种破坏有突然性，所以必须考虑应力集中对其强度的影响。

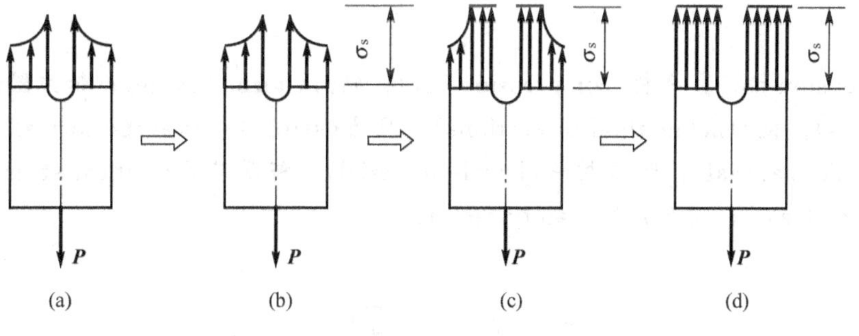

图 6.27

本 章 小 结

本章首先介绍了拉杆和压杆，介绍了内力是作用于截面上的连续分布力、当杆件受轴向拉(压)作用时，其内力是轴力，轴力可以通过截面法求出。轴力图是表示轴力与截面位置关系的图形，习惯上将正值的轴力画在上侧，负值的轴力画在下侧。其次，介绍了应力的概念和虎克定律，指出内力在一点处的分布集度称为应力，与截面垂直的应力分量称为正应力(或法向应力)，用 σ 表示；与截面相切的应力分量称为剪应力(或切向应力)，用 τ 表示。在材料在拉伸和压缩时的力学性能部分，介绍了低碳钢等塑性材料的拉伸过程可划分为 4 个阶段：弹性阶段、屈服阶段、强化阶段和颈缩阶段，铸铁等脆性材料拉伸时无屈服现象和颈缩现象，断裂是突然出现的。最后，介绍了拉(压)杆的强度条件是 $\sigma_{\max}=\dfrac{N}{A}\leqslant[\sigma]$。本章重要内容如下。

(1) 截面法求解内力时一般包括 3 步骤：①用一假想截面将杆件截分为两部分，并任取其中一部分为研究对象；②在截开面上用内力代替另一部分对该部分的作用；③列出研究对象的静力平衡方程，从而求解内力。

(2) 横截面上正应力 σ 的计算公式为：$\sigma=\dfrac{N}{A}$；

斜截面上任一点的正应力 $\sigma_\theta=\sigma\cos^2\theta$、剪应力 $\tau_\theta=\dfrac{1}{2}\sigma\sin2\theta$；

杆件受拉(压)作用时，其伸长量(缩短量)：$\Delta L=\dfrac{NL}{EA}$。

(3) 虎克定律：$\sigma=E\cdot\varepsilon$。

(4) 对于塑性材料，当应力达到屈服极限时，将出现显著的塑性变形，会影响构件的使用。对于脆性材料，构件达到强度极限时，会引起断裂，所以一般规定塑性材料 $\sigma^0=\sigma_s$、脆性材料 $\sigma^0=\sigma_b$。

(5) 应用强度条件可以解决轴向拉(压)杆关于强度计算的 3 类问题：①校核强度；②设计截面；③确定许可载荷。

关键术语

拉杆(tension bar)；压杆(compression bar)；轴力(normal force)；轴力图(diagram of normal forces)；截面法(method of sections)；应力(stress)；正应变(normal strain)；塑性材料(plastic material)；脆性材料(brittle material)；极限应力(critical stress)；许可应力(allowable stress)；安全系数(safety factor)

习　　题

1. 思考题

(1) 什么叫内力？为什么轴向拉(压)杆的内力必定垂直于横截面且沿杆轴方向作用？

(2) 指出图 6.28 列杆件中哪些属于轴向拉伸和压缩？

(3) 两根截面面积相同但材料不同的杆，受同样的轴向拉力作用时，它们的内力是否相同？

(4) 在拉(压)杆中，轴力最大的截面一定是危险截面，这种说法对吗？为什么？

(5) 低碳钢在拉伸过程中表现为几个阶段？各有何特点？何谓比例极限、屈服应力与强度极限？

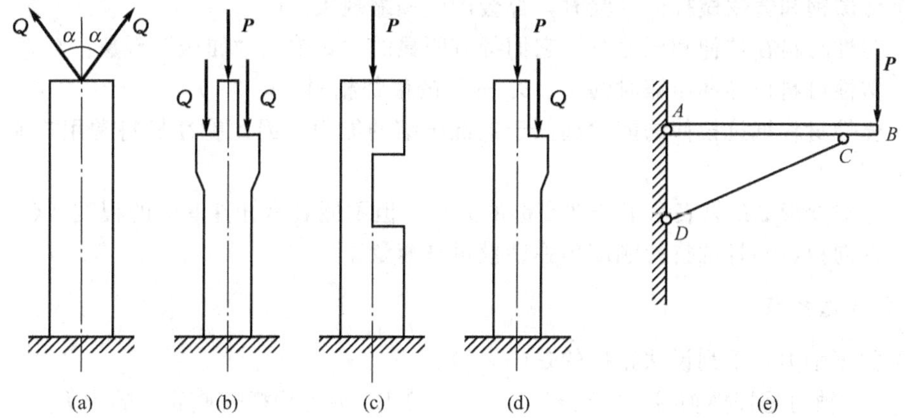

图 6.28

(6) 在材料力学中，E 和 μ 各代表什么物理意义？

(7) 指出下列概念的区别：①外力和内力；②线应变和延伸率；③工作应力、极限应力和许可应力；④屈服极限和强度极限。

(8) 何谓塑性材料与脆性材料？如何衡量材料的塑性？试比较塑性材料与脆性材料的力学性能的特点。

(9) 什么是许可应力？安全系数的确定原则是什么？何谓强度条件？利用强度条件可以解决哪些形式的强度问题？

2. 填空题

(1) 轴力的正负号规定为：杆受拉时为__________，受压时为__________。

(2) 与横截面垂直的应力称为____________，与截面相切的应力称为____________。

(3) 1MPa=__________ N/mm^2。

(4) 材料的品种很多，常用材料可分为__________ 和 __________ 两大类。

(5) 塑性材料在整个拉伸过程中，经历了__________、__________、__________和 __________ 4 个阶段。

(6) 塑性材料在拉伸过程中，当应力到达__________时，试件某一局部横截面出现“颈缩”现象。

(7) 横截面面积为 $40cm^2$ 的轴向拉伸的杆件，轴力是 60kN，横截面上的应力是__________。

(8) 一杆长为 0.43m，横截面面积为 $300mm^2$，受拉力 30000N 后，伸长 0.2mm，则该杆材料的弹性模量为__________。

3. 判断题

(1) 内力是因外力而引起的，当外力解除后，内力也随之消失。(　　)

(2) 利用截面法求杆件任一截面上的内力时，取截面左侧和右侧的杆件部分为研究对象结果是一样的。(　　)

(3) 当杆轴力的方向与横截面外法线方向一致时则杆受拉，轴力为正；反之则杆受压，轴力为负。(　　)

(4) 低碳钢和铸铁做拉伸试验时，都会产生颈缩现象。(　　)

(5) 塑性材料在拉伸和压缩时，它们都有明显的"颈缩"、"屈服"现象。(　　)

(6) 塑性材料拉伸和压缩时的 σ_p、σ_s 和 E 的值都相同。(　　)

(7) 脆性材料抵抗拉伸的能力远低于抵抗压缩的能力，因此脆性材料常用来制造承受压缩的构件。(　　)

(8) 绝对变形 ΔL 只表示了杆件变形的大小，但不能表示杆件变形的程度。(　　)

(9) 轴向拉(压)杆的抗拉刚度用弹性模量来衡量。(　　)

4. 单项选择题

(1) 关于轴力，下列说法正确的是(　　)。

A. 轴力是杆件轴线上的荷载　　B. 轴力是杆件截面上的内力

C. 轴力与杆件的截面面积有关　　D. 轴力与杆件的材料有关

(2) 在下列说法，(　　)是正确的。

A. 内力随外力增大而增大　　B. 内力与外力无关

C. 内力随外力增大而减小　　D. 内力沿杆轴是不变的

(3) 长度和横截面积相同的钢质拉杆 1 和铝质拉杆 2 在相同轴向外力作用下，应力 σ 和应变 ε 的关系为(　　)。

A. $\sigma_1=\sigma_2$，$\varepsilon_1\neq\varepsilon_2$　B. $\sigma_1=\sigma_2$，$\varepsilon_1=\varepsilon_2$　C. $\sigma_1\neq\sigma_2$，$\varepsilon_1=\varepsilon_2$　D. $\sigma_1\neq\sigma_2$，$\varepsilon_1\neq\varepsilon_2$

(4) 虎克定律应用的条件是(　　)。

A. 只适用于塑性材料　　B. 只适用于轴向拉伸

C. 应力不超过比例极限　　D. 应力不超过屈服极限

(5) 低碳钢拉伸试验的应力-应变曲线大致可分为 4 个阶段，这 4 个阶段是(　　)。

A. 弹性阶段、屈服阶段、塑性变形阶段、断裂阶段

B. 弹性阶段、塑性变形阶段、强化阶段、颈缩阶段

C. 弹性阶段、屈服阶段、强化阶段、断裂阶段

D. 弹性阶段、屈服阶段、强化阶段、颈缩阶段

(6) 低碳钢拉伸试验中，所能承受的最大应力值是(　　)。

A. 比例极限　　B. 屈服极限　　C. 强度极限　　D. 许可应力

(7) 对于在弹性范围内受力的拉压杆，以下结论中错误的是(　　)。

A. 长度相同、受力相同的杆件，拉压刚度越大，轴向变形越小

B. 材料相同的杆件，正应力越大，轴向正应变越大

C. 杆件受力相同，横截面面积相同但形状不同，其横截面上轴力相等

D. 正应力是由杆件所受外力引起的，故只要所受外力相同，正应力也相同

(8) 横截面积为 A 的圆截面杆受轴向拉力作用，若将其改成截面积仍为 A 的空心圆截面杆件，其他条件不变，以下结论中正确的是(　　)。

A. 轴力增大，正应力增大，轴向变形增大

B. 轴力减小，正应力减小，轴向变形减小

C. 轴力增大，正应力增大，轴向变形减小

D. 轴力、正应力、轴向变形均不发生变化

(9) 为了保证构件具有足够的强度，构件的工作应力必须(　　)许可应力。

A. 大于　　B. 小于　　C. 不大于　　D. 不小于

(10) 一圆截面直杆两端承受拉力作用，若将其直径增加一倍，则杆的抗拉刚度将是原来的(　　)。

A. 8 倍　　B. 4 倍　　C. 2 倍　　D. 1 倍

5. 计算题

(1) 求图 6.29 所示各杆 1—1、2—2 和 3—3 横截面上的轴力，并作轴力图。

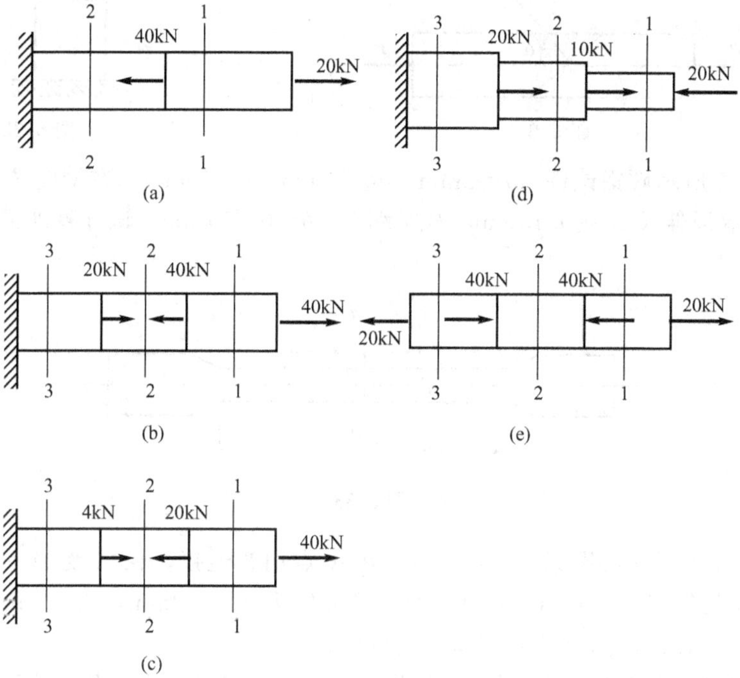

图 6.29

(2) 图 6.30 所示一高 10m 的石砌桥墩，其横截面为矩形和两个半圆的组合，尺寸如图所示。已知轴向压力 $P=800\text{kN}$，材料的容重 $\gamma=23\text{kN/m}^3$，试求桥墩底面上的压应力的大小。

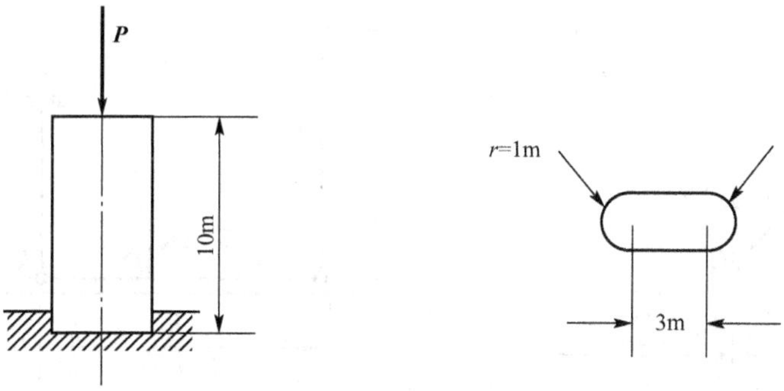

图 6.30

(3) 图 6.31 所示一承受轴向拉力 $P=10\text{kN}$ 的等直杆，已知杆的横截面面积 $A=100\text{mm}^2$，试求 $\alpha=0°$、$30°$、$60°$、$90°$的各斜截面上的正应力和剪应力。

(4) 图 6.32 所示为正方形截面短柱承受荷载 $P_1=580\text{kN}$，$P_2=660\text{kN}$。其上柱长 $a=0.6\text{m}$，边长为 70mm；下柱长 $b=0.7\text{m}$，边长为 120mm，材料的弹性模量 $E=2\times10^5\text{MPa}$。试求：①短柱顶面的位移；②上下柱的线应变之比值。

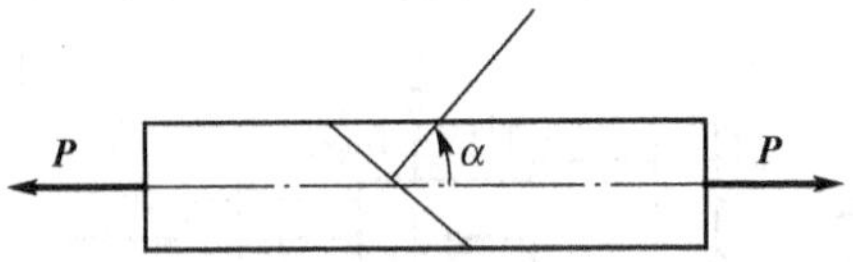

图 6.31

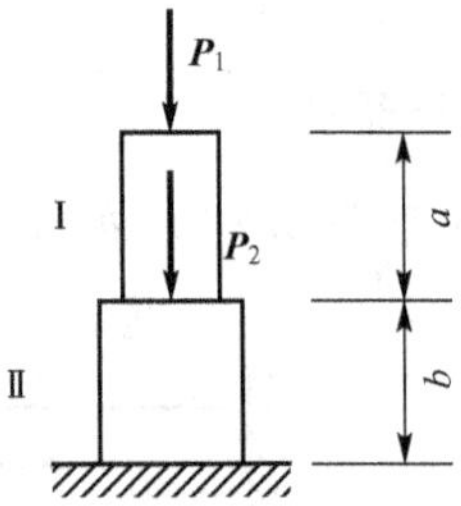

图 6.32

(5) 图 6.33 所示硬铝试件，$a=2\text{mm}$，$b=20\text{mm}$，$l=70\text{mm}$，在轴向拉力 $P=6\text{kN}$ 作用下，测得试验段伸长 $\Delta l=0.15\text{mm}$，板宽缩短 $\Delta b=0.014\text{mm}$，试计算硬铝的弹性模量 E 和泊松比 μ。

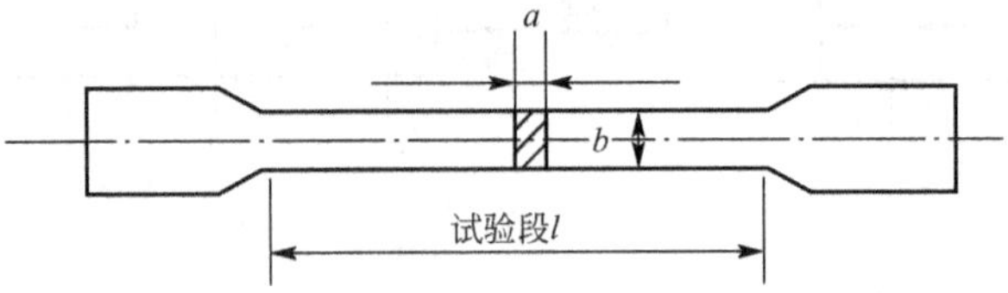

图 6.33

(6) 图 6.34 所示实心圆钢杆 AB 和 AC 在 A 点用铰连接，在 A 受到一个铅垂直向下的力 $P=40\text{kN}$ 的作用，已知 AB 和 AC 的直径分别为 $d_1=12\text{mm}$，$d_2=15\text{mm}$，钢的弹性模量 $E=210\text{GPa}$，试计算 A 点在铅垂方向的位移。

(7) 在图 6.35 所示结构中，梁 AB 的长度 $L=2\text{m}$，其变形和重量忽略不计，钢杆 1 长 $L_1=1.5\text{m}$，直径 $d_1=18\text{mm}$，$E_1=200\text{GPa}$；钢杆 2 长 $L_2=1\text{m}$，直径 $d_2=30\text{mm}$，$E_2=100\text{GPa}$。试问：①荷载 $\boldsymbol{P}$ 加在何处才能使 AB 梁保持水平位置？②若此时 $P=30\text{kN}$，则两拉杆内的正应力各为多少？

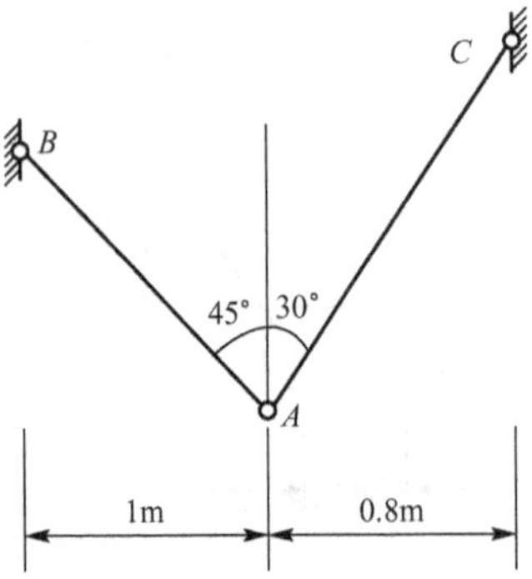

图 6.34

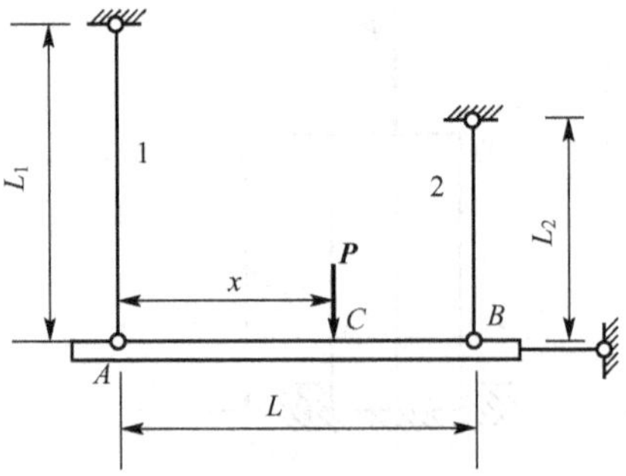

图 6.35

(8) 一根钢杆，其弹性模量 $E=2.1\times10^5$MPa，比例极限 $\sigma_p=210$MPa，在轴向拉力 $\boldsymbol{F}$ 作用下，纵向应变 $\varepsilon=8.0\times10^{-4}$，求杆横截面上的正应力。如果加大拉力 $\boldsymbol{F}$，使杆的纵向应变增大到 0.005，问此时杆横截面上的正应力能否由虎克定律确定？为什么？

(9) 图 6.36 所示为一个矩形截面木杆，两端的截面被圈孔削弱，中间的截面被两个切口减弱，承受轴向拉力 $P=70$kN，木杆的许可应力 $[\sigma]=7$MPa，试校核此杆的强度。

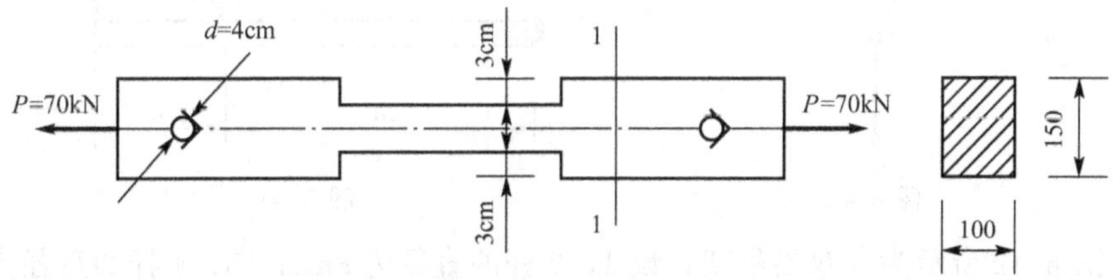

图 6.36

(10) 图 6.37 所示为一个三角托架，已知杆 AC 是圆截面钢杆，许可应力 $[\sigma]=170$MPa，杆 BC 是正方形截面木杆，许可应力 $[\sigma]=12$MPa，荷载 $P=60$kN，试选择钢杆的直径 d 和木杆的截面边长 a；如果 $d=30$mm，$a=100$mm，试确定荷载 $\boldsymbol{P}$ 的许可值 $[P]$。

(11) 悬臂吊车如图 6.38 所示，小车可在 AB 梁上移动，斜杆 AC 的截面为圆形，许可应力 $[\sigma]=170$MPa，已知小车荷载 $P=200$kN，试求杆 AC 的直径 d。

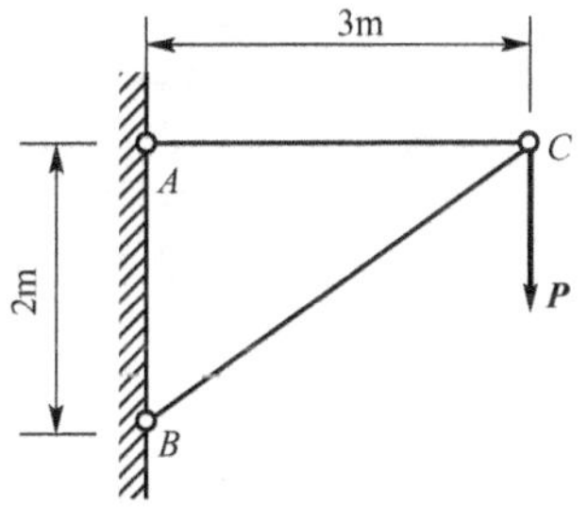

图 6.37

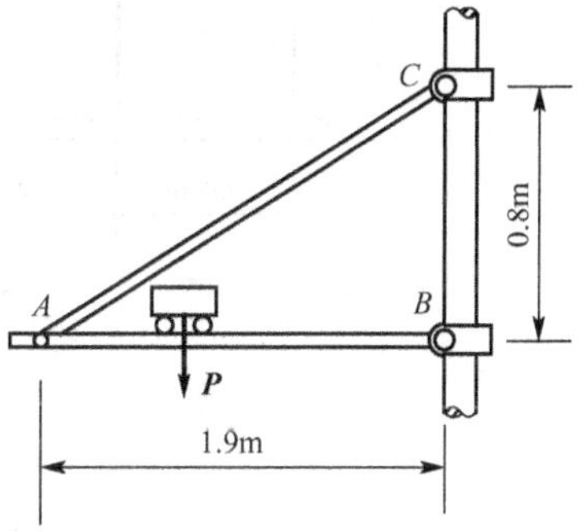

图 6.38

(12) 一结构受力如图 6.39 所示，杆件 AB、AD 均由等边角钢制成。已知材料的许可应力 $[\sigma]=170$MPa，试确定 AB，AD 杆的截面面积。

(13) 图 6.40 所示支架受力 $P=130$kN 作用。AC 是钢杆，直径 $d_1=30$mm，许可应力 $[\sigma]=160$MPa，BC 是铝杆，直径 $d_2=40$mm，许可应力 $[\sigma]_{铝}=60$MPa，已知 $a=30$mm，试校核该结构的强度。

(14) 图 6.41 所示 ACB 刚性梁，用一圆钢杆 CD 悬挂着，B 端作用集中力 $P=25$kN。已知 CD 杆的直径 $d=20$mm，许可应力 $[\sigma]=160$MPa，试校核 CD 杆的强度，并求结构的许可荷载 $[P]$；若 $P=60$kN，设计 CD 杆的直径。

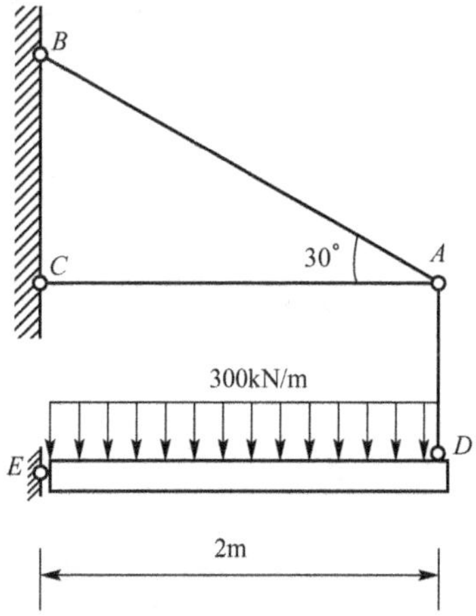

图 6.39

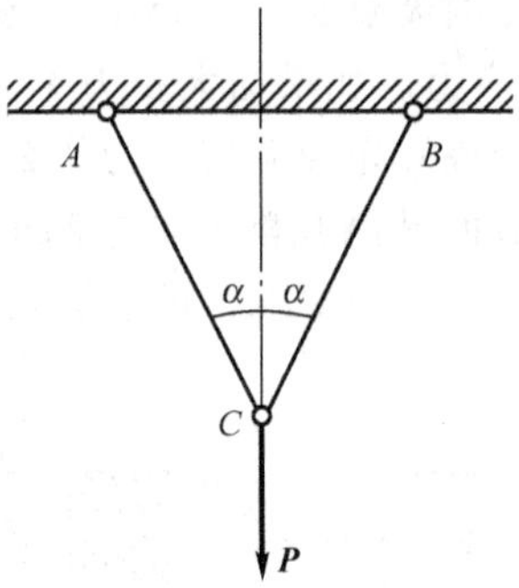

图 6.40

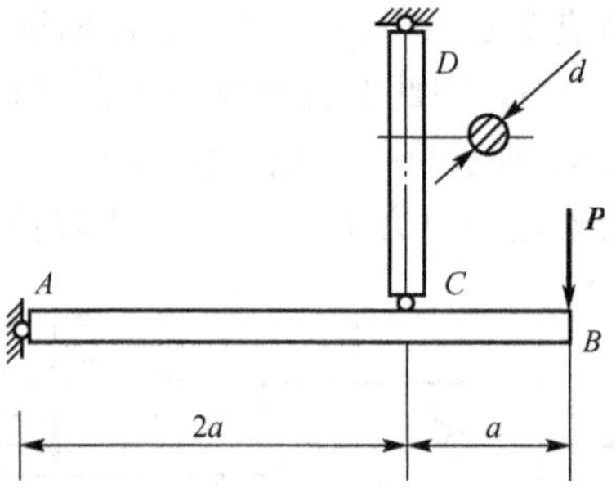

图 6.41

(15) 图 6.42 所示为一双层吊架，设 1、2 杆的直径为 8mm，3、4 杆的直径为 12mm。杆材料的许可应力 $[\sigma]=170\text{MPa}$，试验算各杆的强度。

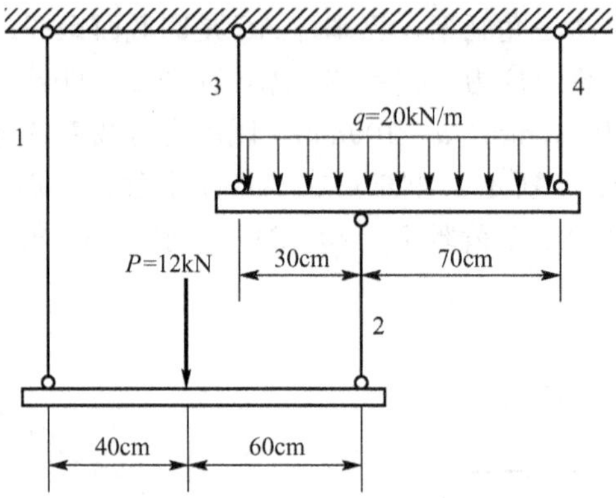

图 6.42

第7章
杆件的剪切、挤压与扭转

本章教学要点

知识模块	掌握程度	知识要点
剪切、挤压与扭转的概念	了解	剪切、挤压、扭转
剪切和挤压强度的实用计算	掌握	剪切面、挤压面、名义剪应力、挤压应力
等直圆杆扭转时的内力与应力	掌握	扭矩、剪应力的计算、等直圆杆扭转时的强度计算

本章技能要点

技能要点	掌握程度	应用方向
剪切强度的实用计算	了解	受剪切工程构件的强度校核、荷载设计和截面设计
挤压强度的实用计算	了解	受挤压构件的强度校核、荷载设计和截面设计
等直圆杆扭转时的强度条件	掌握	受扭构件的强度校核、荷载设计和截面设计

导入案例

“泰坦尼克”号的沉没

1912年4月14日晚，从英国南安普顿首航美国纽约的“泰坦尼克”号撞上了一座巨大的冰山而沉入海底。科学家们对这次海难的发生原因进行分析后发现，这艘船的铆钉质量太差可能是导致这场海难的主要原因。当时冰山不是直接撞在“泰坦尼克”号上的，而是与船体相擦，冰山与船壳钢板相擦，钢板受到强大的剪切与挤压应力。在船壳受到冰山挤压时，壳体钢板间的铆钉承受了极大的剪切应力，从而导致铆钉断裂。调查发现，船上铆钉的材料力学性能试验数据是在室温下做的，而这些铆钉由于内在质量的原因，它在零度以下的破坏应力要远低于室温下的破坏应力。因此，铆钉承受的高剪切应力造成船体裂缝，从而导致6个船舱进水，船体头重尾轻，尾部翘起导致从当中弯曲断裂，最后沉入大西洋底。

铆钉在剪力作用下发生破坏属于剪切问题，当铆钉所受的剪力超过所能承受的最大剪力时就发生破坏，显然在大西洋冰冷海水作用下铆钉承受最大剪力的能力大大降低，这是人们所始料未及的，从而导致了沉船事故的发生。

7.1 剪切与挤压的概念

7.1.1 剪切

工程上常用于连接结构构件的铆钉、销钉和螺栓等称为连接件。当构件处于工作状态时，连接件两侧面受到一对大小相等、方向相反且作用线相距很近的外力作用。在这样的外力作用下，连接件的主要失效形式之一，就是沿平行于这两个外力且位于该两外力作用线之间的截面发生相对错动而产生剪切破坏。

例如，图 7.1(a)所示铆接结构的一部分的剖面图，有阴影线的是上下两块钢板，中间以铆钉连接，钢板分别受到一对方向相反的外力 $\boldsymbol{P}$ 的作用。通过受力分析可知，铆钉承受由钢板传来的分布力的作用，上部合力大小为 P，方向向右，下部合力大小为 P，方向向左，作用线均与铆钉轴线垂直(即平行于铆钉横截面)，相距很近，称为横向力。在这一对横向力的作用下，铆钉上下两部分将沿截面 m—m 发生相对错动现象，如图 7.1(b)所示。这种变形称为剪切变形，这种现象称为剪切现象。剪切现象在销钉连接件、榫接头、键连接等构件中都可能发生。显然，外力增大时，铆钉的错动也加大，外力大到一定程度时，铆钉将沿 m—m 面“剪断”，连接就失效，钢板就会脱开。剪切变形时相对错动的面称为剪切面，剪切面平行于横向力。

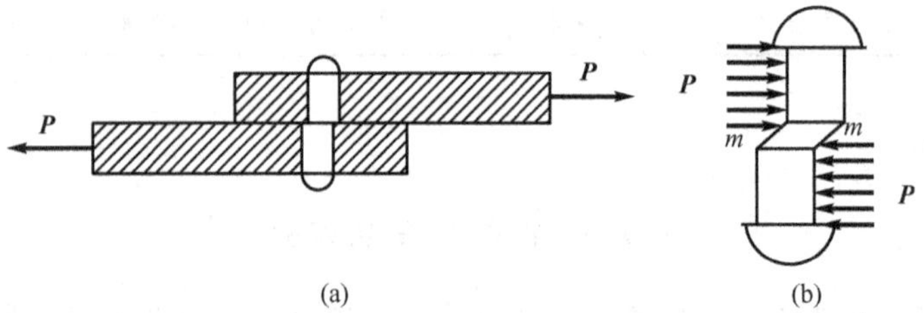

图 7.1

7.1.2 挤压

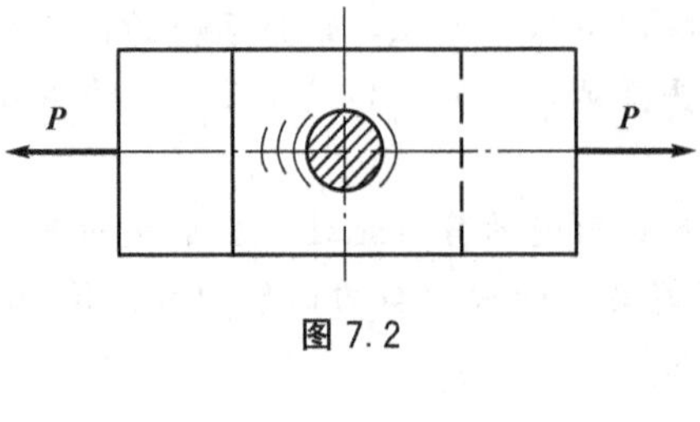

图 7.2

在构件受剪切的同时，连接件与所连接的构件因相互接触而产生挤压。当这种挤压力过大时，在接触面的局部范围内将产生塑性变形，甚至被压溃，从而导致连接件与所连接的构件共同失效。这时如果钢板材料比铆钉材料“软”，钢板接触面就会压溃(图 7.2)，反之，铆钉就会压溃。

7.2 剪切和挤压的实用计算

7.2.1 剪切强度的实用计算

构件受剪切作用时，其剪切面上将产生内力。应用截面法假想沿剪切面将铆钉分成两段，任取一段为研究对象，如图 7.3(a)所示。由平衡条件可知，剪切面 $m—m$ 上必须有一个与该截面平行的内力存在，这个平行于截面的内力称为剪力，常用符号 $\boldsymbol{Q}$ 表示。

$$\boldsymbol{Q}=\boldsymbol{P} \tag{7-1}$$

剪力的单位是牛顿或千牛(N 或 kN)。

单位面积上的剪力大小称为剪应力，用 τ 表示。剪应力在剪切面上的实际分布状况是很复杂的。工程上常采用以实际经验为基础的“实用计算法”来计算。“实用计算法”假设剪应力均匀地分布在剪切面上，如图 7.3(b)所示，这种方法求得的剪应力又称为名义剪应力。设剪切面的面积为 A，剪力为 $\boldsymbol{Q}$，则名义剪应力的计算公式为

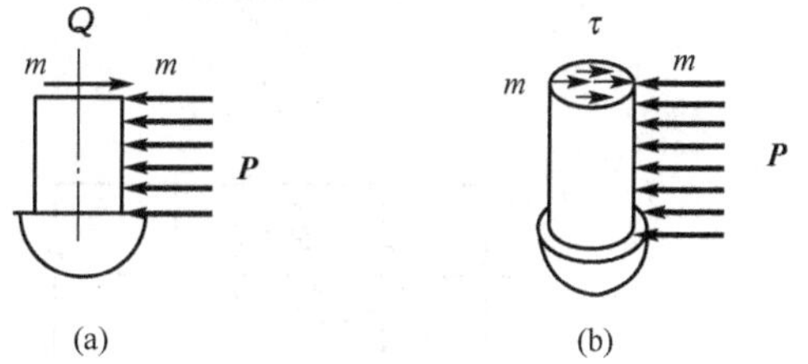

图 7.3

$$\tau=\frac{Q}{A} \tag{7-2}$$

式中，Q 为剪切面上的剪力；A 为剪切面的面积。

为了保证构件在剪切情况下的安全性，必须使构件在外力作用下所产生的剪应力不超过材料的许可切应力。

即剪切时的强度条件为

$$\tau=\frac{Q}{A}\leqslant[\tau] \tag{7-3}$$

式中，$[\tau]$ 为材料的许可剪应力，工程中常用材料的许可剪应力可从有关规范中查得，也可按下面的经验公式确定。

韧性材料 $[\tau]=(0.6\sim0.8)[\sigma_1]$

脆性材料 $[\tau]=(0.8\sim1.0)[\sigma_1]$

7.2.2 挤压强度的实用计算

在 7.1.2 中已讲过，连接件除承受剪切外，在连接件和被连接件的接触面上还将承受挤压。所以对上面的连接件还要进行挤压强度计算。工程上一般把挤压面上的压力称为挤压力，用 $\boldsymbol{P}_e$ 表示，用 A_e 表示挤压面面积。挤压面上单位面积内承受的挤压力称为挤压应力，用 σ_e 表示，其真实分布情况比较复杂。在工程上常常采用的是类似剪切的实用计算方法，即假定挤压应力是均匀分布的，则

$$\sigma_e = \frac{P_e}{A_e} \tag{7-4}$$

在铆钉和钢板连接的例题中，实际接触面是一个半圆面。在采用实用计算方法时取圆柱体的直径平面面积如图 7.4(c)中所示，$A_e = \delta d$。

与剪切强度计算类似，挤压时的强度条件为

$$\sigma_e = \frac{P_e}{A_e} \leqslant [\sigma_e] \tag{7-5}$$

式中，$[\sigma_e]$ 为材料的挤压许可应力，也可在有关手册中查到。它与同种材料拉伸许可应力的关系为

$$[\sigma_e] = 2[\sigma]$$

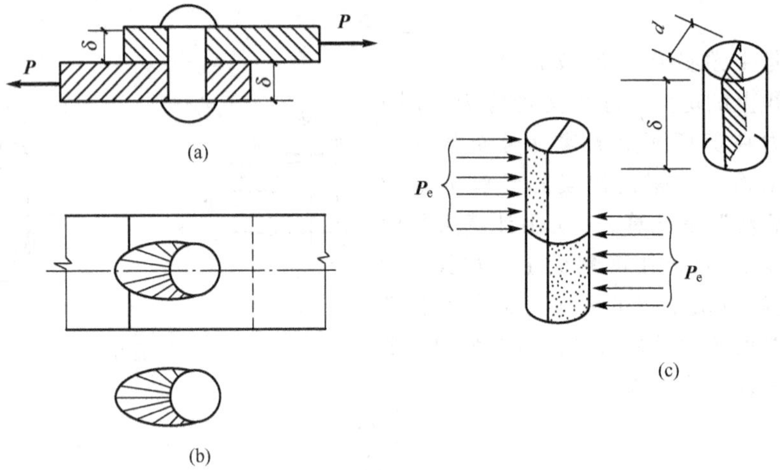

图 7.4

例 7－1 如图 7.5 所示，两块钢板用三只铆钉连接，承受拉力 $P=120$kN，钢板厚 $\delta=15$mm，钢板宽度 $b=100$mm，钢板的拉伸许可应力 $[\sigma]=140$MPa，铆钉的许可剪应力 $[\tau]=95$MPa，许可挤压应力 $[\sigma_e]=265$MPa，求：

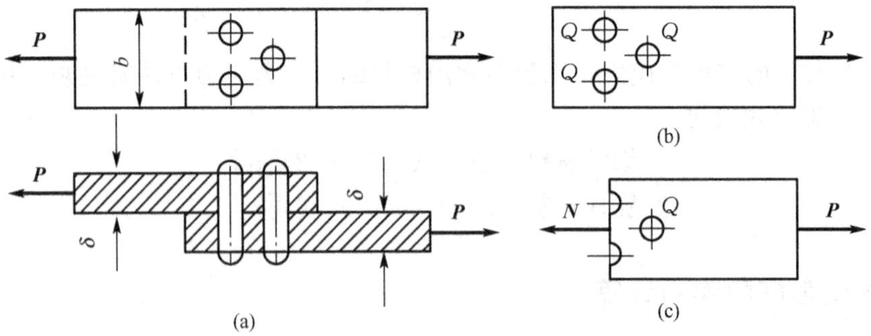

图 7.5

(1) 设计铆钉所需直径 d。

(2) 校核搭接部分的强度。

解：(1) 计算铆钉直径。

取连接件下部分研究，如图 7.5(b)所示。假定铆钉是平均承受荷载，由

$$\sum X=0 \Rightarrow \quad P-3Q=0, \quad Q=\frac{P}{3}=40\text{kN}$$

根据剪切强度条件：

$$\frac{Q}{A}\leqslant[\tau], \quad A\geqslant\frac{Q}{[\tau]}\Rightarrow \quad \frac{\pi d^2}{4}\geqslant\frac{Q}{[\tau]}$$

$$d\geqslant\sqrt{\frac{4Q}{\pi[\tau]}}=\sqrt{\frac{4\times40\times10^3}{3.14\times95\times10^6}}=0.0232(\text{m})$$

可以取直径 $d=24\text{mm}$。

(2) 校核强度。

以上是由剪切强度条件计算得到的铆钉直径，需要进一步作铆钉的挤压强度计算和钢板的抗拉强度计算。

① 校核铆钉的挤压强度。

$$\sigma_e=\frac{P_e}{A_e}=\frac{P/3}{\delta\cdot d}=\frac{40\times10^3}{15\times10^{-3}\times0.024}=111.11(\text{MPa})<[\sigma_e]$$

② 校核钢板的抗拉强度。如图 7.5(c)所示，由于铆钉孔削弱了钢板的横截面，必须校核钢板较小净面积处，即两个孔处的拉伸强度。**N** 表示两孔处钢板净截面上轴力的合力。由

$$\sum X=0\Rightarrow, \quad P-Q-N=0$$

得 $N=80\text{kN}$

又 $A_{净}$=板宽－两孔直径面积

$$\sigma=\frac{N}{A_{净}}=\frac{80\times10^3}{0.015\times(0.1-2\times0.024)}=102.6\times10^6(\text{Pa})=102.6\text{MPa}<[\sigma]$$

经以上校核，说明搭接部分是安全的。

例 7-2 如图 7.6 所示，两块钢板平搭焊接在一起，钢板厚度 $\delta=12\text{mm}$。已知拉力 $P=140\text{kN}$，焊缝许可剪应力 $[\tau]=100\text{MPa}$，试确定焊缝的长度 l。

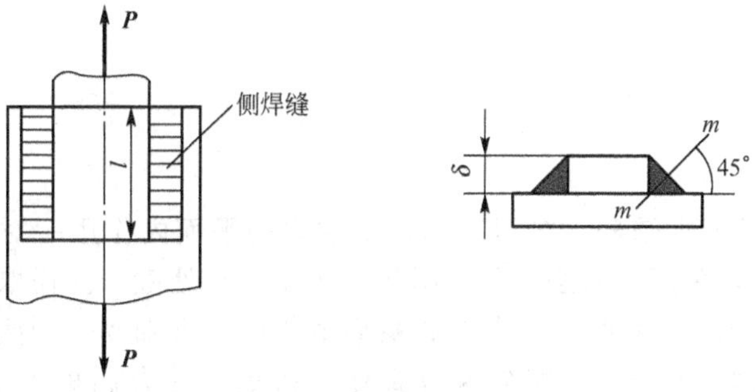

图 7.6

解：实验证明，搭接焊缝往往在焊缝面积最小的截面 $m—m$ 方向剪断，其剪切面积为

$$A=l\delta\cos45°$$

共有 2 条焊缝，所以剪力为 $Q=P/2$，剪切强度条件

$$\tau=Q/A=P/2l\delta\cos45°\leqslant[\tau]$$

$$l\geqslant P/\sqrt{2}\delta[\tau]=140\times10^3/(\sqrt{2}\times12\times100)=82.5(\text{mm})$$

考虑焊缝端部质量较差，在确定它的实际长度时，通常将计算得到的长度再增加 10mm 左右，故取 $l=95\text{mm}$。

7.3 扭转的概念

扭转是工程中常遇到的现象，是构件的基本变形形式之一。例如，驾驶员的两手在方向盘上的平面内各施加一个大小相等，方向相反，作用线平行的力 $\boldsymbol{P}$，如图 7.7(a)所示，它们形成一个力偶，作用在操纵杆的 A 端，而在操纵杆的 B 端则受到来自转向器的反向力偶的作用，这样操纵杆便受到扭转作用。又如搅拌器主轴［图 7.7(b)］、生活中的螺丝刀等构件都伴有扭转问题。

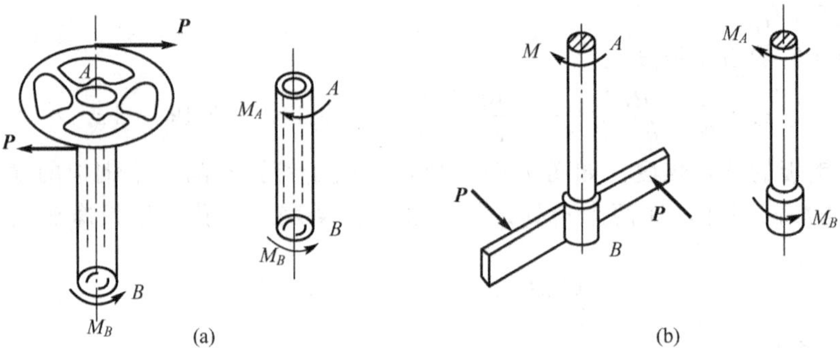

图 7.7

在房屋建筑中，有的构件如雨篷在受力后，除发生弯曲变形外，也会发生扭转变形。本节主要讨论最基本的、最简单的扭转问题，即等直圆杆的扭转问题。

7.4 等直圆杆扭转时的内力与应力

7.4.1 内力

如图 7.8(a)所示等直圆杆，在两端垂直于轴线的平面内作用一对力偶 T。现在分析 m—m 截面上的内力，采用截面法，假想用截面在 m—m 处截开。任取一段左半段 Ⅰ 为分离体，如图 7.8(b)所示。由静力学中力偶系平衡条件，可知 m—m 截面上必然存在一个与外力偶相平衡的内力偶 M_m。这个内力偶称为扭矩，其力偶矩大小，由 $\sum M=0$，得 $M_m=T$。

可见等直圆杆受扭转时，横截面上只有扭矩，没有其他内力。如取右半段 Ⅱ 为脱离体，也同样得到一个内力偶 M_m，大小与左段横截面上相同，但方向相反，这是内力的作用力与反作用力关系。

为了使左右两段所表示的同一 m—m 截面上的扭矩有同样的正负号，对扭矩 M_m 作如下符号规定：以右手四指指向扭矩旋转方向，当右手大拇指的指向横截面外法线方向时为正，反之为负，称为右手螺旋法则。例如，图 7.8 中，Ⅰ 部分、Ⅱ 部分的 m—m 截面上的扭矩都为正。扭矩的单位与力偶矩相同，常用的有牛顿·米或千牛·米(N·m 或 kN·m)。

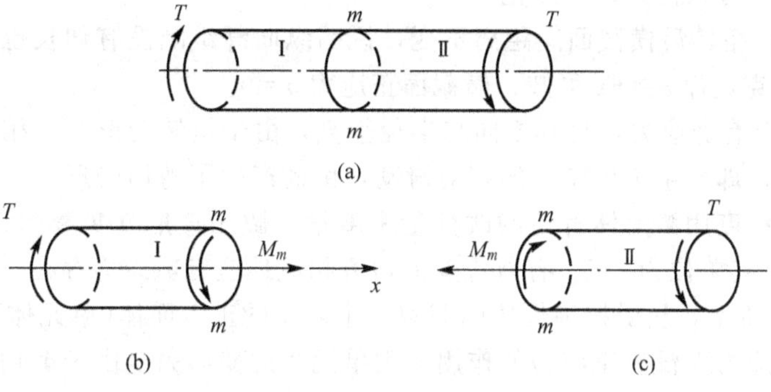

图 7.8

7.4.2 横截面上的剪应力

研究扭转时横截面上应力分布规律，与研究受拉压杆件时一样，从观察分析杆件变形入手，做如下试验。如图 7.9(a)所示，在橡胶等直圆杆表面上作许多平行的纵向线和圆周线，组成许多矩形格子，然后在两端加一对力偶，圆杆即发生变形，如图 7.9(b)所示。从试验中可以观察到以下现象。

(1) 两条圆周线绕轴线相对旋转了一个小角度，但圆周线的长度、形状和两条圆周线间的距离没有发生变化。

(2) 原来的纵向线都倾斜了一个角度 γ，原来的纵向线和圆周线形成的矩形变成了平行四边形，但纵向线仍近似为直线。

(3) 轴的长度和直径都没有发生变化。

根据观察到的这些现象，可作如下假设：等直圆杆在扭转变形时，各个横截面在扭转变形后仍为相互平行的平面，且形状和大小不变，只是相对地转过了一个角度。此假设称为等直圆杆扭转时的平面假设。等直圆杆任意两横截面之间相对转动的角度称为扭转角，用 φ 来表示。

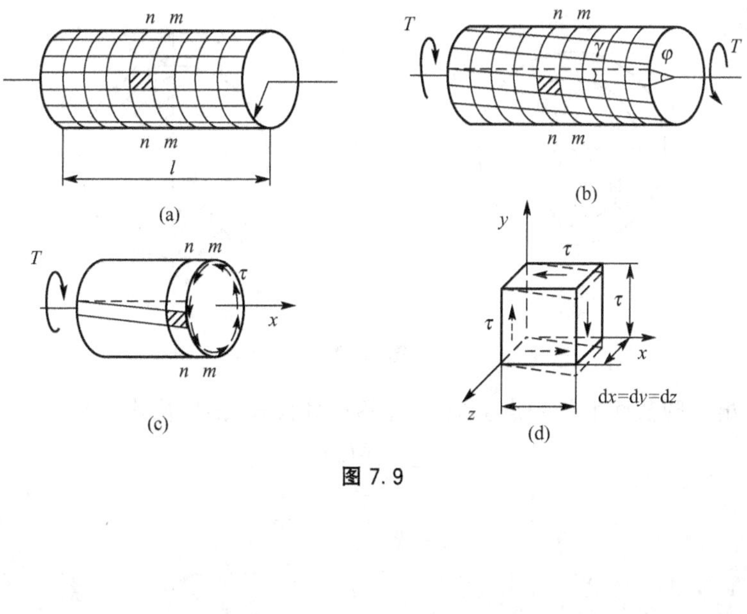

图 7.9

根据平面假设可以得到以下结论。

(1) 由于直杆扭转后横截面间距离不变，说明纵向纤维既没有伸长也没有缩短，纵向应变 $\varepsilon=0$，由虎克定律 $\sigma=E\varepsilon$ 可知，横截面正应力 $\sigma=0$。

(2) 横截面上有剪应力，且其方向与半径垂直，由于扭转变形时，相邻两横截面相对地转过一个角度，即发生了旋转式的相对滑动，由此产生了剪切变形。

剪切变形的程度用微元体直角的改变量来度量。微元直角改变量称为剪应变(或切应变)，用 γ 表示，其单位为 rad。有剪应变的地方相应地应有剪应力存在。

如图 7.9(d)所示，从受扭弹性体内截取一个微小的正六面体(单元体)，若单元体的 4 个侧面上只有剪应力而没有正应力的作用，则单元体的变形完全由于剪切作用而产生。单元体的这种受力情况称为纯剪切应力状态。在纯剪切的情况下，应用平衡条件很容易证明：$\tau_{xy}=\tau_{yx}$，即在单元体的两个相互垂直的截面上，垂直于截面交线的剪应力数值相等，且均指向或均背向该截面交线，上述结论称为剪应力互等定理。

剪应力互等定理是一普遍定理，不仅适用于纯剪切，当侧面上有正应力存在时，定理同样成立。

对于扭转问题，根据平面假设还可以得到以下结论。

(1) 因半径长度不变，说明剪应变沿垂直于半径方向发生，故剪应力方向与半径垂直。根据材料的力学试验，在弹性范围内，剪应变 γ 与剪应力 τ 之间也存在直线比例关系，称为剪切虎克定律，表达为

$$\tau=G\gamma \tag{7-6}$$

式中，G 称为剪切弹性模量。常用材料的 G 值也可从有关手册中查到。

(2) 从分析横截面上各点的剪应变 γ 着手，可以求出横截面上的剪应力 τ 的分布规律。由于圆截面变形后仍为圆平面，所以平面上直径仍为一直线，只是由原来位置转过一个角度 φ，如图 7.10(a)所示。从图中可以看到圆周处的点移动得最大，也就是图 7.10(b)所示表面上的剪应变 γ 最大。圆心处(即轴线位置)的点没有移动，剪应变 γ 为零。其余各点移动的大小与该点到圆心的距离成正比，即沿直径各点的剪应变 γ 与该点到圆心距离 ρ 成正比。由剪切虎克定律可知，沿直径各点的剪应力 τ 与该点到圆心距离 ρ 成正比，方向与半径垂直，如图 7.10(b)所示。

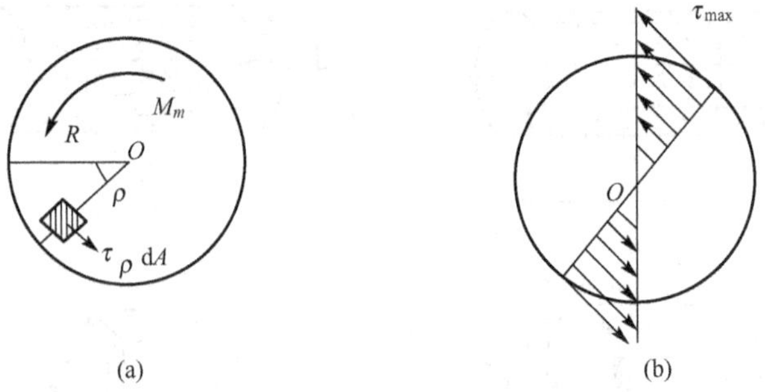

图 7.10

由此可得出，圆截面上任一点剪应力 τ_ρ 的计算公式(推导从略)为

$$\tau_\rho=\frac{M_m\rho}{I_P} \tag{7-7}$$

式中，M_m 为横截面 $m—m$ 上所受扭矩；ρ 为横截面任一点至圆心的距离；I_P 称为横截面对形心的极惯性矩。它是一个只决定于截面尺寸和形状的几何常量。简单图形的极惯性矩可从有关手册中查到。对于实心等直圆杆而言

$$I_P=\frac{\pi D^4}{32}\approx 0.1D^4 \tag{7-8}$$

式中，D 为圆截面直径。对于空心等直圆杆而言

$$I_P=\frac{\pi(D^4-d^4)}{32}\approx 0.1D^4(1-\alpha^4) \tag{7-9}$$

式中，D、d 分别为空心圆截面的外径与内径；α 为内外径之比，即 $\alpha=d/D$。I_P 的单位为长度的四次方，常用 mm^4。

由式(7-7)可知最大剪应力 τ_{max} 在圆周处，即在 $\rho_{max}=R$ 处。R 为圆截面半径，$R=D/2$。于是

$$\tau_{max}=\frac{M_n\rho_{max}}{I_P}=\frac{M_nR}{I_P}$$

令 $W_P=I_P/R$，称为抗扭截面模量，上式可改写为

$$\tau_{max}=\frac{M_m}{W_P} \tag{7-10}$$

W_P 的单位为长度的三次方，常用 mm^3。它是一个抵抗破坏的参数，其计算可从有关手册上查到，对直径为 D 的圆截面，

$$W_P=\frac{I_P}{D/2}=\frac{\pi D^3}{16}\approx 0.2D^3$$

7.5 等直圆杆扭转时的强度条件

要使受到扭转的等直圆杆能正常工作，就应使圆杆具有足够的强度，即使圆杆工作时产生的最大剪应力不超过材料的许可剪应力 $[\tau]$，故强度条件为

$$\tau_{max}=\frac{M_m}{W_P}\leqslant[\tau] \tag{7-11}$$

式中，$[\tau]$ 为扭转时材料的许可剪应力，可由有关手册中查到。在静荷载作用下，同一材料的扭转时许可剪应力 $[\tau]$ 与拉伸时许可应力 $[\sigma]$ 之间关系为

对于塑性材料，$[\tau]=(0.5\sim0.6)[\sigma]$

对于脆性材料，$[\tau]=(0.8\sim1.0)[\sigma]$

由式(7-11)强度条件可以进行3方面计算。

(1) 对等直圆杆进行强度校核。若 $\frac{M_m}{W_P}\leqslant[\tau]$，则圆杆是安全的。

(2) 设计截面。当已知荷载、材料时确定等直圆杆直径。由 $W_P\geqslant\frac{M_m}{[\tau]}$，则实心等直圆杆直径为

$$D\geqslant\sqrt[3]{\frac{16M_m}{\pi[\tau]}}$$

空心等直圆杆外径为

$$D \geqslant \sqrt[3]{\frac{16M_m}{\pi(1-a^4)[\tau]}}$$

(3) 确定许可载荷。当已知材料、圆截面尺寸时，确定等直圆杆所能承受的最大荷载。即

$$[T]=[M_m]\leqslant[W_P][\tau]$$

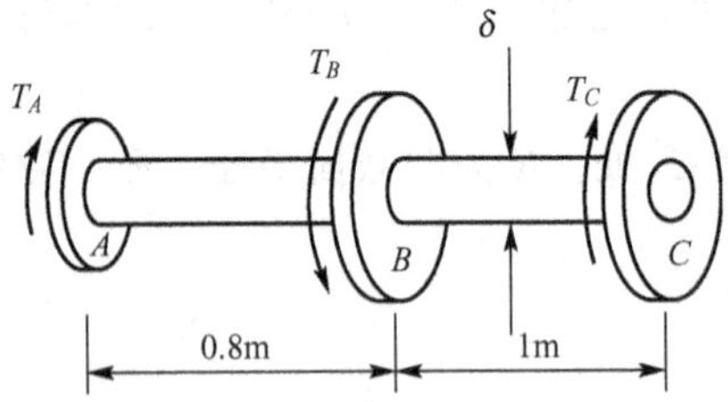

图 7.11

例 7-3 一实心传动轴如图 7.11 所示。轴上 B 为主动轮，A、C 为从动轮。已知轴的直径 $\delta=90\text{mm}$，材料的许可剪应力 $[\tau]=80\text{MPa}$。从动轮上的力偶矩 $T_A:T_C=2:3$。试确定主动轮上能作用的最大力偶矩 T_B。

解：(1) 分析等直圆杆的内力。

现在 AB 和 BC 两段轴内所受的扭矩不同。由静力学力偶系平衡条件

$$T_B=T_A+T_C$$

可知 $T_A=\frac{2}{5}T_A$，　$T_C=\frac{3}{5}T_A$

即 BC 段轴所受的力偶矩 T_C 比 AB 段轴所受力的偶矩 T_A 大。所以受扭转后的危险截面在 BC 段，截面上相应的扭矩为

$$M_m=T_C=\frac{3}{5}T_B$$

(2) 计算许可扭矩。

由强度条件 $[M_n]\leqslant[W_P][\tau]$

有

$$M_m=T_C=\frac{3}{5}T_B\leqslant[W_P][\tau]=\frac{\pi D^3}{16}[\tau]$$

得

$$T_B\leqslant\frac{5}{3}\frac{\pi D^3}{16}[\tau]$$

许可扭矩 T_B 值为

$$T_B=\frac{5}{3}\times\frac{3.14\times(0.09)^3}{16}\times80\times10^6=19.1\times10^3(\text{N}\cdot\text{m})=19.1\text{kN}\cdot\text{m}$$

本章小结

本章首先介绍了剪切与挤压的概念，其次介绍了扭转的概念，指出等直圆杆扭转时其内力为扭矩，最后介绍了等直圆杆扭转时的强度条件为 $\tau_{\max}=\frac{M_m}{W_P}\leqslant[\tau]$。本章重要内容总

结如下。

(1) 剪切时的强度条件为 $\tau=\dfrac{Q}{A}\leqslant[\tau]$，挤压时的强度条件为 $\sigma_e=\dfrac{P_e}{A_e}\leqslant[\sigma_e]$。

(2) 等直圆杆扭转时横截面上任一点剪应力 τ_ρ 的计算公式为 $\tau_\rho=\dfrac{M_m\rho}{I_P}$。

(3) 材料发生剪切变形时，在弹性范围内剪应变 γ 与剪应力 τ 之间也存在直线比例关系，称为剪切虎克定律，表达式为 $\tau=G\gamma$。

(4) 应用等直圆杆扭转时的强度条件可以进行 3 方面计算：①对等直圆杆进行强度校核；②设计截面；③确定许可载荷。

关键术语

剪切(shearing)；挤压(bearing)；扭转(torsion)；扭矩(torsional moment)；剪应力(shearing stress)；剪应变(shearing strain)；扭转强度(torsional strength)

习　　题

1. 思考题

(1) 剪切构件的受力和变形特点与轴向挤压比较有什么不同?

(2) 试判断图 7.12 所示木榫接头的剪切面和挤压面。

(3) 试判断图 7.13 所示铆接头 4 个铆钉的剪切面上的剪力 Q 的大小，已知 $P=200\text{kN}$。

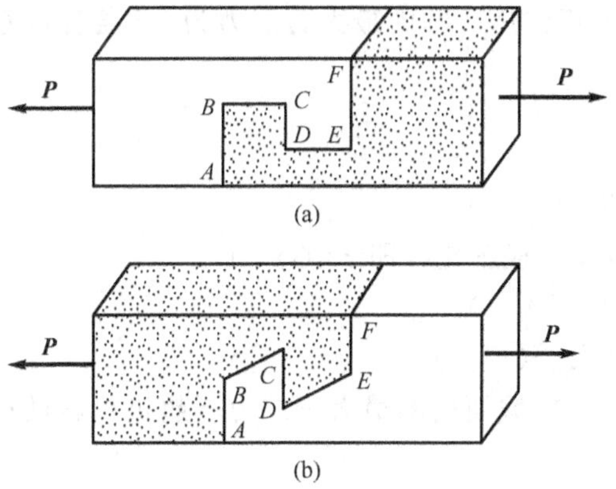

图 7.12

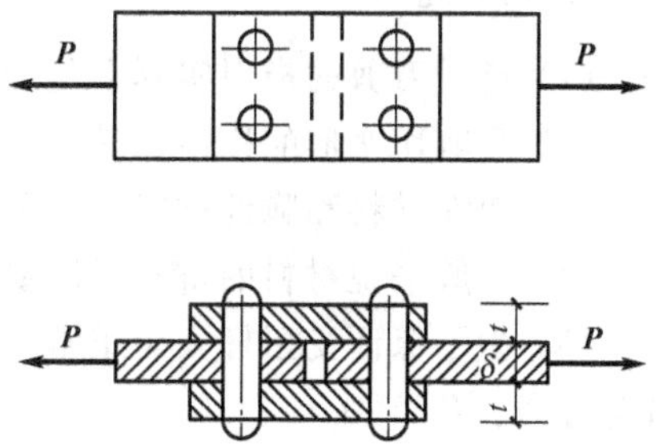

图 7.13

(4) 什么叫挤压? 挤压和轴向压缩有什么区别?

(5) 从强度观点看，如图 7.14 所示的两个传动轴，3 个轮的位置哪个布置得比较合理?

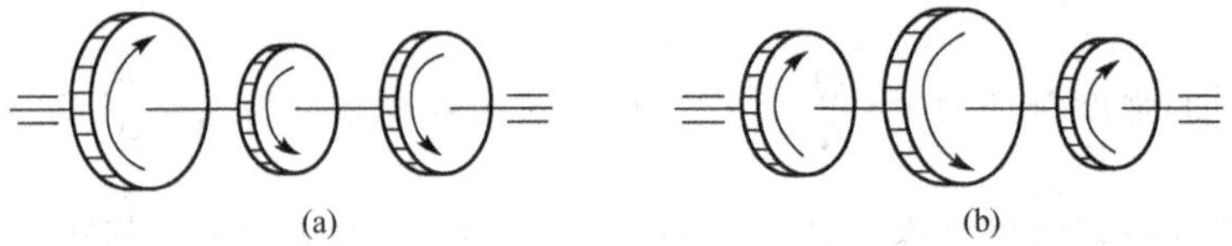

图 7.14

2. 填空题

(1) 虎克定律的两种数学表达式是__________和__________。

(2) 插销穿过水平放置的平板上的圆孔(图 7.15)，在其下端受有拉力 **P**，则插销的剪切面积等于__________和挤压面积等于__________。

(3) 图 7.16 所示厚度为 d 的基础上有一方柱，柱受轴向压力 **P** 作用，则基础的剪切面面积为________，挤压面面积为________。

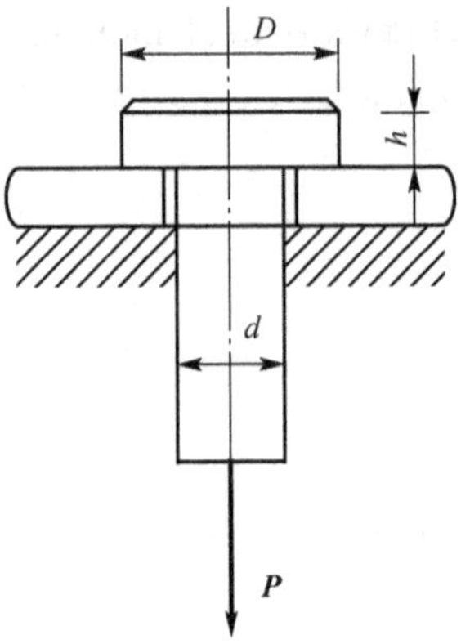

图 7.15

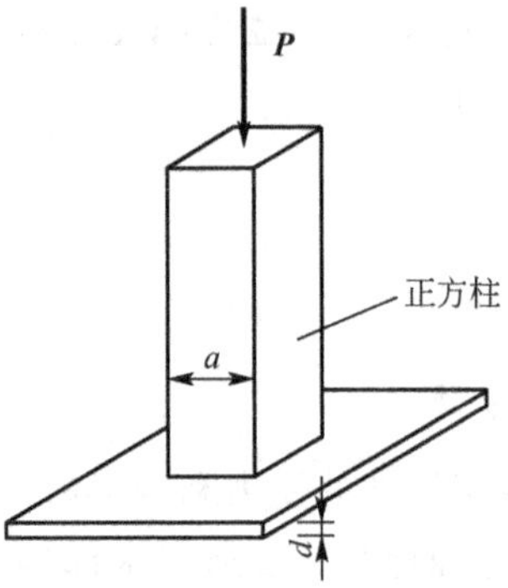

图 7.16

(4) 直径为 D 的实心等直圆杆两端受扭转力矩作用，轴内最大剪应力为 τ，若杆的直径改为 $D/2$，则轴内的最大剪应力等于__________。

3. 判断题

(1) 指甲刀剪的指甲实际上是受到剪切破坏。(　　)

(2) 受剪切变形的构件，其剪应力 τ 与剪应变 γ 成正比，即 $\tau=G\gamma$。(　　)

(3) 塑性材料和脆性材料的许可剪应力相同。(　　)

(4) 一般来说材料的挤压强度要比剪切强度大。(　　)

(5) 为了保证受扭杆安全正常地工作，必须使杆截面内的最大正应力不超过材料的许可剪应力。(　　)

4. 单项选择题

(1) 下列实例属于扭转变形的是(　　)。

A. 起重吊钩　　B. 钻头钻孔　　C. 火车车轴　　D. 零件冲孔

(2) 下列实例属于剪切变形的是(　　)。

A. 起重吊钩　　B. 钻头钻孔　　C. 火车车轴　　D. 零件冲孔

(3) 挤压强度条件是，挤压应力不得超过材料的(　　)。

A. 许可挤压应力　B. 极限挤压应力　C. 最大挤压应力　D. 破坏挤压应力

(4) 等直圆杆扭转时，横截面上所受的载荷是(　　)。

A. 一对等值、反向、距离很近的横向力　B. 一对轴向力

C. 一对垂直于轴线的横向力　D. 一对力偶

(5) 一圆截面直杆受扭矩作用，若将其直径增加一倍，则杆的抗扭刚度将是原来的(　　)。

A. 16 倍　B. 8 倍　C. 4 倍　D. 1 倍

(6) 横截面积为 A 的圆截面杆受扭矩作用，若将其改成截面积仍为 A 的空心圆截面杆件(内外径之比为 0.5)，其他条件不变，以下结论中正确的是(　　)。

A. 扭矩增大，最大剪应力减小　B. 扭矩减小，最大剪应力增大

C. 扭矩不变，最大剪应力减小　D. 扭矩不变，最大剪应力增大

5. 计算题

(1) 图 7.17 所示钢板由两个铆钉连接。已知铆钉直径 $d=2.4$cm，钢板厚度 $t=1.2$cm，拉力 $P=30$kN，铆钉许可剪应力 $[\tau]=60$MPa，许可挤压应力 $[\sigma_c]=120$MPa。试对铆钉作强度校核。

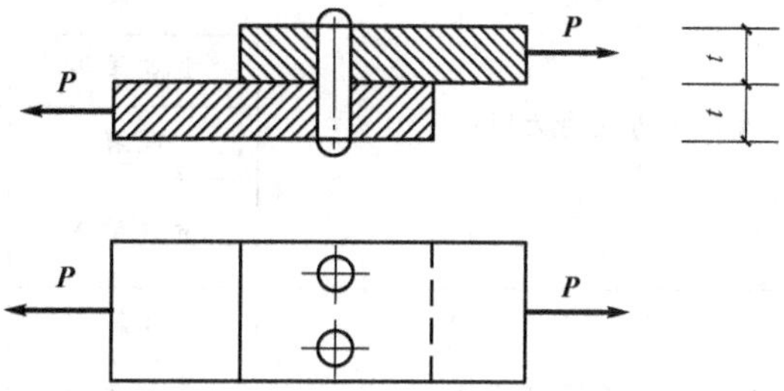

图 7.17

(2) 试求图 7.18 所示两传动轴各段的扭矩 M。

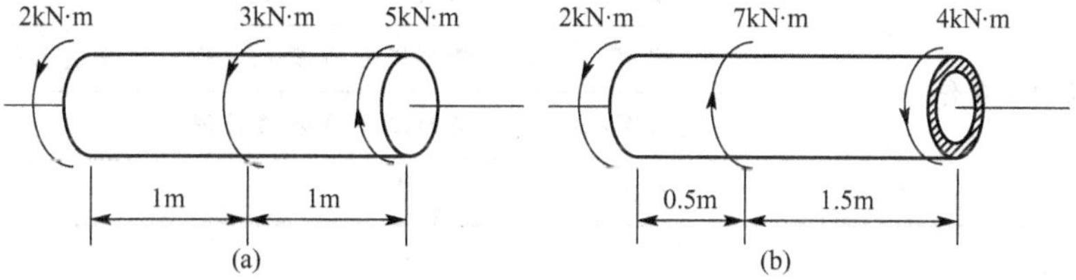

图 7.18

(3) 图 7.19 所示等直圆杆的直径 $D=100$mm，长 $l=1$m，两端作用有外力偶 $T=14$kN·m。(a)试求截面上 A、B、C 三点的剪应力；(b)最大剪应力。

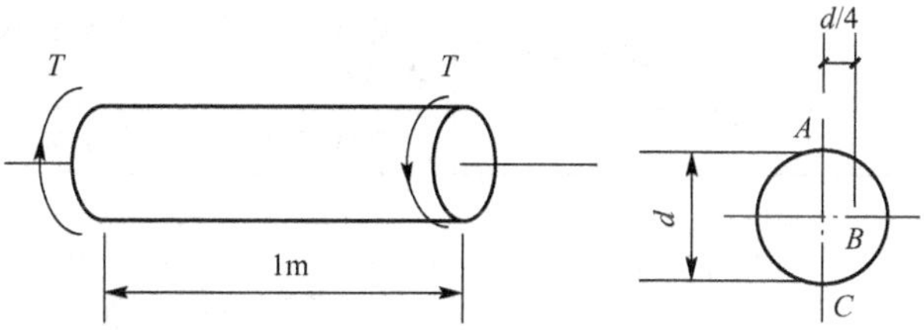

图 7.19

(4) 若第(3)题等直圆杆的材料的许可剪应力 $[\sigma]=60$MPa，此圆杆是否安全？如不安全，应将圆杆直径加大到多少？

第8章
梁的弯曲

本章教学要点

知识模块	掌握程度	知识要点
平面弯曲概念	理解	纵向对称面、平面弯曲
弯曲内力及内力图	理解	弯矩的概念、剪力的概念
	重点掌握	截面法、弯矩方程、剪力方程
	理解	弯矩、剪力与荷载集度之间的关系
	重点掌握	弯矩图绘制、剪力图绘制、叠加法画弯矩图、危险截面的确定
弯曲应力及强度条件	理解	中性层与中性轴概念
	重点掌握	正应力公式、剪应力公式
	重点掌握	危险点的确定、强度条件
弯曲变形及刚度条件	理解	挠度的概念、转角的概念
	理解	挠曲线近似微分方程、积分法求解梁的变形
	重点掌握	叠加法求解梁的变形
	掌握	刚度条件

本章技能要点

技能要点	掌握程度	应用方向
弯矩图、剪力图的绘制	重点掌握	危险截面的判别、选择设计截面
强度条件	重点掌握	危险点的判别、强度校核、截面设计、许可荷载确定
刚度条件	掌握	正常使用极限状态验算

导入案例

强度与尺寸成正比？

在17世纪前后，欧洲各国资本主义工业随着蒸汽机的出现而迅速发展壮大，再也不能凭经验和简单放大比例来设计大型的船舶和水闸等。伽利略最早研究该问题："如果缩小物体的尺寸，该物体的强度并不按同样的比例减小，实际上物体越小，它的强度反而越高。因此一只狗能驮起三只同它一样大的狗，但是，一匹马甚至连一匹同它一样大的马匹也驮不起。”

又如两根石梁，截面为矩形，一根长1m，截面宽与长为0.1m，在自重作用下安全；另外一根长度、截面尺寸都扩大为原来的10倍，却破坏了。这是为什么呢？

纸张承重

试想一张A4大小的纸张，两端固定，在自然状态下，纸张在自重的作用下下凸，但是当将纸张折成连续V形，其上放置数根粉笔而无明显变形。这是为什么呢？同学们在生活中，如在建筑上有没有看见过类似的结构呢？

8.1 梁弯曲的概念

8.1.1 梁的平面弯曲

土木工程中，弯曲变形是一种常见的基本变形，如房屋建筑中的楼面梁、阳台挑梁，如图8.1(a)、(b)所示，在竖向荷载作用下，都将发生弯曲变形，杆件的轴线由直线变成了曲线，如图8.1(c)、(d)所示。工程上将这些以弯曲变形为主要变形的杆件称为梁。

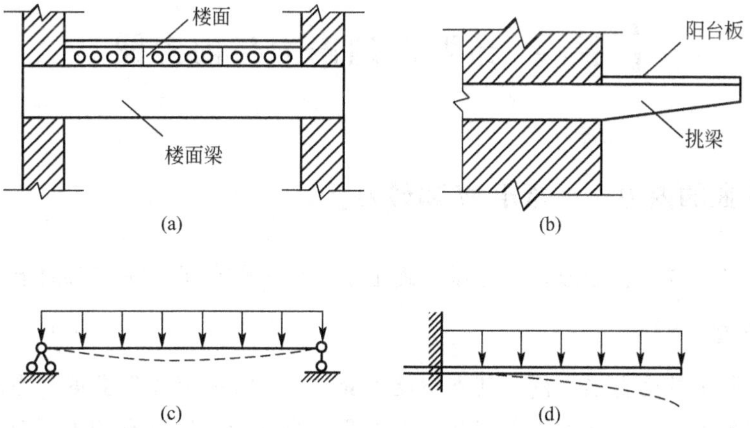

图8.1

工程中常见的梁截面往往有一或两根对称轴，对称轴与梁轴线所组成的平面称为纵向对称平面，如图8.2阴影所示，如果作用在梁上的所有外力都在该纵向对称平面内，则梁变形后，梁轴线将在纵向对称平面内弯曲，成为一条曲线。这种弯曲称为平面弯曲，即弯曲平面与外力作用面相重合的弯曲。它是最简单、最常见的弯曲变形。

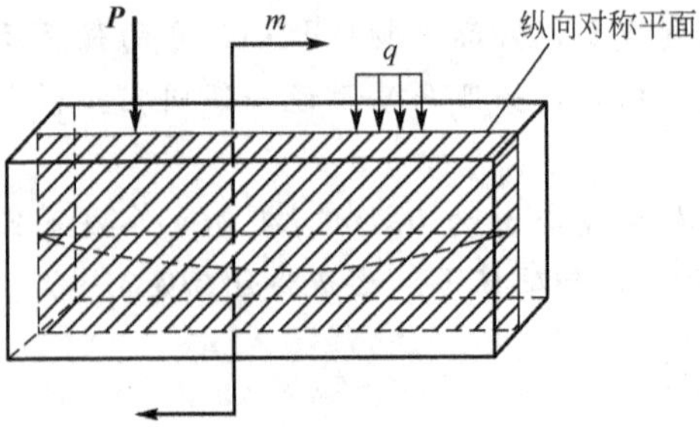

图 8.2

8.1.2 梁的分类

工程中常见的单跨梁按支座情况可分为 3 种基本类型。

(1) 悬臂梁。梁的一端固定，另一端自由，如图 8.3(a)所示。

(2) 简支梁。梁的一端为固定铰支座，另一端为活动铰支座，如图 8.3(b)所示。

(3) 外伸梁。其支座形式和简支梁相同，但梁的一端或两端伸出支座之外，如图 8.3(c)所示。

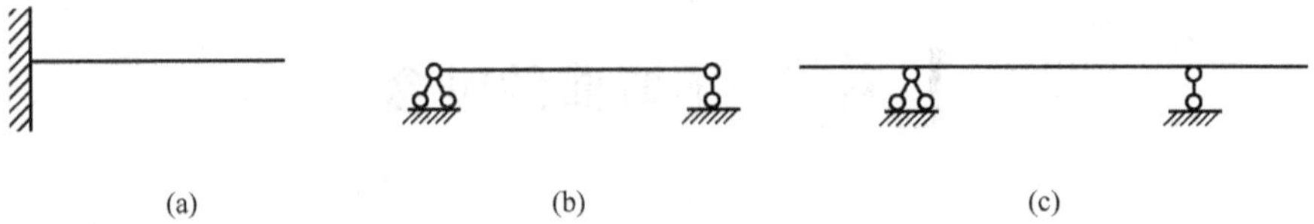

图 8.3

图 8.4

上述 3 种单跨梁，支座反力仅用平面力系的 3 个平衡方程就可求解，因此，又统称为静定梁。有时为了工程上的需要，往往一个梁会设置较多的支座，如图 8.4 所示，导致梁的支座反力数目多于独立的平衡方程数目，这时仅用平衡方程不能完全确定支座反力，这类梁称为超静定梁。本章将仅限于研究静定梁。

8.2 梁弯曲的内力与内力图

8.2.1 梁弯曲的内力——弯矩 M 和剪力 Q

为了计算梁的应力和变形，首先需要确定梁在外力作用下任一横截面上的内力。

1. 内力类型

以图 8.5 所示的简支梁为例，其支座反力 $\boldsymbol{R}_A$、$\boldsymbol{R}_B$ 由平衡方程求得。为求出任一截面上的内力，假想沿 m—m 截面将梁截开，由于梁本身平衡，所以它的每部分也平衡。取左段为研究对象，首先是竖向力的平衡，在 $\boldsymbol{R}_A$ 作用下为保持竖直方向力的平衡，须有一个与 $\boldsymbol{R}_A$ 大小相等、方向相反的力 Q 与之平衡；其次是力矩的平衡，为保持该段不转动，须有一个逆时针转动的力矩 M 与 $\boldsymbol{R}_A$ 和 Q 构成的力偶矩平衡。Q 与 M 即为梁 m—m 截面上的内力，其中 Q 称为剪力，M 称为弯矩，剪力的单位为牛顿(N)或千牛顿(kN)，弯矩的单位同力矩(kN·m)。

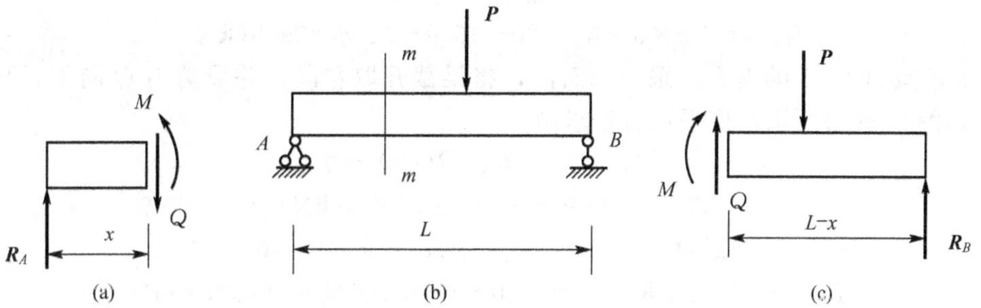

图 8.5

2. 截面法求解内力

梁的内力计算仍用截面法，计算步骤如下。

(1) 计算支座反力。

(2) 用假想的截面将梁截成两段，任取其中一段(称之为隔离体)作为研究对象。

(3) 画出隔离体的受力图。

(4) 建立静力平衡方程，计算截面内力。

3. 剪力 Q 和弯矩 M 的正负号规定

1) 剪力的正负号规定

正剪力：截面上的剪力使研究对象作顺时针方向的转动，如图 8.6(a)所示；

负剪力：截面上的剪力使研究对象作逆时针方向的转动，如图 8.6(b)所示。

可以简单对隔离体规定为“左上右下为正”。

2) 弯矩的正负号规定

正弯矩：截面上的弯矩使该截面附近弯成上凹下凸的形状，如图 8.7(a)所示；

负弯矩：截面上的弯矩使该截面附近弯成上凸下凹的形状，如图 8.7(b)所示。

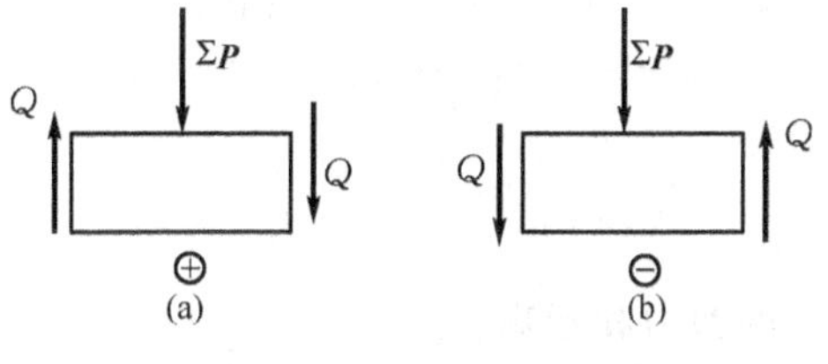

图 8.6

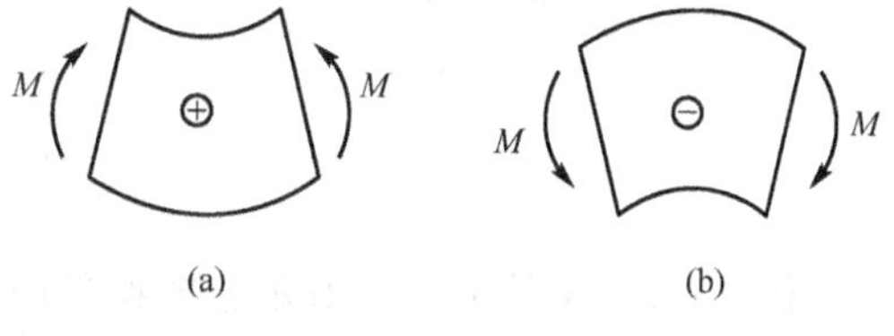

图 8.7

例 8-1 简支梁如图 8.8 所示。已知 $P=20\text{kN}$，$q=15\text{kN/m}$，求 1—1 截面上的剪力和弯矩。

解：(1) 求支座反力。取整体为研究对象，假设 $\boldsymbol{R}_A$、$\boldsymbol{R}_B$ 向上，如图 8.8(a)所示，列静力

平衡方程

$$\sum M_A(\boldsymbol{F})=0 \Rightarrow \quad -P\times1-q\times3\times3.5+R_B\times5=0$$

$$R_B=\frac{P\times1+q\times3\times3.5}{5}=\frac{20\times1+15\times3\times3.5}{5}=35.5(\text{kN})$$

$$\sum Y=0 \Rightarrow \quad R_A-P-q\times 3+R_B=0$$

$$R_A=P+q\times 3-R_B=20+15\times -35.5=29.5(\mathrm{kN})$$

(2) 求截面1—1的内力。采用截面法，将梁截开取左段，并设剪力 Q 向下，M 逆时针转，如图8.8(b)所示，列平衡方程求解

$$\sum Y=0 \Rightarrow \quad R_A-P-Q_1=0$$

$$Q_1=R_A-P=29.5-20=9.5(\mathrm{kN})$$

$$\sum M_{1-1}=0 \Rightarrow \quad M_1+P\times 1-R_A\times 2=0$$

$$M_1=-P\times 1+R_A\times 2=-20\times 1+29.5\times 2=39(\mathrm{kN\cdot m})$$

所得 Q_Q、M_1 均为正值，表示假设方向与实际方向相同，故为正剪力、正弯矩。

若取右段梁为研究对象，也设 Q_1、M_1 为正，如图8.8(c)所示，列平衡方程

$$\sum Y=0 \Rightarrow \quad Q_1-q\times 3+R_B=0$$

$$Q_1=q\times 3-R_B=15\times 3-35.5=9.5(\mathrm{kN})$$

$$\sum M_{1-1}=0 \Rightarrow \quad -M_1-q\times 3\times 1.5+R_B\times 3=0$$

$$M_1=-q\times 3\times 1.5+R_B\times 3=-15\times 3\times 1.5+35.5\times 3=39(\mathrm{kN\cdot m})$$

可见 Q_1、M_1 均为正值，结果与取左段分析相吻合。

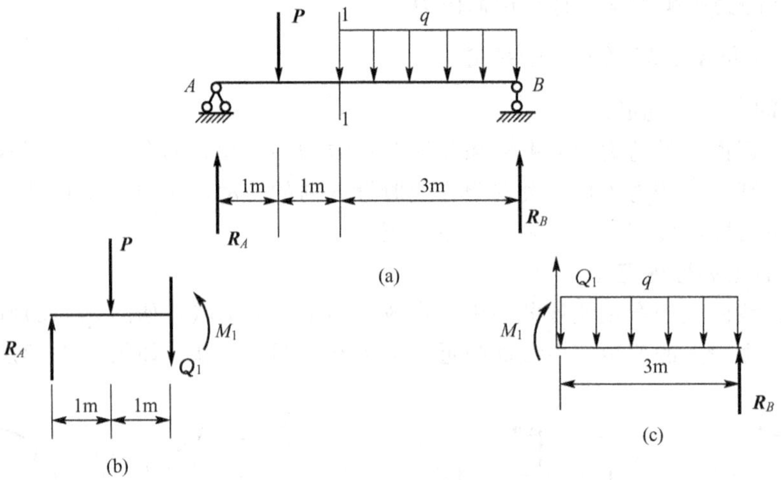

图8.8

例8-2 求图8.9(a)所示悬臂梁截面1—1上的剪力和弯矩。

解：因为悬臂梁自由端在右段，为简化计算，可以取右段为研究对象，Q、M 方向如图8.9(b)所示。列平衡方程

$$\sum Y=0 \Rightarrow \quad Q_1-q\times \frac{1}{2}=0$$

$$Q_1=\frac{ql}{2}$$

$$\sum M_{1-1}=0 \Rightarrow \quad -M_1-q\times \frac{l}{2}\times \frac{l}{4}=0$$

$$M_1=\frac{-ql^2}{8}$$

可见 Q_1 是正号，与实际方向一致，M_1 是负号，与实际方向相反，即负弯矩。

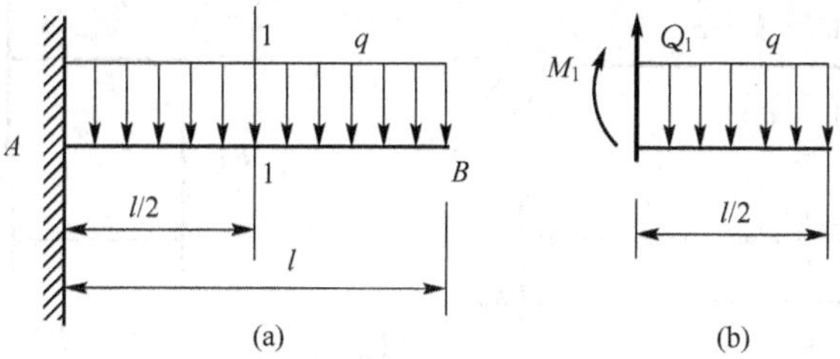

图 8.9

8.2.2 梁弯曲的内力图

1. 剪力方程和弯矩方程

由剪力以及弯矩的计算过程可知，一般情况下梁各横截面上的剪力和弯矩随着横截面位置的不同而变化。为了进行强度计算和变形计算，必须知道沿梁轴线剪力和弯矩的变化规律。梁横截面的位置用沿梁轴线的坐标 x 来表示，则梁的各个横截面上的剪力和弯矩可以表示为 x 的函数，即

$$Q=Q(x),\quad M=M(x)$$

以上两式分别称为梁的剪力方程和弯矩方程，统称为内力方程。为了形象地表示剪力 Q 和弯矩 M 沿梁轴线的变化规律，可根据剪力方程和弯矩方程分别绘制出剪力和弯矩沿梁轴线变化的情况，分别称为剪力图和弯矩图，统称为内力图。由内力图可直观地看出梁上最危险的截面。

2. 剪力图和弯矩图的绘制方法

在土木工程计算中，一般规定绘图坐标系如图 8.10 所示，坐标原点一般选在梁的左端截面。

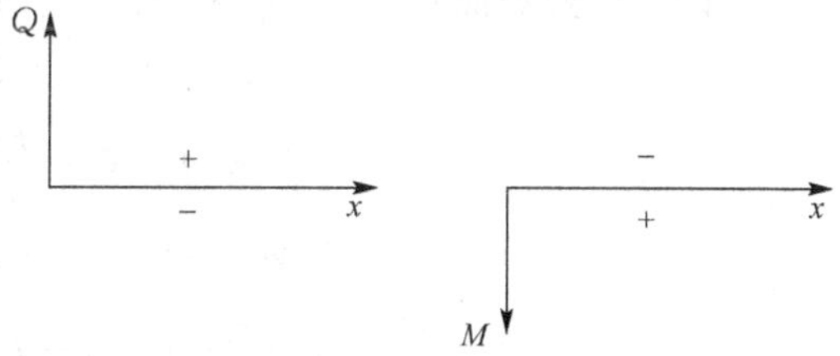

图 8.10

作图时，剪力正值画在 x 轴上方，负值画在下方，而 M 正值画在 x 轴下方，负值画在上方，或者 M 总是画在梁受拉的一侧。

下面举例说明。

例 8-3 简支梁受集中力作用，如图 8.11(a)所示，试画出剪力图和弯矩图。

解：(1) 求支反力。

$$\sum M_A(\boldsymbol{F})=0 \Rightarrow \quad R_B L-Pa=0$$

$$R_B=\frac{Pa}{l}$$

$$\sum Y=0 \Rightarrow \quad R_A-P+R_B=0$$

$$R_A=P-R_B=P-\frac{Pa}{l}=\frac{Pb}{l}$$

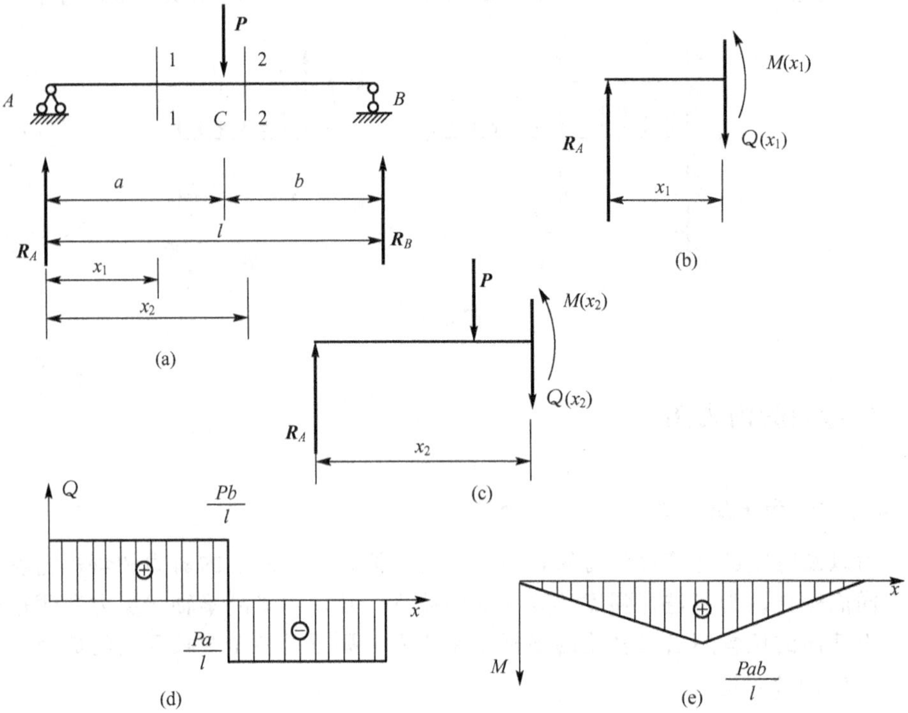

图 8.11

(2) 列剪力方程和弯矩方程。

梁在集中力 **P** 的作用下，可以分为 AC 段和 CB 段研究，分别列出两段的 Q 和 M 方程。

AC 段：假想截面 1—1 在距 A 端 x_1 处切开，取左段研究，如图 8.11(b)所示，

$$\sum Y=0 \Rightarrow \quad -Q(x_1)+R_A=0$$

$$Q(x_1)=R_A=\frac{Pb}{l} \quad (0\leqslant x_1\leqslant a)$$

$$\sum M_{1-1}=0 \Rightarrow \quad -M(x_1)+R_A x_1=0$$

$$M(x_1)=R_A x_1=x_1\frac{Pb}{l} \quad (0\leqslant x_1\leqslant a)$$

CB 段：假想截面 2—2 在距 A 端 x_2 处切开，取左段研究，如图 8.11(c)所示，

$$\sum Y=0 \Rightarrow \quad R_A-P-Q(x_2)=0$$

$$Q(x_2)=R_A-P=\frac{Pb}{l}-P=-\frac{Pa}{l} \quad (a<x_2\leqslant l)$$

$$\sum M_{2-2}=0 \Rightarrow \quad M(x_2)+P(x_2-a)-R_A x_2=0$$

$$M(x_2)=-P(x_2-a)+\frac{Pb}{l}x_2$$

$$=\frac{Pa}{l}(l-x_2) \quad (a<x_2\leqslant l)$$

(3) 画出剪力图和弯矩图，根据 Q、M 方程可以判断内力图形状并描点画图。

Q 图：AC 段剪力方程为常数，由图 8.11(b)可见，由于使截开部分顺时针转动，其

值为 Pb/l，剪力图是一条在 x 轴上方平行于 x 轴的直线。CB 段剪力方程也是常数，由图 8.11(c)可见，由于使截开部分逆时针转动，其值为 $-Pa/l$，剪力图一条在 x 轴下方平行于 x 轴的直线，Q 图如图 8.11(d)所示。

M 图：AC 段弯矩方程是 x_1 的一次函数，弯矩图是一条斜直线，只要计算两个截面的数值，就可画出弯矩图，对于 A 点和 C 点分别有

$$M_A = M(0) = 0, \quad M_C = M(a) = \frac{Pab}{l}$$

BC 段弯矩方程是 x_2 的一次函数，弯矩图也是一条斜直线，同理可画出弯矩图。

$$M_C = M(a) = \frac{Pab}{l}, \quad M_B = M(l) = 0$$

由于推导时假设 M 是正值，所以 M 图画在 x 轴下方，全梁弯矩图如图 8.11(e)所示。

(4) 讨论。工程中关心的往往是内力的最大值，从内力图可以看出，

$$Q_{\max} = \max\left(\frac{Pa}{l}, \quad \frac{Pb}{l}\right), \quad M_{\max} = \frac{Pab}{l}$$

例 8-4 悬臂梁 AB 承受均布荷载 q 作用，如图 8.12(a)所示。试画出剪力图和弯矩图。

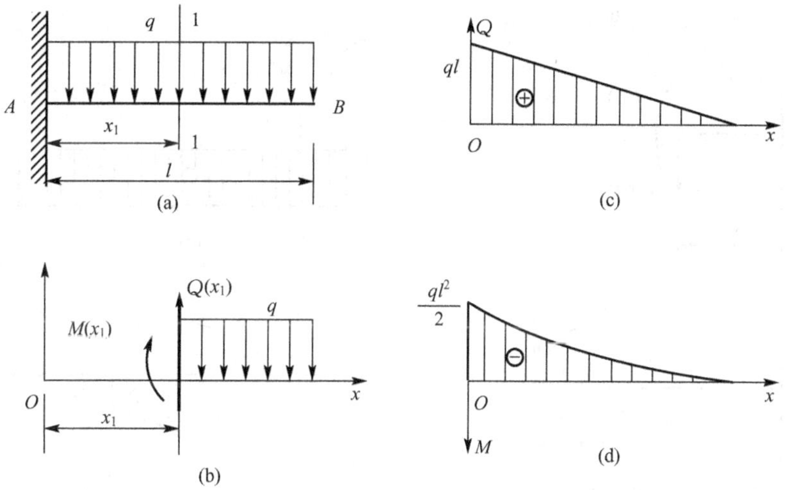

图 8.12

解：(1) 通过分析不难发现，取右段为研究对象可不求支反力，从而使求解过程得到简化。列右段剪力方程和弯矩方程，如图 8.12(b)所示。

$$\sum Y = 0 \Rightarrow \quad Q(x_1) - q(l - x_1) = 0 \quad (0 \leqslant x_1 < l)$$

$$Q(x_1) = q(l - x_1)$$

$$\sum M_{1-1} = 0 \Rightarrow \quad M(x_1) + q(l + x_1)\frac{(l - x_1)}{2} = 0 \quad (0 \leqslant x_1 \leqslant l)$$

$$M(x_1) = -\frac{q(l - x_1)^2}{2}$$

(2) 画剪力图和弯矩图。

剪力方程是 x 的一次函数，所以剪力图是一条斜直线。只要计算两个端截面的数值，

再连线就可画出剪力图，如图 8.12(c)所示。

$$Q_B=Q_B(l)=0,\quad Q_A=Q(0)=ql$$

而由弯矩方程可知，它是 x 的二次函数，所以弯矩图是一条二次抛物线，至少需要计算 3 个截面的数值，方可画弯矩图，因此分别取两端和梁中点进行计算。

$$M_A=M(0)=-\frac{ql^2}{2},\quad M_C=M\left(\frac{l}{2}\right)=-\frac{ql^2}{8},\quad M_B=M(l)=0$$

通过分析弯矩的方向可知，弯矩值是负值，所以画在 x 轴上方，如图 8.12(d)所示。可见悬臂梁受均载作用时，在固定端处剪力和弯矩都达到最大值。

例 8-5 简支梁 AB，在 C 处作用有力偶 m，如图 8.13(a)所示。试画出剪力图和弯矩图。

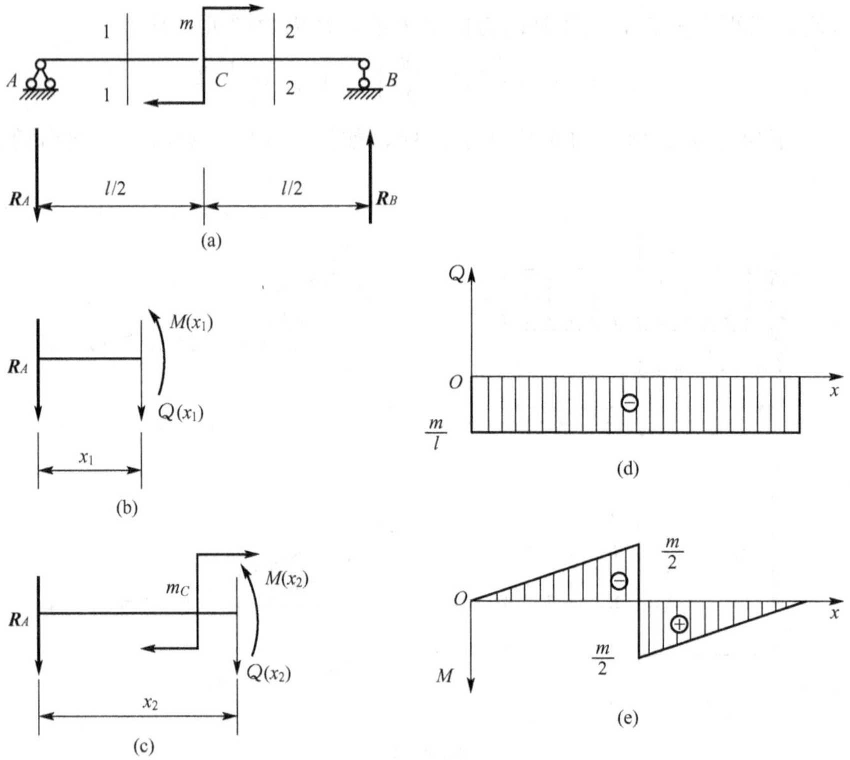

图 8.13

解：(1) 计算支反力，取整体为研究对象。

$$\sum M_A(\boldsymbol{F})=0\Rightarrow\quad -m_C+R_Bl=0\quad \therefore R_B=\frac{m}{l}$$

$$\sum Y=0\Rightarrow\quad -R_A+R_B=0\quad \therefore R_A=R_B=\frac{m}{l}$$

(2) 列剪力方程和弯矩方程，由于力偶 m 将梁分成两段，故须分段列出 Q、M 方程。AC 段：采用截面法，用 1—1 截面截开，如图 8.13(b)所示。

$$\sum Y=0\Rightarrow\quad -R_A-Q(x_1)=0$$

$$Q(x_1)=-R_A=-\frac{m}{l}\quad \left(0<x_1\leqslant\frac{l}{2}\right)$$

$$\sum M_{1-1}=0 \Rightarrow \quad M(x_1)+R_A x_1=0$$

$$M(x_1)=-R_A x_1=-\frac{m}{l}x_1 \quad \left(a \leqslant x_1<\frac{l}{2}\right)$$

CB 段：采用截面法，用 2—2 截面截开，如图 8.13(c)所示

$$\sum Y=0 \Rightarrow \quad -R_A-Q(x_2)=0$$

$$Q(x_2)=-R_A=-\frac{m}{l} \quad \left(\frac{l}{2} \leqslant x_2<l\right)$$

$$\sum M_{2-2}=0 \Rightarrow \quad M(x_2)-m+R_A x_2=0$$

$$M(x_2)=m-\left(\frac{m}{l}\right)x_2 \quad (a<x_2 \leqslant L)$$

(3) 画出剪力图和弯矩图。

Q 图：AC 段和 CB 段的剪力都是常数，根据方向可以判断为负值，是一条平行于 x 轴的直线，画在 x 轴下方，如图 8.13(d)所示。

M 图：AC 段和 CB 段的弯矩都是 x_2 的一次函数，是一条斜直线，负值画在 x 轴上方，正值画在 x 轴下方。如图 8.13(e)所示。

AC 段 $\quad M_A=M(0)=0, \quad M_C=M\left(\frac{l}{2}\right)=-\frac{m}{2}$

CB 段 $\quad M_C=M\left(\frac{l}{2}\right)=\frac{m}{2}, \quad M_B=M(l)=0$

从弯矩图可看出，在力偶 m 作用下，弯矩图发生突变，其绝对值正好等于集中力偶 m。

由例题可见，画剪力图和弯矩图的基本步骤如下。

(1) 求支座反力。以梁整体为研究对象，根据梁上的荷载和支座情况，由静力平衡方程求出支座反力。

(2) 将梁分段。以集中力和集中力偶作用处、分布荷载的起讫处、梁的支承处以及梁的端面为界点，将梁进行分段。

(3) 列出各段的剪力方程和弯矩方程。各段列剪力方程和弯矩方程时，所取的坐标原点与坐标轴 x 的正向可视计算方便而定，不必一致。

(4) 画剪力图和弯矩图。先根据剪力方程(或弯矩方程)判断剪力图(或弯矩图)的形状，确定其控制截面，再根据剪力方程(或弯矩方程)计算相应控制截面的剪力值(或弯矩值)，然后描点并画出全梁的剪力图(或弯矩图)。

从剪力图和弯矩图上可以确定梁的最大剪力值和最大弯矩值，其相应的横截面称为危险截面。

8.3 简易方法作梁弯曲的内力图

8.3.1 荷载集度 $q(x)$、剪力 $Q(x)$、弯矩 $M(x)$之间的微分关系

荷载集度 $q(x)$、剪力 $Q(x)$和弯矩 $M(x)$之间存在着一定的关系。以图 8.14 所示的简

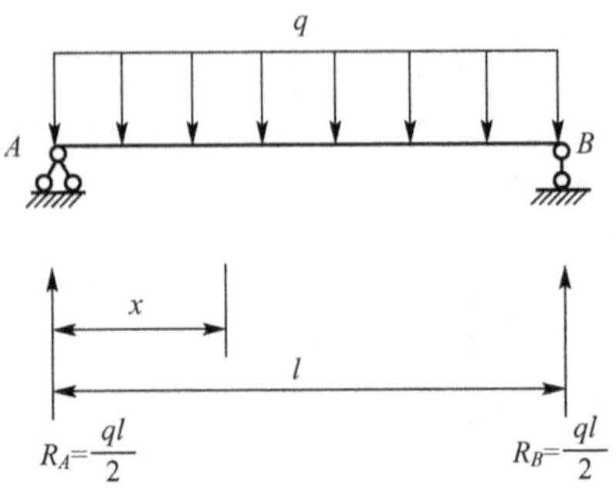

图 8.14

支梁为例，设 x 轴以向右为正，分布荷载 q 以向上为正，向下为负，可以推导得到

$$\frac{\mathrm{d}M(x)}{\mathrm{d}x}=Q(x) \tag{8-1}$$

$$\frac{\mathrm{d}Q(x)}{\mathrm{d}x}=q(x) \tag{8-2}$$

$$\frac{\mathrm{d}^2M(x)}{\mathrm{d}x}=q(x) \tag{8-3}$$

从式(8-1)、式(8-2)、式(8-3)可看出，将弯矩方程 $M(x)$ 对 x 求导数，即得剪力方程 $Q(x)$，将剪力方程 $Q(x)$ 对 x 求导，即得分布载荷 $q(x)$，可以证明(过程略)这种微分关系在梁的内力分析中是普遍存在的。

由数学的定义，一阶导数表示斜率，二阶导数反映出曲线的凹凸，因此剪力的大小即等于弯矩图的斜率，分布荷载集度 q 大小即等于剪力图的斜率。利用三者间的微分关系可以校核或绘制 Q、M 图。

8.3.2 利用 $q(x)$、$Q(x)$、$M(x)$ 之间的微分关系作内力图

根据 $q(x)$、$Q(x)$、$M(x)$ 之间的微分关系，可以得到内力图的如下规律。

1) 对于梁上没有均布荷载作用的截面

(1) 剪力图为一条水平线。

(2) 弯矩图为一条斜直线。

2) 对于梁上有均布荷载作用的截面

(1) 剪力图为一条斜直线，若均布荷载指向向上，其斜率为正，即由左下向右上倾斜(/)；若均布荷载指向向下，其斜率为负，即由左上向右下倾斜(\)。

(2) 弯矩图是一条抛物线，抛物线的凸向与均布荷载的指向相同，在 $Q(x)=0$ 处 M 有极值。

3) 对于梁上作用集中力的截面

(1) 剪力图发生突变，突变量的绝对值等于集中力的大小。若从左向右作图，突变的方向与集中力方向相同；若从右向左作图，突变的方向与集中力方向相反。

(2) 弯矩图发生转折。

4) 对于梁上作用集中力偶的截面

(1) 剪力图不变。

(2) 弯矩图发生突变，突变量的绝对值等于集中力偶的力偶矩。

例 8-6 应用上述内力图的规律，绘制图 8.15(a)所示的剪力和弯矩图。已知 $P=60\text{kN}$，$q=30\text{kN/m}$，$m=120\text{kN}\cdot\text{m}$。

解：(1) 计算支反力，取整体为研究对象。

$$\sum M_A(\boldsymbol{F})=0\Rightarrow \quad -P\times1-q\times r\times4+m\times R_G\times8=0$$

$$R_G=\frac{P+q\times4\times4-m}{8}=\frac{60+30\times4\times4-120}{8}=52.5(\text{kN})(\uparrow)$$

$$\sum Y=0\Rightarrow \quad R_A-p-q\times4+R_G=0$$

$$R_A = p + q\times 4 - R_G = 60 + 30\times 4 - 52.5 = 127.5(\text{kN})(\uparrow)$$

(2) 绘制剪力图。根据外力的分布和变化情况，分段进行考虑：AB 段为平直线；B 截面有集中力 $\boldsymbol{P}$ 作用，剪力图发生突变；BC 段为平直线，CE 段为右下方斜直线，EG 段为平直线，在力偶 m 处剪力图无变化。再逐一计算各控制截面处的剪力值。

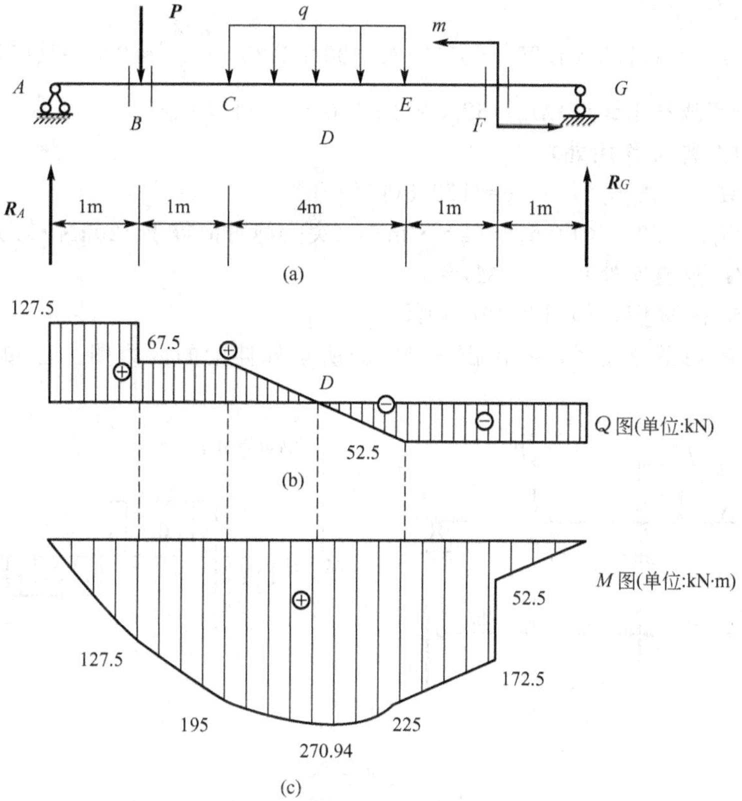

图 8.15

A 点(支座处)	$Q_A = 127.5\text{kN}$
B 点(集中力 $\boldsymbol{P}$ 作用处)	$Q_{B左} = 127.5\text{kN}$
	$Q_{B左} = 67.5\text{kN}$(突变绝对值等于 60kN)
C 点(均布荷载作用起点)	$Q_C = 67.5\text{kN}$
E 点(均布荷载作用终点)	$Q_E = 67.5 - 30\times 4 = -52.5(\text{kN})$
G 点(均布荷载作用终点)	$Q_G = -52.5\text{kN}$

由图 8.15(b)可以观察到，斜线 CE 由正到负必须经过零点，需要确定剪力为零截面的位置。由相似三角形的几何关系得

$$\frac{67.5}{CD} = \frac{52.5}{4 - CD},\quad CD = 2.25\text{m}$$

可知剪力为零的 D 点到 A 端支座距离 $AD = 4.25\text{m}$。

(3) 绘弯矩图。先根据外荷载或 Q 图进行分段定性：AB 段为右下方斜直线；BC 段也是右下方斜直线，因为剪力都是正值，转折点为集中力 $\boldsymbol{P}$ 作用 B 处；CE 段为二次抛物线，且下凸。在剪力为零的截面上，弯矩图出现极值，EF 段和 FG 段均为右上方斜直线，因为剪力是负值。再逐一计算各控制截面的弯矩值。

A 点(支座处) $M_A=0$

B 点(集中力 P 作用处) $M_B=127.5\times1=127.5(\text{kN}\cdot\text{m})$

C 点(均布荷载作用起点) $M_C=127.5\times-60\times1=195(\text{kN}\cdot\text{m})$

D 点(剪力为 0 点)

$$M_D=M_{\max}=127.5\times4.25-60\times3.25-30\times2.25\times\frac{2.25}{2}=270.94(\text{kN}\cdot\text{m})$$

E 点(均布荷载作用终点) $M_E=52.5\times2+120=225(\text{kN}\cdot\text{m})$

F 点(集中力偶 m 作用处)

$M_{F左}=52.5\times1+120=172.5(\text{kN}\cdot\text{m})$

$M_{F右}=52.5\times1=52.5(\text{kN}\cdot\text{m})$ (突变绝对值等于 120kN·m)

G 点(支座处) $M_G=0$

最后可以绘制 M 图，如图 8.15(c)所示。

例 8-7 利用微分关系，画出图 8.16(a)所示外伸梁的内力图。已知 $q=10\text{kN/m}$，$P=30\text{kN}$。

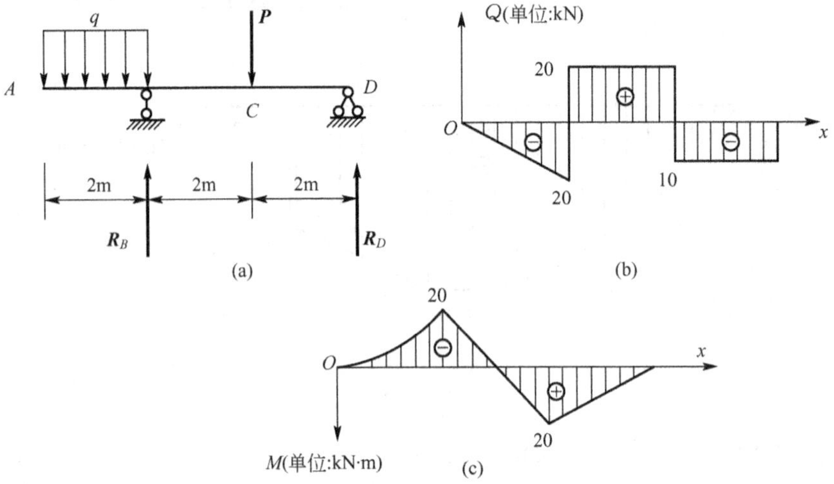

图 8.16

解：(1) 先求支反力，取整体为研究对象。

$$\sum M_A(\boldsymbol{F})=0\Rightarrow\quad q\times2\times1+R_D\times4-P\times2=0$$

$$R_D=\frac{-q\times2\times1+P\times2}{4}=\frac{-10\times2+30\times2}{4}=10(\text{kN})$$

$$\sum Y=0\Rightarrow\quad R_B-P-q\times2+R_D=0$$

$$R_R=P+q\times2-R_D=30+10\times2-10=40(\text{kN})$$

(2) 画内力图。根据梁上荷载情况将梁分为 3 段。

Q 图：AB 段，有均布荷载，Q 图为右下方斜直线，各控制截面内力为

$$Q_A=0,\quad Q_{B左}=-10\times2=-20(\text{kN})$$

BC 段，无外力，Q 图为水平直线，各控制截面内力为

$$Q_{B右}=Q_{B左}+R_B=-20+40=20(\text{kN})$$

CD 段，无外力，Q 图为水平直线，各控制截面内力为

$$Q_{C左}=20\text{kN},\quad Q_{C右}=-P+20=-10(\text{kN}),\quad Q_{D左}=-R_D=-10(\text{kN})$$

剪力图如图 8.16(b)所示。

M 图：AB 段有均布荷载，M 图有二次曲线，q 朝下，所以 M 图下凸，各控制截面内力为

$$M_A=0,\quad M_B=-\frac{1}{2}q\times 2^2=-\frac{1}{2}\times 10\times 2^2=-20(\text{kN}\cdot\text{m})$$

BC 段，无外力且 Q 图为正值，所以 M 图为右下方斜直线，各控制截面内力为

$$M_B=-20\text{kN}\cdot\text{m},\quad M_C=R_D\times 2=20(\text{kN}\cdot\text{m})$$

CD 段，无外力且 Q 图为负值，所以 M 图为右上方斜直线，各控制截面内力为

$$M_C=20\text{kN}\cdot\text{m},\quad M_D=0$$

弯矩图如图 8.16(c)所示。

8.3.3 叠加法绘制弯矩图

1. 叠加法的概念

根据小变形假设，可以认为，当梁上有若干个荷载共同作用时，每种荷载在横截面上引起的剪力和弯矩不受其他荷载的影响。这样，当梁受几个荷载作用时，可分别作出各个荷载单独作用时的剪力图和弯矩图，然后把这些剪力图和弯矩图分别互相叠加，就得到了全部荷载同时作用下的剪力图和弯矩图。这种先分别求各荷载作用下的结果，最后再用相加而求得总结果的方法，称为叠加法。

2. 利用叠加法绘制弯矩图

叠加时应注意的是，截面的内力是以纵坐标来度量的。所谓内力图的叠加，是指内力图纵坐标的代数值相加，而不是内力图形的简单拼合。

例 8-8 试按叠加法作图 8.17(a)所示简支梁的弯矩图，其中 $m_A=m_B$。

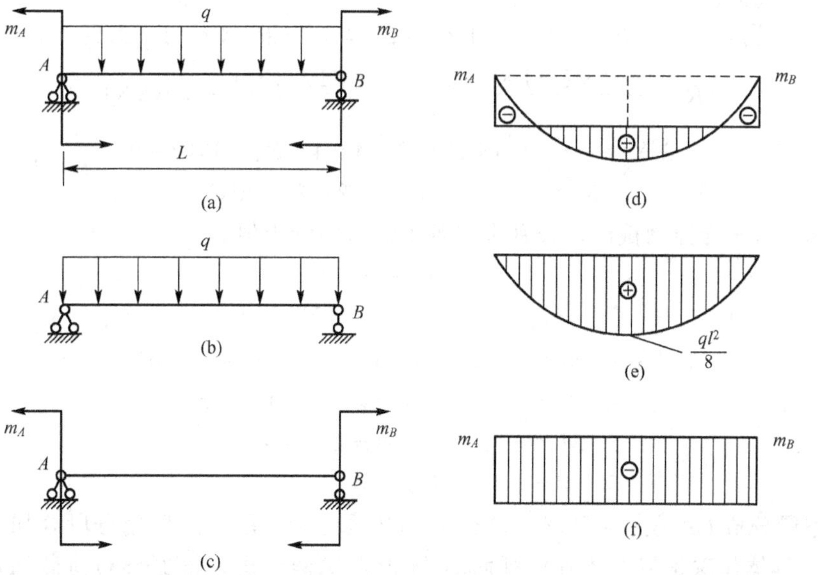

图 8.17

解：(1) 将梁上荷载拆成单个荷载单独作用，如图 8.17(b)和(c)所示，即(a)=(b)+(c)。

(2) 分别画出只有均布荷载作用下和只有力偶作用下的弯矩图，如图 8.17(e)和(f)所示。

(3) 进行各类相应纵坐标值的代数叠加，最终得到原简支梁的弯矩图，如图 8.17(d)所示，即(d)=(e)+(f)。

例 8-9 用叠加法绘制图 8.18(a)所示梁的弯矩图。

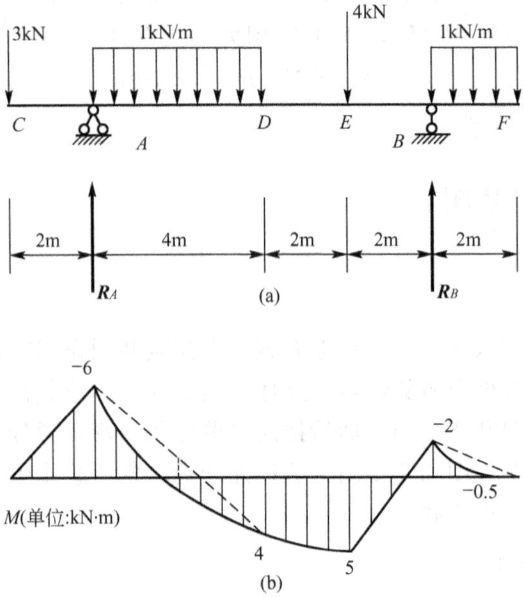

图 8.18

解：本题可以采用分段叠加的办法作弯矩图。

(1) 求支反力。

$$\sum M_A(\boldsymbol{F})=0 \Rightarrow \quad 3\times2-1\times4\times2-4\times6+R_B\times8-1\times2\times9=0$$

$$R_B=\frac{-3\times2+1\times4\times2+4\times6+1\times2\times9}{8}=5.5(\text{kN})$$

$$\sum Y=0 \Rightarrow \quad -3+R_B-1\times4-4+R_A-1\times2=0$$

$$R_A=3-5.5+4+4+2=7.5(\text{kN})$$

(2) 选 $A\sim F$ 为控制截面，分别求出各个截面的弯矩值。

$$M_C=0$$

$$M_A=-3\times2=-6(\text{kN}\cdot\text{m})$$

$$M_D=-3\times6+7.5\times4-1\times4\times2=4(\text{kN}\cdot\text{m})$$

$$M_E=-1\times2\times3+5.5\times2=5(\text{kN}\cdot\text{m})$$

$$M_B=-1\times2\times1=-2(\text{kN}\cdot\text{m})$$

$$M_F=0$$

(3) 把梁分成 CA 段、AD 段、DE 段、EB 段、BF 段，然后用分段叠加法绘制各段的弯矩图。具体作法是将上述各控制面的 M 值按比例绘出，根据分布荷载和弯矩图的微分关系可知，如果无荷载作用连以直线，如有荷载作用，连一虚线为基线，然后按简支梁叠加求得弯矩图，如图 8.18(b)所示。

其中，AD 段中点弯矩为

$$M_{AD中}=\frac{-6+4}{2}+\frac{1\times 4^2}{8}=1(\text{kN}\cdot\text{m})$$

BF 段中点的弯矩为

$$M_{BF中}=\frac{-2+0}{2}+\frac{1\times 2^2}{8}=-0.5(\text{kN}\cdot\text{m})$$

8.4 梁弯曲时的应力计算及强度条件

由前面知道，梁的横截面上有剪力 Q 和弯矩 M 两种内力存在，它们各自在梁的横截面上会引起剪应力 τ 和正应力 σ。下面讨论梁的正应力计算和剪应力计算。

8.4.1 梁的正应力计算

1. 梁弯曲时的现象与假设

取一根矩形截面梁，在梁的表面上作出与梁轴线平行的纵向线和与纵向线垂直的横向线形成均等的小方格，并加一对力偶使其发生弯曲变形，如图 8.19 所示，可观察到如下现象。

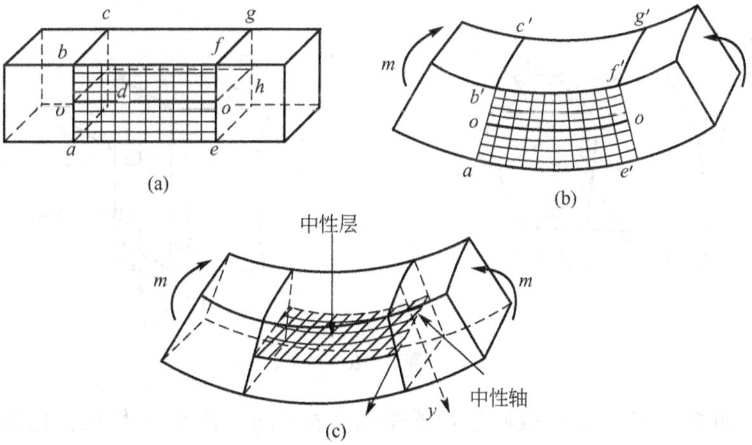

图 8.19

(1) 横线 ab、cd、ef、gh 等仍保持为直线，在倾斜了一个角度后，仍垂直于弯曲后的纵线且点 a、b、c、d 和 e、f、g、h 变形后各位于一倾斜平面内。

(2) 所有的纵线都弯曲成曲线。靠近底面的纵线伸长，靠近顶面的纵线缩短。而位于其间某一位置的一条纵线 o—o，其长度不变。

从表面的变形现象可以推断：由于各横向线代表横截面，变形前后都是直线，表明横截面变形后都仍保持为平面；又由于梁是可以看成由无数纵向纤维组成，既然上部缩短、下部伸长，梁内必有一层既不伸长也不缩短的纵向纤维层，称为中性层。中性层与各横截面的交线称为中性轴。中性轴通过横截面的形心，与竖向对称轴 y 垂直，如图 8.19(c) 所示。

由以上的推断可以提出以下假设：梁的所有横截面在变形过程中要发生转动，但仍保持为平面，并且和变形后的梁轴线垂直。这一假设称为平面假设。又因为梁下部的纵向纤维伸长而宽度减小，上部纵向纤维缩短而宽度增加。因此又假设：所有与轴线平行的纵向纤维都是轴向拉伸或压缩(即纵向纤维之间无挤压)。

以上假设之所以成立，是因为以此为基础所得到的应力和变形公式得到了实验的证实。这样，平面假设就反映出了梁弯曲变形的本质。

2. 正应力计算公式

根据平面假设，并综合考虑梁变形时几何、物理和静力学 3 方面关系，可以推导出梁弯曲时横截面上任一点正应力的计算公式(过程从略)可表达为

$$\sigma=\frac{M\cdot y}{I_z} \tag{8-4}$$

式中，M 为横截面上任意一点处的弯矩；y 为所计算点到中性轴的垂直距离；I_z 为截面对中性轴的惯性矩。

由式(8-4)可见，梁横截面上任一点的正应力与弯矩 M 和该点到中性轴的距离 y 成正比，与惯性矩 I_z 成反比，中性轴上各点正应力为零($y=0$)，如图 8.20 所示。当弯矩为正时，梁下部纤维伸长，故产生拉应力，上部纤维缩短而产生压应力；弯矩为负时则相反。一般用式(8-4)计算正应力时，M 与 y 均代以绝对值，而正应力的拉、压由观察判断。

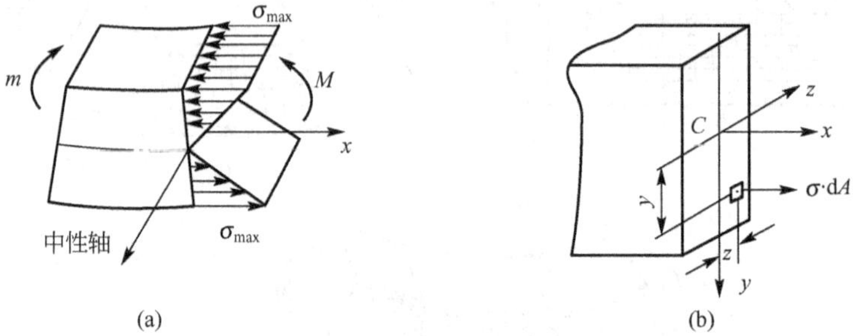

图 8.20

例 8-10 如图 8.21，矩形截面悬臂梁受均布荷载 $q=4\text{kN/m}$ 作用。已知 $b=200\text{mm}$，$h=300\text{mm}$，$l=2\text{m}$。试求跨中 C 截面上 a、b、c 各点的正应力。

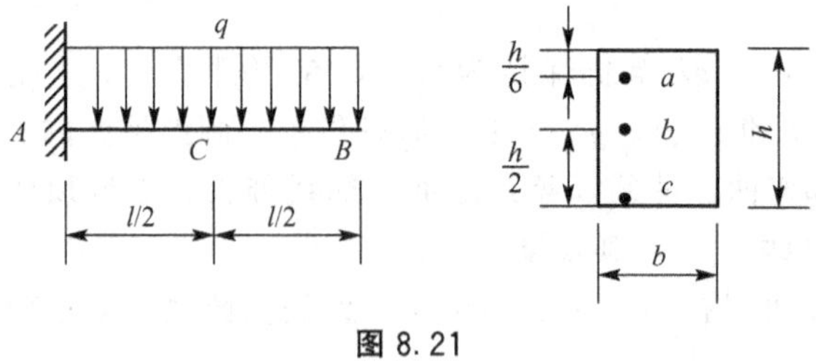

图 8.21

解：(1) 跨中 C 截面上的弯矩为

$$M_C=-q\times\frac{l}{2}\times\frac{l}{4}=-\frac{qL^2}{8}=-\frac{4\times2^2}{8}=-2(\text{kN}\cdot\text{m})$$

(2) 矩形截面惯性矩为

$$I_z=\frac{bh^3}{12}=\frac{0.2\times0.3^3}{12}=4.5\times10^{-4}(\text{m}^4)$$

(3) 分别求 a、b、c 三点正应力。

$$\sigma_a=\frac{M_c y_a}{I_z}=\frac{M_c\times\left[\left(\frac{h}{2}-\frac{h}{6}\right)\right]}{I_z}=\frac{2\times10^3\times(0.15-0.05)}{4.5\times10^{-4}}=0.44(\text{MPa})(\text{拉应力})$$

$$\sigma_b=\frac{M_c y_b}{I_z}=\frac{M_c\times0}{I_z}=0(\text{中性轴})$$

$$\sigma_c=\frac{M_c y_c}{I_z}=\frac{M_c\times\frac{h}{2}}{I_z}=\frac{2\times10^3\times0.15}{4.5\times10^{-4}}=0.67(\text{MPa})(\text{压应力})$$

8.4.2 梁的正应力强度条件

1. 最大正应力与强度条件

在进行梁的强度计算时，必须算出梁的最大正应力值。由式(8－4)可知，弯曲变形的梁的危险截面就是最大弯矩 $M_{\max}$ 所在截面，该截面上距中性轴最远的 $y_{\max}$ 处，即是危险点，该点正应力达到最大值。

$$\sigma_{\max}=\frac{M_{\max}y_{\max}}{I_z}=\frac{M_{\max}}{\frac{I_z}{y_{\max}}}=\frac{M_{\max}}{W_z}$$

上式称为梁的最大正应力计算公式。为了保证梁具有足够的强度，应使危险截面上危险点的正应力不超过材料的许可应力 $[\sigma]$，即

$$\sigma_{\max}=\frac{M_{\max}}{W_z}\leqslant[\sigma] \tag{8-5}$$

式中，W_z 称为抗弯截面模量(m^3 或 mm^3)。

式(8－5)为梁的正应力强度条件。

如图 8.22 所示，(a)矩形截面，$W_z=\frac{bh^2}{6}$，$W_y=\frac{hb^2}{6}$

(b)圆形截面，$W_z=W_y=\frac{\pi D^3}{32}$

(c)正方形截面，$W_z=W_y=\frac{a^3}{6}$

2. 工程中的 3 类强度问题

(1) 校核强度。在已知梁的材料和横截面的形状、尺寸，以及所受荷载的情况下，校核梁是否满足正应力强度条件，即

$$\sigma_{\max}=\frac{M_{\max}}{W_z}\leqslant[\sigma]$$

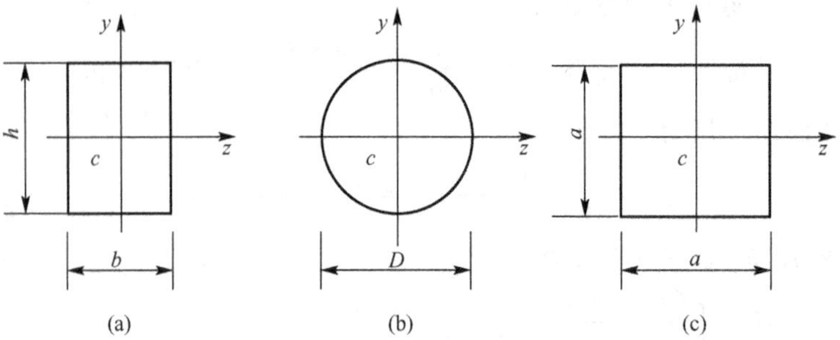

图 8.22

(2) 截面设计。已知荷载和梁的材料时可根据强度条件，计算所需的抗弯截面系数，进而选择截面的尺寸，即

$$W_z \geqslant \frac{M_{max}}{[\sigma]}$$

(3) 确定许可荷载。如已知梁的材料和截面尺寸，根据强度条件，计算出梁所能承受的最大弯矩，即

$$M_{max} \leqslant W_z \cdot [\sigma]$$

下面以 3 个例子分别说明。

例 8－11 如图 8.23 所示矩形截面的木制简支梁受均布荷载作用。已知 $q=4\text{kN/m}$，$l=4\text{m}$，$b=200\text{mm}$，$h=300\text{mm}$，梁的材料弯曲时的许可应力 $[\sigma]=10\text{MPa}$，试校核该梁的强度。

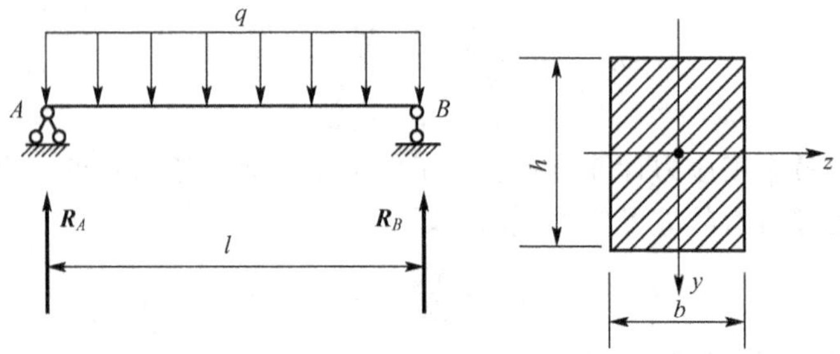

图 8.23

解：(1) 计算最大弯矩。

$$M_{max}=\frac{ql^2}{8}=\frac{4\times4^2}{8}=8(\text{kN}\cdot\text{m})$$

(2) 计算抗弯截面模量。

$$W_z=\frac{bh^2}{6}=\frac{0.2\times0.3^2}{6}=3\times10^{-3}(\text{m}^3)$$

(3) 代强度公式校核。

$$\sigma_{max}=\frac{M_{max}}{W_z}=\frac{8\times10^3}{3\times10^{-3}}=2.67(\text{MPa})<[\sigma]$$

所以强度满足。

导入案例中，两根石梁，截面为矩形，一根长 1m，截面宽与长均为 0.1m，在自重作

用下安全；另外一根长度、截面尺寸都扩大为原来的 10 倍，却破坏了。正是因为正应力强度不满足引起的。

例 8 - 12 一钢制简支梁上作用有两个集中力，如图 8.24 所示，已知 $P_1=10\text{kN}$，$P_2=20\text{kN}$，$l=6\text{m}$，钢的许可应力 $[\sigma]=160\text{MPa}$，采用工字钢截面。试选择工字钢型号。

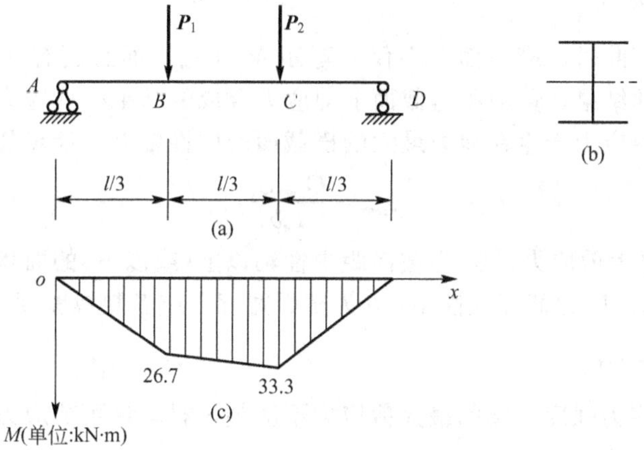

图 8.24

解：(1) 求最大弯矩，由弯矩图知，

$$M_{max}=33.3\text{kN}\cdot\text{m}$$

(2) 代入截面设计公式选择工字钢型号得

$$W_z=\frac{M_{max}}{[\sigma]}=\frac{33.3\times10^3}{160\times10^6}=208.1\times10^{-6}(\text{m}^3)=208.1\text{cm}^3$$

查附录型钢表，20a 号工字钢 $W_z=237\text{cm}^3$ 与计算结果相近，故选 20a 号工字钢。

例 8 - 13 简支木梁跨长 $l=4\text{m}$，其圆形截面，梁上受均布荷载作用。已知直径 $d=200\text{mm}$，木材弯曲许可正应力 $[\sigma]=11\text{MPa}$，如图 8.25 所示。试确定许可载荷 q。

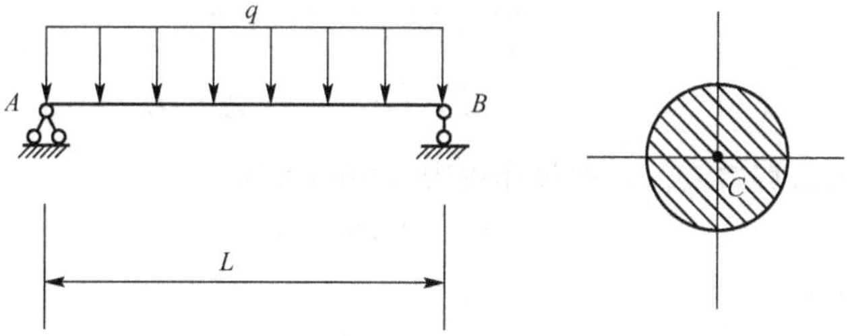

图 8.25

解：(1) 计算最大弯矩。

$$M_{max}=ql^2/8=q\times4^2/8=2q$$

(2) 计算 W_z。对于圆形截面，

$$W_z=\pi d^3/32=\pi\times200^3/32=0.785\times10^6(\text{mm}^3)$$

(3) 确定许可载荷。由式(8 - 5)可知，

$$M_{max}=2q\leqslant W_z\cdot[\sigma]$$

$$q \leqslant \frac{1}{2} W_z \cdot [\sigma] = \frac{1}{2} \times 0.785 \times 10^6 \times 10^{-9} \times 11 \times 10^6 = 4317(\text{kN} \cdot \text{m}) \approx 4.3\text{kN/m}$$

8.4.3 梁的剪应力计算及强度条件

1. 剪应力计算公式

梁在发生横力弯曲时，横截面上不仅有弯矩 M 作用，而且还有剪力 Q 作用。弯矩是截面上正应力合成的结果，剪力则是截面上剪应力合成的结果。剪应力在横截面上分布比较复杂，梁的最大剪应力产生在剪力最大的横截面的中性轴上，计算公式为

$$\tau_{\max} = \frac{Q_{\max} S_z}{I_z b} \tag{8-6}$$

式中，$Q_{\max}$为梁内最大剪应力；S_z 为截面距中性轴以上(或以下)的面积 A 对中性轴 z 的静矩，如图 8.26 所示；I_z 为截面惯性矩；b 为截面宽度，或者腹板厚度。

2. 剪应力强度条件

为保证梁的剪应力强度，梁的最大剪应力不应超过材料许可剪应力 $[\tau]$，即

$$\tau_{\max} = \frac{Q_{\max} S_z}{I_z b} \leqslant [\tau] \tag{8-7}$$

式(8-7)称为梁的剪应力强度条件。$[\tau]$ 为材料在弯曲时的许可剪应力。

例 8-14 承受均布荷载的矩形截面外伸梁如图 8.27 所示。已知 $l=3\text{m}$，$b=200\text{mm}$，$h=400\text{mm}$，$q=6\text{kN/m}$，材料的许可剪应力 $[\tau]=1.2\text{MPa}$。试校核梁的抗剪强度。

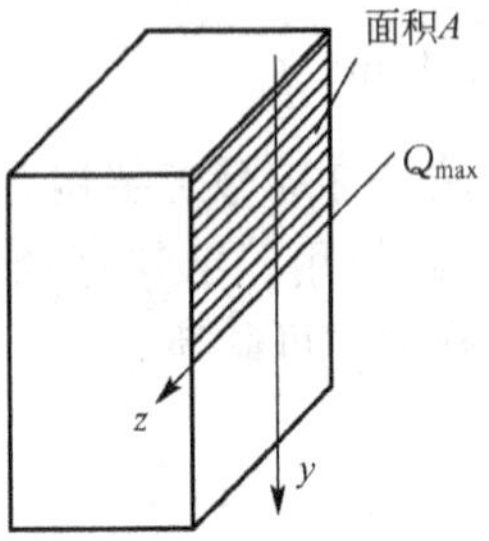

图 8.26

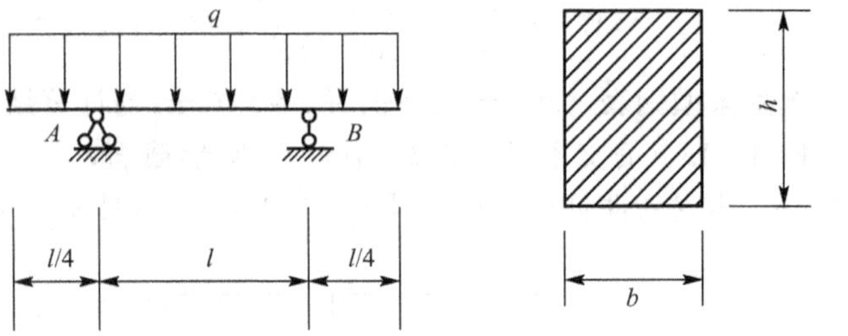

图 8.27

解：(1) 计算最大剪力 $Q_{\max}$。通过作内力图(略)可知

$$Q_{\max} = 9\text{kN}$$

(2) 计算 S_z、I_z。

$$S_z = \frac{h}{2} \times b \times \frac{h}{4} = \frac{400}{2} \times 200 \times \frac{400}{4} = 4 \times 10^6 (\text{mm}^3)$$

$$I_z = \frac{bh^3}{12} = \frac{200 \times 400^3}{12} = 1.07 \times 10^9 (\text{mm}^4)$$

(3) 代剪应力公式校核。

$$\tau_{\max} = \frac{Q_{\max} S_z}{I_z b} = \frac{9 \times 10^3 \times 4 \times 10^6 \times 10^{-9}}{1.07 \times 10^9 \times 10^{-12} \times 200 \times 10^{-3}}$$

$$= 0.168 \times 10^{-6} (\text{Pa}) = 0.168\text{MPa} < [\tau]$$

可见抗剪强度满足要求。

8.5 梁的变形

工程中有些受弯构件在荷载作用下虽能满足强度要求，但由于弯曲变形过大，刚度不足，仍不能保证构件正常工作，称为弯曲变形问题。为了保证受弯构件的正常工作，必须把弯曲变形限制在一定的许可范围之内，即受弯构件应满足刚度条件。

8.5.1 梁变形的概念

以简支梁为例，说明平面弯曲时变形的一些概念。取梁在变形前的轴线为 x 轴，与 x 轴垂直向下的轴为 y 轴。梁在发生弯曲变形后，梁的轴线由直线变成一条连续光滑的曲线，这条曲线称为梁的挠曲线。如图 8.28 所示，由于每个横截面都发生了移动和转动，所以梁的弯曲变形可用两个基本量来度量。

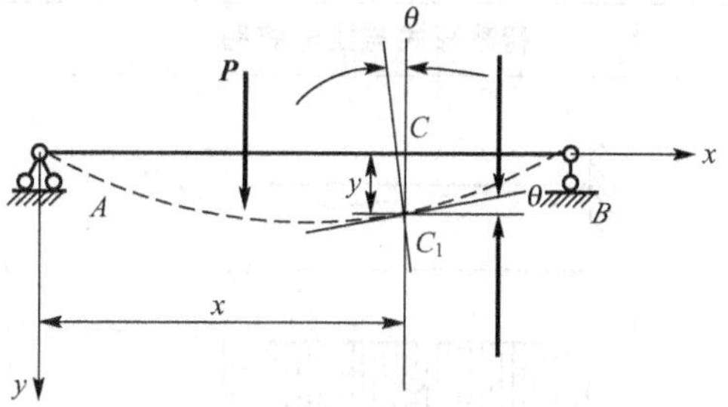

图 8.28

1. 挠度

梁任一横截面的形心 C，沿 y 轴方向的线位移 CC_1 称为该截面的挠度，用 y 来表示。以向下的挠度为正，向上的挠度为负。

2. 转角

梁的任一横截面 C，在梁变形后绕中性轴转动的角度称为该截面的转角，用 θ 表示。以顺时针转向的转角为正，逆时针转向的转角为负。

8.5.2 挠曲线近似微分方程

工程中遇到的大多数情况是梁的挠度值很小，挠曲线是一条光滑平坦的曲线，梁截面的转角也很小，根据梁挠曲线的概念和高等数学的曲率公式，可知梁的挠曲线与梁横截面上的弯矩 M 和梁的抗弯刚度 EI 有关(推导省略)，得公式如下。

$$\frac{\mathrm{d}^2 y}{\mathrm{d}x^2}=-\frac{M}{EI} \tag{8-8}$$

上式称为梁的挠曲线近似微分方程，对该方程进行积分，便可求出挠度和转角(积分法省略)。

8.5.3 叠加法计算梁的变形

在建筑工程中，通常不需要建立梁的挠曲线方程，只需求出梁的最大挠度。而实际中的梁受力较复杂，因此用叠加法来做较为方便，一般可利用表 8-1 的公式，将梁上复杂荷载拆成若干个单一荷载，直接查表获得每一种荷载单独作用下的挠度和转角，其后作代数和，就得到所求变形值。这种方法称为叠加法。

表 8－1　梁在简单荷载作用下的变形

悬臂梁 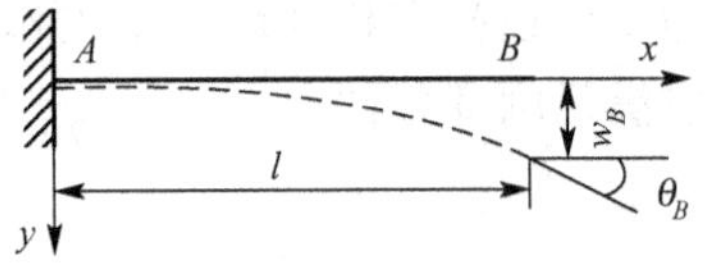	w：梁沿 y 方向的挠度 w_B：梁右端处的挠度 θ_B：梁右端处的转角 EI：梁抗弯刚度
荷载形式与梁弯矩图	**梁的变形**
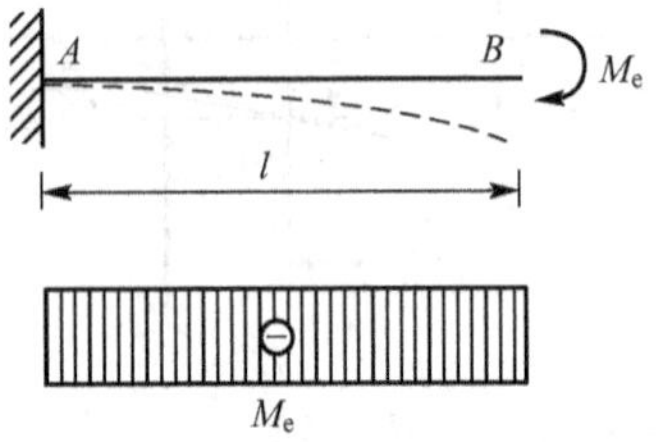	$w=\dfrac{M_e x^2}{2EI}$ $\theta_B=\dfrac{M_e l}{EI}$ $w_B=\dfrac{M_e l^2}{2EI}$
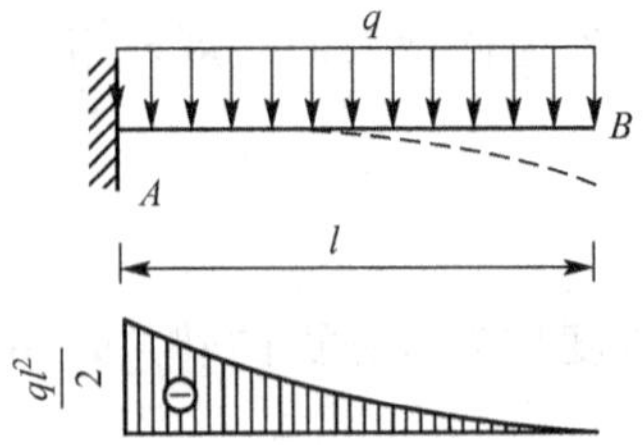	$w=\dfrac{qx^2(x^2+6l^2-4lx)}{24EI}$ $\theta_B=\dfrac{ql^3}{6EI}$ $w_B=\dfrac{ql^4}{8EI}$
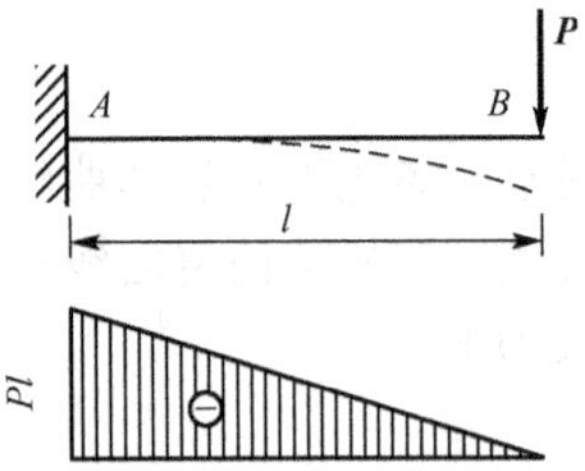	$w=\dfrac{Px^2(3l-x)}{6EI}$ $\theta_B=\dfrac{Pl^2}{2EI}$ $w_B=\dfrac{Pl^3}{3EI}$
简支梁 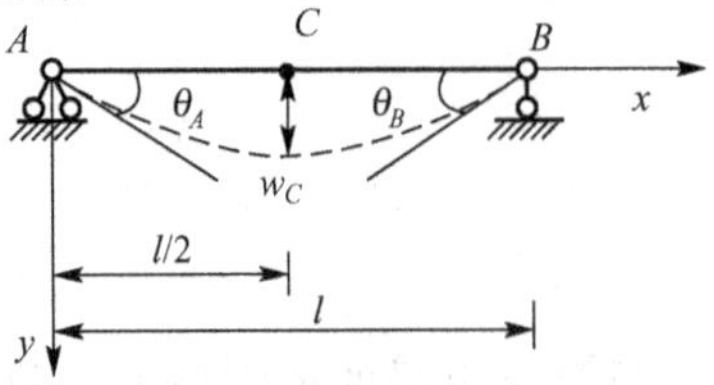	w：梁沿 y 方向的挠度 w_C：梁中点处的挠度 θ_A、θ_B：梁左端和右端处的转角 EI：梁抗弯刚度

（续）

荷载形式与梁弯矩图	梁的变形
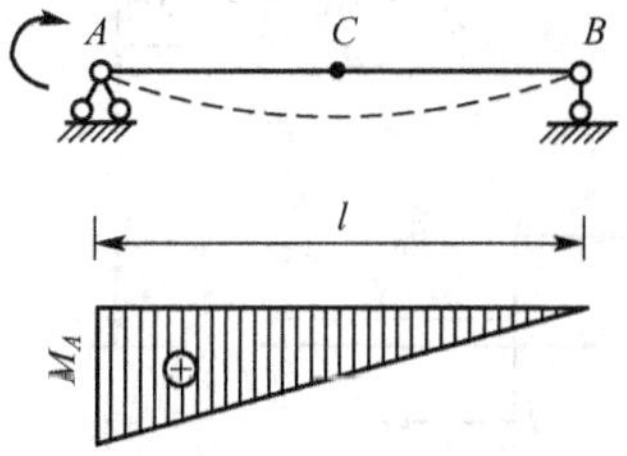	$w=\frac{M_A}{6EI}\frac{x(l-x)(2l-x)}{l}$ $\theta_A=\frac{M_A l}{3EI}$，$\theta_B=-\frac{M_A l}{6EI}$ $w_C=\frac{M_A l^2}{16EI}$
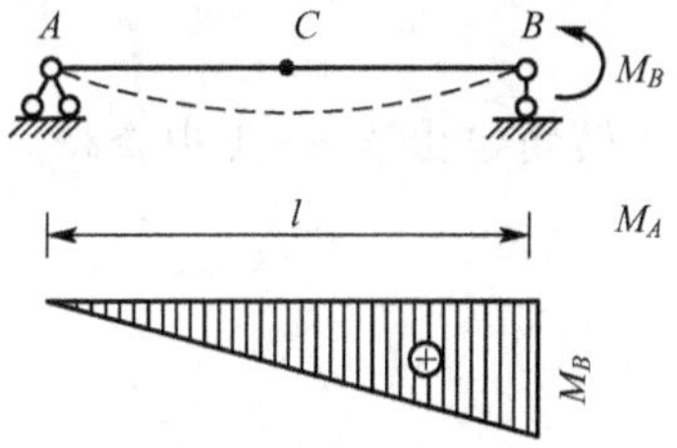	$w=\frac{M_B}{6EI}\frac{x(l^2-x^2)}{l}$ $\theta_A=\frac{M_B l}{6EI}$，$\theta_B=-\frac{M_B l}{3EI}$ $w_C=\frac{M_B l^2}{16EI}$
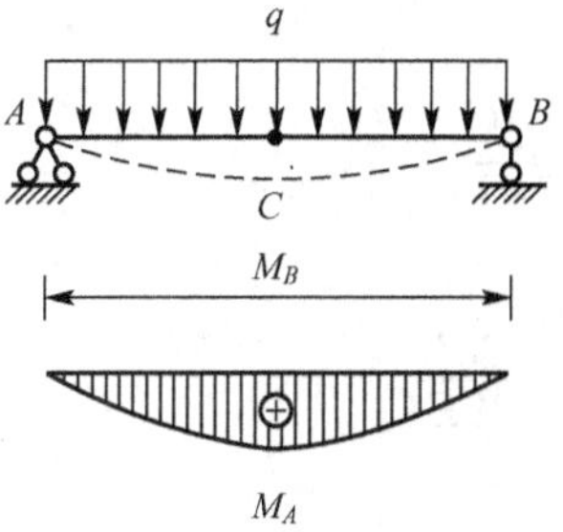	$w=\frac{qx(l^3-2lx^2+x^3)}{24EI}$ $\theta_A=\frac{ql^3}{24EI}$，$\theta_B=-\frac{ql^3}{24EI}$ $w_C=\frac{5ql^4}{384EI}$
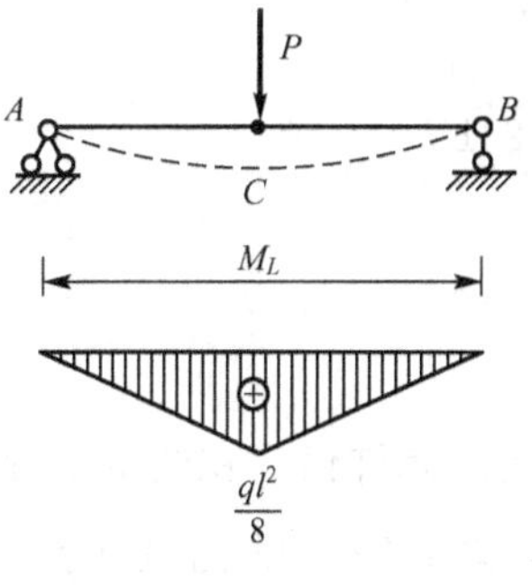	$w=\frac{Px(3l^2-4x^2)}{48EI}$ $\left(0\leqslant x\leqslant\frac{1}{2}\right)$ $\theta_A=\frac{Pl^2}{16EI}$，$\theta_B=-\frac{Pl^2}{16EI}$ $w_C=\frac{Pl^3}{48EI}$

例 8－15 用叠加法求图 8.29 所示悬臂梁 C 截面的挠度和转角。已知梁的抗弯刚度 EI。

解：（1）将梁上荷载分解成单独荷载作用。

（2）在均布荷载 q 单独作用下梁 C 截面的挠度和转角由表 8－1 中查得

$$y_{C1}=\frac{ql^4}{8EI},\quad \theta_{C1}=\frac{ql^3}{6EI}$$

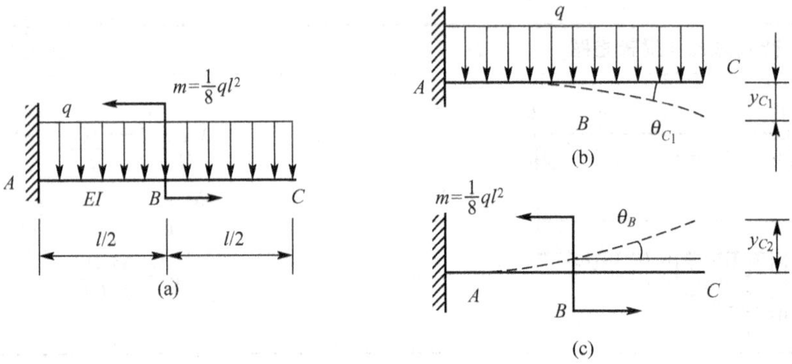

图 8.29

(3) 在集中力偶 M 单独作用下，梁 C 截面的挠度、转角也由表 8－1 中查得。因为力偶作用在 B 处，所以 C 截面挠度应等于

$$y_{C2}=y_B+\theta_B\times\frac{l}{2}$$

查表得 $$y_B=\frac{m\left(\frac{l}{2}\right)^2}{2EI}=\frac{-\frac{ql^2}{4}\times\frac{l^2}{4}}{2EI}=-\frac{ql^4}{32EI}\text{(以向下为正)}$$

$$\theta_B=\frac{m\times\frac{l}{2}}{EI}=\frac{\frac{ql^2}{4}\times\frac{l}{2}}{EI}=-\frac{ql^3}{8EI}$$

代入上式得

$$y_{C2}=-\frac{ql^4}{32EI}-\frac{ql^3}{8EI}-\times\frac{l}{2}=-\frac{3ql^4}{32EI}$$

(4) 叠加以上结果，得梁 C 截面挠度和转角。

$$y_C=y_{C1}+y_{C2}=\frac{ql^4}{8EI}-\frac{3ql^4}{32EI}=\frac{ql^4}{32EI}$$

$$\theta_C=\theta_{C1}+\theta_{C2}=\frac{ql^3}{6EI}-\frac{ql^3}{8EI}=\frac{ql^3}{24EI}$$

8.5.4 梁的刚度条件

所谓梁的刚度条件，就是检查梁的变形是否超过规定的允许值。在建筑工程中，通常只校核挠度，不校核梁的转角，其允许值常用挠度与梁的跨长的比值 $[f/l]$ 作为标准。即

$$\frac{y_{max}}{l}\leqslant\left[\frac{f}{l}\right]$$

根据构件的不同用途，在有关规范中有具体规定：

一般钢筋混凝土梁的 $[f/l]=\frac{1}{200}\sim\frac{1}{300}$

钢筋混凝土吊车梁的 $[f/l]=\frac{1}{500}\sim\frac{1}{600}$

梁必须同时满足强度和刚度条件，通常是先按强度条件设计，然后用刚度条件校核。

例 8-16 图 8.30 中所示的简支梁，受均布荷载 q 和集中力 $\boldsymbol{P}$ 共同作用，截面为 20a 号工字钢，允许应力 $[\sigma]=150\text{MPa}$，弹性模量 $E=2.1\times10^5\text{MPa}$，挠度允许值 $[f/l]=\frac{1}{400}$，已知 $l=4\text{m}$，$q=6\text{kN/m}$，$P=10\text{kN}$，试校核梁的强度和刚度。

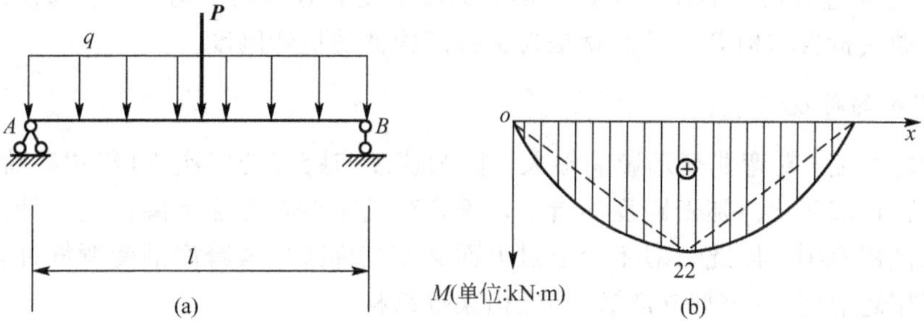

图 8.30

解：(1) 求梁的最大弯矩值，通过作弯矩图可知，

$$M_{\max}=22\text{kN}\cdot\text{m}$$

(2) 查附录型钢表 20a 工字钢得

$$W_z=237\text{cm}^3 \quad I_2=2370\text{cm}^4$$

(3) 校核强度

$$\sigma_{\max}=\frac{M_{\max}}{W_z}=\frac{22\times10^3}{237\times10^{-6}}=92.8(\text{MPa})<[\sigma]$$

满足强度要求。

(4) 查表 8-1 最大挠度在梁跨中，将 $\boldsymbol{P}$ 和 q 引起的梁跨中挠度叠加，得到

$$\begin{aligned} y_{\max}&=y_{CP}+y_{Cq}=\frac{Pl^3}{48EI}+\frac{5ql^4}{384EI}\\ &=\frac{10\times10^3\times4^3}{48\times2.1\times10^{11}\times2370\times10^{-8}}+\frac{5\times6\times10^3\times4^4}{384\times2.1\times10^{11}\times2370\times10^{-8}}\\ &=0.00268+0.00402=0.0067(\text{m}) \end{aligned}$$

(5) 校核刚度

$$\frac{y_{\max}}{l}=\frac{0.0067}{4}=0.00168<\left[\frac{f}{l}\right]=\frac{1}{400}$$

可见该梁的强度和刚度都满足要求。

8.5.5 提高梁刚度的措施

由上述分析计算可知，梁的最大挠度与梁的荷载、跨度、支承情况、横截面的惯性矩

I、材料的弹性模量 E 有关，所以要提高梁的刚度，应该从以上因素入手。

1. 提高梁的抗弯刚度

它包含两个措施：增大材料的弹性模量和增大截面的惯性矩。对于低碳钢和优质钢，增加 E 意义不大，因为两者相差不大。而只有增大梁的横截面的惯性矩，在面积不变的情况下，将面积分布距中性轴较远处，增大 EI 减少梁的工作应力，所以工程中构件截面常采用箱形、工字形等。

导入案例中，A4 大小的纸张，两端固定，在自重的作用下下凸，但是将纸张折成连续V形，其上放置数根粉笔而无明显变形。原因就是后者提高了构件的抗弯刚度。在建筑上，如屋盖做成折板结构等，目的就是为了提高构件的抗弯刚度。

2. 减少梁的跨度

静定梁的跨度 l 对弯曲变形影响最大，因为挠度与跨度的三次方(集中载荷时)或四次方(分布载荷时)成正比。随着跨度的增加，静定梁的刚度将迅速下降，这一特点大大限制了静定梁的使用范围。因此，对于变形过大而又不允许减少其跨度的受弯杆件，根据不同要求，可采用超静定梁(增加支座数目)或桁架等结构。

3. 改善加载方式

在结构允许的条件下，合理地调整荷载的作用方式，可以降低弯矩，从而减小梁的变形。例如，对于长度为 l 的简支梁，如果将作用在跨中的集中力 $\boldsymbol{P}$ 分散作用在全梁上，最大弯矩 $M_{\max}$ 就由 $Pl/4$ 降低为 $Pl/8$，最大挠度 f 就由 $Pl^3/48EI$ 减小为 $5Pl^3/384EI$。

本章小结

本章在平面弯曲的基础上，引出梁的弯曲内力及其计算方法，给出梁的弯曲应力计算公式和弯曲变形的计算方法，并建立了梁的强度条件与刚度条件，从而可进行梁截面的设计计算。本章重要内容如下。

1) 弯曲内力

(1) 梁在横向荷载作用下，横截面上的内力有剪力和弯矩，分别用 Q 和 M 表示。求剪力和弯矩的基本方法是截面法，即用一假想的截面将梁截为二段，考虑其中任一段的平衡。作用在该段梁上的力既有外力也有内力(Q、M)，利用平衡条件即可求得截面上的剪力和弯矩。

(2) 内力的正负号是根据变形规定的：使梁产生顺时针转动的剪力规定为正，反之为负；使梁下部产生拉伸而上部产生压缩的弯矩规定为正，反之为负。

(3) 画剪力图、弯矩图的方法可以分为两种：根据剪力方程、弯矩方程作图和利用 q、Q、M 间的微分关系作图。无论用哪种方法，其作图步骤可以分为 4 步。

① 求支座反力。

② 分段列方程或分段利用微分关系确定曲线形状。

③ 求控制截面内力，绘 Q、M 图。

④ 确定 $|Q|_{\max}$ 和 $|M|_{\max}$。

(4) 以均布载荷起止处、集中力(包括支座反力)和集中力偶作用处为分段处。通常每段的两个端截面即为控制截面。当内力图为曲线时，内力取得极值的截面亦为控制截面。

2) 弯曲应力

(1) 梁横截面上有两种内力——弯矩和剪力。弯矩 M 在横截面上产生正应力 σ；剪力在横截面上产生剪应力 τ。

(2) 梁进行强度计算时，主要是满足正应力的强度条件

$$\sigma_{max}=\frac{M_{max}}{W_z}\leqslant[\sigma]$$

某些特殊情况下，还要校核是否满足剪应力的强度条件

$$\tau_{max}=\frac{Q_{max}(S_z^*)_{max}}{bI_z}\leqslant[\tau]$$

(3) 根据强度条件表达式，提高构件弯曲强度的主要措施是：减小最大弯矩；提高抗弯截面系数和材料性能。

3) 弯曲变形

(1) 在小变形和材料为线弹性的条件下研究梁的变形，并且忽略剪力的影响，平面假设仍然成立。变形后梁横截面的形心沿垂直梁轴线方向的位移称为挠度；横截面变形前后的夹角称为转角。梁的轴线在变形后成为一条连续光滑的曲线，称为挠度曲线。

(2) 挠曲线近似微分方程：

$$EI=\frac{d^2y}{dx^2}=-M(x)$$

(3) 在小变形和弹性范围内，梁的位移与荷载为线性关系，可以用叠加法求梁的位移：将梁的荷载分为若干种简单荷载，分别求出各简单荷载下的位移，将它们叠加起来即为原荷载产生的位移。

(4) 刚度条件：$\frac{y_{max}}{l}\leqslant\left[\frac{f}{l}\right]$

(5) 提高梁刚度的主要措施为：提高梁的抗弯刚度；减小梁的跨度；改善加载方式减小弯矩。

关键术语

集中力(concentrated force)；集中力偶(concentrated moment)；分布载荷(distributed load)；活动铰支座(roller support)；固定铰支座(pin support)；固定端(fixed end)；静定梁(statically determinate beam)；悬臂梁(cantilever beam)；外伸梁(overhanging beam)；简支梁(simply supported beam)；弯曲内力(Internal forces in bending)；弯矩方程(equation of bending moment)；剪力方程(equation of shear force)；弯矩图(diagram of bending moment)；剪力图(diagram of shear force)；平面刚架(planar rigid frame)；平面曲杆(planar curved bar)；叠加法(superposition method)；弯曲应力(stress in bending)；纯弯曲(pure bending)；正应力(normal stress)；横力弯曲(transverse bending)；梁的切应力(shearing stress)；强度条件(strength condition)；弯曲变形(beam deformation)；挠曲线

(deflection curve)；挠曲线的微分方程(differential equation of the deflection curve)；边界条件(boundary conditions)；连续条件(continue conditions)；刚度(rigidity)

习　题

1. 思考题

(1) 梁的剪力与弯矩正负号是如何规定的？

(2) 梁的内力 M、Q 与分布荷载 q 间的微分关系是什么？

(3) 叠加法绘制弯矩图的步骤是什么？

(4) 什么是中性层和中性轴？

(5) 梁弯曲时的强度条件是什么？

(6) 什么叫挠度、转角？

(7) 用叠加法计算梁的变形，其解题步骤如何？

(8) 如何提高梁的刚度？

2. 填空题

(1) 梁的基本类型有________、________、________。

(2) 用来表示梁上各横截面的弯矩随________变化规律的图形，称为弯矩图。从弯矩图上可以找出弯矩的________和确定________________所在的位置。

(3) 应用公式 $\sigma\frac{My}{I_z}$ 时，必须满足的两个条件是________________和________________________________。

(4) 梁在弯曲时，横截面上正应力沿高度是按__________分布的；中性轴上的正应力为__________；矩形截面梁横截面上剪应力沿高度是按__________分布的。

(5) 矩形截面梁若最大剪力、最大弯矩和截面宽度不变，而将高度增加一倍，则最大弯曲正应力为原来的__________倍，最大弯曲剪应力为原来的__________倍。

(6) 简支梁受力如图 8.31 所示，若不计自重，则 C 点处的 $\sigma=$______________，$\tau=$______________，D 点处的 $\sigma=$______________，$\tau=$______________。

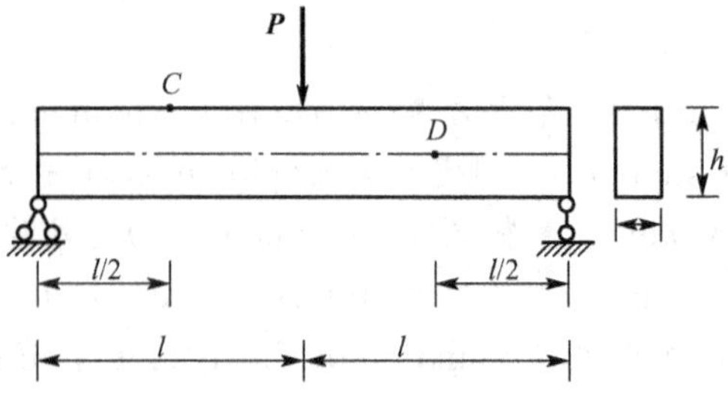

图 8.31

(7) 挠曲线近似微分方程为____。

(8) 用叠加法求梁的位移时，应满足的条件是：①____________；②____________。

(9) 某根梁尺寸，受力和支承情况完全相同，但材料不同，弹性模量分别为 $E1$ 和 $E2$，且 $E1=7E2$，则两根梁的挠度之比 $y1/y2$ 为________________。

(10) 某圆截面悬臂梁，若梁的其他条件不变，而直径增加一倍，则其最大正应力是原来的__________倍。

3. 判断题

(1) 梁在弯曲变形时，其横截面上只有弯矩一种内力。(　　)

(2) 在剪力图和弯矩图中，剪力为零的点弯矩有极值；而在左右剪力具有不同正负号的点上，弯矩也有极值。(　　)

(3) 弯曲变形梁的横截面上只分布有正应力。(　　)

(4) 尺寸、受力情况和支承情况都完全相同但材料不同的两根梁，它们的最大应力相同。(　　)

(5) 材料、截面面积、受力情况和支承情况都完全相同但截面形状不同的两根梁，它们的最大正应力相同。(　　)

(6) 梁弯曲时的内力有剪力和弯矩，剪力的方向总是和横截面相切，而弯矩的作用面总是垂直于横截面。(　　)

(7) 梁内最大弯矩处挠度最大。(　　)

(8) 刚度相同、弯矩图也相同的两根梁，其挠曲线的形状、位置一定相同。(　　)

(9) 平面弯曲梁最大挠度处的截面转角一定等于零。(　　)

(10) 尺寸、受力情况和支承情况都完全相同但材料不同的两根梁，它们的最大挠度不同。(　　)

4. 单项选择题

(1) 梁纯弯曲时，截面上的内力是(　　)。

A. 弯矩　　B. 扭矩　　C. 剪力　　D. 轴力

E. 剪力和弯矩

(2) 梁在集中力作用的截面处，它的内力图为(　　)。

A. Q 图有突变，M 图光滑连续　　B. Q 图有突变，M 图有转折

C. M 图有突变，Q 图光滑连续　　D. M 图有突变，Q 图有转折

(3) 梁在集中力偶作用的截面处，它的内力图为(　　)。

A. Q 图有突变，M 图无变化　　B. Q 图有突变，M 图有转折

C. M 图有突变，Q 图无变化　　D. M 图有突变，Q 图有转折

(4) 梁在某一段内作用有向下的分布力时，则在该段内 M 图是一条(　　)。

A. 上凸曲线　　B. 下凸曲线

C. 带有拐点的曲线　　D. 斜直线

(5) 如图 8.32 所示悬臂梁上作用集中力 $\boldsymbol{F}$ 和集中力偶 M，若将 M 在梁上移动时，将(　　)。

A. 对剪力图大小、形状均无影响

B. 对弯矩图形状无影响，只对大小有影响

C. 对剪力图、弯矩图的形状及大小均有影响

D．对剪力图、弯矩图的形状及大小均无影响

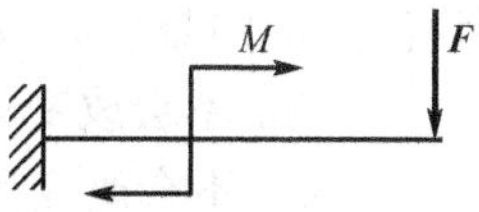

图 8.32

(6) 梁拟用图 8.33 所示两种方式搁置，则两种情况下的最大应力之比 $\sigma_{\max(a)}/\sigma_{\max(b)}$ 为(　　)。

A. 1/4　　B. 1/16　　C. 1/64　　D. 16

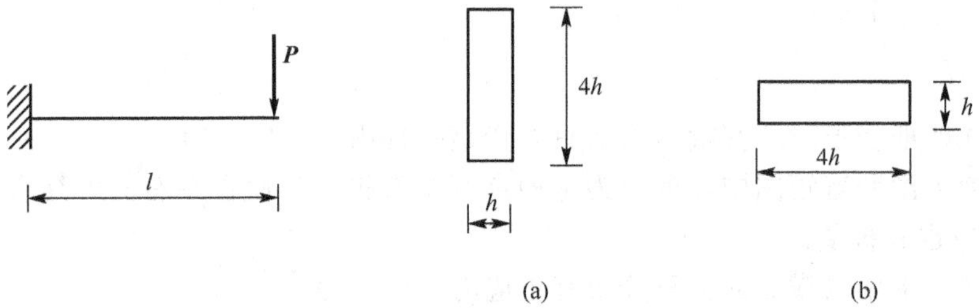

图 8.33

(7) 某实心圆截面杆件受弯，当其直径增加一倍而荷载减少一半时，其最大正应力是原来的(　　)倍。

A. 1/2　　B. 1/4　　C. 1/8　　D. 1/16

(8) 在一般情况下，梁内同时存在弯曲正应力和弯曲切应力，关于最大正应力 $\sigma_{\max}$ 和最大切应力 $\tau_{\max}$ 通常发生的部位，下列几种说法中正确的是(　　)。

A. $\sigma_{\max}$ 发生在横截面上离中性轴最远的各点处，$\tau_{\max}$ 发生在中性轴处

B. $\sigma_{\max}$ 发生在中性轴处，$\tau_{\max}$ 发生在横截面上离中性轴最远的各点处

C. $\sigma_{\max}$、$\tau_{\max}$ 都发生在横截面上离中性轴最远的各点处

D. $\sigma_{\max}$、$\tau_{\max}$ 都发生在中性轴处

(9) 梁的弯曲正应力计算公式 $\sigma=\frac{M}{I_z}y$ 的使用条件是(　　)。

A. 适用于所有弯曲问题　　B. 纯弯曲等截面直梁

C. 平面弯曲、线弹性范围之内　　D. 平面弯曲、切应力为零

(10) 应用梁的挠曲线微分方程时，应满足的条件是(　　)。

A. 只要梁内应力不超过强度极限

B. 梁处于纯弯曲受力状态

C. 小变形且梁内应力不超过比例极限的平面弯曲问题

D. 等截面直梁在任何载荷作用下

(11) 跨度和荷载相同的两根简支梁，其截面形状不同，但抗弯刚度 EI 相同，则两梁的(　　)。

A. 内力不同，挠度相同　　B. 内力不同，挠度不同

C. 内力相同，挠度不同　　D. 内力相同，挠度相同

(12) 等截面直梁弯曲时，挠曲线的曲率最大发生在(　　)。

A. 挠度最大处　B. 转角最大处　C. 剪力最大处　D. 弯矩最大处

(13) 应用静力学中“力的等效原理”将作用在梁上的分布荷载化为集中荷载时，下列说法正确的是(　　)。

A. 不会改变梁的内力　　B. 不会改变梁的支座反力

C. 不会改变梁的变形　　D. 不会改变梁的位移

(14) 应用叠加原理求梁位移时的条件是(　　)。

A. 必须是等截面的梁　　　　　　　B. 必须是静定的梁

C. 必须是小变形的梁　　　　　　　D. 必须是平面弯曲的梁

(15) 对于梁采用高强度钢代替普通碳钢，则(　　)。

A. 能有效提高梁的强度和刚度

B. 能有效提高梁的刚度，对梁的强度影响甚微

C. 对梁的强度和刚度影响甚微

D. 能有效提高梁的强度，对梁的刚度影响甚微

5. 计算题

(1) 用截面法求图 8.34 所示各梁指定截面上的内力。

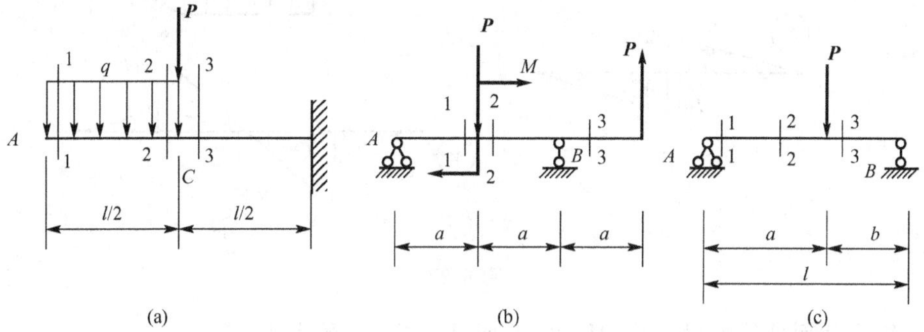

图 8.34

(2) 列出图 8.35 所示各梁的剪力方程和弯矩方程，并画出 Q、M 图。

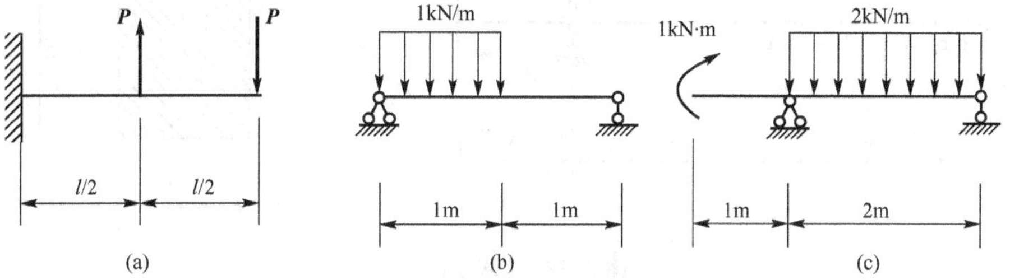

图 8.35

(3) 应用内力图的规律直接绘出图 8.36 所示梁的剪力图和弯矩图。

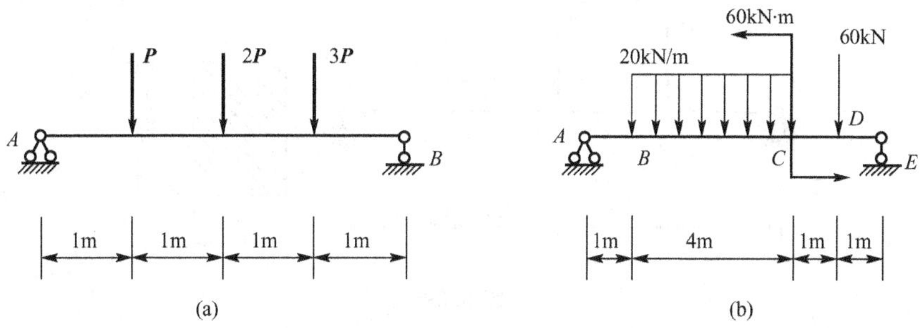

图 8.36

(4) 根据 M、Q 与 q 间的微分关系检查图 8.37 所示梁的 Q 图与 M 图，并指出正确与否。

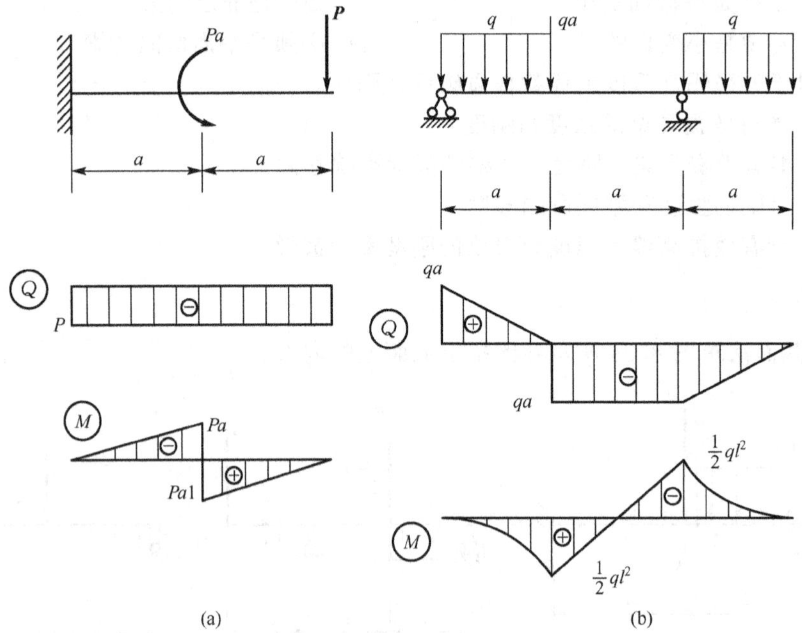

图 8.37

(5) 矩形截面外形伸梁受载如图 8.38 所示，求 $\sigma_{\max}$ 的大小。

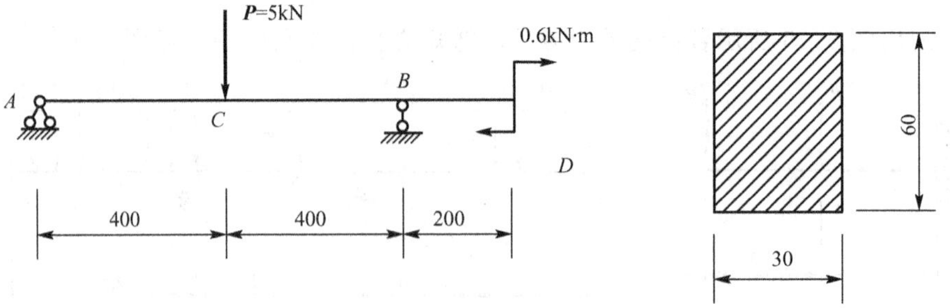

图 8.38 (单位：cm)

(6) 如图 8.39 所示矩形截面梁，截面高 $h=30\text{cm}$，宽 $b=15\text{cm}$。若 $[\sigma]=10\text{MPa}$，$[\tau]=0.8\text{MPa}$。不计梁的自重。求荷载 $\boldsymbol{P}$ 的许可值。

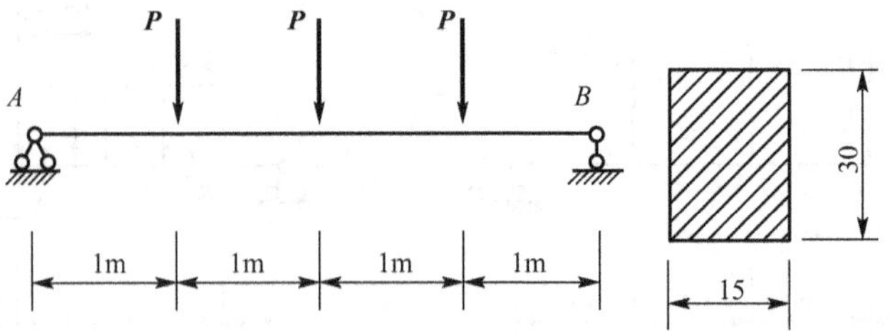

图 8.39

(7) 图 8.40 所示外伸梁承受载荷 $\boldsymbol{P}$ 作用。已知载荷 $P=20\text{kN}$，钢材许可应力 $[\sigma]=160\text{MPa}$，许可剪应力 $[\tau]=90\text{MPa}$。试选择工字钢型号。

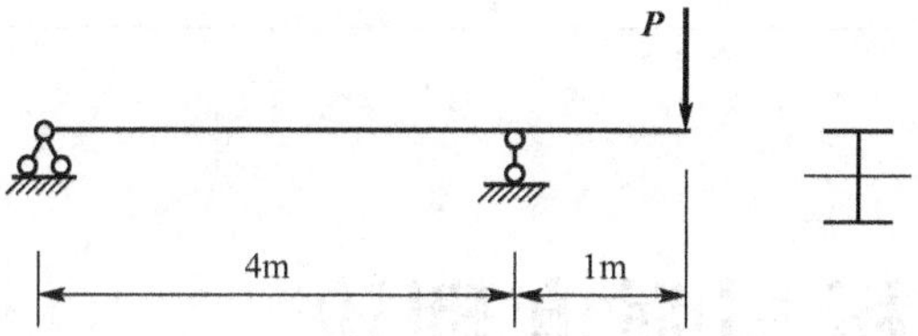

图 8.40

(8) 图 8.41 所示矩形截面木梁，许可正应力 $[\sigma]=10\text{MPa}$，试根据正应力强度要求确定截面尺寸 b。

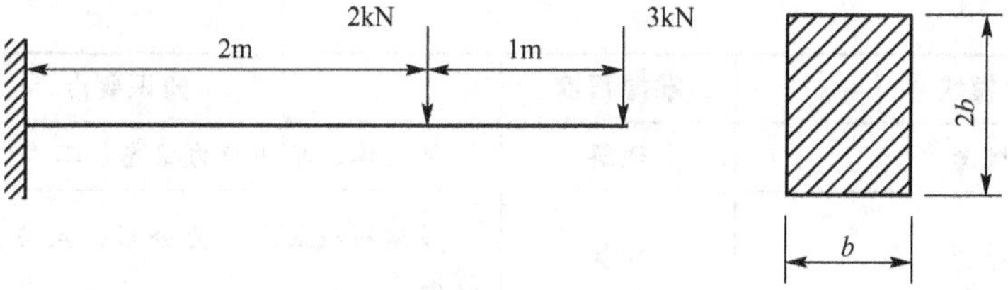

图 8.41

(9) 图 8.42 所示各梁的弯曲刚度 EI 均为常数。试用叠加法计算截面 B 的转角与截面 C 的挠度。

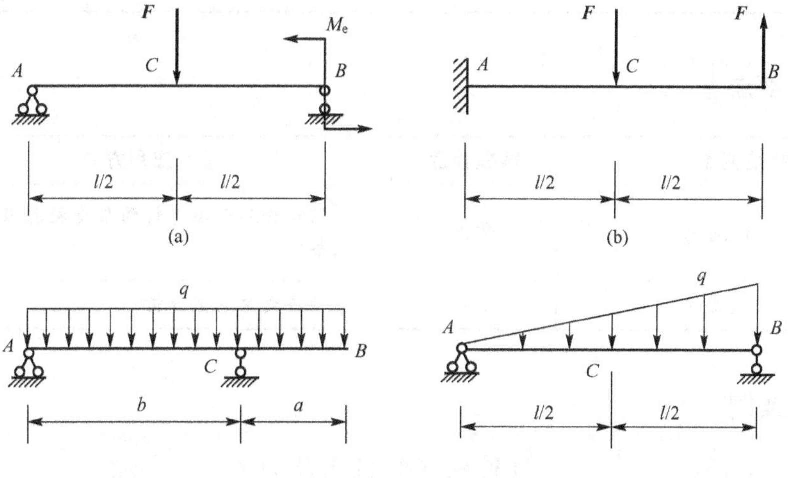

图 8.42

(10) 如图 8.43 所示梁，若跨度 $l=5\text{m}$，力偶矩 $M_1=5\text{kN}\cdot\text{m}$，$M_2=10\text{kN}\cdot\text{m}$，许可应力 $[\sigma]=160\text{MPa}$，弹性模量 $E=200\text{GPa}$，许可挠度 $[w]=l/500$，试选择工字钢型号。

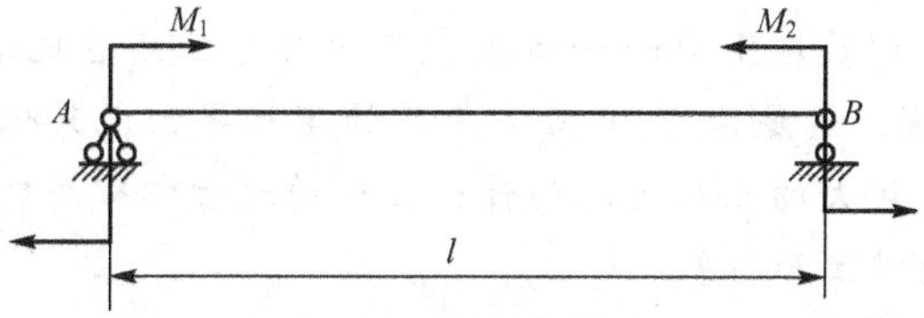

图 8.43

第9章 应力状态分析与强度理论

本章教学要点

知识模块	掌握程度	知识要点
点的应力状态概念	理解	单元体、单向应力状态、二向应力状态
平面应力状态分析	掌握	任意斜截面上应力分析、主应力和主平面确定方法
危险截面单元体的选取	掌握	截面法、四大基本变形应力计算
四大常用的强度理论及其应用	了解	第一、二、三、四强度理论的失效准则、强度条件

本章技能要点

技能要点	掌握程度	应用方向
强度校核理论的选取	掌握	脆性材料和塑性材料的强度校核及破坏事故的责任鉴定
第三和第四强度校核	了解	结构应变片测试分析

导入案例

材料破坏的极限压力

水是有压力的，水深每增加10m，水的压力就增加一个大气压，那么在几千米的大海深处物体所受到的压力之大是在地球表面难以模拟和想象的。为什么在深海海底的软泥中还能完好无损地保存着史前微生物的遗体，一些海底生物也没有因为海水的压力而消亡？

类似地，土层对于埋藏在土中的物体也有压力作用，而且比水的压力更大，每4m土深就相当于10m水深。恐龙作为7000万年前的生物早已成为化石沉入地底，并随着底层下降，同样承受着巨大的土压力，为什么如今的考古学家居然可以发掘出完整的恐龙骨架？它为什么没有被土压碎？

这个问题和本章的主要内容中的强度理论密切相关。

9.1 点的应力状态的概念

由前述知识可知，杆件受拉时，通过杆件内任一点所作截面上的应力，随着截面的方位改变而改变。通过前面几章的学习知道，圆轴扭转和梁弯曲时，点在横截面上位置不同，所受的应力也不同。因此，进行强度计算时，应该分析受力构件内点的应力状态，确定危险点的位置，以及在危险点处最大应力的方向。

此外，在实验中所观察到的构件的变形现象和破坏原因需要合理解释。例如，低碳钢拉伸屈服时，为什么试件表面与轴线成45°角的方向上会出现滑移线？发生扭转变形时，为什么塑性材料制成的圆轴沿横截面被扭断，而脆性材料制成的圆轴沿与轴线大致成45°角的方向断裂？这都和杆件内一点的应力状态有关。

表示杆件中一点处应力状态的方法，是用围绕该点截取单元体——正六面体的方法。假想围绕该点截取微小正六面体作为分离体，然后给出分离体各侧面上的应力，即单元体。现以等截面直杆的拉伸为例，如图9.1(a)所示，设想围绕任意一点C以立方体的6个截面从杆内截取一单元体，如图9.1(b)所示。由于所截取的单元体是极其微小的正六面体，可以认为单元体各面上的应力均匀分布，每一对平行侧面上的应力均相等。从所截取的单元体出发，根据其各侧面上的已知应力，借助于截面法和静力平衡条件，可求出单元体任何斜截面上的应力，从而确定点的应力状态，这是研究一点处应力状态的基本方法。

对于杆件单向受拉的状态，仅有两个侧面上有正应力，单元体可以采用如图9.1(c)所示平面图形的形式表示。这种前后两个侧面(法线与纸面垂直)无应力的情况称为平面应力状态。单元体的左、右两侧面是杆件横截面的一部分，面上的应力为$\sigma=P/A$。单元体的上、下侧面为平行于梁轴线的纵向平面，平面上没有应力，这种4个侧面均无应力的情况称为单向应力状态。

如果按图9.1(d)的方式截取单元体，可以看到其4个侧面虽与纸面垂直，但与杆件轴线既不平行也不垂直，称为斜截面。在这种情况下，4个面上均有正应力和剪应力，且随所取斜截面的方位的不同，其应力值也不同。关于单向应力状态前面章节已经作过详细讨论，本章将着重分析平面应力状态的情况。

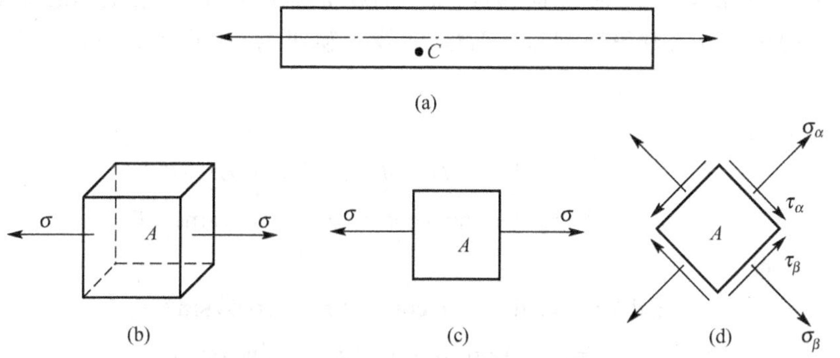

图9.1

9.2 平面应力状态分析

取平面应力状态下的微单元体，如图 9.2(a)所示，其应力分量 σ_x 和 τ_y 是外法线与 x 轴平行的面上的正应力和剪应力；σ_y 和 τ_{yx} 是外法线与 y 轴平行的面上的正应力和剪应力。σ_x(或 σ_y)的角标表示与 x(或 y)轴同向；τ_{xy}(或 τ_{yx})有两个角标，第一个角标表示剪应力作用平面的外法线方向为 x 轴(或 y 轴)；第二个角标 y(或 x)表示剪应力的方向平行于 y 轴(或 x 轴)。在分析过程中，一般设应力分量 σ_x、σ_y、τ_{xy}、(τ_{yx})均为已知。

关于应力的符号规定为：正应力以拉应力为正、压应力为负；剪应力对单元体内任意点的矩为顺时针转向时，规定为正；反之为负。照此规定，图 9.2(a)中，σ_x、σ_y 和 τ_{xy} 均为正，而 i_{yx} 为负。

9.2.1 斜截面上的应力分析

为体现一般性，用任意假想斜截面 ac(截面 ac 必须垂直于 xoy 平面)将单元体截开，设其外法线 n 与 x 轴的夹角为 θ，θ 角以由 x 轴逆时针转向外法线 n 者为正。为求斜截面 ac 上的应力 σ_θ 和 τ_θ，取图 9.2(b)中所示的脱离体为研究对象。斜截面 ac 上的应力用正应力 σ_θ 和剪应力 τ_θ 来表示。

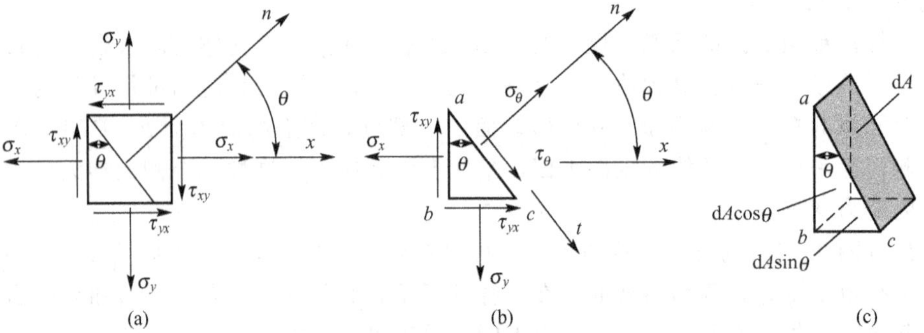

图 9.2

设截面 ac 的面积为 A，则 ab 面和 bc 面的面积分别是 $\mathrm{d}A\cos\theta$ 和 $\mathrm{d}A\sin\theta$，再把作用于脱离体 abc 上的所有外力都投影到 ac 面的外法线 n 和切线 t 方向上，可得脱离体静力平衡方程。

由 $\sum n=0$，得

$$\sigma_\theta \mathrm{d}A + (\tau_{xy}\mathrm{d}A\cos\theta)\sin\theta - (\sigma_x \mathrm{d}A\cos\theta)\cos\theta + (\tau_{yx}\mathrm{d}A\sin\theta)\cos\theta - (\sigma_y \mathrm{d}A\sin\theta)\sin\theta = 0$$

由 $\sum t=0$，得

$$\tau_\theta \mathrm{d}A - (\tau_{xy}\mathrm{d}A\cos\theta)\cos\theta - (\sigma_x \mathrm{d}A\cos\theta)\sin\theta + (\sigma_y \mathrm{d}A\sin\theta)\cos\theta + (\tau_{xy}\mathrm{d}A\sin\theta)\sin\theta = 0$$

考虑到 $\tau_{xy}=\tau_{yx}$(剪应力互等定理)，并利用三角公式

$$2\sin\theta\cos\theta=\sin2\theta,\quad \cos^2\theta=\frac{1+\cos2\theta}{2},\quad \sin^2\theta=\frac{1-\cos2\theta}{2}$$

简化上述两个平衡方程，最后得

$$\sigma_\theta=\frac{\sigma_x+\sigma_y}{2}+\frac{\sigma_x-\sigma_y}{2}\cos2\theta-\tau_{xy}\sin2\theta \tag{9-1}$$

$$\tau_\theta=\frac{\sigma_x-\sigma_y}{2}\sin2\theta+\tau_{xy}\cos2\theta \tag{9-2}$$

式(9－1)、(9－2)表明，一点的应力状态可由该点处单元体上的应力已知量 σ_x、σ_y 和 τ_{xy} 唯一确定，而斜截面上的正应力 σ_θ 和剪应力 τ_θ 随 θ 角的改变而变化，即 σ_θ 和 τ_θ 都是 θ 的函数。由以上公式可以求出方位角 θ 为任意值的斜截面 ac 上的应力。

例 9－1 如图 9.3 所示，已知 $\sigma_x=50$MPa，$\sigma_y=20$MPa，$\tau_{xy}-\tau_{yx}=-15$MPa，$\theta=30°$，试求斜截面上的应力 σ_θ、τ_θ。

解：由式(9－1)和(9－2)可得

$$\begin{aligned}\sigma_\theta&=\frac{\sigma_x+\sigma_y}{2}+\frac{\sigma_x-\sigma_y}{2}\cos2\theta-\tau_{xy}\sin2\theta\\&=\frac{50+20}{2}+\frac{50-20}{2}\times\frac{1}{2}+15\times\frac{\sqrt{3}}{2}\\&=35+7.5+15\sqrt{3}=68.48(\text{MPa})\end{aligned}$$

$$\begin{aligned}\tau_\theta&=\frac{\sigma_x-\sigma_y}{2}\sin2\theta+\tau_{xy}\cos2\theta\\&=\frac{50-20}{2}\times\frac{\sqrt{3}}{2}-15\times\frac{1}{2}\\&=12.99-7.5=5.49(\text{MPa})\end{aligned}$$

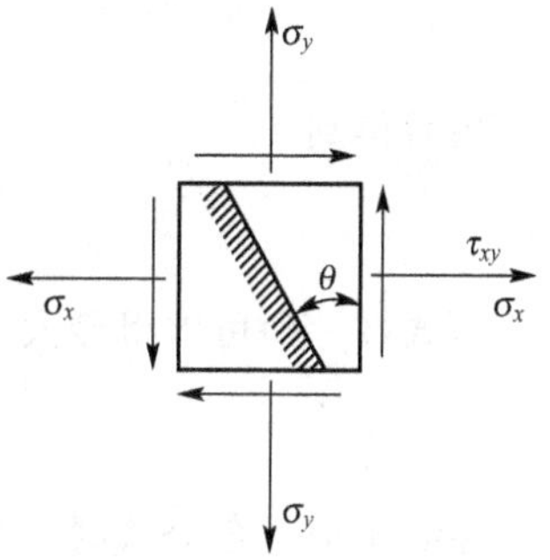

图 9.3

9.2.2 主应力与主平面

利用式(9－1)、(9－2)还可以确定正应力和剪应力的极值，并确定它们所在平面的位置。σ_θ 的极值称为主应力，对于空间三维的应力状态，可以把主应力记作 $\sigma_i(i=1,2,3)$，而主应力的作用面称为主平面。设 θ_0 面为主平面，则

$$\begin{aligned}\left.\frac{d\sigma_\theta}{d\theta}\right|_{\theta=\theta_0}&=-(\sigma_x-\sigma_y)\sin2\theta_0-2\tau_{xy}\cos2\theta_0\\&=-2\left(\frac{\sigma_x-\sigma_y}{2}\sin2\theta_0+\tau_{xy}\cos2\theta_0\right)=-2\tau_{\theta_0}=0\end{aligned}$$

由上式可见，主平面上的剪应力为零。所以，主平面和主应力也可定义为：在单元体内剪应力等于零的平面为主平面，主平面上的正应力为主应力。而由

$$\tau_\theta=\frac{\sigma_x-\sigma_y}{2}\sin2\theta_0+\tau_{xy}\cos2\theta_0=0$$

可得

$$\tan2\theta_0=-\frac{2\tau_{xy}}{\sigma_x-\sigma_y} \tag{9-3}$$

式(9－3)就是确定主平面方位的公式，由式(9－3)可以求出相差 90°的两个角度 θ_0，可见两个主平面是互相垂直的。

如果在图 9.2(c)中，将脱离体上的外力分别向 x 和 y 轴投影，可得

$$\sum X=0\Rightarrow \quad \sigma_\theta \mathrm{d}A\cos\theta+\tau_\theta \mathrm{d}A\sin\theta+\tau_{yx}\mathrm{d}A\sin\theta-\sigma_x \mathrm{d}A\cos\theta=0$$

$$\sum Y=0\Rightarrow \quad \sigma_y \mathrm{d}A\sin\theta-\tau_{xy}\mathrm{d}A\cos\theta-\sigma_\theta \mathrm{d}A\sin\theta+\tau_\theta \mathrm{d}A\cos\theta=0$$

由于 $\tau_{xy}=\tau_{yx}$(剪应力互等定理)，化简后得到

$$\begin{cases}\sigma_\theta\cos\theta-\sigma_x\cos\theta+\tau_\theta\sin\theta=-\tau_{xy}\sin\theta\\ \sigma_y\sin\theta-\sigma_\theta\sin\theta+\tau_\theta\cos\theta=-\tau_{xy}\cos\theta\end{cases}$$

对于主平面而言，当 $\theta=\theta_0$ 时，$\tau_\theta=\tau_{\theta_0}=0$，$\sigma_\theta=\sigma_{\theta_0}$，$\sigma_{\theta_0}$ 为主应力，即 $\sigma_{\theta_0}=\sigma_i$ ($i=1$，2，3)，则上面公式简化成为

$$\begin{cases}\sigma_i-\sigma_x=-\tau_{xy}\tan\theta_0\\ \sigma_i-\sigma_y=-\tau_{xy}\cot\theta_0\end{cases}$$

即

$$(\sigma_i-\sigma_x)(\sigma_i-\sigma_y)=\tau_{xy}^2$$

$$\sigma_i^2-(\sigma_x+\sigma_y)\sigma_i+(\sigma_x\sigma_y-\tau_{xy}^2)=0$$

最后得到

$$\sigma_i=\frac{\sigma_x+\sigma_y}{2}\pm\frac{1}{2}\sqrt{(\sigma_x-\sigma_y)^2+4\tau_{xy}^2} \tag{9-4}$$

由式(9-4)可求得最大主应力 $\sigma_{\max}$ 和最小主应力 $\sigma_{\min}$，即

$$\left.\begin{matrix}\sigma_{\max}\\ \sigma_{\min}\end{matrix}\right.=\frac{\sigma_x+\sigma_y}{2}\pm\frac{1}{2}\sqrt{(\sigma_x-\sigma_y)^2+4\tau_{xy}^2}$$

在导出以上各公式时，只假设了 σ_x、σ_y 和 τ_{xy} 均为正值，而在使用这些公式时，一般可以约定用 σ_x 表示两个正应力中代数值较大的一个，即 $\sigma_x\geqslant\sigma_y$，则式(9-3)确定的两个角度 θ_0 中，绝对值较小的一个确定 $\sigma_{\max}$ 所在的平面。

9.2.3 剪应力极值及其所在平面

用完全相似的方法，同样可以确定最大和最小剪应力以及它们所在的平面，将式(9-2)对 θ 求导数，并令 $\theta=\theta_1$ 时有

$$\left.\frac{\mathrm{d}\tau_\theta}{\mathrm{d}\theta}\right|_{\theta=\theta_1}=0$$

$$\left.\frac{\mathrm{d}\tau_\theta}{\mathrm{d}\theta}\right|_{\theta=\theta_1}=(\sigma_x-\sigma_y)\cos2\theta_1-2\tau_{xy}\sin2\theta_1=0$$

$$\tan2\theta=\frac{\sigma_x-\sigma_y}{2\tau_{xy}} \tag{9-5}$$

由上式也可以解出两个相差 90°的 θ_1 值，可见剪应力极值的所在平面也是两个互相垂直的平面。由式(9-5)及式(9-3)，可得

$$\tan2\theta_0\cdot\tan2\theta_1=-1$$

表明

$$2\theta_1=2\theta_0+\frac{\pi}{2}\Rightarrow\theta_1=\theta_0+\frac{\pi}{4}$$

即最大和最小剪应力所在平面与主平面的夹角为 45°。如果将式(9-5)代入式(9-2)的 τ_θ 式，可以得到剪应力极值为

$$\left.\begin{matrix}\tau_{max}\\ \tau_{min}\end{matrix}\right\}=\pm\frac{1}{2}\sqrt{(\sigma_x-\sigma_y)^2+4\tau_{xy}^2} \tag{9-6}$$

利用式(9-4)，还能够得到

$$\left.\begin{matrix}\tau_{max}\\ \tau_{min}\end{matrix}\right\}=\sigma_i=\pm\frac{\sigma_{max}-\sigma_{min}}{2} \tag{9-7}$$

需要指出的是：τ_{max}和τ_{min}是两个数值相等而方向不同的剪应力，剪应力极值通常也称为最大剪应力。在最大剪应力的作用面上，一般存在有正应力。

例 9-2 求图 9.4 所示单元体的主应力与主平面，最大剪应力及其作用面，并均在单元体上画出。已知 $\sigma_x=30\text{MPa}$，$\sigma_y=0$，$\tau_{xy}=\tau_{yx}=-20\text{MPa}$。

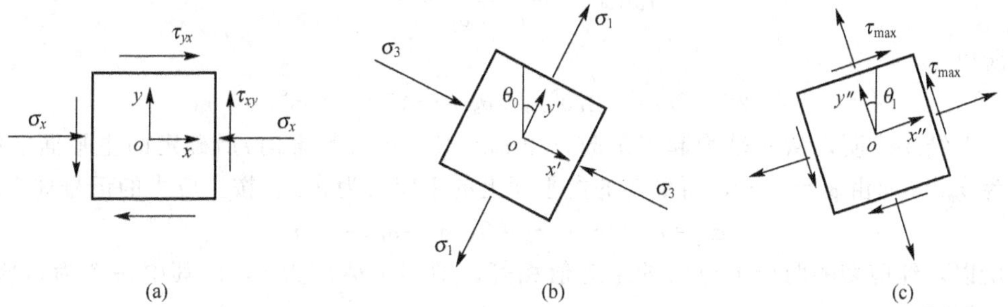

图 9.4

解：(1) 确定单元体的主平面，由式(9-3)，得

$$\tan 2\theta_0=\frac{2\tau_{xy}}{\sigma_x-\sigma_y}=-\frac{2(-20)}{-30-0}=-1.33$$

$$\theta_0=-26.5°,\quad \theta_0+90°=63.5°$$

(2) 计算主应力，由式(9-4)，得

$$\sigma_i=\frac{\sigma_x+\sigma_y}{2}\pm\frac{1}{2}\sqrt{(\sigma_x-\sigma_y)^2+4\tau_{xy}^2}$$

$$=-\frac{30}{2}\pm\frac{1}{2}\sqrt{(-30)^2+4(-20)^2}$$

$$=\begin{cases}10\\-40\end{cases}(\text{MPa})$$

再考虑到对于平面应力状态，必有一个主应力为 0，所以按大小排列，空间的 3 个主应力分别为：

$$\sigma_1=10\text{MPa},\quad \sigma_2=0,\quad \sigma_3=-40\text{MPa}$$

在画主平面的时候要注意，由于本题$\sigma_x<\sigma_y$，所以σ_1所在主平面的法线应从 y 轴顺时针旋转 26.5°到 y'轴，如图 9.4(b)所示。

(3) 最大剪应力可由式(9-7)直接得出

$$\tau_{max}=\left|\frac{\sigma_1-\sigma_3}{2}\right|=\left|\frac{10-(-40)}{2}\right|=25(\text{MPa})$$

τ_{max}的作用面与主平面夹角为 45°，方向和作用面如图 9.4(c)所示。

例 9-3 讨论圆轴扭转时的应力状态，并分析铸铁试件受扭时的破坏现象。

解：圆轴扭转时，横截面的边缘处剪应力为最大，其数值为

$$\tau=\frac{T}{W_t}$$

在圆轴的表层，按图 9.5(a)所示方式取出单元体 $ABCD$，单元体各面上的应力如图 9.5(b)所示。其中

$$\sigma_x=\sigma_y=0,\quad \tau_{xy}=\tau$$

对于纯剪切状态下的情况，把上式代入式(9-4)，得

$$\left.\begin{matrix}\sigma_{\max}\\ \sigma_{\min}\end{matrix}\right\}=\frac{\sigma_x+\sigma_y}{2}\pm\frac{1}{2}\sqrt{(\sigma_x-\sigma_y)^2+\tau_{xy}^2}=\pm\tau$$

根据式(9-3)

$$\tan2\theta_0=-\frac{2\tau_{xy}}{\sigma_x-\sigma_y}\rightarrow-\infty$$

所以

$$2\theta_0=90°(-270°),\quad \theta_0=-45°(-135°)$$

以上结果表明，从 x 轴为起点量起，由 $\alpha_0=45°$(顺时针方向)所确定的主平面上的主应力为 $\sigma_{\max}$，而由 $\sigma_0=-135°$所确定的主平面上的主应力为 $\sigma_{\min}$。按主应力的记号规定，

$$\sigma_1=\sigma_{\max}=\tau,\quad \sigma_2=0,\ \sigma_3=\sigma_{\min}=-\tau$$

所以，纯剪切的两个主应力的绝对值相等，即等于剪应力 τ，但其中一个为拉应力，一个为压应力。

圆截面铸铁试件扭转时，表面各点 $\sigma_{\max}$所在的主平面联成倾角为 45°的螺旋面，如图 9.5(a)所示，由于铸铁抗拉强度低，试件将沿这一螺旋面拉伸而发生断裂破坏，如图 9.5(c)所示。

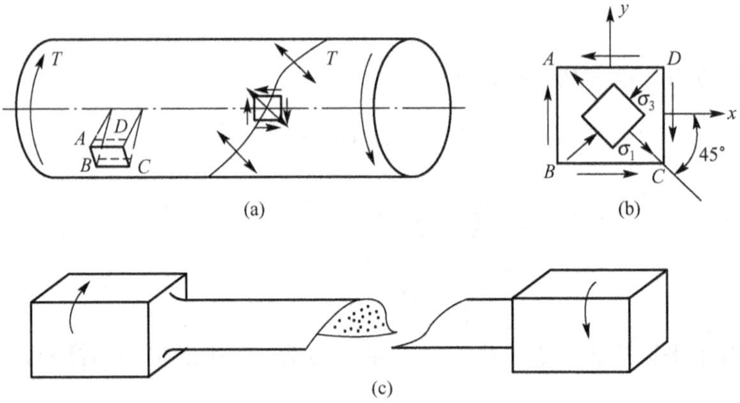

图 9.5

9.3 常用的强度理论

9.3.1 强度理论的概念

强度理论是材料在复杂应力状态下关于强度失效原因的理论。

人们在长期的生产实践中，综合分析材料强度的失效现象，提出了各种不同的假说。

各种假说尽管各有差异，但它们都认为：材料之所以按某种方式失效(屈服或断裂)，是由应力、应变或应变能密度等诸因素中的某一因素引起的。按照这种假说，无论单向或复杂应力状态，造成失效的原因是相同的，即引起失效的因素是相同的且数值是相等的。通常也就把这类假说称为强度假说。强度假说的正确与否，在什么情况下适用，必须通过实践来检验。

由于轴向拉、压的实验最容易实现，且又能获得失效时的应力、应变和应变能密度等数值，所以，利用强度理论便可由简单应力状态的实验结果来建立复杂应力状态的强度条件。

强度理论回答以下两个问题：①什么因素促使材料强度失效；②强度条件是什么。

推测强度失效原因的假说，被实验证实后就成为理论。目前还没有万能理论。强度理论依它所解释的失效是断裂还是屈服，分为两大类。关于断裂的理论有第一、第二强度理论。关于屈服有第三、第四强度理论。

本节介绍的 4 种强度理论都是在常温、静载荷下，适用于均匀、连续、各向同性材料的强度理论。

强度失效的形式主要有两种，即屈服与断裂。故强度理论也应分成两类：一类是解释断裂失效的，其中有最大拉应力理论和最大伸长线应变理论。另一类是解释屈服失效的，其中有最大切应力理论和形状改变应变能密度理论。莫尔理论建立在广泛的实验基础之上，同时可以用于解释断裂失效和屈服失效。

9.3.2 最大拉应力理论

最大拉应力理论也称为第一强度理论，是最早的强度理论，意大利 G. Galilo(1564—1642 年)就做过简单的强度实验。通常认为该理论主要归功于著名的英国教育家 W. J. M. Rankine(1820—1872 年)，该理论有时称为 Rankine' s Theory。

这一理论认为：不论材料处在什么应力状态，引起材料发生脆性断裂的原因是最大拉应力($\sigma_{max}=\sigma_1>0$)达到了某个极限值(σ^0)。

根据这一理论，可利用单向拉伸实验结果建立复杂应力状态下的强度计算准则。

脆性材料轴向拉伸断裂时，$\sigma^0=\sigma_b$，同时考虑到一定的安全储备，根据这一强度理论建立的强度条件为

$$\sigma_1\leqslant\frac{\sigma^0}{n}=\frac{\sigma_b}{n}=[\sigma] \tag{9-8}$$

式中，σ_1 为第一主应力，且必须是拉应力。

利用第一强度理论可以很好地解释铸铁等脆性材料在轴向拉伸和扭转时的破坏情况。铸铁在单向拉伸下，沿最大拉应力所在的横截面发生断裂，在扭转时，沿最大拉应力所在的斜截面发生断裂。这些都与最大拉应力理论相一致。但是，这一理论没有考虑其他两个主应力的影响，且对于没有拉应力的应力状态(如单向压缩、三向压缩等)也无法解释。

9.3.3 最大拉应变理论

最大拉应变理论也称为第二强度理论，最早由著名物理学家 Mariotto(1682 年)提出。

该理论常认为由法国著名弹性理论专家 B. de Saint Venant（1797—1886 年）所创立。称为 St. Venant's Theory。圣维南是针对屈服失效提出的，后人用于断裂。并修正为最大拉应变理论。

这一理论认为，不论材料处在什么应力状态，引起发生脆性断裂的原因是由于最大拉应变（$\varepsilon_{max}=\varepsilon_1>0$）达到了某个极限值（$\varepsilon^0$）。

根据这一理论，便可利用单向拉伸时的实验结果来建立复杂应力状态下的强度计算准则。

这一理论的强度条件为

$$\sigma_1-\nu(\sigma_2+\sigma_3)\leqslant[\sigma] \tag{9-9}$$

实验证明，作为屈服失效理论是错误的。曾经长期被使用是由于 St. Venant 的名气。作为断裂失效理论，这一强度理论与石料、混凝土等脆性材料的轴向压缩实验结果相符合。这些材料在轴向压缩时，如在试验机与试块的接触面上加添润滑剂，以减小摩擦力的影响，试块将沿垂直于压力的方向裂开。裂开的方向就是 ε_1 的方向。铸铁在拉、压二向应力，且压应力较大的情况下，试验结果也与这一理论接近。但是，对于二向受压状态（试块压力垂直的方向上再加压力），这时的 ε_1 与单向受力时不同，强度也应不同。但混凝土、石料的实验结果却表明，两种受力情况的强度并无明显的差别。与此相似，按照这一理论，铸铁在二向拉伸时应比单向拉伸安全，但这一结论与实验结果并不完全符合。

9.3.4 最大切应力理论

最大切应力理论也称为第三强度理论，最初由 C. A. Coulumb 于 1773 年提出，后来，1868 年 H. Tresca 在法国科学院发表了他的论文："金属在高压下的流动"。现在该理论常用他的名字，称为 Tresca 屈服条件。

这一理论认为：不论材料处在什么应力状态，材料发生屈服的原因是由于最大的切应力（τ_{max}）达到了某个极限值（τ^0）。

根据这一理论，在单向应力状态下引起材料屈服的原因是 45°斜截面上的最大切应力达到了极限数值。因此，当复杂应力状态下的最大切应力达到此极限值时，也发生屈服。

这一强度理论的强度条件为

$$\sigma_1-\sigma_3\leqslant[\sigma] \tag{9-10}$$

最大切应力理论较为满意地解释了塑性材料的屈服现象。与塑性材料二向应力实验符合较好，且偏于安全。低碳钢拉伸时在与轴线成 45°的斜截面上切应力最大，也正是沿这些平面的方向出现滑移线，表明这是材料内部沿这一方向滑移的痕迹。这一理论既解释了材料出现塑性变形的现象，又具有形式简单、概念明确的优点，在机械工程中得到了广泛的应用。但是，这一理论忽略了中间主应力 σ_2 的影响，且计算的结果与实验相比，偏于保守。

9.3.5 形状改变能密度理论

形状改变能密度理论也称为第四强度理论。意大利 E. Beltrami 于 1885 年提出最大应变能理论。它不能解释三向等压情况下的实验。为了与实验结果更加符合，波兰学者 M. T. Huber 于 1904 年将其修正为最大形状改变能密度理论；后来进一步由德国 R. von Mises (1913 年)和美国 H. Hencky(1925 年)所发展和解释。这个广泛应用的理论常称为 Huber - Hencky - Mises 屈服条件，或简称为 von Mises 屈服条件。

其实，早在 1865 年，J. C. Maxwell 在写信给 W. Thomson 时就已经提出最大形状改变能密度理论的思想。在他的信件被发表后才为人们所知道。

这一理论认为：不论材料处在什么应力状态，材料发生屈服的原因是由于形状改变能密度(ν_d)达到了某个极限值(ν_d^0)。

这一理论的强度条件为

$$\sqrt{\frac{1}{2}[(\sigma_1-\sigma_2)^2+(\sigma_2-\sigma_3)^2+(\sigma_3-\sigma_1)^2]}\leqslant[\sigma] \tag{9-11}$$

根据几种塑性材料(钢、铜、铝)的薄管试验资料，表明形状改变第四强度理论比第三强度理论更符合实验结果。在纯剪切下，按第三强度理论和第四强度理论的计算结果差别最大，这时，由第三强度理论的屈服条件得出的结果比第四强度理论的计算结果大 15%。

9.4 强度理论的应用

强度理论的应用如下：第一强度理论是解释断裂失效的强度理论；第二强度理论已经不用；第三、第四强度理论是解释屈服失效的强度理论。一般情况下，铸铁、石料、混凝土、玻璃等脆性材料可以用第一或莫尔理论。碳钢、铝、铜等塑性材料可以用第三、第四强度理论。应当指出的是，材料的划分是有条件的(常温、静载、单向受力)。即使同一材料，在不同应力状态下，也可能发生不同形式的失效。材料强度失效的形式虽然与材料本身性质有关，但它同时又与应力状态有关，即同一种材料，在不同的应力状态下，失效的形式有可能不同，由此在选择强度理论时也应不同对待。例如，三向拉伸且 3 个主应力数值接近时，则不论是脆性材料还是塑性材料，均以断裂的形式失效。故这时宜采用第一强度理论，如螺纹根部。但是 [σ] 应该按脆性断裂时的最大主应力 σ_1 除以安全系数。当三向压缩且 3 个主应力数值接近时，则不论是脆性材料还是塑性材料，均以屈服的形式失效，故宜采用第三或第四强度理论，如滚珠轴承。但是 [σ] 也不能按脆性材料在单轴拉伸时的许用拉应力。

例 9-4 试按第三和第四强度理论建立如图 9.6 所示应力状态的强度条件。

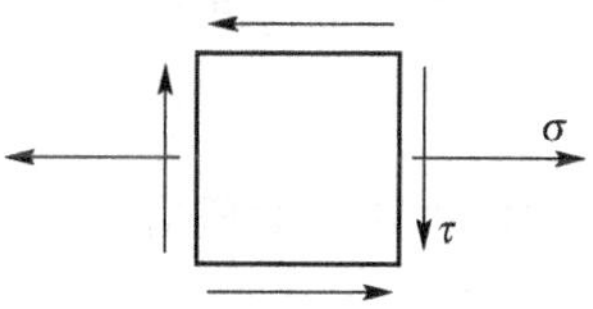

图 9.6

解：(1) 求主应力

$$\left.\begin{matrix}\sigma_1\\ \sigma_2\end{matrix}\right\}=\frac{\sigma}{2}\pm\sqrt{\left(\frac{\sigma}{2}\right)^2+\tau^2},\quad \sigma_2=0$$

(2) 求相当应力 σ_r。将以上主应力分别代入式(9-9)和式(9-10)可得

$$\sigma_{r3}=\sigma_1-\sigma_3=\sqrt{\sigma^2+4\tau^2}$$

$$\sigma_{r4}=\sqrt{\frac{1}{2}[(\sigma_1-\sigma_2)^2+(\sigma_2-\sigma_3)^2+(\sigma_3-\sigma_1)^2]}=\sqrt{\sigma^2+3\tau^2}$$

(3) 强度条件

$$\sigma_{r3}=\sqrt{\sigma^2+4\tau^2}\leqslant[\sigma]$$

$$\sigma_{r4}=\sqrt{\sigma^2+3\tau^2}\leqslant[\sigma]$$

在横力弯曲、弯扭组合变形和拉(压)扭组合变形中，危险点就是此类应力状态，会经常要用本例的结果。

本章小结

本章在提出点的应力状态概念的基础上，阐述了二向应力状态的概念、主应力和主平面的概念以及确定方法，然后讲解了危险截面单元体的取用方法并介绍了四大常用的强度理论以及在工程实际中的应用。本章重要内容如下。

(1) 在单元体内剪应力等于零的平面为主平面，主平面上的正应力为主应力，确定主平面方位的公式为

$$\tan 2\theta_0=-\frac{2\tau_{xy}}{\sigma_x-\sigma_y}$$

由此式可以求出相差90°的两个角度 θ_0。

(2) 四大强度理论分别为最大拉应力理论(第一强度理论)、最大拉应变理论(第二强度理论)、最大切应力理论(第三强度理论)和形状改变能密度理论(第四强度理论)，其中第一、二强度理论适合于脆性材料，第三、四强度理论适合于塑性材料，四大强度理论的强度条件如下。

① 第一强度理论

$$\sigma_1\leqslant\frac{\sigma^0}{n}=\frac{\sigma_b}{n}=[\sigma]$$

② 第二强度理论

$$\sigma_1-\nu(\sigma_2+\sigma_3)\leqslant[\sigma]$$

③ 第三强度理论

$$\sigma_1-\sigma_3\leqslant[\sigma]$$

④ 第四强度理论

$$\sqrt{\frac{1}{2}[(\sigma_1-\sigma_2)^2+(\sigma_2-\sigma_3)^2+(\sigma_3-\sigma_1)^2]}\leqslant[\sigma]$$

(3) 强度条件的实际应用中，在横力弯曲、弯扭组合变形和拉(压)扭组合变形中，危险点的相当应力以及强度条件为

$$\sigma_{r3}=\sqrt{\sigma^2+4\tau^2}\leqslant[\sigma]$$
$$\sigma_{r4}=\sqrt{\sigma^2+3\tau^2}\leqslant[\sigma]$$

关键术语

点的应力状态(stress state of dot)；二向应力状态(planar stress state)；主应力(principal stress)；主平面(principal plane)；强度理论(theory of strength)；应用(application)

习 题

1. 思考题

(1) 何谓单向应力状态和平面应力状态？圆轴受扭时，轴表面各点处于何种应力状态？梁受到横向力作用弯曲时，梁顶、梁底及其他各点处于何种应力状态？

(2) 什么是主应力和主平面？最大和最小剪应力所在平面与主平面的关系如何？

(3) 什么是第一强度理论、第二强度理论、第三强度理论和第四强度理论？它们各自的适用条件是什么？

2. 填空题

(1) 对于单元体，切应力等于零的平面称为__________，该平面上的正应力称为__________。

(2) 第一、二强度理论适合于________材料；第三、四强度理论适合于________材料。

(3) 第三强度理论的相当应力为__________。

(4) 单元体上只有一对主应力数值不等于零的应力状态称为__________应力状态。

(5) 单元体上只有二对主应力数值不等于零的应力状态称为__________应力状态。

3. 判断题

(1) 平面应力状态即二向应力状态，空间应力状态即三向应力状态。(　　)

(2) 单元体中正应力为最大值的截面上，剪应力必定为零。(　　)

(3) 单元体中剪应力为最大值的截面上，正应力必定为零。(　　)

(4) 单向应力状态的应力圆和三向均匀拉伸或压缩应力状态的应力圆相同，且均为应力轴上的一个点。(　　)

(5) 纯剪应力状态的单元体，最大正应力和最大剪应力值相等，且作用在同一平面上。(　　)

(6) 材料在静载作用下的失效形式主要有断裂和屈服两种。(　　)

(7) 砖、石等脆性材料试样压缩时沿横截面断裂。(　　)

(8) 塑性材料制成的杆件，其危险点必须用第三或第四强度理论所建立的强度条件来校核强度。(　　)

(9) 纯剪应力状态的单元体既有体积改变，又有形状改变。(　　)

(10) 铸铁水管冬天结冰时会因冰膨胀被胀裂，而管内的冰不会被破坏，只是因为冰的强度比铸铁的强度高。(　　)

4. 单项选择题

(1) 危险截面是(　　)所在的截面。

A. 最大面积　　B. 最小面积　　C. 最大应力　　D. 最大内力

(2) 关于用单元体表示一点处的应力状态，如下论述中正确的一种是(　　)。

A. 单元体的形状可以是任意的

B. 单元体的形状不是任意的，只能是六面体微元

C. 不一定是六面体，五面体也可以，其他形状则不行

D. 单元体的形状可以是任意的，但其上已知的应力分量足以确定任意方向面上的应力

(3) 受力构件内任意一点，随着所截取截面方位不同，一般来说(　　)。

A. 正应力相同，剪应力不同　　B. 正应力不同，剪应力相同

C. 正应力和剪应力均相同　　D. 正应力和剪应力均不同

(4) 圆轴受扭时，轴表面各点处于(　　)。

A. 单向应力状态　　B. 二向应力状态

C. 三向应力状态　　D. 各向等应力状态

(5) 下列关于分析处于平面应力状态的一点的说法正确的是(　　)。

A. $\sigma_a=0$ 时，必有 $\tau_a=\tau_{\max}$ 或 $\tau_a=\tau_{\min}$

B. $\tau_a=0$ 时，必有 $\sigma_a=\sigma_{\max}$ 或 $\sigma_a=\sigma_{\min}$

C. $\sigma_a+\sigma_{a+90}$ 及 $|\tau_a|+|\tau_{a+90}|$ 为常量

D. $\sigma_1\geqslant\sigma_2\geqslant\sigma_3\geqslant0$

(6) 下列结论哪些是正确的(　　)。

① 单元体中正应力为最大值的截面上，剪应力必定为零；

② 单元体中剪应力为最大值的截面上，正应力必定为零；

③ 第一强度理论认为最大拉应力是引起断裂的主要因素；

④ 第三强度理论认为最大剪应力是引起屈服的主要因素。

A. ①③④　　B. ②③④　　C. ①④　　D. ③④

(7) 将沸水倒入玻璃杯中，如杯子破裂，问杯子的内外壁是否同时破裂(　　)。

A. 同时破裂　　B. 内壁先裂　　C. 外壁先裂　　D. 无法判定

(8) 关于弹性体受力后某一方向的应力与应变关系，如下论述正确的是(　　)。

A. 有应力一定有应变，有应变不一定有应力

B. 有应力不一定有应变，有应变不一定有应力

C. 应力不一定有应变，有应变一定有应力

D. 应力一定有应变，有应变一定有应力

5. 计算题

(1) 求图 9.7 所示的单元体的主应力，并在单元体上标出其作用面的位置。

(2) A、B 两点的应力状态如图 9.8 所示，试求各点的主应力和最大剪应力。

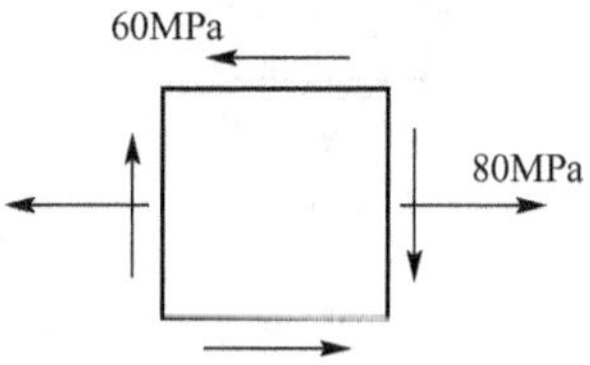

图 9.7

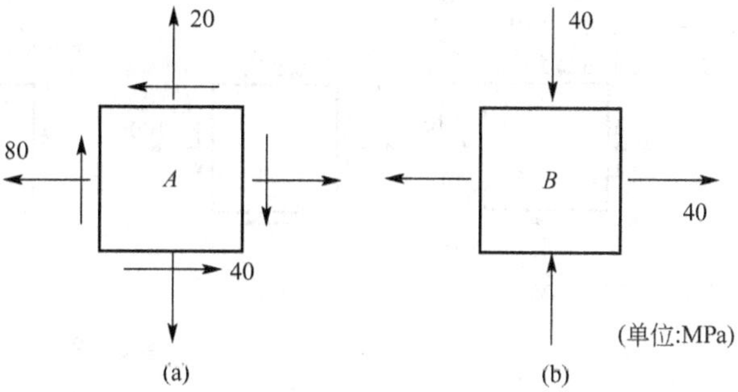

图 9.8

(3) 在图 9.9 所示单元体中，$\sigma_x=\sigma_y=40\text{MPa}$，且 a—a 面上无应力，试求主应力。

(4) 对图 9.10 所示单元体，求：①指定斜截面上的应力；②主应力大小，并将主平面标在单元体图上。

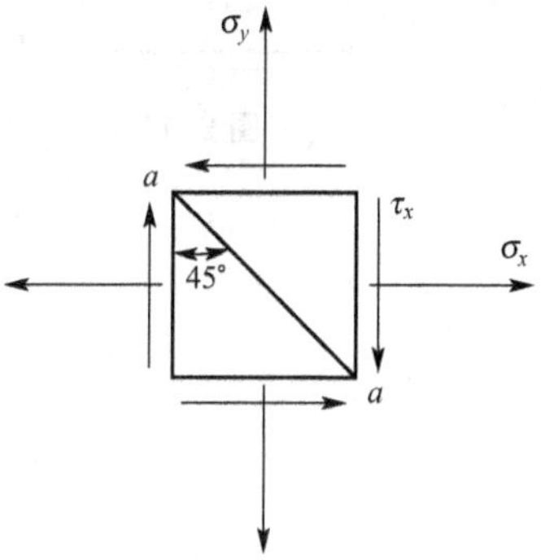

图 9.9

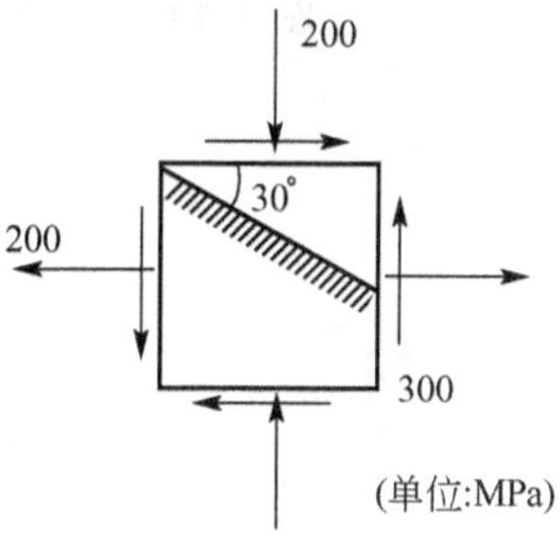

图 9.10

(5) 图 9.11 所示悬臂梁，承受载荷 $F=20\text{kN}$ 作用，试绘微元 A、B 与 C 的应力图，并确定主应力的大小及方位。

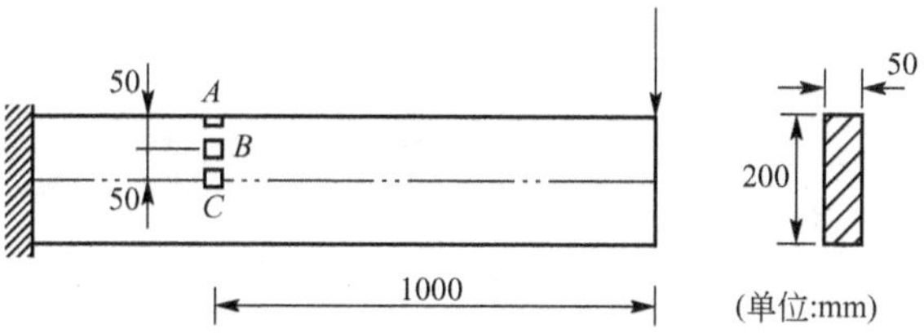

图 9.11

(6) 对图 9.12 中所示的各应力状态，求出 4 个常用的强度理论的相当应力。设 $\nu=0.25$。

(7) 已知两危险点的应力状态如图 9.13 所示，设 $|\sigma|<|\tau|$，试写出第三和第四强度理论的相当应力。

(8) 已知危险点的应力状态如图 9.14 所示，测得该点处的应变 $\varepsilon_{0^\circ}=\varepsilon_x=25\times10^{-6}$，$\varepsilon_{-45^\circ}=140\times10^{-6}$ 材料的弹性模量 $E=210\text{GPa}$，$\nu=0.28$，$[\sigma]=70\text{MPa}$。试用第三强度理论校核强度。

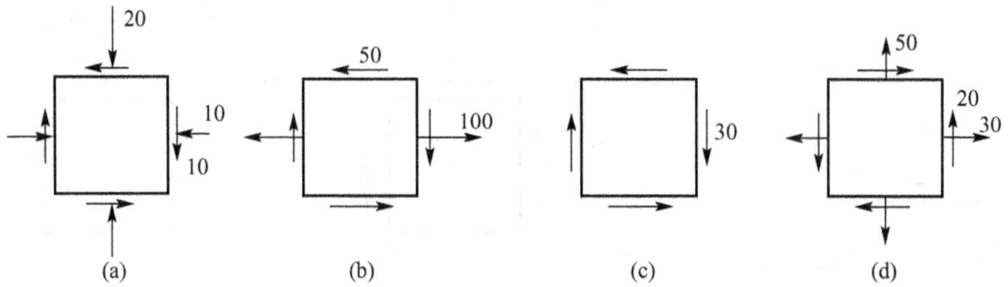

图 9.12

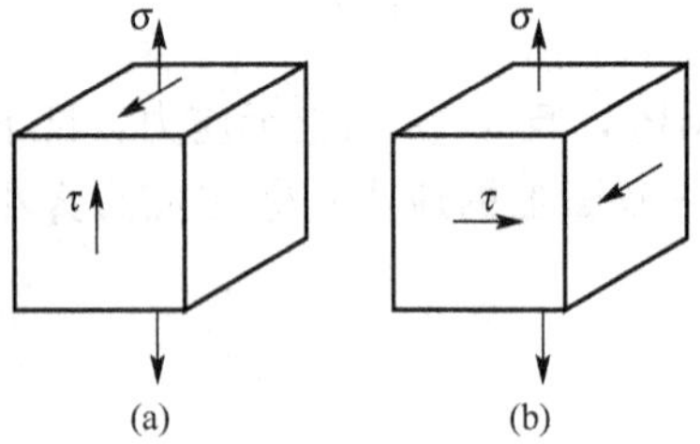

图 9.13

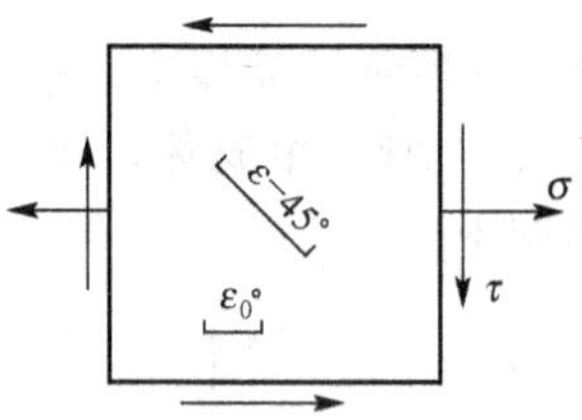

图 9.14

第10章 组合变形

本章教学要点

知识模块	掌握程度	知识要点
组合变形的概念	掌握	基本变形、组合变形
叠加原理	掌握	适用条件：小变形、线弹性
	掌握	叠加法求解组合变形的步骤
斜弯曲构件	理解	斜弯曲概念
	重点掌握	危险截面、危险点的确定；应力公式；强度条件
偏心受压(受拉)构件	理解	偏心受压(受拉)概念
	重点掌握	危险截面、危险点的确定；应力公式；强度条件
截面核心的概念	了解	截面核心

本章技能要点

技能要点	掌握程度	应用方向
斜弯曲构件的计算	掌握	危险截面、危险点的判别；强度校核、截面设计、许可荷载的确定
偏心受压(受拉)构件的计算	掌握	危险截面、危险点的判别；强度校核、截面设计、许可荷载的确定
截面核心	了解	截面核心的确定

导入案例

工程结构的变形：单一或多样

实际工程中大多数的杆件在荷载作用下，往往同时发生两种或两种以上的变形。例如，东方明珠塔(图10.1)、烟囱(图10.2)，自重引起轴向压缩变形，风荷载引起弯曲变形。

单层工业厂房的牛腿柱(图10.3)，偏心力引起轴向压缩和弯曲组合变形；卷扬机的轴(图10.4)，受绳索拉力作用下弯曲和扭转组合变形。那么对于这类杆件，如何建立其强度条件和刚度条件呢？

图 10.1

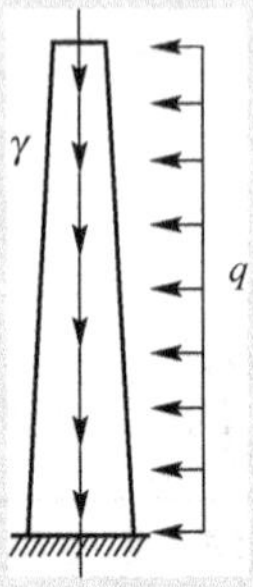

图 10.2

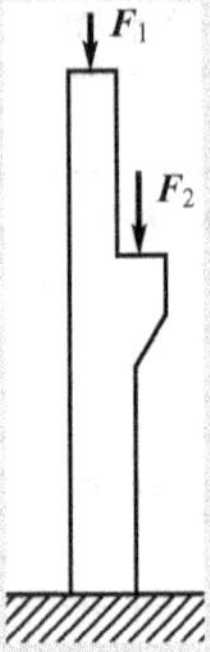

图 10.3

图 10.4

10.1 组合变形的概念

在前面各章里讨论了杆件在发生几种基本变形时的强度和刚度问题，即分析了简单拉伸与压缩、剪切、扭转和弯曲 4 种基本变形。实际上，工程中大多数的杆件在荷载作用下，往往同时发生两种或两种以上的变形，这种情况称为组合变形。

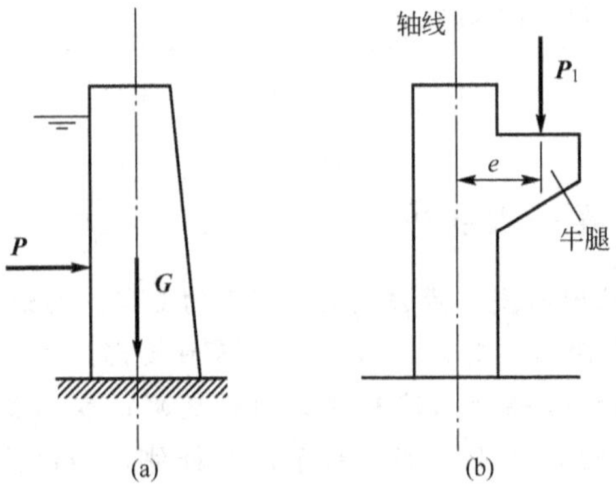

图 10.5

如图 10.5(a)所示的水坝，除由自重荷载引起的轴向压缩变形外，还同时产生因有水平方向的水压力作用而产生的弯曲变形；图 10.5(b)所示的工业单层厂房牛腿柱，因为所受的吊车轮压荷载和柱的轴线不重合，所以柱为偏心受压，即同时产生压缩和弯曲两种基本变形。

在小变形的前提下，一般采用叠加原理计算组合变形的强度问题。即当杆件承受复杂荷载作用而同时产生几种变形时，只要将荷载进行适当地分解，使杆在各分荷载的作用下发生基本变形，再分别计算各基本变形所引起的应力，然后将计算结果叠加，就可得到总的应力。实践证明：在线弹性、小变形的情况下，用叠加原理所得到的结果与实际情况是相当符合的。叠加法的主要步骤如下。

(1) 将组合变形按基本变形的加载条件或相应内力分量分解为几种基本变形。

(2) 根据各基本变形情况下的内力分布，确定可能危险面；根据危险面上相应内力分量画出应力分布图，由此找出可能的危险点；根据叠加原理，得出危险点应力状态。

(3) 根据构件的材料选取强度理论，由危险点的应力状态，写出构件在组合变形情况下的强度条件，进而进行强度计算。

本章主要讨论在建筑工程中常见的两种组合变形：斜弯曲和偏心受压(拉)。

10.2 斜　弯　曲

对于横截面具有对称轴的梁，当横向力作用在梁的纵向对称面内时，梁变形后的轴线仍位于外力所在的平面内，这种变形称为平面弯曲。对于平面弯曲变形的应力和强度计算问题，前面章节已讨论过。

如果外力的作用平面虽然通过梁轴线，但是不与梁的纵向对称面重合时，梁变形后的轴线就不再位于外力所在的平面内，这种弯曲称为斜弯曲。

现以图 10.6(a)所示的矩形截面悬臂梁为例来讨论斜弯曲的特点及其强度计算问题。

10.2.1 斜弯曲内力和应力的计算

图 10.6 中集中力 $\boldsymbol{P}$ 作用在梁的自由端，其作用线通过截面形心，且与竖向形心主轴 y 的夹角为 α。如果将 $\boldsymbol{P}$ 沿截面两个形心主轴 y、z 方向分解，可以得到

$$P_y = P\cos\alpha$$

$$P_z = P\sin\alpha$$

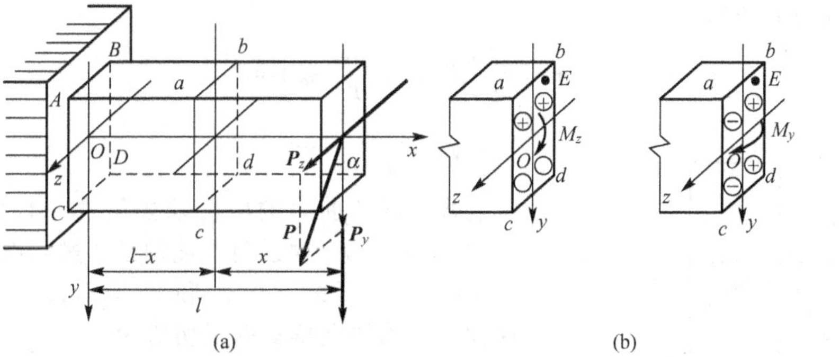

图 10.6

分力 $\boldsymbol{P}_y$ 和 $\boldsymbol{P}_z$ 分别使梁产生绕 y 轴和 x 轴的平面弯曲。由此可见，斜弯曲可以看作两个互相垂直的平面弯曲的组合。继而分别求出平面弯曲下的正应力，作叠加可以求得斜弯

曲下的应力值。

如图 10.6 所示，设在距离自由端为 x 处用任意横截面 $abcd$ 将悬臂梁截开，则 $\boldsymbol{P}$ 引起的该截面上的总弯矩为

$$M=P\cdot x$$

而两个分力 $\boldsymbol{P}_x$ 和 $\boldsymbol{P}_z$ 引起的弯矩值分别为

$$M_z=P_y\cdot x=P\cdot x\cos\alpha=M\cos\alpha$$

$$M_y=P_z\cdot x=P\cdot x\sin\alpha=M\sin\alpha$$

根据前面对平面弯曲的推导，在该横截面上任意点 E 处(设相应坐标为 y_1 和 z_1)，由 M_z 和 M_y 引起的正应力为

$$\begin{cases}\sigma_{M_z}=\dfrac{M_z\cdot y_1}{I_z}\\ \sigma_{M_y}=\dfrac{M_y\cdot z_1}{I_y}\end{cases}$$

则根据叠加原理，任意点 H 的正应力为

$$\sigma=\sigma_{M_z}+\sigma_{M_y}=\frac{M_z\cdot y_1}{I_z}+\frac{M_y\cdot z_1}{I_y} \tag{10-1}$$

代入总弯矩可得

$$\sigma=M\left(\frac{\cos\alpha}{I_z}y_1+\frac{\sin\alpha}{I_y}z_1\right) \tag{10-2}$$

上述公式中的 I_z 和 I_y 为横截面形心主轴 z 和 y 的惯性矩；y_1 和 z_1 为 E 点坐标。在具体计算中，M、y_1、z_1 一般都采用绝对值代入，而正应力 σ_{M_z} 和 σ_{M_y} 的正负号，可通过平面弯曲的变形情况直接判断，如图 10.6(b)所示，拉应力取正号，压应力取负号；而 σ 的正负号通过叠加后得出。

10.2.2 斜弯曲的变形特点及强度条件

1. 中性轴位置

因为中性轴上各点的正应力都等于零，设在中性轴上任一点处的坐标为 y_0 和 z_0，将 $\sigma=0$ 代入式(10-2)，有

$$\sigma=M\left(\frac{\cos\alpha}{I_z}y_0+\frac{\sin\alpha}{I_y}z_0\right)=0$$

$$\frac{\cos\alpha}{I_z}y_0+\frac{\sin\alpha}{I_z}z_0=0$$

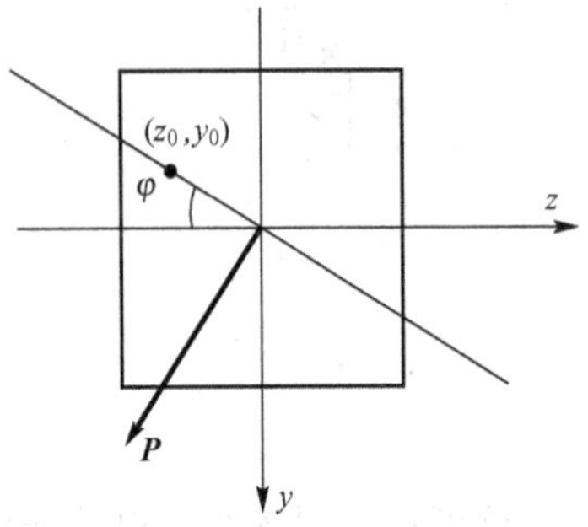

图 10.7

上式为斜弯曲时的中性轴方程式。由上式可见，当 $y_0=0$ 时，$z_0=0$，这说明中性轴是通过截面形心的直线。

由图 10.7 可见，当 y_0 和 z_0 均不为零时，可以求出中性轴与 z 轴的夹角 φ 的正切值为

$$\tan\varphi=\left|\frac{y_0}{z_0}\right|=\frac{I_z}{I_y}\tan\alpha$$

从上式可知，中性轴的位置与外力的数值无关，只决定于荷载 $\boldsymbol{P}$ 与 y 轴的夹角 α 及截面的形状和尺寸。

此外通过 φ 和 α 两个角度的数值对比可见，对于圆形、正方形和正多边形截面，由于 $I_y=I_z$，因此 $\varphi=\alpha$，即中性轴始终与外力 $\boldsymbol{P}$ 相互垂直，不存在斜弯曲情况。对于一般截面，$I_y\neq I_z$，故 $\varphi\neq\alpha$，将有斜弯曲现象产生。

2. 危险点的确定

前面已经提到，斜弯曲可以视为两个方向平面弯曲的叠加，而由于中性轴将截面分为受拉和受压两个区，横截面上的正应力呈线性分布，所以距中性轴越远，应力越大。因此确定在了中性轴位置后，距中性轴最远的点即为危险点。

对于工程上常用的具有棱角的截面，在发生斜弯曲后，危险点一定出现在棱角上。图 10.6所示的悬臂梁中，固定端截面的弯矩值最大，为危险截面，该截面上的 B、C 两点为危险点，B 点产生最大拉应力，C 点产生最大压应力。

3. 强度条件

若材料的抗拉和抗压强度相等，则斜弯曲的强度条件为

$$\sigma_{\max}=\frac{M_z}{W_z}+\frac{M_y}{W_y}\leqslant[\sigma] \tag{10-3}$$

或

$$\sigma_{\max}=M_{\max}\left(\frac{\cos\alpha}{W_z}+\frac{\sin\alpha}{W_y}\right)\leqslant[\sigma] \tag{10-4}$$

工程中根据这一强度条件，就可以进行强度校核、截面设计和确定许可荷载。对于不同的截面形状，在设计时因为有 W_z、W_y 两个未知量，所以需假定一个比值 W_z/W_y：

矩形截面　　$W_z/W_y=h/b\approx1.2\sim2$；

工字形截面　　$W_z/W_y=8\sim10$；

槽形截面　　$W_z/W_y=6\sim8$。

例 10－1　试校核图 10.8 所示木梁的强度。已知 $[\sigma]=10\text{MPa}$，$h=150\text{mm}$，$b-100\text{mm}$。

解：此梁受竖向荷载 $\boldsymbol{P}_1$ 和横向荷载 $\boldsymbol{P}_2$ 的共同作用部分将产生斜弯曲变形，危险截面为固定端截面。对 z 和 y 轴的弯矩分别为

$$\begin{cases}M_z=P_1l=0.5\times3=1.5(\text{kN}\cdot\text{m})\\ M_y=P_2\times l/2=0.8\times3/2=1.2(\text{kN}\cdot\text{m})\end{cases}$$

截面对 z 和 y 轴的抗弯截面系数为

$$\begin{cases}W_z=\dfrac{bh^2}{6}=\dfrac{100\times150^2}{6}=3.75\times10^5(\text{mm}^3)\\ W_y=\dfrac{b^2h}{6}=\dfrac{150\times100^2}{6}=2.5\times10^5(\text{mm}^3)\end{cases}$$

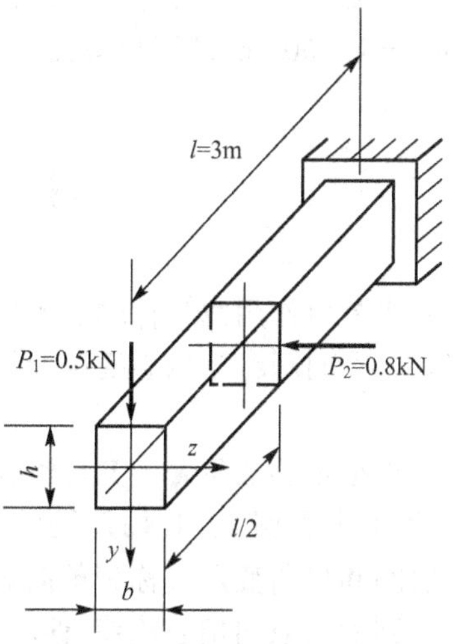

图 10.8

由强度条件

$$\sigma_{\max}=\frac{M_z}{W_z}+\frac{M_y}{W_y}=\frac{1.5\times10^3}{3.75\times10^5\times10^{-9}}+\frac{1.2\times10^3}{2.5\times10^5\times10^{-9}}$$

$$=4+4.8=8.8(\text{MPa})<[\sigma]=10\text{MPa}$$

所以木梁的强度满足要求。

例 10－2 图 10.9 所示矩形截面木檩条，两端简支在屋架上，其跨度为 4m。承受屋面传来的均布荷载 $q=1\text{kN/m}$。屋面的倾角 $\alpha=25°$，檩条材料的许可应力 $[\sigma]=10\text{MPa}$。试选择檩条截面尺寸。

解：（1）内力计算。

$$\alpha=25°,\quad \cos\alpha=0.906,\quad \sin\alpha=0.423$$

檩条在荷载 q 的作用下，最大弯矩发生在梁的跨中截面

$$M_{\max}=ql^2/8=1\times4^2/8=2(\text{kN}\cdot\text{m})$$

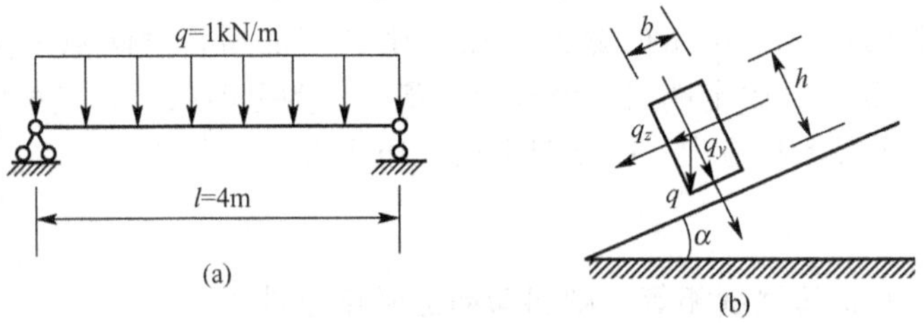

图 10.9

（2）截面选择，根据式(10－4)，檩条的强度条件为

$$\sigma_{\max}=M_{\max}\left(\frac{\cos\alpha}{W_z}+\frac{\sin\alpha}{W_y}\right)\leqslant[\sigma]$$

上式中包含有 W_z 和 W_y 两个未知数。现设 $W_z/W_y=h/b=1.5$，代入上式，得

$$\begin{aligned}\sigma_{\max}&=M_{\max}\left(\frac{\cos\alpha}{1.5W_y}+\frac{\sin\alpha}{1.5W_y}\right)\\&=2\times10^3\times\left(\frac{0.906}{1.5W_y}+\frac{0.423}{W_y}\right)\\&\leqslant[\sigma]=10\text{MPa}\\&W_y\geqslant2.054\times10^5\text{mm}^3\end{aligned}$$

$$W_y=\frac{hb^2}{6}=\frac{1.5b^3}{6},\quad b\geqslant93.66\text{mm}$$

为便于施工，取截面尺寸 $b=100\text{mm}$，则 $h=1.5b=1.5\times100\text{mm}=150\text{mm}$。选用 $100\text{mm}\times150\text{mm}$ 的矩形截面。

10.3 偏心受压(受拉)

当外力作用线与杆轴线平行但不重合时，杆件将产生压缩(拉伸)和弯曲两种基本变形，这类问题称为偏心受压(受拉)。在土木工程中，竖向受力构件(柱子)就属于这种受力情况。

根据偏心的位置，又可将偏心拉压分为单向偏心压缩(偏心拉伸)和双向偏心压缩(偏心拉伸)。如图 10.10(a)所示，当力 $\boldsymbol{P}$ 作用在矩形受压截面柱的某一轴线上，则产生压缩(拉伸)和弯曲变形，称为单向偏心受压(偏心受拉)；当力 $\boldsymbol{P}$ 作用在轴线外的截面的任意点上，则称为双向偏心压缩(偏心拉伸)，如图 10.14(a)所示。

与斜弯曲类似，偏心受压(受拉)可以看作平面弯曲和轴向压缩(拉伸)变形的组合。

10.3.1 单向偏心受压(受拉)

1. 荷载的简化

对于偏心受压的柱，利用力的平移定理将偏心力 **P** 向截面形心平移，得到一个通过柱形心的轴向压力 **P** 和一个力偶矩 $m=P\cdot e$，如图 10.10(b)所示。

2. 内力计算

如图 10.10(c)所示，利用截面Ⅰ—Ⅰ截取杆件上部，由平衡方程可求得

$$N=P$$
$$M_z=P\cdot e$$

由上述公式可见，Ⅰ—Ⅰ截面的位置不影响内力的计算，可任取。

3. 应力计算

根据叠加原理，对于Ⅰ—Ⅰ截面上任一点 H(图 10.11)，设其坐标为 y_1、z_1，则其应力 σ_H 应由轴向压缩应力 σ_N 和弯曲应力 σ_{M_z} 叠加得到。

$$\begin{cases}\sigma_N=-\dfrac{P}{A}\\[2ex]\sigma_{M_z}=\dfrac{M_z\cdot y_1}{I_z}\end{cases}$$

$$\sigma_H=-\frac{P}{A}\pm\frac{M_z\cdot y_1}{I_z} \tag{10-5}$$

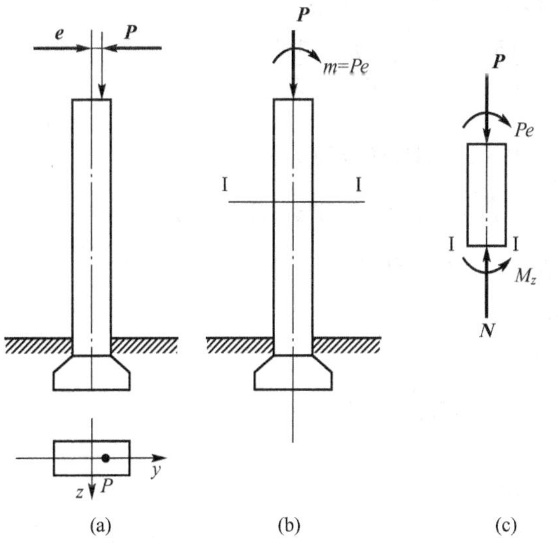

图 10.10

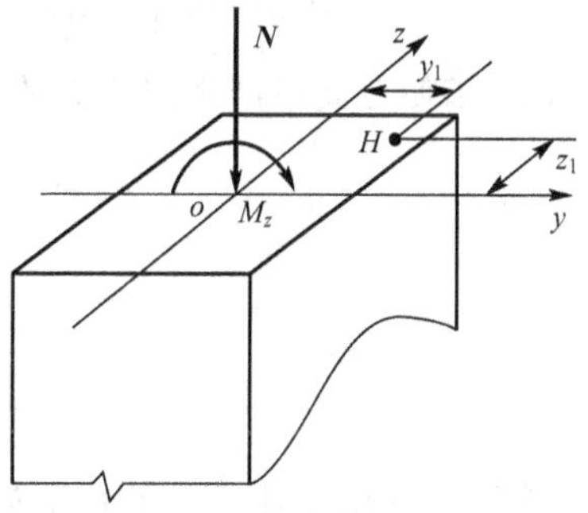

图 10.11

一般情况下，在利用式(10－5)计算正应力时，P、M、y_1 都用绝对值代入，而由弯曲产生的正应力的符号通过直观观察来确定，轴力产生的应力符号则仍然以拉为正、压为负。由式(10－5)不难看出，最大(最小)正应力将发生在横截面的上、下边缘，即

$$\begin{cases}\sigma_{max}=\sigma_{max}^{+}=-\dfrac{P}{A}+\dfrac{M_z}{W_z}\\ \sigma_{min}=\sigma_{min}^{-}=-\dfrac{P}{A}-\dfrac{M_z}{W_z}\end{cases} \tag{10-6}$$

4. 强度条件

由前面的推导可见，在杆件的横截面上各点只有正应力，所以其强度条件为

$$\begin{cases}\sigma_{max}=-\dfrac{P}{A}+\dfrac{M_z}{W_z}\leqslant[\sigma_{+}]\\ \sigma_{min}=\left|-\dfrac{P}{A}-\dfrac{M_z}{W_z}\right|\leqslant[\sigma_{-}]\end{cases} \tag{10-7}$$

例 10-3 图 10.12 所示单层厂房柱，柱顶有屋架传来的压力 $P_1=100\text{kN}$，牛腿上承受吊车梁传来的压力 $P_2=50\text{kN}$；与柱轴线的偏心距 $e=0.2\text{m}$。已知柱宽 $b=200\text{mm}$，求：

(1) 设 $h=300\text{mm}$，试分别求出下柱柱截面中的最大拉应力和最大压应力；

(2) 如果要使下柱柱截面不产生拉应力，则截面高度 h 应为多少？求出此时柱截面中的最大压应力。

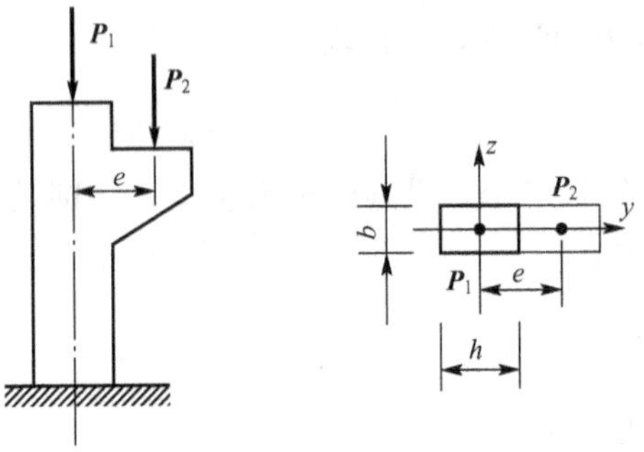

图 10.12

解：(1) 求 σ_{max}^{+} 和 σ_{max}^{-}。将外力向柱截面形心简化，柱的轴向压力为

$$P=P_1+P_2=100+50=150(\text{kN})$$

在柱牛腿下方任取 1—1 截面，其截面上弯矩为

$$M_z=P_2\cdot e=50\times0.2=10(\text{kN}\cdot\text{m})$$

$$\sigma_{max}^{+}=-\frac{P}{A}+\frac{M_z}{W_z}=-\frac{150\times10^3}{200\times300}+\frac{10\times10^6}{\frac{200\times300^2}{6}}$$

$$=-2.5+3.33=0.83(\text{MPa})(\text{拉应力})$$

$$\sigma_{max}^{-}=-\frac{P}{A}-\frac{M_z}{W_z}=-2.5-3.33=-5.83(\text{MPa})(\text{压应力})$$

(2) 求使截面不产生拉应力的 h 及相应 σ_{max}^{-}，h 应使

$$\sigma_{max}^{+}=-\frac{P}{A}+\frac{M_z}{W_z}\leqslant0$$

$$-\frac{150\times10^3}{200h}+\frac{10\times10^6}{\frac{200h^2}{6}}\leqslant0$$

解得

$$h\geqslant400\text{mm}$$

当 $h=400\text{mm}$ 时，截面上最大压应力为

$$\sigma_{max}^{-}=-\frac{P}{A}-\frac{M_z}{W_z}=-\frac{150\times10^3}{200\times400}-\frac{10\times10^6}{\frac{200\times400^2}{6}}=-1.875-1.875=-3.75(\text{MPa})$$

例 10-4 截面为正方形的短柱承受荷载 $\boldsymbol{P}$，因工程需要在柱中开一切槽，切槽后柱的最小截面积为原面积的一半，如图 10.13 所示。试问切槽后，柱内最大压应力是原来的几倍？

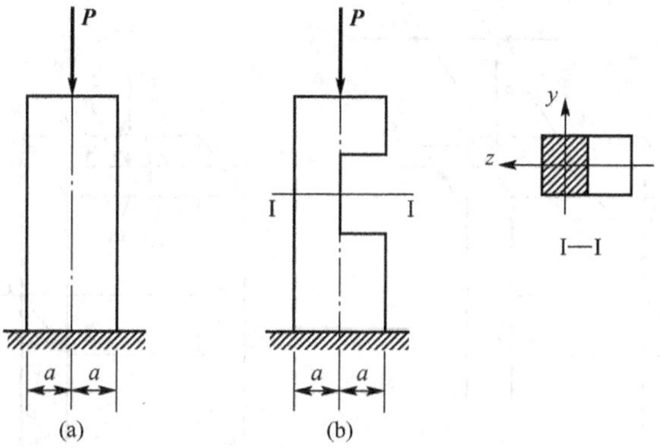

图 10.13

解：未切槽时的压应力为

$$\sigma^{-}=\left|\frac{-N}{A}\right|=\frac{P}{2a\times 2a}=\frac{P}{4a^{2}}$$

通过平衡分析不难得知，切槽后最大压应力应为偏心压缩情况下截面边缘(原柱轴线)的最大压应力为

$$\sigma_{\max}^{-}=\left|-\frac{N}{A}-\frac{M_y}{W_y}\right|=\frac{P}{2a^{2}}+\frac{\left(P\times\frac{a}{2}\right)\times 6}{2a\times a^{2}}=2\frac{P}{a^{2}}$$

所以

$$\frac{\sigma_{\max}^{-}}{\sigma^{-}}=\frac{2\frac{P}{a^{2}}}{\frac{P}{4a^{2}}}=8$$

由此可见，面积减小一半的切槽处其最大压应力为原来的 8 倍。

10.3.2 双向偏心受压(受拉)

1. 荷载的简化

如图 10.14(a)所示，一等直截面柱受到偏心压力 **P** 的作用，已知外力 **P** 的作用点到 x 轴的偏心距为 e_y，到 y 轴的偏心距为 e_z，则根据力的平移定理有：

(1) 将压力 **P** 平移至 z 轴，附加力偶矩为 $m_z=P\cdot e_y$。

(2) 再将压力 **P** 从 z 轴上平移至与杆件形心重合，则附加力偶矩为 $m_y=P\cdot e_z$。

由图 10.14(b)可见，力 **P** 在经过两次平移后，得到轴向压力 **P** 和两个附加力偶矩 m_z、m_y，即双向偏心压缩实际上可以看作轴向压缩和两个相互垂直的平面弯曲的组合。

2. 内力的计算

如图 10.14(b)，由截面法截取任一横截面 $ABCD$，通过静力平衡分析可以得到，其内力均为 $N=P$，$m_z=Pe_y$，$m_y=Pe_z$。

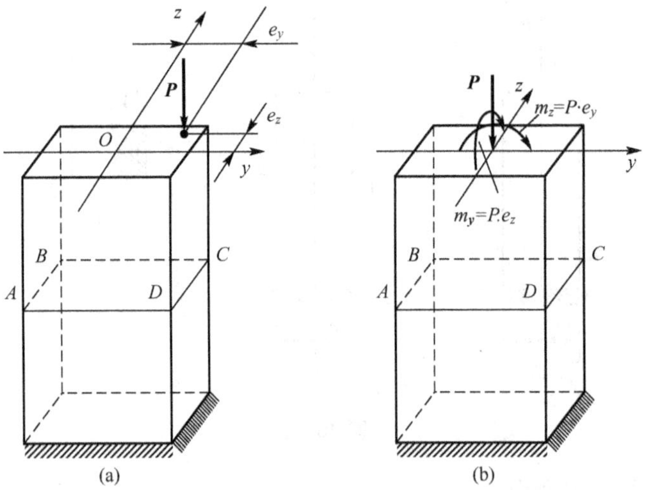

图 10.14

3. 应力计算

如图 10.15 所示，对横截面 $ABCD$ 上任意一点 H，设坐标为 y_1、z_1，则利用叠加原理，先分别求出轴向压缩和两个相互垂直的平面弯曲的应力分量。

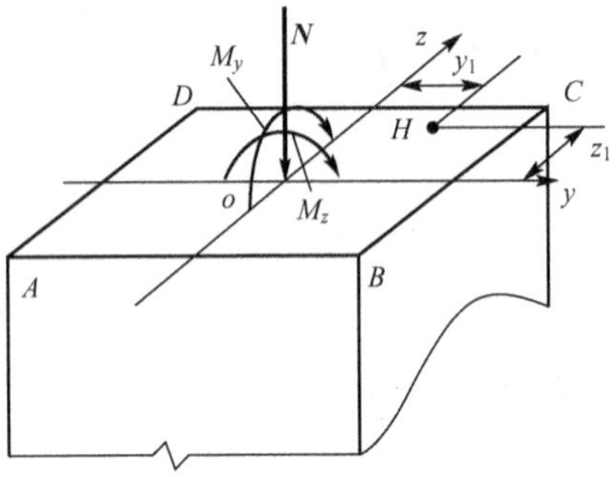

图 10.15

(1) 由轴力 $\boldsymbol{P}$ 引起 H 点的压应力为

$$\sigma_N=-\frac{P}{A}$$

(2) 由弯矩 M_z 引起 H 点的应力为

$$\sigma_{M_z}=\pm\frac{M_z y_1}{I_z}$$

(3) 由弯矩 M_y 引起 H 点的应力为

$$\sigma_{M_y}=\pm\frac{M_y z_1}{I_y}$$

将(1)、(2)、(3)叠加后得到 H 点的总应力

$$\begin{aligned}\sigma&=\sigma_N+\sigma_{M_z}+\sigma_{M_y}\\&=-\frac{P}{A}\pm\frac{M_z\cdot y_1}{I_z}\pm\frac{M_y\cdot z_1}{I_y}\end{aligned}\qquad(10-8)$$

为便于求解，上式中 P、M_z、M_y、y、z 一般用绝对值代入，式中第二项和第三项前的正负号通过观察弯曲变形的情况来确定，轴力产生的应力符号则仍然以拉为正、压为负。

4. 中性轴位置

根据中性轴的定义，由式(10－8)可得

$$\sigma=-\frac{P}{A}-\frac{M_z\cdot y}{I_z}-\frac{M_y\cdot z}{I_y}=0$$

即

$$\frac{P}{A}+\frac{M_z\cdot y}{I_z}+\frac{M_y\cdot z}{I_y}=0$$

设 y_0、z_0 为中性轴上点的坐标，则中性轴方程为

$$\frac{P}{A}+\frac{Pe_y}{I_z}y_0+\frac{Pe_z}{I_y}z_0=0$$

即

$$1+\frac{e_y}{i_z^2}y_0+\frac{e_z}{i_y^2}z_0=0 \tag{10-9}$$

上式也称为零应力线方程，是一与外力无关的直线方程。式中 $i_z^2=\frac{I_z}{A}$，$i_y^2=\frac{I_y}{A}$，分别称为截面对 z、y 轴的惯性半径，也是截面的几何量。则由该方程得到中性轴在各坐标轴上的截距为

当 $z_0=0$ 时，
$$y_1=y_0=-\frac{i_z^2}{e_y}$$

当 $y_0=0$ 时，
$$z_1=z_0=-\frac{i_y^2}{e_z}$$

从而可以确定中性轴位置。其结果表明，力 $\boldsymbol{P}$ 作用点坐标偏心距 e_y、e_z 越大，截距 y_1、z_1 越小；反之亦然。说明外力作用点越靠近形心，则中性轴越远离形心。式中负号表示中性轴与外力作用点总是位于形心两侧。中性轴将截面划分成两部分，一部分为压应力区，另一部分为拉应力区。

由图 10.15 可见，最小正应力(压应力)$\sigma_{\min}$发生在 C 点，最大正应力(拉应力)$\sigma_{\max}$发生在 A 点，其值为

$$\begin{cases}\sigma_{\max}=-\dfrac{P}{A}+\dfrac{M_z}{W_z}+\dfrac{M_y}{W_y}\\[2ex]\sigma_{\min}=-\dfrac{P}{A}-\dfrac{M_z}{W_z}-\dfrac{M_y}{W_y}\end{cases} \tag{10-10}$$

危险点 A、C 都处于单向应力状态，所以双向偏心受压的强度条件可类似于单向偏心压缩的情况建立。

5. 强度条件

$$\begin{cases}\sigma_{\max}=-\dfrac{P}{A}+\dfrac{M_z}{W_z}+\dfrac{M_y}{W_y}\leqslant[\sigma_+]\\[2ex]\sigma_{\min}=-\dfrac{P}{A}-\dfrac{M_z}{W_z}-\dfrac{M_y}{W_y}\leqslant[\sigma_-]\end{cases} \tag{10-11}$$

例 10-5 试求图 10.16 所示偏心受拉杆的最大正应力。

解：通过分析不难看出，此杆切槽处的截面是危险截面，如图 10.16(b)所示，将力 $\boldsymbol{P}$ 向切槽截面的轴线简化，得

$$N=P=2\text{kN}$$

$$M_z=2\times10\times10^{-3}=20\times10^{-3}(\text{kN}\cdot\text{m})$$

$$M_y=2\times11.25\times10^{-3}=22.5\times10^{-3}(\text{kN}\cdot\text{m})$$

N、M_z、M_y 均在截面 K 点处引起拉应力，故 K 点为危险点，其应力为

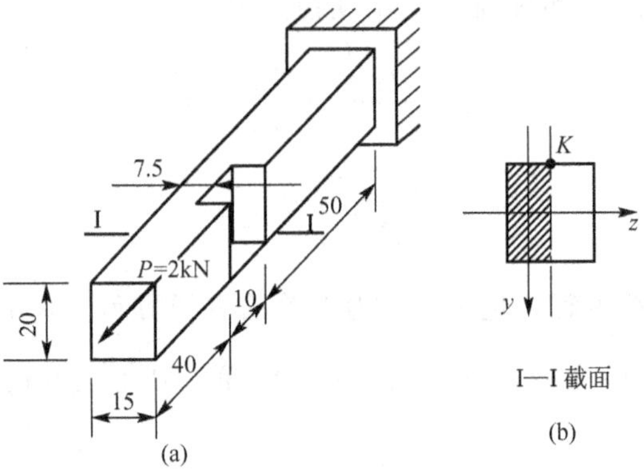

图 10.16

$$\sigma_K = \frac{N}{A} + \frac{M_z}{W_z} + \frac{M_y}{W_y}$$
$$= \frac{2\times10^3}{20\times7.5} + \frac{6\times20\times10^{-3}\times10^6}{7.5\times20^2} + \frac{6\times22.5\times10^{-3}\times10^6}{20\times7.5^2}$$
$$= 173.3(\text{MPa})$$

10.4 截面核心

10.4.1 截面核心的概念

在土木工程中，常用的砖、石、混凝土材料，抗拉强度比抗压强度小得多，在设计时一般要求这类材料制成的杆件在偏心压力作用下，尽量避免在截面中出现拉应力，以免拉裂。由前面的推导可见，如果能够人为地将偏心压力的作用点限制在截面形心周围的一个区域，则杆件整个横截面上就只产生压应力而不出现拉应力，这个荷载作用的区域就称为截面核心。

10.4.2 截面核心的确定

由式(10－9)可见，中性轴在横截面的两个形心主轴上的截距 y_1、z_1 随压力作用点的坐标 y 和 x 变化。当压力作用点离横截面形心越近(偏心距越小)时，中性轴离横截面形心越远；当压力作用点离横截面形心越远(偏心距越大)时，中性轴离横截面形心越近。

当中性轴与横截面周边相切时，横截面上恰好不产生拉应力，利用式(10－9)可以确定出一系列点，这些点的连线即为截面核心的边界线。

如图 10.17 所示，考虑一个任意形状的截面，如其截面的形心主轴为 y，z，则可将与截面周边相切的某一直线Ⅰ看做是中性轴，它在 y，z 两个形心主轴上的截距分别为 y_1 和 z_1。根据这两个值，就可确定与该中性轴对应的外力作用点(截面核心边界)C_1 的坐标为

$$\begin{cases} y_{C_1}=-\dfrac{i_z^2}{y_1} \\ z_{C_1}=-\dfrac{i_y^2}{z_1} \end{cases} \tag{10-12}$$

式中

$$i_z^2=\frac{I_z}{A},\quad i_y^2=\frac{I_y}{A}$$

按上述方法求再求出切线Ⅱ、Ⅲ…对应的截面核心边界上点 C_2、C_3…的坐标。连接这些点就得到的一条封闭曲线，即所求截面核心的边界线，而该边界曲线所包围的面积，即为截面核心，如图 10.17 中的阴影部分所示。

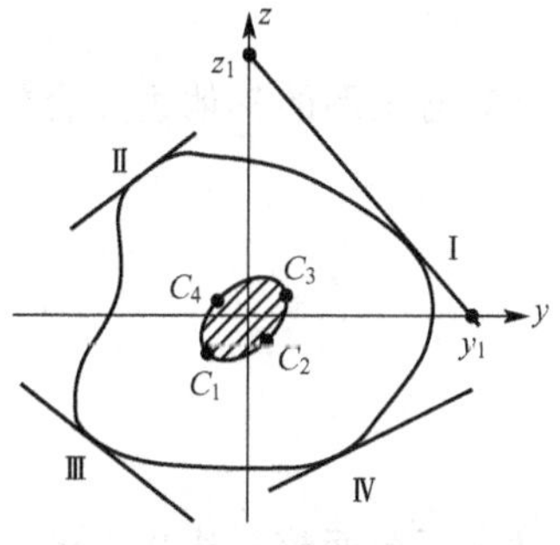

图 10.17

例 10-6 试作圆形截面的截面核心。

解： 由于圆是中心对称图形，截面核心的边界对于圆心也应该是极对称的，即一个圆心为 o 的圆。作一条与圆截面周边相切于 A 的直线Ⅰ(图 10.18)，将其看做是中性轴，并取 oA 为 y 轴，于是，该中性轴在 y、z 两个形心主惯性轴上的截距为

$$y_1=d/2,\quad z_1=\infty$$

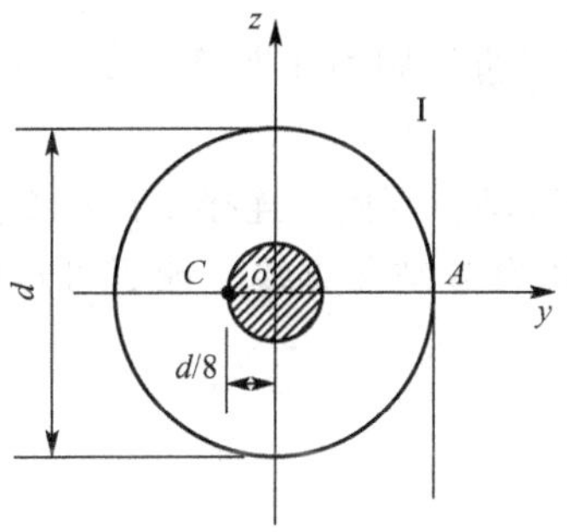

图 10.18

而圆截面的惯性半径

$$i_y^2=i_z^2=d^2/16$$

将以上各值代入式(10-12)，得与中性轴Ⅰ相对应的截面核心边界上点 C 的坐标为

$$y_C=-\frac{i_z^2}{y_1}=\frac{d^2/16}{d/2}=-\frac{d}{8}$$

$$x_C=-\frac{i_y^2}{z_1}=0$$

由对称性可知，圆形的截面核心边界是一个以 o 为圆心、以 $d/8$ 为半径的圆，图 10.18 中带阴影线的区域即为截面核心。

例 10-7 矩形截面的边长分别为 b 和 h，如图 10.19 所示，试确定其截面核心。

解： 矩形截面对称轴 oy 和 oz 也是形心主轴。可以求出该截面的惯性半径为

$$\begin{cases} i_y^2=\dfrac{I_y}{A}=\dfrac{b^2}{12} \\ i_z^2=\dfrac{I_z}{A}=\dfrac{h^2}{12} \end{cases}$$

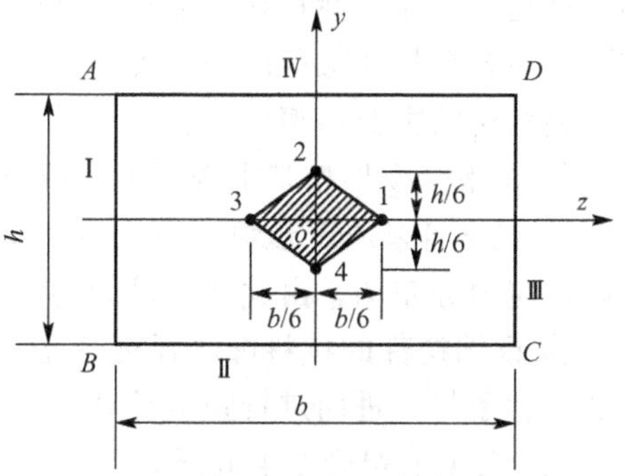

图 10.19

设Ⅰ为与 AB 边重合的中性轴线，则图中Ⅰ对 y、z 轴的截距分别为

$$y_1=\infty,\quad z_1=-b/2$$

由式(10-12)，得到与之对应的 1 点坐标为

$$\begin{cases} y_{C_1}=-\dfrac{i_z^2}{y_1}=0 \\ z_{C_1}=-\dfrac{i_y^2}{z_1}=\dfrac{h}{6} \end{cases}$$

同理可对与矩形的其他边重合的中性轴Ⅱ～Ⅳ进行分析，得出图中 2～4 点的坐标为

$$y_{C_2}=\frac{h}{6},\quad z_{C_2}=0;$$

$$y_{C_3}=0,\quad z_{C_3}=-\frac{b}{6};$$

$$y_{C_4}=-\frac{h}{6},\quad z_{C_4}=0。$$

确定了截面核心边界上的 4 个点后，还要确定这 4 个点之间，截面核心边界的形状。

现研究中性轴从与一个周边相切，转到与另一个周边相切时，外力作用点的位置变化的情况。

当外力作用点由 1 点沿截面核心边界移动到 2 点的过程中，与外力作用点对应的一系列中性轴将绕 B 点旋转，B 点是这一系列中性轴共有的点。因此，将 B 点的坐标 y_B 和 z_B 代入式(10-9)中，得

$$1+\frac{e_y \cdot y_B}{i_z^2}+\frac{e_z \cdot z_B}{i_y^2}=0$$

在这一方程中，如果将外力作用点的坐标 e_y 和 e_z 看成变量，则由于其次数为一次，所以是一个直线方程。

该式表明，当中性轴绕 B 点旋转时，外力作用点沿直线移动。因此，连接 1 点和 2 点的直线，就是截面核心的边界。同理，2 点、3 点和 4 点之间也分别是直线。最后可得矩形截面的截面核心是一个菱形，如图 10.19 所示。

本章小结

本章用叠加原理求解组合变形构件的强度和变形问题，主要以强度问题为主介绍了斜弯曲杆件和偏心受压(受拉)杆件。本章重要内容如下。

(1) 叠加法求解组合变形问题。根据叠加原理，可以运用叠加法来处理组合变形问题的条件是：①线弹性材料，加载在弹性范围内，即服从虎克定律；②小变形，保证内力、变形等与各个外载加载次序无关。

叠加法的主要步骤如下。

① 将组合变形按基本变形的加载条件或相应内力分量分解为几种基本变形。

② 根据各基本变形情况下的内力分布，确定可能危险面；根据危险面上相应内力分量画出应力分布图，由此找出可能的危险点；根据叠加原理，得出危险点应力状态。

③ 根据构件的材料选取强度理论，由危险点的应力状态，写出构件在组合变形情况下的强度条件，进而进行强度计算。

(2) 典型的组合变形问题。

① 斜弯曲。中性轴不再与加载轴垂直，并且挠度曲线不再为加载面内的平面曲线。

斜弯曲强度条件为

$$\sigma_{\max}=\frac{M_z}{W_z}+\frac{M_y}{W_y}\leqslant[\sigma]$$

② 单向偏心受压(受拉)。

单向偏心受压强度条件为

$$\begin{cases}\sigma_{\max}=-\dfrac{P}{A}+\dfrac{M_z}{W_z}\leqslant[\sigma_+]\\ \sigma_{\min}=\left|-\dfrac{P}{A}-\dfrac{M_z}{W_z}\right|\leqslant[\sigma_-]\end{cases}$$

单向偏心受拉强度条件将上式中力 **P** 变成拉力即可。

③ 双向偏心受压(受拉)。

双向偏心受压强度条件为

$$\begin{cases}\sigma_{\max}=-\dfrac{P}{A}+\dfrac{M_z}{W_z}+\dfrac{M_y}{W_y}\leqslant[\sigma_+]\\ \sigma_{\min}=\left|-\dfrac{P}{A}-\dfrac{M_z}{W_z}-\dfrac{M_y}{W_y}\right|\leqslant[\sigma_-]\end{cases}$$

双向偏心受拉强度条件将上式中力 **P** 变成拉力即可。

(3) 截面核心。将偏心压力的作用点限制在截面形心周围的一个区域，则杆件整个横截面上就只产生压应力而不出现拉应力，这个荷载作用的区域就称为截面核心。

关键术语

组合变形(combined deformation)；拉伸(压缩)与弯曲的组合变形(combined deformation of axial and flexural loads)；偏心拉(压)[eccentric tension(compression)]；斜弯曲(skew bending)；截面核心(section core)

习　题

1. 思考题

(1) 图 10.20 所示各截面悬臂梁将发生什么变形?

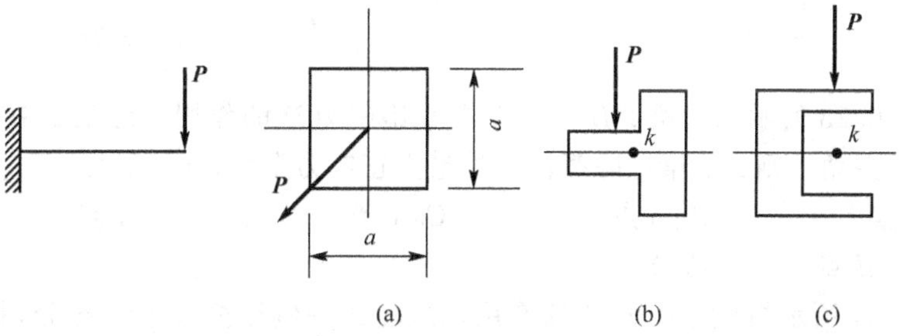

图 10.20

(2) 当梁在两个互相垂直对称面内同时弯曲时，如何计算最大弯曲正应力？

(3) 当杆件处于拉(压)弯组合变形时，正应力如何分布？如何计算最大正应力？

(4) 什么是截面核心？如何确定截面核心？截面核心在土木工程中有何用途？

2. 填空题

(1) 组合变形是指____。

(2) 偏心受力构件的变形包含了______________和______________两种基本变形。

(3) 分析组合变形方法的理论依据是__________________________，它的适用条件是______________。

(4) 杆件在偏心受拉(压)时横截面上的内力有____________________。

(5) 斜弯曲是指____。

(6) 构件受偏心压力作用时，外力作用点离截面形心越近，则中性轴距形心越______；当外力作用点位于截面形心附近一区域内时，可保证截面上不产生拉应力，这一区域称为________。

3. 判断题

(1) 偏心压缩实际上是轴向压缩与弯曲的组合变形。(　　)

(2) 对于双对称截面梁，若在水平和垂直两纵向对称平面内同时承受横向外力作用，则其将发生斜弯曲变形。(　　)

4. 单项选择题

(1) 图 10.21 所示悬臂梁的截面是直径为 d 的圆，其截面 B 内的最大拉应力为(　　)。

A. $\dfrac{64Fl}{\pi d^3}$　　B. $\dfrac{128Fl}{\pi d^3}$　　C. $\dfrac{64\sqrt{2}Fl}{\pi d^3}$　　D. $\dfrac{128\sqrt{2}Fl}{\pi d^3}$

(2) 图 10.22 所示悬臂梁的横截面是边长为 a 的正方形，其横截面 B 内的最大拉应力为(　　)。

A. $\dfrac{12Fl}{a^3}$　　B. $\dfrac{24Fl}{a^3}$　　C. $\dfrac{12\sqrt{2}Fl}{a^3}$　　D. $\dfrac{24\sqrt{2}Fl}{a^3}$

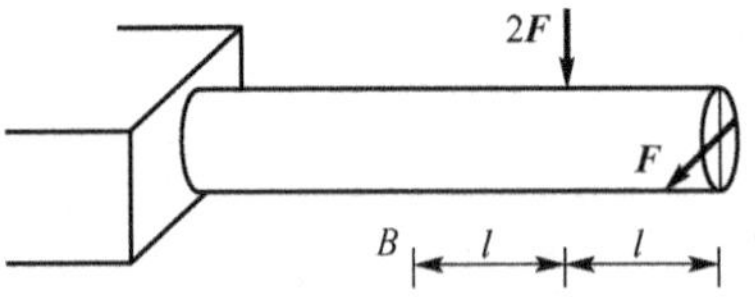

图 10.21

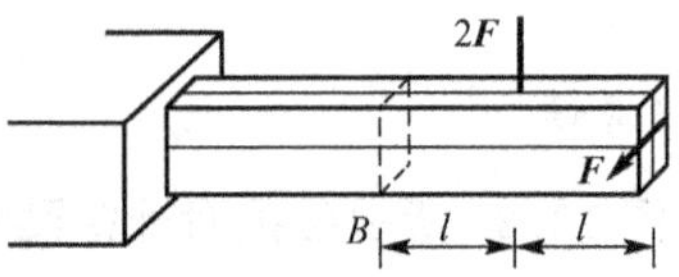

图 10.22

(3) 在图 10.23 所示悬臂梁 AB 中，A 端受集中力 $\boldsymbol{P}$ 的作用。已知 $\boldsymbol{P}$ 在 $y-z$ 平面内与对称轴成 45°夹角，则 AB 梁危险截面上的最大正应力发生在(　　)。

A. a 点　　B. b 点　　C. c 点　　D. d 点

E. a、d 点　　F. b、c 点

(4) 图 10.24 所示短柱受压力 $\boldsymbol{P}$ 的作用，短柱的一侧被挖去了一部分(相应尺寸如图示)，则该短柱中的最大压应力的大小为(　　)。

A. $\dfrac{P}{a^2}$ B. $\dfrac{4P}{3a^2}$ C. $\dfrac{8P}{3a^2}$ D. $\dfrac{P}{3a^2}$

E. $\dfrac{7P}{3a^2}$

5. 计算题

(1) 试求图 10.25(a)、(b)中所示的二杆横截面上最大正应力的比值。

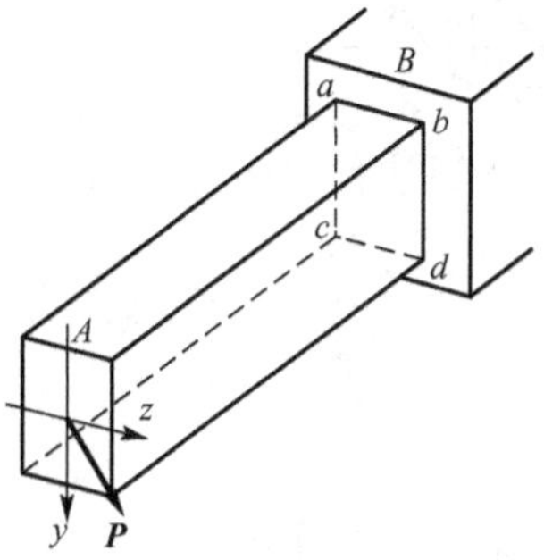

图 10.23

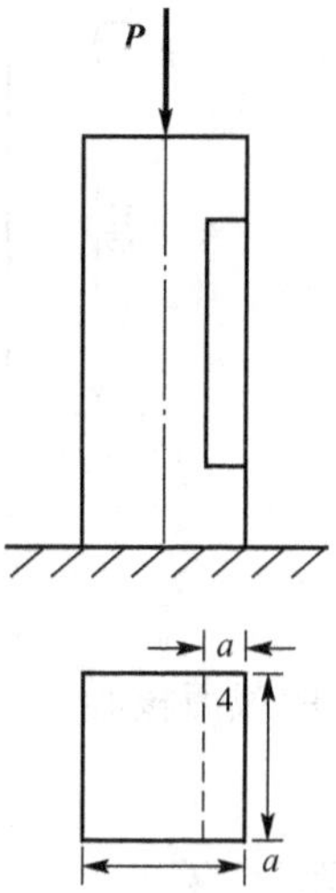

图 10.24

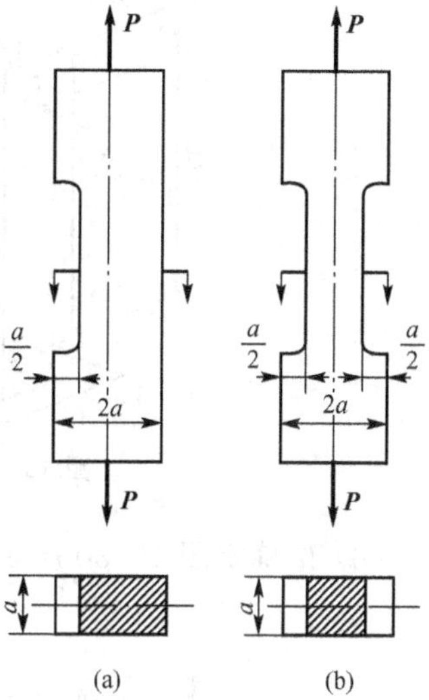

图 10.25

(2) 矩形截面悬臂梁受力如图 10.26 所示，其中力 $\boldsymbol{P}$ 的作用线通过截面形心。试：

① 已知 $\boldsymbol{P}$、b、h、l 和 β，求图中虚线所示截面上点 a 的正应力；

② 求使点 a 处正应力为零时的角度 β 值。

(3) 桥墩受力如图 10.27 所示，试确定下列载荷作用下图示截面 $ABCD$ 上 A、B 两点的正应力：

① 在点 1、2、3 处均有 40kN 的压缩载荷；

② 仅在 1、2 两点处各承受 40kN 的压缩载荷；

③ 仅在点 1 或点 3 处承受 40kN 的压缩载荷。

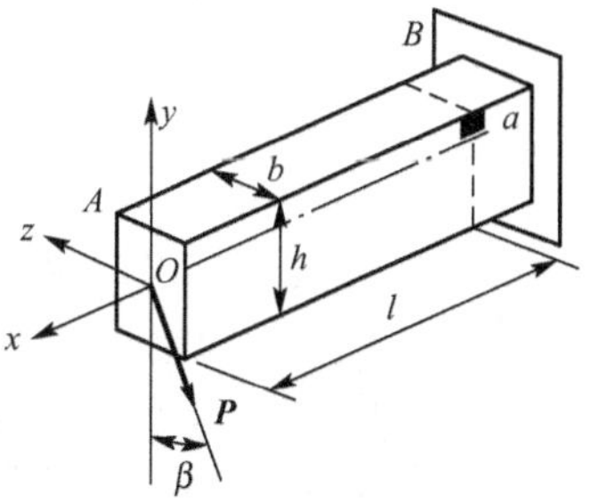

图 10.26

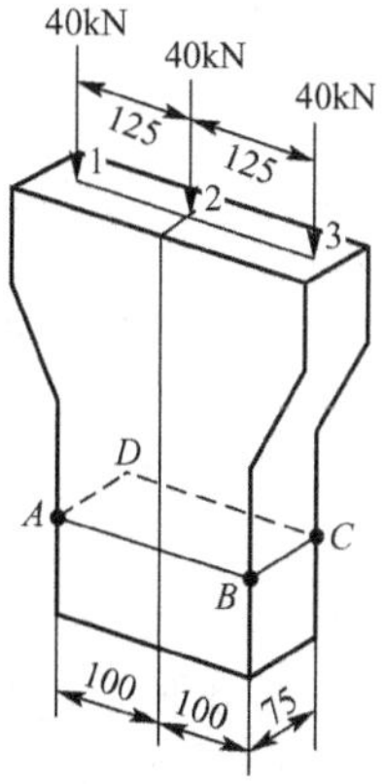

图 10.27

(4) 25a 普通热轧工字钢制成的立柱受力如图 10.28 所示。试求图示横截面上 a、b、c、d 四点处的正应力。

(5) 如图 10.29 所示，短柱受荷载 $\boldsymbol{P}$ 和 $\boldsymbol{H}$ 的作用，试求固定端截面上 A、B、C 及 D 的正应力，并确定其中性轴的位置。

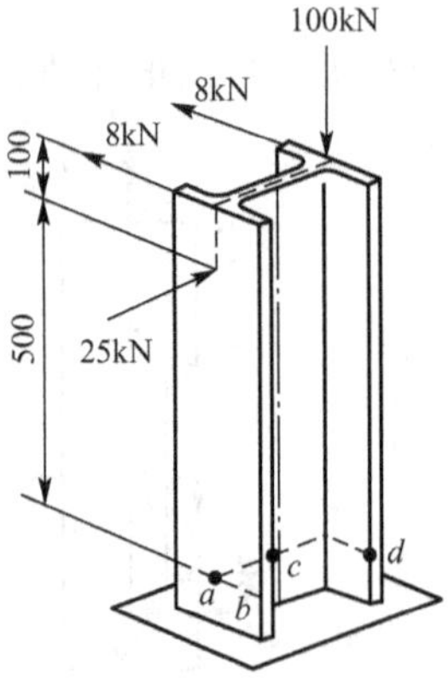

图 10.28

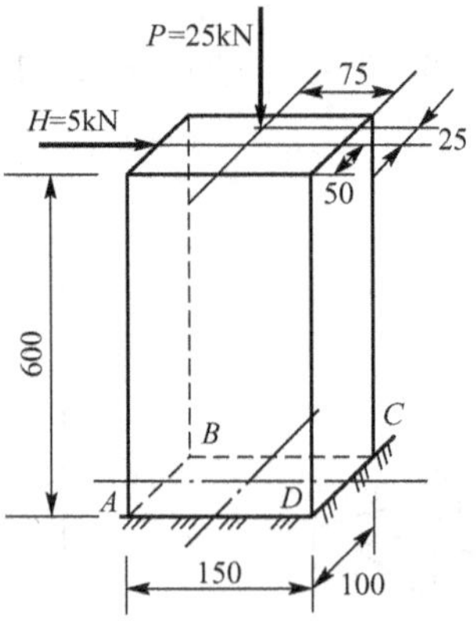

图 10.29

(6) 试确定图 10.30 所示各截面图形的截面核心。

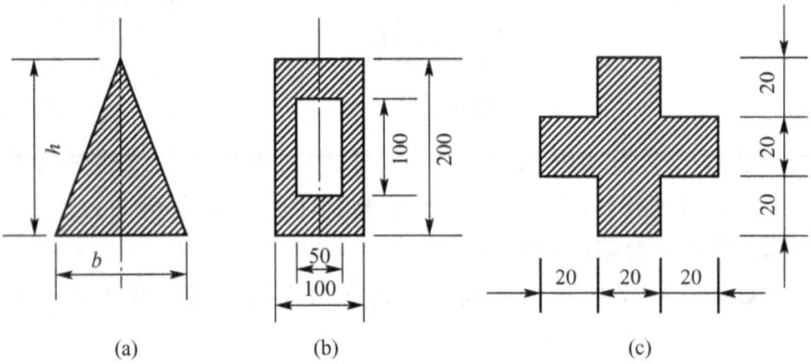

图 10.30

第11章 静定结构的内力和位移

本章教学要点

知识模块	掌握程度	知识要点
静定结构的概念	理解	静定结构的确定方法和主要类型
静定结构的内力	重点掌握	单跨梁和多跨梁弯矩图绘制的叠加法
		平面刚架的内力图
		平面桁架内力求解的结点法和截面法
	了解	三铰拱的内力求解和合理拱轴线的确定方法
结构的变形与位移	理解	结构变形与位移的概念、位移计算的目的以及产生位移与变形的原因
静定结构的位移	了解	平面杆系结构的虚功方程
	熟悉	结构位移计算的一般公式
	掌握	静定结构在荷载作用下的位移计算方法
	重点掌握	图乘法
静定结构的特点总结	掌握	静定结构的基本特性

本章技能要点

技能要点	掌握程度	应用方向
静定结构内力计算	掌握	静定结构强度校核
合理拱轴线的确定	了解	桥梁工程拱桥设计中轴线的选择与确定
静定结构位移计算	掌握	静定结构刚度校核

导入案例

赵　州　桥

赵州桥又名安济桥，建于隋大业(公元 605～618)年间，是著名匠师李春建造的(图 11.1)。桥长 64.40m，跨径 37.02m，是当今世界上跨径最大、建造最早的单孔敞肩型石拱桥。因桥两端肩部各有二个小孔，不是实的，故称敞肩型，这是世界造桥史的一个创造(没有小拱的称为满肩或实肩型)。

赵州桥距今已1400年，经历了10次水灾，8次战乱和多次地震，特别是1966年邢台发生的7.6级地震，邢台距这里有40多千米，这里也有四点几级地震，赵州桥都没有被破坏，著名桥梁专家茅以升说，先不管桥的内部结构，仅就它能够存在1300多年就说明了一切。1963年的水灾大水淹到桥拱的龙嘴处，据当地的老人说，站在桥上都能感觉桥身很大的晃动。据记载，赵州桥自建成至今共修缮8次。

在主拱券的上边两端又各加设了两个小拱，一是可节省材料，二是减少桥身自重(减少自重的15%)，而且能增加桥下河水的泄流量。

1979年5月，由中国科学院自然史组等4个单位组成联合调查组，对赵州桥的桥基进行了调查，自重为2800t的赵州桥，而它的根基只是由5层石条砌成高1.55m的桥台，直接建在自然砂石上。

这么浅的桥基简直令人难以置信，梁思成先生1933年考察时还认为这只是防水流冲刷而用的金刚墙，而不是承纳桥券全部荷载的基础。他在报告中写道："为要实测券基，我们在北面券脚下发掘，但在现在河床下约70～80cm，即发现承在券下平置的石壁。石共5层，共高1.58m，每层较上一层稍出台，下面并无坚实的基础，分明只是防水流冲刷而用的金刚墙，而非承纳桥券全部荷载的基础。因再下30～40cm便即见水，所以除非大规模的发掘，实无法进达我们据学理推测的大座桥基的位置。"

图 11.1

赵州桥作为著名的古代石拱桥，和静定结构的典型结构形式之一——拱结构相对应。

11.1 静定结构的概念

从力的求解的角度定义，静定结构指的是在外力因素作用下全部支座反力和内力都可由静力平衡条件确定的结构；从几何组成分析角度定义，静定结构指的是几何不变且无多余约束的结构。

静定结构受力分析的基本方法是用截面法取隔离体，画受力图，对受力图建立平衡方程求反力和内力。求解时，应尽可能做到一个方程只含一个未知力，从而避免解联立方程。静定结构在工程中有着广泛的应用，又是超静定结构分析的基础。因此，熟练掌握静定结构的内力计算方法，了解其力学性能，对于结构设计或者选择结构形式时的定性分析是极为重要的。

本章主要讨论集中典型的静定结构(梁、刚架、拱、桁架)的内力。

11.2 单跨静定梁

静定梁可分为单跨静定梁与多跨静定梁。常见的单跨静定梁有简支梁、外伸梁和悬臂梁 3 种，它们的几何构成均可看作梁与按两刚片规则组成的静定结构。其支座反力均为 3 个，可取全梁为脱离体，由平面一般力系的 3 个平衡方程(一矩式、二矩式和三矩式)求出。

单跨静定梁的内力通过截面法求解，其内力图的绘制方法包括前面章节所述的建立剪力方程和弯矩方程绘制，通过弯矩 $M(x)$/剪力 $Q(x)$和分布荷载集度 $q(x)$之间微分关系的规律作图以及叠加法。

用叠加法作弯矩图的具体方法如下。

1. 分荷载叠加法

当梁上作用几个(或几种)荷载情况下，可先求出各种单一荷载作用下的弯矩，然后将各种情况对应的弯矩图相叠加，即得弯矩图。这里的叠加是指每个截面对应弯矩竖标的叠加，并非是图形的相互重叠。

例 11-1 试作图 11.2(a)所示梁的弯矩图。

解：图 11.2(a)所示梁的弯矩图可以依据图 11.2(b)、(d)所示两种不同荷载分别作用在同一个结构上以后产生的弯矩图叠加的结果。图 11.2(b)、(d)所示两种不同荷载对应的弯矩图分别如图 11.2(c)、(e)所示，叠加后的结果如图 11.2(f)所示。

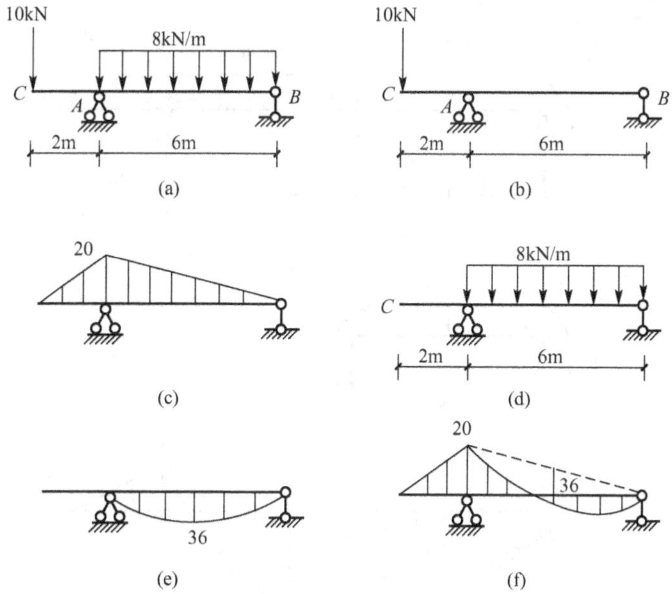

图 11.2

2. 区段叠加法

在梁上有较多种荷载作用时，用上述方法作弯矩图较为麻烦，通常可先求出某些区段两端截面的弯矩，该区段可视为简支梁在两支座处作用着区段端截面的弯矩，然后利用叠加法，将该区段的弯矩图绘出。如当已知 AB 区段有集中力 $\boldsymbol{P}$ 作用并且两端弯矩分别为 M_A、M_B 时，可看作图 11.3(a)所示简支梁，其弯矩图可看作图 11.3(b)与图(c)的叠加，即先将两端弯矩 M_A、M_B 绘出并连以直线，如图(d)中虚线所示，然后以此虚线为基线叠加上简支梁在集中力 $\boldsymbol{P}$ 作用下的弯矩图。这里弯矩图的叠加，是指其纵坐标叠加，图 11.2(d)中的竖标$\dfrac{Pab}{l}$仍应沿竖向取(而不是垂直于 M_A、M_B 连线的方向)。这样，最后所得的图线与最初的水平基线之间所包含的图形即为叠加后所得的弯矩图。

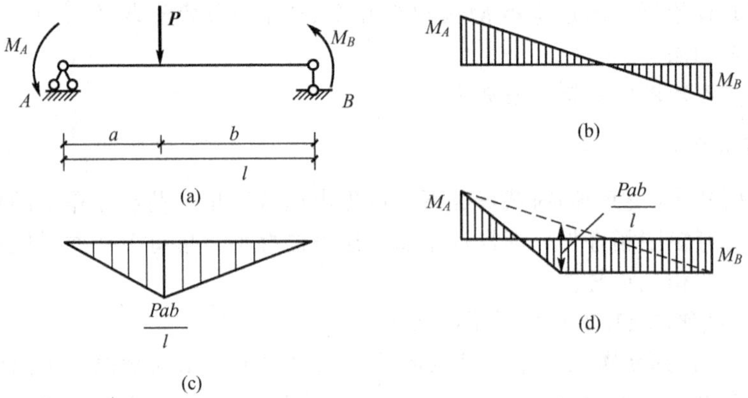

图 11.3

例 11-2 试作图 11.4(a)所示梁的弯矩图。

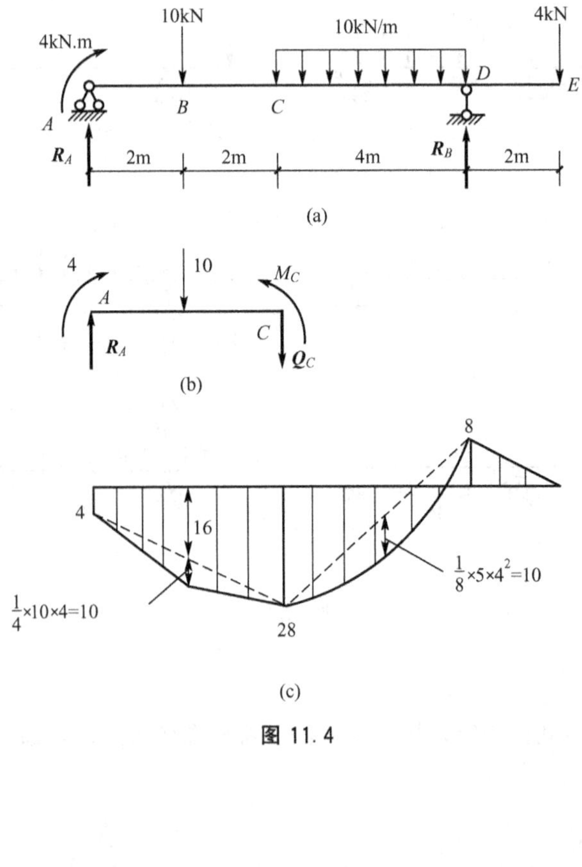

图 11.4

解：首先由整体平衡条件求出支座反力。

$$R_A = 11\text{kN};\quad R_B = 23\text{kN}$$

然后，取图 11.4(b)所示脱离体，求 C 截面弯矩。

由 $\sum M_C = 0$，有

$$4 + 11 \times 4 - 10 \times 2 - M_C = 0,\quad 得\ M_C = 28\text{kN} \cdot \text{m}$$

同理，可求得 $M_D = 8\text{kN} \cdot \text{m}$(上侧受拉)，将 AC、CD 分别视为区段，用区段叠加法便可将最后弯矩图绘出，如图 11.4(c)所示。

11.3 多跨静定梁

多跨静定梁是由几根梁用铰相连，并与基础相连而组成的静定结构，图 11.5(a)所示为一多跨静定梁，图 11.5(b)为其计算简图。

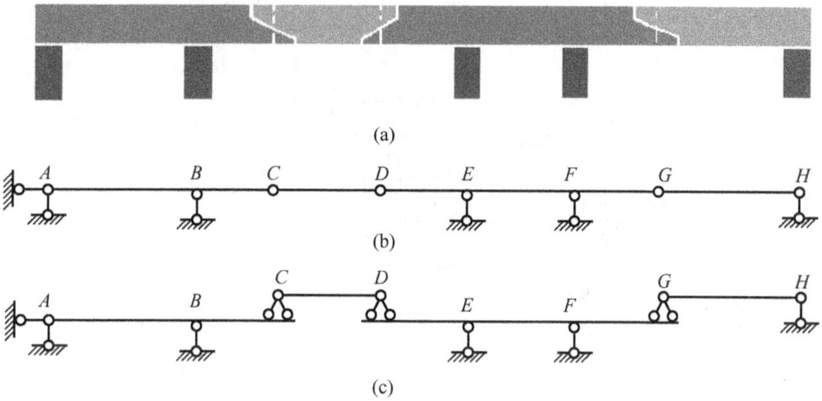

图 11.5

从几何组成上看，多跨静定梁可以分为基本部分和附属部分。如上述多跨静定梁，其中 AC 部分与 DG 部分均不依赖其他部分可独立地保持其几何不变性，称为基本部分。而 CD 以及 GH 部分则必须依赖基本部分才能维持其几何不变性，故称为附属部分。为更清晰地表明各部分间的支承关系，可以把基本部分画在下层，而把附属部分画在上层，如图 11.5(c)所示，称为层叠图。

从受力分析来看，当荷载作用于基本部分上时，将只有基本部分受力，附加部分不受力。当荷载作用于附属部分上时，不仅附属部分受力，而且附属部分的支承反力将反向作用于基本部分上，因而使基本部分也受力。由上述关系可知，在计算多跨静定梁时，应先求解附属部分的内力和反力，然后求解基本部分的内力和反力。而每一部分的内力、反力计算与相应的单跨梁计算完全相同。

例 11-3 试作图 11.6(a)所示多跨梁的内力图，并求出 C 支座反力。

解：由几何组成分析可知，AB 为基本部分，BCD、DEF 均为附属部分，求解顺序为先 DEF，后 BCD，再 AB。画出层次图如 11.6(b)所示。

按顺序先求出各区段支承反力，标示于图 11.6(c)中，然后按上述方法逐段作出梁的剪力图和弯矩图，如图 11.6(d)、(e)所示。

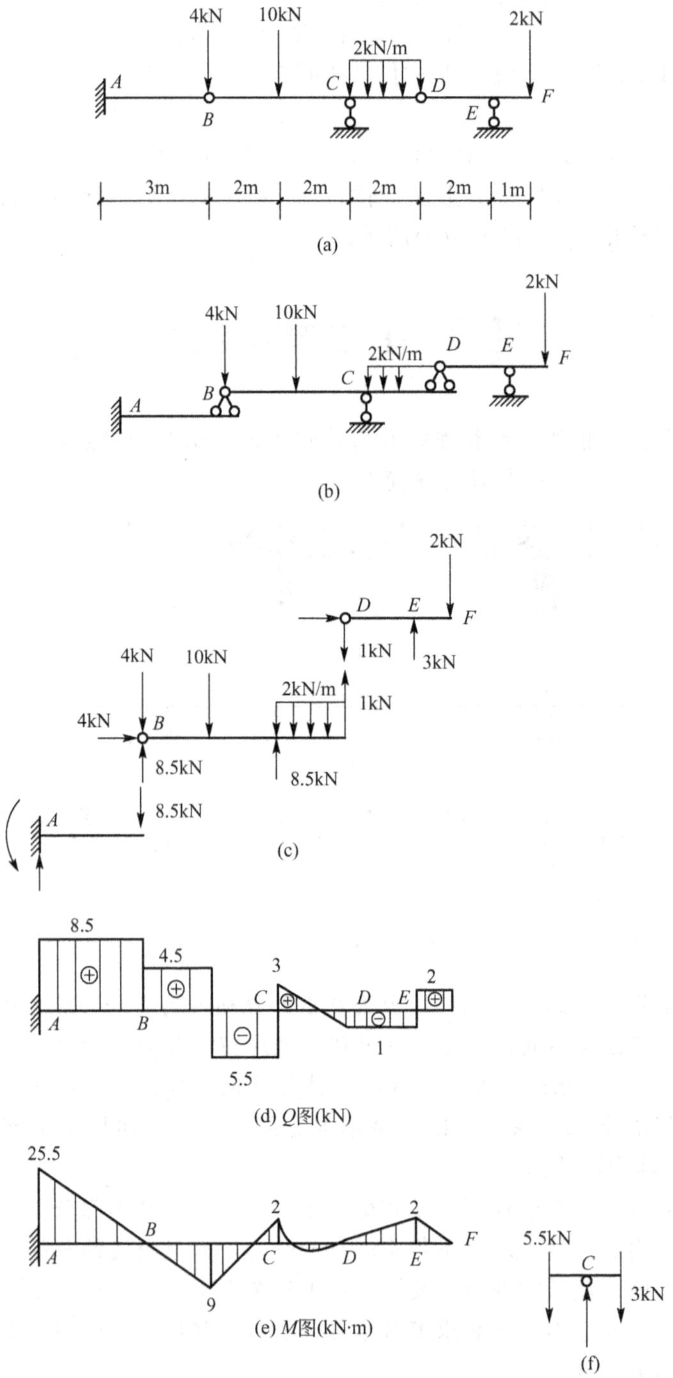

图 11.6

C 支座反力，可由图 11.6(c)图中直接得到；另一种求 C 支座反力的方法，可取接点 C 为脱离体，如图 11.5(f)，由 $\sum Y=0$，可得

$$R_C=5.5+3=8.5(\text{kN})$$

11.4 静定平面刚架

11.4.1 概述

刚架是由直杆组成的具有刚接点的结构。各杆轴线和外力作用线在同一平面内的刚架称平面刚架。刚架整体性好，内力较均匀，杆件较少，内部空间较大，所以在工程中得到广泛应用。

静定平面刚架常见的形式有悬臂刚架、简支刚架及三铰刚架等，分别如图 11.7、图 11.8和图 11.9 所示。

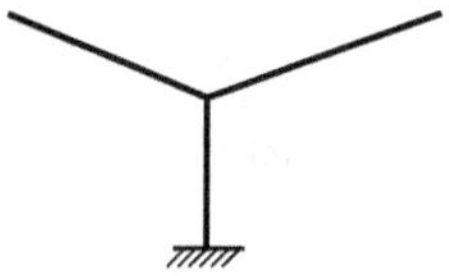

图 11.7

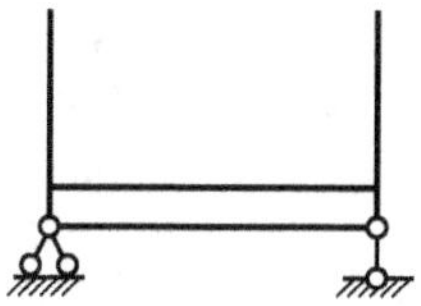

图 11.8

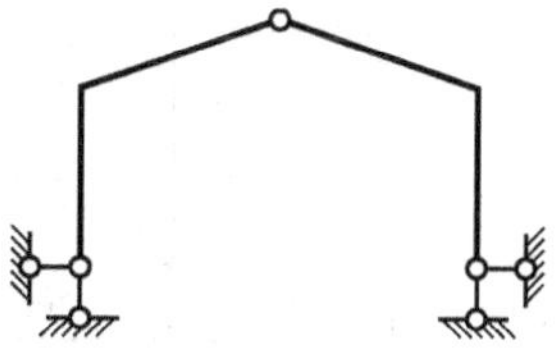

图 11.9

11.4.2 静定平面刚架的内力计算

从力学角度看，刚架可看作由梁式杆件通过刚性接点连接而成。因此，刚架的内力计算和内力图绘制方法基本上与梁相同，但在梁中内力一般只有弯矩和剪力，而在刚架中除弯矩和剪力外，尚有轴力。其剪力和轴力正负号规定与梁相同，剪力图和轴力图可绘在杆件的任一侧但必须注明正、负号。刚架中，杆件的弯矩通常不规定正、负，计算时可任假设一侧受拉为正，根据计算结果来确定受拉的一侧，弯矩图绘在杆件受拉边而不注正、负号。

静定刚架计算时，一般先求出支座反力，然后求各控制截面的内力，再将各杆内力画竖标、连线即得最后内力图。

悬臂式刚架可先不求支座反力，从悬臂端开始依次截取至控制截面的杆段为脱离体，求控制截面内力。

简支式刚架可由整体平衡条件求出支座反力，从支座开始依次截取至控制截面的杆段为脱离体，求控制截面内力。

三铰刚架有 4 个未知支座反力，由整体平衡条件可求出两个竖向反力，再取半跨刚架，对中间铰接点处列出弯矩平衡方程，即可求出水平支座反力，然后求解各控制截面的内力。当刚架系由基本部分与附属部分组成时，亦遵循先附属部分后基本部分的计算顺序。

为明确地表示刚架上的不同截面的内力，尤其是区分汇交于同一接点的各杆截面的内力，一般在内力符号右下角引用两个角标：第一个表示内力所属截面，第二个表示该截面所属杆件的远端。例如，M_{AB}表示AB杆A端截面的弯矩，Q_{CA}表示AC杆C端截面的剪力，等等。

例 11－4 求图 11.10(a)所示悬臂刚架的内力图。

解：此刚架为悬臂刚架，可不必先求支座反力。

取BC为脱离体，如图 11.10(b)所示，列平衡方程

$$\sum X=0:\quad N_{BC}=0$$

$$\sum Y=0:\quad Q_{BC}=-5\times 2=-10(\text{kN})$$

$$\sum M_B=0:\quad M_{BC}=5\times 2\times 1=10(\text{kN}\cdot\text{m})\quad(\text{上侧受拉})$$

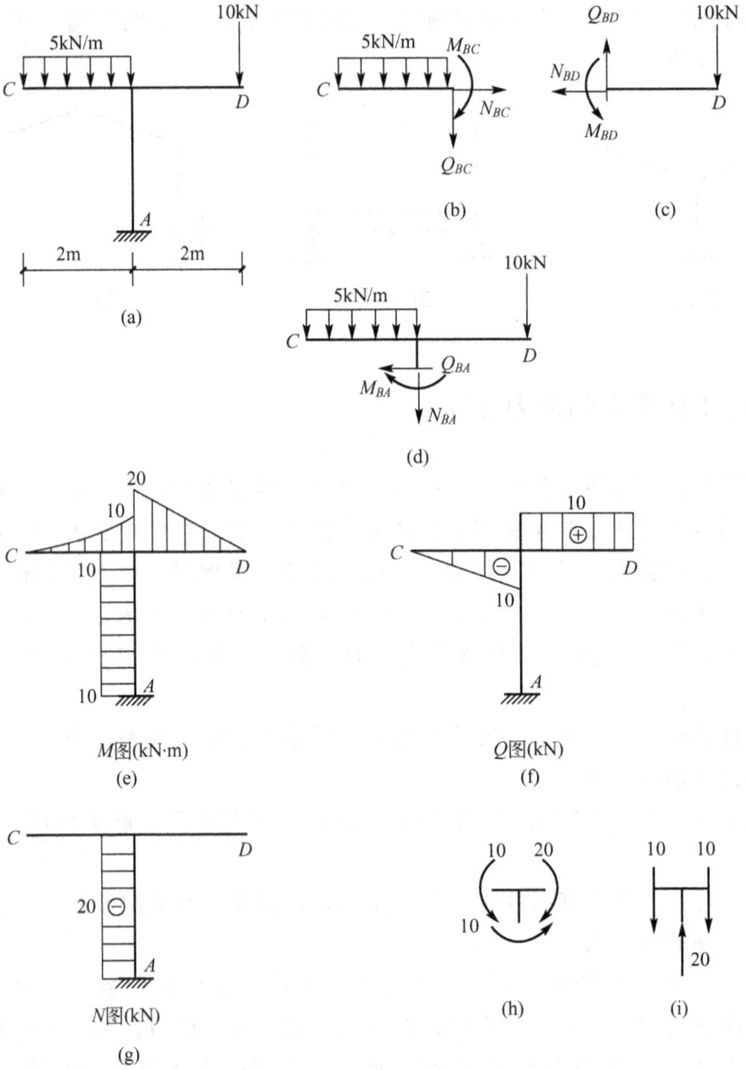

图 11.10

取BD为脱离体，如图 11.10(c)所示，列平衡方程

$$\sum X=0: \quad Q_{BD}=0$$

$$\sum Y=0: \quad Q_{BD}=10\text{kN}$$

$$\sum M_B=0: \quad M_{BD}=10\times2=20(\text{kN}\cdot\text{m}) \quad (上侧受拉)$$

取 CBD 为脱离体，如图 11.10(d)所示，列平衡方程

$$\sum X=0: \quad Q_{BA}=0$$

$$\sum Y=0: \quad N_{BA}=-5\times2-10=-20(\text{kN})$$

$$\sum M_B=0: \quad M_{BD}=5\times2\times1-10\times2=-10(\text{kN}\cdot\text{m}) \quad (左侧受拉)$$

将上述内力绘图即可得弯矩图、剪力图、轴力图，如图 11.10(e)、(f)、(g)所示。取 B 结点进行弯矩、剪力、轴力的校核，如图 11.10(h)、(i)，可知弯矩、剪力、轴力均满足平衡条件。

例 11-5 试作图 11.11(a)所示三铰刚架的内力图。

解：(1) 求支座反力。

根据整体平衡条件，有

$$\sum M_A=0: \quad 1\times6\times3+10\times4-Y_B\times8=0, \quad Y_B=7.25\text{kN}\uparrow$$

$$\sum Y=0: \quad Y_A=10-Y_B=2.75\text{kN}\uparrow$$

$$\sum X=0: \quad X_4+1\times6-X_B=0, \quad X_A=X_B-6$$

再取 CB 为脱离体，如图 11.11(b)所示，由 $\sum M_C=0$，得

$$X_B\times6-Y_B\times4=0$$

$$X_B=\frac{Y_B\times4}{6}=\frac{7.25\times4}{6}=4.83(\text{kN})$$

$$X_A=X_B-6=4.83-6=-1.17(\text{kN})$$

(2) 求 D、E 各控制截面的内力如下。

$$M_{DA}=1\times6\times3-1.17\times6=11(\text{kN}\cdot\text{m}) \quad (左侧受拉)$$

$$Q_{DA}=-1\times6-(-1.17)=-4.83(\text{kN})$$

$$N_{DA}=-Y_A=-2.75\text{kN}$$

$$M_{DC}=1\text{kN}\cdot\text{m} \quad (上侧受拉)$$

$$Q_{DC}=Y_A=2.75\text{kN}$$

$$N_{DC}=-1\times6+1.17=-4.83(\text{kN})$$

$$M_{EB}=X_B\times6=4.83\times6=29(\text{kN}\cdot\text{m}) \quad (右侧受拉)$$

$$Q_{EB}=X_B=4.83\text{kN}$$

$$N_{EB}=-Y_B=-7.25\text{kN}$$

$$M_{EC}=X_B\times6=4.83\times6=29(\text{kN}\cdot\text{m}) \quad (上侧受拉)$$

$$Q_{EC}=-Y_B=-7.25\text{kN}$$

$$N_{EC}=-X_B=-4.83\text{kN}$$

根据以上截面内力，用叠加法即可绘出刚架的弯矩图、剪力图、轴力图，分别如图 11.11(b)、图 11.11(c)、图 11.11(d)所示。

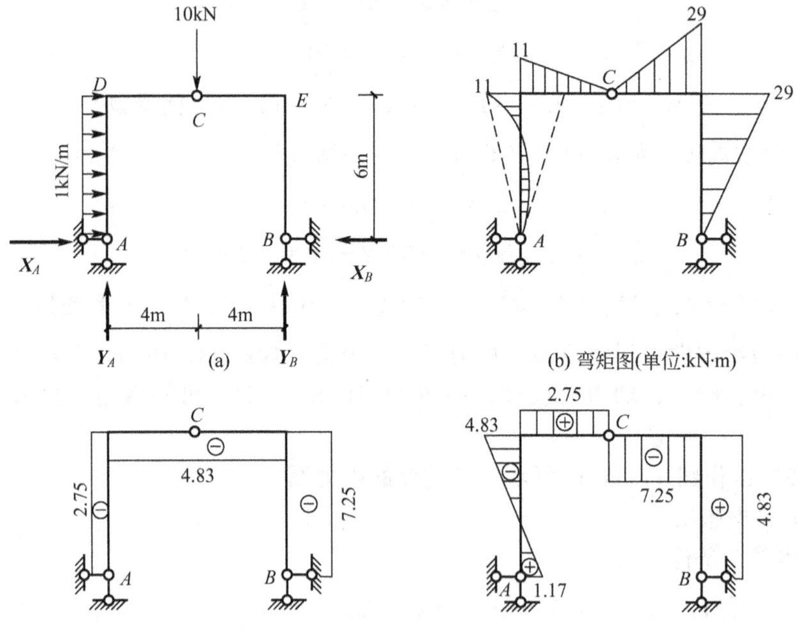

(a) (b) 弯矩图(单位:kN·m)

(c) 剪力图(单位:kN) (d) 轴力图(单位:kN)

图 11.11

11.5 静 定 拱

11.5.1 概述

拱是杆轴为曲线且在竖向荷载下会产生水平推力的结构。土建工程中，拱结构是应用比较广泛的结构形式之一，特别是大跨结构。常见的拱有三铰拱、二铰拱和无铰拱，分别如图 11.12(a)、(b)和(c)所示。三铰拱是静定的，后两种拱都是超静定的。

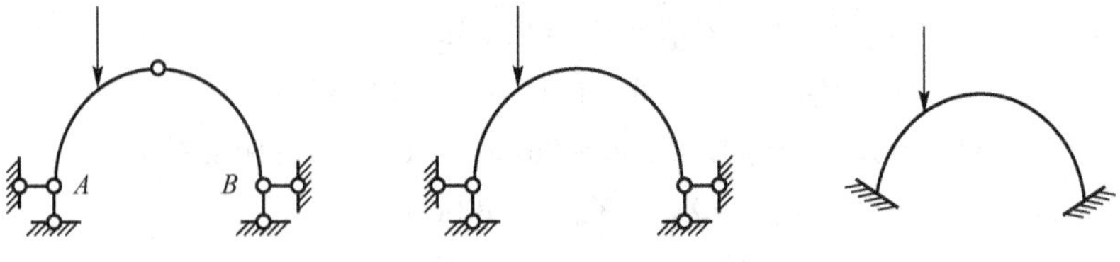

(a) (b) (c)

图 11.12

拱与梁的区别不仅在于杆轴线的曲直，更重要的是拱在竖向荷载作用下其支座会产生水平反力(又称推力)。由于推力的存在，拱的各个截面所受的弯矩比跨度、荷载相同的梁各截面的弯矩小得多，而以承受轴向压力为主。拱的主要优点就是能充分发挥材料的作用，特别是可利用抗压性能好而抗拉性能差的砖、石等材料建造拱桥、拱形屋面等。河北的赵州桥就是石拱桥的一个典型例子。建筑上也常用砖拱代替门窗过梁。

在竖向荷载下是否产生推力是区别梁与拱的主要标志。如图 11.13(a)所示的结构，虽然其杆轴是曲线形的，但在竖向荷载作用下，支座并不产生水平反力，所以它不是拱式结构，而是梁式结构，通常称为曲梁。图 11.13(b)所示的结构，在拱的两支座间设置了拉杆，在竖向荷载作用下，拉杆将产生拉力，代替支座承受的水平推力，这种形式称为带拉杆的拱。由于拉杆的存在可消除推力对支承结构的影响。拱结构与梁的区别是拱在竖向荷载作用下产生水平反力，水平反力又称为推力，故拱又称为推力结构。用于屋盖承重系统时，为减小对墙体的水平推力，拱圈下常设置拉杆，拉杆中的拉力代替了支座中的推力，支座只产生竖向反力，这种拱称为系杆拱。

拱的各部分名称如图 11.13(c)所示。拱的两端支座称为拱趾，两拱趾间的水平距离称为拱的跨度，拱轴上的最高点称为拱顶。拱顶至两拱趾水平连线的竖向距离称为拱高。拱高与跨度之比 f/l 称为高跨比，是拱的基本参数。

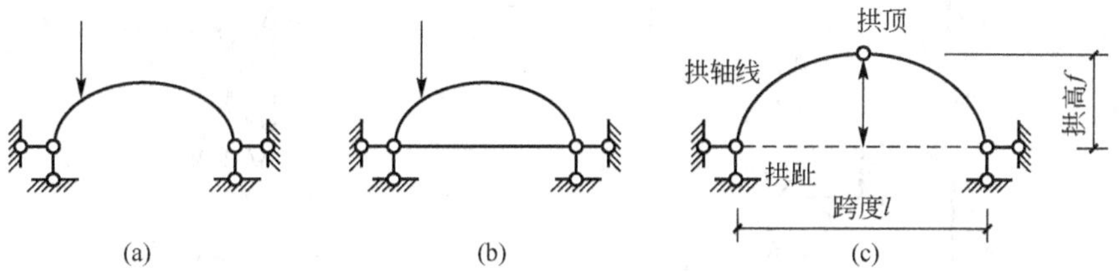

图 11.13

11.5.2 三铰拱的内力计算

现讨论在竖向荷载作用下，三铰拱的支座反力和内力的计算方法，并与相同跨度和荷载情况的简支梁受力加以比较，以明确拱的受力特性。

1. 支反力的计算

图 11.14(a)所示三铰拱有 4 个支座反力 $\boldsymbol{X}_A$、$\boldsymbol{Y}_A$、$\boldsymbol{Y}_B$、$\boldsymbol{X}_B$，由总体平衡方程可求出 $\boldsymbol{Y}_A$、$\boldsymbol{Y}_B$ 以及 $\boldsymbol{X}_A$ 和 $\boldsymbol{X}_B$ 的关系，另需取半跨结构对 C 铰取矩，即可解出 $\boldsymbol{X}_A$ 和 $\boldsymbol{X}_B$。为便于比较，在图 11.14(b)中画出与三铰拱同跨度、同荷载的相应简支梁，其内力和反力的右上角加零以示区别。拱的支座反力求解如下。

由 $\sum M_A=0$ 和 $\sum M_B=0$，可求

$$Y_A=\frac{1}{l}(P_1b_1+P_2b_2)$$

$$Y_B=\frac{1}{l}(P_1b_1+P_2b_2)$$

与图 11.14(b)比较，可知

$$Y_A=Y_A^0$$
$$Y_B=Y_B^0$$

即拱的竖向支座反力与相应简支梁的竖向支座反力相同。

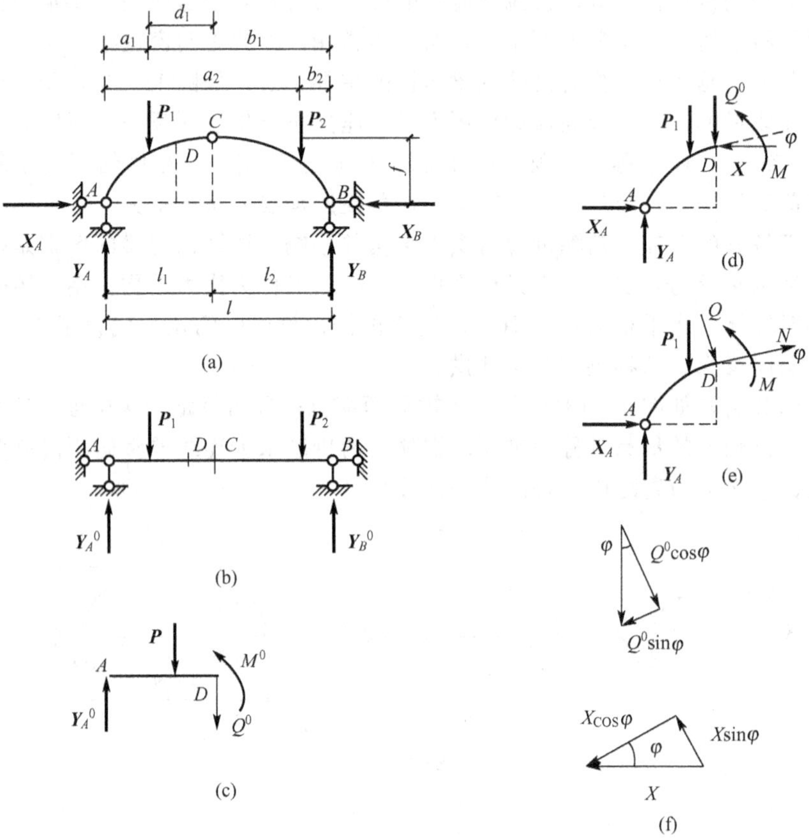

图 11.14

$$\sum X=0:\quad X_A=X_B=X$$

$$\sum M_C=0:\quad Y_A^0 l_1-P_1 d_1-X_A f=0$$

前两项是 C 点以左所有竖向外力对 C 点的力矩代数和，等于简支梁相应截面 C 的弯矩，以 M_C^0 表示，则上式可写成

$$M_C^0-X_A f=0$$

所以，三铰平拱支座反力的计算公式可归纳为

$$Y_A=Y_A^0$$

$$Y_B=Y_B^0$$

$$X=\frac{M_C^0}{f}=X_A=X_B \tag{11-1}$$

由此可知，推力只与荷载及 3 个铰的位置有关而与拱轴形式无关，当荷载与拱跨不变时，推力 X 与拱高 f 成反比。拱越陡时 X 越小；反之，拱越平坦时 X 越大。若 $f=0$，则 $X=\infty$，此时 3 个铰已在一直线上，成为瞬变体系。

2. 内力计算

反力求出后，用截面法即可求出拱轴上任一截面处的内力。因拱常受压，故规定拱轴力以压力(指向截面)为正。

如求图 11.15(a)所示三铰拱截面 K 的内力，可取图 11.15(c)所示的脱离体。

由

$$\sum M_K=0$$

可得

$$M_K=[Y_A x_K-P_1(x_K-a_1)]-X_A y_K$$

由于 $Y_A=Y_A^0$，可见式中方括号内之值即为相应简支梁图 11.15(b)截面 K 的弯矩 M_K，故上式可写为

$$M_K=M_K^0-X\cdot y_K$$

即拱内任一截面的弯矩 M 等于相应简支梁对应截面的弯矩 M^0 减去推力所引起的弯矩 $X\cdot y_K$。可见，由于推力的存在，拱的弯矩比同荷载同跨度梁的要小。

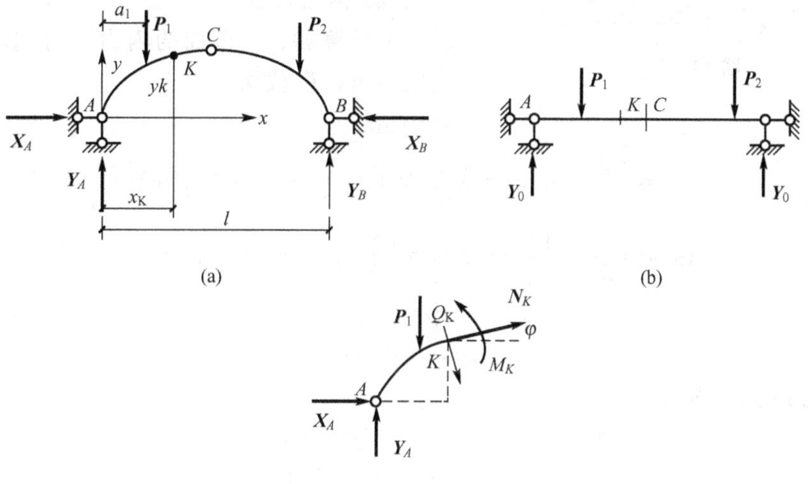

(a) (b) (c)

图 11.15

拱轴截面的剪力以使脱离体产生顺时针转动趋势为正，反之为负。任一截面 K 的剪力 Q 等于该截面一侧所有外力在该截面方向上的投影代数和，由图 11.15(c)可得

$$\begin{aligned}Q_K&=Y_A\cos\varphi-P_1\cos\varphi-X\sin\varphi=(Y_A-P_1)\cos\varphi-X\sin\varphi\\&=Q^0\cos\varphi-X\sin\varphi\end{aligned}$$

式中，$Q^0=Y_A-P_1$ 为相应简支梁截面 K 的剪力，φ 的符号在图示坐标系中左半拱取正，右半拱取负。

任一截面 K 的轴力等于该截面一侧所有外力在该截面法线方向上的投影代数和，由图 11.15(c)有

$$\begin{aligned}N_K&=(Y_A-P_1)\sin\varphi+X\cos\varphi\\&=Q^0\sin\varphi+X\cos\varphi\end{aligned}$$

综上所述，三铰平拱在竖向荷载作用下的内力计算公式可写为

$$\begin{cases}M_K=M_K^0-X\cdot y_K\\Q_K=Q^0\cos\varphi-X\sin\varphi\\N_K=Q^0\sin\varphi+X\cos\varphi\end{cases}\tag{11-2}$$

由式(11-2)可知，三铰拱的内力值不但与荷载及三个铰的位置有关，而且与拱轴线

的形状有关。

例 11-6 试求图 11.16 所示三铰拱 D、E 截面的内力。拱轴为抛物线，其方程为 $y=\frac{4f}{l^2}x(l-x)$。

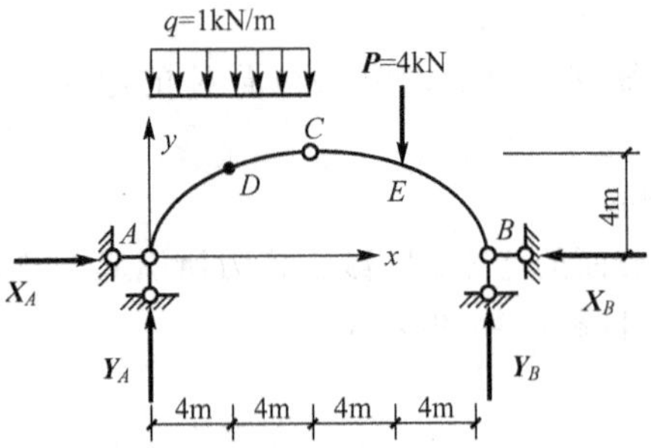

图 11.16

解：(1) 计算支座反力，由式(11-2)得

$$Y_A=Y_A^0=\frac{4\times4+8\times12}{16}=7(\text{kN})$$

$$Y_B=Y_B^0=\frac{8\times4+4\times12}{16}=5(\text{kN})$$

$$X=\frac{M_C^0}{f}=\frac{5\times8-4\times4}{4}=6(\text{kN})$$

(2) 内力计算。

为计算 D、E 截面的内力，需先求出截面的几何参数，D 截面

$$x=4\text{mm}$$

$$y=\frac{4f}{l^2}x(l-x)=\frac{4\times4}{16^2}\times4\times(16-4)=3.0(\text{m})$$

$$\tan\varphi=\frac{\text{d}y}{\text{d}x}=\frac{4f}{l^2}(l-2x)=\frac{4\times4}{16^2}\times(16-2\times4)=0.5$$

$$\sin\varphi=0.447$$

$$\cos\varphi=0.894$$

相应简支梁 D 截面内力

$$M_D^0=7\times4-1\times4\times2=20(\text{kN}\cdot\text{m})$$

$$Q_D=7-1\times4=3\text{kN}$$

由式(11-2)得

$$M_D=M_D^0-X\cdot y_D=20-6\times3=2\text{kN}\cdot\text{m}\quad(\text{下侧受拉})$$

$$Q_D=Q_D^0\cos\varphi-X\sin\varphi=3\times0.894-6\times0.447=0$$

$$N_D=Q_D^0\sin\varphi+X\cos\varphi=3\times0.447+6\times0.894=6.7(\text{kN})\quad(\text{受压})$$

E 截面

$$x=12\text{mm}$$

$$y=\frac{4f}{l^2}x(l-x)=\frac{4\times4}{16^2}\times12\times(16-12)=3.0(\text{m})$$

$$\tan\varphi=\frac{4f}{l^2}(l-2x)=\frac{4\times4}{16^2}\times(16-2\times12)=-0.5$$

从而得

$$\sin\varphi=-0.447,\quad \cos\varphi=0.894$$

E 为集中力作用点，剪力有突变，所以要算出 E 截面左右两边的剪力和轴力。

$$M_E^0=Y_B\times4=5\times4=20(\text{kN}\cdot\text{m})$$

$$Q_{E左}^0=P-Y_B=4-5=-1(\text{kN})$$

$$Q_{E右}^0=-Y_B=-5\text{kN}$$

由式(11-3)得

$$M_E=M_E^0-Xy=20-6\times3=2(\text{kN}\cdot\text{m})$$

$$Q_{E左}=Q_{E左}^0\cos\varphi-X\sin\varphi=-1\times0.894-6\times(-0.447)=1.79(\text{kN})$$

$$Q_{E右}=Q_{E右}^0\cos\varphi-X\sin\varphi=-5\times0.894-6\times(-0.447)=-1.79(\text{kN})$$

$$N_{E左}=Q_{E左}^0\sin\varphi+X\cos\varphi=-1\times(-0.447)+6\times0.894=5.81(\text{kN})(压)$$

$$N_{E右}=Q_{E右}^0\sin\varphi+X\cos\varphi=-5\times(-0.447)+6\times0.894=7.6(\text{kN})(压)$$

11.5.3 三铰拱的合理拱轴线

由前所述，拱在荷载作用下，各截面上一般产生3个内力分量，即弯矩、剪力和轴力，截面处于偏心受压状态，其正应力分布不均匀。但是如果选取一根适当的拱轴线，使得在给定的荷载作用下，拱上各截面的弯矩都为零，即只承受轴力。这个时候，各截面都处于均匀受压的状态，材料能得到充分的利用，相应的截面尺寸是最小的。从理论上说，设计成这样的拱是最经济的，故称这样的拱轴为合理拱轴。

合理拱轴线可根据各截面弯矩为零的条件来确定。在竖向荷载作用下，三铰拱合理轴线方程可由下式求得

$$M=M^0-Xy=0$$

由此，得

$$y=\frac{M^0}{X} \tag{11-3}$$

上式表明，在竖向荷载作用下，三铰拱合理拱轴线的纵坐标与相应简支梁弯矩图的竖标成正比。当荷载已知时，只需求出相应简支梁的弯矩方程，然后除以水平推力 X(常数)，便可得到合理拱轴线方程。了解合理拱轴线的概念，有助于设计中的合理选型。

例 11-7 试求图 11.17(a)所示三铰拱在均布荷载 q 作用下的合理拱轴线。

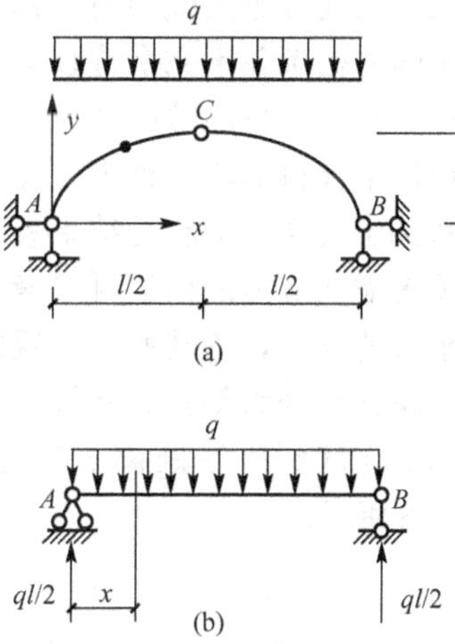

图 11.17

解：相应简支梁图 11.17(b)的弯矩方程为

$$M^0=\frac{ql}{2}x-\frac{ql^2}{2}=\frac{1}{2}qx(l-x)$$

拱的推力可由式(11-2)求得

$$X=\frac{M_C^0}{f}=\frac{\frac{1}{8}ql^2}{f}=\frac{ql^2}{8f}$$

又由式(11-3)有

$$y=\frac{M^0}{X}=\frac{4f}{l^2}x(l-x)$$

可见在竖向均布荷载作用下，三铰拱的合理拱轴线是抛物线。

由以上的讨论可以把三铰拱的性能归纳如下。

(1) 在竖向荷载作用下，梁没有水平力，而拱则有水平推力。因此，必须有坚固的基础以承受此水平推力，故三铰拱的基础比梁的基础要大。特别是高跨比 f/l 愈小时，水平推力愈大，则更需要引起注意。当拱作为屋盖结构时，为了阻止因水平推力而使两端支承发生推移，往往采用具有拉杆的三铰拱(或两铰拱)，以减小对墙(或柱和基础)的推力。

（2）由于水平推力的存在，从而减小了拱截面的弯矩，故拱的截面尺寸要比其对应的简支梁小。就这点而言，三铰拱比简支梁较为经济，并能跨越较大的跨度。

（3）在竖向荷载作用下，梁的截面没有轴力，而拱的截面内轴力较大。在选择适当的拱轴的条件下，拱的截面主要受压，因此，拱结构可以利用砖石、混凝土等抗压性能较好的材料制作，充分发挥这些材料的作用。

总之，由于拱式结构不仅受力性能好，而且形式多种多样，尤其适用于较大跨度的建筑。另外，拱结构的形式有利于丰富建筑的形象，因此，也是建筑师比较欢迎的一种结构形式。

11.6 静定平面桁架

11.6.1 概述

桁架结构是各杆两端都是用铰相连接的结构。梁式杆件以承受弯矩为主，梁的内力沿其轴线方向的分布是不均匀的，而梁横截面上的应力分布也是不均匀的。而桁架结构各杆主要承受轴力，每根杆上应力分布均匀，故材料可充分发挥作用，因而桁架比梁能节省材料，减轻自重，在大跨度的屋盖、桥梁等结构中有较为广泛的应用。为了便于分析，在平面桁架的计算简图中，通常引用如下假定。

（1）各杆在两端用光滑的理想铰相互连接。

（2）各杆轴均为直线，在同一平面内且通过铰的中心。

（3）所有的力(包括荷载和支座反力)只作用在结点上，并且都位于桁架的平面内。

满足上述假定条件的桁架称为理想桁架，这样，桁架的各杆将只受轴力作用。

实际的桁架并不完全符合上述假定。实际结构与计算简图之间存在一些差别，如结点的刚性、杆轴不可能准确地交于一点，非结点荷载、结构的空间作用，等等。通常把按理想平面桁架算得的应力称为主应力，而把上述一些因素产生的附加应力称为次应力。理论计算和试验及实际量测的结果表明，在一般情况下次应力的影响较小，可以忽略不计。对于必须考虑次应力的桁架可参考有关文献，本节只讨论理想桁架的计算。

桁架的杆件，依其所在位置的不同，可分为弦杆和腹杆两类。弦杆又分为上弦杆和下弦杆，腹杆又分为斜杆和竖杆。弦杆上相邻两结点间的区间称为节间，其间距称为节间长度。两支座间的水平距离 l 称为跨度，支座连线至桁架最高点的距离 h 称为桁高，如图 11.18所示。

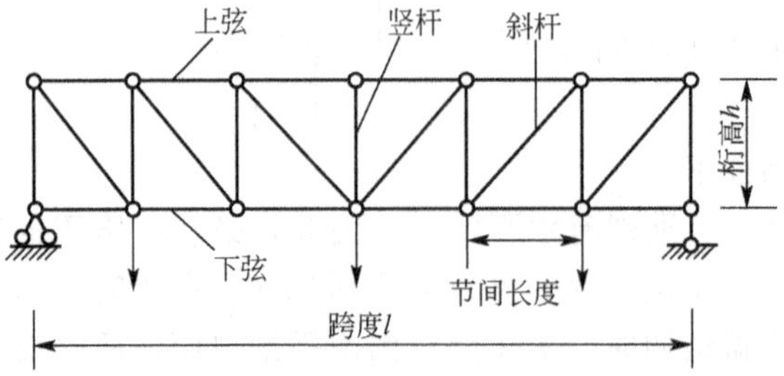

图 11.18

桁架可按其外形或几何组成方式进行分类。

根据桁架外形，可分为平行弦桁架(图 11.18)、折线形桁架[图 11.19(a)]和三角形桁架[图 11.19(b)和(c)]。

按桁架的几何组成方式可分为简单桁架和联合桁架。简单桁架是由一个基本铰接三角形依次增加二元体而组成的桁架[图 11.19(a)、(b)]；联合桁架是由几个简单桁架按几何不变体系的组成规则联合而成的桁架[图 11.19(c)]。

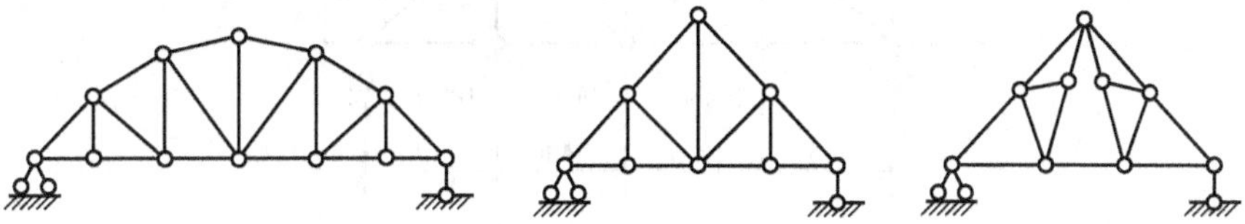

(a) (b) (c)

图 11.19

11.6.2 静定平面桁架的内力计算

1. 结点法

理想桁架在结点荷载作用下，各杆件将只产生轴力。为了求得桁架各杆的内力，可以截取桁架的一部分为脱离体，由脱离体的平衡条件来计算所截断杆件的内力。若所取脱离体只包含一个结点，取桁架结点为研究对象，考虑结点上的外力和杆件内力的平衡，用平面汇交力系的平衡条件计算杆件内力，这种方法称为结点法。结点法适用于计算全部杆件内力。一般从两个未知杆的结点开始，依次进行。若所取隔离体不只包含一个结点就称为截面法。一般说来，静定桁架各杆的内力均可以由结点法依次求出。因为作用于任一结点的各力均组成一平面汇交力系，可建立两个独立的平衡方程，所以结点法应从未知力不多于两个的结点开始求解。对于简单桁架，在先求出支座反力后，可按与几何组成相反的顺序，以最后的结点开始，依次计算未知内力杆件，便可全部求解桁架内力。在画结点受力图时，对于方向已知的力可按实际方向画出；对于方向未知的力，通常先假设为拉力，如果计算结果是正值，表明原假定的指向是正确的，即杆的内力为拉力；如果计算值为负值，则表明实际指向与假设相反，即杆的内力为压力。现举例说明结点的计算如下。

例 11-8 试求图 11.20(a)所示桁架各杆的内力。

解：(1) 求支座反力，由整体平衡条件可得

$$Y_A = Y_B = 15\text{kN} \quad X_A = 0$$

从受力情况可知，此桁架为对称桁架，只需求出对称轴一侧杆件的内力，另一侧杆件的内力即可由对称性求得。

(2) 从 A 结点开始，依次选取只有二个未知力的结点，列平衡方程求解，求解顺序为 $A-C-D-E$，每个结点作出其受力脱离体，分别如图 11.20(b)、(c)、(d)、(e)所示。

结点 A：由图 11.20(b)，列方程求解内力得 $N_{AD} = -25\text{kN}$

结点 C：由图 11.20(c)，可得 $N_{AC} = 20\text{kN}$

$$\sum X = 0:\quad -N_{CA} + N_{CF} = 0$$

$$N_{CF} = N_{CA} = N_{AC} = 20\text{kN}$$

$$\sum Y = 0:\quad N_{CD} - 10 = 0$$

$$N_{CD} = 10\text{kN}$$

结点 E：由图 11.20(e)，可得

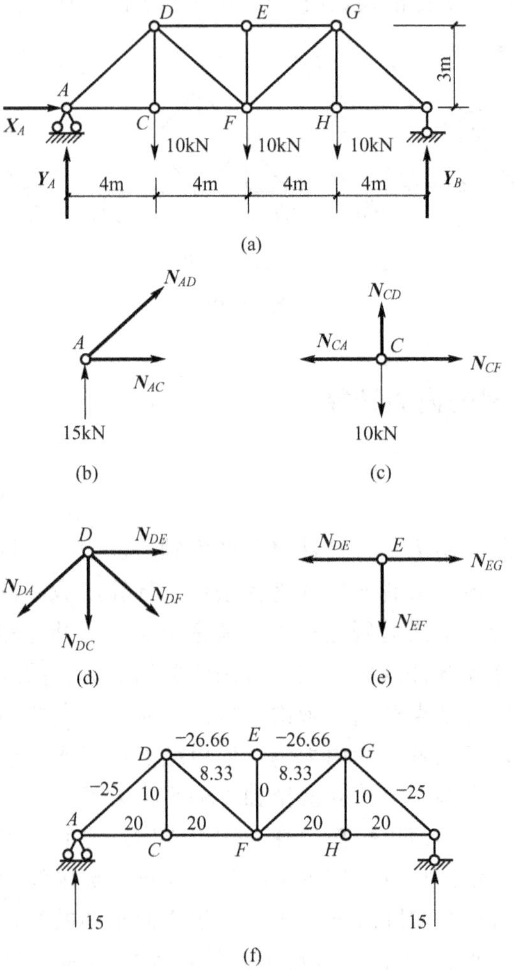

图 11.20

$$\sum X=0: \quad -N_{DE}+N_{EG}=0$$

$$N_{EG}=N_{ED}=N_{DE}=-26.66\text{kN}$$

$$\sum Y=0: \quad N_{EF}=0$$

根据对称性即可绘出各杆最后内力，如图 11.20(f)所示。

结点 D：由图 11.20(d)，可得

$$\sum Y=0: \quad -N_{DA}\times\frac{3}{5}+10+N_{DF}\times\frac{3}{5}=0 \quad N_{DF}=8.33\text{kN}$$

$$\sum X=0: \quad N_{DE}+N_{DF}\times\frac{4}{5}-N_{DA}\times\frac{4}{5}=0$$

$$N_{DE}=-26.66\text{kN(压)}$$

在桁架中常有些特殊形状的结点，通常可以直观地求解出结点上某些杆件的内力，可给计算带来很大方便。现列举如下。

(1) 只有两根杆件构成的结点，当结点上无荷载作用时，两杆内力皆为零，如图 11.21(a)所示。内力为零的杆件称为零力杆。

(2) 三杆汇交的结点，而其中两杆共线，如图 11.21(b)所示，当结点上无荷载时，第三杆必为零杆，而共线两杆的内力相等且性质相同(即同为拉力或同为压力)。

上述结论，均可根据适当的投影平衡方程得出，读者可自行证明。

应用上述结论，不难判断图 11.22(a)、(b)所示桁架中，虚线所示各杆皆为零杆，其余杆件内力计算工作便大为简化。

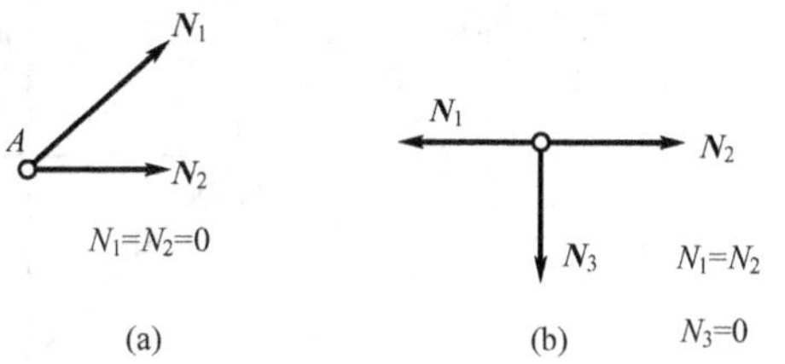

图 11.21

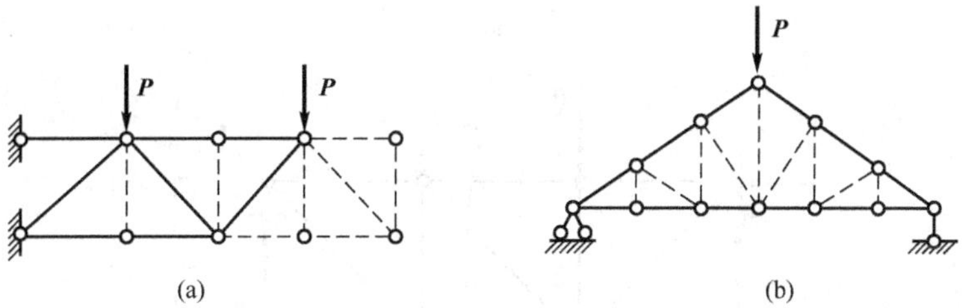

图 11.22

零力杆是在某种荷载情况下才出现的。零力杆并不是多余杆，它们对桁架的几何构成是必要的，不能随意去掉，判定零杆，只是为了计算工作的简便。

2. 截面法

当只需要求解桁架中指定的一根或者几根杆的内力时，可以每次假想一个截面把桁架切分为两部分，使得所选取的脱离体包含全部或者部分待求杆的内力，此时脱离体中包含两个或者两个以上的结点，此种求桁架内力的方法称为截面法。这样截取的脱离体上的外力和内力构成平面一般力系，可建立 3 个平衡方程。因此，若脱离体上的未知力不超过 3 个，则可以全部求出。为避免求解联立方程，应注意选择适当的投影或力矩平衡方程。现举例说明如下。

例 11－9 如图 11.23(a)所示平面桁架，$P=40\text{kN}$，$Q=10\text{kN}$。求杆件 4、5、6 杆的内力。

解：(1) 求支座反力。如图 11.23(b)所示，由整体平衡条件，有

$$\sum M_A=0:\quad Y_B\cdot 3a+Q\cdot a-P\cdot a=0$$

$$Y_B=10\text{kN}\uparrow$$

(2) 取 $m-m$ 截面以右段为脱离体，如图 11.23(b)、(c)所示，有

$$\sum M_E=0:\quad Y_B\cdot a+Q\cdot a-N_6\cdot a=0$$

$$N_6=20\text{kN}$$

$$\sum M_D=0:\quad Y_B\cdot 2a+N_4\cdot a=0$$

$$N_4=-20\text{kN}$$

再由 $\sum Y=0$，有

$$Y_B+N_5\cdot\cos 45^\circ=0$$

$$N_5=14.14\text{kN}$$

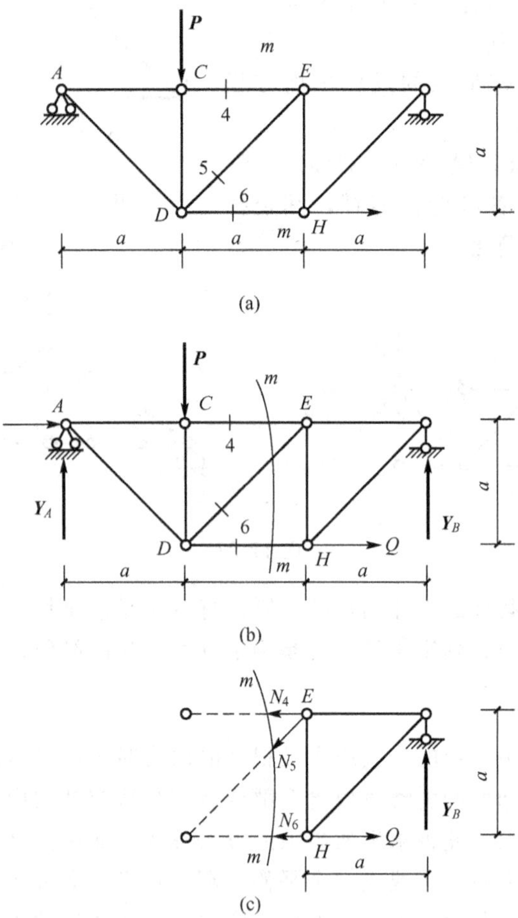

图 11.23

11.7 结构的变形与位移

1. 结构变形与位移的概念

结构在荷载作用下其形状将会发生改变，结构的形状改变称为变形，其结点与截面位置将随之发生移动和转动，这种移动和转动称为结构的位移。图 11.24(a)所示刚架在荷载作用下 A 点位置移到了 A'点，线段 AA'称为 A 点的线位移，记为 $\mathbf{A}$。它可以用水平线位移 Δx 和竖向线位 Δy 两个部分量来表示，如图 11.24(b)所示。同时截面 A 还转动了一个角度，称为截面 A 的角位移，用 θ_A 表示。线位移是指结构上某点沿直线方向移动的距离(竖向线位移一般称作挠度)，角位移是指结构上某截面转动的角度(一般用弧度表示)。某两点间的距离变化称为相对线位移，如图 11.24(c)中 $\Delta_{CD}=\Delta_{CC'}+\Delta_{DD'}$；某两截面相对转动的角度，如图 11.24(c)中的 $\theta_{AB}=\theta_A+\theta_B$。

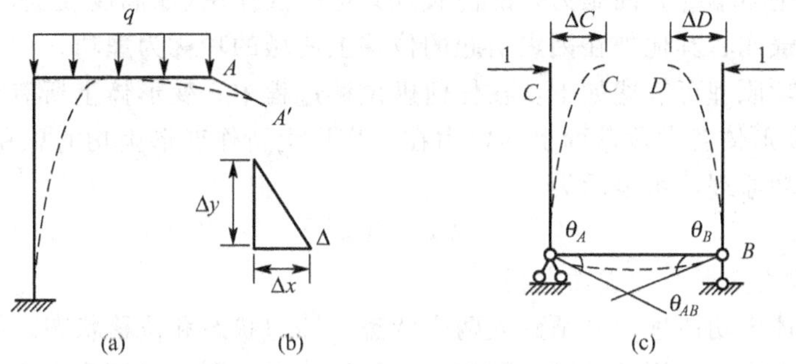

图 11.24

2. 结构位移计算的目的

(1) 验算结构的刚度。即结构在保证有足够强度的同时，还需要保证有足够的刚度，以防止结构因过大的变形而不能使用。

(2) 为超静定结构的计算打下基础。超静定结构只凭静力方程是不能全部确定其反力和内力的，尚需要补充建立必须的位移条件，方可确定其全部解答。

(3) 为施工服务。在结构的制作、架设、养护等过程中，往往需要预先知道结构的变形情况，以便采取一定的施工措施。

此外，在结构动力计算和稳定计算过程中，也需要计算结构的位移。可见，结构的位移计算在工程上是具有重要意义的。

3. 产生变形与位移的原因

除了荷载能使结构产生变形和位移外，其他因素，如温度改变、支座移动、材料收缩和制造误差等，也是使结构产生变形和位移的原因。结构也产生相应的位移，但静定结构的特点是温度改变与支座移动时，虽产生位移但并不产生内力。

本章所要研究的是线性变形体系的位移计算。所谓线性变形体系是指位移与荷载成线性比例的结构体系，荷载对这种体系的影响可以叠加，而当荷载全部撤去后，由荷载引起的位移也完全消失。由于位移是微小的，因此在结构内力和反力计算时，可以认为结构的几何形状和尺寸在发生变形前后保持不变。

11.8 单位载荷法

11.8.1 平面杆系结构的虚功方程

结构位移计算的一般公式需要由变形体的虚功原理推导而得出。变形体的虚功原理推导过程较为繁杂，本节将着重对该原理的基本表达加以解释和说明，以便于下一步的应用。虚功原理详细的理论推导从略。

功的基本定义是：力与沿力方向发生位移的乘积称为功。如果位移是由于力本身引起的，这时力所做的功称为实功；如果力与位移是各自独立，彼此互不相关，也就是说形成位移的原因并不是力本身，而是另外的荷载或其他因素作用(如温度改变、支座移动)，此时力在另外的荷载或者其他外在因素引起的位移上所做的功称为虚功。

变形体的虚功原理可表述如下：在任何虚位移过程中，变形体上所有外力所作虚功总和($W_{外}$)，等于变形体各微段截面上的内力在其变形上所作变形虚功的总和($W_{变}$)。

变形体的虚功原理，可表示为

$$W_{外}=W_{变} \tag{11-4}$$

式(11-4)称为变形体的虚功方程。

为说明变形体虚功原理，必须建立两个状态，即力状态和位移状态。如图 11.25(a)所示的平面刚架，在力系作用下已知该刚架处于平衡状态，图中未标出由于力系作用产生的刚架变形曲线。图 11.25(b)为同一个平面刚架，由于其他外界因素的影响，刚架发生如图中虚线所示的位移，该位移状态与图 11.25(a)的力状态互不相干。因此图 11.25(a)所示力状态在图 11.25(b)的位移状态上所做的功即为虚功。

式(11-4)中外力虚功 $W_{外}$ 表示如图 11.25(a)所示作用于整个结构上的外力(包括支座反力和作用荷载)在相应的位移上［图 11.25(b)中虚线所示］所作的虚功总和；变形虚功 $W_{变}$ 是指各微段两侧截面上的内力在微段变形位移上所作虚功的总和。

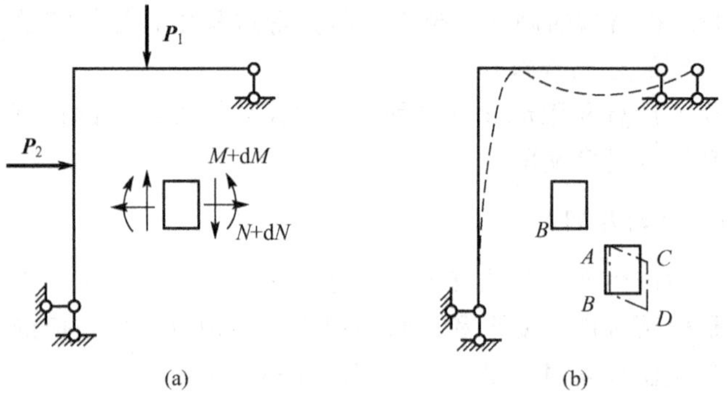

图 11.25

现在讨论变形虚功 $W_{变}$ 的计算。

图 11.25(a)中的微段平衡力系在图 11.25(b)所示的变形上所作的虚功便是变形虚功。对平面杆系结构，微段的变形一般分为轴向变形 du，弯曲变形 $d\varphi$，剪切变形 $d\eta$(即 $\gamma \cdot ds$)，分别如图 11.26(a)、(b)和(c)所示。微段上各力(略去了内力增量所作虚功的高阶微量)在其相应变形上所作的变形虚功可写为

$$dW_{变}=Ndu+Md\varphi+Qd\eta$$

因为是以微段 ds 出发导出变形虚功的，所以当微段上作用有集中力或集中力偶时，可以理解为把它们等效作用于微段左侧截面上，这样当微段变形时。这些力并不做功。整个结构的变形虚功为

$$W_{变}=\Sigma\int dW_{变}=\Sigma\int Ndu+\Sigma\int Md\varphi+\Sigma\int Qd\eta$$

将上式代入变形体虚功方程 $W_{外}=W_{变}$，便可得平面杆系结构的虚功方程为

$$W_{外}=\Sigma\int Ndu+\Sigma\int Md\varphi+\Sigma\int Qd\eta \tag{11-5}$$

在上面的讨论中，并不涉及材料的物理性质，只要在小变形范围内，对弹性、非弹

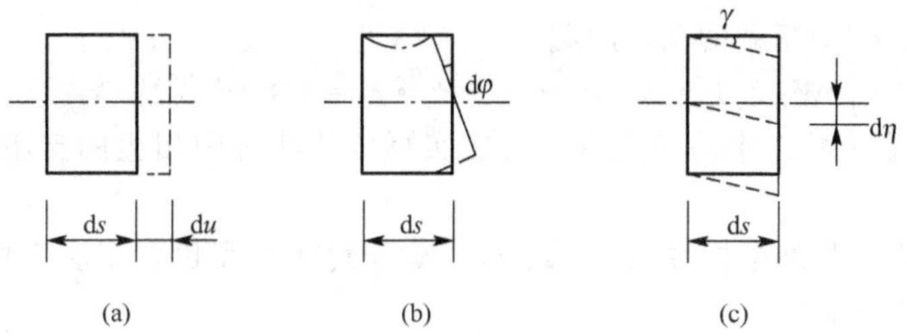

图 11.26

性、线性、非线性的变形体系，虚功方程都是适用的。变形体虚功原理在具体应用时要有两个状态(力状态和位移状态)。当力状态为实际状态、位移状态为虚设状态时，变形体虚功原理称为虚位移原理，可以利用它来求解力状态中的未知力；当位移状态为实际状态，力状态为虚设状态时，变形体虚功原理称为虚力原理，可利用它来求解位移状态中的未知位移。本章要讨论的结构的位移计算，就是以变形体虚力原理作为理论依据的。

11.8.2 结构位移计算的一般公式

利用变形体虚功原理，可导出计算结构位移的一般公式。设有如图 11.27(a)所示结构，由于某种因素(如荷载、支座移动、温度变化等)的作用，发生了变形和位移(图中虚线所示)，这一状态是结构的实际受力和变形状态，通常称为实际状态。实际状态下各杆件内力分别用 $\overline{M}$、$\overline{Q}$、$\overline{N}$ 表示，现要求该状态中 D 点的水平位移 $\boldsymbol{\Delta}$。

为求 D 点的水平位移，可在欲求位移处沿要求的位移的方向施加一单位荷载 $\overline{R}=1$，这一状态称为虚力状态，此时 A 支座产生的反力分别用 $\overline{R}_1$、$\overline{R}_2$ 表示，各杆件内力分别用 $\overline{M}$、$\overline{Q}$、$\overline{N}$ 表示。

现就图 11.27(b)所示虚力状态在图 11.27(a)实际位移状态上所做的虚功应用变形体虚功原理讨论如下。

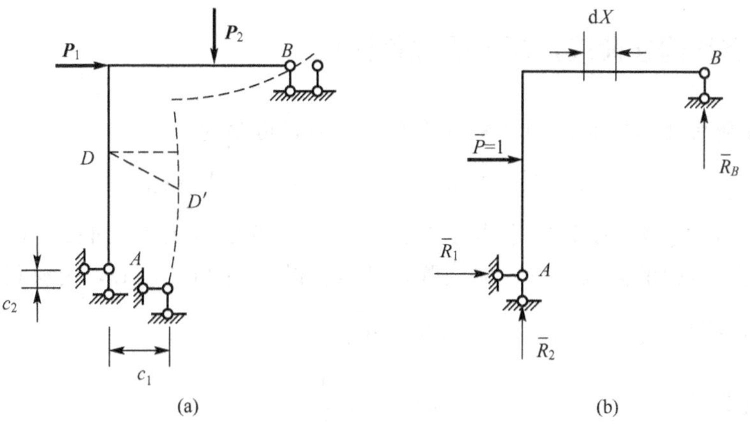

图 11.27

外力虚功除单位荷载 $\bar{P}=1$ 在其相应位移上所做的功外，还有支座反力 $\bar{R}_1$、$\bar{R}_2$ 在相应的支座位移 c_1、c_2 上所做的功，因此

$$W_{外}=P\cdot\Delta+\bar{R}_1\cdot c_1+\bar{R}_2\cdot c_2=1\times\Delta+\sum\bar{R}\cdot c$$

式中，$\sum\bar{R}\cdot c$ 为虚力状态中的各支座反力在实际位移状态中相应的支座位移上所做的总虚功。

变形虚功是虚力状态中杆件内力 $\bar{M}$、$\bar{Q}$、$\bar{N}$ 分别在实际状态相应变形 $d\varphi$、du、$d\eta$ 上所作的虚功，可表示为

$$W_{内}=\sum\int M d\varphi+\sum\int N du+\sum\int Q d\eta$$

将 $W_{外}$、$W_{内}$ 代入虚功方程(11-4)，可得

$$\Delta=\sum\int\bar{M}d\varphi+\sum\int\bar{N}d\varphi+\sum\int\bar{Q}d\eta-\sum\bar{R}\cdot c \tag{11-6}$$

上式就是计算结构位移的一般公式。这种利用虚功原理求结构位移的方法称为单位载荷法。应用这种方法，每次可求出一个截面的指定位移。在计算时，虚设单位力的指向可任意假定，只要按上式计算出来的结果为正，说明实际位移的方向与虚设单位力的方向相同，否则相反。

单位载荷法不仅可用来计算结构某点的线位移，而且可用来计算角位移或相对线位移，相对角位移等，只要虚拟状态中的单位力是与所求位移相对应的广义力即可。图 11.28所示为求某种位移时所应施加的单位力状态。

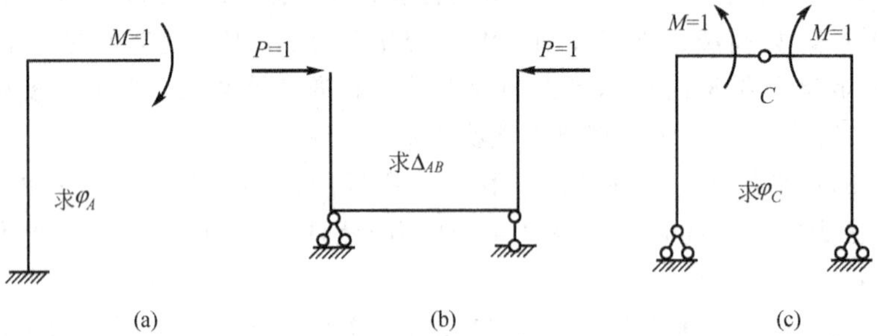

图 11.28

11.8.3 静定结构在荷载作用下的位移计算

当结构仅受荷载作用时，则计算位移的一般公式可写为

$$\Delta_P=\sum\int\bar{M}d\varphi_P+\sum\int\bar{N}du_P+\sum\int\bar{Q}d\eta_P \tag{11-7}$$

式中，$\bar{M}$、$\bar{N}$、$\bar{Q}$ 代表虚设状态中由于单位力所产生的虚设内力；$d\varphi_P$、du_P、$d\eta_P$ 是由实际状态相应内力引起的微段变形。对线弹性结构，结合图 11.27(a)，由材料力学公式可知

微段弯曲变形 $$d\varphi_P=\frac{M_P dx}{EI}$$

微段轴向变形 $$du_P=\frac{N_P dx}{EA}$$

微段剪切变形 $$d\eta_P=r_P dx=\frac{kQ_P}{GA}dx$$

式中，E 为材料的弹性模量；G 为材料的剪切弹性模量；I 和 A 分别为杆件截面的惯性矩和面积；k 为剪应力不均匀分布系数，矩形截面 $k=1.2$，圆形截面 $k=1.11$ 等。

将微段变形代入式(11－7)，可得

$$\Delta_P=\sum\int\frac{\overline{M}M_P}{EI}dx+\sum\int\frac{\overline{N}N_P}{EA}dx+\sum\int\frac{k\overline{Q}Q_P}{GA}dx \tag{11-8}$$

上式即是平面杆系结构在荷载作用下位移计算的一般表达式。式等号右方三项分别表示结构的弯曲变形、轴向变形和剪切变形对位移的影响。计算结果 Δ_P 若为正值，则所求位移方向和虚设状态中单位力的方向相同；反之，则方向相反。此外，此公式在推导过程中，没有考虑杆件的曲率对变形的影响，是以直杆推导的，但是对于一般的曲杆，只要曲率不大，仍然可以近似地采用。

在具体计算中(11－8)比较烦琐，根据结构的不同类型，略去次要因素对位移的影响，可以得到位移计算的实用公式。现就几类不同形式的静定结构位移计算分别讨论如下。

1. 桁架的位移计算

理想桁架在结点荷载作用下，桁架的每一根杆件只有轴力作用，没有弯矩和剪力。同一杆件的轴力及轴向刚度 EA 和杆长 l 均为常数，故桁架的位移公式可由式(11－8)改写成

$$\Delta_P=\sum\int\frac{\overline{N}_iN_P}{EA}dx=\sum\frac{\overline{N}_iN_P}{EA}l \tag{11-9}$$

例 11－10　试求图 11.29(a)所示对称桁架结点 D 的竖向线位移 Δ_{DV}。图中括号内数值表示杆件的截面积，设 $E=21000\text{kN/cm}^2$。

解：要求 D 点的竖向线位移，在 D 点加一竖向单位力，如图 11.29(b)所示，用结点法分别求出实际状态下和单位力状态下各杆轴力 N_P、$\overline{N}$，根据桁架位移计算公式(11－9)，列成表格计算，详见表 11－1。

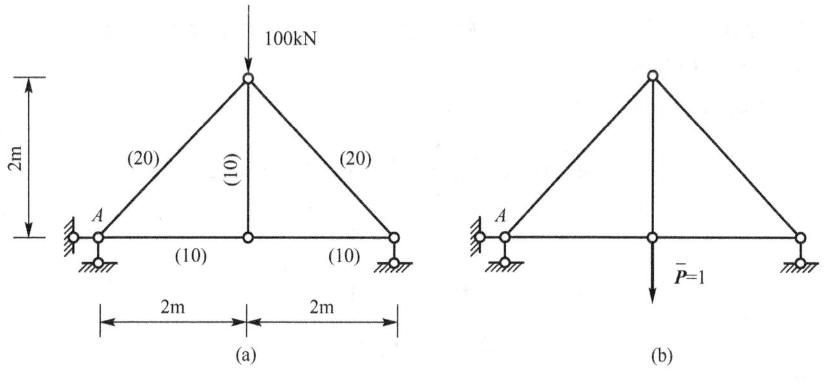

图 11.29

由此可求得

$$\Delta_{DV}=\sum\frac{\overline{N}_iN_Pl}{EA}=\frac{2415}{21000}=0.115(\text{cm})\downarrow$$

正号表示 D 点竖向线位移的实际方向与单位荷载 $P=1$ 的假设方向一致，即方向向下。

表 11-1 桁架位移计算表

杆件	l/cm	A/cm^2	$\overline{N}$	N_P/kN	$\overline{N}N_P l/A$/(kN/cm)
AC	283	20	−0.707	−70.71	707.5
BC	283	20	−0.707	−70.71	707.5
AD	200	10	0.5	50.0	500
BD	200	10	0.5	50.0	500
CD	200	10	1.0	0	0
					Σ2415.0

2. 梁与刚架的位移计算

在一般情况下，梁和刚架的位移主要是由弯矩引起的，轴力和剪力的影响较小，可以略去不计，因此，计算位移的一般公式可简化为

$$\Delta_P=\sum\int\frac{\overline{M}_i M_P}{EI}dx \tag{11-10}$$

例 11-11 试求图 11.30(a)所示悬臂梁端点 C 的竖向线位移 Δ_{DV}。

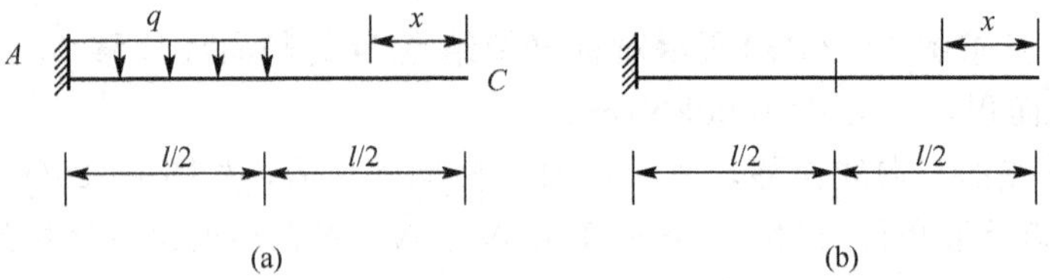

图 11.30

解：(1) 首先列出实际状态和虚设状态的内力方程，设坐标原点为 C 点，x 以向左为正，分段列出内力方程如下。

图 11.30(a)所示的实际状态：

$$CB\text{ 段}\left(0\leqslant x\leqslant\frac{1}{2}\right)\quad BA\text{ 段}(l/2\leqslant x\leqslant l)$$

$$N_P=0\quad N_P=0$$

$$M_P=0\quad M_P=-\frac{q}{2}\left(x-\frac{1}{2}\right)^2$$

$$Q_P=0\quad Q_P=0$$

虚设状态：

$$CB\text{ 段 }BA\text{ 段}$$

$$\overline{N}=0\quad \overline{N}=0$$

$$\overline{M}=0\quad \overline{M}=-x$$

$$\overline{Q}=0\quad \overline{Q}=1$$

(2) 将两个状态内力方程代入式(11-6)，进行分段积分。假设截面形状为矩形，$k=1.2$。

$$\Delta_{CV}=\int_{l/2}^{l}\frac{\overline{M}M_{P}}{EI}\mathrm{d}x+\int_{l/2}^{l}\frac{k\overline{Q}Q_{P}}{GA}\mathrm{d}x$$
$$=\int_{l/2}^{l}(-x)\left[-\frac{q}{2}\left(x-\frac{l}{2}\right)^{2}\right]\frac{\mathrm{d}x}{EI}+\int_{l/2}^{l}1.2\times\left[-\frac{q}{2}\left(x-\frac{l}{2}\right)\right]\frac{\mathrm{d}x}{GA}$$
$$=\frac{q}{2EI}\int_{l/2}^{l}\left(x^{3}-lx^{2}+\frac{l^{2}}{4}x\right)\mathrm{d}x+\frac{6q}{5GA}\int_{l/2}^{l}1\left(x-\frac{l}{2}\right)\mathrm{d}x$$
$$=\frac{7ql^{4}}{384EI}+\frac{3ql^{2}}{20GA}(\downarrow)$$

(3) 讨论。现在计算剪切变形和弯曲变形的比值。由上述计算可知

$$\Delta_{M}=\frac{7ql^{4}}{384EI},\quad \Delta_{Q}=\frac{3ql^{2}}{20GA},\quad \frac{\Delta_{M}}{\Delta_{Q}}=\frac{\dfrac{7ql^{4}}{384EI}}{\dfrac{3ql^{2}}{20GA}}=8.23\frac{EI}{GAl^{2}}$$

由此可见，剪切变形引起的位移与弯曲变形引起的位移比值将随 h/l 的平方而变化。如当 $h/l=1/10$ 时，上例中 $\Delta_M/\Delta_Q=1.83\%$，当 $h/l=l/5$ 时，$\Delta_M/\Delta_Q=7.32\%$。一般说来当杆为细长杆($h/l=1/5$)时，可以忽略剪切变形对位移的影响。轴向变形对结构位移的影响也较小，可以忽略不计，证明此处从略。

例 11－12 试求图 11.31(a)所示刚架 C 点的竖向位移 Δ_{CV}。各杆材料相同，截面 I、A 均为常数。

解：(1) 在 C 点加一竖向单位荷载作为单位力状态，如图 11.31(b)所示。分别设各杆的坐标如图所示，写出各杆的弯矩方程为

CB 段：$\overline{M}=-x$； $M_{P}=\dfrac{qx^{2}}{2}$(上侧受拉)

BA 段：$\overline{M}=l$； $M_{P}=\dfrac{ql^{2}}{2}$(左侧受拉)

(2) 代入式(11－10)得

$$\Delta_{CV}=\sum\int\frac{\overline{M}M_{P}}{EI}\mathrm{d}x$$
$$=\int_{0}^{1}(-x)\left(-\frac{qx^{2}}{2}\frac{\mathrm{d}x}{EI}\right)+\int_{0}^{1}l\cdot\frac{ql^{2}}{2}\frac{\mathrm{d}x}{ei}=\frac{5}{8}\frac{ql^{4}}{EI}(\downarrow)$$

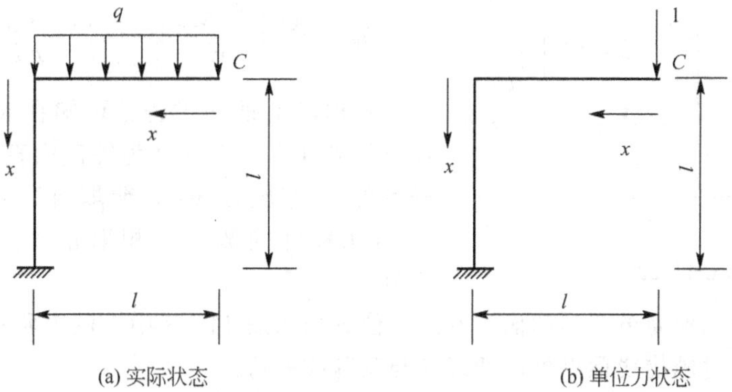

图 11.31

以上讨论了梁和刚架位移计算实用公式，这种直接由公式(11-10)求解的方法称为积分法。积分法的计算步骤如下。

(1) 分别列出实际状态和虚设状态下有关的内力方程。注意坐标原点的选取应使内力方程简单，便于积分。此外，两个状态中的内力正负号规定应一致(一般情况下可只列弯矩方程)。

(2) 将两个状态下的弯矩方程，代入位移计算实用公式(11-10)中进行积分。

(3) 计算结果若为正值，则实际位移方向与单位荷载的假设方向一致；若得负值，则实际位移的方向与单位荷载的假设方向相反。

11.9 图 乘 法

从上节可知，计算梁和刚架在荷载作用下的位移时，先要写出 $\overline{M}_i$ 和 M_P 的方程，然后代入公式(11-10)进行积分计算，有时积分运算是比较麻烦的。如果所考虑的问题满足下述条件时，可用图形相乘的方法来代替积分运算，则计算得到简化，其条件如下。

(1) 杆轴为直线。

(2) 杆件抗弯刚度 EI 为常数。

(3) $\overline{M}_i$ 和 M_P 两个弯矩图中至少有一个是直线图形。由于在虚设状态中所加的单位力 $P_i=1$(或 $M_i=1$)，所以，M_i 图总是由直线或折线组成。

经过推导，可以得到图乘法的基本公式：

$$\int \frac{\overline{M}_i M_P}{EI}\mathrm{d}x = \frac{\tan\alpha}{EI}\omega x_C = \frac{1}{EI}\omega_C \tan\alpha = \frac{1}{EI}\omega y_C$$

这里 $y_C=x_C\tan\alpha$，y_C 是 M_P 图中形心 C 处对应于 $\overline{M}_i$ 图中的纵坐标。可见，上述积分式等于一个弯矩图的面积 ω 乘以其形心处所对应的另一个直线弯矩图上的竖标 y_C，再除以 EI，这就称为图乘法(图 11.32)。

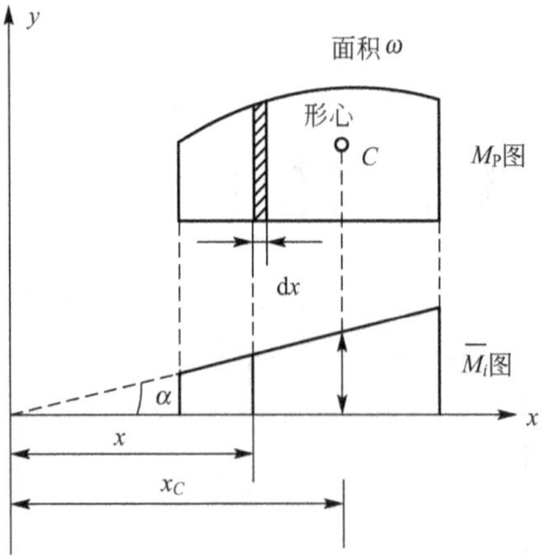

图 11.32

如果结构上各杆均可图乘，则位移计算公式(11-10)可写为

$$\Delta_P = \sum \int \frac{\overline{M}_i M_P}{EI}\mathrm{d}x = \sum \frac{\omega \cdot y_C}{EI} \qquad (11-11)$$

根据以上推证过程，可知在应用图乘法时应注意下列几点：①杆件为等截面直杆(分段截面相同也可)；②竖标 y_C 只能取自直线图形；③ω 与 y_C 若在杆件同侧则乘积取正号，异侧则乘积取负号。

现将常用的几种简单图形的面积及形心位置列入图 11.33 中，图中所示的抛物线为标准抛物线，即通过抛物线顶点处的切线应与其基线平行。

当图形的面积或形心位置不便确定时，可以将它分解为几个简单的图形，将它们分别

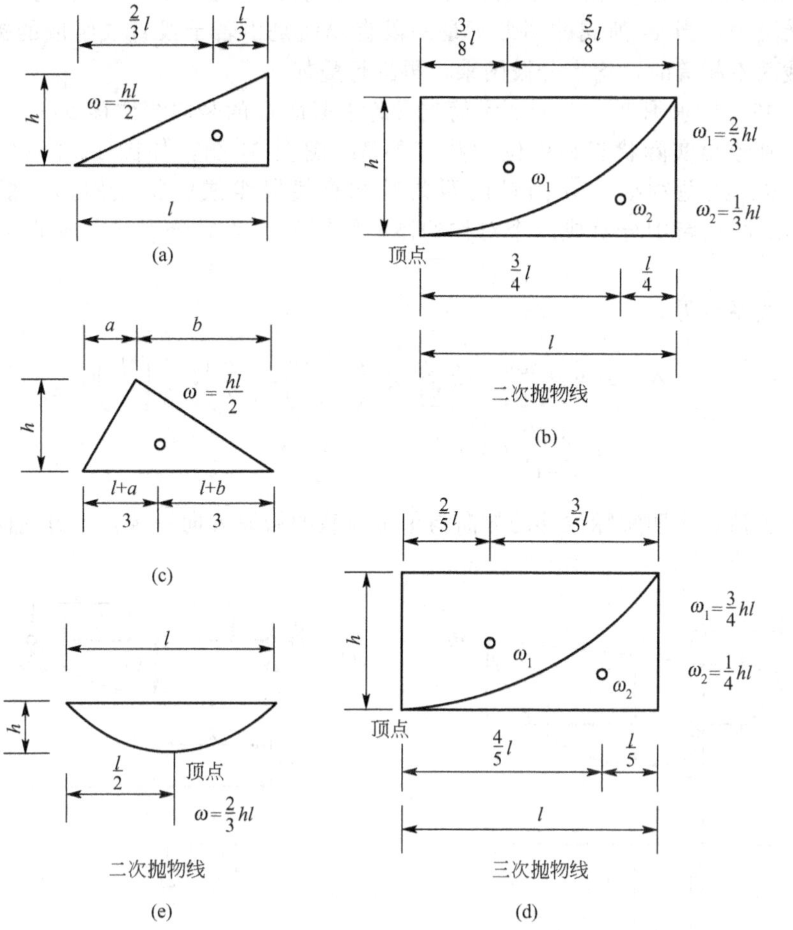

图 11.33

与另一图形相乘，然后把所得结果相加。

例如，图 11.34 所示两个梯形相乘时，可将 M_P 图分解为两个三角形(也可分解为一个矩形及一个三角形)，此时 $M_P=M_{Pa}+M_{Pb}$，故有

$$\frac{1}{EI}\int\overline{M}_iM_P\,dx=\frac{1}{EI}\int\overline{M}_i(M_{Pa}+M_{Pb})\,dx$$

$$=\frac{1}{EI}\int\overline{M}_iM_{Pa}\,dx+\frac{1}{EI}\int\overline{M}_iM_{Pb}\,dx$$

$$=\frac{1}{EI}\left(\frac{al}{2}y_a+\frac{bl}{2}y_b\right)$$

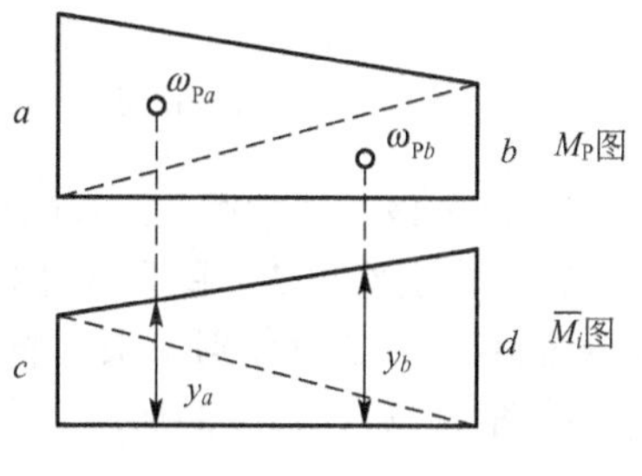

图 11.34

其中竖标 y_a 和 y_b 可按下式计算

$$y_a=\frac{2}{3}c+\frac{1}{3}d,\quad y_b=\frac{1}{3}c+\frac{2}{3}d$$

对于图 11.35(a)所示的由弯矩叠加法所绘制的 M_P 图，则可将 M_P 图分解为在两端弯矩 M_A、M_B 作用下的梯形图形[图 11.35(c)]和相应区段为简支梁时在均布荷载作用下的

抛物线[图 11.35(b)]。经过以上的图形分解，就能方便地与另一图形进行图乘。此外，在应用图乘法中，当 y_C 所属的图形不是一段直线而是由若干段直线组成的折线时，或当各杆段的截面不相等时，均应分段图乘，再进行叠加。

例 11-13 试求图 11.36(a)所示简支梁跨中截面 C 的竖向线位移 Δ_{CV}。设 EI 为常数。

解： 分别绘出实际状态和单位力状态的 M_P 图及 $\overline{M}$ 图，如图 11.36(b)、(c)所示。M_P 图为标准二次抛物线，$\overline{M}$ 图是由两条对称直线段组成的折线图形。根据图乘法规则，需将 M_P 图从跨中分解成两个对称的抛物线图形，然后分别与对应的 $\overline{M}$ 图直线段相图乘。

由对称关系可得

$$\Delta_{CV} = 2\times\frac{w y_C}{EI} = \frac{2}{EI}\times\frac{2}{3}\left(\frac{ql^2}{8}\right)\cdot\left(\frac{l}{2}\right)\cdot\frac{5}{8}\left(\frac{l}{4}\right)$$

$$= \frac{5ql^4}{384EI}(\downarrow)$$

结果为正值，表明实际位移的方向与单位荷载的假设方向一致，即方向向下。

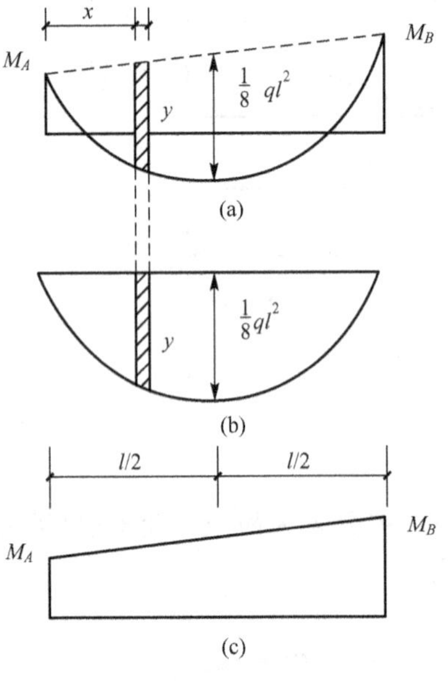

图 11.35

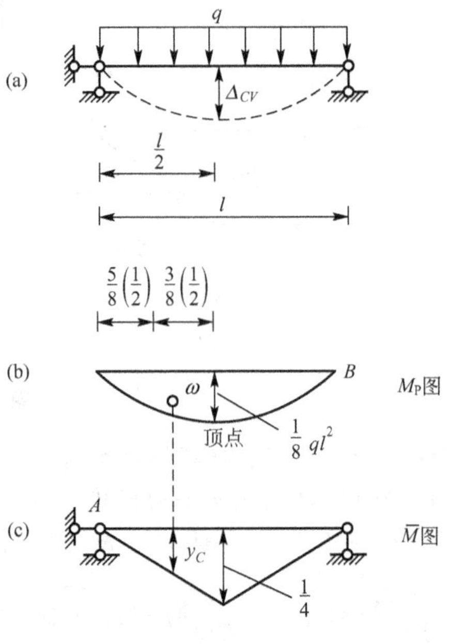

图 11.36

例 11-14 试求图 11.37(a)所示伸臂梁 C 点的角位移 θ_C。设 $EI=1400\text{kN}\cdot\text{m}^2$。

解： 分别作出 M_P 图和 $\overline{M}$ 图，如图 11.37(b)、(e)所示。M 图由两个直线段组成，故应分为 AB、BC 段分别图乘。将 M_P 图分解为基线以上的三角形和基线以下的二次抛物线，如图 11.37(c)、(d)所示，分解后 M_P 图面积及对应形心坐标如下。

$$\omega_1=\frac{1}{2}\times40\times2=40(\text{kN}\cdot\text{m}^2),\quad y_1=1$$

$$\omega_2=\frac{1}{2}\times40\times8=160(\text{kN}\cdot\text{m}^2),\quad y_2=\frac{2}{3}$$

$$\omega_3=\frac{2}{3}\times32\times8=170(\text{kN}\cdot\text{m}^2),\quad y_3=\frac{1}{2}$$

由图乘公式得

$$\theta_C=\sum\frac{\omega_i y_{Ci}}{EI}=\frac{1}{EI}(\omega_1 y_1+\omega_2 y_2+\omega_3 y_3)$$

$$=\frac{1}{1400}\left(40\times1-160\times\frac{2}{3}-170.7\times\frac{1}{2}\right)=0.0438(\text{弧度})$$

结果为正值，表明实际角位移的方向与假设单位力偶方向一致，即沿顺时针方向转动。

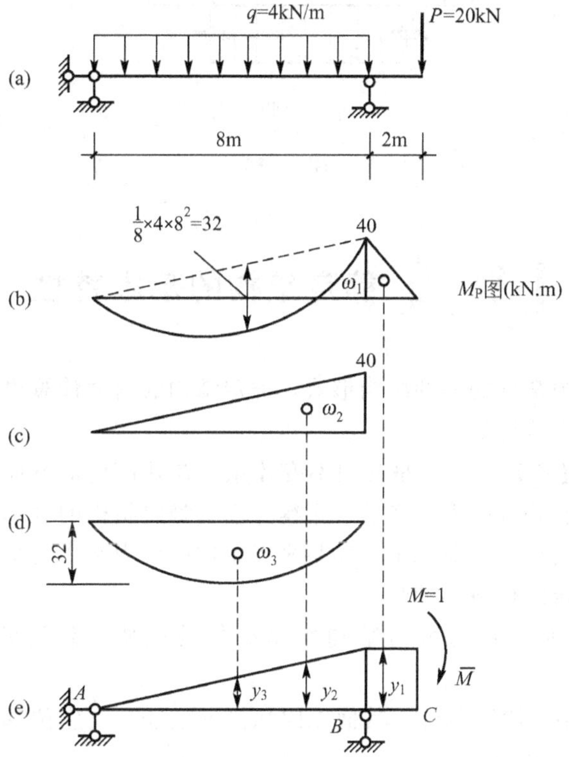

图 11.37

例 11-15 试求图 11.38(a)所示刚架 C、D 两点间的距离变化值。设 EI 为常数。

解： 实际状态的 M_P 如图 11.38(b)所示。虚拟状态应在 CD 两点沿其连线方向加一对指向相反的单位力，$\overline{M}$ 图如图 11.38(c)所示。图乘时需分 AC、AB、BD3 段计算，但其中 AC、BD 段的 $M_P=0$，故可不必计算。

$$\theta_{CD}=\sum\frac{\omega\cdot y_C}{EI}=\frac{1}{EI}\left(\frac{2}{3}\frac{ql^2}{8}\cdot l\right)\cdot h=\frac{qhl^3}{12EI}(\rightarrow\quad\leftarrow)$$

所得结果为正，表明实际状态中 C、D 两点是相互靠拢的。

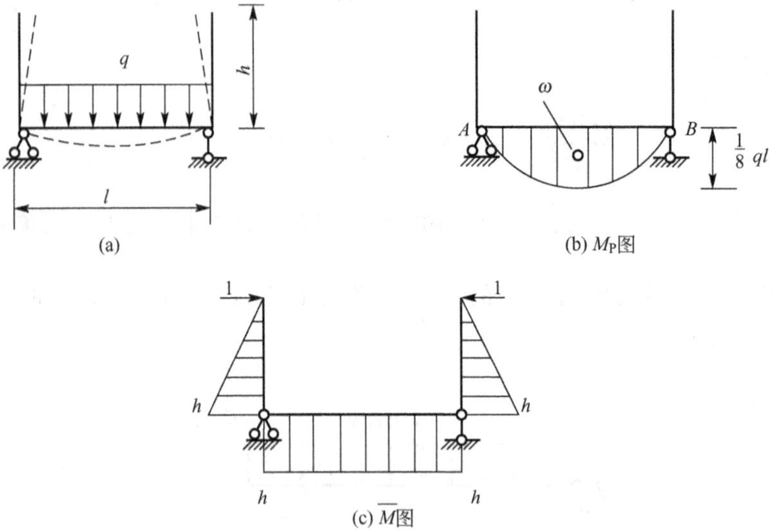

(a) (b) M_P图 (c) $\overline{M}$图

图 11.38

11.10 静定结构的基本特性

静定结构是工程中常见的一种结构形式，静定结构的内力计算也是超静定结构计算的基础。静定结构的基本特性如下。

(1) 静定结构和超静定结构都是几何不变体系，在几何构造方面，静定结构没有多余联系，而超静定结构有多余联系。在静力平衡方面，静定结构的全部反力和内力仅由平衡条件就可求出，在任何给定的荷载下，满足平衡条件的反力和内力解答只有一种，而且是有限的数值，这是静定结构解答的唯一性。

(2) 静定结构的反力和内力与结构所用材料的性质、截面的大小和形状都没有关系。

(3) 在静定结构中，除荷载外，其他原因如温度改变、支座位移、材料收缩、制造误差等均不引起结构的反力和内力。

如图 11.39(a)所示悬臂梁，若其上、下侧温度分别升高 t_1 和 t_2(设 $t_1>t_2$)，则梁将产生所图中虚线所示的变形。由于没有外加荷载，由平衡条件可知，梁的反力和内力均为零。又如图 11.39(b)所示简支梁，当支座 B 发生沉陷时，梁随之产生位移，如图中虚线所示，同样，梁不产生任何反力和内力。

(a) (b)

图 11.39

(4) 如果一组平衡力系作用于静定结构的某一几何不变的部分，则只有此部分产生内力，其余各部分不会产生内力。如图 11.40 所示，一对平衡力系作用在桁架的 $CDEF$ 几何不变部分，则其余部分的反力和内力都为零。

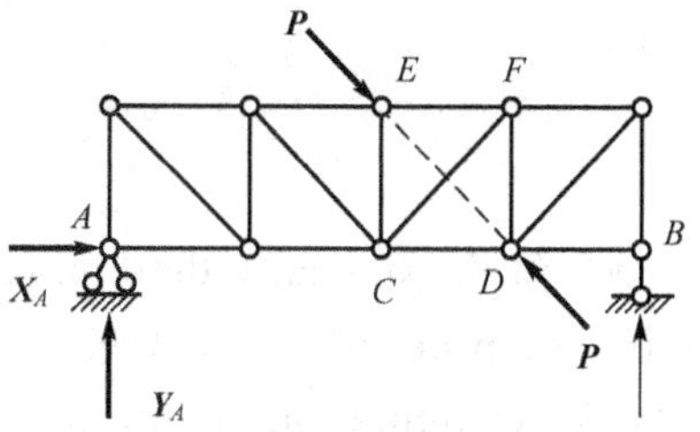

图 11.40

可分别由力系平衡条件 $\sum X=0$，$\sum M_B=0$，$\sum M_A=0$ 得

$$X_A=Y_A=Y_B=0$$

再由结点平衡的特殊情况，可知除 $CDEF$ 部分外，其他各杆的轴力都为零。

本章小结

本章讲述静定结构的内力和位移求解方法。在静定结构的内力内容中，首先阐述了静定结构概念，然后讲述了静定平面结构主要类型即梁(单跨梁和多跨梁)、刚架、桁架和拱的内力计算和内力图的绘制方法，其中包括单跨和多跨静定梁的叠加法、平面刚架的内力求解及内力图绘制方法、平面桁架内力求解的结点法和截面法、三铰拱的内力求解和合理拱轴线的确定方法。在静定结构的位移内容中，首先阐述了结构变形与位移的概念、结构位移计算的目的以及产生变形与位移的原因，然后对应用广泛的图乘法作了讲述，最后对静定结构的基本特性作总结。本章重要内容如下。

(1) 结合平面杆系结构的虚功方程，导出了平面杆系结构在荷载作用下位移计算的一般表达式

$$\Delta_P=\sum\int\frac{\overline{M}M_P}{EI}dx+\sum\int\frac{\overline{N}N_P}{EA}dx+\sum\int\frac{k\overline{Q}Q_P}{GA}dx$$

在具体计算中，根据结构的不同类型，略去次要因素对位移的影响，可以得到位移计算的实用公式，分别如下。

① 桁架的位移计算

$$\Delta_P=\sum\int\frac{\overline{N}_iN_P}{EA}dx=\sum\frac{\overline{N}_iN_P}{EA}l$$

② 梁与刚架的位移计算

$$\Delta_P=\sum\int\frac{\overline{M}_iM_P}{EI}dx$$

(2) 应用图乘法的前提条件为：①杆轴为直线；②杆件抗弯刚度 EI 为常数；③$\overline{M}_i$ 和 M_P 两个弯矩图中至少有一个是直线图形。

结构上各杆均可图乘，对应位移计算公式为

$$\Delta_P=\sum\int\frac{\overline{M}_iM_P}{EI}dx=\sum\frac{\omega\cdot y_C}{EI}$$

关键术语

静定结构(statically determinate structures)；单跨梁(single - span beam)；多跨梁(multi - span beam)；平面刚架(planar rigid frame)；平面桁架(planar truss)；拱(arch)；内力计算(computation of internal force)；内力图绘制(plot of internal force)；变形(deformation)；位移(displacement)；平面杆系结构(planar linkage structure)；虚功方程(equation of virtual work)；位移计算(displacement computation)；单位载荷法(unit load method)；图乘法(diagrammatic multiplication method)；基本特性(fundamental characteristics)

习　题

1. 思考题

(1) 为什么在一般情况下，静定多跨梁的弯矩比一系列简支梁的弯矩要小？

(2) 拱的受力情况和内力计算与梁和桁架有何异同？

(3) 刚架与梁比较，力学性能有何不同？内力计算有哪些异同？为什么刚架中内力分布要比梁均匀、合理？

(4) 桁架的计算简图作了哪些假设？

(5) 零杆既然不受力，为何在实际结构中不把它去掉？

(6) 虚功的特点是什么？

(7) 图乘法的应用条件及注意点是什么？

2. 填空题

(1) 在图 11.41 所示结构中，无论跨度、高度如何变化，M_{CB} 永远等于 M_{BC} 的________倍，使刚架________侧受拉。

(2) 图 11.42 所示结构支座 A 转动 φ 角，$M_{AB}=$_______________，$R_C=$_______________。

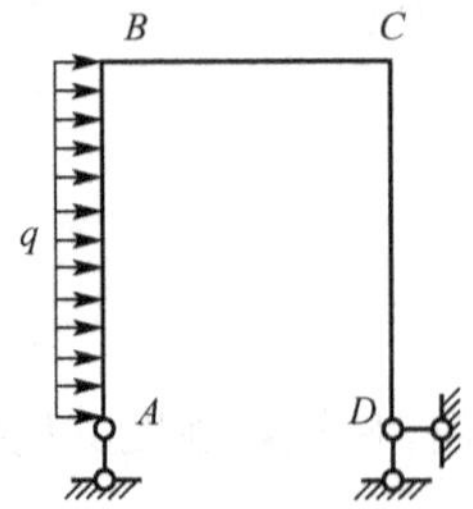

图 11.41

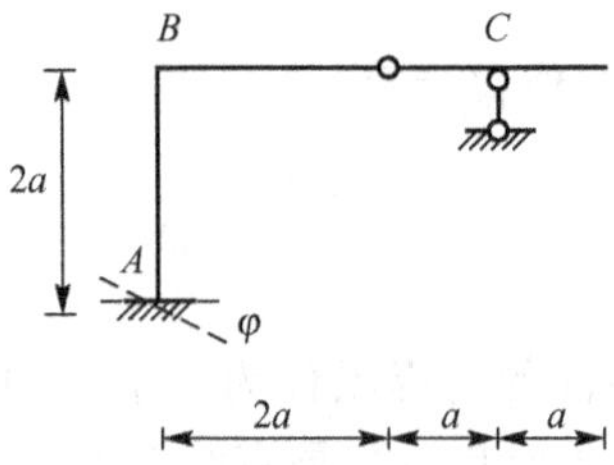

图 11.42

(3) 图 11.43 所示结构 DB 杆的剪力 $Q_{DB}=$________。

(4) 图 11.44 梁支座 B 处左侧截面的剪力 $Q_{B左}=$________。已知 $l=2$m。

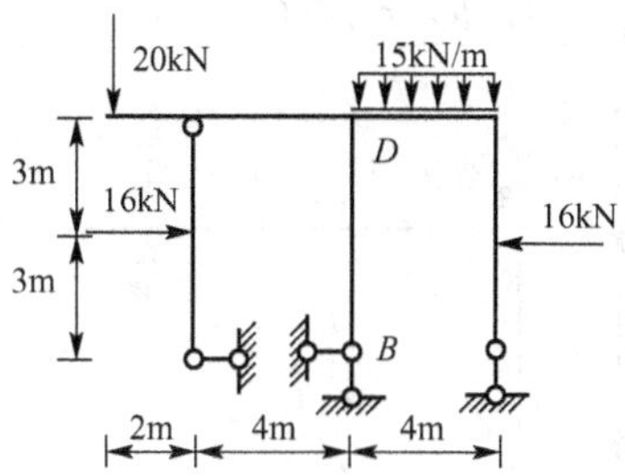

图 11.43

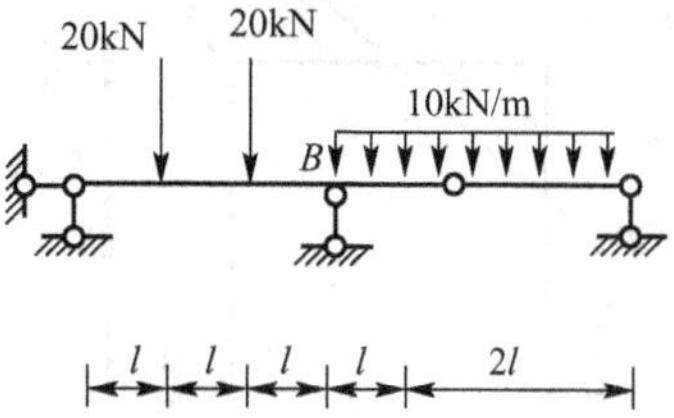

图 11.44

(5) 图 11.45 所示带拉杆拱中拉杆的轴力 $N_a=$________。

(6) 图 11.46 所示结构中，AD 杆上 B 截面的内力 $M_B=$________，________侧受拉。$Q_{B右}=$________，$N_{B右}=$________。

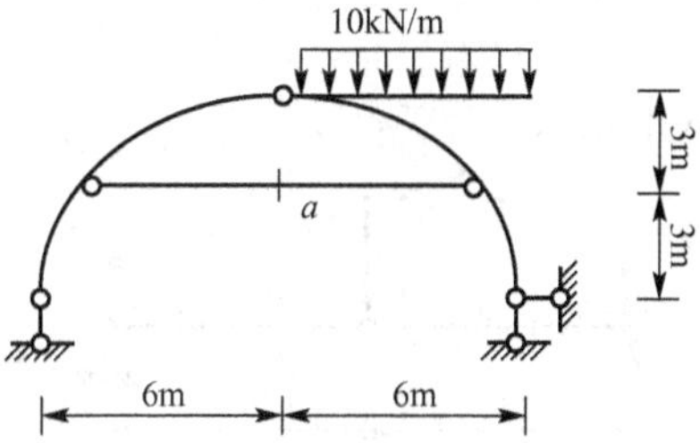

图 11.45

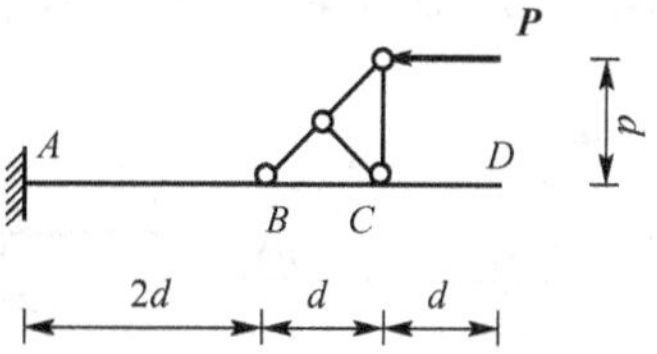

图 11.46

(7) 图 11.47 所示结构 CD 杆的内力为________。

(8) 三铰拱在竖向荷载作用下，其支座反力与 3 个铰的位置______关，与拱轴形状______关。

(9) 图 11.48 所示结构固定支座的竖向反力 $V_A=$________。

(10) 图 11.49 所示三铰拱的水平推力 $H=$________。

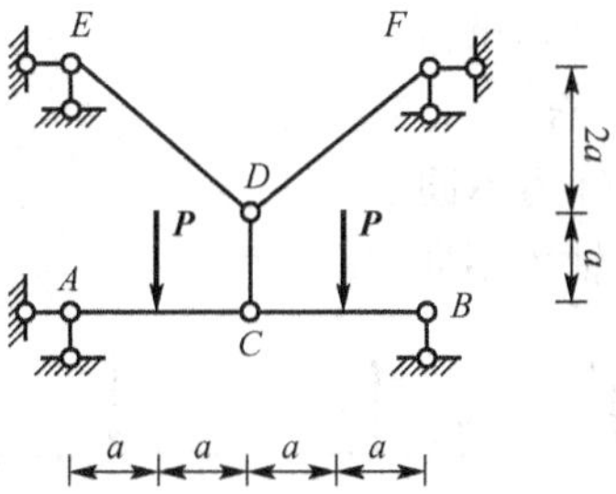

图 11.47

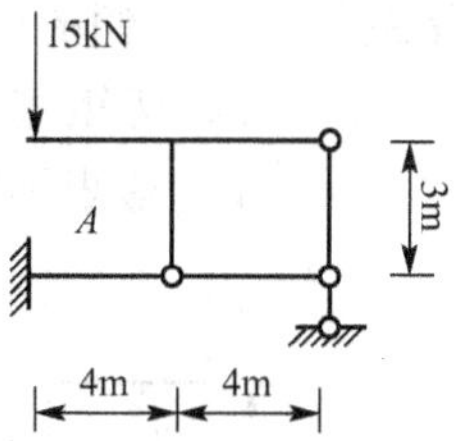

图 11.48

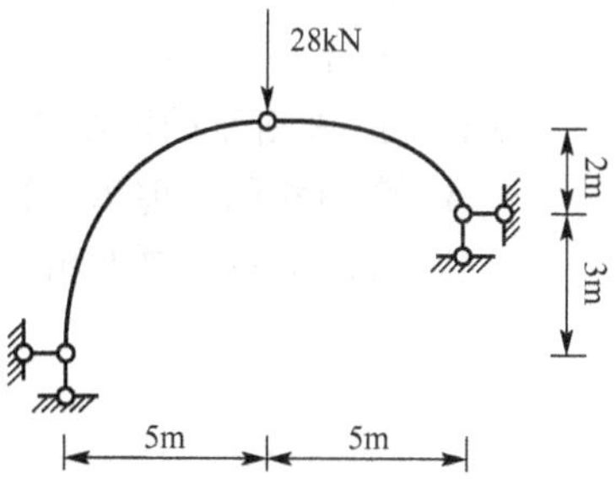

图 11.49

3. 判断题

(1) 静定结构的全部内力及反力，只根据平衡条件求得，且解答是唯一的。(　　)

(2) 静定结构受外界因素影响均产生内力，内力大小与杆件截面尺寸无关。(　　)

(3) 静定结构的几何特征是几何不变且无多余约束。(　　)

(4) 图 11.50 所示结构 $|M_C|=0$。(　　)

(5) 图 11.51 所示结构支座 A 转动 φ 角，$M_{AB}=0$，$R_C=0$。(　　)

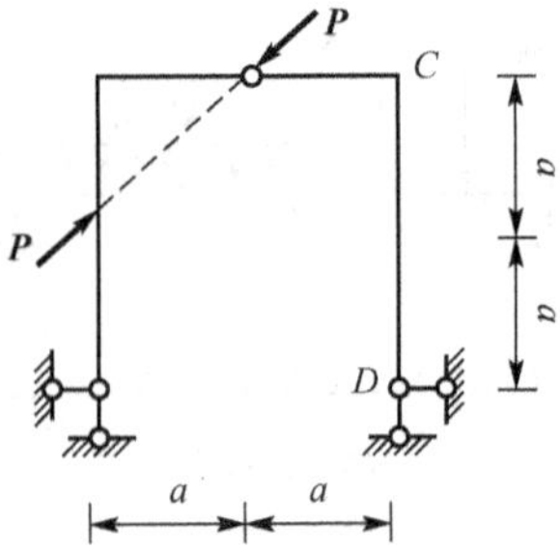

图 11.50

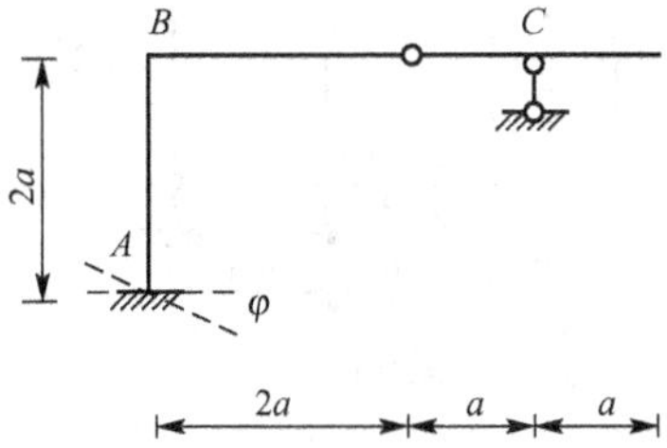

图 11.51

(6) 荷载作用在静定多跨梁的附属部分时，基本部分一般内力不为零。(　　)

(7) 图 11.52 所示静定结构，在竖向荷载作用下，AB 是基本部分，BC 是附属部分。(　　)

(8) 图 11.53 所示结构 B 支座反力等于 $P/2$(↑)。(　　)

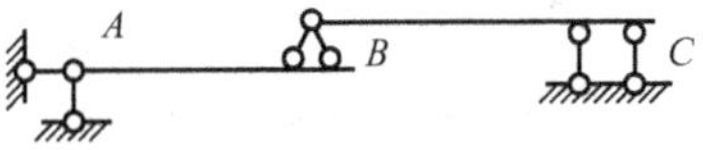

图 11.52

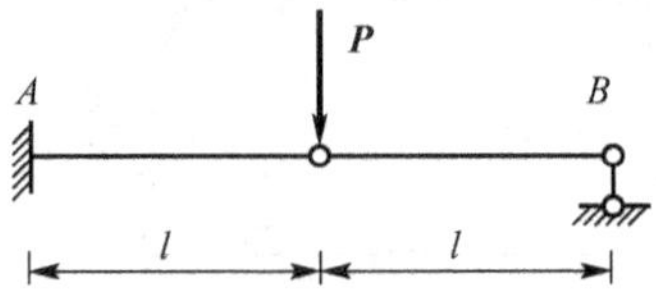

图 11.53

(9) 在相同跨度及竖向荷载下，拱脚等高的三铰拱，水平推力随矢高减小而减小。(　　)

4. 单项选择题

(1) 对于图 11.54 所示的 AB 段，采用叠加法作弯矩图是(　　)。

A. 可以　　　　B. 在一定条件下可以

C. 不可以　　　　D. 在一定条件下不可以

(2) 图 11.55 所示的两结构及其受载状态，它们的内力符合(　　)。

A. 弯矩相同，剪力不同　　　　B. 弯矩相同，轴力不同

C. 弯矩不同，剪力相同　　　　D. 弯矩不同，轴力不同

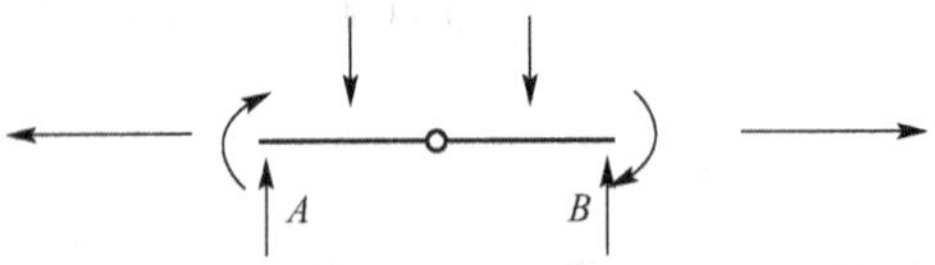

图 11.54

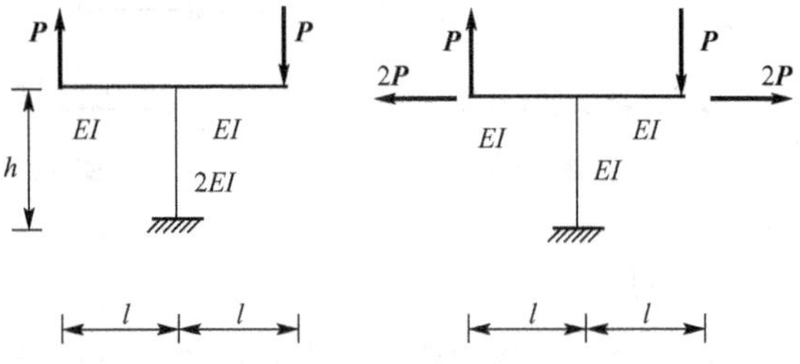

图 11.55

(3) 图 11.56 所示结构 M_{DC}(设下侧受拉为正)为(　　)。

A. $-Pa$　　B. Pa　　C. $-Pa/2$　　D. $Pa/2$

(4) 在径向均布荷载作用下，三铰拱的合理轴线为(　　)。

A. 圆弧线　　B. 抛物线

C. 悬链线　　D. 正弦曲线

(5) 图 11.57 所示的桁架 C 杆的内力是(　　)。

A. P　　B. $-P/2$

C. $P/2$　　D. 0

(6) 图 11.58 所示的桁架结构杆 l 的轴力为(　　)。

A. $\sqrt{2}P$　　B. $-\sqrt{2}P$

C. $\sqrt{2}P/2$　　D. $-\sqrt{2}P/2$

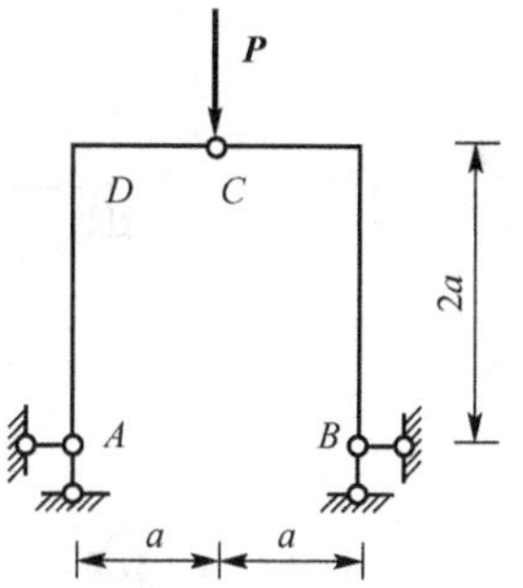

图 11.56

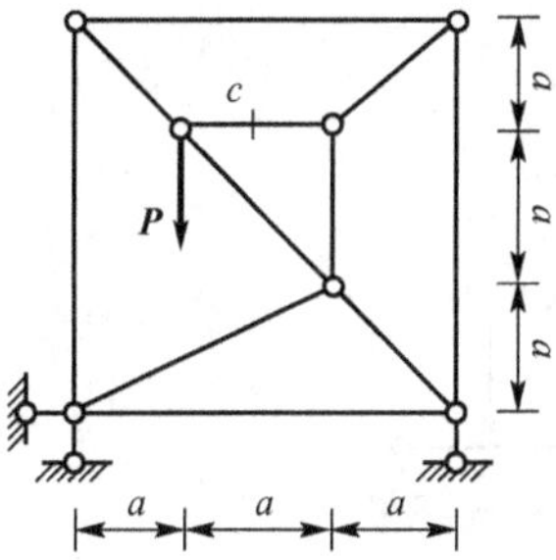

图 11.57

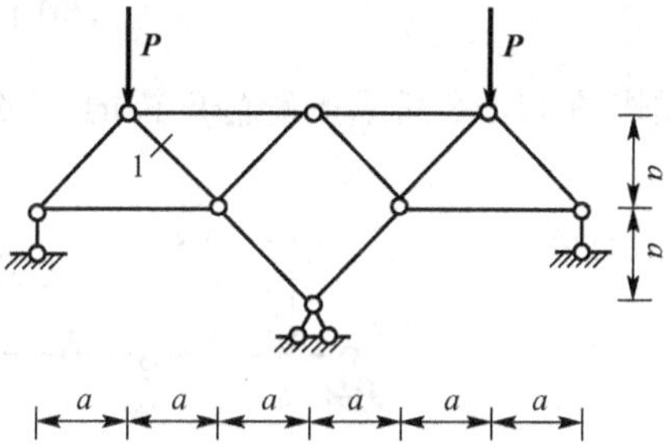

图 11.58

5. 计算题

(1) 试作图 11.59 所示单跨静定梁的 M 图和 Q 图。

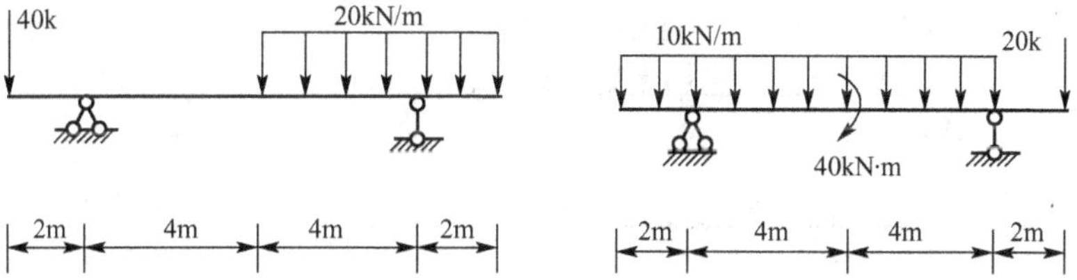

(a)　　(b)

图 11.59

(2) 试作图 11.60 所示单跨静定梁的 M 图。

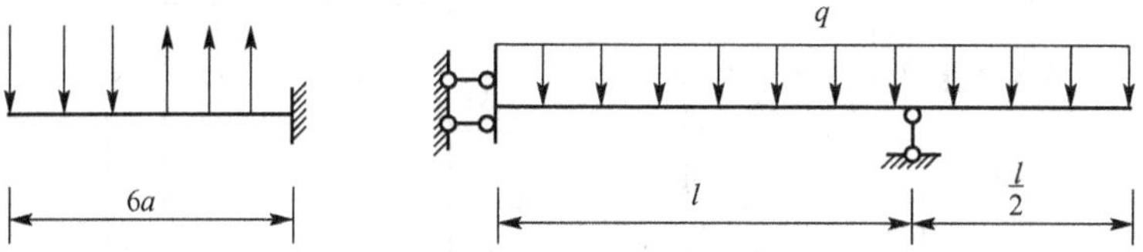

(a)　　(b)

图 11.60

(3) 图 11.61 所示多跨静定梁承受左图和右图的荷载时(即集中力或集中力偶分别作用在铰左侧和右侧)弯矩图是否相同？

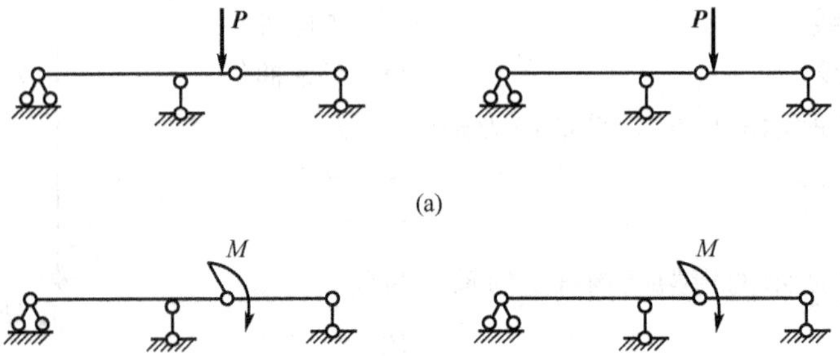

(a)

(b)

图 11.61

(4) 试作图 11.62 所示多跨静度梁的 M 图、Q 图。

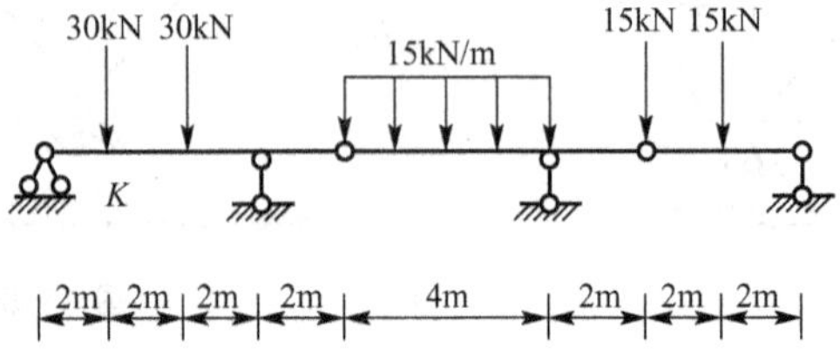

图 11.62

(5) 试不计算反力而绘出图 11.63 所示梁的弯矩图。

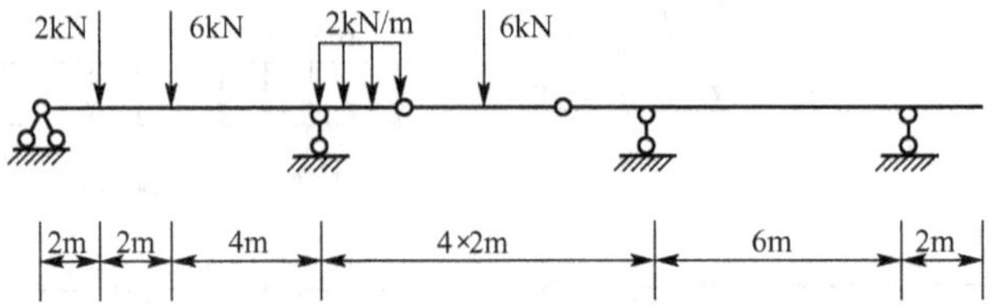

图 11.63

(6) 试作图 11.64 所示刚架的 M 图、Q 图和 N 图。

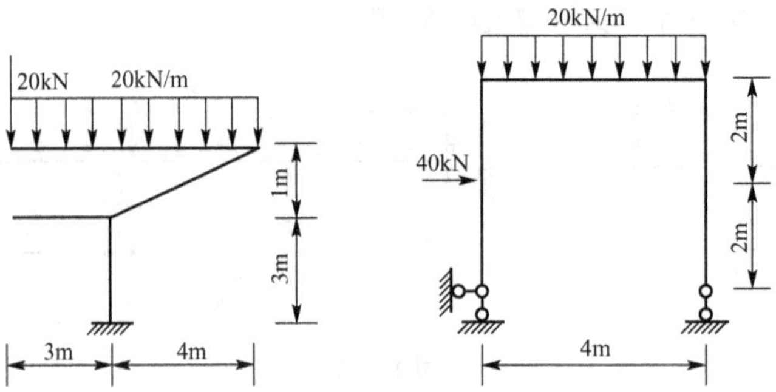

(a)

(b)

图 11.64

(7) 试作图 11.65 所示刚架的 M 图、Q 图和 N 图。

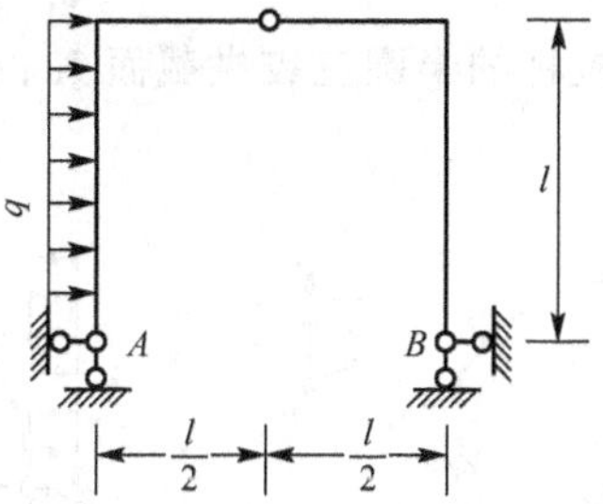

图 11.65

(8) 试作图 11.66 所示刚架的 M 图。

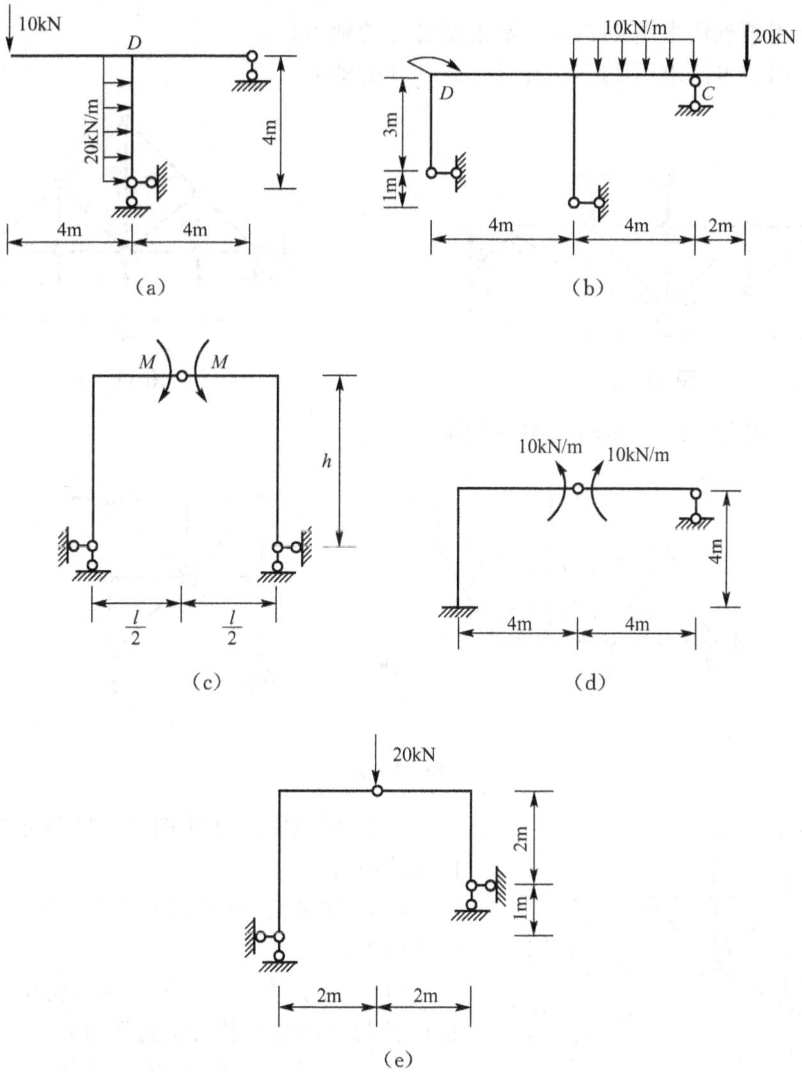

图 11.66

(9) 图 11.67 所示抛物线三铰拱的轴线方程为 $y=\frac{4f}{l^2}x(l-x)$，试求截面 K 的内力。

(10) 试求图 11.68 所示带拉杆的半圆三铰拱截面 K 的内力。

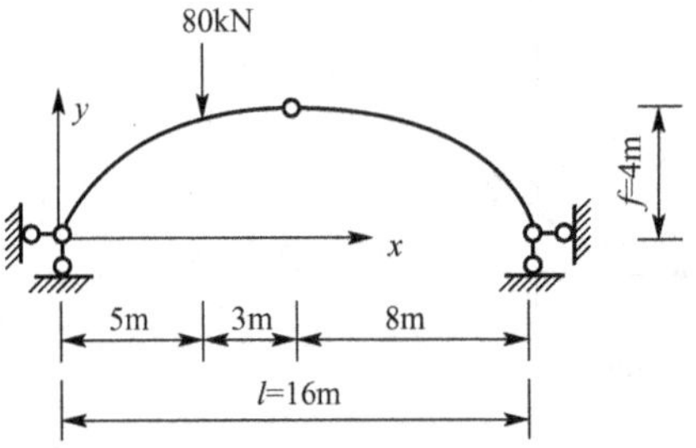

图 11.67

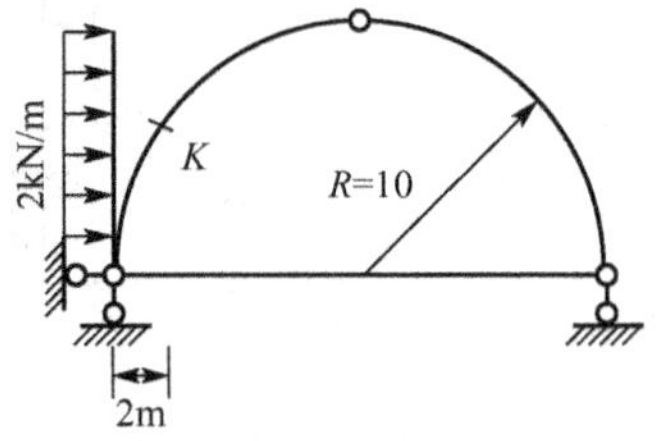

图 11.68

(11) 试用结点法求图 11.69 所示桁架各杆的轴力。

(12) 试用结点法求图 11.70 所示桁架各杆的轴力。

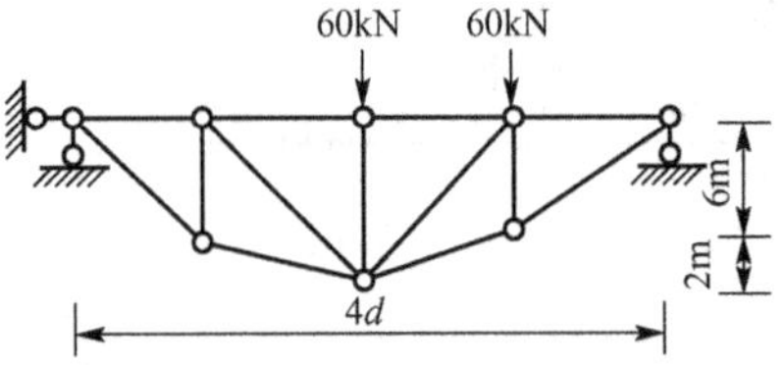

图 11.69

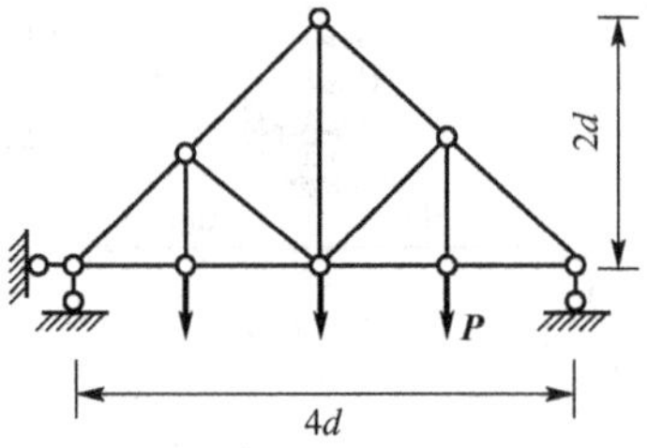

图 11.70

(13) 试判断图 11.71 所示桁架中的零杆。

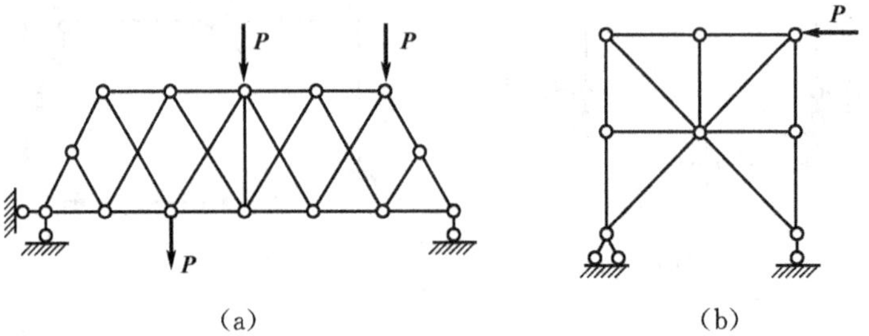

图 11.71

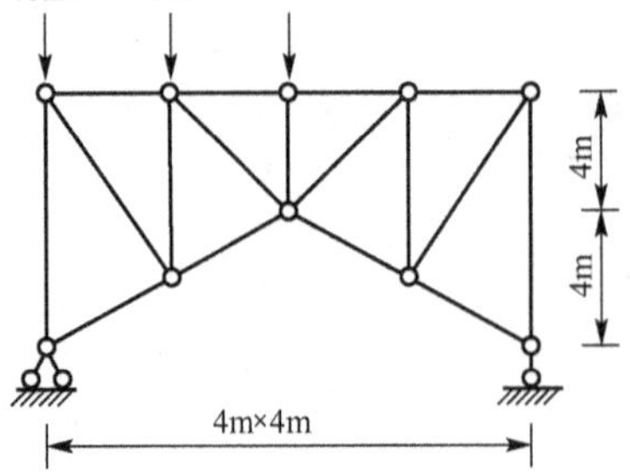

图 11.72

(14) 用截面法计算图 11.72 所示桁架中指定杆件的内力。

(15) 用截面法计算图 11.73 所示桁架中指定杆件的内力。

(16) 试求图 11.74 所示各结构中 B 处的转角和 C 处的竖向线位移(EI 为常数)。

(17) 试求图 11.75 所示结构 B 点的水平线位移。

(18) 图 11.76 所示桁架各杆截面均为 $A=2\times$

$10^{-3}m^2$，$E=210GPa$，$P=40kN$，$D=2m$。试求：

①C 点的竖向位移；②$\angle ADC$ 的改变量。

(19) 用图乘法求图 11.77 所示结构的最大挠度。

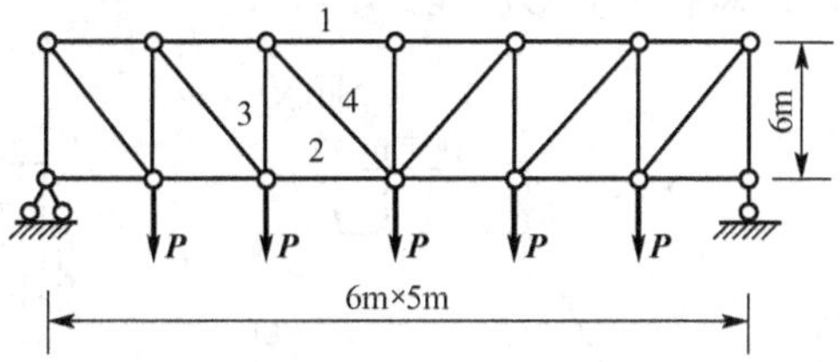

图 11.73

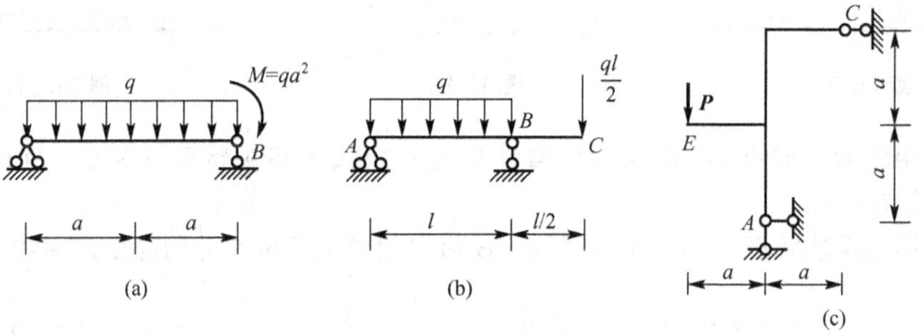

图 11.74

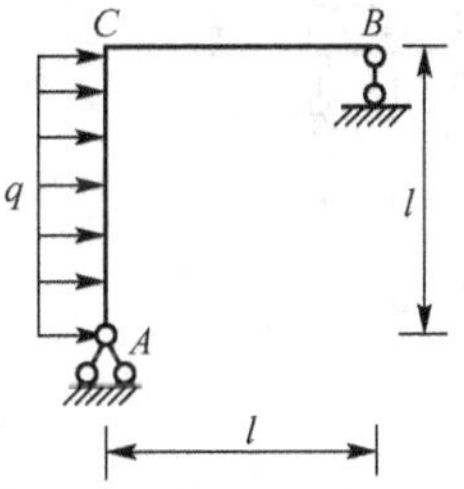

图 11.75

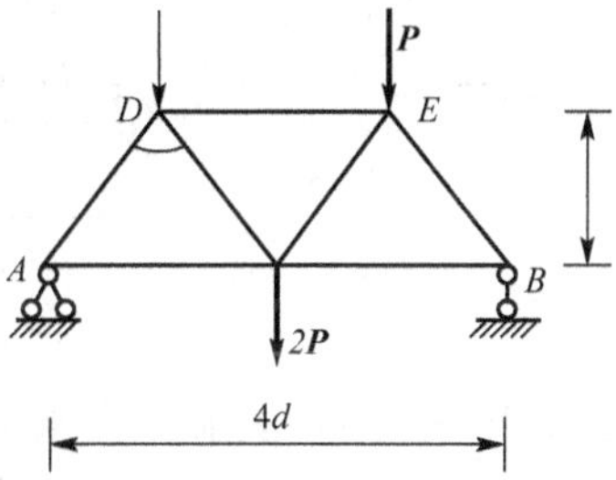

图 11.76

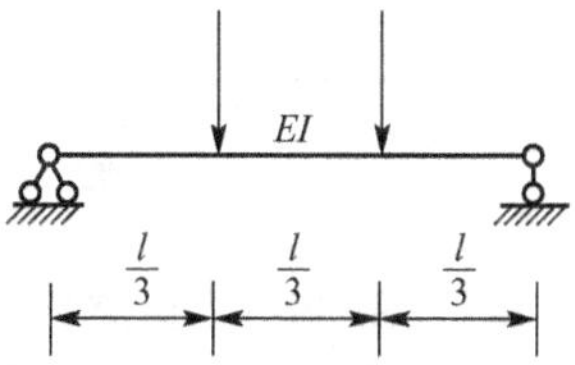

图 11.77

(20) 图 11.78 所示的下列各图乘是否正确？如不正确应如何改正？

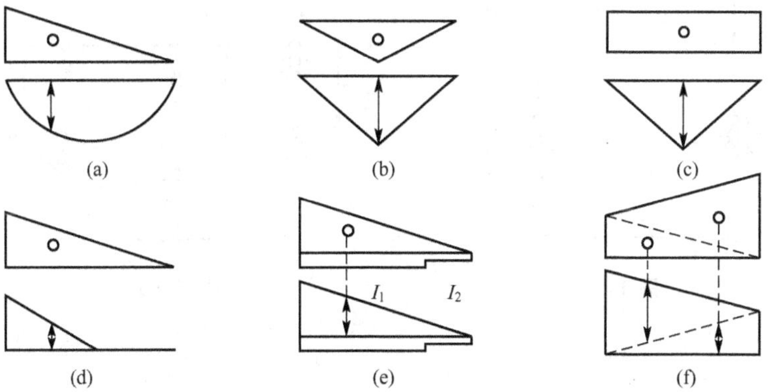

图 11.78

(21) 用图乘法求图 11.79 所示结构中点 C 的垂直方向的位移 Δ_{Cy}。

(22) 用图乘法求图 11.80 所示结构中点 C 的垂直方向的位移 Δ_{Cy}。

(23) 用图乘法求图 11.81 所示结构铰 C 的垂直方向的位移 Δ_{Cy} 和水平方向的位移 Δ_{Cx} 以及 D 处截面的转角 φ_D，并勾画出变形曲线。

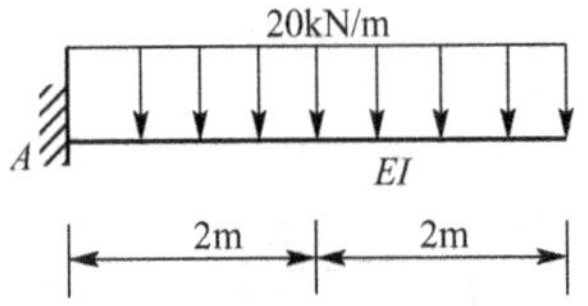

图 11.79

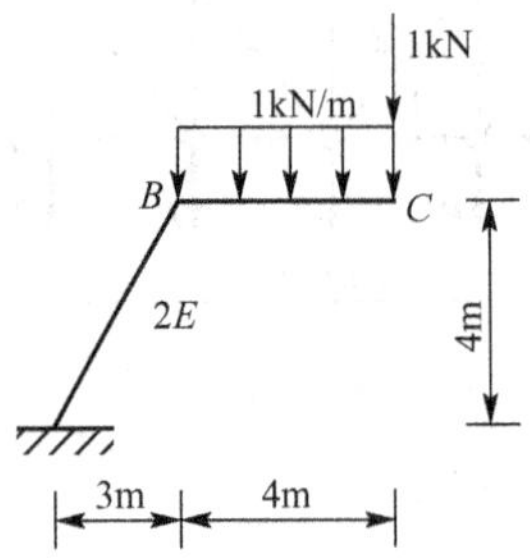

图 11.80

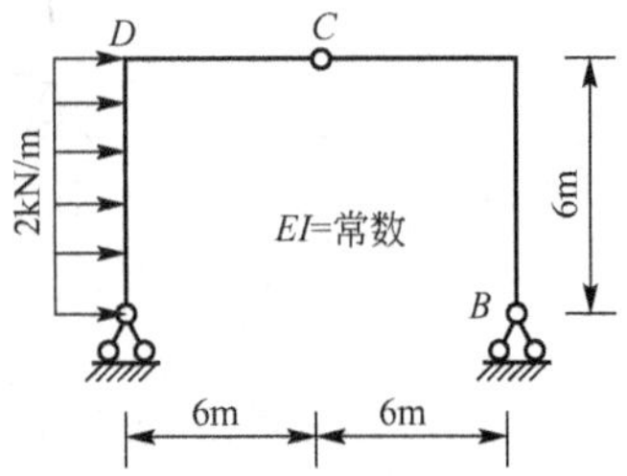

图 11.81

(24) 用图乘法求图 11.82 所示结构铰 C 左右两截面相对转角以及 C、D 两点距离改变，并勾绘变形曲线。

(25) 用图乘法求图 11.83 所示结构 AB 两点相对水平位移并勾绘变形曲线。

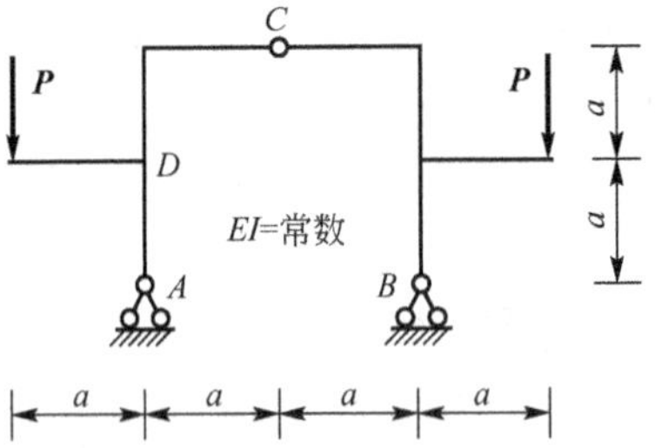

图 11.82

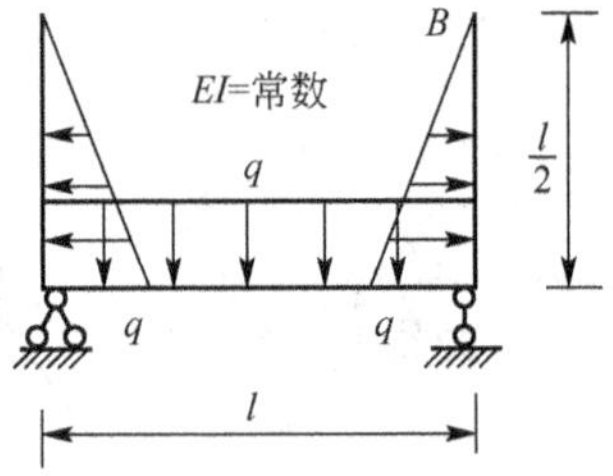

图 11.83

(26) 图 11.84 所示简支刚架支座 B 下沉 b，试求 C 点水平位移。

(27) 图 11.85 所示两跨简支梁 $l=16\text{m}$，支座 A、B、C 的沉降分别为 $a=40\text{mm}$，$b=100\text{mm}$，$c=80\text{mm}$。试求 B 铰左右两侧截面的相对角位移 φ。

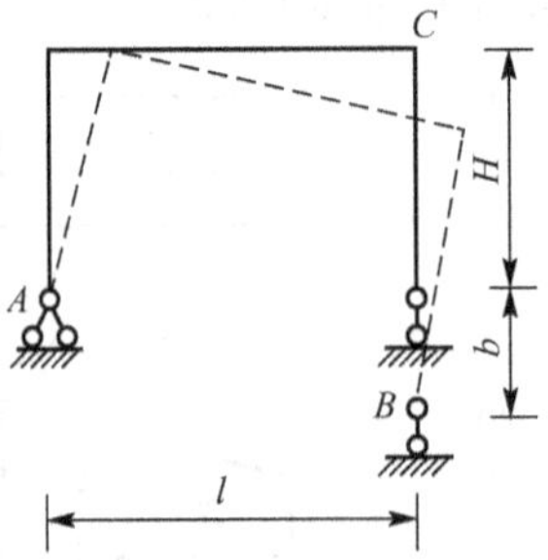

图 11.84

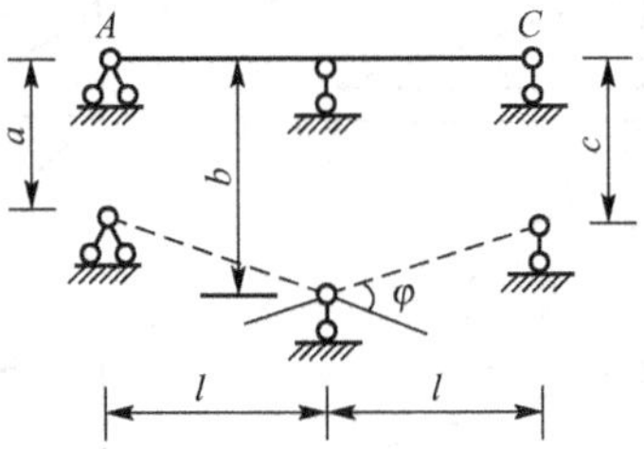

图 11.85

第12章 超静定结构的内力和位移

本章教学要点

知识模块	掌握程度	知识要点
超静定结构的概念	熟悉	超静定结构的判定和超静定次数的确定
超静定结构内力求解的力法	理解	力法的基本原理
	熟悉	力法的典型方程
	重点掌握	力法求解简单超静定结构(梁、刚架、桁架和排架)的步骤和方法
	了解	超静定结构在温度变化、支座移动作用时的内力计算方法
超静定结构位移的计算	掌握	单位载荷法、图乘法
超静定结构内力求解的位移法	掌握	位移法的基本概念
	熟悉	单跨超静定梁的形常数和载常数
	掌握	位移法基本结构和基本未知量
	掌握	位移法计算超静定结构内力的步骤和方法
力矩分配法	重点掌握	转动刚度、分配系数、传递系数、力矩分配法计算连续梁和无侧移刚架
超静定结构的特点	熟悉	基本特性

本章技能要点

技能要点	掌握程度	应用方向
超静定结构内力计算	掌握	超静定结构强度校核
温度变化和支座变位在超静定结构中引起的内力计算	了解	工业和民用建筑、桥梁工程中非荷载因素引起的内力计算与效应组合
超静定结构位移计算	掌握	超静定结构刚度校核

导入案例

谁动了我的睡眠

某理工大学多层住宅的住户老李十分郁闷，因为暖气漏水的问题一直困扰着他，长期未得到解决。

该住宅的暖气设置采用图 12.1 所示的布置。按照正常的施工工序，应当是在楼面工程完成后再进行暖气安装。但实际上由于土建施工延误，直到暖气设施安装完成后，才进行了楼面的水泥砂浆抹灰，这样，暖气包的底脚就被埋在了水泥地面里。

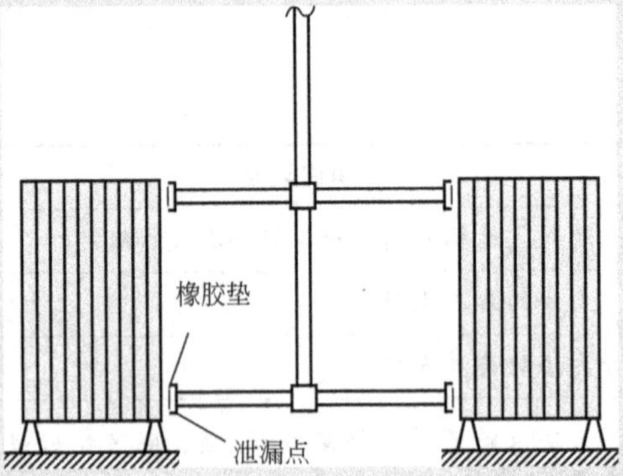

图 12.1

进入冬季，当暖气使用一段时间后，暖气管接头处就开始泄露，并且泄露量呈逐日加大趋势。维修工后来检查后，发现接头处的橡胶圈已经失去了弹性，只是更换了已经失效的垫圈。维修后不长时间，接头处又重新出现了泄露现象。如此反复多次，暖气泄露问题成了顽疾，始终得不到有效的解决。住户老李只能随时用适当的容器接着滴漏的水，并随时将盛满水的容器倒空。到后来，泄露量大了，弄得老李整晚都睡不安生。

这个问题属于安装误差在超静定结构中引起的附加内力过大导致结构(构件)的破坏。

12.1 超静定结构的概念

前述各章中研究的对象主要是静定结构，静定结构的主要标志就是结构几何不变并且没有多余联系，它的支座反力和内力用静力平衡条件就可以确定。但工程实际中还有另外一类结构，即超静定结构，它也是几何不变体系，但是有多余联系，它们的反力和内力不能够全部由静力平衡条件来确定，例如，图 12.2 (a)所示的梁，利用静力平衡条件可以求出 A 支座的水平反力，但却求不出竖向反力及反力矩。又如图 12.2(b)所示的混合结构，利用静力平衡条件可以求出全部支反力，但却不能求出全部杆件内力。

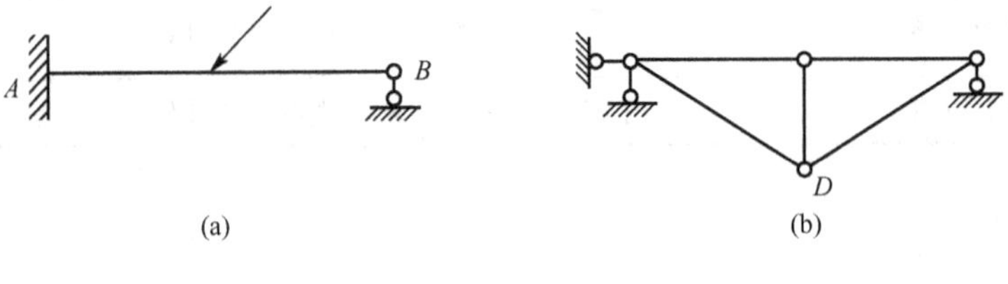

图 12.2

静定结构若去掉其任何一个联系，即成为几何可变体系。也就是说静定结构的任何一个联系，对维持其几何不变性都是必要的，称之为必要联系。而对于超静定结构，若去掉若干个多余联系后，仍然可以是一个几何不变体系。如图 12.3(a)所示超静定梁，去掉支座 B 的链杆，即为静定悬臂梁，是几何不变的。图 12.3(b)所示混合结构去掉链杆 CD，仍为几何不变体系。多余联系并不是说这些联系对结构的组成不重要，而是相对于静定结构而言这些联系是多余的。与多余联系相应的反力称之为多余反力。

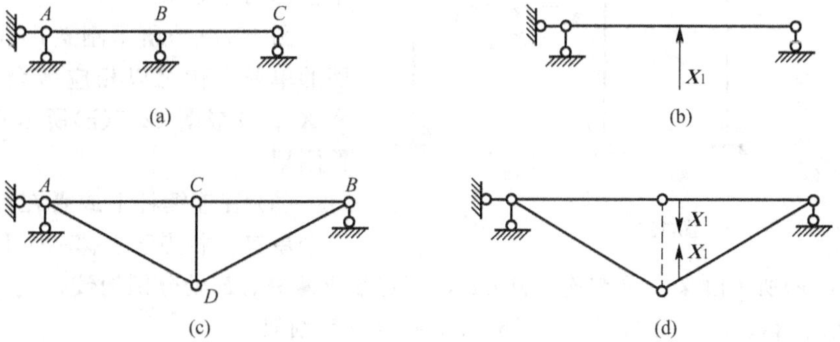

图 12.3

由此可知，超静定结构的几何组成特征是具有多余联系，从静力学方面去研究超静定结构的特征是具有多余未知力。

12.2 超静定次数的确定

超静定结构中多余联系的数目或多余未知力的数目称之为超静定结构的超静定次数。

由超静定次数的定义可知，确定超静定次数的方法是，去掉超静定结构的多余联系，使之变成静定结构，则去掉多余联系的个数，或多余未知力的个数便是超静定结构的超静定次数。现以具体例子分析如下。

(1) 去掉支座处的一根链杆或切断一根链杆，相当于去掉一个联系。

图 12.3(a)所示连续梁，去掉支座 B 处链杆，变成图 12.3(b)所示简支梁。图 12.3(c)所示混合结构，切断链杆 CD，变成图 12.3(d)所示静定结构，相当于在刚片 AB 上加一个二元体。可见图 12.3(a)所示连续梁，还可以将支座 C 处链杆视为多余联系去掉，变成图 12.4(a)所示外伸梁。还可以在连续杆上加一个铰，变成图 12.4(b)所示多跨静定梁。

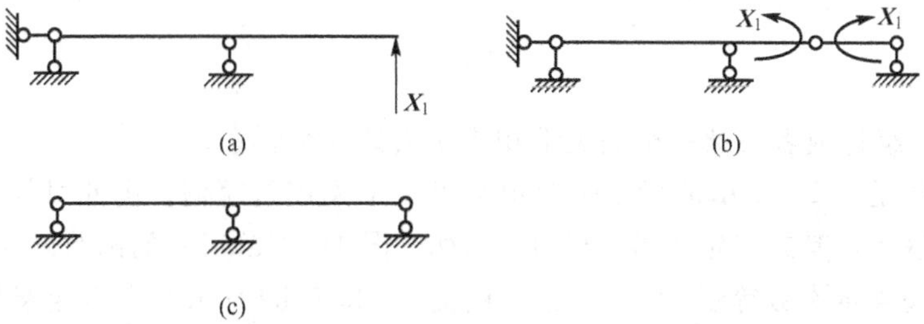

图 12.4

显然，超静定结构去掉多余联系的方式不止一种，但注意不能去掉必要联系，否则变成几何可变体系。如图 12.3(a)所示连续梁不能去掉 A 支座处的水平链杆，因为去掉 A 支座水平链杆后，将 AC 梁视为刚片Ⅰ，大地视为刚片Ⅱ，两刚片由三根完全平行链杆相连，如图 12.4(c)所示，成为几何可变体系，而可变体系不能作为结构在工程中使用。

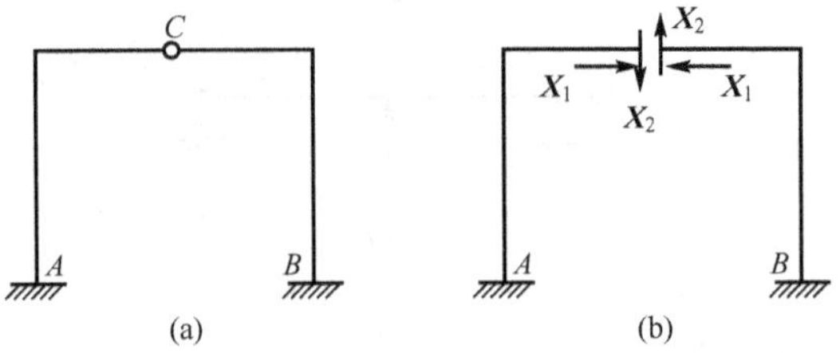

图 12.5

(2) 去掉一个铰支座或单铰，相当于去掉两个联系。

图 12.5(a)所示刚架，可去掉 C 截面的单铰，代之以相应多余未知力 $\boldsymbol{X}_1$ 和 $\boldsymbol{X}_2$，变成图 12.5(b)所示两个静定悬臂刚架。

(3) 在连续杆上或者在固定端上加一个单铰，相当于去掉一个联系。

图 12.6(a)所示刚架，可在连续杆 CD，固定端支座 A、B 处分别加铰，代之以相应多余未知力 $\boldsymbol{X}_1$、$\boldsymbol{X}_2$、$\boldsymbol{X}_3$，变成图 12.6(b)所示静定三铰刚架。

对于图 12.6(a)所示刚架，亦可以将连续杆 CD 中截面的切断，代之以多余未知力 $\boldsymbol{X}_1$、$\boldsymbol{X}_2$、$\boldsymbol{X}_3$，成为图 12.6(c)所示两个静定悬臂刚架。或者去掉一个固定端，代之以相应的多余未知力，变成图 12.6(d)所示一个静定悬臂刚架。

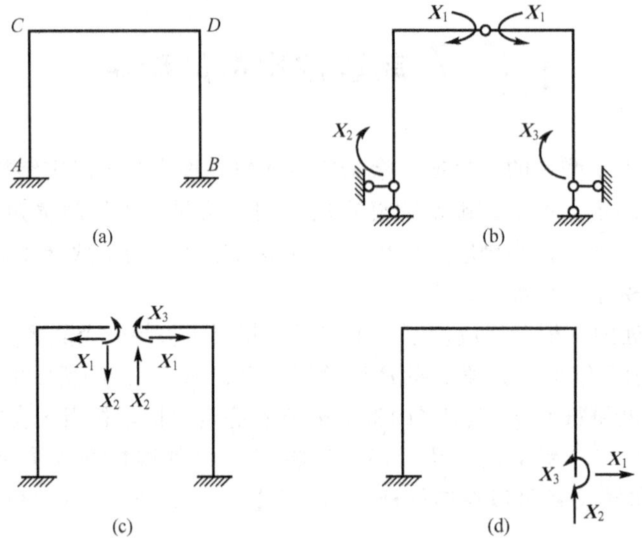

图 12.6

(4) 切断连续杆或者去掉一个固定端相当于去掉 3 个联系。

需要指出的是，图 12.6(a)所示刚架相当于一个无铰封闭框。由此可知一个无铰闭合框有 3 个多余联系，其超静定次数等于 3。例如，图 12.7(a)所示的两跨两层刚架，它有 4 个闭合框，其超静定次数等于 12 次。这一点由图 12.7(b)所示 3 个静定悬臂刚架可以看出，它们是由切断 4 根连续杆得到的，其去掉多余联系的个数为 12 个。

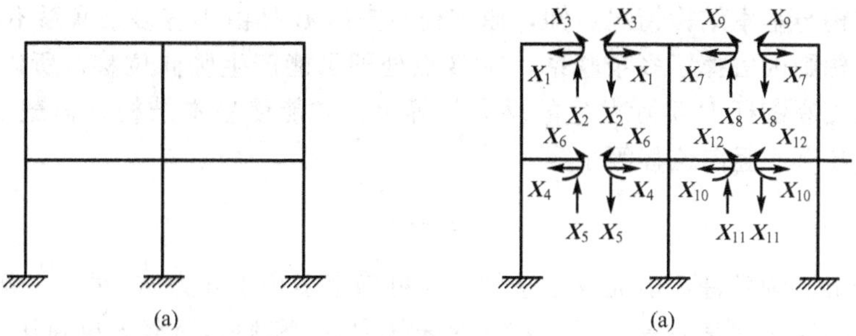

图 12.7

12.3 力　　法

12.3.1 力法的基本原理和力法的典型方程

前面各章阐述了静定结构内力和位移的计算方法，至于超静定结构内力和位移的计算与分析，力法是其中最基本的方法。现以一个简单的例子来阐述力法的基本原理。

图 12.8(a)所示为一次超静定梁，若将支座 B 处链杆视为多余联系，解除掉并代之相应的多余未知力 X_1，得到图 12.8(b)所示的悬臂梁。这种以多余未知力替代超静定结构多余联系的作用而变成的静定结构称为原结构的基本结构。多余未知力 X_1 称为力法中的基本未知量。

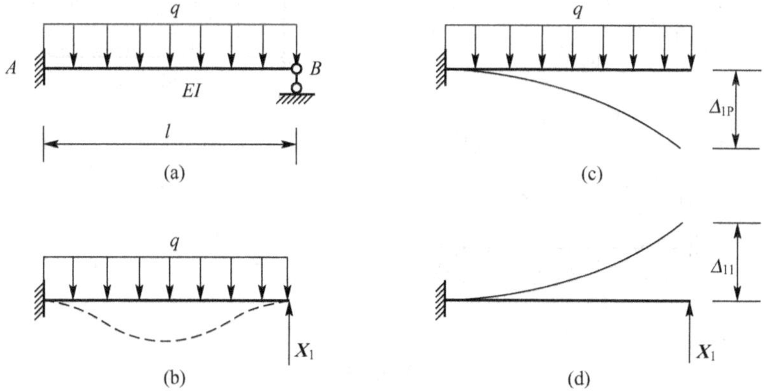

图 12.8

由于多余未知力 $\boldsymbol{X}_1$ 相当于原梁支座 B 处的反力，因此，基本结构在多余未知力 $\boldsymbol{X}_1$ 和均布荷载 q 作用下与原梁完全一样，其基本结构的变形也应该与原结构完全一致。这样，计算原结构就可以在它的基本结构上进行。

首先应该解出作用在基本结构上的多余未知力 $\boldsymbol{X}_1$，然后和静定结构计算方法一样；其次解出基本结构在荷载 q 和多余未知力共同作用下的外力和内力。因此，计算超静定结构的关键是求解出多余未知力。

对比原结构与基本结构情况可知，原结构在支座 B 处由于有多余联系不可能有竖向位移；而基本结构则因去掉了多余联系，在 B 点处即可能产生竖向位移，所以只有当 X_1 的数值与原结构支座链杆 B 实际发生的反力相等时，才能使基本结构在荷载 q 和多余力 X_1 共同作用下，B 点的竖向位移等于零。即

$$\Delta_1=0$$

上式称变形协调条件，由此变形条件，便可确定多余未知力 X_1 的唯一解。

设以 Δ_{11} 和 Δ_{10} 分别表示基本结构在多余未知力 X_1 和均布荷载 q 单独作用下 B 点截面沿 X_1 方向的位移，如图 12.8(c)、(d)所示，根据叠加原理，有

$$\Delta_1=\Delta_{11}+\Delta_{1P}=0$$

Δ_{11}、Δ_{1P} 均以与 X_1 的指向一致为正。图 12.8(d)中 Δ_{1P} 与 X_1 指向相反，为负。

为了使位移条件式 $\Delta_1=\Delta_{11}+\Delta_{1P}=0$ 中显现出多余未知力 X_1，令 $X_1=1$ 时 B 点截面沿 X_1 方向所产生的位移为 δ_{11}，则 $\Delta_{11}=\delta_{11}X_1$。于是式 $\Delta_1=\Delta_{11}+\Delta_{1P}=0$ 可写成

$$\delta_{11}X_1+\Delta_{1P}=0 \tag{12-1}$$

式中，δ_{11} 和 Δ_{1P} 分别为静定结构 B 点截面在 $X_1=1$ 及均布荷载 q 作用下的位移，可用图乘法求得。将求得的 δ_{11}、Δ_{1P} 代入式(12-1)即可求出 X_1。求出 X_1 后，基本结构就成为已知均布荷载 q 和集中力 X_1 情况的悬臂梁作用，其反力和内力均可求出。该反力和内力即为原超静定梁的反力和内力。

对于本例图 12.9(a)、(b)，

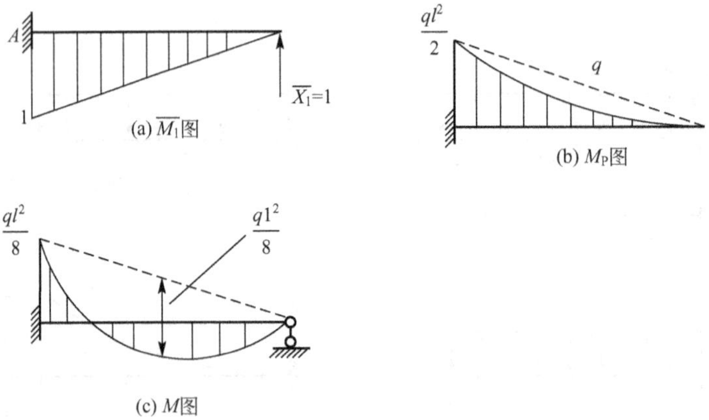

图 12.9

$$\delta_{11}=\frac{1}{EI}\left(\frac{1}{2}l\cdot l\cdot\frac{2}{3}l\right)=\frac{l^3}{3EI}$$

$$\Delta_{1P}=-\frac{1}{EI}\left(\frac{1}{3}\times\frac{1}{2}ql^2\cdot l\cdot\frac{3}{4}l\right)=-\frac{ql^4}{8EI}$$

将求得的 δ_{11}、Δ_{1P} 代入式(12-1)，解得

$$X_1=\frac{-\Delta_{1P}}{\delta_{11}}=\frac{3}{8}ql$$

结果为正，表明 X_1 的指向与所假设指向相同。求出 X_1 值后，基本结构的反力和内力按静定结构求反力和内力的方法可以完全确定。

综上所述，力法的基本结构是静定结构，力法的基本未知量是多余未知力。多余未知力由变形协调条件来确定。

上述通过只有一个未知力的超静定结构的计算，对力法的基本原理和计算步骤作了说明。下面以图 12.10(a)所示两次超静定刚架为例，说明如何根据变形协调条件来建立多次超静定结构的力法方程。

将 A 支座的两根链杆视为多余联系解除掉，得到图 12.10(b)所示基本结构。被去掉的支座链杆的作用以多余力 $\boldsymbol{X}_1$、$\boldsymbol{X}_2$ 来代替，$\boldsymbol{X}_1$、$\boldsymbol{X}_2$ 就是力法的基本未知量。

由于原结构的 A 点没有任何方向的位移。所以基本结构在荷载及 $\boldsymbol{X}_1$、$\boldsymbol{X}_2$ 共同作用下，A 点沿 $\boldsymbol{X}_1$ 和 $\boldsymbol{X}_2$ 方向的位移都等于零。即

$$\left.\begin{aligned}\Delta_1=0\\ \Delta_2=0\end{aligned}\right\}$$

上式便是求解多余未知力 $\boldsymbol{X}_1$、$\boldsymbol{X}_2$ 的变形谐调条件。

根据叠加原理，位移 Δ_1、Δ_2 是多余未知力 $\boldsymbol{X}_1$、$\boldsymbol{X}_2$ 和荷载分别作用在基本结构上时 A 点沿 $\boldsymbol{X}_1$、$\boldsymbol{X}_2$ 方向的位移的叠加。即

$$\left.\begin{aligned}\Delta_1=\delta_{11}X_1+\delta_{12}X_2+\Delta_{1P}=0\\ \Delta_2=\delta_{11}X_1+\delta_{22}X_2+\Delta_{2P}=0\end{aligned}\right\} \tag{12-2}$$

式中每项位移两个下脚标的意义是：第一个脚标表示位移发生的地点和方向，第二个脚标表示产生该位移的原因。具体意义如下。

δ_{11}表示 $X_1=1$ 单独作用在基本结构上时，X_1 作用点 A 点处沿 X_1 方向的位移，如图 12.10(a)所示；δ_{12}表示 $X_2=1$ 单独作用在基本结构上时，X_1 作用点沿 X_1 方向的位移，如图 12.10(b)所示；Δ_{1P}表示荷载单独作用在基本结构上时，X_1 作用点沿 X_1 方向的位移，如图 12.10(c)所示。δ_{21}、δ_{22}所代表的含义定义的方法相同。

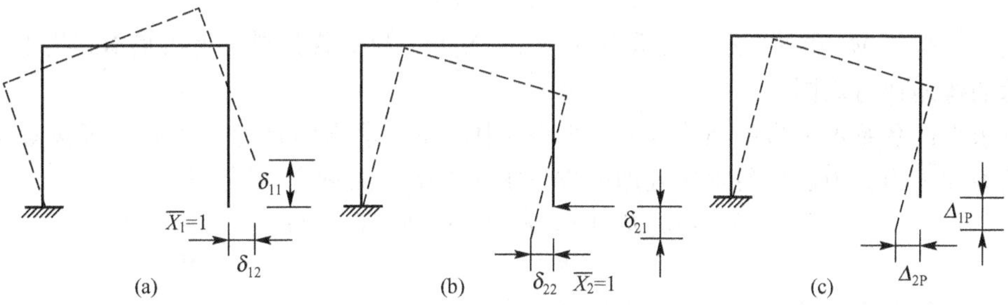

图 12.10

式(12-2)的物理意义是：在基本结构中，在多余未知力 $\boldsymbol{X}_1$、$\boldsymbol{X}_2$ 及已知荷载的共同作用下，去掉多余联系处的位移与原结构中的相应位移相等。

同理，对于 n 次超静定结构，它有 n 个多余未知力，对应有 n 个已知的位移条件，能够建立 n 个方程，可以求解出 n 个多余未知力。

这 n 个多余未知力的力法方程是

$$\left.\begin{aligned}\delta_{11}X_1+\delta_{12}X_2+\cdots+\delta_{1i}X_i\cdots+\delta_{1n}X_n+\Delta_{1P}&=\Delta_1\\\delta_{21}X_1+\delta_{22}X_2+\cdots+\delta_{2i}X_i\cdots+\delta_{2n}X_n+\Delta_{2P}&=\Delta_1\\\cdots\cdots&\\\delta_{i1}X_1+\delta_{i2}X_2+\cdots+\delta_{ii}X_i\cdots+\delta_{in}X_n+\Delta_{iP}&=\Delta_i\\\cdots\cdots&\\\delta_{n1}X_1+\delta_{n2}X_2+\cdots+\delta_{ni}X_i\cdots+\delta_{nn}X_n+\Delta_{nP}&=\Delta_n\end{aligned}\right\}\tag{12-3}$$

如果沿所有多余力的位移均等于零时，则式(12－3)为

$$\left.\begin{aligned}\delta_{11}X_1+\delta_{12}X_2+\cdots+\delta_{1i}X_i\cdots+\delta_{1n}X_n+\Delta_{1P}&=0\\\delta_{21}X_1+\delta_{22}X_2+\cdots+\delta_{2i}X_i\cdots+\delta_{2n}X_n+\Delta_{2P}&=0\\\cdots\cdots&\\\delta_{i1}X_1+\delta_{i2}X_2+\cdots+\delta_{ii}X_i\cdots+\delta_{in}X_n+\Delta_{iP}&=0\\\cdots\cdots&\\\delta_{n1}X_1+\delta_{n2}X_2+\cdots+\delta_{ni}X_i\cdots+\delta_{nn}X_n+\Delta_{nP}&=0\end{aligned}\right\}\tag{12-4}$$

式(12－4)称为力法典型方程，式中各项的含义如下。

(1) δ_{ii} 称为主系数，表示当 $X_i=1$ 作用在基本结构上时，X_i 作用点沿 X_i 方向的位移。由于 δ_{ii} 是 $X_i=1$ 引起的自身方向上的位移，所以为正值。

(2) δ_{ij} 称为副系数，表示当 $X_j=1$ 作用在基本结构上时，X_i 作用点沿 X_i 方向的位移，可能为正、为负或为零。由位移互等定理，有 $\delta_{ij}=\delta_{ji}$。

(3) Δ_{iP}称为自由项。

以上各系数均为基本结构在已知荷载和多余未知力的作用下的位移。由于基本结构是静定结构，所以可用前一章求静定结构位移的公式进行计算或用图乘法，即

$$\begin{cases}\delta_{ii}=\sum\int\dfrac{\overline{M}_i^2}{EI}ds\\\delta_{ij}=\sum\int\dfrac{\overline{M}_i\overline{M}_j}{EI}ds\\\delta_{iP}=\sum\int\dfrac{\overline{M}_i\overline{M}_P}{EI}ds\end{cases}$$

式中，$\overline{M}_i$、$\overline{M}_j$ 和 $\overline{M}_P$ 分别表示当 $X_i=1$、$X_j=1$ 和荷载分别作用在基本结构上时，基本结构的弯矩或弯矩图。

将求得的各系数和自由项代入式(12－4)中，便可求出多余力，然后就可按静定结构求其反力和内力。力法中通常用叠加的方法求出弯矩、绘制弯矩图。即

$$M=\overline{M}_1X_1+\overline{M}_2X_2+\cdots+\overline{M}_nX_n+M_P$$

12.3.2 简单超静定结构的力法计算

综合前面两节的叙述，用力法求解超静定结构的过程可以按以下步骤进行。

(1) 去掉多余联系，代之以相应多余未知力，得到基本结构，同时确定了超静定次数。

(2) 据原结构解除多余联系处位移的实际情况，按照变形协调条件，列出力法典型方程。

(3) 分别确定基本结构多余未知力的 $\overline{M}_i$ 和 M_P，用单位载荷法或者图乘法求出所有系数与自由项。

(4) 解方程，求出所有多余未知力。

(5) 用叠加法绘制 M 图。

(6) 视题目要求绘制 Q 图、N 图。

下面对采用力法求解几种不同的典型简单超静定结构的方法作以说明。

1. 简单超静定梁和刚架的力法计算

在后面解超静定结构的位移法和力矩分配法中，常用到单跨超静定梁的杆端弯矩、剪力。下面先通过例题说明如何用力法求得单跨超静定梁的弯矩、剪力。

例 12-1　用力法解图 12.11(a)所示超静定梁，画 M 图。已知 EI 为常数。

解：(1) 选择力法基本结构。这是一个 3 次超静定刚架，解除 A 和 B 支座的共 3 个多余联系代之以多余未知力 X_1、X_2 和 X_3，得到图 12.11(b)所示基本结构。

(2) 建立力法典型方程。在小变形前提下，两端固定端的单跨梁受垂直于梁轴荷载作用时，轴向多余力 X_3 为零。此类问题可当作两次超静定来计算，即

$$\delta_{11}X_1+\delta_{12}X_2+\Delta_{1P}=0,\quad \delta_{21}X_1+\delta_{22}X_2+\Delta_{2P}=0$$

(3) 因为符合图乘法条件，画单位弯矩图，荷载弯矩图，用图乘法求各系数和自由项。

$$\delta_{11}=\frac{1}{EI}\left(\frac{1}{2}\times1\times l\times\frac{2}{3}\right)=\frac{1}{3EI}$$

$$\delta_{12}=\delta_{21}=\frac{1}{EI}\left(\frac{1}{2}\times1\times l\times\frac{1}{3}\right)=\frac{1}{6EI}$$

$$\delta_{22}=\frac{1}{EI}\left(\frac{1}{2}\times1\times l\times\frac{2}{3}\right)=\frac{1}{3EI}$$

$$\Delta_{1P}=-\frac{1}{EI}\left(\frac{2}{3}\cdot\frac{1}{8}ql^2\cdot l\cdot\frac{1}{2}\right)=-\frac{ql^3}{24EI}$$

$$\Delta_{2P}=-\frac{ql^3}{24EI}$$

(4) 解方程。

$$\frac{1}{3EI}X_1+\frac{1}{6EI}X_2-\frac{ql^3}{24EI}=0$$

$$\frac{1}{6EI}X_1+\frac{1}{3EI}X_2-\frac{ql^3}{24EI}=0$$

解得

$$X_1=\frac{1}{12}ql^2,\quad X_2=\frac{1}{12}ql^2$$

两个杆端弯矩相等。

(5) 叠加法绘制 M 图。

$$M=\overline{M}_1X_1+\overline{M}_2X_2+M_P$$

绘得的 M 图如图 12.11(f)所示。

将求得的 X_1、X_2 放在基本结构上，按静定梁的方法计算出基本结构的剪力。

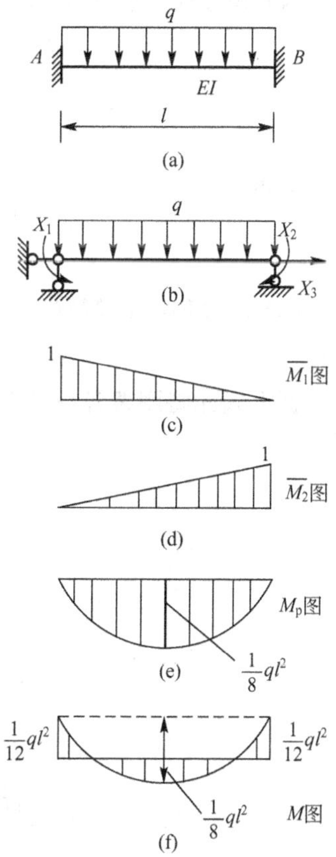

图 12.11

例 12-2 作图 12.12(a)所示刚架的弯矩图、剪力图、轴力图。

解：(1) 选择力法基本结构。这是一个两次超静定刚架，解除 B 支座的两个多余联系代之以多余未知力 X_1、X_2，得到图 12.12(b)所示基本结构。

(2) 建立力法典型方程。原刚架支座 B 为固定端支座，没有任何移动和转动，力法典型方程为

$$\delta_{11}X_1+\delta_{12}X_2+\Delta_{1P}=0$$
$$\delta_{21}X_1+\delta_{22}X_2+\Delta_{2P}=0$$

(3) 绘 M_P、$\overline{M}_1$ 和 $\overline{M}_2$ 图，分别如图 12.12(c)、(d)、(e)所示。用图乘法求各系数及自由项。

$$\delta_{11}=\frac{1}{2EI}(l\times l\times l)+\frac{1}{2EI}\left(\frac{1}{2}\times l\times l\times\frac{2}{3}l\right)+\frac{1}{EI}\left(\frac{1}{2}\times l\times\frac{2}{3}l\right)=\frac{l^3}{EI}$$

$$\delta_{22}=\frac{1}{2EI}\left(\frac{1}{2}\times 1\times l\times\frac{2}{3}\right)+\frac{1}{EI}(l\times 1\times 1)=\frac{7l}{6EI}$$

$$\delta_{12}=\delta_{21}=\frac{1}{2EI}\left(\frac{1}{2}\times l\times 1\right)\times l+\frac{1}{EI}(1\times l)\times\frac{l}{2}=\frac{3l^2}{4EI}$$

$$\Delta_{1P}=-\frac{1}{2EI}\left(\frac{1}{2}\times\frac{Pl}{4}\times l\right)\times l=-\frac{Pl^3}{16EI}$$

$$\Delta_{2P}=-\frac{1}{2EI}\left(\frac{1}{2}\times\frac{Pl}{4}\times l\right)\times\frac{1}{2}=-\frac{Pl^2}{32EI}$$

(4) 解方程，求 X_1、X_2。将以上求得的各系数、自由项代入力法典型方程，有

$$\frac{l^3}{EI}X_1+\frac{3l^2}{4EI}X_2-\frac{Pl^3}{16EI}=0$$

$$\frac{3l^2}{4EI}X_1+\frac{7l}{6EI}X_2-\frac{Pl^2}{32EI}=0$$

解得

$$X_1=\frac{19P}{232},\quad X_2=-\frac{6Pl}{232}$$

(5) 用叠加法画 M 图。

$$M=\overline{M}_1X_1+\overline{M}_2X_2+M_P$$

据上式先将刚架各杆两个端截的弯矩值计算出来。

$$M_{CA}=l\times\frac{19P}{232}=\frac{19Pl}{376}\quad（左拉）$$

$$M_{AC}=0$$

$$M_{CD}=l\times\frac{19P}{232}=\frac{19Pl}{232}\quad（上拉）$$

$$M_{CD}=M_{CA}$$

$$M_{DC}=l\times\frac{19P}{232}-\frac{6Pl}{232}=\frac{13Pl}{232}\quad（上拉）$$

$$M_{DC}=M_{DB}$$

$$M_{DB}=l\times\frac{19P}{232}-\frac{6Pl}{232}=\frac{13Pl}{232}\quad（右拉）$$

$$M_{BD}=\frac{6Pl}{232}\quad（左拉）$$

CD 杆 P 作用点 $M=\frac{1}{4}Pl-\frac{1}{2}\left(\frac{19}{232}+\frac{13}{232}\right)Pl$

求得以上各值之后，看各杆是否作用有横向荷载。杆 AC、BD 上无荷载作用，可直接将两个端截面的弯矩值 M_{AC}、M_{CA} 及 M_{BD}、M_{DB} 连成一直线即可；杆 CD 上作用横向荷载，则按简支梁叠加的方法画其 M 图，先将两个端截面的弯矩值 M_{CD} 和 M_{DC} 连成虚线，然后以此虚线为基线，叠加上简支梁跨中受集中力作用下的弯矩图。跨中截面弯矩值为 $\frac{1}{4}Pl-\frac{1}{2}\left(\frac{19}{232}+\frac{13}{232}\right)Pl$。最终弯矩图如图 12.12(f)所示。

(6) 绘剪力图、轴力图。将求得的多余未知力 X_1、X_2 放在基本结构上，按静定结构画剪力图的方法绘得剪力图，如图 12.12(g)所示，轴力图如图 12.12(h)所示。

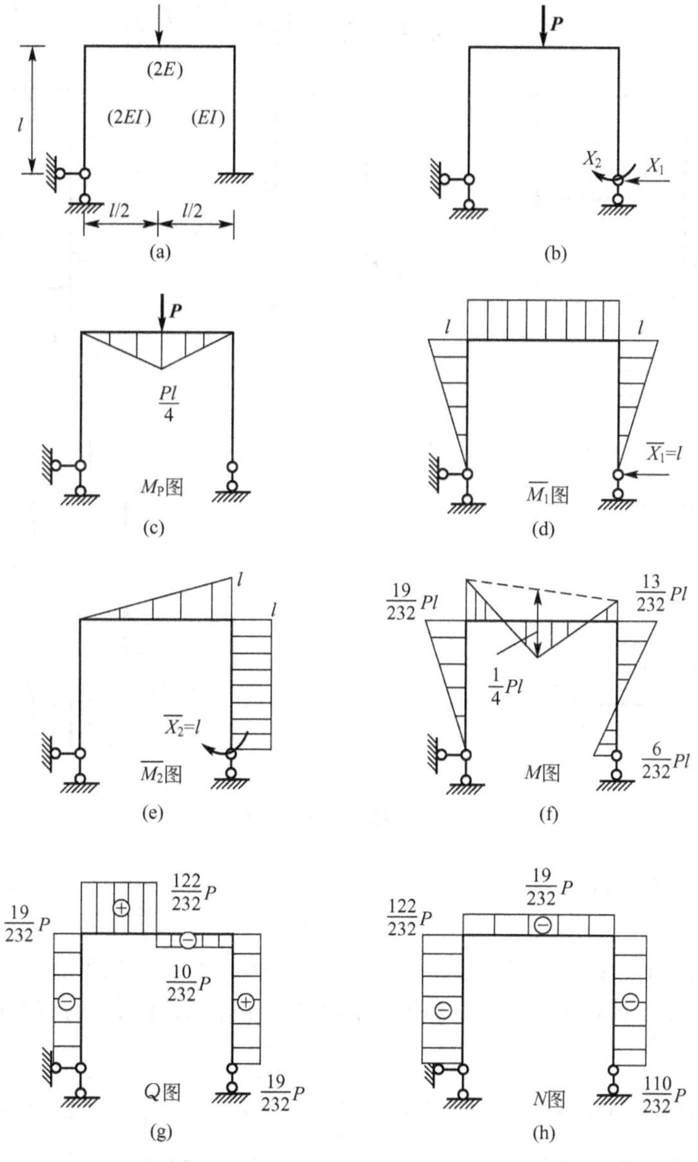

图 12.12

例 12-3 用力法求解图 12.13(a)所示刚架，已知 EI 为常数，绘出 M 图。

解：(1) 去掉 B 支座水平链杆，代之以多余未知力 X_1，得基本结构如图 12.13(b)所示。

(2) 列力法典型方程。

$$\delta_{11}X_1+\Delta_{1P}=0$$

(3) 绘 M_P 图及 $\overline{M}_1$ 图[图 12.13(c)、(d)]，计算系数及自由项。

$$\delta_{11}=\frac{1}{EI}\left[\left(\frac{1}{2}\times l\times l\right)\left(\frac{2}{3}l\right)\times 3+(l\times l\times l)\times 2\right]=\frac{3l^2}{EI}$$

$$\Delta_{1P}=\frac{1}{EI}\left[-\left(\frac{1}{3}\times\frac{ql^2}{2}\times l\right)\times\frac{3}{4}l-\left(\frac{ql^2}{2}\times l\right)\times l\right]=-\frac{5Pl^4}{8EI}$$

(4) 解方程，求 X_1。

$$X_1=-\frac{\Delta_{1P}}{\delta_{11}}=\frac{5ql}{24}$$

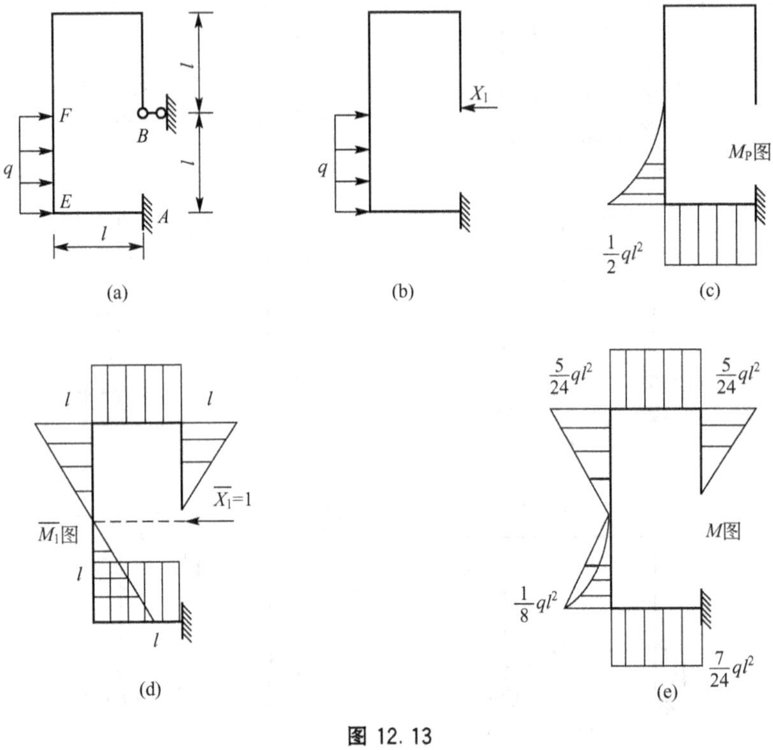

图 12.13

(5) 叠加法画 M 图。

$$M=\overline{M}_1X_1+M_P$$

由于杆 BC、DC、DF 没有由荷载引起的弯矩($M_P=0$)，故只需将 $\overline{M}_1$ 图扩大 X_1 倍即可。求出杆 AE 两个端截面的弯矩，将其二值连成直线即为杆 AE 的弯矩图。端截面的弯矩值为

$$M_{AE}=M_{EA}=\overline{M}_1X_1+M_P=l\times\frac{5ql}{24}-\frac{1}{2}ql^2=-\frac{7}{24}ql^2 \quad (\text{下拉})$$

杆 EF 上作用有均布荷载 q，可先求出两个端截面的弯矩值。

$$M_{FE}=0$$

$$M_{EF}=l\times\frac{5ql}{24}-\frac{1}{2}ql^2=-\frac{7}{24}ql^2 \quad（左拉）$$

将该二值连成虚线，然后以此虚线为基线叠加简支梁在均布荷载作用下的弯矩图。刚架最终弯矩图如图 12.13(e)所示。

从以上各例看出，在荷载作用下，结构的多余未知力及内力的大小与杆件的绝对刚度值无关(EI 在解力法典型方程中被消掉)，但与各杆相互之间的刚度比值有关。因此，当结构是由同一种材料制成时，其多余未知力和内力的大小只与杆件之间惯性矩 I 的相对比值有关。

2. 简单超静定桁架的力法计算

用力法计算超静定桁架的方法和步骤与刚架相同，但桁架的内力只有轴力，因此基本结构的位移仅由杆件的轴向变形引起。其力法典型方程中的系数和自由项不能用图乘法计算，计算公式为

$$\delta_{ii}=\sum\frac{\overline{N}_i^2 l}{EA}$$

$$\delta_{ij}=\sum\frac{\overline{N}_i\overline{N}_j l}{EA}$$

$$\Delta_{iP}=\sum\frac{\overline{N}_i N_P l}{EA}$$

桁架各杆最后内力值仍按叠加法计算，即

$$N=\overline{N}_1X_1+\overline{N}_2X_2+\cdots+\overline{N}_nX_n+N_P$$

例 12－4 用力法计算图 12.14(a)所示的超静定结构。设各杆 EA 为常数。

解：(1) 选取力法基本结构。此桁架支座处没有多余联系，桁架内部以任意铰接三角形为一个刚片，增加一个二元体得到静定桁架后多余一根链杆，切断链杆 CD 代之以多余力 X_1 得基本结构如图 12.14(b)所示。桁架的这种超静定形式称为内部超静定。此桁架是一次内部超静定。

(2) 建立力法典型方程。根据基本结构切口两侧截面在 $\boldsymbol{X}_1$ 和荷载共同作用下沿杆轴方向的相对线位移与原桁架相应线位移相同(即 $\Delta_1=0$)的条件(切口两侧截面原来是同一截面)，建立力法典型方程。

$$\delta_{11}X_1+\Delta_{1P}=0$$

(3) 为了求方程中的系数和自由项，分别求出 $X_1=1$、荷载 $\boldsymbol{P}$ 单独作用下基本结构各杆轴力 $\overline{N}_1$ 和 N_P。一般是列表计算，见表 12－1。

$$\delta_{11}=\frac{1}{EA}(1\times1\times4)+\frac{\sqrt{2}}{EA}l\times[(-\sqrt{2})^2\times2]=\frac{4l}{EA}(1+\sqrt{2})$$

$$\Delta_{1P}=\frac{1}{EA}(1\times P)+\frac{\sqrt{2}}{EA}l[(-\sqrt{2})(-\sqrt{2}P)]=\frac{Pl}{EA}(1+2\sqrt{2})$$

(4) 将求得的 δ_{11}、Δ_{1P}代入力法典型方程，得

$$X_1=\frac{\Delta_{1P}}{\delta_{11}}=-\frac{(1+2\sqrt{2})P}{4(1+2\sqrt{2})}=-0.396P$$

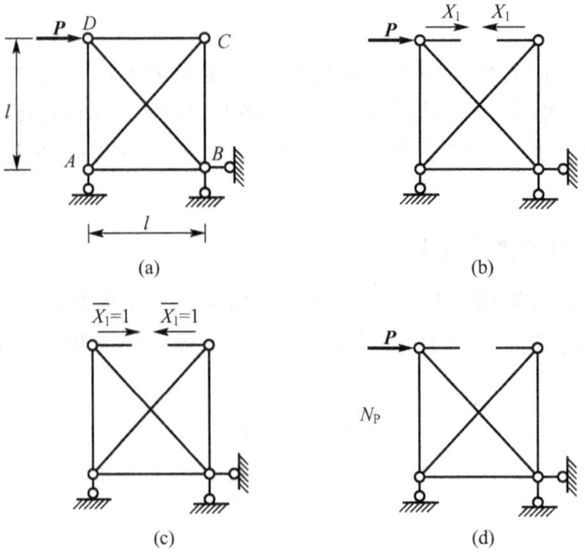

图 12.14

(5) 用叠加法求出各杆轴力。

$$N=\overline{N}_1X_1+N_P$$

求得桁架各杆轴力见表 12-1。

表 12-1

杆件	l	$\overline{N}_1$	N_P	$\overline{N}_1N_Pl$	$\overline{N}_1^2l$	$\overline{N}_1X_1+N_P$
AD	l	1	P	Pl	l	$0.603P$
BC	l	1	0	-0	l	$-0.396P$
AB	l	1	0	0	l	$-0.396P$
DC	l	1	0	0	l	$-0.396P$
AC	$\sqrt{2}l$	$-\sqrt{2}$	0	0	$2\sqrt{2}l$	$0.56P$
BD	$\sqrt{2}l$	$-\sqrt{2}$	$-\sqrt{2}P$	$2\sqrt{2}Pl$	$2\sqrt{2}l$	$0.852P$
Σ				$2Pl(1+\sqrt{2})$	$4(1+\sqrt{2})l$	

例 12-5 用力法计算图 12.15(a)所示桁架，已知 EA 为常数。

解：(1) 选取基本结构。这是一个外部一次超静定桁架，因为它的支座具有一个多余联系。去掉支座 C 处的链杆代之以多余未知力 X_1，得基本结构如图 12.15(b)所示。

(2) 建立力法典型方程。

$$\delta_{11}X_1+\Delta_{1P}=0$$

(3) 分别计算在荷载及 $X_1=1$ 单独作用下各杆轴力，列于表 12-2 中。

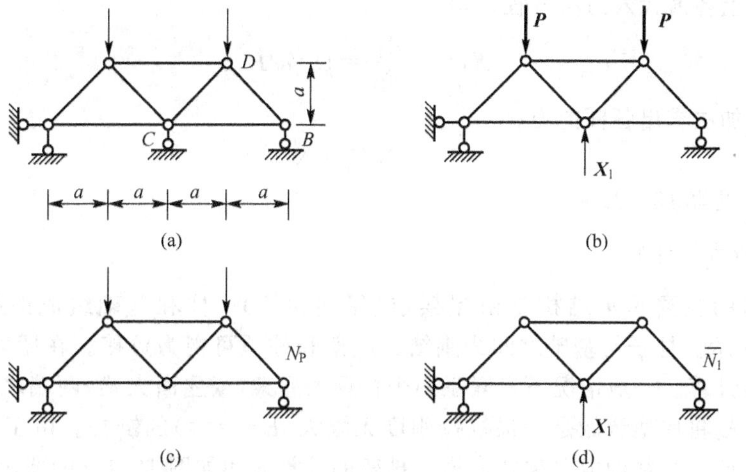

图 12.15

表 12-2

杆件	l	$\overline{N}_1$	N_P	$\overline{N}_1 N_P l$	$\overline{N}_1^2 l$	$\overline{N}_1 X_1 + N_P$
AC	$2a$	$-\frac{1}{2}$	P	$-Pa$	$\frac{a}{2}$	$0.414P$
BC	$2a$	$-\frac{1}{2}$	P	$-Pa$	$\frac{a}{2}$	$0.414P$
BD	$\sqrt{2}a$	$\frac{1}{\sqrt{2}}$	$-\sqrt{2}P$	$-\sqrt{2}Pa$	$\frac{a}{\sqrt{2}}$	$-0.585P$
DE	$2a$	1	$-P$	$-2Pa$	$2a$	$0.172P$
AE	$\sqrt{2}a$	$\frac{1}{\sqrt{2}}$	$-\sqrt{2}P$	$-\sqrt{2}Pa$	$\frac{a}{\sqrt{2}}$	$-0.585P$
CE	$\sqrt{2}a$	$\frac{-1}{\sqrt{2}}$	0	0	$\frac{a}{\sqrt{2}}$	$-0.829P$
CD	$\sqrt{2}a$	$\frac{-1}{\sqrt{2}}$	0	0	$\frac{a}{\sqrt{2}}$	$-0.829P$
Σ				$-2Pa(2+\sqrt{2})$	$(3+2\sqrt{2})a$	

(4) 求出系数和自由项。

$$\delta_{11}=\frac{1}{EI}\left[\left(\frac{1}{\sqrt{2}}\right)^2\times\sqrt{2}a\times2+\left(-\frac{1}{\sqrt{2}}\right)^2\times\sqrt{2}a\times2+\left(-\frac{1}{2}\right)^2\times2a\times2+1^2\times2a\right]$$

$$=5.828\,\frac{a}{EA}$$

$$\Delta_{1P}=\frac{1}{EA}\left[(1-\sqrt{2}P)\left(\frac{1}{\sqrt{2}}\right)\times\sqrt{2}a\times2+P\left(-\frac{1}{2}\right)\times2a\times2+(-P)\times1\times2a\right]$$

$$=-6.828\,\frac{Pa}{EA}$$

(5) 将以上各值代入力法方程，得

$$X_1=-\frac{\Delta_{1P}}{\delta_{11}}=1.172P$$

(6) 按叠加法求出各杆内力。

$$N=\overline{N}_1X_1+N_P$$

各杆轴力见表 12-2。

3. 排架的力法计算

单层厂房的主要承重结构是由屋架(或屋面大梁)、柱和基础组成的横向排架，如图 12.16(a)所示。柱子与基础之间为刚结，屋架和柱顶可视为铰接。在屋面荷载作用下，屋架可按桁架计算。一般情况下，联系两个柱顶的屋架(或屋面大梁)两端之间的距离可认为是不变的，故将屋架看做是一根抗拉刚度无限大($EA=\infty$)的链杆。由于柱子上经常放置吊车梁，因此，往往做成阶梯式。横向排架的计算简图如图 12.16(b)所示。

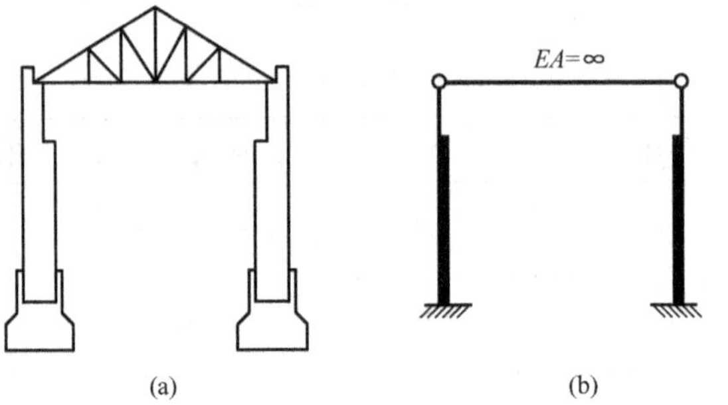

图 12.16

单跨排架为一次超静定结构。用力法计算时，其方法和步骤与刚架相同。其基本结构的取法通常是将横梁作为多余联系而切断，代之以多余未知力，以切口处两侧截面的相对水平位移为零的条件，建立力法方程。下面举例说明。

图 12.17(a)所示的单跨排架，上柱抗弯刚度为 EI_1，下柱抗弯刚度为 EI_2，设 I_2 与 I_1 的比值为 5.77，受力如图所示，试用力法计算该排架，并绘出其弯矩图。

由于排架的横梁 CD 是一根链杆，截断一根链杆相当于去掉一个联系，将横梁 CD 切断，代之以一对多余未知力 X_1，得基本结构如图 12.17(b)所示。

根据基本结构在多余未知力和荷载的共同作用下，横梁切口两侧截面相对水平位移与原结构相应位移相等(切口两侧截面是同一个截面)即 $\Delta_1=0$ 的条件，建立力法典型方程为

$$\delta_{11}X_1+\Delta_{1P}=0$$

分别画出单位弯矩图 $\overline{M}_1$ 和荷载弯矩图 M_P，如图 12.17(c)、(d)所示。由于柱子的刚度不一样，用图乘法求位移时需分段进行，另外横梁 CD 被视为刚性杆，计算系数时不考虑横梁变形。用图乘法求得系数和自由项如下。

$$\begin{aligned}\delta_{11}=&\frac{2}{EI_1}\left[\left(\frac{1}{2}\times3.15\times3.15\right)\times\left(\frac{2}{3}\times3.15\right)\right]+\frac{2}{EI_2}\left[\left(\frac{1}{2}\times3.15\times7.75\right)\times\right.\\&\left.\left(\frac{1}{3}\times10.9+\frac{2}{3}\times3.15\right)+\left(\frac{1}{2}\times10.9\times7.75\right)\times\left(\frac{1}{3}\times3.15+\frac{2}{3}\times10.9\right)\right]\\=&962.91\frac{1}{EI_2}\end{aligned}$$

将系数和自由项代入典型方程，解出 X_1。

$$X_1=-\frac{\Delta_{1P}}{\delta_{11}}=-\frac{5498.8\dfrac{1}{EI_2}}{962.91\dfrac{1}{EI_2}}=-5.7\text{kN}$$

按式 $M=\overline{M}_1X_1+M_P$，得排架最终弯矩图，如图 12.17(e)所示。

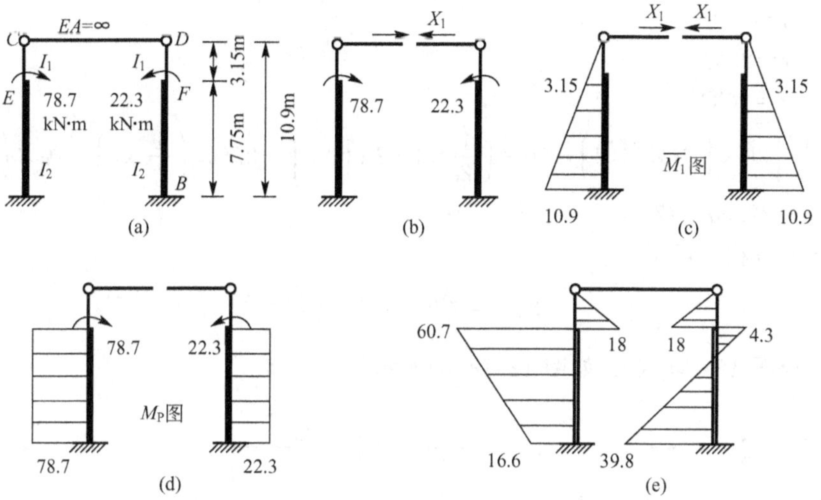

图 12.17

12.3.3 超静定结构在温度变化、支座移动作用时的内力计算

对于超静定结构，即使没有荷载作用时也可能产生内力，如支座移动、温度变化以及制造装配方面的误差都可引起结构的内力。用力法计算由于支座移动、温度变化等引起的内力时，其基本思路、原理和步骤与荷载作用下的内力计算基本相同，不同的只是力法的典型方程中自由项的计算。下面作具体分析。

1. 温度变化时的内力计算

在温度变化时，n 次超静定结构的力法方程中，第 i 个方程的一般形式为

$$\sum_{j=1}^{n}\delta_{ij}X_j+\Delta_{it}=\Delta_i$$

式中，Δ_{it} 为基本结构在温度变化作用下沿 X_j 方向的位移；Δ_i 为原结构沿 X_i 方向的位移(在温度变化问题中，一般 $\Delta_i=0$)。

例 12-6 试作图 12.18(a)所示刚架在温度改变时所产生的 M 图。各杆截面为矩形，高度 $h=l/10$，线膨胀系数为 a，设 EI 为常数。

解：此结构为一次超静定刚架，取基本体系如图所示。力法方程为

$$\delta_{11}X_1+\Delta_{1t}=0$$

分别作 $\overline{M}_1$ 图和 $\overline{F}_{N1}$ 图，如图 12.18(b)、(c)所示。

$$\delta_{11}=\frac{2}{EI}\left[\left(\frac{1}{2}\times1\times l\right)\times\left(\frac{2}{3}\times1\right)+\left(\frac{1}{2}\times1\times\frac{l}{2}\right)\times\left(\frac{2}{3}\times1\right)\right]=\frac{l}{EI}$$

$$\Delta_{1t}=\sum\alpha\frac{\Delta t}{h}A_{\overline{M}}+\sum\alpha t_0 A_{\overline{F}_N}$$

AB 段　$t_0=0℃$

BC 段　$t_0=2.5℃$

CD 段　$t_0=10℃$

AB 段　$t=30℃$

BC 段　$t=25℃$

CD 段　$t=10℃$

$$\Delta_{1t}=\alpha\times\frac{10}{l}\left[30\times\left(\frac{1}{2}\times1\times l\right)-10\times\left(\frac{1}{2}\times1\times l\right)\right]+\alpha\left[-2.5\times\left(\frac{1}{l}\times l\right)-10\times\left(\frac{2}{l}\times l\right)\right]$$

$$=100\alpha-22.5\alpha=77.5\alpha$$

代入典型方程，可得

$$X_1=-\frac{\Delta_{1t}}{\delta_{11}}=-\frac{77.5EI\alpha}{l}$$

最后弯矩图 $M=\overline{M}_1X_1$，如图 12.18(d)所示。

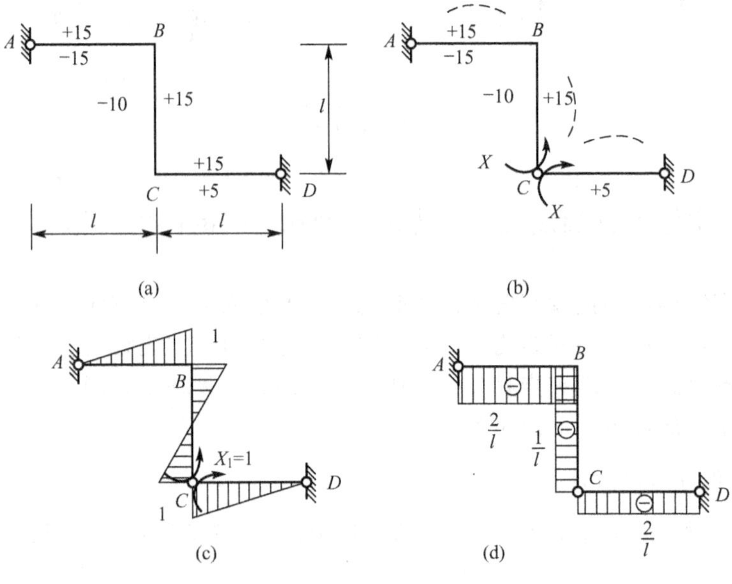

图 12.18

由计算结果可知，在温度变化时，超静定结构的内力及反力与各杆件刚度的绝对值成正比。因此，加大截面尺寸并不是改善内力状态的有效途径。另外，对于钢筋混凝土梁，要特别注意因降温可能出现裂缝的情况(对超静定梁而言，其低温一侧受拉而高温一侧受压)。

2. 支座移动时的内力计算

静定结构支座移动时不产生任何反力和内力。与静定结构相比较，超静定结构由于具有多余联系，将阻碍支座的位移而使结构产生内力。如图 12.19 所示超静定梁，当支座 B

发生移动时，将受到多余联系 C 支座处链杆的阻碍而使各支座产生反力，同时使梁产生内力并发生弹性变形。

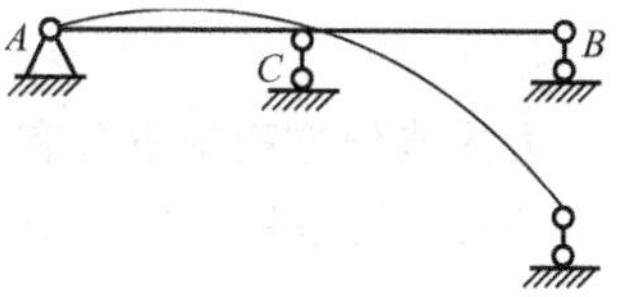

图 12.19

如图 12.20(a)所示刚架，支座 A 由于某种原因产生水平位移 a 和转角 θ，用力法求解时，选取图 12.20(b)为其基本结构。基本结构在多余未知力 X_1、X_2 及支座 A 位移的共同作用下，沿多余未知力 X_1 和 X_2 方向的位移应与原结构相应位移相等，即 $\Delta_1=0$，$\Delta_2=0$，力法典型方程为

$$\delta_{11}X_1+\delta_{12}X_2+\Delta_{1C}=0$$
$$\delta_{21}X_1+\delta_{22}X_2+\Delta_{2C}=0$$

典型方程中的主、副系数均是基本结构(静定刚架)由单位荷载引起的位移，计算方法同前；Δ_{1C}表示基本结构由于支座移动引起的 X_1 作用点沿 X_1 方向的位移，Δ_{2C}表示基本结构由于支座移动引起的 X_2 作用点沿 X_2 方向的位移。由于基本结构是静定结构，故 Δ_{iC}按下式计算。

$$\Delta_{iC}=-\sum\overline{R}C$$

参看图 12.20(c)、(d)所示虚拟反力，求得自由项为

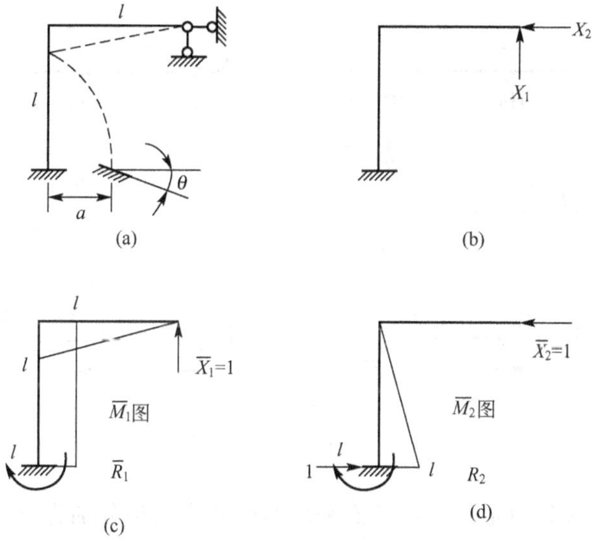

图 12.20

$$\Delta_{1C}=-(\theta l)=-\theta l$$
$$\Delta_{2C}=-(\theta l+1\times a)$$
$$=-\theta l-a$$

系数和自由项求出之后，与前面荷载作用时一样，代入典型方程求出多余反力。用叠加法绘制弯矩图。即 $M=\overline{M}_1X_1+M_P$。注意，叠加法画弯矩图时没有叠加由支座移动引起的弯矩，因为基本结构是静定结构，如前所述其位移是刚性的，不产生内力。

也可以将支座 A 处有位移的联系视为多余联系去掉，得基本结构如图 12.21(a)所示。其变形条件应该是，基本结构在多余未知力 X_1、X_2 的作用下，沿 X_1、X_2 方向的位移与原结构相同，即 $\Delta_1=a$，$\Delta_2=\theta$。力法典型方程为

$$\delta_{11}X_1+\delta_{12}X_2=a$$
$$\delta_{21}X_1+\delta_{22}X_2=\theta$$

力法典型方程中不含有自由项，这是因为基本结构中已不存在发生位移的联系了。

还可以选取图 12.21(b)所示结构为基本结构。其力法典型应方程为

$$\delta_{11}X_1+\delta_{12}X_2+\Delta_{1C}=a$$
$$\delta_{21}X_1+\delta_{22}X_2+\Delta_{2C}=a$$

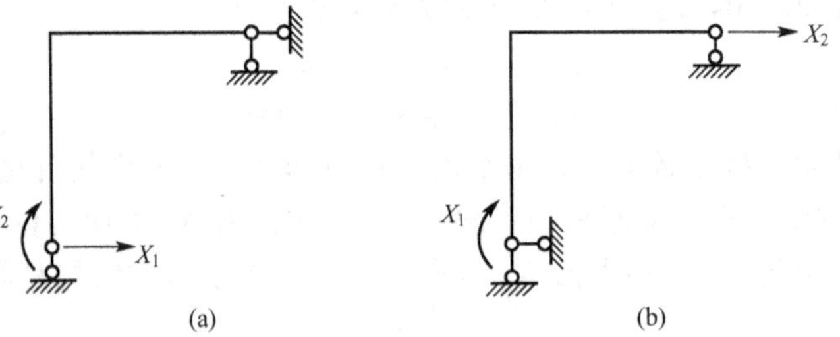

图 12.21

例 12-7 图 12.22(a)所示连续梁，其支座 C 下沉 Δ，求由此引起的弯矩。已知各杆 EI 为常量。

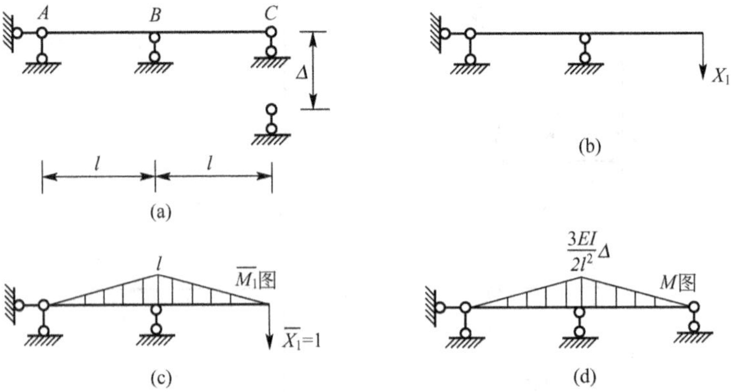

图 12.22

解： 这是一个一次超静定结构，下面采用两个基本结构分别进行计算。

1. 选外伸梁为基本结构

(1) 去掉支座 C 处链杆，得基本结构，如图 12.22(b)所示。

(2) 根据基本结构在 X_1 作用下沿 X_1 方向的位移应与原结构相应位移相等的变形条件，建立力法典型方程。

$$\delta_{11}X_1=\Delta$$

典型方程中不含有自由项，其原因如前所述，因为基本结构中所有联系均无位移。位移 Δ 取正号是由于位移下沉 Δ 与虚拟多余未知力 X_1 的指向一致。

(3) 画出 $\overline{M}_1$ 图，如图 12.22(c)所示。求得

$$\delta_{11}=\frac{1}{EI}\left(\frac{1}{2}\times l\times l\times\frac{2}{3}l\right)\times 2=\frac{2l^3}{3EI}$$

(4) 解方程，求出 X_1。

$$X_1=\frac{3EI}{2l^3}\Delta$$

(5) 按 $M=\overline{M}_1X_1$，绘制的 M 图，如图 12.22(d)所示。

2. 选简支梁为基本结构

(1) 将支座 B 处链杆视为多余联系去掉，得基本结构如图 12.23(a)所示

(2) 该基本结构与图 12.22(b)所示基本结构不同，它包含了发生位移的支座 C，因此变形条件是基本结构在多余未知力 X_1 与支座 C 下沉的共同作用下，在多余未知力 X_1 处沿 X_1 方向的位移与原结构相等，即 $\Delta_1=0$。力法典型方程为

$$\delta_{11}X_1+\Delta_{1C}=0$$

(3) 绘出 $\overline{M}_1$ 图及计算出虚拟反力［图 12.23(b)］。由此求出

$$\delta_{11}=\frac{2}{EI}\left[\left(\frac{1}{2}\times l\times\frac{1}{2}l\right)\times\left(\frac{2}{3}\times\frac{1}{2}l\right)\right]=\frac{l^3}{6EI}$$

$$\Delta_{1C}=-\sum RC=-\left(\frac{1}{2}\times\Delta\right)=-\frac{\Delta}{2}$$

(4) 解方程，求出多余未知力 X_1。

$$X_1=-\frac{\Delta_{1C}}{\delta_{11}}=\frac{3EI}{l^3}\Delta$$

(5) 按 $M=\overline{M}_1X_1$，绘制 M 图，如图 12.23(c)所示。

由本例可以看出，选取的基本结构不同，相应的力法典型方程不同，但最后内力图是相同的。

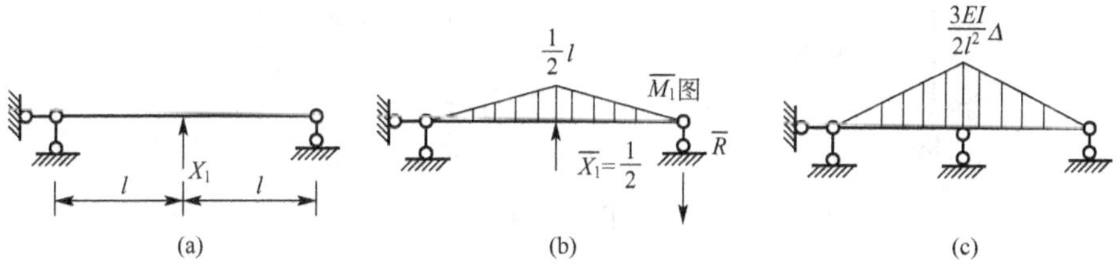

图 12.23

12.3.4 超静定结构位移的计算

前面的章节中介绍了结构位移计算的一般方法，它不仅适用于静定结构，同时也适用于超静定结构。因为对于超静定结构，只要将求出的多余力也当作荷载加到原结构的基本结构上去，而计算静定的基本结构在已知荷载以及多余力的共同作用下的位移，这个位移也就是原来超静定结构的位移。如前面所述，用力法解超静定结构是在它的基本结构上进行的。这样，超静定结构的位移计算即转变成静定结构的位移计算问题了。

由前一章知，对于刚架和梁，位移计算公式为

$$\Delta_{iP}=\sum\int\frac{\overline{M}_iM}{EI}\mathrm{d}s$$

式中，M 为原超静定结构的最终弯矩图，$\overline{M}_i$ 为单位荷载弯矩图。

需要说明的是，因为超静定结构的内力并不因所取基本结构的不同而不同。因此，可以认为超静定结构的内力是从任一形式的基本结构求得的。这样，计算超静定结构位移时，可以取任一基本结构作为虚设状态。

综上所述，求解超静定结构的具体方法如下。

(1) 解算超静定结构，绘出最终 M 图。

(2) 将单位力加在任一基本结构上，绘 $\overline{M}_i$ 图。

(3) 按位移计算公式或图乘法求位移。

例 12-8 求图 12.24(a)所示刚架 C 截面的水平线位移。

解：(1) 解算超静定刚架，绘出最终 M 图。选取简支刚架作为力法基本结构。最终弯矩图如图 12.24(b)所示。

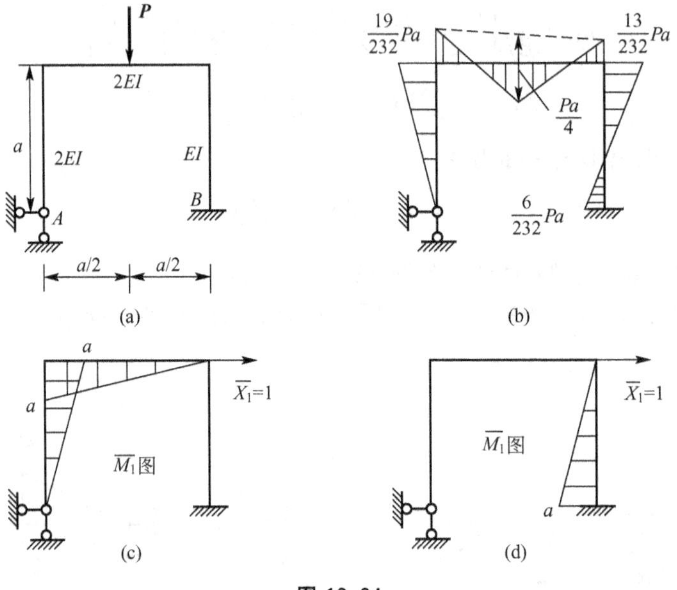

图 12.24

(2) 将单位荷载加在基本结构 C 结点上，绘 $\overline{M}_i$ 图，如图 12.24(c)所示。由图乘法求出 C 点水平线位移。

$$\Delta_C=-\frac{1}{2EI}\left(\frac{1}{2}\times a\times a\right)\left(\frac{2}{3}\times\frac{19Pa}{232}\right)-\frac{1}{2EI}\left[\left(\frac{1}{2}\times a\times a\right)\left(\frac{2}{3}\times\frac{19Pa}{232}+\frac{1}{3}\times\frac{13Pa}{232}\right)\right]$$

$$+\frac{1}{2EI}\left(\frac{1}{2}\times a\times\frac{Pa}{4}\right)\left(\frac{1}{2}a\right)$$

$$=-\frac{19Pa^3}{EI\times 6\times 232}-\frac{17Pa^3}{EI\times 4\times 232}+\frac{Pa^3}{EI\times 232}$$

$$=-\frac{Pa^3}{1392EI}(\leftarrow)$$

计算结果为负值，表示 C 点位移方向与所设单位力的方向相反，即实际方向应向左。

为使计算简化，也可选取图 12.24(d)所示的基本结构作为虚设状态。绘出 $\overline{M}_1$ 图，如

图 12.24(d)所示。用图乘法求得

$$\Delta_C=\frac{1}{EI}\left(\frac{1}{2}\times a\times a\right)\left(\frac{2}{3}\times\frac{6Pa}{232}-\frac{1}{3}\times\frac{13Pa}{232}\right)=-\frac{Pa^3}{1392}(\leftarrow)$$

选取两种基本结构作为虚设状态，计算结果完全相同。但是，选取图 12.24(d)所示基本结构作为虚设状态时，计算要简单得多。

12.4 位　移　法

力法和位移法是计算超静定结构的两种基本方法。力法出现较早，19 世纪末已经用于分析各种超静定结构；而位移法稍晚，是在 20 世纪初为了计算复杂刚架而建立起来的。

12.4.1 位移法的基本概念

力法是以结构的某些力作为基本未知量，求得后即可求出结构的位移或其他内力。实践经验可知，当任何一结构受外界影响(荷载、支座移动或者温度变化等)后，一般地既产生内力也产生位移，内力和位移是结构中两种不同的量，并且之间在数量上有着确定的对应关系，也就是说它们之间应该是相互联系和具有内部规律的。这样，可以按照力法相反的次序来解决问题，即以结构的结点位移作为基本未知量，求得后求出结构的内力和其他位移，这种方法称为位移法，这种思路有时候比力法解决问题更简便。

现在，以图 12.25(a)所示刚架为例，来说明位移法的基本概念。

在荷载 $\boldsymbol{P}$ 作用下，刚架变形曲线如图 12.25(a)所示。略去刚架的轴向变形，刚结点 B 既没有水平线位移，也没有竖向线位移。仅有转角 Z_1。则刚架变形情况相当于图 12.25(b)所示两个单跨超静定梁的变形情况。

梁 $1B$ 相当于 1 端固定，B 端铰支的单跨梁，其跨中截面作用集中力 $\boldsymbol{P}$ 且 1 截面产生转角 Z_1，$1A$ 梁相当于两端均为固定端的单跨梁且 1 截面发生转角 Z_1。如果能设法求出 Z_1，则利用力法就可以求得这两个单跨梁的全部反力和内力。所以，结点 1 的转角 Z_1 便是位移法计算超静定结构的基本未知量。

为了将图 12.25(a)转化成图 12.25(b)来计算，可以假想地在结点 1 加上一个附加刚臂(以符号▼表示)，如图 12.25(c)所示。附加刚臂的作用是限制结点 1 的转动，但不限制移动。如前所述，结点 1 没有线位移，现又没有角位移，因此，结点 1 变成固定端。原结构可看成是由两端均为固定端的单跨梁 $1A$ 和 1 端固定 B 端铰支的单跨梁 $1B$ 组成的单跨超静定梁的组合体，称为位移法的基本结构。同力法一样，基本未知量 Z_1 需要在基本结构上求得。为使基本结构的受力和变形与原结构一致，将荷载加在基本结构上，并强迫基本结构的附加刚臂转动与实际情况相同的转角 Z_1，如图 12.25(d)所示。这样，基本结构的受力与变形就与原结构完全一致。所以，计算原结构就可以在它的基本结构上进行。

由以上分析可知，求解基本未知量 Z_1 是位移法的关键所在，求解 Z_1 的方程推导如下。由叠加原理，可将基本结构受荷载、转角 Z_1 共同作用情况[图 12.25(d)]分解为基本结构在荷载、转角 Z_1 分别作用图 12.25(e)、(f)两种情况。在图 12.25(e)中没有转角 Z_1

的因素，只有荷载$\boldsymbol{P}$的作用。其中$1A$杆上没有荷载，因此，也没有内力。杆$1B$在荷载$\boldsymbol{P}$作用下的M图可由力法绘制，如图12.25(e)所示；在图12.25(f)中没有荷载因素的影响，仅有单跨超静定梁$1B$和$1A$的固定端支座1截面发生转角Z_1，其弯矩图可由力法一章中支座移动时超静定结构的计算方法来确定。

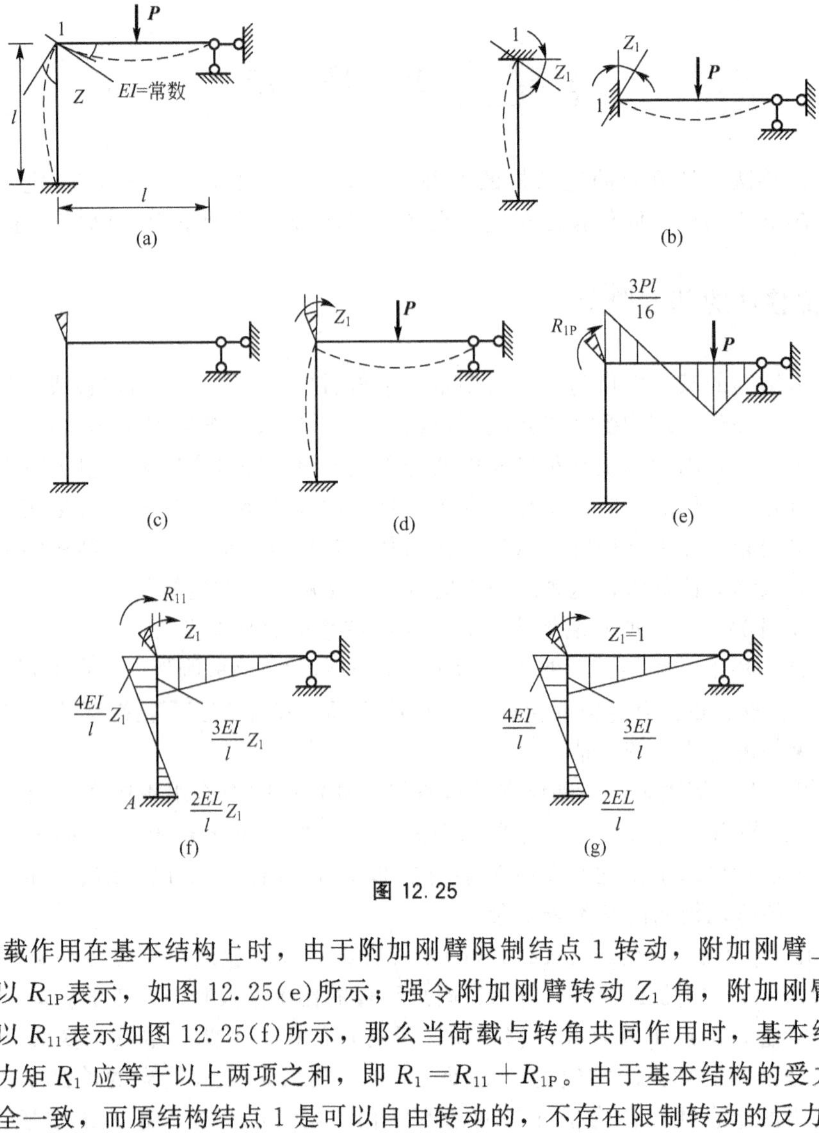

图 12.25

当荷载作用在基本结构上时，由于附加刚臂限制结点1转动，附加刚臂上必然产生反力矩，以R_{1P}表示，如图12.25(e)所示；强令附加刚臂转动Z_1角，附加刚臂上产生的反力矩，以R_{11}表示如图12.25(f)所示，那么当荷载与转角共同作用时，基本结构附加刚臂上的反力矩R_1应等于以上两项之和，即$R_1=R_{11}+R_{1P}$。由于基本结构的受力与变形与原结构完全一致，而原结构结点1是可以自由转动的，不存在限制转动的反力矩。因此，基本结构附加刚臂上的反力矩R_1应等于零。即

$$R_{11}+R_{1P}=0$$

令$Z_1=1$时附加刚臂上的反力矩为r_{11}，则$R_{11}=r_{11}Z_1$。上式可表示为

$$r_{11}Z_1+R_{1P}=0 \tag{12-5}$$

式(12-5)称为位移法典型方程，其物理意义是：基本结构由于转角Z_1及荷载共同作用，附加刚臂1处产生的反力矩的总和等于零。

反力矩 r_{11}、R_{1P}的方向规定为顺时针(与所设的 Z_1 同向)为正，反之为负。其脚标的含意是：前一个脚标表示反力矩发生的地点，后一个脚标表示反力矩发生的原因。

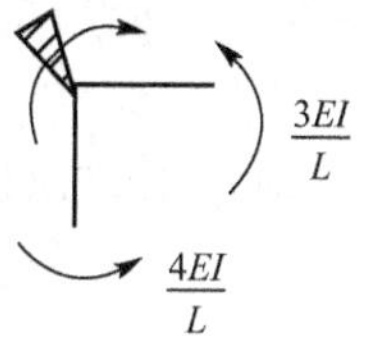

图 12.26

为从典型方程中解出 Z_1，需首先确定 r_{11} 和 R_{1P}。为此，截取图 12.25(e)中结点 1 为脱离体(图 12.26)，由力矩平衡条件求得

$$r_{11}=\frac{3EI}{l}+\frac{4EI}{l}=\frac{7EI}{l}$$

再从图 12.25(e)中截取结点 1 为脱离体，同样可求得

$$R_{1P}=-\frac{3Pl}{16}$$

将求得的系数和自由项代入式(12－1)，得

$$Z_1=\frac{R_{1P}}{r_{11}}=-\frac{-\frac{3Pl}{16}}{\frac{7EI}{l}}=\frac{3Pl^2}{112EI}$$

求得 Z_1 结果为正，说明结点 1 的转角 Z_1 的实际转向与假设的方向相同，是顺时针转动[参看图 12.25(a)所示变形曲线]。

求得 Z_1 后，将图 12.25(e)、(f)两种情况叠加，即可得出原结构的最终弯矩图，如图 12.27(a)所示。

与力法不同，位移法基本未知量是结点位移，因此不能像力法那样，解出基本未知量(多余未知力)后，将多余力加在基本结构上，按静定结构求剪力和轴力的方法绘出剪力图和轴力图。位移法中可根据绘出的弯矩图，由平衡条件绘出剪力图，再由剪力图的平衡条件绘出轴力图。

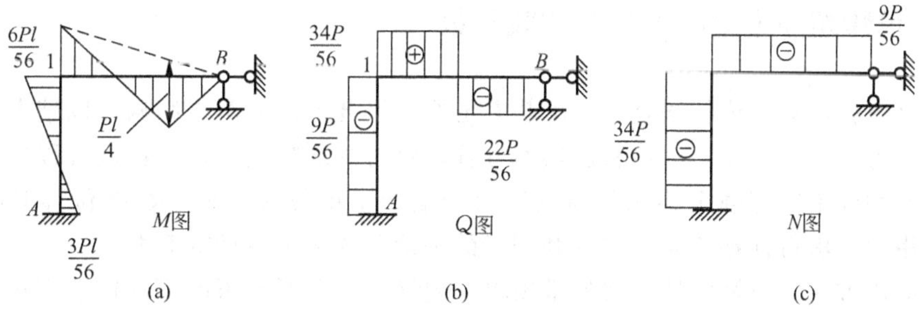

图 12.27

对于本例，截取杆 1B 和杆 1A，此时，杆端弯矩可视为已知外力作用在脱离体上，如图 12.28(a)、(b)所示，由平衡条件求出各杆端剪力。

对于图 12.28(a)，由 $\sum M_1=0$，得

$$Q_{B1}\times l+P\times\frac{l}{2}-\frac{6}{56}Pl=0$$

$$Q_{B1}=-\frac{22}{56}P$$

由 $\sum M_B=0$，得

$$Q_{1B}\times l-P\times\frac{l}{2}-\frac{6}{56}Pl=0$$

$$Q_{B1}=\frac{34}{56}P$$

对于 12.28(b)，由平衡条件求出

$$Q_{1A}=Q_{A1}=-\frac{9}{56}P$$

求得各杆端剪力之后，便可绘出剪力图，如图 12.27(b)所示。

绘出剪力图后，从剪力图中截取结点 1，将剪力图中的剪力作为已知外力加在结点上，由于弯矩在坐标轴上没有投影，可略去不画，如图 12.28(c)所示。由平衡条件求出

$$N_{1B}=-\frac{9}{56}P,\quad N_{1A}=-\frac{34}{56}P$$

轴力图如图 12.27(c)所示。

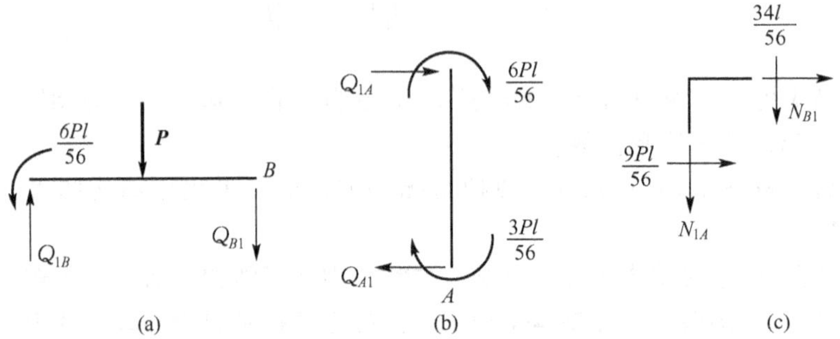

图 12.28

12.4.2 单跨超静定梁的形常数和载常数

由以上内容可知，位移法是以单跨超静定梁的组合体作为基本结构。以结点的角位移或线位移作为基本未知量。由位移法典型方程求解这些未知量。在求典型方程的系数和自由项时需要用到单跨超静定梁在外荷载以及杆端产生单位转角或单位线位移时的杆端弯矩。可以用力法求得杆端弯矩，并且利用梁的平衡条件求出各杆端剪力。

为了应用方便，将用力法算得的常用单跨超静定梁在不同情况下的杆端弯矩和剪力之值列于表 12-3 中。其中凡是由荷载产生的均称为载常数，凡是由单位位移产生的均称为形常数。

使用该表之前，对有关问题说明如下。

(1) 为了计算的方便，令$\frac{EI}{l}=i$，i 称为线刚度，其物理意义是表示杆件单位长度的抗弯刚度。

(2) 在位移法中，单跨超静定梁弯矩的正负号规定为：对于杆端来说，弯矩绕杆端顺时针转动为正，逆时针转动为负；对于支座或结点来说，则逆时针转动为正，顺时针转动为负。如图 12.29(a)所示的 AB 梁，从端部截开如图 12.29(b)所示。弯矩 M_{AB} 绕杆段 AB 的 A 截面顺时针转动，绕结点 A 逆时针转动，故为正；弯矩 M_{BA} 绕杆段 AB 的 B 截面逆

时针转动，绕结点 B 顺时针转动，故为负。至于剪力和轴力的正、负号规定与前面相同，即剪力绕脱离体或截面形心顺时针转为正，反之为负。轴力以拉为正，反之为负。

(a) (b)

图 12.29

(3) 杆端位移正、负号规定如下。

① 支座截面转角规定为顺时针转动为正，逆时针转动为负。

例如，图 12.30(a)所示转角 φ_A 顺时针转动故为正。图 12.30(b)所示转角 φ_A 逆时针转动故为负。

② 杆端相对线位移正、负号规定为：该相对线位移使整个杆件顺时针转动为正，逆时针转动为负。

图 12.31(a)所示 Δ 使梁 AB 顺时针转动，故为正。图 12.31(b)所示 Δ 使梁 AB 逆时针转动，故为负。

(4) 固端弯矩、固端剪力。由外荷载引起的单跨梁杆端弯矩、剪力称为固端弯矩、固端剪力。其表示方法是在弯矩 M 或剪力 Q 的右上角加上一个 F，以区别与支座移动引起的杆端弯矩与剪力，如 M_{AB}^{F}、Q_{AB}^{F} 等。

表 12－3 单跨超静定梁的形常数和载常数表

编号	梁的简图	弯矩		剪力	
		M_{AB}	M_{BA}	Q_{AB}	Q_{BA}
1	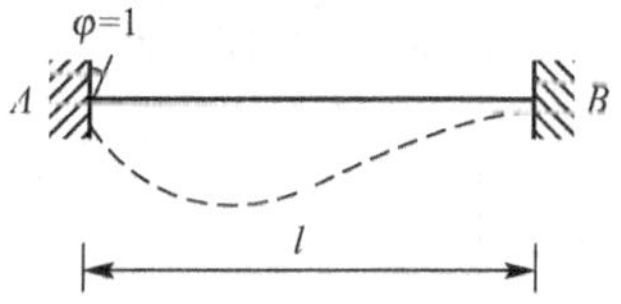	$4i$	$2i$	$\frac{-6i}{l}$	$\frac{-6i}{l}$
2	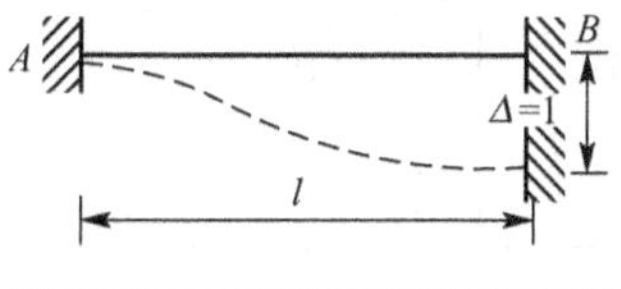	$\frac{-6i}{l}$	$\frac{-6i}{l}$	$\frac{12i}{l^2}$	$\frac{12i}{l^2}$
3	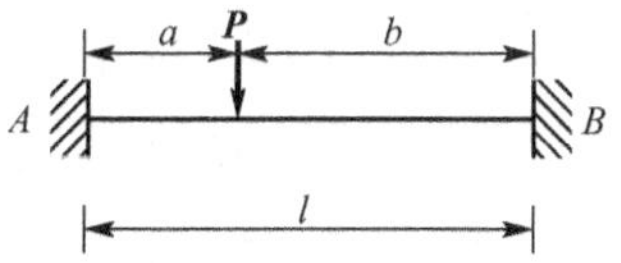	$\frac{-Pab^2}{l^2}$	$\frac{Pba^2}{l^2}$	$\frac{Pb^2}{l^2}\left(1+\frac{2a}{l}\right)$	$\frac{-Pa^2}{l^2}\left(1+\frac{2b}{l}\right)$
4	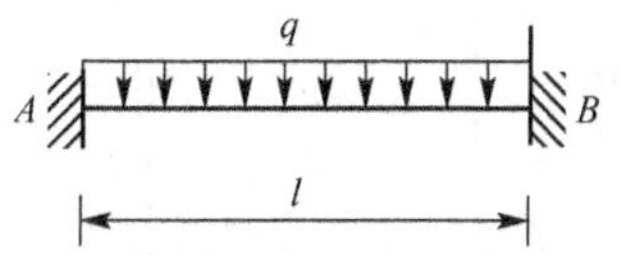	$\frac{-ql^2}{12}$	$\frac{ql^2}{12}$	$\frac{ql}{2}$	$\frac{-ql}{2}$

（续）

编号	梁的简图	弯矩		剪力	
		M_{AB}	M_{BA}	Q_{AB}	Q_{BA}
5	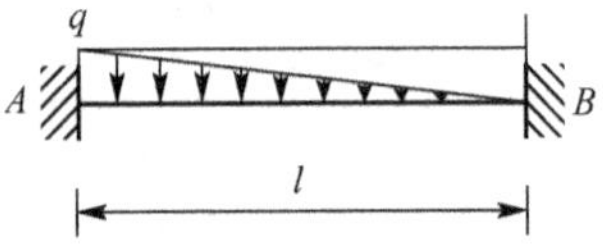	$\frac{-ql^2}{20}$	$\frac{ql^2}{30}$	$\frac{7ql}{20}$	$\frac{-3ql}{20}$
6	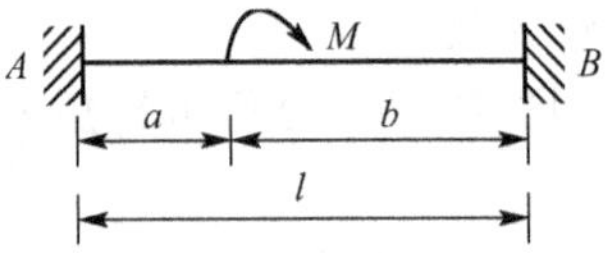	$\frac{Mb(3a-l)}{l^2}$	$\frac{Ma(3b-l)}{l^2}$	$\frac{-6Mab}{l^2}$	$\frac{-6Mab}{l^2}$
7	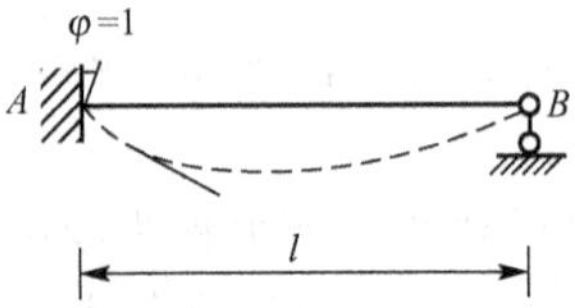	$3i$	0	$\frac{-3i}{l}$	$\frac{-3i}{l}$
8	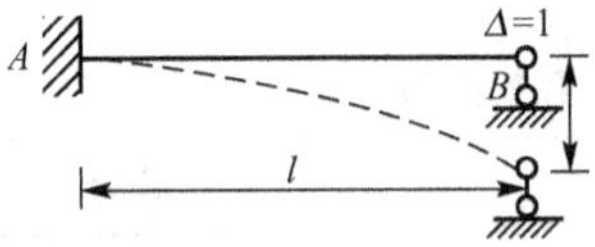	$\frac{-3i}{l}$	0	$\frac{3i}{l^2}$	$\frac{3i}{l^2}$
9	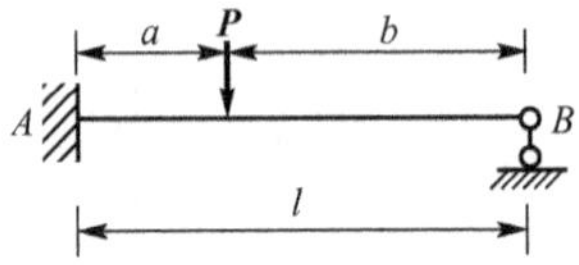	$\frac{Pb(b^2-l^2)}{2l^2}$	0	$\frac{Pb(3l^2-b^2)}{2l^3}$	$\frac{Pa^2(a-3l)}{2l^3}$
10	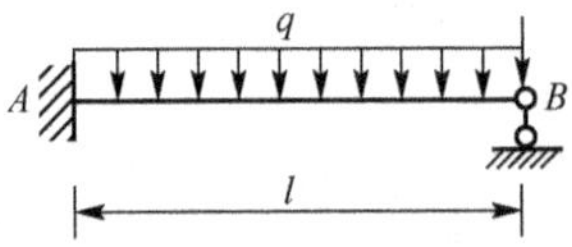	$-\frac{ql^2}{8}$	0	$\frac{5ql}{8}$	$-\frac{3ql}{8}$
11	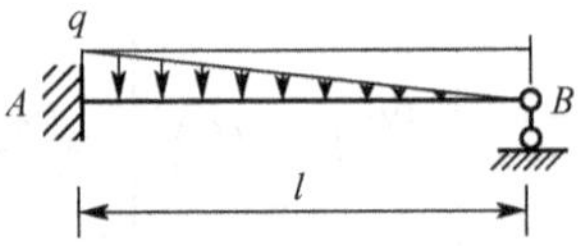	$-\frac{ql^2}{15}$	0	$\frac{4ql}{10}$	$\frac{-ql}{10}$
12	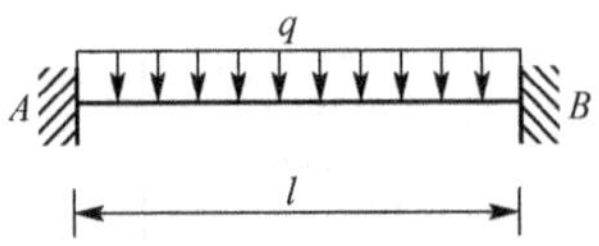	$-\frac{ql^2}{12}$	$\frac{ql^2}{12}$	$\frac{ql}{2}$	$-\frac{ql}{2}$

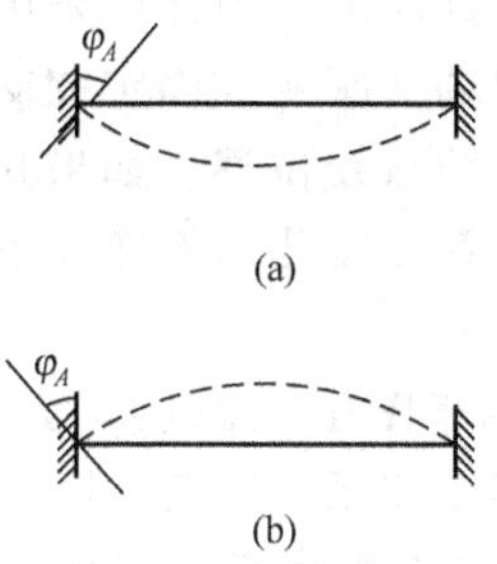

图 12.30

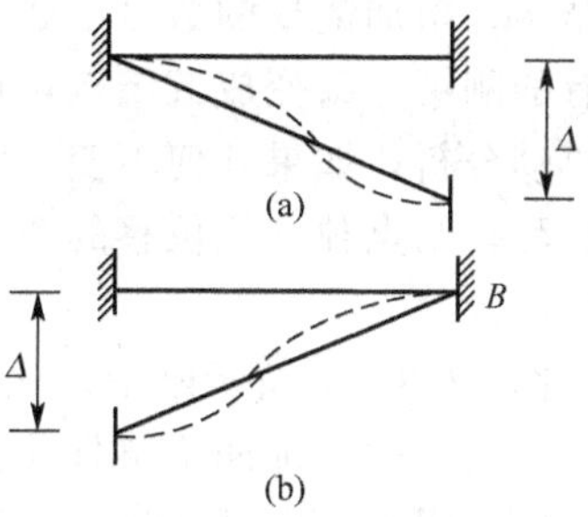

图 12.31

12.4.3 位移法基本结构和基本未知量

在力法计算中，是将原结构的多余联系解除而得到基本结构。而在位移法计算中，是在原结构的刚性结点处暂时加上刚臂，以阻止全部刚性结点产生角位移，同时在结点有线位移处暂时加上链杆，以阻止全部结点产生线位移，这样便形成了位移法的基本结构。由此可见，位移法的基本结构是由一系列的单跨超静定梁所组成的。下面举例加以说明。

图 12.32(a)所示刚架，在荷载 **P** 作用下变形曲线如图中虚线所示。其中刚结点 1、2 除了有角位移 Z_1、Z_2 外还有线位移 Z_3、Z_4，由于弯曲变形微小，轴向变形和剪切变形对梁和刚架位移的影响可略去不计。可以认为各杆长度保持不变，就是结点 1 和结点 2 的线位移相等，即 $Z_3=Z_4=Z$。为得到位移法基本结构，在结点 1、结点 2 处附加刚臂以阻止其转动；为阻止两个结点的水平线位移，可在结点 2 附加一个链杆，如图 12.32(b)所示。这样，杆 $1A$ 和杆 12 就变成两端固定的单跨超静定梁。杆 $2B$ 变成 2 端固定 B 端铰支的单跨超静定梁，如图 12.32(b)所示。

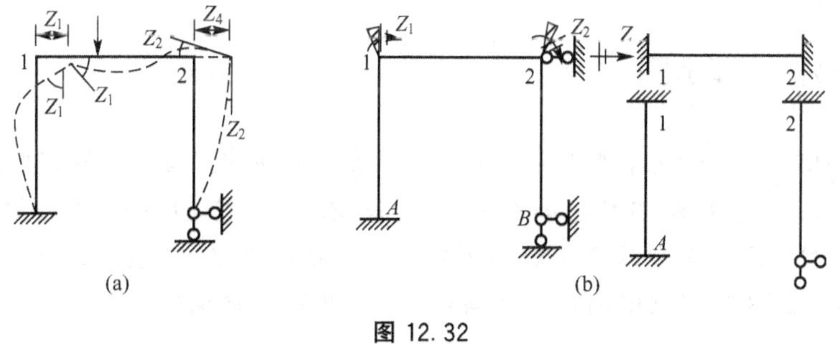

图 12.32

对于附加刚臂、附加链杆需要加入的地点和个数，按下述办法确定。

1. 附加刚臂

结构的所有刚结点、组合结点处需要加附加刚臂，铰结点不加，有多少个刚结点和组合结点就有多少个附加刚臂。

2. 附加链杆

附加链杆的个数就是结点独立线位移的个数。有几个独立的结点线位移，就加几根附加链杆。

有些复杂结构，附加链杆的数目不如附加刚臂那样好确定，为此可采用铰结刚结点的方法。即把所有的刚结点都变成铰结点，把所有的固定端支座变成固定铰支座。然后对这个铰结体系作机动分析。如果几何不变，则原结构没有结点线位移。如果几何可变，则原结构有结点线位移，结点独立线位移的个数就是将该体系变成几何不变体系所需增加链杆的个数。

例如，对于图 12.33(a)所示刚架，化为铰结体系示于图 12.33(b)，为几何可变体系，缺少两个联系。因此，需要加两个链杆使其成为几何不变体系。这两个链杆可加在结点 4、8 上，如图 12.33(c)所示，也可以加在 2、3 上。据几何不变体系的组成规则可以认为是从地球上依次增加二元体而得到的几何不变体系。该刚架有 5 个刚结点，还需加入 5 个附加刚臂，如图 12.33(c)所示。

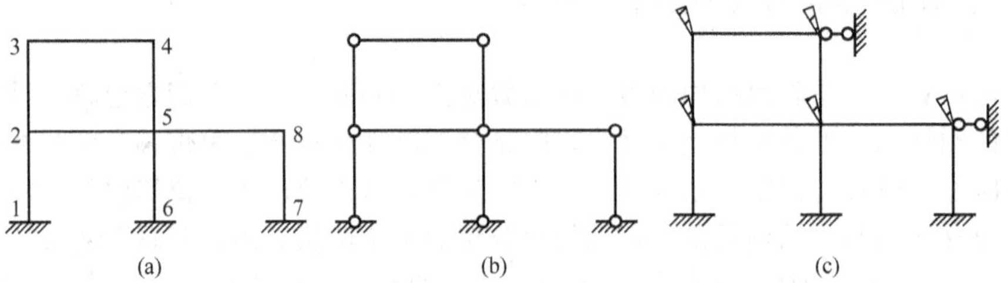

图 12.33

从以上分析可以看出附加约束所约束的位移就是位移法中的基本未知量；附加约束的个数就是基本未知量的数目。本例有 7 个基本未知量，其中 5 个是转角，2 个是线位移。但需注意，力法中基本未知数的数目等于超静定次数，而位移法中基本未知量的个数并不是超静定的次数，而等于刚性结点的角位移数和线位移数的总和。还可以看出，附加约束确定之后，位移法的基本结构也就确定了。

12.4.4 位移法计算示例

本节结合图 12.34(a)所示刚架来说明一般情况下如何建立位移法的方程。

此刚架有两个基本未知数，即结点角位移 Z_1 和一个独立的结点线位移 Z_2，如图 12.34(a)虚线所示。在刚结点 1 处加附加刚臂，在结点 2 处(也可以在 1 处)加附加链杆，得基本结构如图 12.34(b)所示。将均布荷载 q 加在基本结构上。

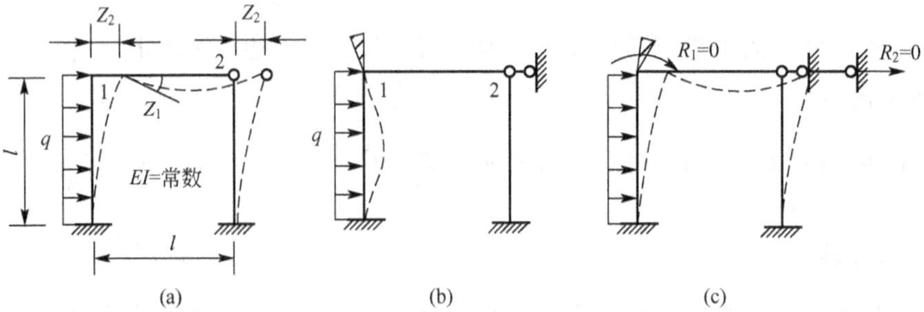

图 12.34

为了在基本结构上建立求解 Z_1、Z_2 的方程，需要基本结构和原结构等效。为此，从受力和变形两方面对基本结构和原结构加以比较。如图 12.34(a)、(b)所示，变形方面：基本结构由于加入附加刚臂限制转动，加入附加链杆限制移动，因此基本结构结点 1 没有转角，结点 1 和结点 2 没有线位移，而原结构有这些位移。受力方面：基本结构结点 1 由于加入附加刚臂限制转动，刚臂上将产生附加反力矩，结点 2 由于加入附加链杆限制移动，则要产生附加反力。而原结构的结点 1 和结点 2 没有这些附加联系，也就不存在附加的反力矩和反力。为消除掉这些差异，强令基本结构附加刚臂转动与原结构相同的 Z_1 角，强令附加链杆产生与原结构相同的线位移 Z_2，如图 12.34(c)所示。现在，由于基本结构变形已与原结构相同，则基本结构的受力也应与原结构相同。令此时附加刚臂反力矩为 R_1，附加链杆反力为 R_1，如图 12.34(c)所示。从而基本结构在 Z_1、Z_2 和荷载共同作用下附加刚臂反力矩 $R_1=0$，并且附加链杆反力 $R_2=0$。根据叠加原理，

$$\left.\begin{array}{l}R_1=R_{11}+R_{12}+R_{1P}=0\\R_2=R_{21}+R_{22}+R_{2P}=0\end{array}\right\}$$

式中，R_{11}、R_{12}、R_{1P} 分别表示由于 Z_1、Z_2 和荷载单独作用引起的附加刚臂的反力矩；R_{21}、R_{22}、R_{2P} 分别表示由于 Z_1、Z_2 和荷载单独作用引起的附加链杆的反力。

设以 r_{11}、r_{12} 分别表示当 $Z_1=1$、$Z_2=1$ 作用在附加刚臂上时引起的反力矩，以 r_{21}、r_{22} 分别表示当 $Z_1=1$、$Z_2=1$ 作用在附加链杆上时的反力。则上式可以表示为

$$\left.\begin{array}{l}r_{11}Z_1+r_{12}Z_2+R_{1P}=0\\r_{21}Z_1+r_{22}Z_2+R_{2P}=0\end{array}\right\}$$

此式即为本例的位移法典型方程。其前式表明基本结构附加刚臂 1 上的总反力矩等于零；后式表明基本结构在附加链杆上的总反力等于零。因此，位移法的典型方程实质上是静力平衡方程。

对于具有几个基本未知量的结构，需要加入几个附加联系，根据每一附加联系上的总反力矩和总反力均应为零的静力平衡条件，建立其位移法典型方程如下。

$$\left.\begin{array}{l}r_{11}Z_1+r_{12}Z_2+\cdots+r_{1i}Z_i+\cdots+r_{1n}Z_n+R_{1P}=0\\r_{21}Z_1+r_{22}Z_2+\cdots+r_{2i}Z_i+\cdots+r_{2n}Z_n+R_{2P}=0\\\qquad\cdots\cdots\\r_{i1}Z_1+r_{i2}Z_2+\cdots+r_{ii}Z_i+\cdots+r_{in}Z_n+R_{iP}=0\\\qquad\cdots\cdots\\r_{n1}Z_1+r_{n2}Z_2+\cdots+r_{ni}Z_i+\cdots+r_{nn}Z_n+R_{nP}=0\end{array}\right\}\tag{12-6}$$

式中，r_{ii} 为主系数(或主反力)；r_{ij} 为副系数(或副反力)；R_{iP} 为自由项。它们的正、负号规定为：与所属联系所设位移方向一致为正，反之为负。主系数 r_{ii} 的方向永远和所设位移 $\overline{Z}_1=1$ 的方向相同，故恒为正；副系数 r_{ij} 及自由项 R_{iP} 则可能为正，可能为负或为零。且由反力互等定理可知 $r_{ij}=r_{ji}$。

与力法解典型方程相同，要从位移法典型方程求解出基本未知量，需要首先求出方程中的所有系数及自由项。为此，可以根据表 12－1，绘出基本结构(一组单跨超静定梁)在 $Z_1=1$、$Z_2=1$ 及荷载分别作用下的弯矩图 $\overline{M}_1$、$\overline{M}_2$ 和 $\overline{M}_P$，如图 12.35(a)、(b)和(c)所示，然后通过截取附加刚臂处的刚结点 1 及截断各竖柱顶端所得上部为脱离体，列静力平衡条件便可求出其所有系数和自由项。

r_{11} 为 $Z_1=1$ 引起的附加刚臂 1 处的反力矩，求解 r_{11} 需从 $\overline{M}_1$ 图上取出 1 结点，如

图 12.35(d)所示，由力矩平衡方程$\sum M_1=0$，得

$$r_{11}=3i_{12}+4i_{1A}$$

上式表明，反力矩 r_{11} 等于图 12.35(d)杆 12 与杆 1A 杆端弯矩之和。这些杆端弯矩可直接从 $\overline{M}_1$ 图的 1 结点处读出来。

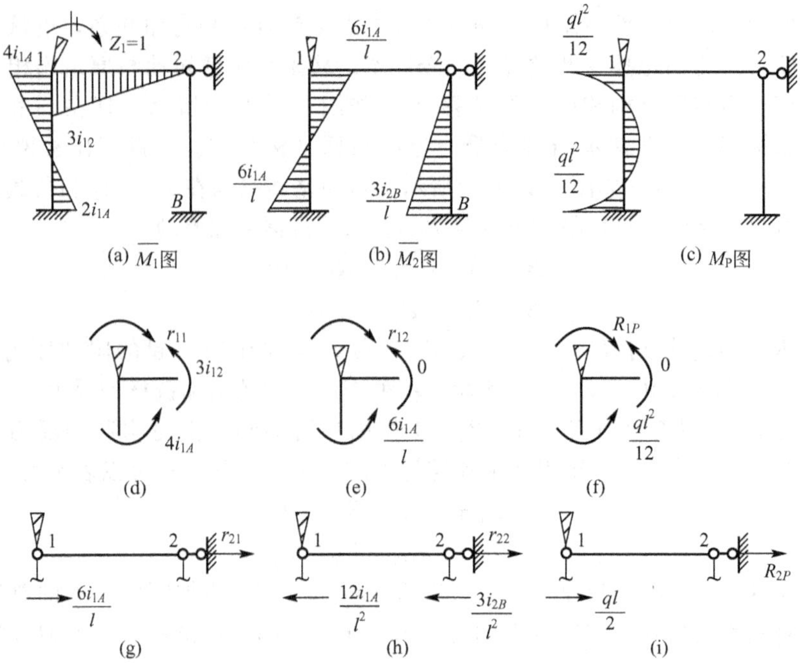

图 12.35

r_{12}为 $Z_2=1$ 引起的附加刚臂 1 处的反力矩，从 $\overline{M}_2$ 图上截取结点 1，如图 12.35(e)所示，由平衡条件求得

$$r_{12}=\frac{6i_{1A}}{l}$$

R_{1P}为荷载引起的附加刚臂 1 处的反力矩，从 M_P 图中截取结点 1，如图 12.35(f)所示，由平衡条件求得

$$R_{1P}=\frac{ql^2}{12}$$

由此可见，第一个脚标为 1 的系数和自由项均为附加刚臂 1 上的反力矩，可通过结点 1 的平衡条件去求；另一类第一个脚标为 2 的系数和自由项均为链杆 2 上的反力，可分别在图 12.35(a)、(b)、(c)中用截面截断两柱顶端，取其上部为脱离体，如图 12.35(g)、(h)所示，并查表 12-1 得到杆 1A、2B 的杆端剪力，然后由投影方程$\sum F_x=0$ 求得 r_{21}、r_{22}、R_{2P}。

r_{21}为 $Z_1=1$ 引起的附加链杆 2 上的反力，应从 $\overline{M}_1$ 图截取的如图 12.35(g)所示的隔离体上去求，由$\sum F_x=0$ 得

$$r_{21}=-\frac{6i_{1A}}{l}$$

r_{22}为 $Z_2=1$ 引起的附加链杆 2 的反力，应从 $\overline{M}_2$ 图截取的如图 12.35(h)所示的隔离体上去求，由$\sum F_x=0$ 得

$$r_{22}=\frac{12i_{1A}}{l^2}+\frac{3i_{2B}}{l^2}$$

R_{2P}为荷载引起的附加链杆 2 的反力，应从 M_P 图截取的如图 12.35(i)所示的隔离体上去求，由$\sum F_x=0$ 得

$$R_{2P}=-\frac{ql}{2}$$

要注意的是，所有系数和自由项在未求之前其大小和方向都是未知的。画图时均要设成正方向。其中 r_{11}、r_{22}、R_{1P}的转向与结点 1 角位移 Z_1 正向一致，即顺时针方向；r_{21}、r_{22}、R_{2P}与结点 2 线位移 Z_2 正向一致，即使杆件 2B 顺时针转动。此外，基本未知量 Z_1、Z_2 也需设成正的方向。

由于本例各杆长度相等，EI 为常数，所以 $i_{1A}=i_{2B}=i$，则 $r_{11}=7i$，$r_{12}=-\frac{6i}{l}$，$r_{21}=-\frac{6i}{l}$，$r_{22}=\frac{15i}{l^2}$。

将求得的系数和自由项代入典型方程，有

$$\left.\begin{aligned}7lZ_1-\frac{6i}{l}Z_2+\frac{ql^2}{12}=0\\-\frac{6i}{l}Z_1+\frac{15l}{l^2}Z_2-\frac{ql}{2}=0\end{aligned}\right\}$$

解得

$$Z_1=\frac{7ql^2}{276i},\ Z_2=\frac{ql^3}{23i}$$

Z_1、Z_2 均为正值，说明与所设方向相同。

求出 Z_1、Z_2 后，按叠加原理 $M=\overline{M}_1Z_1+\overline{M}_2Z_2+M_P$ 绘制最终弯矩图，如图 12.36(a)所示。

绘出弯矩图后，应校核结点是否满足平衡条件，从图 12.36(b)中截取结点 1，受力图如图 12.27 所示。可见满足$\sum M_1=0$。

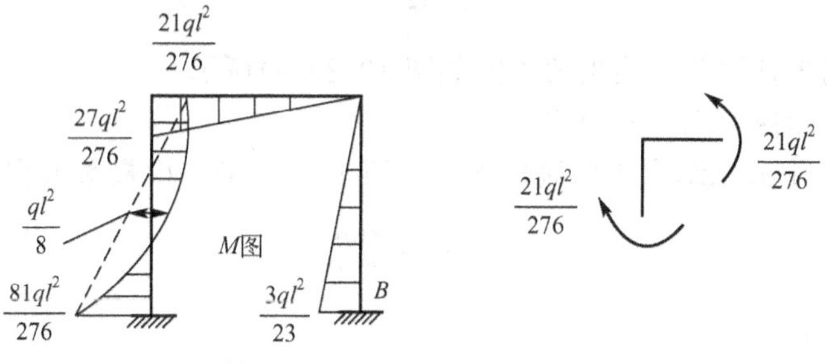

图 12.36

确定 M 图无误后可利用 M 图计算杆端剪力，由杆端剪力绘出剪力图。

从图 12.36(a)中截出杆 1、2 为脱离体，如图 12.37(a)所示。

由静力平衡方程，有

$$Q_{12}=Q_{21}=-\frac{\frac{21}{276}ql^2}{l}=-\frac{21}{276}ql$$

从图 12.36(a)中截取杆 1A 为脱离体，示于图 12.37(b)中。由力矩平衡方程式$\sum M_1=0$，有

$$Q_{A1}\times l-q\times l\times\frac{1}{2}-\frac{81ql^2}{276}-\frac{21ql^2}{276}=0$$

$$Q_{A1}=\frac{240}{276}ql$$

由力矩平衡方程式$\sum M_A=0$，有

$$Q_{1A}\times l+q\times l\times\frac{l}{2}-\frac{21ql^2}{276}-\frac{81ql^2}{276}=0$$

$$Q_{1A}=-\frac{36}{276}ql$$

从图 12.36(a)中截取杆 2B 为脱离体，如图 12.37(c)所示。由静力平衡方程式可求出

$$Q_{2B}=Q_{B2}=\frac{3ql}{23}$$

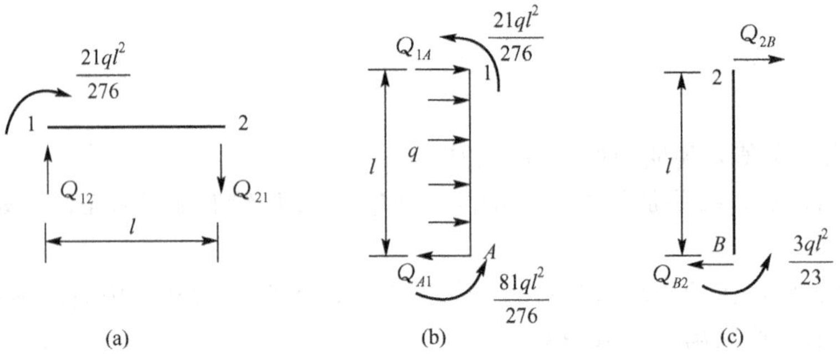

图 12.37

由以上求得的各杆端剪力绘出剪力图如图 12.38(a)所示。

由绘出的剪力图便可求出轴力图。

从图 12.38(a)中截取结点 1 为脱离体示于图 12.38(b)。由投影方程$\sum F_x=0$，得

$$N_{12}=-\frac{36ql}{276}$$

由投影方程$\sum Y=0$，得

$$N_{1A}=\frac{21ql}{276}$$

从图 12.38(a)中截取结点 2 为脱离体示于图 12.38(c)中，由投影方程$\sum Y=0$，有

$$N_{1B}=-\frac{21ql}{276}$$

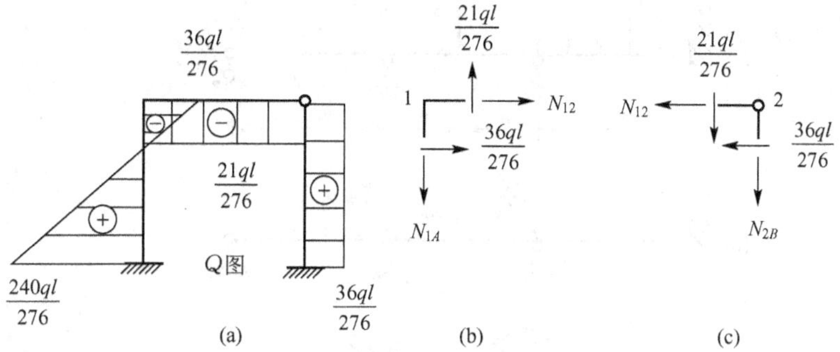

图 12.38

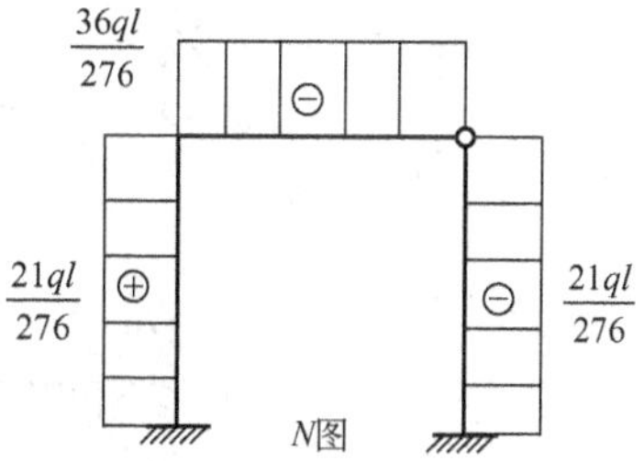

图 12.39

绘得轴力图如图 12.39 所示。

综上所述，用位移法计算超静定结构的步骤简要归纳如下。

(1) 计算基本未知数数目，相应地加上附加刚臂或者链杆约束，得到基本结构。

(2) 根据附加约束中总的反力或者反力矩为零的条件，建立位移法典型方程。

(3) 利用表 12-1，绘出基本结构的各单位弯矩图和荷载弯矩图，由平衡条件求出各系数和自由项。

(4) 各系数和自由项代入典型方程，求出基本未知量。

(5) 用叠加方法画弯矩图。

(6) 如若题目要求，根据弯矩图画剪力图，根据剪力图画轴力图。

下面举例进行具体说明。

例 12-9 用位移法计算图 12.40(a)所示连续梁，绘弯矩 M 图。

解：(1) 经分析，该连续梁没有结点线位移，有两个刚结点 B 和 C，加入两个附加刚臂得基本结构如图 12.40(b)所示。

(2) 列位移法典型方程。

$$r_{11}Z_1+r_{12}Z_2+R_{1P}=0$$
$$r_{21}Z_1+r_{22}Z_2+R_{2P}=0$$

(3) 为求典型方程中的系数和自由项，绘出 $\overline{M}_1$、$\overline{M}_2$、M_P 图，如图 12.40(c)、(d)、(e)所示。

这些系数和自由项均为附加刚臂上的反力矩，可从 $\overline{M}_1$、$\overline{M}_2$、M_P 图中截取结点 B 和 C 为脱离体，用力矩平衡条件 $\sum M=0$ 求出。也可以从 $\overline{M}_1$、$\overline{M}_2$、M_P 图中结点 B 和 C 处的杆端弯矩值直接读出。

由 $\overline{M}_1$ 图 Z_1 处(结点 B)得

$$r_{11}=4i+4i=8i$$

由 $\overline{M}_1$ 图 Z_2 处(结点 C)得

$$r_{21}=2i$$

由 $\overline{M}_2$ 图 Z_1 处得

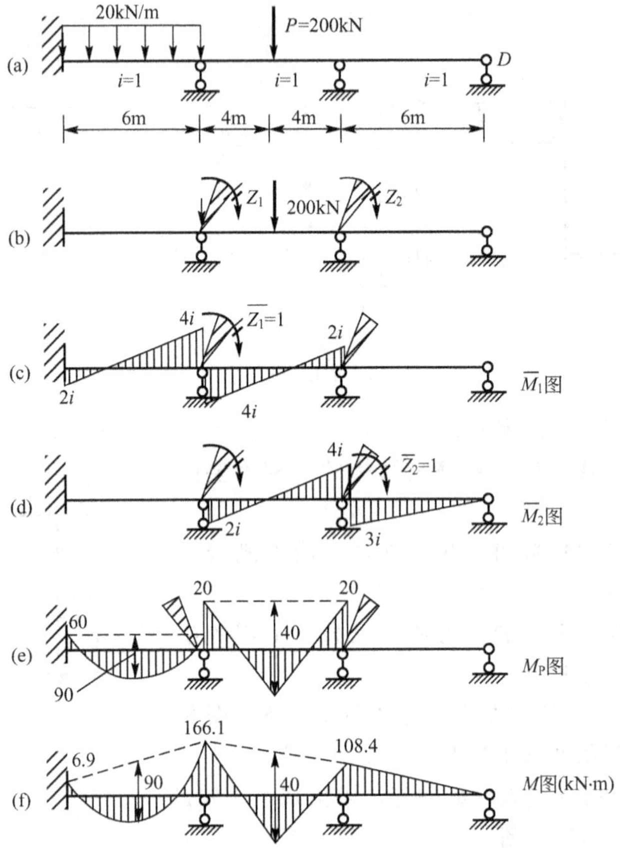

图 12.40

$$r_{12}=2i$$

由 $\overline{M}_2$ 图 Z_2 处得

$$r_{22}=4i+3i=7i$$

由 M_P 图 Z_1 处得

$$R_{1P}=-200+60=-140(\mathrm{kN}\cdot\mathrm{m})$$

由 M_P 图 Z_2 处得

$$R_{2P}=200\mathrm{kN}\cdot\mathrm{m}$$

由反力互等定理知 $r_{12}=r_{21}$，只需计算其中一个便可。

(4) 将以上各系数和自由项的值代入位移法典型方程，有

$$8iZ_1+2iZ_2-140=0$$

$$2iZ_1+7iZ_2+200=0$$

解联立方程，求得

$$Z_1=\frac{26.539}{i}$$

$$Z_2=\frac{-36.154}{i}$$

Z_1 值为正，说明结点 B 顺时针方向转动；Z_2 值为负，说明结点 C 逆时针方向转动。

(5) 按 $M=\overline{M}_1 Z_1+\overline{M}_2 Z_2+M_P$ 绘制 M 图。

与力法相同，按上式算出各杆端最终弯矩，如杆上有荷载作用，将杆两端截面弯矩值连成虚线，而后叠加简支梁在相应荷载作用下的弯矩图；如杆上无荷载作用，将杆两端截面的弯矩值直接连线。

对于本例 AB 杆，有

$$M_{AB}=2i\times\frac{26.539}{i}+(-60)=-6.922(\mathrm{kN\cdot m})$$

$$M_{BA}-4i\times\frac{26.539}{i}+60=166.156(\mathrm{kN\cdot m})$$

将该二值连成虚线，叠加简支梁在均布荷载作用下的弯矩图，如图 12.40(f)所示。

对于杆 BC，有

$$M_{CB}=2i\times\frac{26.539}{i}+4i\times\left(-\frac{36.154}{i}\right)+200=108.462(\mathrm{kN\cdot m})$$

$$M_{BC}=4i\times\frac{26.539}{i}+2i\times\left(-\frac{36.154}{i}\right)-200=-166.156(\mathrm{kN\cdot m})$$

将该二值连成虚线，叠加简支梁在跨中集中力作用下的弯矩图，如图 12.40(f)所示。

对于杆 CD，有

$$M_{CD}=3i\times\left(-\frac{36.154}{i}\right)=-108.462(\mathrm{kN\cdot m})$$

$$M_{CD}=0$$

杆 CD 上没有荷载作用，直接将该二值连成一直线，如图 12.40(f)所示。

由图 12.40(f)可知，结点 B 与结点 C 满足 $\sum M=0$ 的平衡条件。

例 12－10 用位移法计算图 12.41(a)所示刚架，绘弯矩图。

解：(1) 此刚架具有两个角位移，没有结点线位移，称无侧移刚架。在结点 1 和结点 2 加入附加刚臂，得到图 12.41(b)所示的基本结构。

(2) 根据附加刚臂上反力矩应等于零的条件，建立位移法典型方程。

$$r_{11}Z_1+r_{12}Z_2+R_{1P}=0$$

$$r_{21}Z_1+r_{22}Z_2+R_{2P}=0$$

(3) 绘出基本结构的 $\overline{M}_1$、$\overline{M}_2$ 和荷载弯矩图 M_P，如图 12.41(c)、(d)、(e)所示。计算典型方程中的各系数及自由项。各系数及自由项都是附加刚臂的反力矩。故可取结点 1 和 2 为脱离体，根据静力平衡条件 $\sum M=0$ 求出，或者由 $\overline{M}_1$、$\overline{M}_2$ 和 M_P 图结点 1 和 2 处杆端弯矩值直接读出。

由 $\overline{M}_1$ 图结点 1 处得

$$r_{11}=6i+4i+8i=18i$$

由 $\overline{M}_1$ 图结点 2 处得

$$r_{21}=4i=r_{12}$$

由 $\overline{M}_2$ 图结点 2 处得

$$r_{22}=8i+4i+6i=18i$$

由 M_P 图结点 1 处得

$$R_{1P}=\frac{1}{8}ql^2$$

由 M_P 图结点 2 处得

$$R_{2P}=0$$

(4) 把以上求得的各系数及自由项代入典型方程中，有

$$18iZ_1+4iZ_2+\frac{1}{8}ql^2=0$$

$$4iZ_1+18iZ_2=0$$

联立方程，求得

$$Z_1=-\frac{9ql^2}{1232i},\quad Z_2=\frac{ql^2}{616i}$$

(5) 按照 $M=\overline{M}_1Z_1+\overline{M}_2Z_2+M_P$ 叠加绘出最终弯矩图，如图 12.41(f)所示。

从最终 M 图中截出结点 1，如图 12.41(g)所示，由

$$\sum M_1=0.052+0.0292-0.0812=0$$

确认 M 图绘制无误。

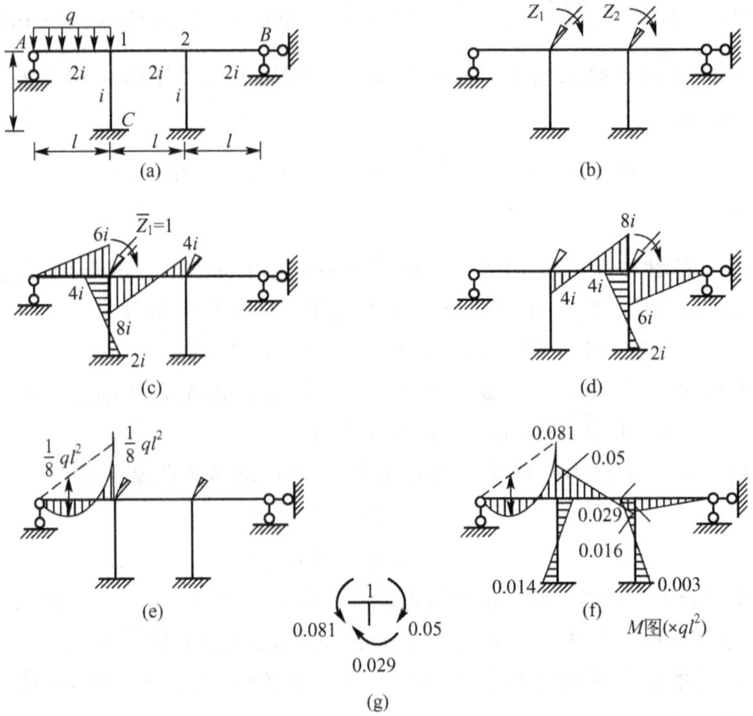

图 12.41

12.5 力矩分配法

12.5.1 力矩分配法的基本概念

前面介绍的力法和位移法，是计算超静定结构的两种基本方法。它们都需建立和求解

联立方程。当基本未知量较多时，计算工作量较大，并且在求得基本未知量后，还要利用杆端弯矩叠加公式求得杆端弯矩。力矩分配法是位移法类型的渐近解法，它直接从实际结构的受力和变形状态出发，根据位移法基本原理，从开始建立的近似状态，逐步通过增量修正，最后收敛于真实状态。力矩分配法的优点是用逐次逼近的计算来代替解联立方程，且计算按相同规律循环进行，宜于掌握。在力矩分配法中，杆端弯矩正、负号的规定，基本结构的确定以及使基本结构恢复原结构自然状态的方法均与位移法相同。力矩分配法适用于连续梁及无侧移刚架。

下面以只有一个结点角位移的超静定刚架为例来说明力矩分配法的概念。

图 12.42 所示刚架，在给定荷载作用下，变形曲线如图中虚线所示。其结点 1 发生转角 φ。用力矩分配法解算时，首先固定结点 1，得到杆端固端弯矩。然后放松结点 1，使其恢复转角 φ，得到杆端的分配弯矩和传递弯矩。最后将杆端的固端弯矩与分配弯矩或传递弯矩相加，即得杆端的最终弯矩，有了杆端的最终弯矩便可以绘制弯矩图。

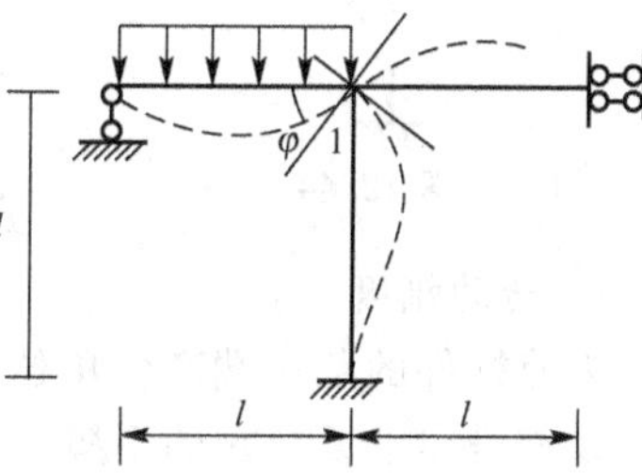

图 12.42

1. 固定结点

在结点 1 上加附加刚臂，限制结点 1 的转动，原刚架被解体成 3 个单跨梁。原刚架上所受均布荷载 q 作用，因结点 1 无转角。其变形曲线如图 12.43(a)所示，此时，单跨梁 $A1$ 两端产生的弯矩即是位移法中所提到的固端弯矩。由于单跨梁 $1B$、$1C$ 不受荷载作用，故不产生固端弯矩。

查表 12-1，得单跨梁 $A1$ 的固端弯矩

$$M_{A1}^{F}=0,\quad M_{1A}^{F}=\frac{1}{8}ql^{2}$$

由于附加刚臂阻止结点 1 转动，附加刚臂上将产生反力矩，称之为“不平衡力矩”，书写时在 M 的右上角标上字母 μ，对于本例，结点 1 的不平衡力矩表示为 M_{1}^{μ}。不平衡力矩的符号，规定顺时针为正，逆时针为负。

从图 12.43(a)中取出结点 1 为脱离体，画受力图，如图 12.43(b)所示(不平衡力矩、固端弯矩均画成正向)，按力矩平衡条件可求出不平衡力矩 M_{1}^{μ} 为

$$M_{1}^{\mu}=M_{1A}^{F}+M_{1B}^{F}+M_{1C}^{F}=\frac{1}{8}ql^{2}$$

此式表明，结点 1 的不平衡力矩等于汇交于结点 1 各杆固端弯矩的代数和。亦即各固端弯矩不能平衡的差额，因此称为不平衡力矩。

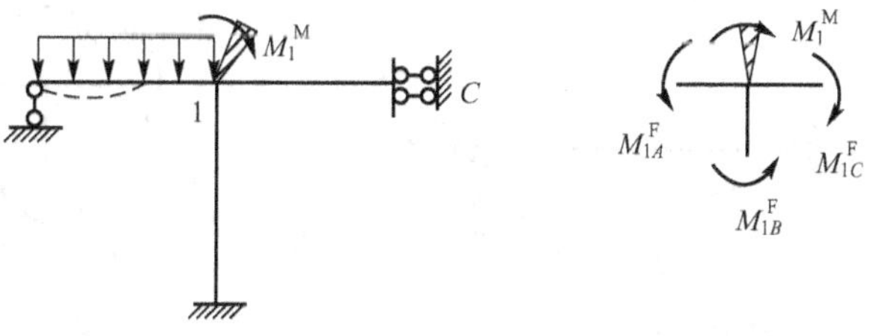

(a) (b)

图 12.43

2. 放松结点

为使刚架恢复自然状态，必须消除不平衡力矩 M_1^{μ} 的作用。为此，需要在结点 1 加一个与它大小相等，方向相反的力偶，即加上一个反向的不平衡力矩 M_1^{μ}，如图 12.44 所示。

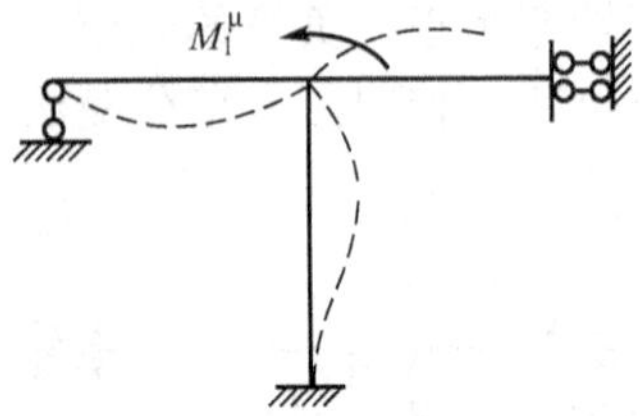

图 12.44

施加反向不平衡力矩相当于放松结点到结构恢复原有自然状态。结点 1 转到了原有的 φ 角。此时各单跨梁将产生弯矩。将各梁转动端 1 端产生的弯矩称为分配弯矩，以 M_{1A}^{μ}、M_{1B}^{μ}、M_{1C}^{μ} 表示。各梁远端产生的弯矩称为传递弯矩，以 M_{A1}^{C}、M_{B1}^{C}、M_{C1}^{C} 表示。

为了计算分配弯矩和传递弯矩，需要引入转动刚度、分配系数和传递系数。

1）转动刚度

为使杆件的某一端产生单位转角时，在该端所需施加的力矩称为杆件在该端的转动刚度，以符号 S 表示。S 的下脚标标明杆件名称，其中第一个脚标表示转动端，第二个脚标表示另端。例如杆件 AB 的 A 端转动刚度用 S_{AB} 表示，B 端转动刚度用 S_{BA} 表示。通常将转动端称为近端，另端称为远端。

转动刚度表示杆端抵抗转动的能力，其值与杆件的线刚度 $i=\dfrac{EI}{l}$ 有关，而且与杆件远端支承情况有关。当远端为固定端时，近端的转动刚度为 $4i$，如图 12.45(a)所示；当远端为铰支时，近端的转动刚度为 $3i$，如图 12.35(b)所示；当远端为定向支座时，近端的转动刚度为 i，如图 12.45(c)所示。转动刚度已在表 12－1 中给出。

2）分配系数与分配弯矩

有了转动刚度的概念，就可以计算出放松节点时产生的杆端弯矩。下面先讨论分配系数与分配弯矩。

从图 12.34 中截取结点 1，受力图示于图 12.46。其中各杆对结点作用的杆端弯矩 M_{1A}^{μ}、M_{1B}^{μ}、M_{1C}^{μ} 设为正向。M_{1A}^{μ}、M_{1B}^{μ}、M_{1C}^{μ} 为放松结点 1 时所产生的各杆近端的弯矩，即前面所述的分配弯矩。

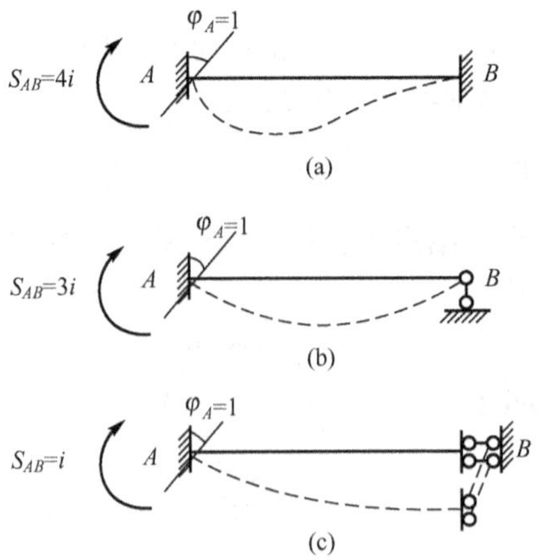

图 12.45

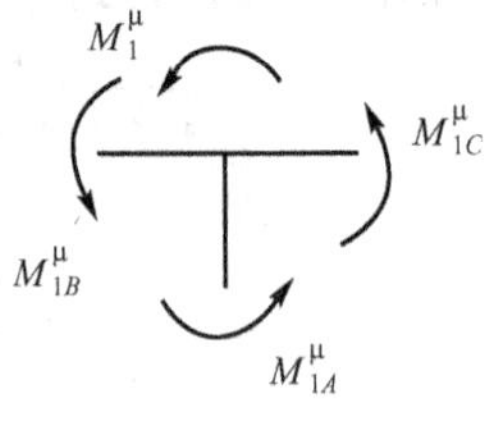

图 12.46

由平衡条件$\sum M=0$得

$$M_{1A}^{\mu}+M_{1B}^{\mu}+M_{1C}^{\mu}+M_{1}^{\mu}=0 \tag{12-7}$$

式中

$$\left.\begin{aligned}M_{1A}^{\mu}&=S_{1A}\varphi\\M_{1B}^{\mu}&=S_{1B}\varphi\\M_{1C}^{\mu}&=S_{1C}\varphi\end{aligned}\right\} \tag{12-8}$$

将式(12-8)代入式(12-7)得

$$\varphi=-\frac{M_{1}^{\mu}}{S_{1A}+S_{1B}+S_{1C}}=-\frac{M_{1}^{\mu}}{\sum S} \tag{12-9}$$

将式(12-9)代回式(12-8)得各杆1端的分配弯矩为

$$\left.\begin{aligned}M_{1A}^{\mu}&=-\frac{S_{1A}}{\sum S}M_{1}^{\mu}\\M_{1B}^{\mu}&=-\frac{S_{1B}}{\sum S}M_{1}^{\mu}\\M_{1C}^{\mu}&=-\frac{S_{1C}}{\sum S}M_{1}^{\mu}\end{aligned}\right\} \tag{12-10}$$

由式(12-10)可以看出，各杆近端的分配弯矩与该杆近端的转动刚度成正比，或者说，结点1的反向不平衡力矩按各杆端转动刚度的大小分配给各杆端，转动刚度愈大，所承担的弯矩也越大。

式中，$\frac{S_{1A}}{\sum S}$、$\frac{S_{1B}}{\sum S}$、$\frac{S_{1C}}{\sum S}$分别称为1A、1B、1C杆的分配系数。分配系数用符号μ表示。写成

$$\left.\begin{aligned}\mu_{1A}&=\frac{S_{1A}}{\sum S}\\\mu_{1B}&=\frac{S_{1B}}{\sum S}\\\mu_{1C}&=\frac{S_{1C}}{\sum S}\end{aligned}\right\} \tag{12-11}$$

式(12-11)写成一般形式，杆件转动端(近端)用i表示，远端用j表示，则有

$$\mu_{ij}=\frac{S_{ij}}{\sum S} \tag{12-12}$$

式(12-12)表明，杆件i端的分配系数等于该端的转动刚度除以汇交于i端的各杆在该端的转动刚度之和。

对于本例，结点1处各杆的分配系数为

$$\mu_{1A}=\frac{S_{1A}}{S_{1A}+S_{1B}+S_{1C}}=\frac{3i}{3i+4i+i}=\frac{3}{8}$$

$$\mu_{1B}=\frac{4i}{3i+4i+i}=\frac{4}{8}$$

$$\mu_{1C}=\frac{i}{3i+4i+i}=\frac{1}{8}$$

由此可见，结点 1 上各杆分配系数的总和等于 1，即

$$\sum \mu_{ij}=1$$

计算分配系数时，可应用此式进行校核，确认无误之后再计算分配弯矩。

将式(12－3)代入式(12－10)，得各杆的分配弯矩为

$$\left.\begin{aligned} M_{1A}^{\mu}&=-\mu_{1A}M_{1}^{\mu}\\ M_{1B}^{\mu}&=-\mu_{1B}M_{1}^{\mu}\\ M_{1C}^{\mu}&=-\mu_{1C}M_{1}^{\mu}\end{aligned}\right\} \tag{12-13}$$

写成一般形式

$$M_{ij}^{\mu}=\mu_{ij}(-M_{i}^{\mu}) \tag{12-14}$$

式(12－14)表示，将结点不平衡力矩的正负号改变，乘以各杆的分配系数，即得各杆的分配弯矩。

对于本例，各杆在 1 端所得分配弯矩为

$$M_{1A}^{\mu}=\mu_{1A}(-M_{1}^{\mu})=\frac{3}{8}\left(-\frac{1}{8}ql^{2}\right)=-\frac{3ql^{2}}{64}$$

$$M_{1B}^{\mu}=\mu_{1B}(-M_{1}^{\mu})=\frac{4}{8}\left(-\frac{1}{8}ql^{2}\right)=-\frac{4ql^{2}}{64}$$

$$M_{1C}^{\mu}=\mu_{1C}(-M_{1}^{\mu})=\frac{1}{8}\left(-\frac{1}{8}ql^{2}\right)=-\frac{ql^{2}}{64}$$

由此可见，各杆在 1 端所得分配弯矩的总和等于反号的不平衡力矩。即反号的不平衡力矩必须全部分配给各杆近端。

3）传递系数与传递弯矩

在图 12.44 中，当放松结点 1 时，各杆在 1 端产生分配弯矩的同时，也使各杆远端产生弯矩，即前面所述的传递弯矩。各杆的传递弯矩与各杆远端支承情况有关。

由表 12－1 可知

远端固定端 $M_{ij}=4i\varphi$，$M_{ji}=2i\varphi$；

远端铰支座 $M_{ij}=3i\varphi$，$M_{ji}=0$；

远端定向支座 $M_{ij}=i\varphi$，$M_{ji}=-i\varphi$。

为了利用近端弯矩去求远端弯矩，将远端弯矩与近端弯矩的比值称为传递系数。传递系数用符号 C 表示。则

$$C=\frac{M_{ij}}{M_{ji}} \tag{12-15}$$

远端固定端：$$C=\frac{2i\varphi}{4i\varphi}=\frac{1}{2}$$

远端铰支座：$$C=\frac{0}{3i\varphi}=0$$

远端定向支座：$$C=\frac{-i\varphi}{i\varphi}=-1$$

为了应用方便，将常见的 3 种单跨梁的转动刚度、传递系数示于表 12－4 中。

表 12-4 等截面直杆的杆端转动刚度与传递

远端支承情况	杆端转动刚度	传递系数
固定支座	$4i$	1/2
铰支座	$3i$	0
定向支座	i	-1

据式(12-15)，传递弯矩可表达为

$$M_{ji}^{C}=C\cdot M_{ij}^{\mu} \tag{12-16}$$

式(12-16)表明，传递弯矩等于传递系数乘以分配弯矩。

对于本例，各杆远端所得传递弯矩为

$$M_{B1}^{C}=-\frac{4ql^2}{64}\times\frac{1}{2}=-\frac{2}{64}ql^2$$

$$M_{A1}^{C}=0$$

$$M_{C1}^{C}=-\frac{ql^2}{64}\times(-1)=-\frac{ql^2}{64}$$

3. 最终弯矩

将第一步固定结点各杆端的固端弯矩与第二步放松结点时相应杆端的分配弯矩或传递弯矩相加即可得出杆端的最终弯矩。

对于本例，各杆最终弯矩为

$$M_{1A}=M_{1A}^{F}+M_{1A}^{\mu}=\frac{1}{8}ql^2+\left(-\frac{3ql^2}{64}\right)=\frac{5ql^2}{64}$$

$$M_{A1}=M_{A1}^{F}+M_{A1}^{C}=0+0=0$$

$$M_{1B}=M_{1B}^{F}+M_{1B}^{\mu}=0+\left(-\frac{4ql^2}{64}\right)=-\frac{4ql^2}{64}$$

$$M_{B1}=M_{B1}^{F}+M_{B1}^{C}=0+\left(-\frac{2ql^2}{64}\right)=-\frac{2ql^2}{64}$$

$$M_{1C}=M_{1C}^{F}+M_{1C}^{\mu}=0+\left(-\frac{ql^2}{64}\right)=-\frac{ql^2}{64}$$

$$M_{C1}=M_{C1}^{F}+M_{C1}^{C}=0+\frac{ql^2}{64}=\frac{ql^2}{64}$$

最终弯矩图如图 12.47 所示。

下面举例说明具有一个刚结点的连续梁及无侧移刚架的具体运算过程，以进一步明确和理解上述力矩分配法的基本概念。通常把这种只有一个结点角位移未知量的运算称为单结点的力矩分配。

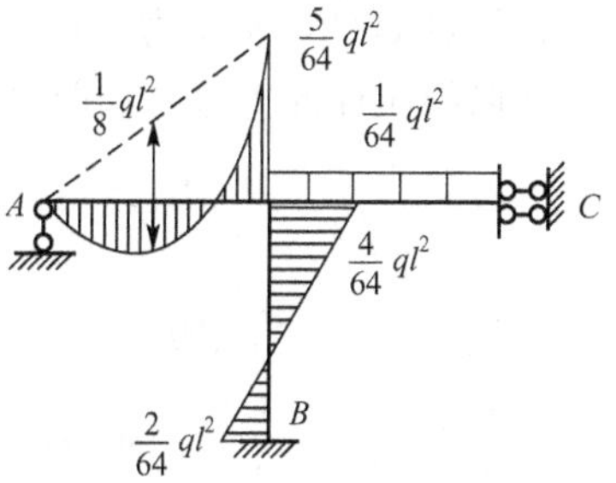

图 12.47

例 12-11 用力矩分配法计算图 12.48(a)所示的两跨连续梁，绘出弯矩图。

解：计算连续梁时，其过程可以直接在梁的下方表 12-5 中进行。具体说明如下。

(1) 求分配系数。

$$\mu_{BA}=\frac{S_{BA}}{S_{BA}+S_{BC}}=\frac{4i}{4i+3i}=\frac{4}{7}$$

$$\mu_{BC}=\frac{S_{BC}}{S_{BA}+S_{BC}}=\frac{3i}{4i+3i}=\frac{3}{7}$$

校核：
$$\sum\mu=\frac{4}{7}+\frac{3}{7}=1$$

将它们填入表中第一行结点 B 的两端。

表 12－5　杆端弯矩计算表

分配系数	$\frac{4}{7}$		$\frac{3}{7}$	
固端弯矩	0	0	+150 −80+150	0
分配与传递	−20　←	−40	−30　→	0
杆端弯矩	−20	−40	−110	0

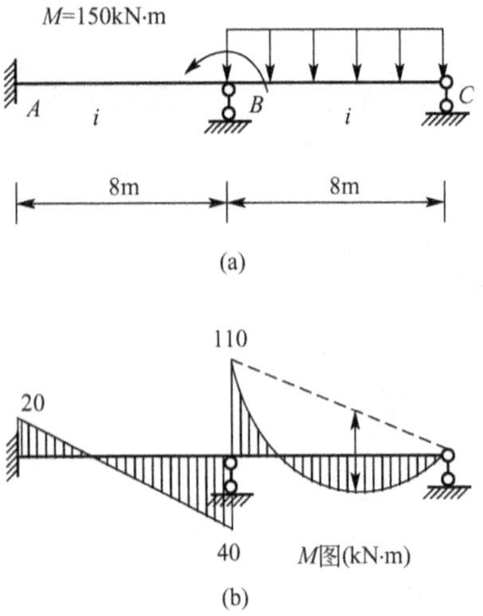

图 12.48

(2) 求固端弯矩。固定结点 B[不必在图 12.48(a) 的结点 B 上画出刚臂]。杆 BA 为两端固定端的单跨梁，杆 BC 为 B 端固定 C 端铰支的单跨梁，查表 12－1 算出

$$M_{AB}^{F}=M_{BA}^{F}=0$$

$$M_{BC}^{F}=-\frac{1}{8}ql^2=-\frac{1}{8}\times10\times8^2=-80(\text{kN}\cdot\text{m})$$

$$M_{CB}^{F}=0$$

将它们填入表中第二行相应杆端下面。

据填入表中的固端弯矩，即可算出结点 B 的不平衡力矩。需注意的是，因为此例结点 B 上有外力偶 M 的作用，结点 B 的不平衡力矩不能直接用 B 结点各固端力矩之和来计算，还需另加一项由结点 B 上作用的外力偶引起的约束反力矩。故不平衡力矩等于

$$M_{B}^{\mu}=-80+150=70(\text{kN}\cdot\text{m})$$

(3) 计算分配弯矩与传递弯矩

将结点 B 的不平衡力矩反号乘以各杆分配系数得各杆近端分配弯矩，然后将所得分配弯矩乘以相应杆的传递系数即得远端传递弯矩。

$$M_{BA}^{\mu}=\mu_{BA}(-M_{B}^{\mu})=\frac{4}{7}\times(-70)=-40(\text{kN}\cdot\text{m})$$

$$M_{BC}^{\mu}=\mu_{BC}(-M_{B}^{\mu})=\frac{3}{7}\times(-70)=-30(\text{kN}\cdot\text{m})$$

$$M_{AB}^{\mu}=CM_{BA}^{\mu}=\frac{1}{2}\times(-40)=-20(\text{kN}\cdot\text{m})$$

$$M_{CB}^{C}=CM_{BC}^{\mu}=0$$

把分配弯矩与传递弯矩分别填入表中第 3 行相应杆端下面，且在分配弯矩与传递弯矩之间画一水平方向箭头，表示传递方向；在分配弯矩下面画一横线，表示分配及传递结束。

(4) 计算杆端最终弯矩。

将表中第二、三行相应的固端弯矩与分配弯矩或传递弯矩相加即得杆端最终弯矩。

$$M_{AB}=0+(-20)=-20(\mathrm{kN\cdot m})$$

$$M_{BA}=0+(-40)=-40(\mathrm{kN\cdot m})$$

$$M_{BC}=-80+(-30)=-110(\mathrm{kN\cdot m})$$

$$M_{CB}=0+0=0$$

将所得最终杆端弯矩填入表中第 4 行。

最终弯矩绘制连续梁 M 图如图 12.48(b)所示。

例 12-12 用力矩分配法计算图 12.49(a)所示刚架，绘弯矩 M 图。

解：(1) 计算分配系数。

$$\mu_{AB}=\frac{3\times2}{3\times2+4\times2+4\times1.5}=0.3$$

$$\mu_{AC}=\frac{4\times2}{3\times2+4\times2+4\times1.5}=0.4$$

$$\mu_{AB}=\frac{4\times1.5}{3\times2+4\times2+4\times1.5}=0.3$$

(2) 查表 12-1 计算固端弯矩。

$$M_{AB}^{\mathrm{F}}=\frac{ql^2}{8}=\frac{30\times4^2}{8}=60(\mathrm{kN\cdot m})$$

$$M_{AD}^{\mathrm{F}}=-\frac{Pl}{8}=-\frac{4\times80}{8}=-40(\mathrm{kN\cdot m})$$

$$M_{DA}^{\mathrm{F}}=\frac{Pl}{8}=40$$

不平衡力矩

$$M_A^{\mu}=60+(-40)=20(\mathrm{kN\cdot m})$$

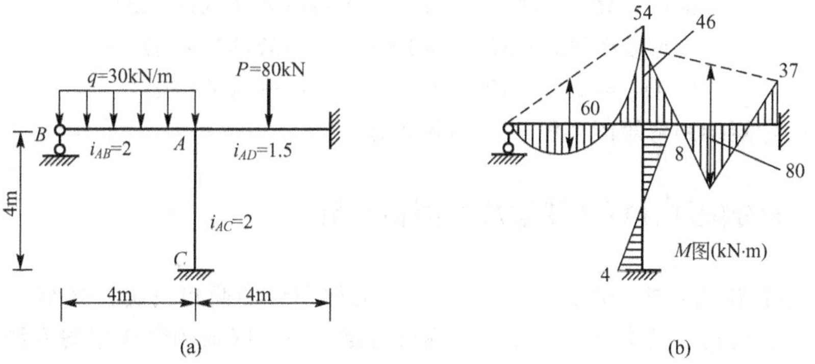

图 12.49

和连续梁的计算方法相似，把以上求得的分配系数、固端弯矩填入表内。与连续梁列表有所区别的是：由于刚架立柱的杆端不能直观地与水平表格上下对应，所以表格中第一栏需要列出结点名称，第二栏说明结点从属的杆端。为了便于分配，可把同一结点的各杆端列在一起，如表 12-6 中将 AB、AC、AD 列在一起；为了便于传递，可把同一杆的两端尽量相邻，如表 12-6 中将 AB 与 BA 相邻，AD 与 DA 相邻。由填入的固端弯矩一栏，求得 A 结点的不平衡力矩为

$$M_A^\mu = M_{AB}^F + M_{AB}^F + M_{AD}^F = 60 + (-40) = 20(\text{kN} \cdot \text{m})$$

表 12-6　杆端弯矩计算表

结点	B	A			D	C
杆端	BA	AB	AC	AD	DA	CA
分配系数		0.3	0.4	0.3		
固端弯矩 M^F		60	0	−40	40	0
分配与传递弯矩	0	−6	−8	−6	−3	−4
最终弯矩	0	54	−8	−46	37	−4

(3) 计算分配与传递弯矩。

$$M_{AB}^\mu = \mu_{AB}(-M_A^\mu) = 0.3 \times (-20) = -6(\text{kN} \cdot \text{m})$$
$$M_{AC}^\mu = \mu_{AC}(-M_A^\mu) = 0.4 \times (-20) = -8(\text{kN} \cdot \text{m})$$
$$M_{AD}^\mu = \mu_{AD}(-M_A^\mu) = 0.3 \times (-20) = -6(\text{kN} \cdot \text{m})$$
$$M_{BA}^C = CM_{AB}^\mu = 0$$
$$M_{CA}^C = CM_{AC}^\mu = \frac{1}{2} \times (-8) = -4(\text{kN} \cdot \text{m})$$
$$M_{DA}^C = CM_{AD}^\mu = \frac{1}{2} \times (-6) = -3(\text{kN} \cdot \text{m})$$

(4) 计算杆端最终弯矩。

$$M_{BA} = 0$$
$$M_{AB} = M_{AB}^F + M_{AB}^\mu = 60 + (-6) = 54(\text{kN} \cdot \text{m})$$
$$M_{AC} = M_{AC}^F + M_{AC}^\mu = 0 + (-8) = -8(\text{kN} \cdot \text{m})$$
$$M_{AD} = M_{AD}^F + M_{AD}^\mu = -40 + (-6) = -46(\text{kN} \cdot \text{m})$$
$$M_{DA} = M_{DA}^F + M_{DA}^C = 40 + (-3) = 37(\text{kN} \cdot \text{m})$$
$$M_{CA} = M_{CA}^F + M_{CA}^C = 0 + (-4) = -4(\text{kN} \cdot \text{m})$$

杆端最终弯矩绘制弯矩图如图 12.49(b)所示。

12.5.2　力矩分配法计算连续梁及无侧移刚架

12.5.1 节讨论的是按基本结构中只有一个附加刚臂的简单情况，介绍了力矩分配法的基本概念。利用这一基本思路，并结合逐次否定每一个附加刚臂作用的方法，来解算具有多个结点的连续梁和无线位移刚架的内力。

首先想到的是要将具有多个结点角位移的情况转换成只有一个结点角位移的情况。为此，可以首先固定全部刚结点，然后采取逐个结点轮流放松的办法。即每次只放松一个结点，其他结点暂时固定，这样把各结点的不平衡力矩轮流逐次地进行消除，使连续

梁或刚架逐渐接近原来自然状态，下面结合一般连续梁和无侧移刚架的具体例子加以说明。

如图 12.50(a)所示连续梁，具有两个结点角位移，首先把两个刚结点 1、2 同时固定起来，然后加入荷载，此时可查表 12-1 求得各杆的固端弯矩为

$$M_{A1}^{F}=-\frac{ql^{2}}{12}=\frac{-10\times6^{2}}{12}=-30(\text{kN}\cdot\text{m})$$

$$M_{1A}^{F}=\frac{ql^{2}}{12}=30(\text{kN}\cdot\text{m})$$

$$M_{12}^{F}=-\frac{Pl}{8}=-\frac{200\times8}{8}=-200(\text{kN}\cdot\text{m})$$

$$M_{21}^{F}=\frac{Pl}{8}=200(\text{kN}\cdot\text{m})$$

将上述结果填入表 12-7 中相应的杆端下面。由表中的固端弯矩求得 1、2 两结点的不平衡力矩分别为

$$M_{1}^{\mu}=M_{1A}^{F}+M_{12}^{F}=30+(-200)=-170(\text{kN}\cdot\text{m})$$

$$M_{2}^{\mu}=M_{21}^{F}+M_{2D}^{F}=200+0=200(\text{kN}\cdot\text{m})$$

如前所述，为了消除这两个不平衡力矩，需要将结点 1 和 2 逐次地轮流放松，使其分别恢复原有自然状态，即使它们转动和实际结构相同的角位移。

表 12-7 杆端弯矩计算表

分配系数 μ	0.5			0.5		0.571	0.429
固端弯矩 M^F	−30		30	−200		200	
分配与传递				−57.1	←	−114.3	−85.7
	56.8	←	113.6	113.6	→	56.8	
				−16.2	←	−32.5	−24.3
	4.1	←	8.1	8.1	→	4.1	
				−1.2	←	−2.3	−1.8
	0.3	←	0.6	0.6	→	0.3	
				−0.1	←	−0.2	−0.1
最终弯矩	31.2		152.3	−152.3		111.9	−111.9

为了使计算尽快地收敛，应先放松不平衡力矩大的结点，本例应先放松结点 2，此时结点 1 仍固定着，故和前面章节放松单个结点的情况完全相同。因而可按前述弯矩分配和传递的方法来消除结点 2 的不平衡力矩。为此需要算出汇交于结点 2 的各杆端的分配系数。

$$\mu_{21}=\frac{S_{21}}{S_{21}+S_{2B}}=\frac{4i}{4i+3i}=0.571$$

$$\mu_{2B}=\frac{S_{2B}}{S_{21}+S_{2B}}=\frac{3i}{4i+3i}=0.429$$

分配系数通常取到小数点后面3位。

将其结果填入表中连续梁相应杆端下面。

然后把结点2的不平衡力矩200kN·m反号进行分配，得分配弯矩为

$$M_{21}^{\mu}=0.571\times(-200)=-114.3(\text{kN}\cdot\text{m})$$

$$M_{2B}^{\mu}=0.429\times(-200)=-85.7(\text{kN}\cdot\text{m})$$

将其填入连续梁相应杆端下面，并在分配弯矩值下面画一横线，表示此时结点2已获平衡。同时分配弯矩各向其远端传递。其值为

$$M_{12}^{C}=\frac{1}{2}\times(-114.2)=-57.1(\text{kN}\cdot\text{m})$$

$$M_{B2}^{C}=0$$

将其填入连续梁相应杆端下面，并画出箭头标明传递方向。

分配弯矩与传递弯矩取到小数点后面几位要视所需精度而定。一般可将最大固端弯矩绝对值取4位有效数字，以此来确定分配、传递弯矩小数点后面的位数。例如本例，最大固端弯矩的绝对值为200kN·m，4位有效数字为200.0，即小数点后面有一位有效数字，则计算分配弯矩、传递弯矩时均取到小数点后面一位。随着结点的逐次轮流放松，分配弯矩传递弯矩逐渐减少，当传递弯矩小于0.1(小数点后一位)时，计算可以结束。

结点2暂时平衡后，重新将其固定，再来放松结点1。结点1原有的不平衡力矩是－170kN·m，注意结点2又传递过来－57.1kN·m的传递弯矩，故此时结点1的不平衡力矩为－170+(－57.1)=－227.0kN·m，计算结点1的分配系数，分配弯矩及传递弯矩如下。

分配系数

$$\mu_{1A}=\frac{S_{1A}}{S_{1A}+S_{12}}=\frac{4i}{4i+4i}=0.5$$

$$\mu_{12}=\frac{S_{12}}{S_{1A}+S_{12}}=\frac{4i}{4i+4i}=0.5$$

分配弯矩

$$M_{1A}^{\mu}=0.5\times227.1=113.6(\text{kN}\cdot\text{m})$$

$$M_{12}^{\mu}=0.5\times227.1=113.6(\text{kN}\cdot\text{m})$$

传递弯矩

$$M_{1A}^{C}=113.6\times\frac{1}{2}=56.8(\text{kN}\cdot\text{m})$$

$$M_{21}^{C}=113.6\times\frac{1}{2}=56.8(\text{kN}\cdot\text{m})$$

结点1暂时平衡，将它重新固定起来。再来看结点2，由于放松结点1，结点2又有了新的不平衡力矩56.8kN·m。现在第二次放松结点2以消去其新的不平衡力矩。如此反复地循环下去，就可以使结点1和结点2的不平衡力矩越来越小最后逐渐接近了真实情况。

把固端弯矩与逐次放松节点所得相应杆端的分配弯矩或传递弯矩相加，即得出杆端最终弯矩。据此绘制出的弯矩图如图 12.50(b)所示。

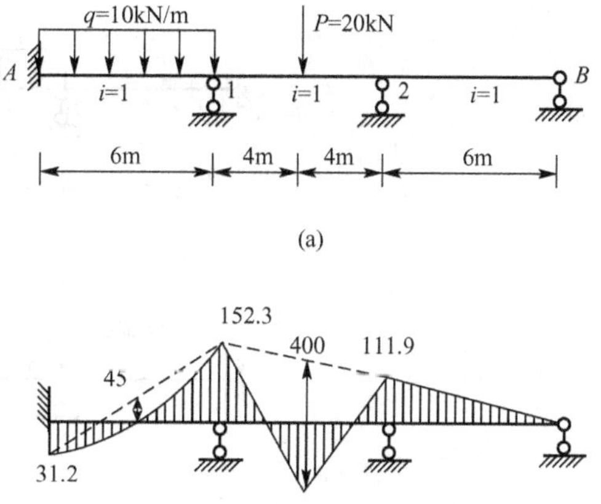

(b)M图

图 12.50

其计算结果正确与否，还应该进行校核。正确的计算结果应同时满足静力平衡条件和变形条件。静力平衡条件可根据每一结点是否满足$\sum M=0$来校核。至于变形条件的校核此处从略。

综上所述，用力矩分配法计算连续梁及无侧移刚架的步骤可归纳如下。

(1) 计算汇交于各结点每一杆端的分配系数。

(2) 计算各杆端的固端弯矩和不平衡力矩。

(3) 从不平衡力矩较大的结点开始，逐次循环放松各结点以消除不平衡力矩。

每放松一个结点时，将不平衡力矩反号乘以分配系数分配给汇交于该结点的各杆端(分配弯矩)，然后将分配弯矩乘以传递系数传递给各杆远端(传递弯矩)。如此反复循环计算直到传递弯矩小到可以略去为止。

(4) 将固端弯矩与相应杆端历次的分配弯矩或传递弯矩相加，即得各杆端的最终弯矩。

(5) 绘制弯矩图。

例 12-13 计算图 12.51(a)所示连续梁，并绘 M 图及剪力图，其中 EI 为常数。

解： 该连续梁 DE 部分为静定的，其内力可按静力平衡条件求出，即

$$M_{DE}=-10\times3=-30(\text{kN}\cdot\text{m})$$

$$Q=10\text{kN}$$

去掉悬臂部分，把 M_{DE} 作为外力施加在结点 D 上，如图 12.51(b)所示，则结点 D 便转化为铰支端，计算原结构可在图 12.51(b)上进行。

(1) 计算分配系数。为了计算方便，令 $i=\dfrac{EI}{12}$，则 $i_{AB}=1.2i$，$i_{BC}=i$，$i_{CD}=1.5i$

$$\mu_{BA}=\frac{4\times1.2i}{4\times1.2i+4\times i}=0.545$$

$$\mu_{BC}=\frac{4\times i}{4\times1.2i+4\times i}=0.455$$

$$\mu_{CB}=\frac{4\times i}{4\times i+3\times1.5i}=0.471$$

$$\mu_{CD}=\frac{3\times1.5i}{4\times i+3\times1.5i}=0.529$$

(2) 计算固端弯矩。杆 CD 相当于 C 端固定、D 端铰支的单跨梁。铰支端 D 受集中力 10kN 及集中力偶 30kN·m 作用。集中力 10kN 由支座 D 承担而不使梁产生弯曲变形，故

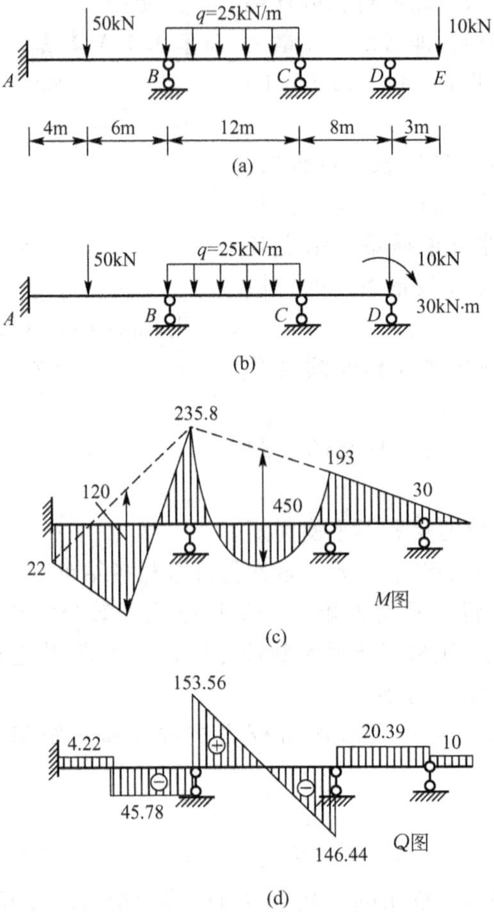

图 12.51

不产生固端弯矩。集中力偶 30kN·m 使梁产生的固端弯矩由表 12－1 可得

$$M_{CD}^{F}=\frac{M}{2}=\frac{30}{2}=15\text{kN}\cdot\text{m}$$

$$M_{DC}^{F}=M=30\text{kN}\cdot\text{m}$$

其余各杆固端弯矩分别为

$$M_{AB}^{F}=\frac{Pab^{2}}{l^{2}}=\frac{50\times4\times6^{2}}{10^{2}}=-72(\text{kN}\cdot\text{m})$$

$$M_{BA}^{F}=\frac{Pa^{2}b}{l^{2}}=\frac{50\times4^{2}\times6}{10^{2}}=48(\text{kN}\cdot\text{m})$$

$$M_{BC}^{F}=\frac{ql^{2}}{12}=-\frac{25\times12^{2}}{12}=-300(\text{kN}\cdot\text{m})$$

$$M_{BC}^{F}=\frac{ql^{2}}{12}=300(\text{kN}\cdot\text{m})$$

将以上分配系数，固端弯矩数据填入表 12-8 中连续梁相应杆端下面。

表 12-8 杆端弯矩计算表

分配系数 μ			0.545	0.455		0.471	0.529	
固端弯矩 M^F	-72		48	-300		300	15	30
分配与传递				-74.2	←	-148.4	-166.6	
	88.9	←	177.8	148.4	→	74.2		
				-17.5	←	-34.9	-39.3	
	4.8	←	9.5	8	→	4		
				-0.9	←	-1.9	-2.1	
	0.3	←	0.5	0.4	→	0.2		
						-0.1	-0.1	
最终弯矩 M	22		235.8	-235.8		193.1	-193.1	30

(3) 分配与传递。从不平衡力矩大的结点 C 开始循环，交替进行分配与传递，直到传递弯矩小于 0.1 为止。整个运算过程均可在表上进行。

(4) 将固端弯矩与相应杆端分配弯矩或传递弯矩相加得最终杆端弯矩。

(5) 由最终杆端弯矩绘出 M 图如图 12.51(c)所示。

(6) 剪力图的绘制方法与位移法相同。分别截出各杆画受力图，受力图除包括已知外荷载外还有图 12.51(c)求得的各杆端弯矩，然后根据平衡条件即可求出杆端剪力。

例如，杆 AB(图 12.52)：

$$Q_{AB}=4.22\text{kN}$$

$$Q_{BA}=45.78\text{kN}$$

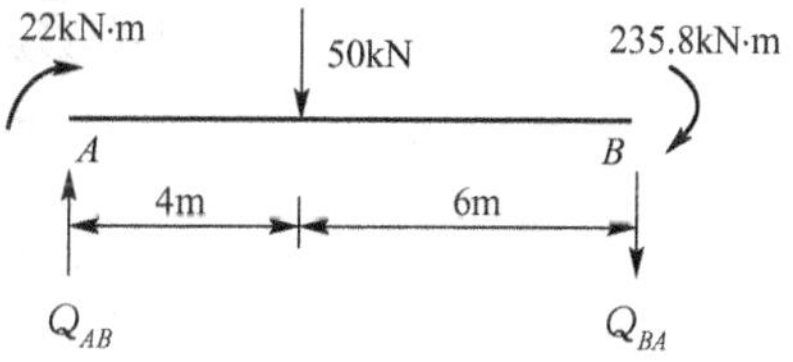

图 12.52

剪力图如图 12.51(d)所示。

例 12-14 用力矩分配法计算图 12.53(a)所示刚架，绘制 M 图及 Q 图。

解：图示刚架没有结点线位移，故适于用力矩分配法求解，其计算方法和步骤与连续梁完全相同。

(1) 计算分配系数。为了计算方便，可利用各杆的相对线刚度，令 $i=\dfrac{EI}{6}$，则 $i_{AD}=i_{BE}=1.5i$，$i_{AB}=i$，$i_{BD}=2i$。

$$\mu_{AD}=\frac{4i_{AD}}{4i_{AD}+4i_{AB}}=0.6$$

$$\mu_{AB}=\frac{4i_{AB}}{4i_{AD}+4i_{AB}}=0.4$$

$$\mu_{BA}=\frac{4i_{AB}}{4i_{AB}+4i_{BE}+3i_{BC}}=0.25$$

$$\mu_{BE}=\frac{4i_{BE}}{4i_{AB}+4i_{BE}+3i_{BC}}=0.375$$

$$\mu_{BC}=\frac{3i_{BC}}{4i_{AB}+4i_{BE}+3i_{BC}}=0.375$$

(2) 计算固端弯矩。

$$M_{DA}^{\mathrm{F}}=-\frac{30\times 4^2}{12}=-40(\mathrm{kN\cdot m})$$

$$M_{AD}^{\mathrm{F}}=\frac{30\times 4^2}{12}=40(\mathrm{kN\cdot m})$$

$$M_{AB}^{\mathrm{F}}=\frac{-60\times 4\times 2^2}{6^2}=-26.67(\mathrm{kN\cdot m})$$

$$M_{BA}^{\mathrm{F}}=\frac{60\times 4^2\times 2}{6^2}=53.33(\mathrm{kN\cdot m})$$

分配、传递弯矩及最终杆端弯矩的计算结果见表 12－9 杆端弯矩计算表，结点 A、B 均满足静力平衡条件 $\sum M=0$。最终弯矩图如图 12.53(b)所示。

由绘制出的弯矩图及静力平衡条件绘出剪力图，如图 12.53(c)所示。

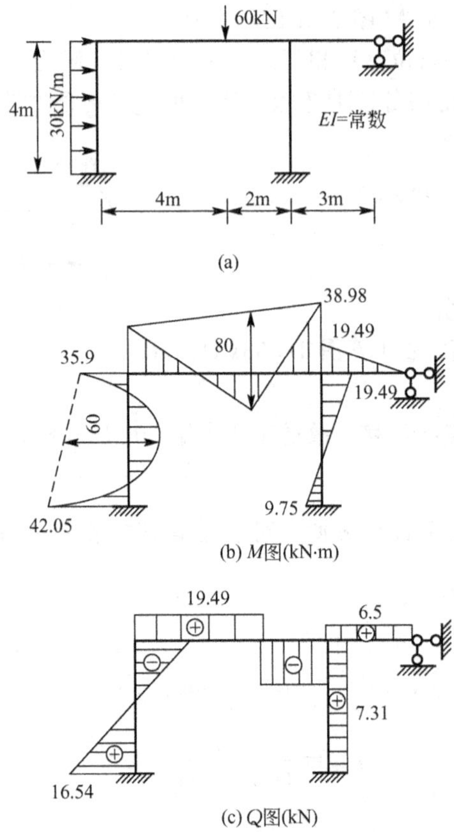

图 12.53

表 12-9 杆端弯矩计算表

结点	D	A		B			E	C
杆端	DA	AD	AB	BA	BC	BE	EB	CB
μ	固端	0.6	0.4	0.25	0.375	0.375	固端	铰支
M^F	−40	40	−26.67	53.33				
分配与传递弯矩			−6.67	−13.33	−20	−20	−10	
	−2	−4	−2.66	−1.33				
			0.16	0.33	0.5	0.5	0.25	
	−0.05	−0.1	−0.06	−0.03				
				0.01	0.01	0.01		
M	−42.05	35.9	−35.9	38.98	−19.49	−19.49	−9.75	0

12.6 超静定结构的特性

前面的内容介绍了用力法计算超静定结构的内力和位移，在此基础上将超静定结构不同于静定结构的一些特性综合地比较和归纳如下。

(1) 超静定结构具有多余联系，这是区别于静定结构的主要特征。一般地，超静定结构的内力分布比较均匀，变形较小，结构的刚度大些。

(2) 静定结构的内力仅由静力平衡条件就能全部确定下来，和组成结构的材料性质及截面形状尺寸无关，因此，设计过程比较简单。超静定结构的内力不能由静力平衡条件全部确定下来，需要补充变形条件才能确定其解答，其内力与结构的材料性质及截面形状尺寸有关。因此，在进行超静定结构计算时，需要事先用估计的办法假设各杆件截面的大小，进行反复演算，计算设计过程比静定结构复杂。

(3) 当静定结构有支座移动、温度改变、制造误差等因素影响时，不会产生内力，而超静定结构由于具有多余联系，将阻碍由于上述因素而引起的结构的变形，从而使结构产生内力。

(4) 在局部荷载作用下，超静定结构较之静定结构影响范围大，从而可以减小局部较大的内力和位移。从军事及抗震方面来看，超静定结构具有较好的抵抗破坏能力。当静定结构任一联系被破坏后即变为几何可变体系，而不能继续承受荷载。而超静定结构任一多余联系遭到破坏后，仍可能为几何不变体系，因而仍能继续承受荷载。

本 章 小 结

本章主要阐述了超静定结构内力求解的两大类方法，即力法和位移法。在力法内容里面，首先在分析超静定结构概念的基础上，结合几何组成分析知识，讲述了超静定次数的确定方法，然后讲解了力法的基本原理和典型方程以及力法求解简单超静定结构的步骤和方法，并对用力法求解超静定结构在非荷载因素如温度变化和支座变位时的内力作了讲解，其后基于单位载荷法讲述了超静定结构的位移计算方法；在位移法内容里面，首先以实例阐述了位移法的基本概念、基本结构和基本未知量，并结合力法计算了各种常用单跨超静定梁的形常数和载常数以位移法查表备用；作为位移法的近似计算方法——力矩分配法这个内容章节里面，首先提出了力矩分配法的基本概念，然后对连续梁和无侧移刚架的力矩分配法求解方法作示例说明。本章最后是超静定结构的一些基本特性的总结。本章重要内容总结如下。

1）力法的典型方程

$$\left.\begin{array}{c}\delta_{11}X_1+\delta_{12}X_2+\cdots+\delta_{1i}X_i\cdots+\delta_{1n}X_n+\Delta_{1P}=0\\\delta_{21}X_1+\delta_{22}X_2+\cdots+\delta_{2i}X_i\cdots+\delta_{2n}X_n+\Delta_{2P}=0\\\cdots\cdots\\\delta_{i1}X_1+\delta_{i2}X_2+\cdots+\delta_{ii}X_i\cdots+\delta_{in}X_n+\Delta_{iP}=0\\\cdots\cdots\\\delta_{n1}X_1+\delta_{n2}X_2+\cdots+\delta_{ni}X_i\cdots+\delta_{nn}X_n+\Delta_{nP}=0\end{array}\right\}$$

2）力法求解简单超静定结构(梁、刚架、桁架和排架)的步骤和方法

(1) 去掉多余联系，代之以相应多余未知力，得到基本结构，同时确定了超静定次数。

(2) 据原结构解除多余联系处位移的实际情况，按照变形协调条件，列出力法典型方程。

(3) 分别确定基本结构多余未知力的 $\overline{M}_i$ 和 M_P，用单位载荷法或者图乘法求出所有系数与自由项。

(4) 解方程，求出所有多余未知力。

(5) 用叠加法绘制 M 图。

(6) 视题目要求绘制 Q、N 图。

3）超静定结构的位移计算方法

对于刚架和梁，位移计算公式为

$$\Delta_{iP}=\sum\int\frac{\overline{M}_iM}{EI}\mathrm{d}s$$

4）位移法计算超静定结构的步骤和方法

(1) 计算基本未知数数目，相应地加上附加刚臂或者链杆约束，得到基本结构。

(2) 根据附加约束中总的反力或者反力矩为零的条件，建立位移法典型方程。

(3) 利用表 12－1，绘出基本结构的各单位弯矩图和荷载弯矩图，由平衡条件求出各系数和自由项。

(4) 各系数和自由项代入典型方程，求出基本未知量。

(5) 用叠加方法画弯矩图。

(6) 若题目要求，根据弯矩图画剪力图，根据剪力图画轴力图。

5）连续梁和无侧移刚架的力矩分配法求解步骤

(1) 计算汇交于各结点每一杆端的分配系数。

(2) 计算各杆端的固端弯矩和不平衡力矩。

(3) 从不平衡力矩较大的结点开始，逐次循环放松各结点以消除不平衡力矩。

(4) 将固端弯矩与相应杆端历次的分配弯矩或传递弯矩相加，即得各杆端的最终

弯矩。

(5) 绘制弯矩图。

关键术语

超静定结构(statically indeterminate structure);梁(beam);刚架(rigid frame);桁架(truss);排架(trestle);力法(force method);基本原理(principal theory);典型方程(canonical equation);基本结构(basal structure);多余约束力(superfluous constraining force);内力计算(computation of internal force);内力图绘制(plot of internal force);位移计算(displacement computation);位移法(displacement method);结点位移(crunode displacement);单跨超静定梁(single statically indeterminate beam);形常数(shape constant);载常数(load constant);力矩分配法(moment distribution method);连续梁(continuous beam);无侧移刚架(no sway rigid frame);基本特性(fundamental characteristics)

习　　题

1. 思考题

(1) 力法的基本概念是什么?用力法解超静定结构的步骤是什么?

(2) 什么是力法的基本结构?力法基本结构的形式是否是唯一的?选择力法基本结构须注意什么问题?力法的基本结构与原结构有什么异同?

(3) 什么是力法的基本未知量?如何求得力法的基本未知量?如何建立力法的典型方程?

(4) 说明力法典型方程的系数、自由项的物理意义,如何求解这些系数和自由项?

(5) 相对于静定结构,超静定结构有哪些主要特征?

(6) 用力法计算超静定梁、刚架、排架时,力法方程中的系数和自由项计算时主要考虑哪些变形因素?

(7) 计算超静定结构的位移和计算静定结构的位移,两者有何异同?

(8) 为什么计算超静定结构位移时,单位荷载可以加在任一基本结构上?

(9) 结点角位移如何确定?确定的依据是什么?

(10) 独立结点线位移的数目是如何确定的?确定的基本假设是什么?

(11) 位移法中,杆端弯矩、支座截面转角以及杆端相对线位移的正、负号是怎样定义的?

(12) 位移法典型方程的物理意义是什么?典型方程中的系数和自由项分为几类?各自的含义是什么?

(13) 说明力矩分配法的基本概念。力矩分配法与位移法有什么相同和不同之处?

(14) 什么叫线刚度?什么叫转动刚度?转动刚度和线刚度是否有关?

(15) 如何计算分配系数？分配系数和转动刚度有何关系？为什么在一结点上各杆的分配系数之和等于1？

(16) 什么叫传递系数？传递系数是怎样确定的？

(17) 什么是分配弯矩？如何进行计算？

(18) 什么叫固端弯矩？如何计算结点上的约束力矩？为什么要将约束力矩变号才能进行分配？

2. 填空题

(1) 力法方程等号左侧各项代表____________，右侧代表____________。

(2) 如图12.54所示的结构，EI=常数，在给定荷载作用下，Q_{AB}____________。

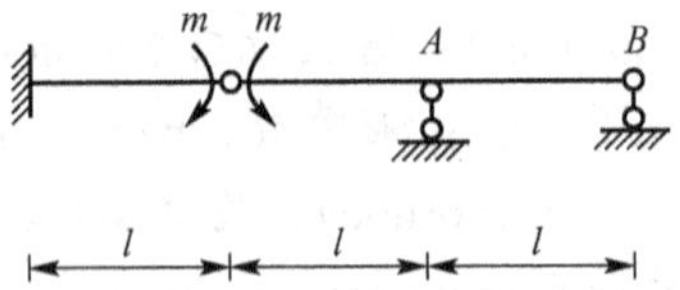

图 12.54

(3) 图12.55(a)结构中支座转动θ，力法基本结构如图12.55(b)所示，力法方程中Δ_{1c}=________。

(4) 图12.56中，图(b)为图(a)用位移法求解时的基本体系和基本未知量Z_1、Z_2，其位移法典型方程中的自由项，R_{1P}=________，R_{2P}=________。

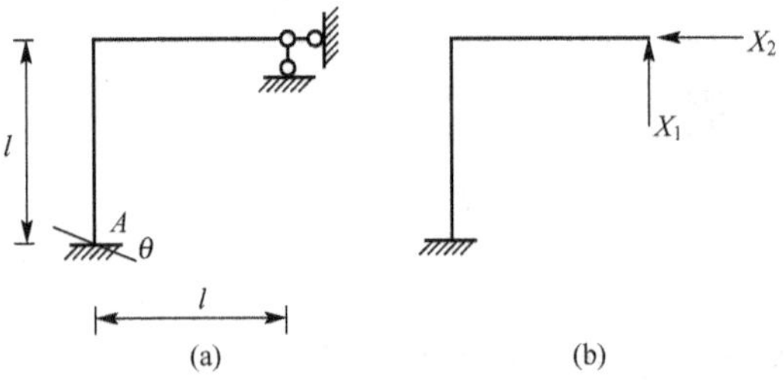

图 12.55

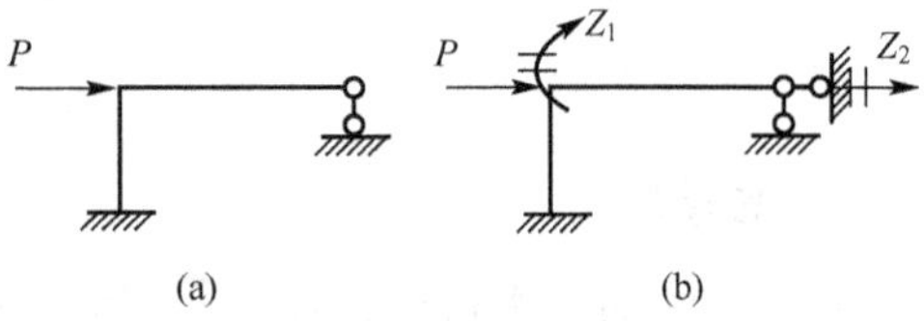

图 12.56

(5) 传递系数C表示当杆件近端有转角时________与________的比值，它与远端的__________有关 。

3. 判断题

(1) 力法典型方程的实质是超静定结构的平衡条件。(　　)

(2) 在温度变化、支座移动因素作用下，静定与超静定结构都有内力。(　　)

(3) 位移法未知量的数目与结构的超静定次数有关。(　　)

(4) 位移法的基本结构可以是静定的，也可以是超静定的。(　　)

(5) 位移法典型方程的物理意义反映了原结构的位移协调条件。(　　)

(6) 结构按位移法计算时，其典型方程的数目与结点位移数目相等。(　　)

(7) 超静定结构中杆端弯矩只取决于杆端位移。(　　)

(8) 位移法可解超静定结构，也可解静定结构 。(　　)

(9) 在力矩分配法中反复进行力矩分配及传递，结点不平衡力矩愈来愈小，主要是因为分配系数及传递系数小于1。(　　)

(10) 力矩分配法中的分配系数、传递系数与外来因素(荷载、温度变化等)有关。(　　)

4. 选择题

(1) 图 12.57 所示连续梁用力法求解时，简便的基本结构是(　　)。

A. 拆去 B、C 两支座

B. 将 A 支座改为固定铰支座，拆去 B 支座

C. 将 A 支座改为滑动支座，拆去 B 支座

D. 将 A 支座改为固定铰支座 ，B 处改为完全铰

(2) 图 12.58 所示两刚架的 EI 均为常数，并分别为 $EI=1$ 和 $EI=10$，这两刚架的内力关系为(　　)。

A. M 图相同　　B. M 图不同

C. 图(a)刚架各截面弯矩大于图(b)刚架各相应截面弯矩

D. 图(a)刚架各截面弯矩小于图(b)刚架各相应截面弯矩

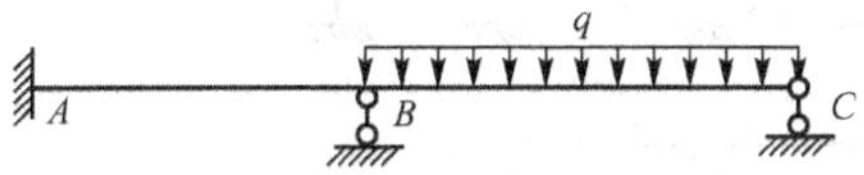

图 12.57

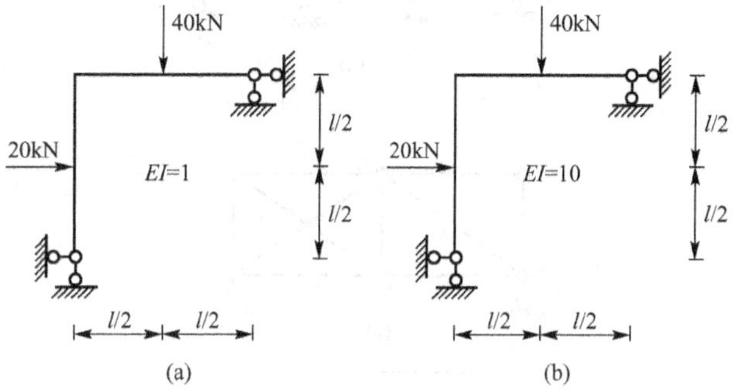

图 12.58

(3) 位移法中，将铰接端的角位移、滑动支承端的线位移作为基本未知量(　　)。

A. 绝对不可　　B. 必须

C. 可以，但不必　　D. 一定条件下可以

(4) 如图 12.59 所示两端固定梁，设 AB 线刚度为 i，当 A、B 两端截面同时发生图示单位转角时，则杆件 A 端的杆端弯矩为(　　)。

A. I　　B. $2i$

C. $4i$　　D. $6i$

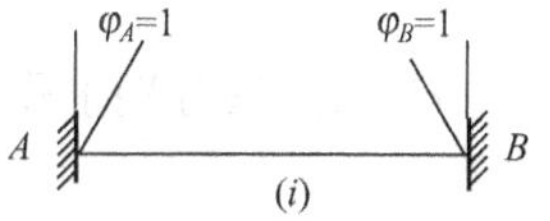

图 12.59

(5) 用位移法求解图 12.60 所示结构时，独立的结点角位移和线位移未知数数目分别为(　　)。

A. 3，3　　B. 4，3　　C. 4，2　　D. 3，2

(6) 在力矩分配法中，分配系数 μ_{AB} 表示(　　)。

A. 结点 A 有单位转角时，在 AB 杆 A 端产生的力矩

B. 结点 A 转动时，在 AB 杆 A 端产生的力矩

C. 结点 A 上作用单位外力偶时，在 AB 杆 A 端产生的力矩

D. 结点 A 上作用外力偶时，在 AB 杆 A 端产生的力矩

(7) 如图 12.61 所示结构，EI 为常数，杆 BC 两端的弯矩 M_{BC} 和 M_{CB} 的比值是(　　)。

A. $-1/4$　　B. $-1/2$　　C. $1/4$　　D. $1/2$

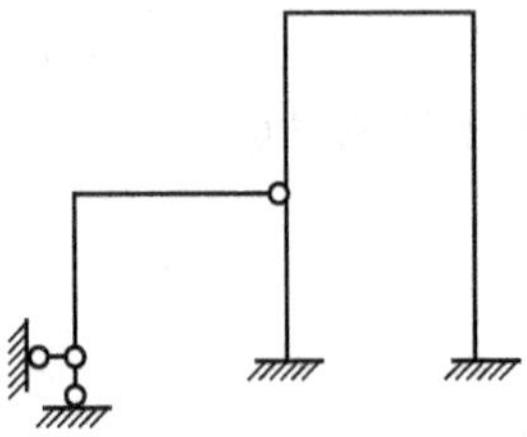

图 12.60

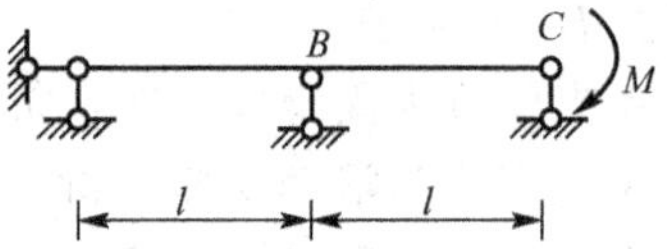

图 12.61

5. 计算题

(1) 确定图 12.62 所示超静定结构的超静定次数。

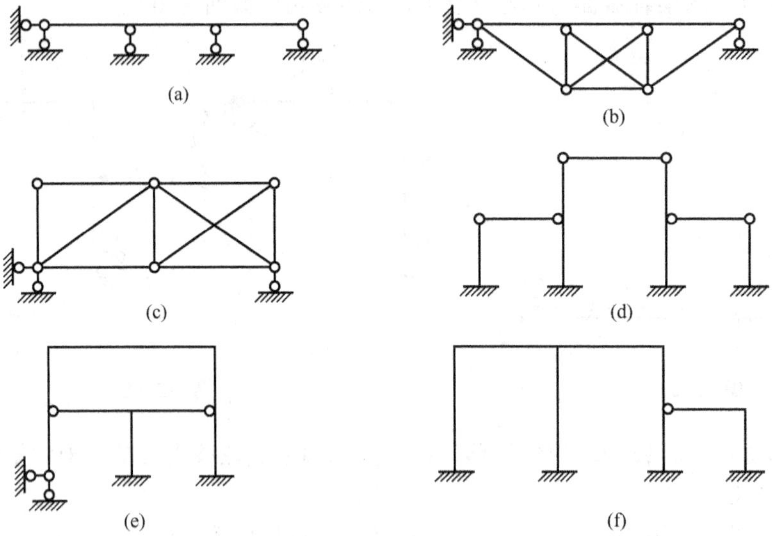

图 12.62

(2) 用力法分别求作图 12.63 所示超静定梁的弯矩图。

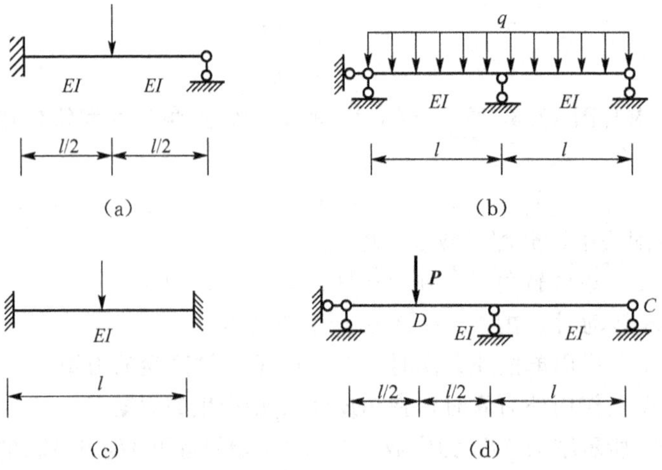

图 12.63

(3) 用力法分别作图 12.64 所示刚架的弯矩图、剪力图和轴力图。

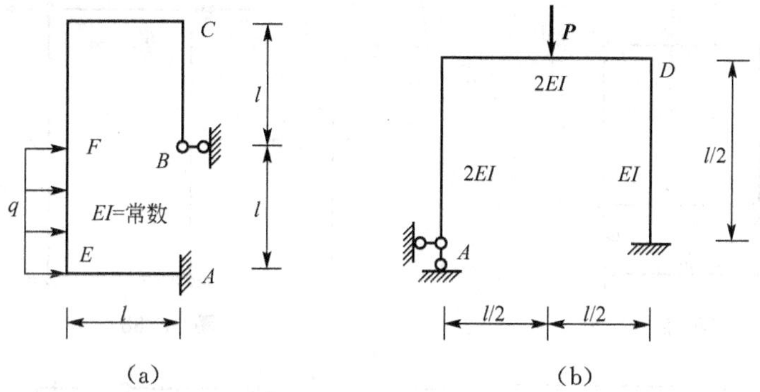

图 12.64

(4) 用力法分别作图 12.65 所示的刚架弯矩图。

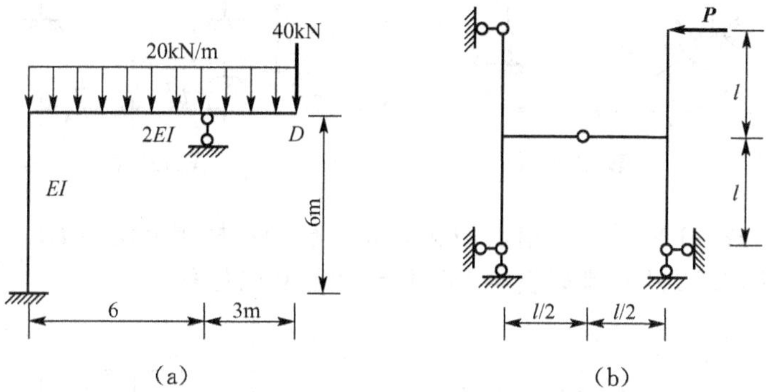

图 12.65

(5) 用力法分别计算图 12.66 所示桁架各杆的轴力，设各杆的 EA 均相同。

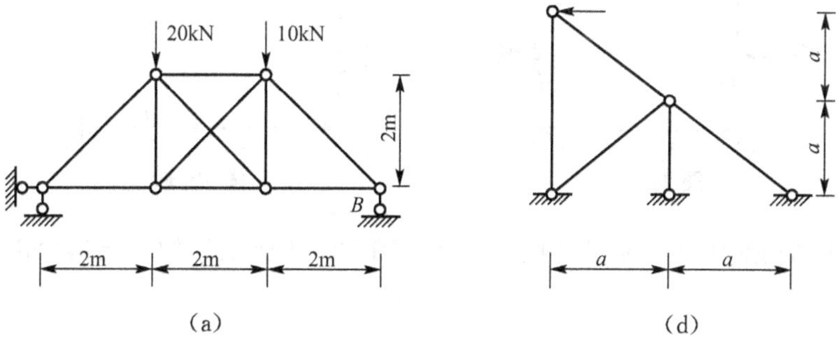

图 12.66

(6) 用力法计算图 12.67 所示混合结构，绘出刚架杆的弯矩图并求出桁架杆的轴力。已知 $I=12000\text{cm}^4$，$A=12\text{cm}^2$，E 为常数。

(7) 用力法计算图 12.68 所示排架，绘制弯矩图。

(8) 如图 12.69 所示刚架，左支座转角为 θ，求由此而产生的弯矩图。已知各杆 EI 为常量。

(9) 如图 12.70 所示刚架，其左支座下沉，求由此引起的内力，绘制弯矩图。设 EI

为常量。

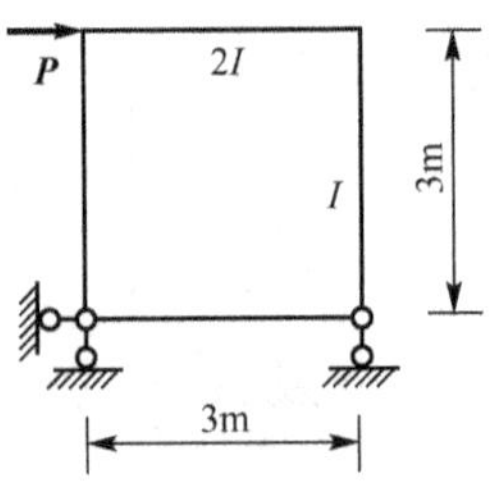

图 12.67

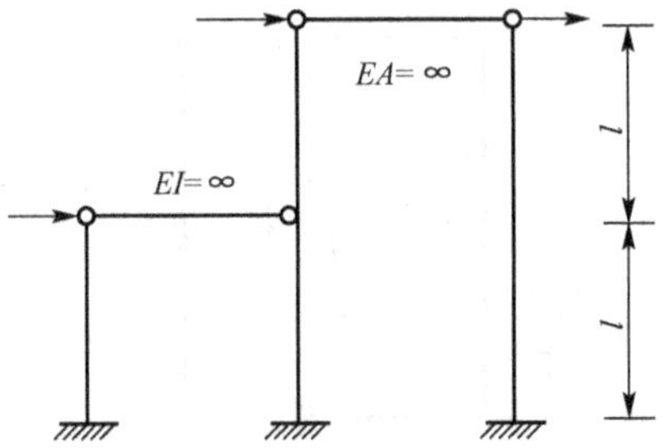

图 12.68

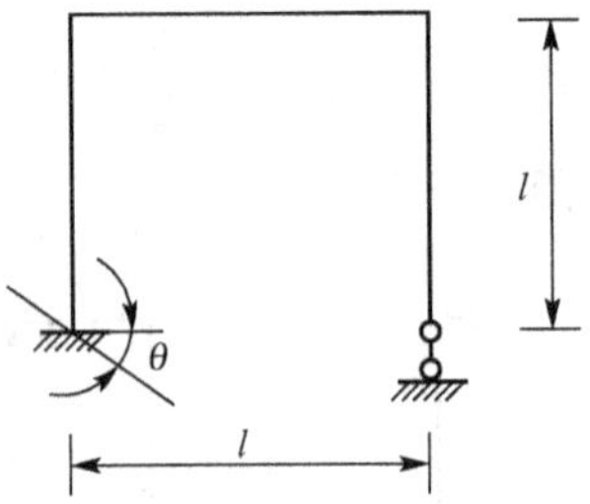

图 12.69

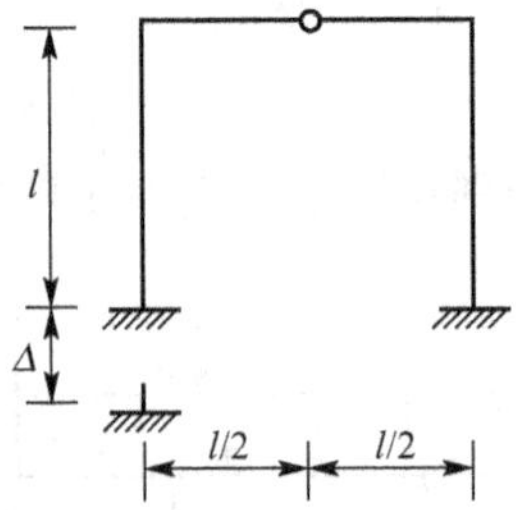

图 12.70

(10) 计算图 12.71 所示刚架结点 D 的转角。已知各杆刚度均为 EI。

(11) 计算图 12.72 所示刚架横梁 BC 中点 D 的竖向位移。

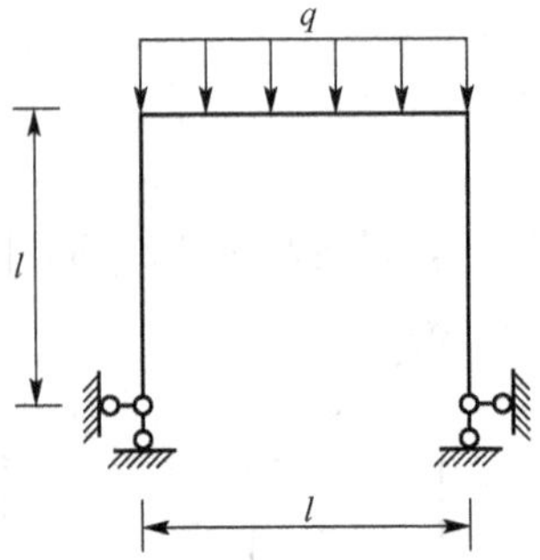

图 12.71

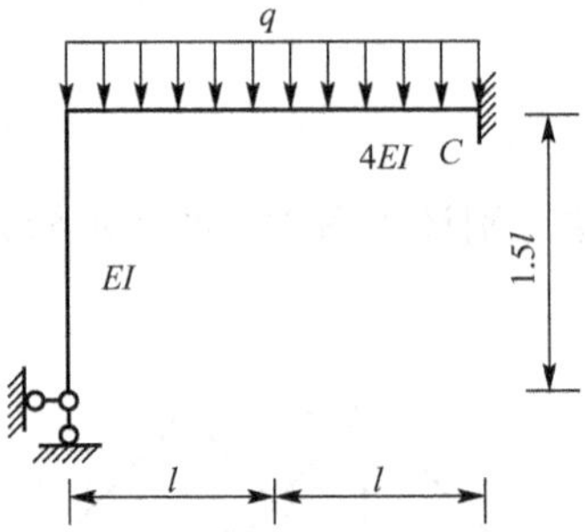

图 12.72

(12) 利用结构对称性分别计算图 12.73 和图 12.74 所示结构，绘出弯矩图。设 EI 为常数。

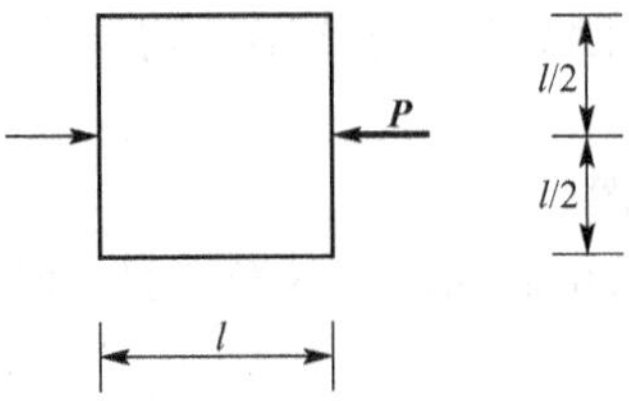

图 12.73

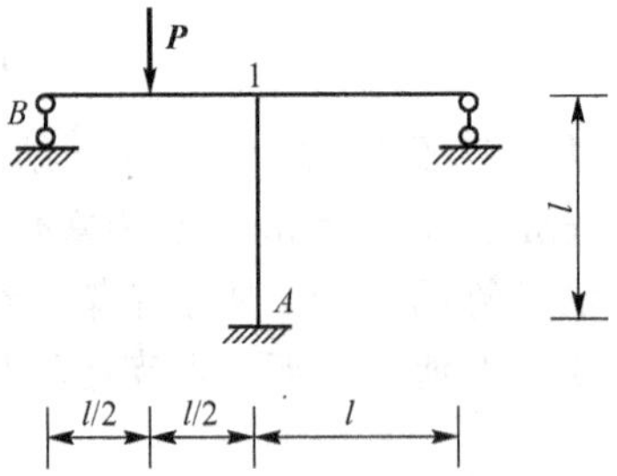

图 12.74

(13) 确定图 12.75 所示各结构位移法基本未知量，画出位移法基本结构。

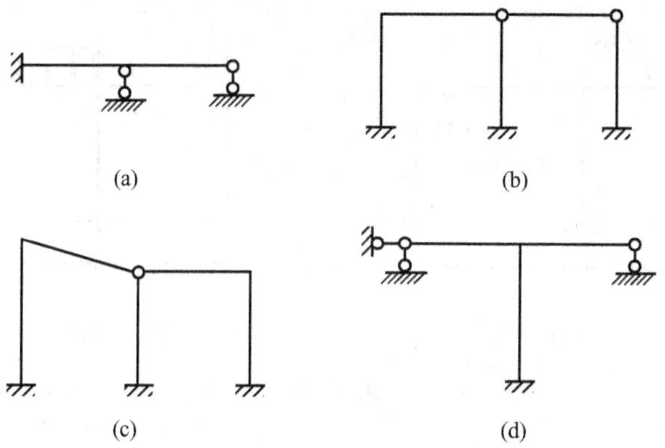

图 12.75

(14) 用位移法计算图 12.76 所示刚架，绘制弯矩图。设各刚架 EI 等于常数。

(15) 用位移法计算图 12.77 所示刚架，绘制弯矩、剪力、轴力图。设各刚架 EI 等于常数。

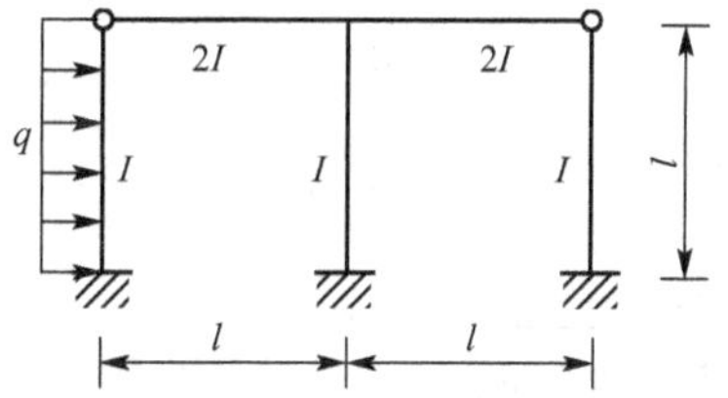

图 12.76

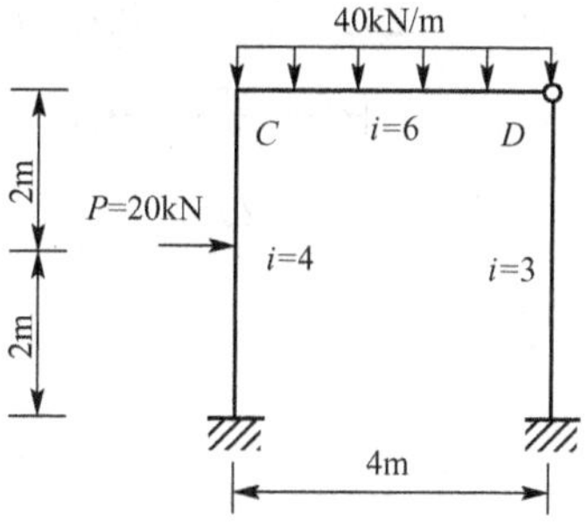

图 12.77

(16) 用位移法计算图 12.78 所示连续梁，绘制弯矩图。

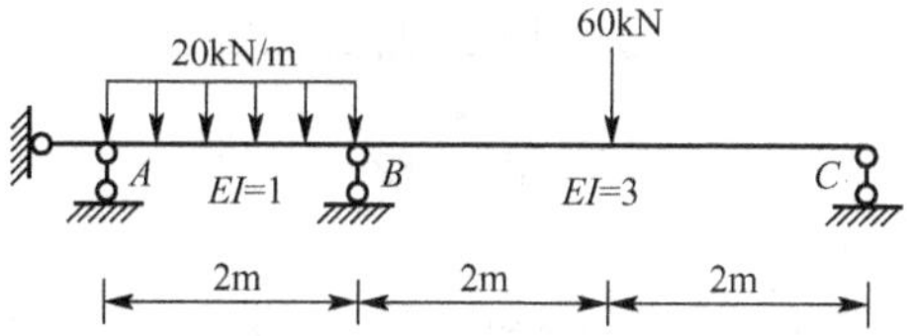

图 12.78

(17) 用位移法计算图 12.79 所示铰接排架，绘制弯矩图。

(18) 用位移法分别计算图 12.80 所示各刚架，绘制弯矩图。

(19) 用位移法分别计算图 12.81 所示各刚架，绘制弯矩图。

(20) 利用对称性作图 12.82 所示刚架的弯矩图。设 EI 为常数。

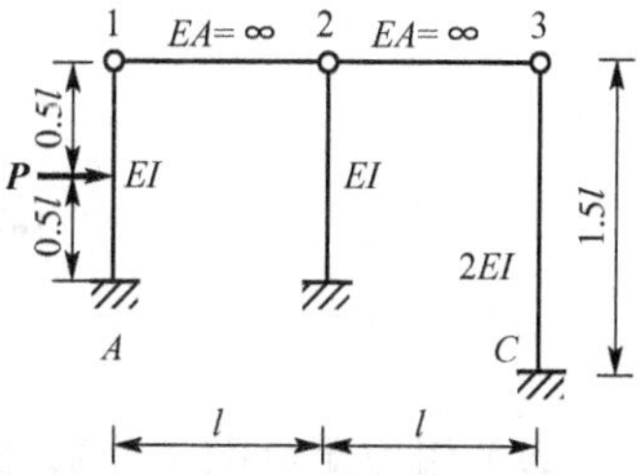

图 12.79

(21) 利用对称性作图 12.83 所示刚架的弯矩图。设 EI 为常数。

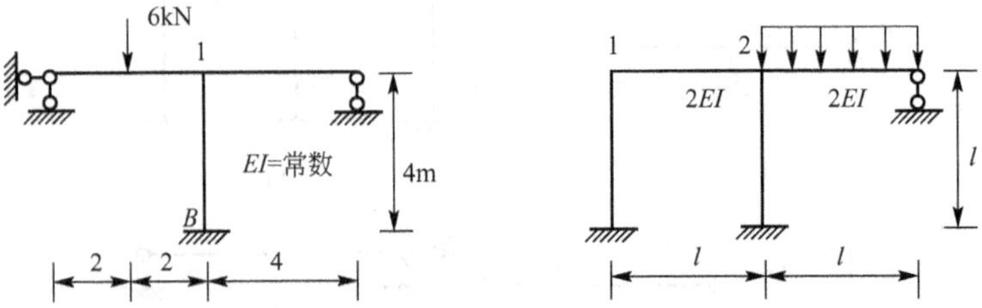

(a) (b)

图 12.80

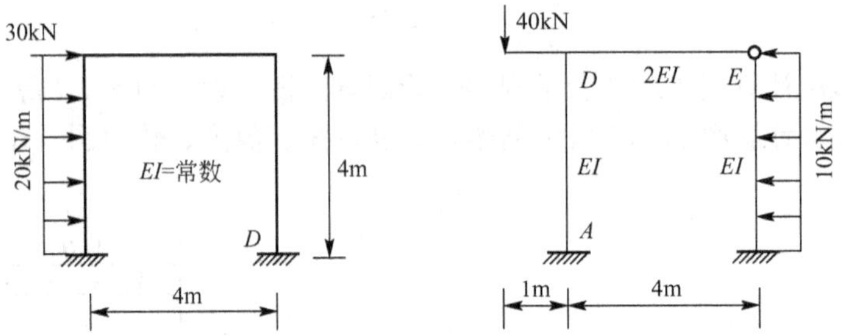

(a) (b)

图 12.81

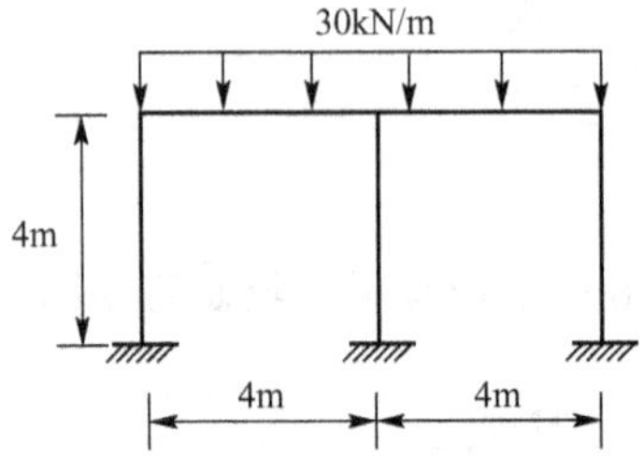

图 12.82

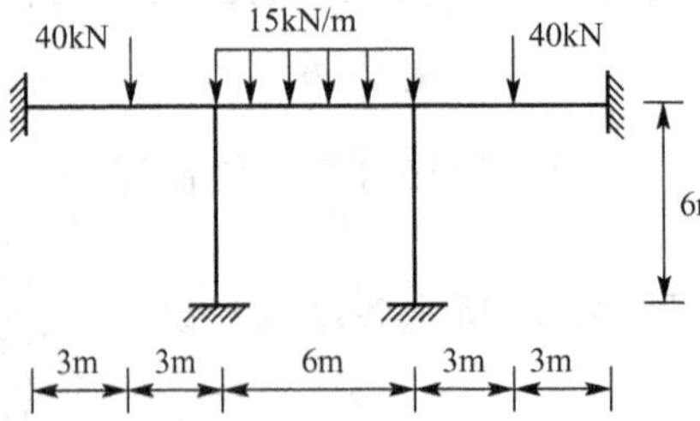

图 12.83

(22) 用力矩分配法分别计算图 12.84 所示各连续梁，绘制弯矩图和剪力图。

(23) 用力矩分配法分别计算图 12.85 所示各刚架，并绘制弯矩图。

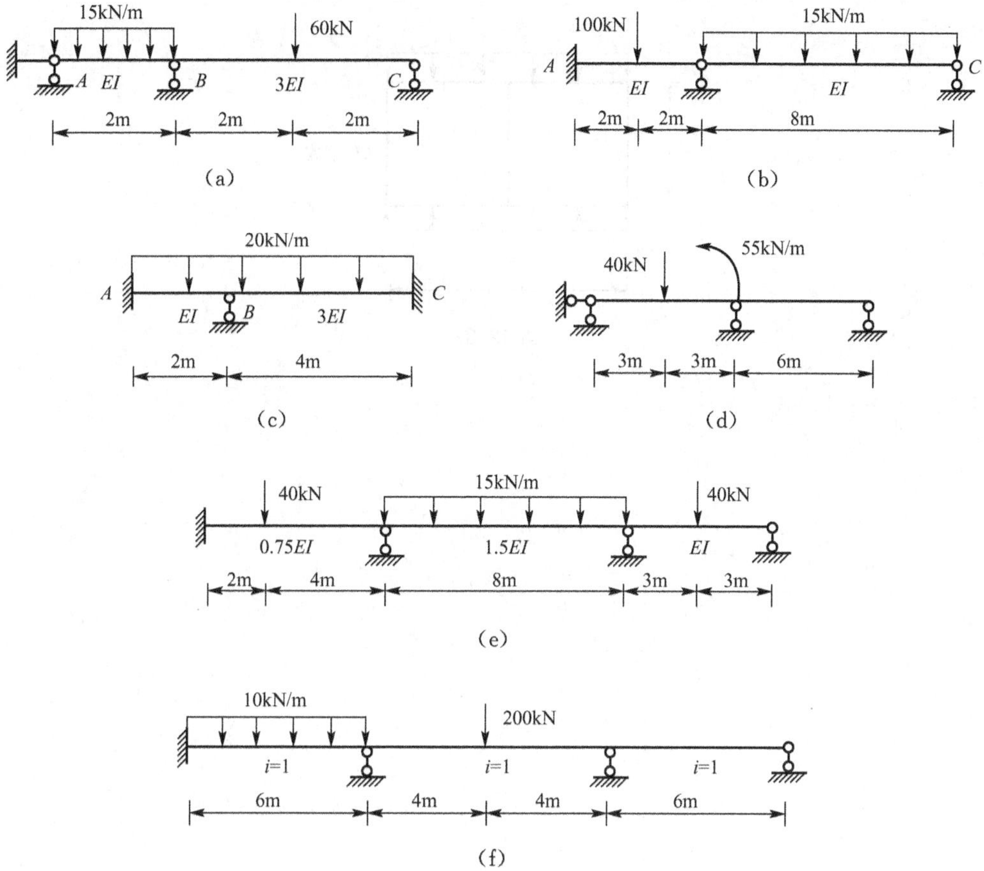

图 12.84

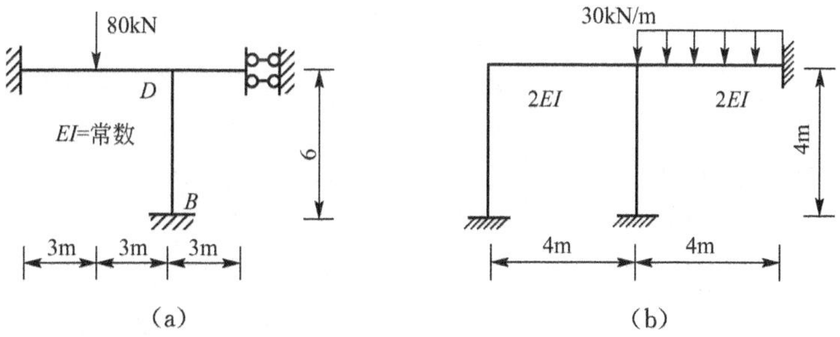

图 12.85

（24）试用力矩分配法计算图 12.86 所示对称结构并绘制弯矩图。

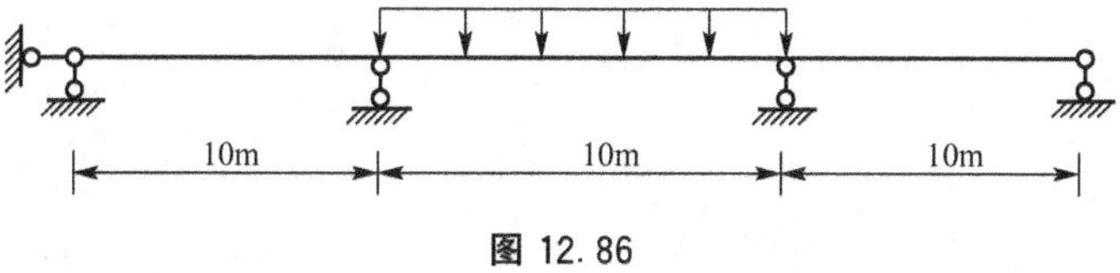

图 12.86

(25) 试用力矩分配法计算图 12.87 所示对称结构并绘制弯矩图。

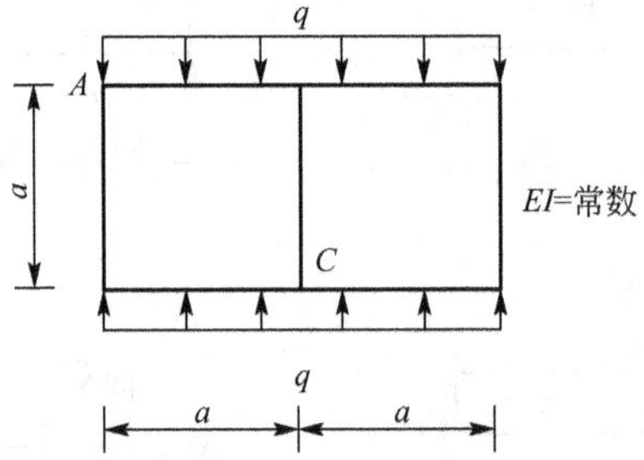

图 12.87

第13章 压杆稳定

本章教学要点

知识模块	掌握程度	知识要点
压杆稳定概念	了解	稳定平衡、不稳定平衡、失稳、临界力
细长压杆的临界力	重点掌握	欧拉公式、不同支承情况的长度系数
压杆的判别	重点掌握	欧拉公式的适用范围
	理解	长细比(柔度)、细长压杆、中长压杆、短压杆
压杆的临界应力分析	重点掌握	细长压杆临界应力公式
	掌握	中长压杆临界应力公式
	掌握	短压杆临界应力公式
压杆的稳定性计算	掌握	安全系数法
	重点掌握	折减系数法

本章技能要点

技能要点	掌握程度	应用方向
临界应力总图	掌握	判别压杆的类别
安全系数法	掌握	校核稳定性、截面设计和求许可荷载
折减系数法	重点掌握	校核稳定性、截面设计和求许可荷载

导入案例

魁北克大桥倒塌的启示

20世纪初，享有盛誉的美国桥梁学家库柏(Theodore Cooper)在圣劳伦斯河上建造的魁北克大桥(Quebec Bridge)(图13.1)在1907年8月29日发生稳定性破坏(图13.2)，85位工人死亡，成为20世纪十大工程惨剧之一，事故调查分析结果表明，它是桥下弦压杆的稳定性不足所造成的。

脚手架的稳定

脚手架是土木工程施工中的临时设施(图13.3)，可用于堆放材料、支撑模板和作为工人安全操作的平台。实际工程中由于脚手架失稳造成的工程事故举不胜举。例如，

2000 年 10 月 25 日上午 10 时南京电视台演播中心由于脚手架失稳造成屋顶模板倒塌（图 13.4），死 6 人，伤 34 人，造成巨大经济损失。

图 13.1

图 13.2

图 13.3

图 13.4

13.1 压杆的概念

工程中把承受轴向压力的直杆称为压杆。

在前面学习杆件的轴向拉伸和压缩时，认为杆件破坏的原因是由于强度不够造成的，即当横截面上的正应力达到材料的极限应力时，杆件将发生破坏。实验表明，这种观点对于始终能够保持其原有直线状态的短粗压杆来说，可以认为是正确的，这时对它只进行强度计算是合适的，但是，对于细长的压杆，情况并非如此。细长压杆在轴向力的作用下，往往在因强度不足发生破坏之前，就因不能保持原有直线状态下的平衡而骤然屈曲破坏。因此，对于细长压杆，压杆能不能保持直线状态下的平衡问题必须加以考虑。在工程实践中把这类问题称为压杆的稳定性问题。

由于构件的失稳往往是突然发生的，因而其危害性也较大。历史上曾多次发生因构件失稳而引起的重大事故。现代土木工程中，这类事故仍时有发生。因此，稳定性问题在工程设计中占有重要地位，研究压杆稳定性问题显得尤为重要。

13.2 细长压杆的临界力分析

13.2.1 平衡与失稳

为了研究细长压杆的失稳过程，做如下试验。

取一细长直杆，如图13.5(a)所示，在杆端施加一个逐渐增大的轴向压力 $\boldsymbol{P}$，当力 $\boldsymbol{P}$ 不大时，压杆保持直线平衡状态。这时，如果给杆加一横向干扰力 $\boldsymbol{Q}$，杆便发生微小的弯曲变形，如图13.5(b)所示，当去掉干扰力后，杆经过若干次摆动，仍恢复为原来的直线形状，如图13.5(c)所示，杆件原来的直线形状的平衡状态称为稳定平衡；但当压力 $\boldsymbol{P}$ 增大至某一数值时，则在干扰力 $\boldsymbol{Q}$ 撤去后，杆不能恢复到原来的直线状态，而在一个曲线形态下平衡，如图13.5(d)所示，可见这时杆原有的直线平衡状态是不稳定的，称为不稳定平衡。这种丧失原有平衡状态的现象称为丧失稳定性，简称失稳。

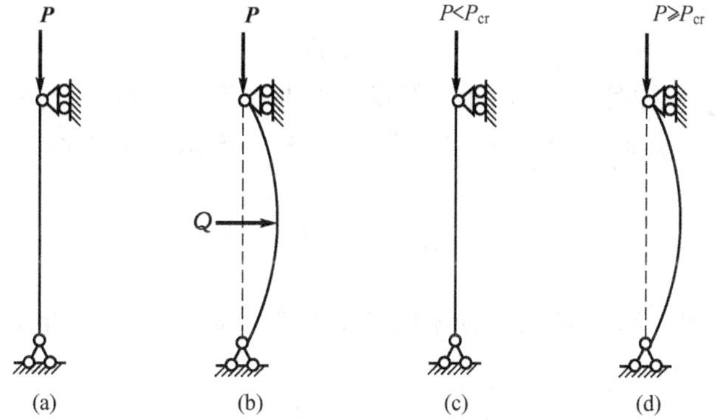

图13.5

为了保证压杆安全可靠地工作，必须使压杆处于直线平衡形式。由前面的论述可见，同一压杆的平衡是否稳定，取决于压力 $\boldsymbol{P}$ 的大小。压杆保持稳定平衡所能承受的最大压力，称为临界力或临界荷载，用 $\boldsymbol{P}_{cr}$ 表示。显然，如 $P<P_{cr}$，压杆将保持稳定，如 $P \geqslant P_{cr}$，压杆将失稳。因此，分析稳定性问题的关键是求压杆的临界荷载 $\boldsymbol{P}_{cr}$。

13.2.2 临界力与欧拉公式

以两端铰支的中心受压直杆为例，说明确定临界力的基本方法。

1. 两端铰支压杆的临界力

如图13.6(a)所示两端铰支压杆，在临界力 $\boldsymbol{P}_{cr}$ 作用下处于临界状态，并具有微弯的平

衡形式，其弹性曲线近似微分方程为

$$\frac{d^2y}{dx^2}=-\frac{M(x)}{EI} \tag{13-1}$$

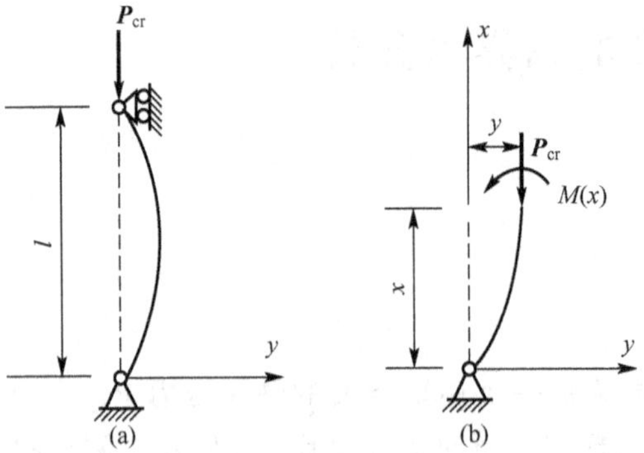

图 13.6

其中任一截面(坐标为 x)上的弯矩为

$$M(x)=P_{cr}\cdot y \tag{13-2}$$

将式(13－2)代入式(13－1)，且令

$$\frac{P_{cr}}{EI}=k^2 \tag{13-3}$$

得二阶常系数线性微分方程

$$\frac{d^2y}{dx^2}+k^2y=0 \tag{13-4}$$

其通解为

$$y=A\sin kx+B\cos kx \tag{13-5}$$

式(13－5)中的 A、B 为积分常数，可由压杆的边界条件确定。两端铰支压杆的边界条件为 $x=0$，$y=0$ 和 $x=l$，$y=0$。将 $x=0$，$y=0$ 代入式(13－5)式，可得 $B=0$，而由 $x=l$，$y=0$ 得

$$y=A\sin kl \tag{13-6}$$

这有两种可能：一种是 $A=0$，即压杆没有弯曲变形，这与一开始的假设(压杆处于微弯平衡形式)不符；二是 $kl=n\pi$，$n=1，2，3\cdots$由此得出相应于临界状态的临界力表达式为

$$P_{cr}=\frac{n^2\pi^2EI}{l^2} \tag{13-7}$$

由式(13－7)可知，压杆的临界力在理论上是多值的，实际工程中有意义的是最小的临界力值，即 $n=1$，得

$$P_{cr}=\frac{\pi^2EI}{l^2} \tag{13-8}$$

式(13－8)是两端铰支压杆临界力的计算公式，称为欧拉公式。
式中，E 为材料的弹性模量；I 为杆件横截面对形心轴的惯性矩。当杆端在各方向的支承情况一致时，压杆总是在抗弯刚度最小的纵向平面内失稳，所以式(13－8)中的 I 应取截面的最小惯性矩 I_{min}；l 为杆件长度。

2. 杆端其他约束情况下压杆的临界力

对于杆端约束不同的压杆，均可仿照两端铰支压杆临界力公式的推导方法，得出其相应的临界力计算公式。一般而言，杆端的约束越强，压杆越不容易失稳，临界力就越大。表 13－1 列出了常用的几种杆端约束情况下压杆的临界力计算公式。

3. 欧拉公式的一般形式

由表 13－1 可见，可以将欧拉公式写成一般形式

$$P_{cr}=\frac{\pi^2 EI}{(\mu l)^2} \tag{13-9}$$

式中，μl 为将压杆折算成两端铰支压杆的长度，称为相当长度；μ 为长度系数。由表 13-1 可见，杆端的约束越强，则 μ 值越小，压杆的临界力越高；杆端的约束越弱，则 μ 值越大，压杆的临界力越低。

表 13-1　各种约束情况下等截面细长杆临界力公式

支承情况	两端铰支	一端固定 一端悬臂	两端固定	一端固定 一端铰支
杆端支承情况	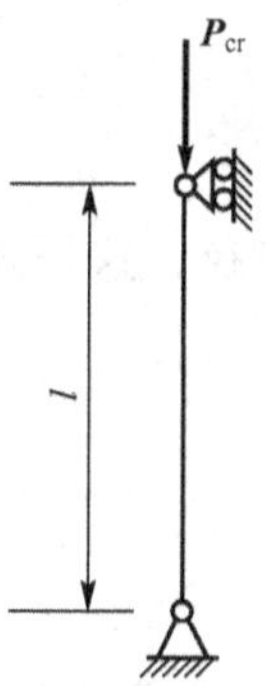	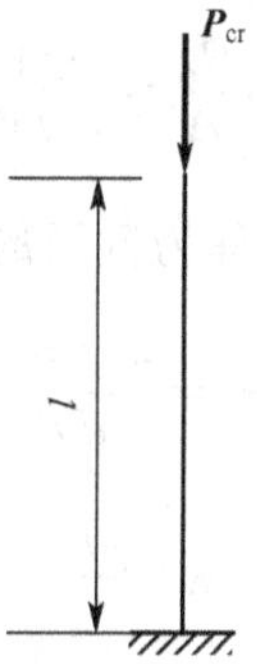	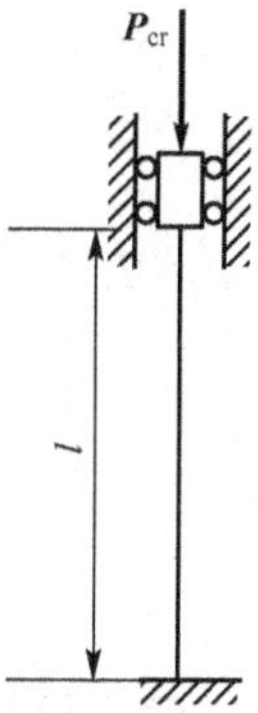	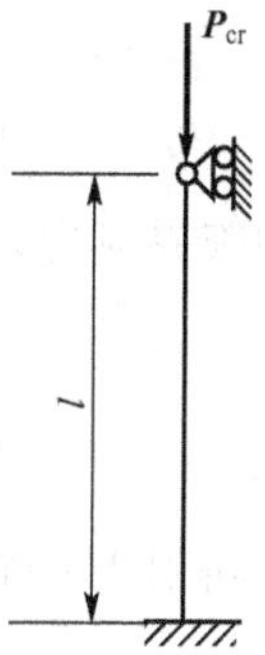
临界力 P_{cr}	$\frac{\pi^2 EI}{l^2}$	$\frac{\pi^2 EI}{(2l)^2}$	$\frac{\pi^2 EI}{(0.5l)^2}$	$\frac{\pi^2 EI}{(0.7l)^2}$
计算长度	l	$2l$	$0.5l$	$0.7l$
长度因数 μ	1	2	0.5	0.7

例 13-1　两端铰支的矩形截面压杆如图 13.7 所示，$l=1.5\text{m}$，$a=15\text{mm}$，$b=30\text{mm}$，$E=10^4\text{MPa}$，$[\sigma_c]=6\text{MPa}$，试按照欧拉公式求临界力，并将其与按强度条件求得的许可压力进行比较。

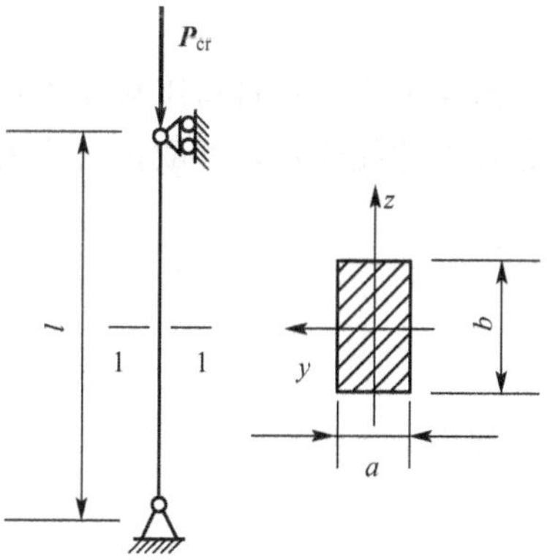

图 13.7

解：按临界力的定义，式(13-9)中惯性矩 I 应以较小的惯性矩 I_z 代入，即

$$I_z=\frac{ba^3}{12}=\frac{30\times15^3}{12}=8437.5(\text{mm}^4)$$

由欧拉公式得

$$P_{cr}=\frac{\pi^2 EI}{l^2}=\frac{\pi^2\times10^4\times8437.5}{(1.5\times10^3)^2}=370.1(\text{N})\approx0.37\text{kN}$$

由强度条件可得许可压力为

$$[P]=A[\sigma_c]=15\times30\times6=2700(\text{N})=2.7\text{kN}$$

比较临界力 P_{cr} 和强度条件得到的许可压力 $[P]$，不难看出压杆在远未达到强度允许的承压力之前就已经失稳破坏了。

13.3 压杆的临界应力

13.3.1 临界应力和柔度

对前面所推导出的临界力计算公式为(13-9)，用压杆的横截面面积 A 除 P_{cr}，得到与临界力对应的应力为

$$\sigma_{cr}=\frac{P_{cr}}{A}=\frac{\pi^2 EI}{(\mu l)^2 A} \tag{13-10}$$

称为临界应力，可以令 $i^2=I/A$，其中 i 称为截面的惯性半径，这样式(13-10)可写成

$$\sigma_{cr}=\frac{\pi^2 E i^2}{(\mu l)^2} \tag{13-11}$$

再引入一个参数

$$\lambda=\frac{\mu l}{i} \tag{13-12}$$

其中 λ 称为压杆的柔度或长细比，是一个无量纲的量，它集中反映了压杆的长度、约束条件、截面尺寸和形状等因素对临界应力的影响，则式(13-11)式可改写成

$$\sigma_{cr}=\frac{\pi^2 E}{\lambda^2} \tag{13-13}$$

13.3.2 欧拉公式的适用范围

欧拉公式是在材料服从虎克定律的条件下导出的，所以只有在临界应力小于比例极限的条件下才能应用，即欧拉公式的适用条件为

$$\sigma_{cr}=\frac{\pi^2 E}{\lambda^2}\leqslant\sigma_P \tag{13-14}$$

有

$$\lambda\geqslant\sqrt{\frac{\pi^2 E}{\sigma_P}}$$

如果令

$$\lambda_P=\sqrt{\frac{\pi^2 E}{\sigma_P}} \tag{13-15}$$

则上式可写为

$$\lambda\geqslant\lambda_P \tag{13-16}$$

上式表明，只有当压杆的柔度 λ 大于等于某一特定值 λ_P 时，才能用欧拉公式计算其临界荷载和临界应力。工程中把 λ 不小于 λ_P 的压杆称为细长压杆或大柔度压杆。

由于 λ_P 与材料的比例极限 σ_P 和弹性模量 E 有关，所以对于不同的材料，压杆的 λ_P 是不同的。如对于 Q235 钢，$\sigma_P=200\text{MPa}$，$E=206\text{GPa}$，代入式(13-15)后，得 $\lambda_P=101$。

13.3.3 中长压杆的临界应力计算

当压杆的柔度 λ 小于 λ_P 时，称为中长压杆或中柔度压杆。这类压杆的临界应力 σ_{cr} 超出了比例极限 σ_P 的范围，不能应用欧拉公式，目前采用在实验基础上建立的经验公式。工程中常用的经验公式有两种：直线公式和抛物线公式。

1. 直线公式

临界应力 σ_{cr} 与柔度 λ 成直线关系，其表达式为

$$\sigma_{cr}=a-b\lambda \tag{13-17}$$

式中，a、b 为与材料有关的常数，由试验确定。例如，Q235 钢，$a=304\text{MPa}$，$b=1.12\text{MPa}$；松木，$a=29.3\text{MPa}$，$b=0.19\text{MPa}$。

实际上，式(13-17)只能在下述范围内成立，

$$\sigma_p<\sigma_{cr}\leqslant\sigma_s \tag{13-18}$$

因为当 $\sigma_{cr}>\sigma_s$ 时，压杆将发生强度破坏而不是失稳破坏，此时压杆称为粗短压杆。当 $\sigma_{cr}=\sigma_s$ 时，由式(13-17)可得

$$\lambda_s=\frac{a-\sigma_s}{b}$$

所以(13-18)也可用柔度表示为

$$\lambda_P>\lambda>\lambda_s \tag{13-19}$$

对于 Q235 钢不难求出 $\lambda_1=61.6$。

2. 抛物线公式

根据我国的具体情况和多年的实践经验，对于钢制压杆，采用抛物线公式更为合理。抛物线公式把临界应力 σ_{cr} 与柔度 λ 的关系表示为

$$\sigma_{cr}=a_1-b_1\lambda^2 \tag{13-20}$$

在我国钢结构设计规范中，对于 $\lambda<\lambda_P$ 的压杆，采用的抛物线公式为

$$\sigma_{cr}=\sigma_s\left[1-0.43\left(\frac{\lambda}{\lambda_c}\right)^2\right] \tag{13-21}$$

式中

$$\lambda_c=\sqrt{\frac{\pi^2E}{0.57\sigma_s}} \tag{13-22}$$

对于 Q235 钢，$\sigma_s=240\text{MPa}$，$E=210\text{GPa}$，$\lambda_c=123$，则经验公式为

$$\sigma_{cr}=240-0.00682\lambda^2(\text{MPa})$$

式(13-21)有以下两点必须注意。

(1) 适用范围为 $\lambda\leqslant\lambda_c$。当 $\lambda>\lambda_c$ 时，仍用欧拉公式计算临界应力。因而中长压杆与细长压杆的柔度分界点应为 λ_c 而不是 λ_p，二者数值稍有差异。

(2) $\lambda\leqslant\lambda_c$ 的压杆不再区分中长压杆和粗短压杆。

13.3.4 临界应力总图

将临界应力 σ_{cr} 和柔度的函数关系用曲线表示，该曲线称为临界应力总图，如图 13.8 所示。

1. 直线公式

临界应力与柔度的关系分为3类。

(1) $\lambda \geqslant \lambda_P$，细长压杆，$\sigma_{cr}=\dfrac{\pi^2 E}{\lambda^2}$。

(2) $\lambda_P > \lambda \geqslant \lambda_s$，中长压杆，$\sigma_{cr}=a-b\lambda$。

(3) $\lambda < \lambda_s$，短压杆，发生强度破坏。

其临界应力总图如图13.8(a)所示。

2. 抛物线公式

临界应力与柔度的关系分为两类。

(1) $\lambda > \lambda_c$，$\sigma_{cr}=\dfrac{\pi^2 E}{\lambda^2}$。

(2) $\lambda \leqslant \lambda_c$，$\sigma_{cr}=a_1-b_1\lambda^2$。

其临界应力总图如图13.8(b)所示。

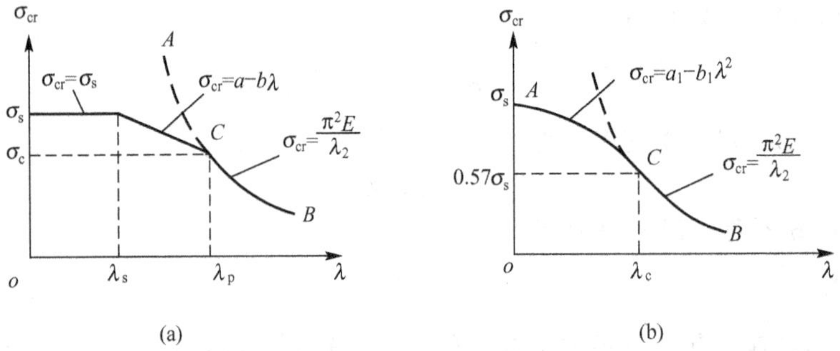

图 13.8

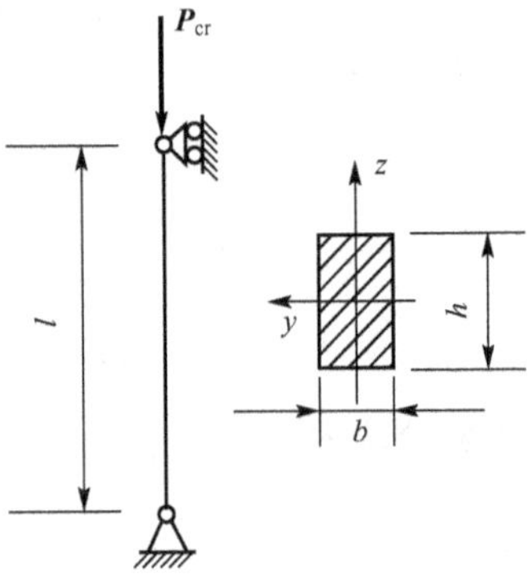

图 13.9

例 13-2 两端铰支的木制压杆，如图13.9所示，其中$l=1\text{m}$。已知压杆材料的比例极限$\sigma_P=9\text{MPa}$，弹性模量$E=10^4\text{MPa}$，并比较以下两种压杆截面对应的临界荷载。

(1) $h=100\text{mm}$，$b=25\text{mm}$的矩形。

(2) $h=b=50\text{mm}$的正方形(已知中长压杆的直线公式系数为$a=29.3\text{MPa}$，$b=0.19\text{MPa}$)。

解：(1) 矩形截面。

由表13-1可知对于两端铰支，$\mu=1$。截面的最小惯性半径为

$$i_z=\sqrt{\frac{I_z}{A}}=\sqrt{\frac{\frac{hb^3}{12}}{bh}}=\frac{b}{\sqrt{12}}=\frac{25}{\sqrt{12}}=7.22(\text{mm})$$

长细比为

$$\lambda=\frac{\mu l}{i}=\frac{1\times1\times10^3}{7.22}=138.5$$

由式(13－15)得

$$\lambda_P=\sqrt{\frac{\pi^2 E}{\sigma_P}}=\sqrt{\frac{\pi^2\times1\times10^4}{9}}=104.7$$

$\lambda>\lambda_P$，故该压杆为细长杆，临界力采用欧拉公式(13－13)计算，得

$$P_{cr}=\sigma_{cr}A=\frac{\pi^2 E}{\lambda^2}\cdot A=\frac{\pi^2\times10^4}{138.5^2}\times25\times100=12863(\text{N})=12.9\text{kN}$$

(2) 正方形截面。

截面的惯性半径为

$$i_y=i_z=\frac{b}{\sqrt{12}}=\frac{50}{\sqrt{12}}=14.43(\text{mm})$$

长细比为

$$\lambda=\frac{\mu l}{i}=\frac{1\times1\times10^3}{14.43}=69.3$$

因为$\lambda<\lambda_P$，所以杆为中长杆，采用直线公式(13－17)计算其临界应力，有

$$\sigma_{cr}=a-b\lambda=29.3-0.19\times69.3=16.13(\text{MPa})$$

临界荷载为

$$P_{cr}=\sigma_{cr}\cdot A=16.13\times50^2=40325(\text{N})=40.3\text{kN}$$

通过(1)、(2)对比可见，上述两种压杆截面的面积相等，而正方形截面压杆的临界荷载较大，抗失稳能力更强。

例 13－3 由5根直径均为$d=50$mm的圆钢杆组成正方形结构，如图13.10所示，杆件连接处均为光滑铰接，正方形边长$a=1$m，材料为Q235钢，$E=206$GPa，$\sigma_P=200$MPa，试求结构的临界荷载值。

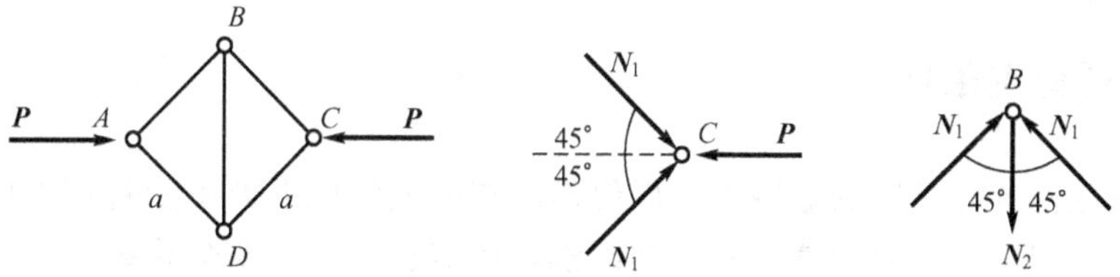

图 13.10

解：(1) 各杆轴力分析。由于结构和荷载具有对称性，所以结构四边的杆的轴力相等，根据C节点的静力平衡条件

$$\sum X=0$$

得

$$P-2N_1\cdot\cos45^\circ=0$$

$$N_1=P/\sqrt{2}$$

由 B 结点的静力平衡条件

$$\sum Y=0$$

得

$$2N_1\cdot\cos45^\circ-N_2=0$$

$$N_2=P$$

(2) 求结构的临界荷载。根据(1)中假设的轴力方向可知，BD 杆受拉而其他杆受压。拉杆无需考虑稳定问题，所以结构的临界荷载应根据四边的压杆求出。

$$\lambda=\frac{\mu l}{i}=\frac{1\times1\times10^3}{\frac{1}{4}\times50}=80$$

$$\sigma_{cr}=\frac{\pi^2E}{\lambda^2}=\frac{3.14^2\times206\times10^9}{80^2}=317(\text{MPa})\geqslant\sigma_P=200\text{MPa}$$

$$\text{或 }\lambda<\lambda_P=101$$

故采用直线公式，得结构的临界载荷为

$$\frac{P_{cr}}{\sqrt{2}}=(a-b\lambda)\cdot\frac{\pi d^2}{4}$$

即
$$P_{cr}=\sqrt{2}\times(304-1.12\times80)\times\frac{\pi\times50^2}{4}=595000(\text{N})=595\text{kN}$$

13.4 压杆的稳定性计算

13.4.1 压杆稳定条件

为了保证压杆具有足够的稳定性，应使作用在杆上的压力 $\boldsymbol{P}$ 不超过压杆的临界力 $\boldsymbol{P}_{cr}$，对于工程上的压杆，由于存在着种种不利因素，还需有一定的安全储备。

$$P\leqslant\frac{P_{cr}}{n_{st}}=[P_{st}] \tag{13-23}$$

或

$$\sigma\leqslant\frac{\sigma_{cr}}{n_{st}}=[\sigma_{st}] \tag{13-24}$$

式中，P 为实际作用在压杆上的压力；P_{cr}为压杆的临界力；n_{st}为稳定性安全系数，随 λ 的改变而变化。一般来说，稳定性安全系数比强度安全系数 n 大；$[P_{st}]$ 为稳定许可荷载；

$[\sigma_{st}]$ 为压杆的稳定许可应力。由于临界应力 σ_{cr} 和稳定性安全系数 n_{st} 都随压杆的柔度系数 λ 变化，所以 $[\sigma_{st}]$ 也是随 λ 变化的一个量，这与强度计算时材料的许可应力 $[\sigma]$ 不同。

稳定性安全系数 n_{st} 的选取除了要参照强度安全系数外，还要考虑影响压杆失稳所特有的不利因素，如压杆不可避免地存在初始曲率、材料不均匀、荷载的偏心等。下面是几种常用材料的 n_{st}。

钢材	1.8～3.0
铸铁	5.0～5.5
木材	2.8～3.2

此外，工程上的压杆由于构造或其他原因，有时截面会受到局部削弱，如杆中有小孔或开槽等，当这种削弱不严重时，对压杆整体稳定性的影响很小，在稳定性计算中可不予考虑。但对有局部削弱的截面，应作强度校核。

13.4.2 压杆的稳定性计算方法

根据压杆稳定条件式(13-23)和式(13-24)，就可以对压杆进行稳定性计算。压杆稳定计算的内容与强度计算类似，包括3类问题：校核稳定性、截面设计和求许可荷载。压杆稳定性计算通常有两种方法。

1. 安全系数法

临界压力 $\boldsymbol{P}_{cr}$ 是压杆的极限荷载，$\boldsymbol{P}_{cr}$ 与工作压力 $\boldsymbol{P}$ 之比即为压杆的工作安全系数 n，它应大于规定的稳定性安全系数 n_{st}，故有

$$n=\frac{P_{cr}}{P}\geqslant n_{st} \tag{13-25}$$

用这种方法进行压杆稳定性计算时，必须计算压杆的临界荷载，而为了计算 $\boldsymbol{P}_{cr}$，应首先计算压杆的柔度，再按不同的范围选用合适的公式计算。其中稳定安全系数 n_{st} 可在设计手册或规范中查到。

2. 折减系数法

在工程实际中，为了简化压杆的稳定计算，常将变化的稳定许可应力 $[\sigma_{st}]$ 与强度许可应力 $[\sigma]$ 联系起来。

$$[\sigma_{st}]=\frac{\sigma_{st}}{n_{st}},\quad [\sigma]=\frac{\sigma^0}{n}$$

$$[\sigma_{st}]=\frac{\sigma_{cr}}{n_{st}}\cdot\frac{n}{\sigma^0}\cdot[\sigma]=\varphi[\sigma]$$

式中

$$\varphi=\frac{[\sigma_{st}]}{[\sigma]}=\frac{\sigma_{cr}}{n_{st}}\cdot\frac{n}{\sigma^0}$$

σ^0 为强度极限应力，n 为强度安全系数。φ 称为折减系数。由于 σ_{cr} 小于 σ^0，n_{st} 大于 n，因此 φ 值总是小于1且随柔度 λ 变化。表13-2中列出了常用几种材料的 $\lambda-\varphi$ 变化关系，

计算时可查用。

表 13-2 压杆折减系数 φ

λ	φ 值				
	Q215、Q235 钢	16Mn 钢	铸铁	木材	混凝土
0	1.000	1.000	1.000	1.000	1.00
20	0.981	0.937	0.91	0.932	0.96
40	0.927	0.895	0.69	0.822	0.83
60	0.842	0.776	0.44	0.658	0.70
70	0.789	0.705	0.34	0.575	0.63
80	0.731	0.627	0.26	0.460	0.57
90	0.669	0.546	0.20	0.371	0.46
100	0.604	0.462	0.16	0.300	
110	0.536	0.384		0.248	
120	0.466	0.325		0.209	
130	0.401	0.279		0.178	
140	0.349	0.242		0.153	
150	0.306	0.213		0.134	
160	0.272	0.188		0.117	
170	0.243	0.168		0.102	
180	0.218	0.151		0.093	
190	0.197	0.136		0.083	
200	0.180	0.124		0.075	

因此压杆的稳定条件可用折减系数与强度许可应力来表达。

$$\sigma=\frac{P}{A}\leqslant\varphi[\sigma] \tag{13-26}$$

上述形式与压杆强度条件表达式类似，可以理解为：由于压杆在强度破坏之前便丧失稳定，故由降低强度许可应力 $[\sigma]$ 来保证杆件的安全。

应用折减系数法作稳定计算时，首先要算出压杆的柔度 λ，再按其材料，由表 13-2 查出 φ 值，然后按式(13-26)进行计算。当计算出的 λ 值不是表中的整数值时，可用线性内插的近似方法得出相应的 φ 值。

应用稳定条件式(13-26)，能进行压杆稳定性方面的 3 类计算，即稳定性校核、确定许可荷载和截面设计。

例 13-4 某建筑底层钢管柱一端固定一端铰支，长 $l=3.3\text{m}$。外径 $D=100\text{mm}$，内径 $d=80\text{mm}$，材料采用 Q235 钢，许可压应力 $[\sigma]=160\text{MPa}$，已知承受轴向压力 $P=300\text{kN}$，试校核此柱的稳定性。

解：柱一端固定一端铰支，故 $\mu=0.7$，钢管截面惯性矩

$$I=\frac{\pi}{64}(D^4-d^4)=\frac{\pi}{64}(100^4-80^4)=289.8\times10^4(\text{mm}^4)$$

截面面积

$$A=\frac{\pi}{4}(D^2-d^2)=\frac{\pi}{4}(102^2-86^2)=49.7\times10^2(\text{mm}^2)$$

惯性半径

$$i=\sqrt{\frac{I}{A}}=\sqrt{\frac{289.8\times10^4}{49.7\times10^2}}=24.1(\text{mm})$$

柔度

$$\lambda=\frac{\mu l}{i}=\frac{0.7\times3300}{24.1}=95.9$$

由表 13-2 查出

当 $\lambda=90$ 时　　$\varphi=0.669$

当 $\lambda=100$ 时　　$\varphi0.604$

用线性内插法确定 $\lambda=95.9$ 时对应的 φ 值

$$\varphi=0.669-\frac{95.9-90}{100-90}(0.669-0.604)=0.631$$

校核稳定性

$$\sigma=\frac{P}{A}=\frac{300\times10^3}{49.7\times10^2}=60.4(\text{MPa})$$

而

$$\varphi[\sigma]=0.631\times160=101(\text{MPa})$$

所以 $\sigma<\varphi[\sigma]$，支柱满足稳定条件。

例 13-5　图 13.11 所示的立柱，高度 $l=2$m，材料为 Q235 工字钢，许可应力 $[\sigma]=160$MPa。已知该杆受到 250kN 的轴向压力作用，试选择工字钢型号。

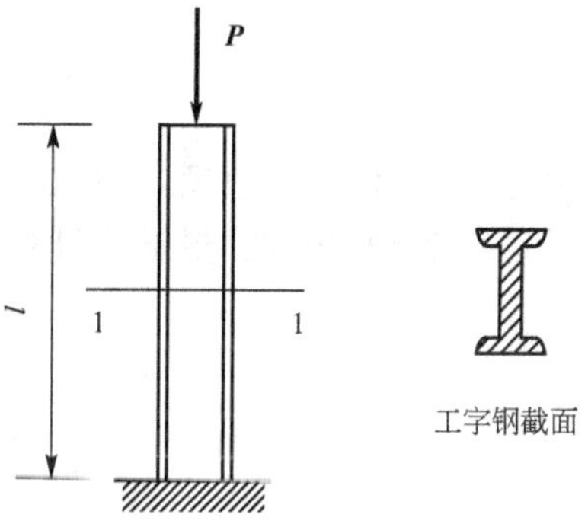

图 13.11

解：(1) 问题分析。

在已知条件中给出了 $[\sigma]$ 值，但对 n_{st} 没有特殊要求，所以应按折减系数法进行计算。本例要求设计截面，应按式(13-26)进行，但其中 φ 尚未知，而 φ 应根据 λ 值查得，λ 值又与工字钢截面尺寸有关，因此必须用试算法进行。

(2) 第一次试算。先假设 $\varphi=0.5$，代入式(13-26)，得

$$A\geqslant\frac{P}{\varphi\ [\sigma]}=\frac{250\times10^3}{0.5\times160}=31.25\times10^2(\text{mm}^2)$$

由型钢表选 20a 号工字钢，$A=35.5\times10^2\text{mm}^2$，$i_{min}=21.2$mm

立柱一端固定一端自由，$\mu=2$，因而

$$\lambda=\frac{\mu l}{i_{min}}=\frac{2\times2000}{18.9}=188.7$$

查表 13-2 并用线性内插法，得 $\varphi=0.163$，与原假设 $\varphi=0.5$ 相差甚大，需作调整。

(3) 第二次试算。再假设

$$\varphi=\frac{0.5+0.202}{2}=0.35$$

代入式(13-26)，得

$$A\geqslant\frac{250\times10^3}{0.35\times160}=44.64\times10^2(\text{mm}^2)$$

由型钢表选 22b 工字钢，

$$A=46.4\times10^2\text{mm}^2$$

$i_{min}=22.7\text{mm}$，因而

$$\lambda=\frac{\mu l}{i_{min}}=\frac{2\times2000}{22.7}=176.2$$

查表得 $\varphi=0.23$，与假设 $\varphi=0.35$ 仍相差过大。

(4) 第三次试算。再假设

$$\varphi=\frac{0.35+0.23}{2}=0.29$$

代入式(13-26)，得

$$A\geqslant\frac{250\times10^3}{0.29\times160}=53.88\times10^2(\text{mm}^2)$$

由型钢表选 28a 工字钢，

$$A=55.45\times10^2\text{mm}^2$$

$i_{min}=24.95\text{mm}$，因而

$$\lambda=\frac{2\times2000}{24.95}=160.3$$

查表得 $\varphi=0.27$，与假设 $\varphi=0.29$ 相差不大，故可选 28a 工字钢。

(5) 校核稳定性。根据式(13-26)

$$\varphi[\sigma]=0.27\times160=43.2(\text{MPa})$$

而

$$\sigma=\frac{P}{A}=\frac{250\times10^3}{55.45\times10^2}=45.1(\text{MPa})$$

可见 σ 虽大于 $\varphi[\sigma]$，但不超过 5%，满足稳定性要求。

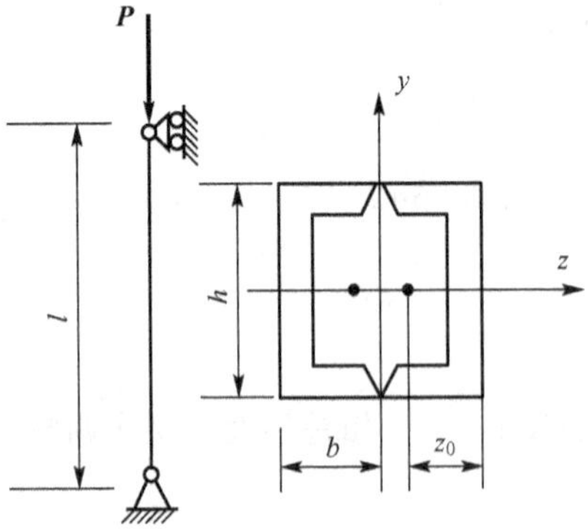

图 13.12

例 13-6 如图 13.12 所示，一根钢柱由两根 18 号槽钢组成，柱高 $l=6\text{m}$，两端铰支，材料为 Q235 钢，许可应力 $[\sigma]=160\text{MPa}$，试确定钢柱所能承受的最大轴向压力 $[P]$。

解：18 号槽钢的相关参数可以通过查表获得。

$b=70\text{mm}$，$z_0=18.4\text{mm}$，$A=29.3\times10^2\text{mm}^2$，

$I_{z0}=1369.9\times10^4\text{mm}^4$，$I_{y0}=111\times10^4\text{mm}^4$

钢柱截面由两根槽钢组成。

$$I_z=I_{z0}=2\times1369.9\times10^4=2739.8\times10^4(\text{mm}^4)$$

I_y 可以通过平行移轴公式求出。

$$\begin{aligned}I_y&=2[I_{y0}+A(b-z_0)^2]=2\times[111\times10^4+29.3\times10^2\times(70-18.4)^2]\\&=1782.2\times10^4(\text{mm}^4)\end{aligned}$$

$$i_{\min}=i_y=\sqrt{\frac{I_y}{A}}=\sqrt{\frac{1782.2\times10^4}{2\times29.3\times10^2}}=55.1(\text{mm})$$

钢柱两端铰支，$\mu=1$，钢柱柔度为

$$\lambda=\frac{\mu l}{i_{\min}}=\frac{1\times6000}{55.1}=108.9$$

查表，由线性内插法，得 $\varphi=0.543$，所以许可荷载为

$$[P]=A[\sigma]\varphi=2\times2.93\times10^2\times160\times0.543=509116.8(\text{N})\approx509\text{kN}$$

13.5 提高压杆稳定性的措施

由以上各节的讨论可知，影响压杆稳定的因素有压杆的截面形状、长度和杆端约束条件、材料的性质等。要提高压杆的稳定性，可从下列 4 个方面考虑。

1. 选择合理的截面形状

临界应力 σ_{cr}是随柔度 λ 的减小而增大，而 λ 又与惯性半径 i 成反比。因此，在截面面积不变的条件下，增大 i 值，可提高压杆的稳定性。通常采用空心截面和型钢组合截面，比较图 13.13 所示的几个截面，其中(a)与(b)的截面面积相同，显然，空心圆截面较实心圆截面合理；图(c)与(d)同为用 4 根等边角钢组合成的压杆截面，显然，图 13.13(d)所示的方案更合理。

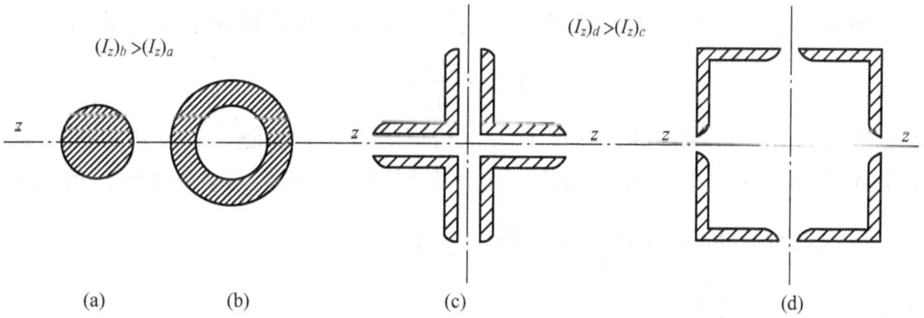

图 13.13

当压杆在各纵向平面内的约束情况相同时，应采用各个方向惯性矩相同的截面，如采用圆形截面和方形截面。

当压杆在两个主惯性平面内的约束情况不相同时，应采用两个方向惯性矩不同的截面，如矩形截面和工字形截面等，以与相应的约束情况配合，从而保证两个主惯性平面内的柔度 λ 相同。

2. 改善杆端约束情况

从表 13－1 中可以看出，压杆两端约束越强，长度系数 μ 越小，则 λ 越小，临界应力就越大。因此提高约束的刚性，可以提高压杆的稳定性。

3. 减小压杆的长度

在其他条件相同的情况下，减小压杆的长度，可以降低压杆的长细比，从而提高其稳定性。在可能的情况下，增加中间支承可有效地减小压杆的长度，提高压杆的稳定性。此外，在结构允许的情况下，将压杆转换成拉杆，可从根本上消除稳定性问题。

4. 合理选择材料

对于大柔度压杆，根据欧拉公式可知，压杆的临界应力与材料的弹性模量 E 成正比，而与材料的强度指标无关。实验表明，各种钢材的 E 值相差不大，因此没有必要因稳定性问题选用优质钢材。

对于中柔度压杆，根据经验公式可知，临界应力与材料的屈服极限和比例极限有关，所以采用高强度钢材在一定程度上可提高压杆的稳定性。

本章小结

本章在压杆失稳概念的基础上，推导出细长压杆的欧拉公式，并给出中、小柔度压杆的临界应力公式。最后介绍了压杆稳定计算的两种方法(安全系数法和折减系数法)和提高压杆稳定的措施。本章重要内容总结如下。

(1) 失稳。受压直杆在受到干扰后，由直线平衡形式转变为弯曲平衡形式，而且干扰撤除后，压杆仍保持为弯曲平衡形式。

压杆失稳的条件是杆件受的压力大于临界力，即 $P \geqslant P_{cr}$。

(2) 各种约束情形下的临界力计算。细长压杆的临界力用欧拉公式计算为

$$P_{cr}=\frac{\pi^2 EI}{(\mu l)^2}$$

μ 为长度系数，与杆端的约束情况有关，约束越强，其值越小，反之，其值越大。

(3) 临界应力 σ_{cr} 的计算公式。用长细比 λ 来判断压杆的类型。λ 为压杆的长细比或柔度，$\lambda=\frac{\mu l}{2}$。不同类型的压杆采用不同的临界应力公式。

大柔度压杆：$\sigma_{cr}=\frac{\pi^2 E}{\lambda^2}$

中柔度压杆：$\sigma_{cr}=a-b\lambda$

小柔度压杆：$\sigma_{cr}=\sigma_s$

(4) 压杆的稳定计算有两种方法。

① 安全系数法：

$$n=\frac{P_{cr}}{P} \geqslant n_{st}$$

式中，n_{st} 为稳定性安全系数。

② 折减系数法：

$$\sigma=\frac{P}{A}=[\sigma]_{st}=\varphi[\sigma]$$

式中，φ为折减系数。

（5）提高压杆承载能力的措施。由欧拉公式可知，P_{cr}越大越稳定。因此提高压杆承载能力的措施有：①减小压杆长度 l；②减小长度系数 μ(增强约束)；③合理选择截面形状，尽可能使 I 增大，尽可能使各方向 λ 值相等；④增大弹性模量 E(合理选择材料)。

关键术语

压杆失稳(buckling of column)；平衡的稳定性(stability of equilibrium)；弹性压杆(elastic compressive member)；临界压力(critical load)；欧拉公式(Euler Formula)；大柔度杆(long columns)；中柔度杆(intermediate columns)；小柔度杆(short columns)

习　　题

1. 思考题

（1）何谓失稳？何谓稳定平衡与不稳定平衡？何谓临界载荷？临界状态的特征是什么？

（2）两端铰支细长压杆的临界载荷公式是如何建立的？应用该公式的条件是什么？

（3）何谓惯性半径？何谓柔度？它们的量纲是什么？各如何确定？

（4）如何区分大柔度杆、中柔度杆与小柔度杆？它们的临界应力(或极限应力)各应如何确定？如何绘制临界应力总图？

（5）如何进行压杆的合理设计？

2. 填空题

（1）欧拉公式在使用过程中系数 μ 的取值依赖于压杆两端的约束情况，当压杆两端铰支时 $\mu=$ ________、一端固定一端自由时 $\mu=$ ________，一端固定一端铰支时 $\mu=$ ________，两端固定时 $\mu=$ ________。

（2）在计算压杆的临界力或临界应力时，仅当压杆的实际柔度 λ ______ λ_P 时，才可采用欧拉公式；这种压杆称为____________。

（3）临界力就是____。

（4）细长压杆临界应力的计算公式为__________________________，其中 μ 为________，它的取值由________________所决定。

（5）提高压杆稳定性的措施有________，______________，以及______________和________________。

（6）细长杆的临界力与材料的________有关，为提高低碳钢压杆的稳定性，改用高强度钢不经济，原因是________________。

（7）图 13.14 所示的 4 根细长杆，材料、截面形状尺寸均相同，则其中______临界力最大，______临界力最小。

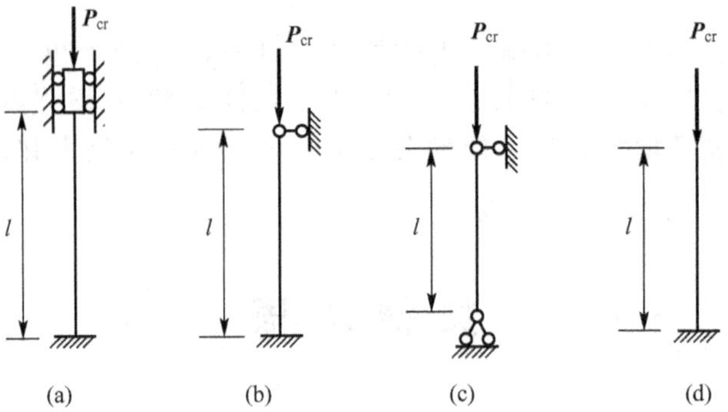

图 13.14

(8) 影响压杆临界力大小的因素有__________、__________、__________、__________。

3. 判断题

(1) 压杆失稳的主要原因是由于外界干扰力的影响。(　　)

(2) 构件失稳是指轴向受压杆件当压力大于临界力时，在外界干扰下，受压杆件有直线平衡位置转变为曲线平衡位置的现象。(　　)

(3) 细长压杆受轴向压力作用，当轴向压力大于临界压力时，细长压杆不可能保持平衡。(　　)

(4) 同种材料制成的压杆，其柔度愈大愈容易失稳。(　　)

(5) 临界应力是指压杆在失稳前横截面上的应力。(　　)

(6) 两根材料、长度、截面面积和约束条件都相同的压杆，则其临界力也必定相同。(　　)

(7)若细长杆的横截面面积减小，则临界压力的值必然随之增大。(　　)

(8) 对于长为 l、抗弯刚度为 EI 的压杆来说，其临界力 $P_{cr}=\frac{\pi^2 EI}{(\mu l)^2}$。(　　)

(9) 对于轴向受压杆来说，由于横截面上的正应力均匀分布，因此不必考虑横截面的合理形状问题。(　　)

(10) 长度、截面面积和支承情况完全相同而截面形状不同的压杆，其柔度相同。(　　)

(11) 长度、截面形状尺寸和支承情况完全相同而材料不同的压杆，其柔度相同。(　　)

(12) 压杆的柔度是综合反映支承方式、杆长和截面几何性质对临界力影响的物理量。(　　)

4. 单项选择题

(1) 关于临界应力，以下解释正确的是(　　)。

A. 承受压力的压杆在失稳以前横截面上的应力

B. 压杆失稳时横截面上的应力

C. 压杆处于临界状态并维持直线平衡形式时横截面上的应力

D. 压杆处于弯曲状态时横截面上的最大正应力

(2) 如图 13.15 所示，方形截面压杆，$b:h=1:2$；如果将 b 改为 h 后仍为细长杆，临界力 P_{cr}是原来的(　　)倍。

A. 16 倍　　B. 8 倍　　C. 4 倍　　D. 2 倍

(3) 对于细长杆，若采用高强度钢代替普通碳钢，则(　　)。

A. 能有效提高杆件受拉伸的强度与受压时的临界应力

B. 能有效提高杆件受拉伸的强度，但对受压时的临界应力影响不大

C. 对杆件受拉伸的强度影响不大，但能有效提高受压时的临界应力

D. 对杆件受拉伸的强度和受压时的临界应力影响都不大

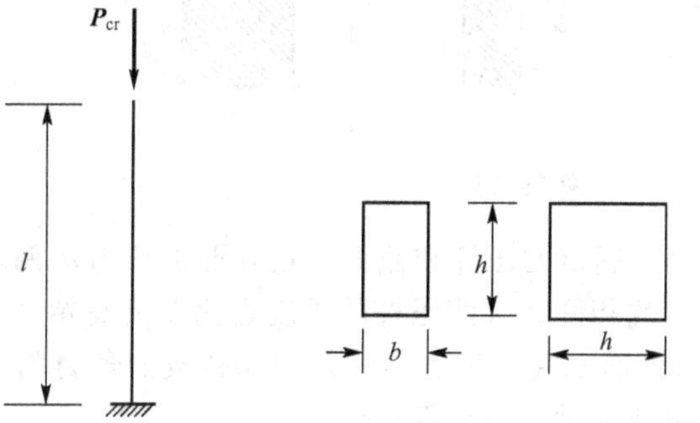

图 13.15

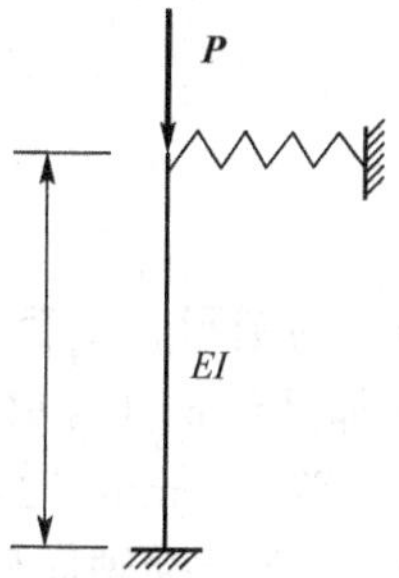

图 13.16

(4) 一端固定、一端为弹性支撑的压杆如图 13.16 所示，其长度系数的范围为(　　)。

A. $\mu<0.7$　　B. $\mu>2$　　C. $0.7<\mu<2$　　D. 不能确定

5. 计算题

(1) 两端为铰支的压杆，当横截面如图 13.17 所示各种不同形状时，试问压杆会在哪个平面内失稳?(即失去稳定时压杆的截面绕哪一根形心轴转动。)

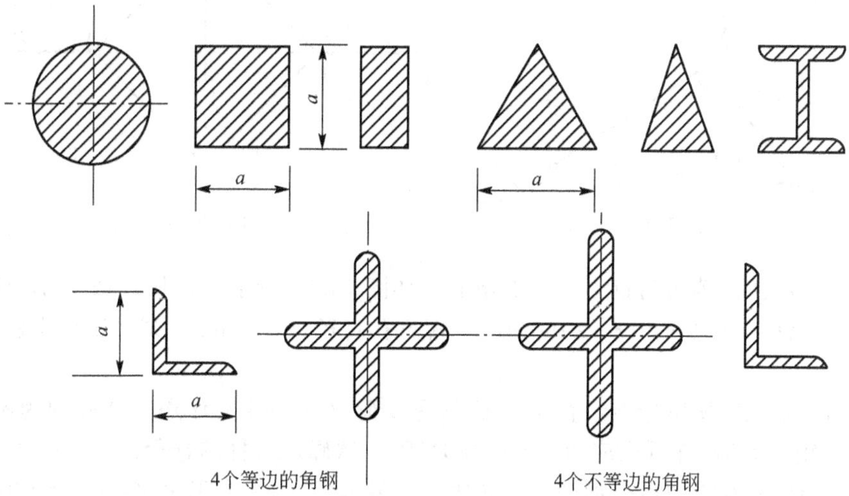

图 13.17

(2) 两端铰支压杆，材料为 Q235 钢，具有图 13.18 所示 4 种截面形状，截面面积均为 $4.0\times10^3\text{mm}^2$，试比较它们的临界力。其中 $d_2=0.7d_1$。

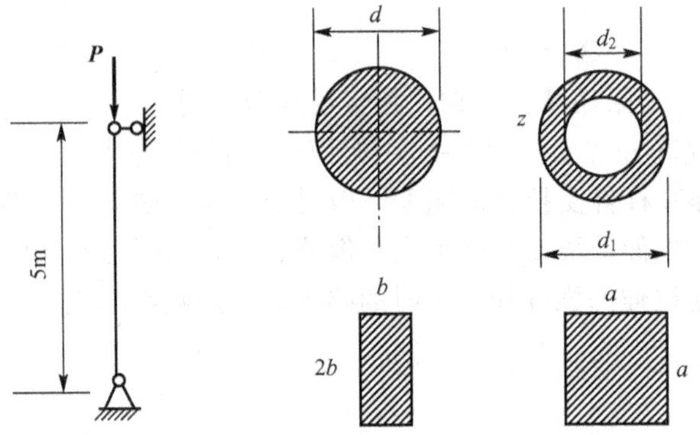

(a) (b)

图 13.18

(3) 截面为圆形、半径为 d 的两端固定的压杆和截面为正方形边长为 d 两端铰支的压杆。若两杆都是细长杆且材料及柔度均相同。求两压杆的柔度之比以及临界力之比。

(4) 截面为 160mm×240mm 的矩形木柱，长 $l=6\text{m}$，两端铰支。若材料的许可应力 $[\sigma]=10\text{MPa}$，问承受轴向压力 $P=60\text{kN}$ 时，柱是否安全。

(5) 在图 13.19 所示铰接体系 ABC 中，AB 和 BC 皆为细长压杆，且截面相同，材料一样。若因在 ABC 平面内失稳而破坏，并规定 $0<\theta<\pi/2$，试确定 $\boldsymbol{P}$ 为最大值时的 θ 角。

(6) 图 13.20 所示正方形桁架结构由 5 根圆钢杆组成，各杆直径均为 $d=40\text{mm}$，正方形边长为 $a=1\text{m}$，材料均为 Q235 钢，$[\sigma]=160\text{MPa}$，连接处均为铰接。试：

① 求结构的许可载荷 $[P]$；

② 若 P 力的方向与①中相反，问许可载荷是否改变，若有改变，应为多少？

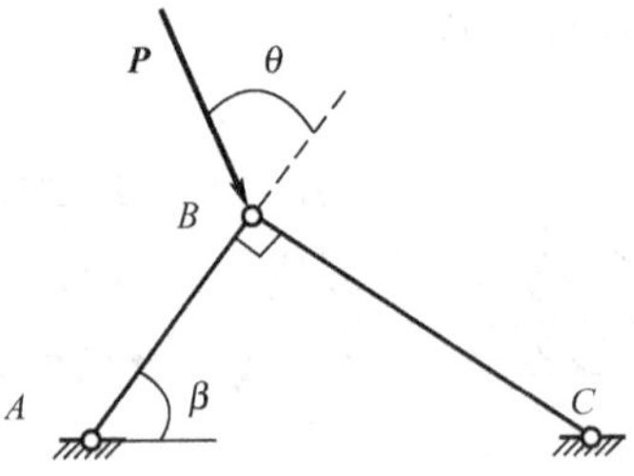

图 13.19

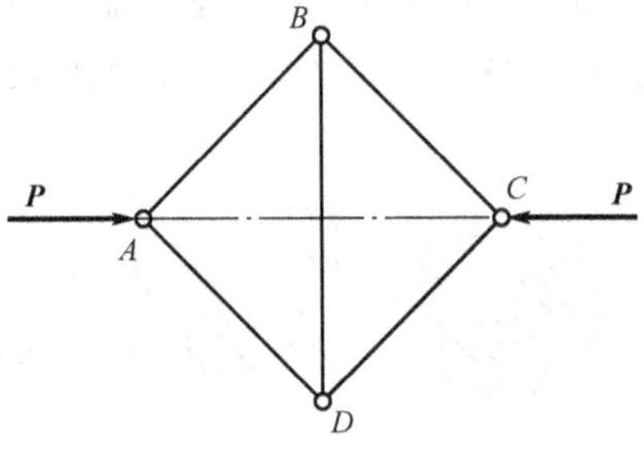

图 13.20

(7) 压杆由两根等边角钢∟40×12 组成，如图 13.21 所示。杆长 $l=2.4\text{m}$，两端铰支。承受轴向压力 $P=800\text{kN}$，$[\sigma]=160\text{MPa}$，铆打孔直径 $d=23\text{mm}$，试对压杆作稳定和强度校核。

(8) 如图 13.22 所示桁架，在结点 C 承受载荷 $P=100\text{kN}$ 作用。二杆均为圆截面杆，材料为低碳钢 Q275，许可压应力 $[\sigma]=180\text{MPa}$，试确定二杆的杆径。

(9) 结构尺寸及受力情况如图 13.23 所示，梁 ABC 为 22b 工字钢，$[\sigma]=160\text{MPa}$；柱 BD 为圆截面木材，直径 $d=160\text{mm}$，$[\sigma]=10\text{MPa}$，两端铰支。试作梁的强度校核。

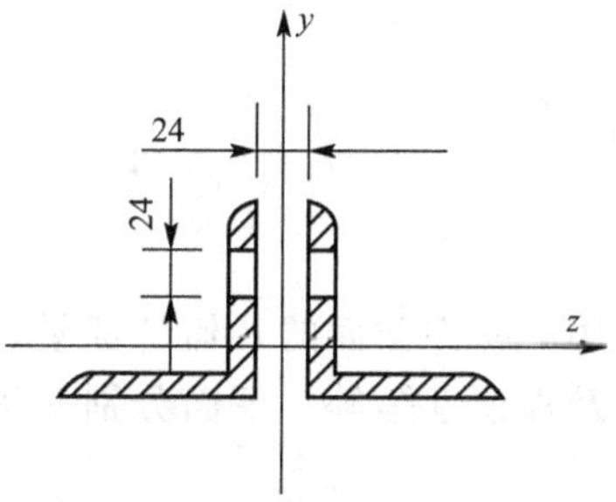

图 13.21

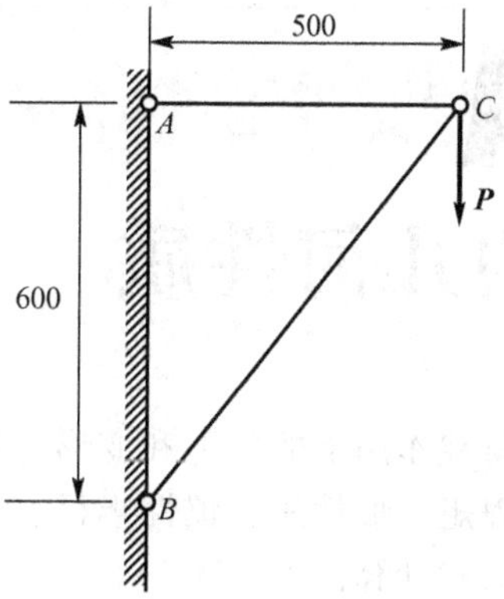

图 13.22

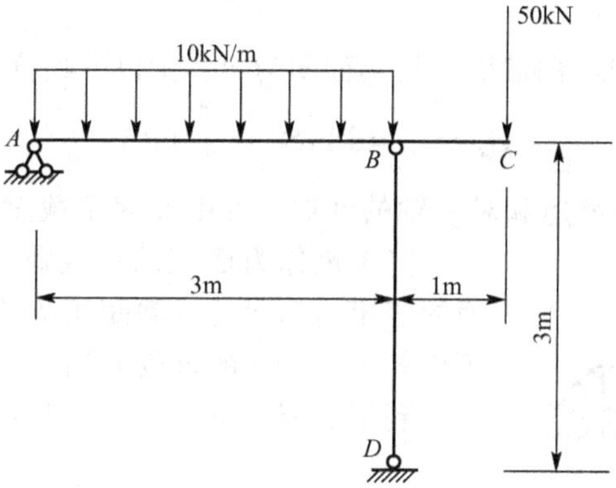

图 13.23

附录A
截面的几何性质

杆件在荷载作用下的应力和变形计算，需要用到杆件截面的几何特征量。这些量主要包括形心、静矩、惯性矩、惯性半径、惯性积以及极惯性矩等。下面分别介绍这些截面几何性质的定义和计算。

A.1 截面静矩和形心位置

图 A.1 表示一任意形状的截面，设其面积为 A，则以下积分

$$S_x = \int_\Omega y\,\mathrm{d}A, S_y = \int_\Omega x\,\mathrm{d}A \qquad (A-1)$$

分别称为该截面对 x 轴的静矩和对 y 轴的静矩，其中 Ω 表示截面的整个区域。

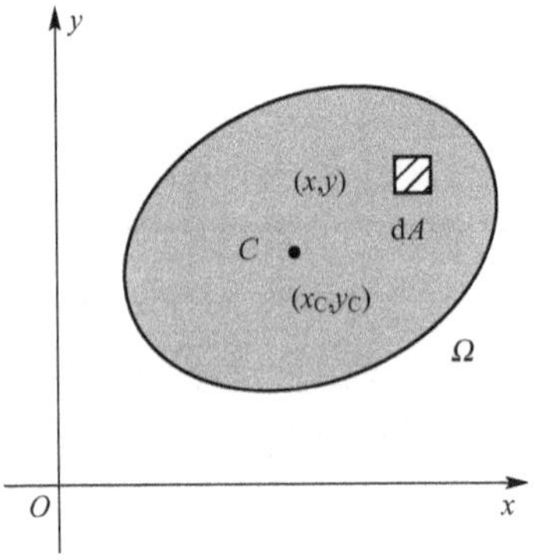

图 A.1

静矩也称为面积的一次矩。对于不同的坐标轴，截面的静矩是不同的。静矩可以为正，也可以为负，甚至可以等于零。它的单位为 m^3 或者 mm^3。

利用静矩，可以求得截面形心 C 的坐标(x_C，y_C)

$$x_C=\frac{S_y}{A}，\ y_C=\frac{S_x}{A} \qquad (A-2)$$

注意形心的 x 坐标是利用截面对 y 轴的静矩求得的。显然对于不同的坐标轴，x_C 和 y_C 的值也是不同的。但是截面形心相对于截面来讲，其位置是固定的。

如果 x 轴通过截面形心 C，则 $y_C=0$，此时称 x 轴为形心轴。根据式(A－2)，此时 $S_x=0$。由此可见，截面对于其形心轴的静矩等于零；反之，若截面对于某一轴的静矩为零，则该轴必为形心轴。如果截面具有对称轴，则形心一定在对称轴上，即对称轴必定是形心轴；但形心轴不一定是对称轴。

若截面可以划分为几个具有简单几何形状的区域，则可以利用下式来计算截面的静矩

$$\begin{aligned} S_x &= \int_\Omega y\mathrm{d}A = \int_{\Omega_1} y\mathrm{d}A + \int_{\Omega_2} y\mathrm{d}A + \cdots + \int_{\Omega_n} y\,\mathrm{d}A \\ &= S_{x1} + S_{x2} + \cdots + S_{xn} = A_1 y_{C1} + A_2 y_{C2} + \cdots + A_n y_{Cn} \\ &= \sum_{i=1}^{n} A_i y_{Ci} \end{aligned} \qquad (A-3a)$$

同理有

$$S_y = \sum_{i=1}^{n} A_i x_{Ci} \qquad (A-3b)$$

式中，Ω_i 为某一简单图形的区域，$\Omega=\Omega_1+\Omega_2+\cdots+\Omega_n$。$n$ 为组成截面的简单图形的数目。A_i 和 x_{Ci}、y_{Ci} 分别为某个简单图形的面积和形心坐标，它们均为已知。

利用式(A-3a)和(A-3b)，可以求出组合截面的形心坐标

$$x_C=\frac{\sum_{i=1}^{n}A_ix_{Ci}}{\sum_{i=1}^{n}A_i},\quad y_C=\frac{\sum_{i=1}^{n}A_iy_{Ci}}{\sum_{i=1}^{n}A_i}$$

例 A-1 计算图 A.2 三角形截面对其底边的静矩以及形心离底边的距离。

解： 取面积元如图所示，于是

$$dA=b_y\cdot dy=\frac{h-y}{h}\cdot b\cdot dy$$

根据式(A-1)，有

$$\begin{aligned}S_x&=\int_{\Omega}y\,dA=\int_0^h y\cdot\frac{h-y}{h}\cdot b\cdot dy=\frac{b}{h}\int_0^h(h\cdot y-y^2)\cdot dy\\&=\frac{b}{h}\cdot\left(\frac{hy^2}{2}-\frac{y^3}{3}\right)\Bigg|_0^h=\frac{bh^2}{6}\end{aligned}$$

形心离底边距离

$$y_C=\frac{S_x}{A}=\frac{bh^2}{6}\cdot\frac{2}{bh}=\frac{h}{3}$$

例 A-2 计算图 A.3 所示 T 形截面形心高度 y_C 以及上翼板对与 x 轴平行的形心轴的静矩。

解： T 形截面左右对称，它的形心 C 必定在这个对称轴上。为了求形心高度 y_C，可以把 T 形截面划分成两个矩形，如图所示。它们的面积和形心位置均已知，根据式(A-4)，有

$$y_C=\frac{\sum_{i=1}^{n}A_iy_{Ci}}{\sum_{i=1}^{n}A_i}=\frac{160\times20\times80+160\times20\times170}{160\times20+160\times20}=125(\text{cm})=1250\text{mm}$$

T 形截面上翼板即 Ω_2 部分，它对 x_C 轴的静矩为

$$S=A_2y_C'=160\times20\times(170-125)=144000(\text{cm}^3)=1.44\times10^8\text{mm}^3$$

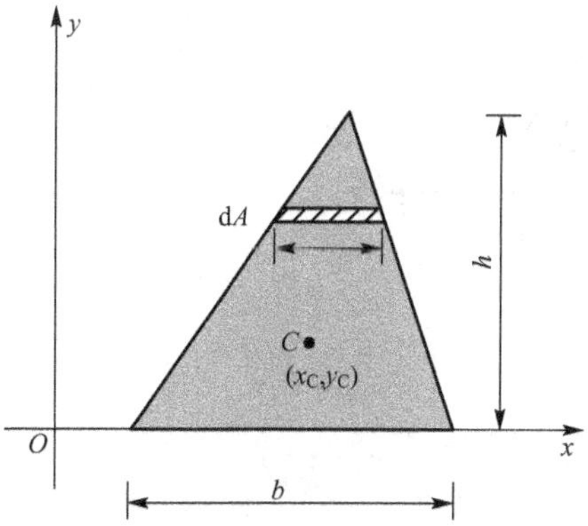

图 A.2

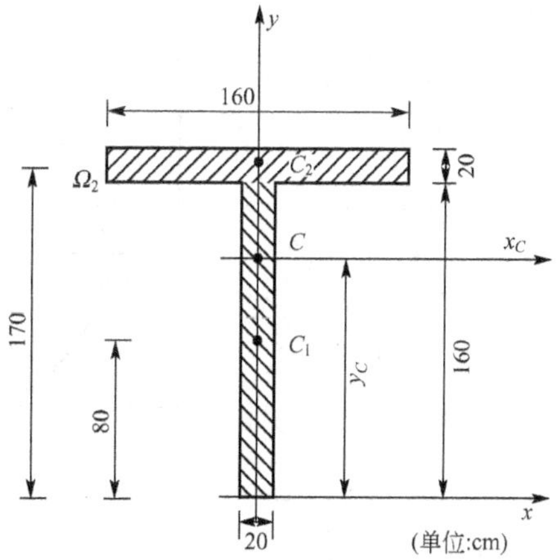

图 A.3

A.2 极惯性矩·惯性矩·惯性积

某截面的形状任意，如图A.4所示。定义积分

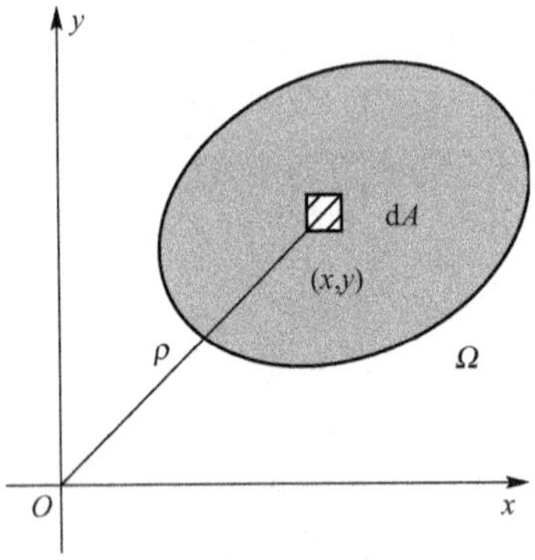

图 A.4

$$I_{\rho}=\int_{\Omega}\rho^{2}\mathrm{d}A \qquad (A-4)$$

为整个截面对坐标原点 O 点的极惯性矩。

式中：ρ 为面积元 $\mathrm{d}A$ 与 O 点的距离，即极径。Ω 表示截面的整个区域。

定义下列积分

$$I_x=\int_{\Omega}y^{2}\mathrm{d}A,I_y=\int_{\Omega}x^{2}\mathrm{d}A,I_{xy}=\int_{\Omega}xy\mathrm{d}A \qquad (A-5)$$

分别为截面对 x 轴的惯性矩、对 y 轴的惯性矩以及对 x、y 两轴的惯性积。

极惯性矩也称为截面二次极矩。极惯性矩和惯性矩恒为正值，但惯性积可正、可负、可为零。若 x、y 两坐标轴中至少有一个为截面的对称轴，则惯性积恒等于零。这4个量的单位均为 m^4 或者 mm^4。

考虑到极径 $\rho^2=x^2+y^2$，显然有

$$I_{\rho}=I_x+I_y \qquad (A-6)$$

在工程中，会用到惯性半径的概念，它们的定义如下

$$i_x=\sqrt{\frac{I_x}{A}},\ i_y=\sqrt{\frac{I_y}{A}} \qquad (A-7)$$

式中，A 为截面的面积。惯性半径的单位为 m 或者 mm。

例 A-3 计算图A.5所示圆形截面对其形心轴的极惯性矩、惯性矩、惯性积以及惯性半径。

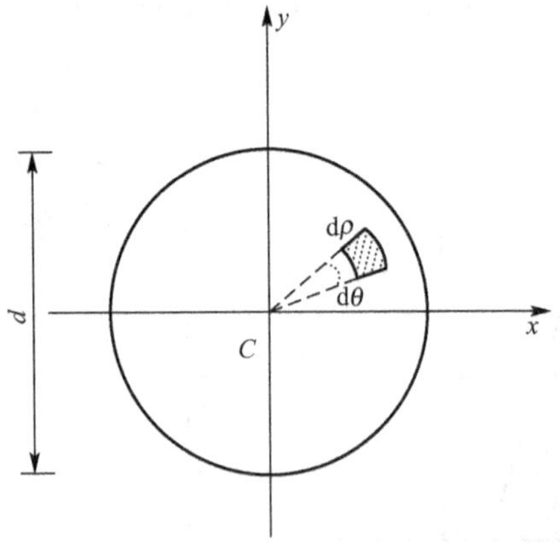

图 A.5

解： 根据式(A-5)和(A-6)，有

$$I_\rho = \int_\Omega \rho^2 \mathrm{d}A = \int_\Omega \rho^2 \cdot \rho \mathrm{d}\theta \cdot \mathrm{d}\rho$$
$$= \int_0^{d/2} \rho^3 \mathrm{d}\rho \int_0^{2\pi} \mathrm{d}\theta = 2\pi \times \frac{(d/2)^4}{4} = \frac{\pi}{32} d^4$$
$$I_x = \int_\Omega y^2 \mathrm{d}A = \int_\Omega (\rho\cos\theta)^2 \cdot \rho \mathrm{d}\theta \cdot \mathrm{d}\rho$$
$$= \int_0^{d/2} \rho^3 \mathrm{d}\rho \int_0^{2\pi} (\cos\theta)^2 \mathrm{d}\theta = \frac{(d/2)^4}{4} \int_0^{2\pi} \frac{1+\cos 2\theta}{2} \mathrm{d}\theta = \frac{\pi}{64} d^4$$

同理

$$I_y = \frac{\pi}{64} d^4$$

于是

$$I_x + I_y = \frac{\pi}{32} d^4 = I_\rho$$

惯性积

$$I_{xy} = \int_\Omega xy \mathrm{d}A = \int_\Omega \rho\cos\theta \cdot \rho\sin\theta \cdot \rho \mathrm{d}\theta \cdot \mathrm{d}\rho$$
$$= \int_0^{d/2} \rho^3 \mathrm{d}\rho \int_0^{2\pi} \sin\theta\cos\theta \mathrm{d}\theta = \frac{(d/2)^4}{4} \int_0^{2\pi} \frac{\sin 2\theta}{2} \mathrm{d}\theta = 0$$

由于圆具有对称轴，因此 $I_{xy}=0$。

惯性半径

$$i_x = \sqrt{\frac{I_x}{A}} = \sqrt{\frac{\frac{\pi}{64}d^4}{\frac{\pi}{4}d^2}} = \frac{d}{4}$$

同理

$$i_y = \frac{d}{4}$$

A.3 惯性矩的平行移轴公式·组合截面的惯性矩

如图 A.6 所示，x_C 轴为某任意截面的形心轴，$I_x^{(C)}$ 为截面对 x_C 轴的惯性矩。x 轴与 x_C 轴平行，截面对 x 轴的惯性矩为 I_x。则以下式子成立。

$$I_x = I_x^{(C)} + d^2 A \tag{A-8}$$

式中，d 为 x 轴与 x_C 轴之间的距离；A 为截面面积。式(A-8)称为惯性矩的平行移轴公式，证明从略。

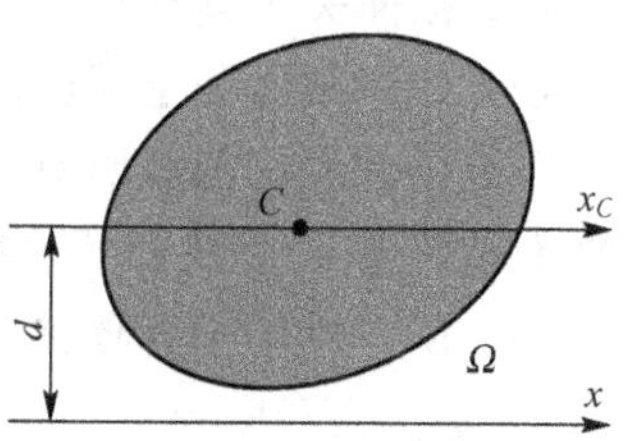

图 A.6

由惯性矩的定义可以知道，组合截面对于某坐标轴的惯性矩等于截面各组成部分对于同一坐标轴的惯性矩之和。利用式(A-8)，可以将截面各组成部分对不同轴的惯性矩转化成为对同一轴的惯性矩，从而求出组合截面的惯性矩。

例 A-4 求下面工字形截面对其图示形心轴的惯性矩。

解： 工字形截面具有两根对称轴，因此它们都是形心轴。将工字形截面划分成 3 个矩形，如图 A.7 所示。

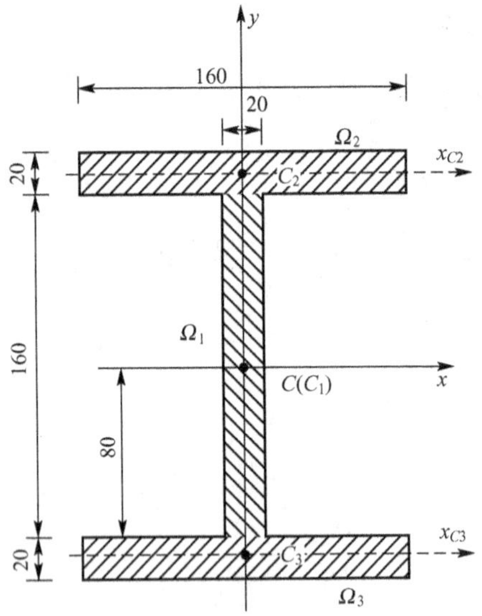

图 A.7(单位：cm)

矩形 Ω_1 对形心轴的惯性矩

$$I_{x1}=\frac{20\times160^3}{12}=6.83\times10^6(\text{cm}^4)$$

$$I_{y1}=\frac{20^3\times160}{12}=1.07\times10^5(\text{cm}^4)$$

矩形 Ω_2 对形心轴的惯性矩

$$I_{x2}=\frac{160\times20^3}{12}+90^2\times(160\times20)=2.60\times10^7(\text{cm}^4)$$

$$I_{y2}=\frac{20\times160^3}{12}=6.83\times10^6(\text{cm}^4)$$

同理，矩形 Ω_3 对形心轴的惯性矩

$$I_{x3}=I_{x2}=2.60\times10^7\text{cm}^4$$

$$I_{y3}=I_{y2}=6.83\times10^6\text{cm}^4$$

因此，工字形截面对形心轴的惯性矩为

$$I_x=I_{x1}+I_{x2}+I_{x3}=6.83\times10^6\text{cm}^4+2.60\times10^7\text{cm}^4+2.60\times10^7\text{cm}^4=5.88\times10^7\text{cm}^4$$

$$I_y=I_{y1}+I_{y2}+I_{y3}=1.07\times10^5\text{cm}^4+6.83\times10^6\text{cm}^4+6.83\times10^6\text{cm}^4=1.38\times10^7\text{cm}^4$$

习　　题

1. 思考题

(1) 如果截面存在对称轴，则对称轴与截面的形心轴有什么关系？截面对其形心轴的静矩等于多少？截面对其对称轴的极惯性矩等于多少？

(2) 极惯性矩与惯性矩有什么关系？

(3) 何谓惯性矩的平行移轴公式？

2. 填空题

(1) 截面关于其对称轴的静矩等于__________。

(2) 如果截面关于某轴的静矩为零，则该轴必为__________。

(3) 任意形状的截面对于通过形心的轴而言，静矩为零的轴有________根；惯性矩为零的轴有零根，惯性积等于零的轴有____________根。

(4) 惯性矩的平行移轴公式 $I_x=I_{x_C}+b^2A$ 中，x_C 为________，x 为________。

3. 判断题

(1) 惯性矩的平行移轴公式表示截面对任意两平行轴的惯性矩之间的关系。(　　)

(2) 截面的静矩和惯性积可为正、负也可等于零，惯性矩和极惯性矩恒为正。(　　)

(3) 截面的静矩和惯性矩均为纯几何量，与材料的力学性质无关。(　　)

(4) 若一对坐标轴中有截面的对称轴，则截面对这对轴的惯性积一定为零，如截面对

某对轴的惯性积为零，则该对轴中必有一轴为截面的对称轴。(　　)

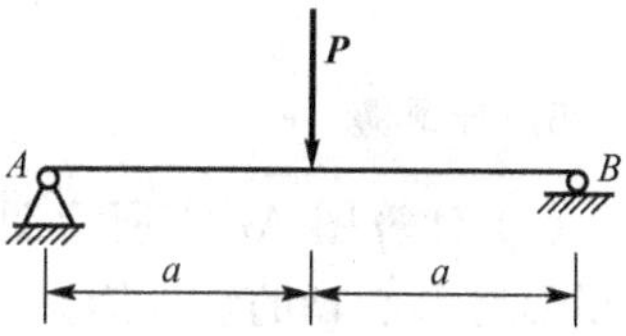

图 A. 8

4. 单项选择题

(1) 如图 A. 8 所示铸铁简支梁，当梁的横截面面积一定时，最合理的截面形状是(　　)。

A. 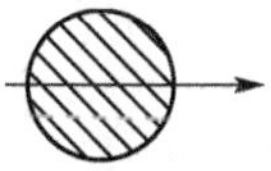　B. 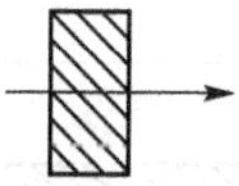

C. 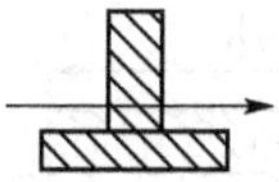　D. 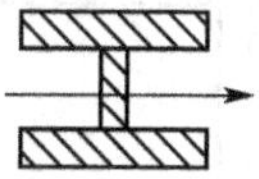

(2) 圆环截面的抗扭截面模量 W_ρ=(　　)。

A. $\frac{\pi D^3}{16}(1-\alpha^4)$　B. $\frac{\pi D^3}{32}(1-\alpha^4)$　C. $\frac{\pi D^3}{16}(1-\alpha^3)$　D. $\frac{\pi D^3}{32}(1-\alpha^3)$

(3) 截面的惯性矩和惯性积的量纲是(　　)。

A. 长度　B. 长度的二次方　C. 长度的 3 次方　D. 长度的 4 次方

(4) 惯性矩和极惯性矩的取值可能是(　　)。

A. 大于或等于零　B. 恒为正

C. 恒为负　D. 可正、可负也可等于零

(5) 惯性积的取值可能是(　　)。

A. 大于或等于零　B. 恒为正

C. 恒为负　D. 可正、可负也可等于零

(6) 如图 A. 9 所示，已知平面图形的形心为 C，面积为 A，对 z 轴的惯性矩为 I_z，则图形对 z_1 轴的惯性矩为(　　)。

A. I_z+b^2A　B. $I_z+(a+b)^2A$　C. $I_z+(a^2-b^2)A$　D. $I_z+(b^2-a^2)A$

(7) 根据惯性矩的平行移轴公式，图 A. 10 中 I_{z2}的答案有 4 种，正确答案是(　　)。

A. $I_{z2}=I_z+bh^3$　B. $I_{z2}=I_z+bh^3/4$　C. $I_{z2}=I_{z1}+bh^3/4$　D. $I_{z2}=I_{z1}+bh^3$

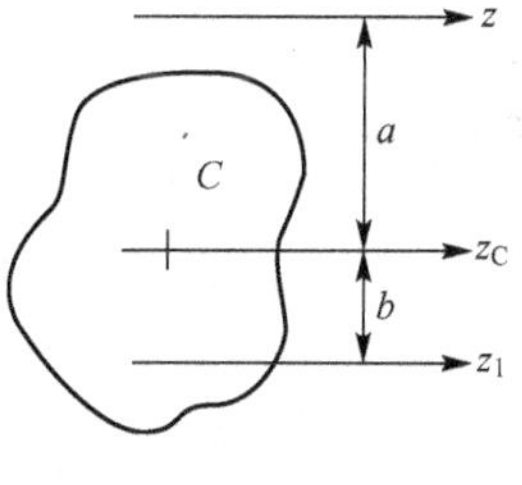

图 A. 9

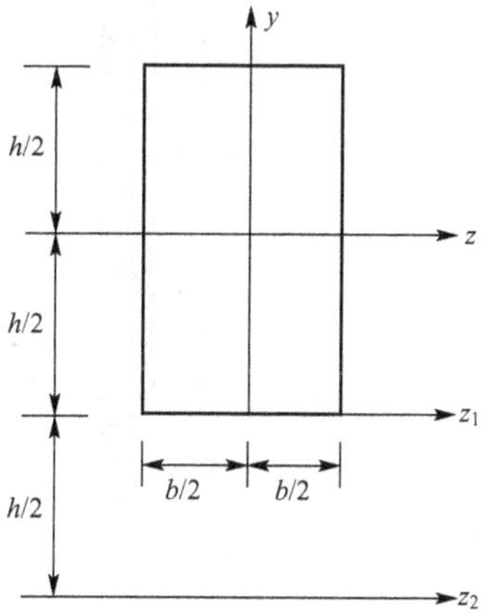

图 A. 10

5. 计算题

(1) 计算图 A.11 所示图形的形心位置、阴影部分对形心轴(与 x 轴平行)的静矩、整个图形对形心轴的惯性矩。

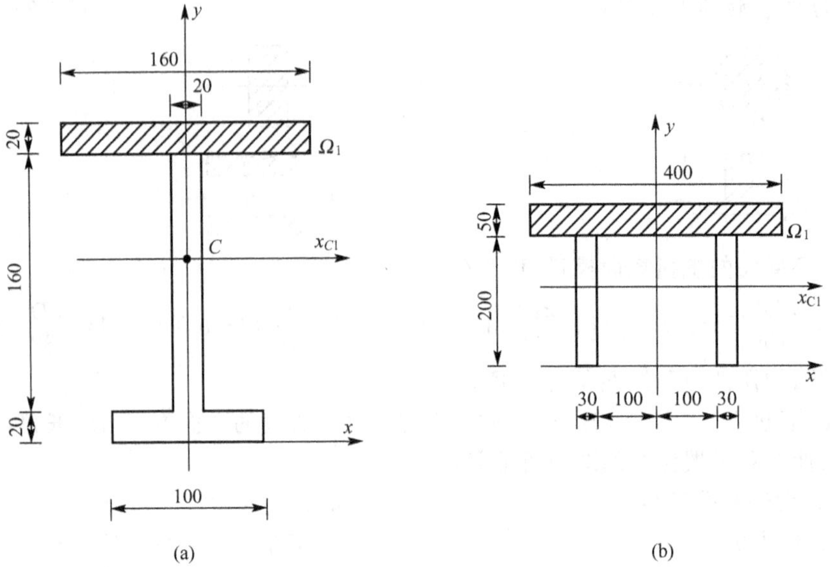

图 A.11

(2) 计算图 A.12 所示图形的形心位置、图形对形心轴(与 x 轴平行)的惯性矩，并将结果与例 A-4 比较，由此可以得出什么结论？

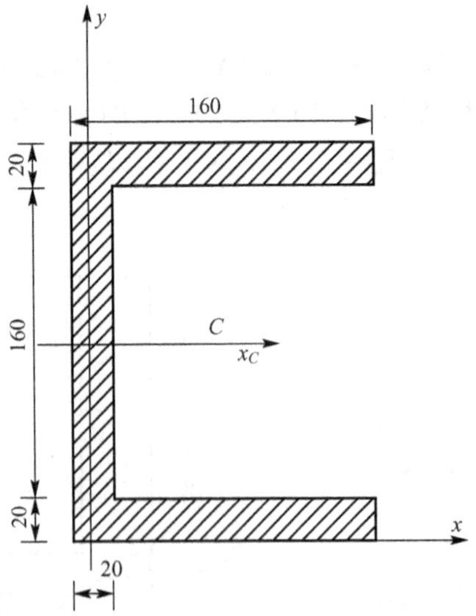

图 A.12

附录B
常见截面的几何特征量

C：截面形心；

A：截面面积；

x_C、y_C：截面形心位置；

I_x、I_y：截面对 x 轴和对 y 轴的惯性矩。

截面形状	几何特征量
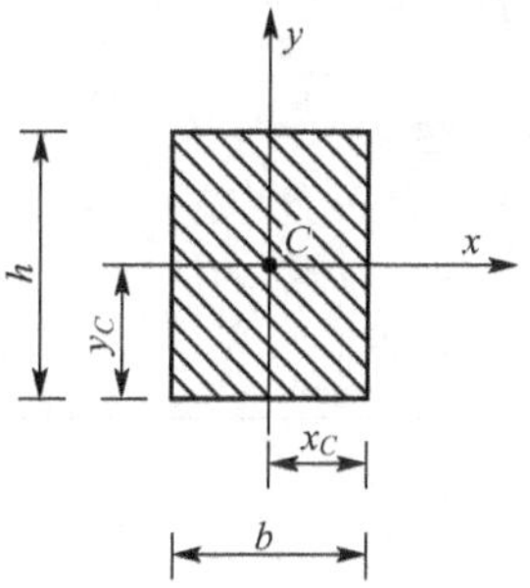	$x_C=\frac{b}{2}, y_C=\frac{h}{2}$ $A=bh$ $I_x=\frac{bh^3}{12}, I_y=\frac{b^3h}{12}$
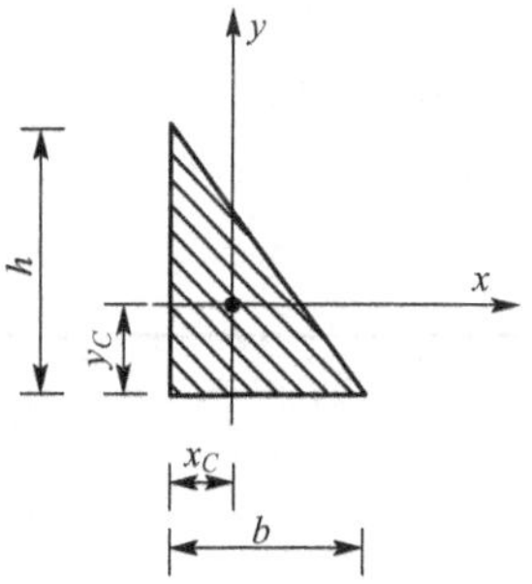	$x_C=\frac{b}{3}, y_C=\frac{h}{3}$ $A=\frac{bh}{2}$ $I_x=\frac{bh^3}{36}, I_y=\frac{b^3h}{36}$
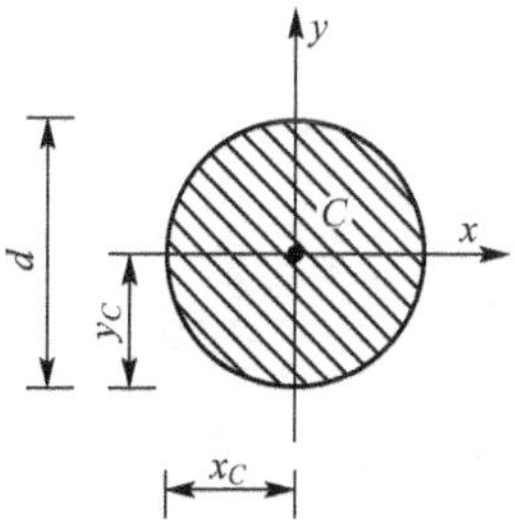	$x_C=\frac{d}{2}, y_C=\frac{d}{2}$ $A=\frac{\pi d^2}{4}$ $I_x=\frac{\pi d^4}{64}, I_y=\frac{\pi d^4}{64}$

（续）

截面形状	几何特征量
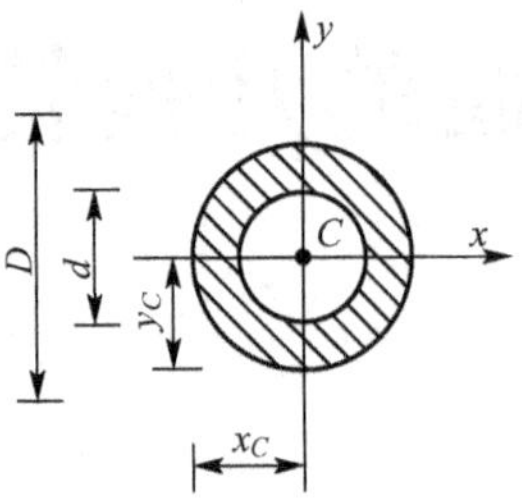	$x_C=\dfrac{D}{2}, y_C=\dfrac{D}{2}$ $A=\dfrac{\pi(D^2-d^2)}{4}$ $I_x=\dfrac{\pi(D^4-d^4)}{64}$，$I_y=\dfrac{\pi(D^4-d^4)}{64}$
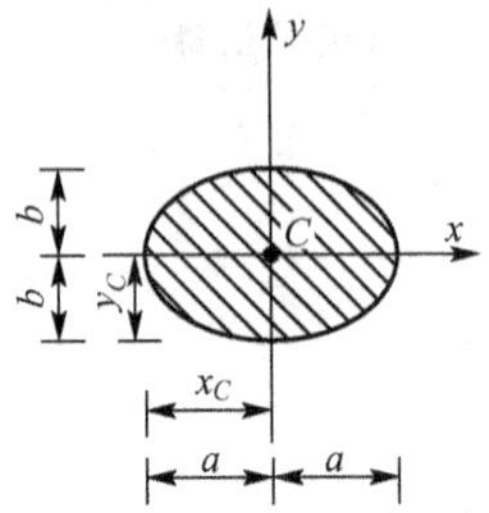	$x_C=a$，$y_C=b$ $A=\pi ab$ $I_x=\dfrac{\pi ab^3}{4}$，$I_y=\dfrac{\pi a^3 b}{4}$
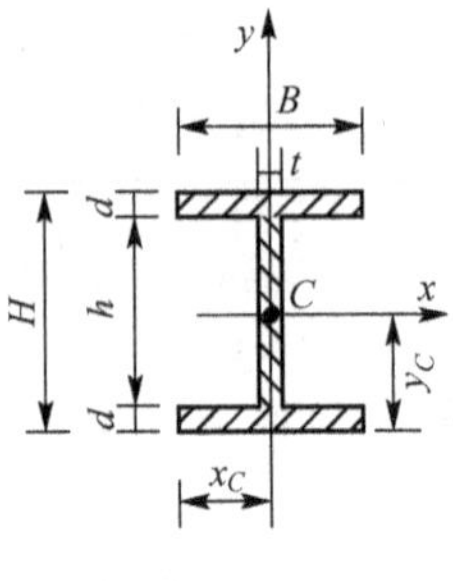	$x_C=\dfrac{B}{2}$，$y_C=\dfrac{H}{2}$ $A=2Bd+ht$ $I_x=\dfrac{1}{12}[BH^3-(B-t)h^3]$

附录C 型钢规格表

表 1　热轧等边角钢(GB 9787—88)

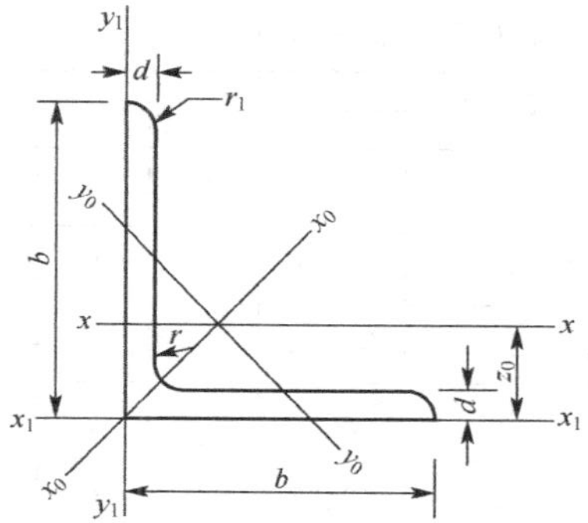

符号意义：
b——边宽度；
d——边厚度；
r——内圆弧半径；
r_1——边端内圆弧半径；
I——惯性矩；
i——惯性半径；
W——弯曲截面系数；
z_0——重心坐标

角钢号数	尺寸/mm			截面面积 /cm²	理论重量 /(kg/m)	外表面积 /(m²/m)	参考数值										
							$x-x$			x_0-x_0			y_0-y_0			x_1-x_1	
	b	d	r				I_x /cm⁴	i_x /cm	W_x /cm³	I_{x0} /cm⁴	i_{x0} /cm	W_{x0} /cm³	I_{y0} /cm⁴	i_{y0} /cm	W_{y0} /cm³	I_{x1} /cm⁴	z_0 /cm
2	20	3	3.5	1.132	0.889	0.078	0.40	0.59	0.29	0.63	0.75	0.45	0.17	0.39	0.20	0.81	0.60
	20	4	3.5	1.459	1.145	0.077	0.50	0.58	0.36	0.78	0.73	0.55	0.22	0.38	0.24	1.09	0.64
2.5	25	3	3.5	1.432	1.124	0.098	0.82	0.76	0.46	1.29	0.95	0.73	0.34	0.49	0.33	1.57	0.73
	25	4	3.5	1.859	1.459	0.097	1.03	0.74	0.59	1.62	0.93	0.92	0.43	0.48	0.40	2.11	0.76

（续）

角钢号数	尺寸/mm			截面面积/cm²	理论重量/(kg/m)	外表面积/(m²/m)	参考数值										
							$x-x$			x_0-x_0			y_0-y_0			x_1-x_1	z_0/cm
	b	d	r				I_x/cm⁴	i_x/cm	W_x/cm³	I_{x0}/cm⁴	i_{x0}/cm	W_{x0}/cm³	I_{y0}/cm⁴	i_{y0}/cm	W_{y0}/cm³	I_{x1}/cm⁴	
3.0	30	3	4.5	1.749	1.373	0.117	1.46	0.91	0.68	2.31	1.15	1.09	0.61	0.59	0.51	2.71	0.85
	30	4	4.5	2.276	1.786	0.117	1.84	0.90	0.87	2.92	1.13	1.37	0.77	0.58	0.62	3.63	0.89
3.6	36	3	4.5	2.109	1.656	0.141	2.58	1.11	0.99	4.09	1.39	1.61	1.07	0.71	0.76	4.68	1.00
	36	4	4.5	2.756	2.163	0.141	3.29	1.09	1.28	5.22	1.38	2.05	1.37	0.70	0.93	6.25	1.04
	36	5	4.5	3.382	2.654	0.141	3.95	1.08	1.56	6.24	1.36	2.45	1.65	0.70	1.09	7.84	1.07
4.0	40	3	5	2.359	1.852	0.157	3.59	1.23	1.23	5.69	1.55	2.01	1.49	0.79	0.96	6.41	1.09
	40	4	5	3.086	2.422	0.157	4.60	1.22	1.60	7.29	1.54	2.58	1.91	0.79	1.19	8.56	1.13
	40	5	5	3.791	2.976	0.156	5.53	1.21	1.96	8.76	1.52	3.01	2.30	0.78	1.39	10.74	1.17
4.5	45	3	5	2.659	2.088	0.177	5.17	1.40	1.58	8.20	1.76	2.58	2.14	0.90	1.24	9.12	1.22
	45	4	5	3.486	2.736	0.177	6.65	1.38	2.05	10.56	1.74	3.32	2.75	0.89	1.54	12.18	1.26
	45	5	5	4.292	3.369	0.176	8.04	1.37	2.51	12.74	1.72	4.00	3.33	0.88	1.81	15.25	1.30
	45	6	5	5.076	3.985	0.176	9.33	1.36	2.95	14.76	1.70	4.64	3.89	0.88	2.06	18.36	1.33
5	50	3	5.5	2.971	2.332	0.197	7.18	1.55	1.96	11.37	1.96	3.22	2.98	1.00	1.57	12.50	1.34
	50	4	5.5	3.897	3.059	0.197	9.26	1.54	2.56	14.70	1.94	4.16	3.82	0.99	1.96	16.69	1.38
	50	5	5.5	4.803	3.770	0.196	11.21	1.53	3.13	17.79	1.92	5.03	4.64	0.98	2.31	20.90	1.42
	50	6	5.5	5.688	4.465	0.196	13.05	1.51	3.68	20.68	1.91	5.85	5.42	0.98	2.63	25.14	1.46

（续）

角钢号数	尺寸/mm			截面面积/cm^2	理论重量/(kg/m)	外表面积/(m^2/m)	参考数值										
							$x-x$			x_0-x_0			y_0-y_0			x_1-x_1	z_0/cm
	b	d	r				I_x/cm^4	i_x/cm	W_x/cm^3	I_{x0}/cm^4	i_{x0}/cm	W_{x0}/cm^3	I_{y0}/cm^4	i_{y0}/cm	W_{y0}/cm^3	I_{x1}/cm^4	
5.6	56	3	6	3.343	2.624	0.221	10.19	1.75	2.48	16.14	2.20	4.08	4.24	1.13	2.02	17.56	1.48
	56	4	6	4.390	3.446	0.220	13.18	1.73	3.24	20.92	2.18	5.28	5.46	1.11	2.52	23.43	1.53
	56	5	6	5.415	4.251	0.220	16.02	1.72	3.97	25.42	2.17	6.42	6.61	1.10	2.98	29.33	1.57
	56	8	7	8.367	6.568	0.219	23.63	1.68	6.03	37.37	2.11	9.44	9.89	1.09	4.16	47.24	1.68
6.3	63	4	7	4.978	3.907	0.248	19.03	1.96	4.13	30.17	2.46	6.78	7.89	1.26	3.29	33.35	1.70
	63	5	7	6.143	4.822	0.248	23.17	1.94	5.08	36.77	2.45	8.25	9.57	1.25	3.90	41.73	1.74
	63	6	7	7.288	5.721	0.247	27.12	1.93	6.00	43.03	2.43	9.66	11.20	1.24	4.46	50.14	1.78
	63	8	7	9.515	7.469	0.247	34.46	1.90	7.75	54.56	2.40	12.25	14.33	1.23	5.47	67.11	1.85
	63	10	7	11.657	9.151	0.246	41.09	1.88	9.39	64.85	2.36	14.56	17.33	1.22	6.36	84.31	1.93
7	70	4	8	5.570	4.372	0.275	26.39	2.18	5.14	41.80	2.74	8.44	10.99	1.40	4.17	45.74	1.86
	70	5	8	6.875	5.397	0.275	32.21	2.16	6.32	51.08	2.73	10.32	13.34	1.39	4.95	57.21	1.91
	70	6	8	8.160	6.406	0.275	37.77	2.15	7.48	59.93	2.71	12.11	15.61	1.38	5.67	68.73	1.95
	70	7	8	9.424	7.398	0.275	43.09	2.14	8.59	68.35	2.69	13.81	17.82	1.38	6.34	80.29	1.99
	70	8	8	10.667	8.373	0.274	48.17	2.12	9.68	76.37	2.68	15.43	19.98	1.37	6.98	91.92	2.03
7.5	75	5	9	7.367	5.818	0.295	39.97	2.33	7.32	63.30	2.92	11.94	16.63	1.50	5.77	70.56	2.04
	75	6	9	8.797	6.905	0.294	46.95	2.31	8.64	74.38	2.90	14.02	19.51	1.49	6.67	84.55	2.07
	75	7	9	10.160	7.976	0.294	53.57	2.30	9.93	84.96	2.89	16.02	22.18	1.48	7.44	98.71	2.11
	75	8	9	11.503	9.030	0.294	59.96	2.28	11.20	95.07	2.88	17.93	24.86	1.47	8.19	112.97	2.15
	75	10	9	14.126	11.089	0.293	71.98	2.26	13.64	113.92	2.84	21.48	30.05	1.46	9.56	141.71	2.22

（续）

角钢号数	尺寸/mm			截面面积/cm²	理论重量/(kg/m)	外表面积/(m²/m)	参考数值										
							$x-x$			x_0-x_0			y_0-y_0			x_1-x_1	z_0/cm
	b	d	r				I_x/cm⁴	i_x/cm	W_x/cm³	I_{x0}/cm⁴	i_{x0}/cm	W_{x0}/cm³	I_{y0}/cm⁴	i_{y0}/cm	W_{y0}/cm³	I_{x1}/cm⁴	
8	80	5	9	7.912	6.211	0.315	48.79	2.48	8.34	77.33	3.13	13.67	20.25	1.60	6.66	85.36	2.15
	80	6	9	9.397	7.376	0.314	57.35	2.47	9.87	90.98	3.11	16.08	23.72	1.59	7.65	102.50	2.19
	80	7	9	10.860	8.525	0.314	65.58	2.46	11.37	104.07	3.10	18.40	27.09	1.58	8.58	119.70	2.23
	80	8	9	12.303	9.658	0.314	73.49	2.44	12.83	116.60	3.08	20.61	30.39	1.57	9.46	136.97	2.27
	80	10	9	15.126	11.874	0.313	88.43	2.42	15.64	140.09	3.04	24.76	36.77	1.56	11.08	171.74	2.35
9	90	6	10	10.637	8.350	0.354	82.77	2.79	12.61	131.26	3.51	20.63	34.28	1.80	9.95	145.87	2.44
	90	7	10	12.301	9.656	0.354	94.83	2.78	14.54	150.47	3.50	23.64	39.18	1.78	11.19	170.30	2.48
	90	8	10	13.944	10.946	0.353	106.47	2.76	16.42	168.97	3.48	26.55	43.97	1.78	12.35	194.80	2.52
	90	10	10	17.167	13.476	0.353	128.58	2.74	20.07	203.90	3.45	32.04	53.26	1.76	14.52	244.07	2.59
	90	12	10	20.306	15.940	0.352	149.22	2.71	23.57	236.21	3.41	37.12	62.22	1.75	16.49	293.77	2.67
10	100	6	12	11.932	9.366	0.393	114.95	3.01	15.68	181.98	3.90	25.74	47.92	2.00	12.69	200.07	2.67
	100	7	12	13.796	10.830	0.393	131.86	3.09	18.10	208.97	3.89	29.55	54.74	1.99	14.26	233.54	2.71
	100	8	12	15.638	12.276	0.393	148.24	3.08	20.47	235.07	3.88	33.24	61.41	1.98	15.75	267.09	2.76
	100	10	12	19.261	15.120	0.392	179.51	3.05	25.06	284.68	3.84	40.26	74.35	1.96	18.54	334.48	2.84
	100	12	12	22.800	17.898	0.391	208.90	3.03	29.48	330.95	3.81	46.80	86.84	1.95	21.08	402.34	2.91
	100	14	12	26.256	20.611	0.391	236.53	3.00	33.73	374.06	3.77	52.90	99.00	1.94	23.44	470.75	2.99
	100	16	12	29.627	23.257	0.390	262.53	2.98	37.82	414.16	3.74	58.57	110.89	1.93	25.63	539.80	3.06

（续）

角钢号数	尺寸/mm			截面面积/cm^2	理论重量/(kg/m)	外表面积/(m^2/m)	参考数值										
							$x-x$			x_0-x_0			y_0-y_0			x_1-x_1	z_0/cm
	b	d	r				I_x/cm^4	i_x/cm	W_x/cm^3	I_{x0}/cm^4	i_{x0}/cm	W_{x0}/cm^3	I_{y0}/cm^4	i_{y0}/cm	W_{y0}/cm^3	I_{x1}/cm^4	
11	110	7	12	15.196	11.928	0.433	177.16	3.41	22.05	280.94	4.30	36.12	73.38	2.20	17.51	310.64	2.96
	110	8	12	17.238	13.532	0.433	199.46	3.40	24.95	316.49	4.28	40.69	82.42	2.19	19.39	355.21	3.01
	110	10	12	21.261	16.690	0.432	242.19	3.38	30.60	384.39	4.25	49.42	99.98	2.17	22.91	444.65	3.09
	110	12	12	25.200	19.782	0.431	282.55	3.35	36.05	448.17	4.22	57.62	116.93	2.15	26.15	534.6	3.16
	110	14	12	29.056	22.809	0.431	320.71	3.32	41.31	508.10	4.18	65.31	133.40	2.14	29.14	625.16	3.24
12.5	125	8	14	19.750	15.504	0.492	297.03	3.88	32.52	470.89	4.88	53.38	123.16	2.50	25.86	521.01	3.37
	125	10	14	24.373	19.133	0.491	361.67	3.85	39.97	573.89	4.85	64.93	149.46	2.48	30.62	651.93	3.45
	125	12	14	28.912	22.696	0.491	423.16	3.83	41.17	671.44	4.82	75.96	174.88	2.46	35.03	783.42	3.53
	125	14	14	33.367	26.193	0.490	481.65	3.80	54.16	763.73	4.78	86.41	199.57	2.45	39.13	915.61	3.61
14	140	10	14	27.373	21.488	0.551	514.65	4.34	50.58	817.27	5.46	82.56	212.04	2.78	39.20	915.11	3.82
	140	12	14	32.512	25.522	0.551	603.68	4.31	59.80	958.79	5.43	96.85	248.57	2.77	45.02	1099.28	3.90
	140	14	14	37.567	29.490	0.550	688.81	4.28	68.75	1093.56	5.40	110.47	284.06	2.75	50.45	1284.22	3.98
	140	16	14	42.539	33.393	0.549	770.24	4.26	77.46	1221.81	5.36	123.42	318.67	2.74	55.55	1470.07	4.06
16	160	10	16	31.502	24.729	0.630	779.53	4.98	66.70	1237.30	6.27	109.36	321.76	3.20	52.76	1365.33	4.31
	160	12	16	37.441	29.391	0.630	916.58	4.95	78.98	1455.68	6.24	128.67	377.49	3.18	60.74	1639.57	4.39
	160	14	16	43.296	33.987	0.629	1048.36	4.92	90.95	1665.02	6.20	147.17	431.70	3.16	68.24	1914.68	4.47
	160	16	16	49.067	38.518	0.629	1175.08	4.89	102.63	1865.57	6.17	164.89	484.59	3.14	75.31	2190.82	4.55

（续）

角钢号数	尺寸/mm			截面面积 /cm^2	理论重量 /(kg/m)	外表面积 /(m^2/m)	参考数值										
							$x-x$			x_0-x_0			y_0-y_0			x_1-x_1	z_0 /cm
	b	d	r				I_x /cm^4	i_x /cm	W_x /cm^3	I_{x0} /cm^4	i_{x0} /cm	W_{x0} /cm^3	I_{y0} /cm^4	i_{y0} /cm	W_{y0} /cm^3	I_{x1} /cm^4	
18	180	12	16	42.241	33.159	0.710	1321.35	5.59	100.82	2100.10	7.05	165.00	542.61	3.58	78.41	2332.80	4.89
	180	14	16	48.896	38.388	0.709	1514.48	5.56	116.25	2407.42	7.02	189.14	625.53	3.56	88.38	2723.48	4.97
	180	16	16	55.467	43.542	0.709	1700.99	5.54	131.35	2703.37	6.98	212.40	698.60	3.55	97.83	3115.29	5.05
	180	18	16	61.955	48.634	0.708	1875.12	5.50	145.64	2988.24	6.94	234.78	762.01	3.51	105.14	3502.43	5.13
20	200	14	18	54.642	42.894	0.788	2103.55	6.20	144.70	3343.26	7.82	236.40	863.83	3.98	111.82	3734.10	5.46
	200	16	18	62.013	48.680	0.788	2366.15	6.18	163.65	3760.89	7.79	265.93	971.41	3.96	123.96	4270.39	5.54
	200	18	18	69.301	54.401	0.787	2620.64	6.15	182.22	4164.54	7.75	294.48	1076.74	3.94	135.52	4808.13	5.62
	200	20	18	76.505	60.056	0.787	2867.30	6.12	200.42	4554.55	7.72	322.06	1180.04	3.93	146.55	5347.51	5.69
	200	24	18	90.661	71.168	0.785	3338.25	6.07	236.17	5294.97	7.64	374.41	1381.43	3.90	166.55	6457.16	5.87

注：截面图中的 $r_1=d/3$ 及表中 r 值的数据用于孔型设计，不作为交货条件。

表 2　热轧不等边角钢(GB 9788—88)

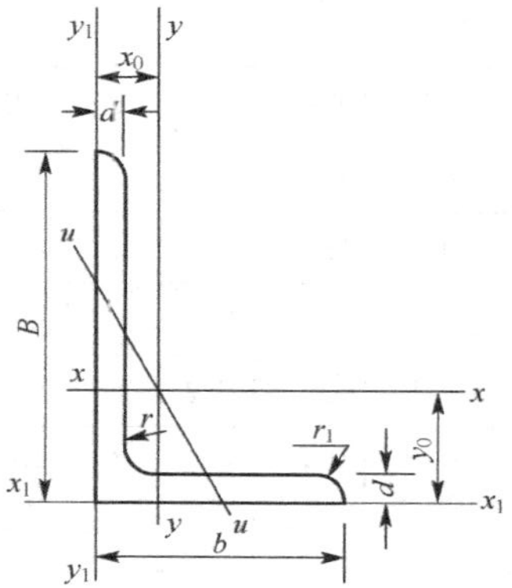

符号意义：
B——长边宽度；
b——短边宽度；
d——边厚度；
r——内圆弧半径；
r_1——边端内圆弧半径；
I——惯性矩；
i——惯性半径；
W——弯曲截面系数；
x_0——形心坐标；
y_0——形心坐标

角钢号数	尺寸/mm				截面面积/cm²	理论重量/(kg/m)	外表面积/(m²/m)	参考数值														
								$x-x$			$y-y$			x_1-x_1		y_1-y_1		$u-u$				
	B	b	d	r				I_x/cm⁴	i_x/cm	W_x/cm³	I_y/cm⁴	i_y/cm	W_y/cm³	I_{x1}/cm⁴	y_0/cm	I_{y1}/cm⁴	x_0/cm	I_u/cm⁴	i_u/cm	W_u/cm³	$\tan\alpha$
2.5/1.6	25	16	3	3.5	1.162	0.912	0.080	0.70	0.78	0.43	0.22	0.44	0.19	1.56	0.86	0.43	0.42	0.14	0.34	0.16	0.392
	25	16	4	3.5	1.499	1.176	0.079	0.88	0.77	0.55	0.27	0.43	0.24	2.09	0.90	0.59	0.46	0.17	0.34	0.20	0.381
3.2/2	32	20	3	3.5	1.492	1.171	0.102	1.53	1.01	0.72	0.46	0.55	0.30	3.27	1.08	0.82	0.49	0.28	0.43	0.25	0.382
	32	20	4	3.5	1.939	1.522	0.101	1.93	1.00	0.93	0.57	0.54	0.39	4.37	1.12	1.12	0.53	0.35	0.42	0.32	0.374
4/2.5	40	25	3	4	1.890	1.484	0.127	3.08	1.28	1.15	0.93	0.70	0.49	6.39	1.32	1.59	0.59	0.56	0.54	0.40	0.386
	40	25	4	4	2.467	1.936	0.127	3.93	1.26	1.49	1.18	0.69	0.63	8.53	1.37	2.14	0.63	0.71	0.54	0.52	0.381
4.5/2.8	45	28	3	5	2.149	1.687	0.143	4.45	1.44	1.47	1.34	0.79	0.62	9.10	1.47	2.23	0.64	0.80	0.61	0.51	0.383
	45	28	4	5	2.806	2.203	0.143	5.69	1.42	1.91	1.7	0.78	0.80	12.13	1.51	3.00	0.68	1.02	0.60	0.66	0.38

（续）

角钢号数	尺寸/mm				截面面积 /cm²	理论重量 /(kg/m)	外表面积 /(m²/m)	参考数值																
								$x-x$			$y-y$			x_1-x_1		y_1-y_1		$u-u$			
	B	b	d	r				I_x /cm⁴	i_x /cm	W_x /cm³	I_y /cm⁴	i_y /cm	W_y /cm³	I_{x1} /cm⁴	y_0 /cm	I_{y1} /cm⁴	x_0 /cm	I_u /cm⁴	i_u /cm	W_u /cm³	$\tan\alpha$
5/3.2	50	32	3	5.5	2.431	1.908	0.161	6.24	1.6	1.84	2.02	0.91	0.82	12.49	1.60	3.31	0.73	1.20	0.70	0.68	0.404
	50	32	4	5.5	3.177	2.494	0.160	8.02	1.59	2.39	2.58	0.90	1.06	16.65	1.65	4.45	0.77	1.53	0.69	0.87	0.402
5.6/3.6	56	36	3	6	2.743	2.153	0.181	8.88	1.8	2.32	2.92	1.03	1.05	17.54	1.78	4.70	0.80	1.73	0.79	0.87	0.408
	56	36	4	6	3.590	2.818	0.180	11.25	1.79	3.03	3.76	1.02	1.37	23.39	1.82	6.33	0.85	2.23	0.79	1.13	0.408
	56	36	5	6	4.415	3.466	0.180	13.86	1.77	3.71	4.49	1.01	1.65	29.25	1.87	7.94	0.88	2.67	0.78	1.36	0.404
6.3/4	63	40	4	7	4.058	3.185	0.202	16.49	2.02	3.87	5.23	1.14	1.70	33.30	2.04	8.63	0.92	3.12	0.88	1.40	0.398
	63	40	5	7	4.993	3.920	0.202	20.02	2.00	4.74	6.31	1.12	2.71	41.63	2.08	10.86	0.95	3.76	0.87	1.71	0.396
	63	40	6	7	5.908	4.638	0.201	23.36	1.96	5.59	7.29	1.11	2.43	49.98	2.12	13.12	0.99	4.34	0.86	1.99	0.393
	63	40	7	7	6.802	5.339	0.201	26.53	1.98	6.40	8.24	1.10	2.78	58.07	2.15	15.47	1.03	4.97	0.86	2.29	0.389
7/4.5	70	45	4	7.5	4.547	3.570	0.226	23.17	2.26	4.86	7.55	1.29	2.17	45.92	2.24	12.26	1.02	4.40	0.98	1.77	0.410
	70	45	5	7.5	5.609	4.403	0.225	27.95	2.23	5.92	9.13	1.28	2.65	57.10	2.28	15.39	1.06	5.40	0.98	2.19	0.407
	70	45	6	7.5	6.647	5.218	0.225	32.54	2.21	6.95	10.62	1.26	3.12	68.35	2.32	18.58	1.09	6.35	0.98	2.59	0.404
	70	45	7	7.5	7.657	6.011	0.225	37.22	2.20	8.03	12.01	1.25	3.57	79.99	2.36	21.84	1.13	7.16	0.97	2.94	0.402
(7.5/5)	75	50	5	8	6.125	4.808	0.245	34.86	2.39	6.83	12.61	1.44	3.30	70.00	2.40	21.04	1.17	7.41	1.10	2.47	0.435
	75	50	6	8	7.260	5.699	0.245	41.12	2.38	8.12	14.70	1.42	3.88	84.30	2.44	25.37	1.21	8.54	1.08	3.19	0.435
	75	50	8	8	9.467	7.431	0.244	52.39	2.35	10.52	18.53	1.40	4.99	112.50	2.52	34.23	1.29	10.87	1.07	4.10	0.429
	75	50	10	8	11.590	9.098	0.244	62.71	2.33	12.79	21.96	1.38	6.04	140.80	2.60	43.43	1.36	13.10	1.06	4.99	0.423

（续）

角钢号数	尺寸/mm				截面面积/cm²	理论重量/(kg/m)	外表面积/(m²/m)	参考数值													
								x—x			y—y			$x_1—x_1$		$y_1—y_1$		u—u			
	B	b	d	r				I_x/cm⁴	i_x/cm	W_x/cm³	I_y/cm⁴	i_y/cm	W_y/cm³	I_{x1}/cm⁴	y_0/cm	I_{y1}/cm⁴	x_0/cm	I_u/cm⁴	i_u/cm	W_u/cm³	tanα
8/5	80	50	5	8	6.357	5.005	0.255	41.96	2.56	7.78	12.82	1.42	3.32	85.21	2.60	21.06	1.14	7.66	1.10	2.74	0.388
	80	50	6	8	7.560	5.935	0.255	49.49	2.56	9.25	14.95	1.41	3.91	102.53	2.65	25.41	1.18	8.85	1.08	3.20	0.387
	80	50	7	8	8.724	6.848	0.255	56.16	2.54	10.58	16.96	1.39	4.48	119.33	2.69	29.82	1.21	10.18	1.08	3.70	0.384
	80	50	8	8	9.876	7.745	0.254	62.83	2.52	11.92	18.85	1.38	5.03	136.41	2.73	34.32	1.25	11.38	1.07	4.16	0.381
9/5.6	90	56	5	9	7.212	5.661	0.287	60.45	2.90	9.92	18.32	1.59	4.21	121.32	2.91	29.53	1.25	10.98	1.23	3.49	0.385
	90	56	6	9	8.557	6.717	0.286	71.03	2.88	11.74	21.42	1.58	4.96	145.59	2.95	35.58	1.29	12.90	1.23	4.18	0.384
	90	56	7	9	9.880	7.756	0.286	81.01	2.86	13.49	24.36	1.57	5.70	169.66	3.00	41.71	1.33	14.67	1.22	4.72	0.382
	90	56	8	9	11.183	8.779	0.289	91.03	2.85	15.27	27.15	1.56	6.41	194.17	3.04	47.93	1.36	16.34	1.21	5.29	0.38
10/6.3	100	63	6	10	9.617	7.550	0.320	99.06	3.21	14.64	30.94	1.79	6.35	199.71	3.24	50.50	1.43	18.42	1.38	5.25	0.394
	100	63	7	10	11.111	8.722	0.320	113.45	3.29	16.88	35.26	1.78	7.29	233.00	3.28	59.14	1.47	21.00	1.38	6.02	0.393
	100	63	8	10	12.584	9.878	0.319	127.37	3.18	19.08	39.39	1.77	8.21	266.32	3.32	67.88	1.50	23.50	1.37	6.78	0.391
	100	63	10	10	15.467	12.142	0.319	153.81	3.15	23.32	47.12	1.74	9.98	333.06	3.40	85.73	1.58	28.33	1.35	8.24	0.387
10/8	100	80	6	10	10.637	8.350	0.354	107.04	3.17	15.19	61.24	2.40	10.16	199.83	2.95	102.68	1.97	31.65	1.72	8.37	0.627
	100	80	7	10	12.301	9.656	0.354	122.73	3.16	17.52	70.08	2.39	11.71	233.20	3.00	119.98	2.01	36.17	1.72	9.60	0.626
	100	80	8	10	13.944	10.946	0.353	137.92	3.14	19.81	78.58	2.37	13.21	266.61	3.04	137.37	2.05	40.58	1.71	10.80	0.625
	100	80	10	10	17.167	13.476	0.353	166.87	3.12	24.24	94.65	2.35	16.12	333.63	3.12	172.48	2.13	49.10	1.69	13.12	0.622

（续）

角钢号数	尺寸/mm				截面面积/cm²	理论重量/(kg/m)	外表面积/(m²/m)	参考数值														
								$x-x$			$y-y$			x_1-x_1		y_1-y_1		$u-u$				
	B	b	d	r				I_x/cm⁴	i_x/cm	W_x/cm³	I_y/cm⁴	i_y/cm	W_y/cm³	I_{x1}/cm⁴	y_0/cm	I_{y1}/cm⁴	x_0/cm	I_u/cm⁴	i_u/cm	W_u/cm³	$\tan\alpha$
11/7	110	70	6	10	10.637	8.350	0.354	133.37	3.54	17.85	42.92	2.01	7.90	265.78	3.53	69.08	1.57	25.36	1.54	6.53	0.403
	110	70	7	10	12.301	9.656	0.354	153.00	3.53	20.60	49.01	2.00	9.09	310.07	3.57	80.82	1.61	28.95	1.53	7.50	0.402
	110	70	8	10	13.944	10.946	0.353	172.04	3.51	23.30	54.87	1.98	10.25	354.39	3.62	92.70	1.65	32.45	1.53	8.45	0.401
	110	70	10	10	17.167	13.467	0.353	208.39	3.48	28.54	65.88	1.96	12.48	443.13	3.70	116.83	1.72	39.2	1.51	10.29	0.397
12.5/8	125	80	7	11	14.096	11.066	0.403	227.98	4.02	26.86	74.42	2.30	12.01	454.99	4.01	120.32	1.80	43.81	1.76	9.92	0.408
	125	80	8	11	15.989	12.551	0.403	256.77	4.01	30.41	83.49	2.28	13.56	519.99	4.06	137.85	1.84	49.15	1.75	11.18	0.407
	125	80	10	11	19.712	15.474	0.402	312.04	3.98	37.33	100.67	2.26	16.56	650.09	4.14	173.40	1.92	59.45	1.74	13.64	0.404
	125	80	12	11	23.351	18.330	0.402	364.41	3.95	44.01	116.67	2.24	19.43	780.39	4.22	209.67	2.00	69.35	1.72	16.01	0.400
14/9	140	90	8	12	18.038	14.160	0.453	365.64	4.50	38.48	120.69	2.59	17.34	730.53	4.50	195.79	2.04	70.83	1.98	14.31	0.411
	140	90	10	12	22.261	17.475	0.452	445.50	4.47	47.31	146.03	2.56	21.22	913.20	4.58	245.92	2.12	85.82	1.96	17.48	0.409
	140	90	12	12	26.400	20.724	0.451	521.59	4.44	55.87	169.79	2.54	24.95	1096.09	4.66	296.89	2.19	100.21	1.95	20.54	0.406
	140	90	14	12	30.456	23.908	0.451	594.10	4.42	64.18	192.10	2.51	28.54	1279.26	4.74	348.82	2.27	114.13	1.94	23.52	0.403
16/10	160	100	10	13	25.315	19.872	0.512	668.69	5.14	62.13	205.03	2.85	26.56	1362.89	5.24	336.59	2.28	121.74	2.19	21.92	0.39
	160	100	12	13	30.054	23.592	0.511	784.91	5.11	73.49	239.06	2.82	31.28	1635.56	5.32	405.94	2.36	142.33	2.17	25.79	0.388
	160	100	14	13	34.709	27.247	0.510	896.30	5.08	84.56	271.20	2.80	35.83	1908.50	5.40	476.42	2.43	162.23	2.16	29.56	0.385
	160	100	16	13	39.281	30.835	0.510	1003.04	5.05	95.33	301.60	2.77	40.24	2181.79	5.48	548.22	2.51	181.57	2.15	33.25	0.382

（续）

角钢号数	尺寸/mm				截面面积/cm^2	理论重量/(kg/m)	外表面积/(m^2/m)	参考数值													
								$x-x$			$y-y$			x_1-x_1		y_1-y_1		$u-u$			
	B	b	d	r				I_x/cm^4	i_x/cm	W_x/cm^3	I_y/cm^4	i_y/cm	W_y/cm^3	I_{x1}/cm^4	y_0/cm	I_{y1}/cm^4	x_0/cm	I_u/cm^4	i_u/cm	W_u/cm^3	$\tan\alpha$
18/11	180	110	10	14	28.373	22.273	0.571	956.25	5.80	78.96	278.11	3.13	32.49	1940.40	5.89	447.22	2.44	166.50	2.42	26.88	0.376
	180	110	12	14	33.712	26.464	0.571	1124.72	5.78	93.53	325.03	3.10	38.32	2328.38	5.98	538.94	2.52	194.87	2.40	31.66	0.374
	180	110	14	14	38.967	30.589	0.570	1286.91	5.75	107.76	369.55	3.08	43.97	2716.60	6.06	631.95	2.59	222.30	2.39	36.32	0.372
	180	110	16	14	44.139	34.649	0.569	1443.06	5.72	121.64	411.85	3.05	49.44	3105.15	6.14	726.46	2.67	248.94	2.38	40.87	0.369
20/12.5	200	125	12	14	37.912	29.761	0.641	1570.90	6.44	116.73	483.16	3.57	49.99	3193.85	6.54	787.74	2.83	285.79	2.74	41.23	0.392
	200	125	14	14	43.867	34.436	0.640	1800.97	6.41	134.65	550.83	3.54	57.44	3726.17	6.62	922.47	2.91	326.58	2.73	47.34	0.390
	200	125	16	14	49.739	39.045	0.639	2023.35	6.38	152.18	615.44	3.52	64.69	4258.86	6.70	1058.86	2.99	366.21	2.71	53.32	0.388
	200	125	18	14	55.526	43.588	0.639	2238.30	6.35	169.33	677.19	3.49	71.74	4792.00	6.78	1197.13	3.06	404.83	2.70	59.18	0.385

注：①括号内型号不推荐使用；②截面图中的 $r_1=d/3$ 及表中 r 值的数据用于孔型设计，不作为交货条件。

表 3　热轧工字钢(GB 706—88)

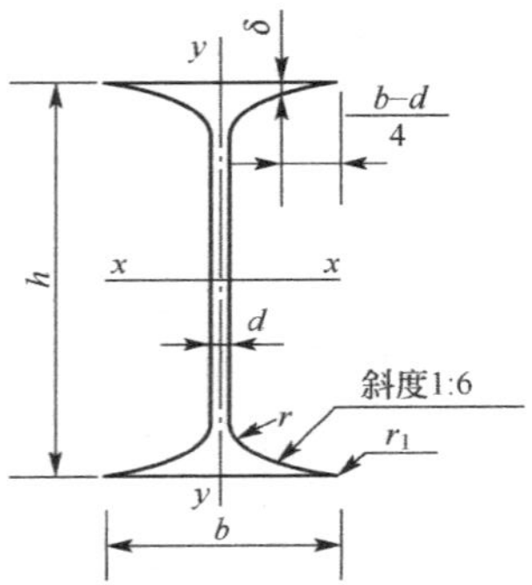

符号意义：
h——高度；
b——腿宽度；
d——腰厚度；
δ——平均腿厚度；
r——内圆弧半径；
r_1——腿端圆弧半径；
I——惯性矩；
W——弯曲截面系数；
i——惯性半径；
S——半截面的静矩

型号	尺寸/mm						截面面积/cm²	理论重量/(kg/m)	参考数值						
									$x-x$				$y-y$		
	h	b	d	δ	r	r_1			I_x/cm⁴	W_x/cm³	i_x/cm	$I_x:S_x$/cm	I_y/cm⁴	W_y/cm³	i_y/cm
10	100	68	4.5	7.6	6.5	3.3	14.3	11.2	245	49	4.14	8.59	33	9.72	1.52
12.6	126	74	5	8.4	7	3.5	18.1	14.2	488.43	77.529	5.195	10.85	46.906	12.677	1.609
14	140	80	5.5	9.1	7.5	3.8	21.5	16.9	712	102	5.76	12	64.4	16.1	1.73
16	160	88	6	9.9	8	4	26.1	20.5	1130	141	6.85	13.8	93.1	21.2	1.89
18	180	94	6.5	10.7	8.5	4.3	30.6	24.1	1660	185	7.36	15.4	122	26	2
20a	200	100	7	11.4	9	4.5	35.5	27.9	2370	237	8.15	17.2	158	31.5	2.12
20b	200	102	9	11.4	9	4.5	39.5	31.1	2500	250	7.96	16.9	169	33.1	2.06
22a	200	110	7.5	12.3	9.5	4.8	42	33	3400	309	8.99	18.9	225	40.9	2.31
22b	200	112	9.5	12.3	9.5	4.8	46.4	36.4	3570	325	8.78	18.7	239	42.7	2.27
25a	250	116	8	13	10	5	48.5	38.1	5023.54	401.88	10.18	21.58	280.46	48.283	2.403
25b	250	118	10	13	10	5	53.5	42	5283.96	422.72	9.938	21.27	309.297	52.423	2.404

（续）

型号	尺寸/mm						截面面积/cm²	理论重量/(kg/m)	参考数值						
									x—x				y—y		
	h	b	d	δ	r	r_1			I_x/cm⁴	W_x/cm³	i_x/cm	$I_x:S_x$/cm	I_y/cm⁴	W_y/cm³	i_y/cm
28a	280	122	8.5	13.7	10.5	5.3	55.45	43.4	7114.14	508.15	11.32	24.62	345.051	56.565	2.495
28b	280	124	10.5	13.7	10.5	5.3	61.05	47.9	7480	534.29	11.08	24.24	379.496	61.209	2.493
a	320	130	9.5	15	11.5	5.8	67.05	52.7	11075.5	692.2	12.84	27.46	459.93	70.758	2.619
32b	320	132	11.5	15	11.5	5.8	73.45	57.7	11621.4	726.33	12.58	27.09	501.53	75.989	2.614
c	320	134	13.5	15	11.5	5.8	79.95	62.8	12167.5	760.47	12.34	26.77	543.81	81.166	2.608
a	360	136	10	15.8	12	6	76.3	59.9	15760	875	14.4	30.7	552	81.2	2.69
36b	360	138	12	15.8	12	6	83.5	65.6	16530	919	14.1	30.3	582	84.3	2.64
c	360	140	14	15.8	12	6	90.7	71.2	17310	962	13.8	29.9	612	87.4	2.6
a	400	142	10.5	16.5	12.5	6.3	86.1	67.6	21720	1090	15.9	34.1	660	93.2	2.77
40b	400	144	12.5	16.5	12.5	6.3	94.1	73.8	22780	1140	15.6	33.6	692	96.2	2.71
c	400	146	14.5	16.5	12.5	6.3	102	80.1	23850	1190	15.2	33.2	727	99.6	2.65
a	450	150	11.5	18	13.5	6.8	102	80.4	32240	1430	17.7	38.6	855	114	2.89
45b	450	152	13.5	18	13.5	6.8	111	87.4	33760	1500	17.4	38	894	118	2.84
c	450	154	15.5	18	13.5	6.8	120	94.5	35280	1570	17.1	37.6	938	122	2.79
a	500	158	12	20	14	7	119	93.6	46470	1860	19.7	42.8	1120	142	3.07
50b	500	160	14	20	14	7	129	101	48560	1940	19.4	42.4	1170	146	3.01
c	500	162	16	20	14	7	139	109	50640	2080	19	41.8	1220	151	2.96
a	560	166	12.5	21	14.5	7.3	135.25	106.2	65585.6	2342.31	22.02	47.73	1370.16	165.08	3.182
56b	560	168	14.5	21	14.5	7.3	146.45	115	68512.5	2446.69	21.63	47.17	1486.75	175.25	3.162
c	560	170	16.5	21	14.5	7.3	157.85	123.9	71439.4	2551.41	21.27	46.66	1558.39	183.34	3.158
a	630	176	13	22	15	7.5	154.9	121.6	94916.2	2981.47	24.62	54.17	1700.55	193.24	3.314
63b	630	178	15	22	15	7.5	167.5	131.5	98083.6	3163.38	24.2	53.51	1812.07	203.6	3.289
c	630	180	17	22	15	7.5	180.1	141	102251.1	3298.42	23.82	52.92	1924.91	213.88	3.268

注：截面图和表中标注的圆弧半径 r、r_1 的数据用于孔型设计，不作为交货条件。

表 4　热轧槽钢(GB 707—88)

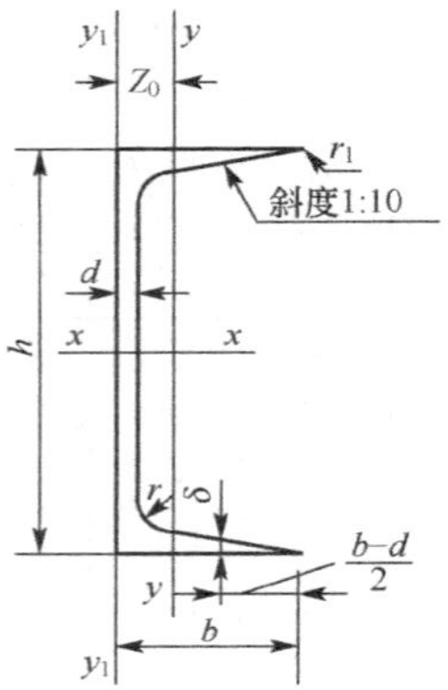

符号意义：
h——高度；
b——腿宽度；
d——腰厚度；
δ——平均腿厚度；
r——内圆弧半径；
r_1——腿端圆弧半径；
I——惯性矩；
W——弯曲截面系数；
i——惯性半径；
Z_0——$y-y$ 轴与 y_1-y_1 轴间距

型号	尺寸/mm						截面面积 /cm²	理论重量 /(kg/m)	参考数值							
									$x-x$			$y-y$			y_1-y_1	
	h	b	d	δ	r	r_1			W_x /cm³	I_x /cm⁴	i_x /cm	W_y /cm³	I_y /cm⁴	i_y /cm	I_{y1} /cm⁴	z_0/cm
5	50	37	4.5	7	7	3.5	6.93	5.44	10.4	26	1.94	3.55	8.3	1.1	20.9	1.35
6.3	63	40	4.8	7.5	7.5	3.75	8.444	6.63	16.123	50.786	2.453	4.50	11.872	1.185	28.38	1.36
8	80	43	5	8	8	4	10.24	8.04	25.3	101.3	3.15	5.79	16.6	1.27	37.4	1.43
10	100	48	5.3	8.5	8.5	4.25	12.74	10.00	39.7	198.3	3.95	7.8	25.6	1.41	54.9	1.52
12.6	126	53	5.5	9	9	4.5	15.69	12.37	62.137	391.466	4.953	10.242	37.99	1.567	77.09	1.59
14a	140	58	6	9.5	9.5	4.75	18.51	14.53	80.5	563.7	5.52	13.01	53.2	1.7	107.1	1.71
14b	140	60	8	9.5	9.5	4.75	21.31	16.73	87.1	609.4	5.35	14.12	61.1	1.69	120.6	1.67
16a	160	63	6.5	10	10	5	21.95	17.23	108.3	866.2	6.28	16.3	73.3	1.83	144.1	1.8
16	160	65	8.5	10	10	5	25.15	19.74	116.8	934.5	6.1	17.55	83.4	1.82	160.8	1.75

（续）

型号	尺寸/mm						截面面积/cm²	理论重量/(kg/m)	参考数值							
									$x-x$			$y-y$			y_1-y_1	
	h	b	d	δ	r	r_1			W_x /cm³	I_x /cm⁴	i_x /cm	W_y /cm³	I_y /cm⁴	i_y /cm	I_{y1} /cm⁴	z_0/cm
18a	180	68	7	10.5	10.5	5.25	25.69	20.17	141.4	1272.7	7.04	20.03	98.6	1.96	189.7	1.88
18	180	70	9	10.5	10.5	5.25	29.29	22.99	152.2	1369.9	6.84	21.52	111	1.95	210.1	1.84
20a	200	73	7	11	11	5.5	28.83	22.63	178	1780.4	7.86	24.2	128	2.11	244	2.01
20	200	75	9	11	11	5.5	32.83	25.77	191.4	1913.7	7.64	25.88	143.6	2.09	268.4	1.95
22a	220	77	7	11.5	11.5	5.75	31.84	24.99	217.6	2393.9	8.67	28.17	157.8	2.23	298.2	2.1
22	220	79	9	11.5	11.5	5.75	35.24	28.45	233.8	2571.4	8.42	30.05	176.4	2.21	326.3	2.03
a	250	78	7	12	12	6	34.91	27.47	269.597	3369.62	9.823	30.607	175.529	2.243	322.256	2.065
25b	250	80	9	12	12	6	39.91	31.39	282.402	3530.04	9.405	32.657	196.421	2.218	353.187	1.982
c	250	82	11	12	12	6	44.91	35.32	259.236	3690.45	9.065	35.926	218.415	2.206	384.133	1.921
a	280	82	7.5	12.5	12.5	6.25	40.02	31.42	340.328	4764.59	10.91	35.718	217.989	2.333	387.566	2.097
28b	280	84	9.5	12.5	12.5	6.25	45.62	35.81	366.46	5130.45	10.6	37.929	242.144	2.304	427.589	2.016
c	280	86	11.5	12.5	12.5	6.25	51.22	40.21	392.594	5496.32	10.35	40.301	267.602	2.286	426.597	1.951
a	320	88	8	14	14	7	48.7	38.22	474.879	7598.06	12.49	46.473	304.787	2.502	552.31	2.242
32b	320	90	10	14	14	7	55.1	43.25	509.012	8144.2	12.15	49.157	336.332	2.471	592.933	2.158
c	320	92	12	14	14	7	61.5	48.28	543.145	8690.33	11.88	52.642	347.175	2.467	643.299	2.092
a	360	96	9	16	16	8	60.89	47.8	659.7	11874.2	13.97	63.54	455	2.73	818.4	2.44
36b	360	98	11	16	16	8	68.09	53.45	702.9	12651.8	13.63	66.85	496.7	2.7	880.4	2.37
c	360	100	13	16	16	8	75.29	50.1	746.1	13429.4	13.36	70.02	536.4	2.67	947.9	2.34
a	400	100	10.5	18	18	9	75.05	58.91	878.9	17577.9	15.30	78.83	592	2.81	1067.7	2.49
40b	400	102	12.5	18	18	9	83.05	65.19	932.2	18644.5	14.98	82.52	640	2.78	1135.6	2.44
c	400	104	14.5	18	18	9	91.05	71.47	985.6	19711.2	14.71	86.19	687.8	2.75	1220.7	2.42

注：截面图和表中标注的圆弧半径 r、r_1 的数据用于孔型设计，不作为交货条件。

习题参考答案

第1章

2. 填空题

(1) 力的大小、方向、作用线 (2) 刚体 (3) 第三个力也交于这一点 (4) 相反
(5) 二力构件 (6) 等值、反向、共线

3. 判断题

(1) (√) (2) (√) (3) (×) (4) (×) (5) (√) (6) (×) (7) (×)

4. 单项选择题

(1) D (2) A (3) D (4) A (5) C (6) B (7) C

第2章

2. 填空题

(1) 自行封闭 (2) 合力，矢量和 (3) 零 (4) x 轴，代数和
(5) 某一轴上的投影，该轴上投影

3. 判断题

(1) (√) (2) (×) (3) (×) (4) (√) (5) (×)

4. 单项选择题

(1) A (2) B (3) B (4) C (5) B (6) B

5. 计算题

(1) $F_R=17.26\text{kN}$，与力 $\boldsymbol{F}_1$ 的夹角 $\alpha=190.97°$
(2) $F_{1x}=-10\text{kN}$、$F_{1y}=0$；$F_{2x}=-6.50\text{kN}$、$F_{2y}=-3.75\text{kN}$；
$F_{3x}=7.66\text{kN}$、$F_{3y}=6.43\text{kN}$；$F_{4x}=4.28\text{kN}$、$F_{4x}=-11.75\text{kN}$
(3) $N_{AB}=290.75\text{N}$(压)，$N_{BC}=1.15\text{kN}$(压)
(4) (a) $N_{AC}=0.58\text{kN}$(拉)，$N_{BC}=1.15\text{kN}$(压)；
(b) $N_{AC}=0.71\text{kN}$(拉)，$N_{BC}=0.71\text{kN}$(压)
(5) ① $T_{AB}=392\text{kN}$，$T_{AC}=392\text{kN}$；
② $T_{AB}=277.19\text{kN}$，$T_{AC}=277.19\text{kN}$
(6) $N_{BD}=0.58P$(拉)

第3章

2. 填空题

(1) 转动，力臂，逆时针 (2) 矩心 (3) 大小相等、方向相反、不共线 (4) 力偶矩

(5) 等于零　(6) 合力偶，1

3. 判断题

(1) (√)　(2) (√)　(3) (×)　(4) (×)　(5) (√)　(6) (√)　(7) (√)

4. 单项选择题

(1) A　(2) A　(3) C　(4) B　(5) B

5. 计算题

(1) $M_O(\boldsymbol{P})=-0.5\text{kN}\cdot\text{m}$，$M_B(\boldsymbol{P})=-1.47\text{kN}\cdot\text{m}$，$M_C(\boldsymbol{P})=0.2\text{kN}\cdot\text{m}$

(2) $M_D(\boldsymbol{P})=0.71P\cdot\text{m}$，$M_D(\boldsymbol{P})=-2.12P\cdot\text{m}$

(3) (a) $R_A=M/l(\uparrow)$，$R_B=M/l(\downarrow)$；

$R_A=M/(l\cos\alpha)(\nwarrow)$，$R_B=M/(l\cos\alpha)(\searrow)$

(4) $R_A=0.35M/a(\searrow)$，$R_C=0.35M/a(\nwarrow)$

第4章

2. 填空题

(1) 力偶　(2) 零　(3) 平衡　(4) 0，0

3. 判断题

(1) (√)

(2) (√)

(3) (×)原因：若二力距式平衡方程组中第三个方程是$\sum X=0$，则A、B两点连线不能垂直于x轴。

(4) (√)

(5) (×)

(6) (×)

(7) (×)原因：力偶在任意坐标轴上投影的代数和为零，但力偶系不一定是平衡力系。

4. 单项选择题

(1) B　(2) B　(3) C　(4) D

5. 计算题

(1) $F_R=11.25\text{kN}$，与x正向的夹角$\alpha=1.24°$，合力作用线通过点(69.98，0)

(2) (a) $X_A=0.71P_2(\rightarrow)$，$Y_A=P_1+0.71P_2(\uparrow)$，$M_A=P_1l+0.35P_2l$；

(b) $X_A=0$，$Y_A=1.17P(\uparrow)$，$R_B=0.17P(\downarrow)$；

(c) $X_A=0$，$Y_A=0$，$R_B=P(\uparrow)$；

(d) $X_B=0$，$Y_B=qa(\uparrow)$，$R_C=2qa(\uparrow)$

(3) $R_A=0.87P-0.5M/a(\uparrow)$，$R_B=0.87P+0.5M/a(\uparrow)$，$R_C=P(\searrow)$

(4) (a) $X_A=qa(\rightarrow)$，$Y_A=0$，$M_A=0.5qa^2$；

(b) $X_A=qa(\leftarrow)$，$Y_A=0.75qa(\downarrow)$，$R_B=1.75qa(\uparrow)$

(5) (a) $X_A=0.5qa\tan\alpha(\rightarrow)$，$Y_A=1.5qa(\uparrow)$，$M_A=2.5qa^2$，
$R_B=0.5qa/\cos\alpha(\nwarrow)$，$X_C=0.5qa\tan\alpha$，$Y_C=0.5qa$；

(b) $X_A=M\tan\alpha/a(\rightarrow)$，$Y_A=P-M/a(\uparrow)$，$M_A=Pa-2M$
$R_B=M/(a\cos\alpha)(\nwarrow)$，$X_C=M\tan\alpha/a$，$Y_C=M/a$；

(c) $X_A=0.125ql^2/h(\rightarrow)$，$Y_A=0.5ql(\uparrow)$
$X_B=0.125ql^2/h(\leftarrow)$，$Y_B=0.5ql(\uparrow)$
$X_C=0.125ql^2/h$，$Y_C=0$

(6) (a) $X_A=0$，$Y_A=M/a+qa(\downarrow)$，$R_B=M/a+2qa(\uparrow)$
$X_C=0$，$Y_C=qa$，$R_D=qa(\uparrow)$；

(b) $X_A=0$，$Y_A=0.5P+1.25qa(\downarrow)$，$R_B=P+3qa(\uparrow)$
$X_C=0$，$Y_C=0.5P+0.75qa$，$R_D=0.5P+0.25pa(\uparrow)$

(7) $X_A=2.25q_1a+0.17M/a-0.33P(\leftarrow)$，$Y_A=1.5q_1a+0.33M/a-0.67P(\downarrow)$
$X_B=0.75q_1a-0.17M/a-0.67P(\leftarrow)$，
$Y_B=1.5q_1a+q_2a+0.33M/a-0.67P\ (\uparrow)$，$R_C=q_2a(\uparrow)$

(8) $X_A=0$，$Y_A=0.5P(\uparrow)$，$R_C=0.5P(\uparrow)$，$N_{AD}=P$(压)

(9) 11.18kN；7.45kN，与 x 轴正方向成 48°

(10) $X_A=0$，$Y_A=ql+P(\uparrow)$，$M_A=0.5ql^2+Pl$(逆时针)

第 5 章

2. 填空题

(1) 连续性假设、均匀性假设、各向同性假设、小变形假设
(2) 轴向拉伸和压缩、剪切、扭转、弯曲
(3) 强度、刚度、稳定性
(4) 拉伸，扭转，弯曲，压缩
(5) 拉伸(或压缩)，扭转，弯曲

3. 判断题

(1) (×)原因：力的可传定理仅适用于刚体。
(2) (×)原因：力的平移定理仅适用于刚体。
(3) (√)
(4) (×)
(5) (√)
(6) (√)
(7) (√)

第 6 章

2. 填空题

(1) 正，负 (2) 正应力，剪(切)应力 (3) 1×10^6 (4) 塑性材料，脆性材料

(5) 弹性阶段、屈服阶段、强化阶段、颈缩阶段 (6)强度极限 (7) 15MPa (8) 215GPa

3. 判断题

(1) (√) (2) (√) (3) (√) (4) (×) (5) (×) (6) (√) (7) (√) (8) (√)
(9) (×)原因：轴向拉(压)杆的抗拉刚度用 EA 来衡量。

4. 单项选择题

(1) B (2) A (3) A (4) C (5) D (6) C (7) D (8) D (9) C (10) B

5. 计算题

(1) (a) $N_1=20\text{kN}$，$N_2=-20\text{kN}$；
(b) $N_1=40\text{kN}$，$N_2=0$，$N_3=20\text{kN}$；
(c) $N_1=40\text{kN}$，$N_2=20\text{kN}$，$N_3=60\text{kN}$；
(d) $N_1=-20\text{kN}$，$N_2=-10\text{kN}$，$N_3=10\text{kN}$；
(e) $N_1=20\text{kN}$，$N_2=-2\text{kN}$，$N_3=20\text{kN}$
(2) $\sigma=-0.32\text{MPa}$
(3) $\alpha=0°$时，$\sigma_\alpha=100\text{MPa}$，$\tau_\alpha=0$；
$\alpha=30°$时，$\sigma_\alpha=75\text{MPa}$，$\tau_\alpha=43.3\text{MPa}$；
$\alpha=60°$时，$\sigma_\alpha=25\text{MPa}$，$\tau_\alpha=43.3\text{MPa}$；
$\alpha=90°$时，$\sigma_\alpha=0$，$\tau_\alpha=0$
(4) $\Delta=0.66\text{m}$，$\frac{\varepsilon_1}{\varepsilon_2}=1.38$
(5) $E=7.01\times10^4\text{MPa}$，$\mu=0.33$
(6) $\Delta_y=1.56\text{mm}$
(7) $x=1.351\text{m}$，$\sigma_1=38.276\text{MPa}$，$\sigma_2=28.684\text{MPa}$
(8) 168MPa；不能，因为此时杆件发生的变形不是弹性变形
(9) 不安全，$\sigma=7.78\text{MPa}$
(10) $d=26\text{mm}$，$a=95\text{mm}$
(11) $P\leqslant37.5\text{kN}$
(12) $d=63\text{mm}$
(13) $A_{AB}=3530\text{mm}^2$，$A_{AD}=3056\text{mm}^2$
(14) $\sigma_{AC}=106.24\text{MPa}$，$\sigma_{BX}=59.76\text{MPa}$，安全
(15) $[P]=33.49\text{kN}$，$d=27\text{mm}$

第7章

2. 填空题

(1) $\sigma=E\varepsilon$，$\tau=G\gamma$ (2) πdh，$\frac{\pi(D^2-d^2)}{4}$ (3) $4ad$，a^2 (4) 8τ

3. 判断题

(1) (√) (2) (√) (3) (×) (4) (√)

(5)（×）原因：最大剪应力不超过许用剪应力。

4. 单项选择题

(1) B (2) D (3) A (4) D (5) B (6) C

5. 计算题

(1) 安全

(2) (a) $M_{n1}=-2\text{kN}\cdot\text{m}$，$M_{n2}=-5\text{kN}\cdot\text{m}$；

(b) $M_{n1}=-3\text{kN}\cdot\text{m}$；$M_{n2}=4\text{kN}\cdot\text{m}$

(3) $\tau_A=71.4\text{MPa}$，$\tau_B=35.7\text{MPa}$，$\tau_C=0$，$\tau_{max}=71.4\text{MPa}$

(4) $D=106\text{mm}$

第 8 章

2. 填空题

(1) 简支梁、外伸梁、悬臂

(2) 截面位置，大小，最大弯矩值

(3) 平面假设；各纵向线段间互不挤压，材料线弹性范围，且压缩与拉伸弹性模量相等

(4) 线性，0，二次抛物线

(5) 1/4，1/2

(6) $\frac{3Pl}{2bh^2}$，0，0，$\frac{3P}{4bh}$

(7) $EI\frac{d^2y}{dx^2}=-M(x)$，忽略剪力的影响，略去$\omega'^2$的影响

(8) 线弹性，小变形

(9) 1/7

(10) 1/8

3. 判断题

(1)（×） (2)（√） (3)（×） (4)（√） (5)（×） (6)（√） (7)（×） (8)（×） (9)（×） (10)（√）

4. 单项选择题

(1) A (2) B (3) C (4) B (5) A (6) A (7) D (8) A (9) C (10) C (11) D (12) D (13) B (14) C (15) A

5. 计算题

(5) $\sigma_{max}=38.9\text{MPa}$

(6) $[P]=11.25\text{kN}$

(7) 16 号工字钢

(8) $b\geqslant 125\text{mm}$

(9) (a) $\theta_B=\frac{Fl^2}{16EI}+\frac{M_e l}{3EI}$，$\omega_C=\frac{Fl^3}{48El}+\frac{M_e l^2}{16EI}$（↓）；

(b) $\theta_B=\frac{Fl^2}{4EI}$，$\omega_C=\frac{11Fl^3}{48EI}$（↑）；

(c) $\theta_B=\frac{qb(b^2-4a^2)}{24EI}$，$\omega_C=\frac{qba(b^2-4a^2)}{24EI}-\frac{qa^4}{8EI}$，（↑）；

(d) $\theta_B=\frac{q_0 l^3}{45EI}$，$\omega_C=\frac{5ql^4}{768EI}$（↑）

(10) 18号工字钢

第9章

2. 填空题

(1) 主平面，主应力 (2) 脆性，塑性 (3) $\sigma_{r3}=\sqrt{\sigma^2+4\tau^2}$ (4) 单向 (5) 双向

3. 判断题

(1)（√）

(2)（√）

(3)（×）原因：正应力一般不为零。

(4)（×）原因：单向应力状态的应力圆不为一个点，而是一个圆。三向等拉或等压倒是为一个点。

(5)（×）原因：最大正应力和最大剪应力值相等，但不在同一平面上。

(6)（√）

(7)（×）

(8)（×）原因：塑性材料也会表现出脆性，比如三向受拉时，此时，就应用第一强度理论。

(9)（×）原因：只形状改变，体积不变。

(10)（×）原因：铸铁的强度显然高于冰，其破坏原因是受到复杂应力状态。

4. 单项选择题

(1) C (2) D (3) D (4) A (5) B (6) A (7) C (8) A

5. 计算题

(1) $\sigma_1=115.4\text{MPa}$，$\sigma_2=0$，$\sigma_3=-55.4\text{MPa}$，$\alpha=-34.7°$

(2) A 点：$\sigma_1=100\text{MPa}$，$\sigma_2=\sigma_3=0$，$\tau_{\max}=50\text{MPa}$

B 点：$\sigma_1=40\text{MPa}$，$\sigma_2=0$，$\sigma_3=-40\text{MPa}$，$\tau_{\max}=40\text{MPa}$

(3) $\sigma_1=80\text{MPa}$，$\sigma_2=\sigma_3=0$

(4) $\sigma_\alpha=159.8\text{MPa}$，$\tau_\alpha=323.2\text{MPa}$，$\sigma_1=360.56\text{MPa}$，$\sigma_2=0$，

$\sigma_3=-360.56\text{MPa}$，$\alpha=28.15°$

(5) A 点：$\sigma_1=\sigma_2=0$，$\sigma_3=-6\text{MPa}$，$\sigma_0=90°$

B 点：$\sigma_1=0.1678\text{MPa}$，$\sigma_2=0$，$\sigma_3=-30.2\text{MPa}$，$\sigma_0=85.7°$

C 点：$\sigma_1=3\text{MPa}$，$\sigma_2=0$，$\sigma_3=-3\text{MPa}$，$\sigma_0=45°$

第 10 章

2. 填空题

(1) 工程中大多数的杆件在荷载作用下，往往同时发生两种或两种以上的变形

(2) 轴向变形，弯曲变形

(3) 叠加原理，线弹性、小变形

(4) 轴力与弯矩

(5) 外力的作用平面虽通过梁轴线，但是不与梁的纵向对称面重合，梁变形后的轴线不再位于外力所在的平面内

(6) 近，截面核心

3. 判断题

(1) (×) (2) (√)

4. 单项选择题

(1) C (2) B (3) E (4) C

5. 计算题

(1) $\sigma_a/\sigma_b=4/3$

(2) ① $\sigma_a=\dfrac{6lP}{b^2h^2}(b\cos\beta-h\sin\beta)$;

② $\beta=\tan^{-1}\dfrac{b}{h}$

(3) ① $\sigma_A=\sigma_B=-8\text{MPa}$，② $\sigma_A=-15.3\text{MPa}$，$\sigma_B=4.7\text{MPa}$;

③ $\sigma_A=-12.67\text{MPa}$，$\sigma_B=7.33\text{MPa}$

(4) $\sigma_a=41.6\text{MPa}$，$\sigma_b=241\text{MPa}$，$\sigma_c=-20.6\text{MPa}$，$\sigma_d=116\text{MPa}$

第 11 章

2. 填空题

(1) 2，外侧 (2) 0，0 (3) −8kN (4) −30kN (5) 30kN

(6) Pd，下，$-P$，0 (7) P (8) 有，无 (9) 30kN(↑) (10) 20kN

3. 判断题

(1) (√) (2) (×) (3) (√) (4) (√) (5) (√) (6) (√) (7) (×)

(8) (×) (9) (×)

4. 单项选择题

(1) (A) (2) (B) (3) (C) (4) (A) (5) (A) (6) (B)

5. 计算题

(1) (a)：左支座反力 65kN；(b)：左支座反力 52.5kN↑

(2) (a) 右端弯矩$-9Pa$；

(b) 左端弯矩$\frac{3}{8}ql^2$

(3) (a) 相同；

(b) 不同

(4) $M_K=47.5\text{kN}\cdot\text{m}$

(5) (a) 竖柱弯矩 10kN·m(左侧受拉)

(7) $X_A=\frac{3ql}{4}(\leftarrow)$；

(8) (a) $M_{DB}=120\text{kN}\cdot\text{m}$(下侧受拉)；

(b) $M_{ED}=80\text{kN}\cdot\text{m}$ (下侧受拉)；

(e) $X=8\text{kN}$

(9) $X=50\text{kN}$

$M_K=103.1\text{kN}\cdot\text{m}$

$Q_{K左}=33.9\text{kN}$，$Q_{K右}=-41.0\text{kN}$

$N_{K左}=66.1\text{kN}$，$N_{K右}=38.0\text{kN}$

(10) 拉杆轴力 5kN，$M_K=44\text{kN}\cdot\text{m}$

(14) $N_a=-60\text{kN}\cdot\text{m}$，$N_b=-37.3\text{kN}$，$N_c=37.7\text{kN}$，$N_d=-66.7\text{kN}$

(15) $N_1=-3.75P$，$N_2=3.33P$，$N_3=-0.5P$，$N_4=0.65P$

(17) $\frac{3ql^4}{8EI}$

(18) ① 3.52mm (↓)；

② 5.116×10^{-4}rad(增大)

(20) $\frac{23Pl^3}{648EI}$

(21) $\frac{680}{3EI}(\downarrow)$

(22) $\frac{1985}{6EI}(\downarrow)$

(23) $\Delta_{Cy}=\frac{486}{EI}$，$\Delta_{Cx}=\frac{54}{EI}$，$\varphi_D=\frac{27}{EI}$(顺时针)

(24) $\frac{Pa^3}{6EI}$(下边角度增大)，$\frac{\sqrt{2}}{24}\frac{Pa^3}{EI}$ (缩短)

(25) $\frac{ql^4}{60EI}$(靠拢)

(26) $\frac{Hb}{l}(\rightarrow)$

(27) 上边角度减小 0.005rad

第 12 章

2. 填空题

(1) 基本体系沿基本未知力方向的位移，原结构沿基本未知力方向的位移

(2) $2m/3l$

(3) $-l\theta$

(4) 0，$-P$

(5) 远端弯矩、近端弯矩、约束

3. 判断题

(1)(×) (2)(×) (3)(×) (4)(×) (5)(×) (6)(√) (7)(×)
(8)(√) (9)(√) (10)(×)

4. 单项选择题

(1) D (2) A (3) C (4) B (5) C (6) C (7) C

5. 计算题

(2) (a) $M_{AB}=\frac{3Pl}{16}$(上拉)；

(b) $M_{AB}=\frac{ql^2}{8}$(上拉)；

(c) $M_{BA}=M_{BC}=\frac{Pl}{8}$(上拉)；

(d) $M_{BC}=\frac{3Pl}{32}$(上拉)

(3) (a) $M_{CB}=\frac{5}{24}ql^2$(右拉)，$M_{EA}=\frac{7}{24}ql^2$(下拉)，$Q_{BC}=\frac{5}{24}ql$ $Q_{EF}=\frac{19}{24}ql$，$N_{DC}=\frac{-5}{24}ql$，$N_{AE}=\frac{-19}{24}ql$；

(b) $M_{CA}=\frac{19}{232}Pl$(左拉)，$M_{DB}=\frac{13}{232}Pl$(右拉)，$Q_{CD}=\frac{122}{232}P$，$Q_{CA}=\frac{-19}{232}P$，$N_{CN}=\frac{-19}{232}P$，$N_{BD}=-\frac{110}{232}P$；

(4) (a) $M_{AC}=2.14\text{kN}\cdot\text{m}$(右拉)；

(b) $M_{DB}=\frac{1}{3}Pl$(右拉)，$M_{CA}=Pl$(左拉)

(5) (a) $N_{CD}=-15\text{kN}$，$N_{ED}=2.357\text{kN}$，$N_{AC}=-23.57\text{kN}$；

(b) $N_{AC}=\sqrt{2}P$，$N_{BC}=-0.414P$，$N_{AB}=-P$

(6) $N_{CD}=0.494P$

(7) $M_{AE}=\frac{199}{103}Pl$，$M_{BF}=\frac{140}{103}Pl$

(8) $M_{AC}=\frac{3EI}{4l}\theta$(右拉)

(9) $M_{AC}=\frac{6EI}{7l^2}\Delta$(右拉)

(10) $\varphi_D=\frac{ql^3}{60EI}$(↗)

(11) $\Delta_{DV}=\dfrac{3ql^4}{160EI}(\downarrow)$

(12) (a) 角点弯矩 $M=\dfrac{Pl}{16}$(外拉)；

(b) $M_{1B}=0.1072Pl$(上拉)，$M_{1C}=0.0804Pl$(上拉)，$M_{1A}=0.0268Pl$(右拉)

(14) $M_{AD}=-\dfrac{11}{56}ql^2$，$M_{EB}=-\dfrac{3}{28}ql^2$

(15) $M_{AC}=-34.4\text{kN}\cdot\text{m}$，$M_{CA}=14.7\text{kN}\cdot\text{m}$，$M_{BD}=-20.1\text{kN}\cdot\text{m}$

(16) $M_{BA}=24\text{kN}\cdot\text{m}$

(17) $M_{A1}=\dfrac{-69}{224}Pl$，$M_{1A}=-\dfrac{3Pl}{8l}\text{kN}\cdot\text{m}$

(18) (a) $M_{A1}=-3.55\text{kN}\cdot\text{m}$，$M_{1A}=1.91\text{kN}\cdot\text{m}$；

(b) $M_{12}=\dfrac{2}{336}Pl^2$

(19) (a) $M_{AB}=-113\text{kN}\cdot\text{m}$，$M_{DC}=-104.3\text{kN}\cdot\text{m}$；

(b) $M_{AD}=27.36\text{kN}\cdot\text{m}$ ，$M_{DE}=-50.53\text{kN}\cdot\text{m}$

(20) $M_{AD}=10\text{kN}\cdot\text{m}$，$M_{DA}=20\text{kN}\cdot\text{m}$，$M_{ED}=50\text{kN}\cdot\text{m}$

(21) $M_{AB}=-27\text{kN}\cdot\text{m}$，$M_{BA}=36\text{kN}\cdot\text{m}$，$M_{BC}=-42\text{kN}\cdot\text{m}$

(22) (a) $M_{BA}=25\text{kN}\cdot\text{m}$，$Q_{BA}=-26.25\text{kN}$；

(b) $M_{CB}=85\text{kN}\cdot\text{m}$，$Q_{BA}=-61.875\text{kN}$；

(c) $M_{CB}=-2.67\text{kN}\cdot\text{m}$，$M_{BA}=14.67\text{kN}\cdot\text{m}$；

(d) $M_{BA}=-5\text{kN}\cdot\text{m}$，$M_{BC}=50\text{kN}\cdot\text{m}$；

(e) $M_{AB}=-24.5\text{kN}\cdot\text{m}$，$M_{CD}=-68.3\text{kN}\cdot\text{m}$

(f) $M_{BA}=152.3\text{kN}\cdot\text{m}$，$M_{CD}=-111.92\text{kN}\cdot\text{m}$

(23) (a) $M_{AD}=-72\text{kN}\cdot\text{m}$，$M_{DC}=-12\text{kN}\cdot\text{m}$；

(b) $M_{ED}=48.6\text{kN}\cdot\text{m}$

(24) $M_{BA}=60\text{kN}\cdot\text{m}$

(25) $M_{AB}=\dfrac{qa^2}{36}$，$M_{FA}=\dfrac{qa^2}{9}$

第 13 章

2. 填空题

(1) 1，2，0.7，0.5

(2) $\geqslant$，$\lambda_P=\sqrt{\dfrac{\pi^2 E}{\sigma_P}}$，细长压杆

(3) 压杆保持稳定平衡所能承受的最大压力，或中心受压直杆在直线状态下的平衡，由稳定平衡转化为不稳定平衡所受轴向压力的界限值

(4) $\sigma_{cr}=\dfrac{\pi^2 E}{\lambda^2}$，压杆的长度因数，支承的约束程度

(5) 减小压杆长度、减小长度系数 μ(增强约束)、合理选择截面形状，尽可能使 I 增大，尽可能使各方向 l 值相等、增大弹性模量 E(合理选择材料)

(6) 弹性模量，高强度钢的弹性模量提高不多
(7) (a)，(d)
(8) 材料的弹性模量，截面形状尺寸、压杆的长度、杆端的约束

3. 判断题

(1)(×) (2)(×) (3)(√) (4)(√) (5)(×) (6)(×) (7)(×)
(8)(×) (9)(×) (10)(×) (11)(√) (12)(√)

4. 单项选择题

(1) C (2) D (3) B (4) C

5. 计算题

(3) $l_1/l_2=\sqrt{3}$，$P_{cr}^1/P_{cr}^2=\pi/4$
(4) 安全
(5) 21.26°
(6) ① 171.7kN；
② 68.9kN
(8) $d_{AC}\geqslant 24.2mm$，$d_{BC}\geqslant 37.2mm$

参考文献

[1] 哈尔滨工业大学理论力学教研室. 理论力学[M]. 6版. 北京：高等教育出版社，2002.

[2] 刘延柱，朱本华，杨海兴. 理论力学[M]. 3版. 北京：高等教育出版社，2009.

[3] 范钦珊. 理论力学[M]. 北京：高等教育出版社，2000.

[4] 范钦珊. 工程力学(上、下册)[M]. 北京：高等教育出版社，2000.

[5] 周国瑾，施美丽，张景良. 建筑力学[M]. 上海：同济大学出版社，1999.

[6] 张曦. 建筑力学[M]. 北京：中国建筑工业出版社，2002.

[7] 孙训方，方孝淑，关来泰. 材料力学(Ⅰ)[M]. 5版. 北京：高等教育出版社，2009.

[8] 孙训方，方孝淑，关来泰. 材料力学(Ⅱ)[M]. 6版. 北京：高等教育出版社，2009.

[9] 力学课程报告论坛组委会. 力学课程报告论坛2007论文集[C]. 北京：高等教育出版社，2008.

[10] 力学课程报告论坛组委会. 力学课程报告论坛2008论文集[C]. 北京：高等教育出版社，2009.

[11] 樊友景. 材料力学学习指导[M]. 武汉：武汉工业大学出版社，2000.

[12] 刘鸿文. 材料力学[M]. 4版. 北京：高等教育出版社，2004.

[13] 范钦珊，蔡新. 工程力学(工程静力学与材料力学)[M]. 2版. 北京：机械工业出版社，2011.

[14] 李锋. 材料力学案例——教学与学习参考[M]. 北京：科学出版社，2011.

[15] 龙驭球，包世华. 结构力学教程(Ⅰ)[M]. 北京：高等教育出版社，2000.

[16] 龙驭球，包世华. 结构力学教程(Ⅱ)[M]. 北京：高等教育出版社，2001.

[17] 包世华. 结构力学(上、下册)[M]. 武汉：武汉理工大学出版社，2010.

[18] 李廉锟. 结构力学(上、下册)[M]. 北京：高等教育出版社，2004.

[19] 单建. 趣味结构力学[M]. 北京：高等教育出版社，2008.

[20] 朱慈勉. 结构力学[M]. 北京：高等教育出版社，2004.

北京大学出版社土木建筑系列教材(已出版)

序号	书名	主编	定价	序号	书名	主编	定价
1	*房屋建筑学(第3版)	聂洪达	56.00	53	特殊土地基处理	刘起霞	50.00
2	房屋建筑学	宿晓萍　隋艳娥	43.00	54	地基处理	刘起霞	45.00
3	房屋建筑学(上:民用建筑)(第2版)	钱　坤	40.00	55	*工程地质(第3版)	倪宏革　周建波	40.00
4	房屋建筑学(下:工业建筑)(第2版)	钱　坤	36.00	56	工程地质(第2版)	何培玲　张　婷	26.00
5	土木工程制图(第2版)	张会平	45.00	57	土木工程地质	陈文昭	32.00
6	土木工程制图习题集(第2版)	张会平	28.00	58	*土力学(第2版)	高向阳	45.00
7	土建工程制图(第2版)	张黎骅	38.00	59	土力学(第2版)	肖仁成　俞　晓	25.00
8	土建工程制图习题集(第2版)	张黎骅	34.00	60	土力学	曹卫平	34.00
9	*建筑材料	胡新萍	49.00	61	土力学	杨雪强	40.00
10	土木工程材料	赵志曼	38.00	62	土力学教程(第2版)	孟祥波	34.00
11	土木工程材料(第2版)	王春阳	50.00	63	土力学	贾彩虹	38.00
12	土木工程材料(第2版)	柯国军	45.00	64	土力学(中英双语)	郎煜华	38.00
13	*建筑设备(第3版)	刘源全　张国军	52.00	65	土质学与土力学	刘红军	36.00
14	土木工程测量(第2版)	陈久强　刘文生	40.00	66	土力学试验	孟云梅	32.00
15	土木工程专业英语	霍俊芳　姜丽云	35.00	67	土工试验原理与操作	高向阳	25.00
16	土木工程专业英语	宿晓萍　赵庆明	40.00	68	砌体结构(第2版)	何培玲　尹维新	26.00
17	土木工程基础英语教程	陈　平　王凤池	32.00	69	混凝土结构设计原理(第2版)	邵永健	52.00
18	工程管理专业英语	王竹芳	24.00	70	混凝土结构设计原理习题集	邵永健	32.00
19	建筑工程管理专业英语	杨云会	36.00	71	结构抗震设计(第2版)	祝英杰	37.00
20	*建设工程监理概论(第4版)	巩天真　张泽平	48.00	72	建筑抗震与高层结构设计	周锡武　朴福顺	36.00
21	工程项目管理(第2版)	仲景冰　王红兵	45.00	73	荷载与结构设计方法(第2版)	许成祥　何培玲	30.00
22	工程项目管理	董良峰　张瑞敏	43.00	74	建筑结构优化及应用	朱杰江	30.00
23	工程项目管理	王　华	42.00	75	钢结构设计原理	胡习兵	30.00
24	工程项目管理	邓铁军　杨亚频	48.00	76	钢结构设计	胡习兵　张再华	42.00
25	土木工程项目管理	郑文新	41.00	77	特种结构	孙　克	30.00
26	工程项目投资控制	曲　娜　陈顺良	32.00	78	建筑结构	苏明会　赵　亮	50.00
27	建设项目评估	黄明知　尚华艳	38.00	79	*工程结构	金恩平	49.00
28	建设项目评估(第2版)	王　华	46.00	80	土木工程结构试验	叶成杰	39.00
29	工程经济学(第2版)	冯为民　付晓灵	42.00	81	土木工程试验	王吉民	34.00
30	工程经济学	都沁军	42.00	82	*土木工程系列实验综合教程	周瑞荣	56.00
31	工程经济与项目管理	都沁军	45.00	83	土木工程 CAD	王玉岚	42.00
32	工程合同管理	方　俊　胡向真	23.00	84	土木建筑 CAD 实用教程	王文达	30.00
33	建设工程合同管理	余群舟	36.00	85	建筑结构 CAD 教程	崔钦淑	36.00
34	*建设法规(第3版)	潘安平　肖　铭	40.00	86	工程设计软件应用	孙香红	39.00
35	建设法规	刘红霞　柳立生	36.00	87	土木工程计算机绘图	袁　果　张渝生	28.00
36	工程招标投标管理(第2版)	刘昌明	30.00	88	有限单元法(第2版)	丁　科　殷水平	30.00
37	建设工程招投标与合同管理实务(第2版)	崔东红	49.00	89	*BIM 应用：Revit 建筑案例教程	林标锋	58.00
38	工程招投标与合同管理(第2版)	吴　芳　冯　宁	43.00	90	*BIM 建模与应用教程	曾浩	39.00
39	土木工程施工	石海均　马　哲	40.00	91	工程事故分析与工程安全(第2版)	谢征勋　罗　章	38.00
40	土木工程施工	邓寿昌　李晓目	42.00	92	建设工程质量检验与评定	杨建明	40.00
41	土木工程施工	陈泽世　凌平平	58.00	93	建筑工程安全管理与技术	高向阳	40.00
42	建筑工程施工	叶　良	55.00	94	大跨桥梁	王解军　周先雁	30.00
43	*土木工程施工与管理	李华锋　徐　芸	65.00	95	桥梁工程(第2版)	周先雁　王解军	37.00
44	高层建筑施工	张厚先　陈德方	32.00	96	交通工程基础	王富	24.00
45	高层与大跨建筑结构施工	王绍君	45.00	97	道路勘测与设计	凌平平　余婵娟	42.00
46	地下工程施工	江学良　杨　慧	54.00	98	道路勘测设计	刘文生	43.00
47	建筑工程施工组织与管理(第2版)	余群舟　宋会莲	31.00	99	建筑节能概论	余晓平	34.00
48	工程施工组织	周国恩	28.00	100	建筑电气	李　云	45.00
49	高层建筑结构设计	张仲先　王海波	23.00	101	空调工程	战乃岩　王建辉	45.00
50	基础工程	王协群　章宝华	32.00	102	*建筑公共安全技术与设计	陈继斌	45.00
51	基础工程	曹　云	43.00	103	水分析化学	宋吉娜	42.00
52	土木工程概论	邓友生	34.00	104	水泵与水泵站	张　伟　周书葵	35.00

序号	书名	主编	定价	序号	书名	主编	定价
105	工程管理概论	郑文新　李献涛	26.00	130	*安装工程计量与计价	冯　钢	58.00
106	理论力学(第 2 版)	张俊彦　赵荣国	40.00	131	室内装饰工程预算	陈祖建	30.00
107	理论力学	欧阳辉	48.00	132	*工程造价控制与管理(第 2 版)	胡新萍　王　芳	42.00
108	材料力学	章宝华	36.00	133	建筑学导论	裘　鞠　常　悦	32.00
109	结构力学	何春保	45.00	134	建筑美学	邓友生	36.00
110	结构力学	边亚东	42.00	135	建筑美术教程	陈希平	45.00
111	结构力学实用教程	常伏德	47.00	136	色彩景观基础教程	阮正仪	42.00
112	工程力学(第 2 版)	罗迎社　喻小明	39.00	137	建筑表现技法	冯　柯	42.00
113	工程力学	杨云芳	42.00	138	建筑概论	钱　坤	28.00
114	工程力学	王明斌　庞永平	37.00	139	建筑构造	宿晓萍　隋艳娥	36.00
115	房地产开发	石海均　王　宏	34.00	140	建筑构造原理与设计(上册)	陈玲玲	34.00
116	房地产开发与管理	刘　薇	38.00	141	建筑构造原理与设计(下册)	梁晓慧　陈玲玲	38.00
117	房地产策划	王直民	42.00	142	城市与区域规划实用模型	郭志恭	45.00
118	房地产估价	沈良峰	45.00	143	城市详细规划原理与设计方法	姜　云	36.00
119	房地产法规	潘安平	36.00	144	中外城市规划与建设史	李合群	58.00
120	房地产测量	魏德宏	28.00	145	中外建筑史	吴　薇	36.00
121	工程财务管理	张学英	38.00	146	外国建筑简史	吴　薇	38.00
122	工程造价管理	周国恩	42.00	147	城市与区域认知实习教程	邹　君	30.00
123	建筑工程施工组织与概预算	钟吉湘	52.00	148	城市生态与城市环境保护	梁彦兰　阎　利	36.00
124	建筑工程造价	郑文新	39.00	149	幼儿园建筑设计	龚兆先	37.00
125	工程造价管理	车春鹂　杜春艳	24.00	150	园林与环境景观设计	董　智　曾　伟	46.00
126	土木工程计量与计价	王翠琴　李春燕	35.00	151	室内设计原理	冯　柯	28.00
127	建筑工程计量与计价	张叶田	50.00	152	景观设计	陈玲玲	49.00
128	市政工程计量与计价	赵志曼　张建平	38.00	153	中国传统建筑构造	李合群	35.00
129	园林工程计量与计价	温日琨　舒美英	45.00	154	中国文物建筑保护及修复工程学	郭志恭	45.00

标*号为高等院校土建类专业“互联网+”创新规划教材。

如您需要更多教学资源如电子课件、电子样章、习题答案等，请登录北京大学出版社第六事业部官网 www.pup6.cn 搜索下载。

如您需要浏览更多专业教材，请扫下面的二维码，关注北京大学出版社第六事业部官方微信（微信号：pup6book），随时查询专业教材、浏览教材目录、内容简介等信息，并可在线申请纸质样书用于教学。

感谢您使用我们的教材，欢迎您随时与我们联系，我们将及时做好全方位的服务。联系方式：010-62750667，donglu2004@163.com，pup_6@163.com，lihu80@163.com，欢迎来电来信。客户服务 QQ 号：1292552107，欢迎随时咨询。